国家出版基金项目
NATIONAL PUBLICATION FOUNDATION

"十三五"国家重点图书出版规划项目
国家出版基金资助项目

CHINESE INDUSTRIAL HERITAGE HISTORIC RECORDS

中国工业遗产史录

天津卷

〔日〕青木信夫 徐苏斌 编著

华南理工大学出版社
SOUTH CHINA UNIVERSITY OF TECHNOLOGY PRESS
·广州·

图书在版编目（CIP）数据

中国工业遗产史录. 天津卷 /（日）青木信夫，徐苏斌编著. —广州：华南理工大学出版社，2023.3

（中国工业遗产丛书 / 刘伯英，徐苏斌，彭长歆主编）

ISBN 978-7-5623-6754-3

Ⅰ. ①中… Ⅱ. ①青… ②徐… Ⅲ. ①工业建筑 – 文化遗产 – 研究 – 天津 Ⅳ. ① TU27

中国版本图书馆 CIP 数据核字（2022）第 013857 号

Chinese Industrial Heritage Historic Records·Tianjin Volume

中国工业遗产史录·天津卷

〔日〕青木信夫 徐苏斌 编著

出 版 人：柯 宁
出版发行：华南理工大学出版社
（广州五山华南理工大学 17 号楼，邮编 510640）
http://hg.cb.scut.edu.cn E-mail: scutc13@scut.edu.cn
营销部电话：020-87113487 87111048（传真）
策划编辑：赖淑华
责任编辑：黄丽谊
责任校对：王洪霞 盛美珍
印 刷 者：广州一龙印刷有限公司
开 本：889mm×1194mm 1/16 印张：31.75 字数：805 千
版 次：2023 年 3 月第 1 版 2023 年 3 月第 1 次印刷
定 价：388.00 元

版权所有 盗版必究 印装差错 负责调换

中国工业遗产丛书

学术委员会

（以姓氏笔画为序）

王建国　中国工程院院士，东南大学建筑学院教授、博士生导师
何镜堂　中国工程院院士，原华南理工大学建筑设计研究院院长
宋新潮　国际古迹遗址理事会（ICOMOS）中国国家委员会主席，中国古迹遗址保护协会
　　　　（ICOMOS China）理事长，国家文物局党组成员、副局长
宋春华　原建设部副部长，原中国建筑学会理事长
岳清瑞　中国工程院院士，原中冶建筑研究总院有限公司党委书记、董事长
单霁翔　中央文史馆特约研究员，中国文物学会会长，故宫博物院故宫学院院长
郭　旃　中国文物学会副会长兼世界遗产研究会会长，原国家文物局文物保护司巡视员，
　　　　原国际古迹遗址理事会（ICOMOS）副主席
常　青　中国科学院院士，同济大学建筑与城市规划学院教授、博士生导师

编辑委员会

主　编：刘伯英　徐苏斌　彭长歆
编　委：（以姓氏笔画为序）
　　　　万　谦　韦　飚　卢家明　刘大平　刘奔腾　刘宗刚　刘　晖
　　　　闫　觅　李和平　吴　迪　何俊萍　宋　盈　陈　洋　季　宏
　　　　周　卫　周　坚　周莉华　郑东军　郑红彬　孟璠磊　哈　静
　　　　钟冠球　段亚鹏　姜　波　莫　畏　高祥冠　唐　琦　曹永康
　　　　常　江　蒋　楠　赖世贤　赖淑华

学术支持单位

中国建筑学会工业建筑遗产学术委员会
中国文物学会工业遗产委员会
中国历史文化名城委员会工业遗产学部

主编单位

清华大学建筑学院
天津大学建筑学院
华南理工大学建筑学院

策　　划：赖淑华　卢家明
项目负责：赖淑华　骆　婷
项目执行：赖淑华　骆　婷
编辑统筹：骆　婷

砥砺奋进、铸就辉煌

——谱写中国工业遗产的史诗

（代序）

2018年中国改革开放40周年，2019年中华人民共和国成立70周年，2020年我们又迎来全面建成小康社会的关键时期。历史呈现给我们一幅壮美的画卷，也赋予了我们崇高的责任。在城市建设从扩张开发到更新挖潜实现转型发展，大量工业用地更新和工业遗产保护利用呈现高潮的关键时刻，我们共同投身到了为中国工业遗产的保护利用树碑立传的伟大事业当中。"中国工业遗产丛书"的出版，记录了中国工业遗产保护利用研究与实践的发展历程，谱写了中国工业遗产的史诗。

随着城市产业结构和社会生活方式的变化，传统工业或迁离城市，或面临"关、停、并、转"的局面，留下了很多工厂旧址、设施、机器设备等具有遗产价值的工业遗存。工业遗产是文化遗产的重要组成部分，加强工业遗产的保护利用，构建中国工业遗产价值体系，对于传承人类先进文化，保持和彰显城市的文化底蕴和特色，推动地区经济社会可持续发展，具有十分重要的意义。借鉴国内外工业遗产保护的经验，探索适合我国的工业遗产保护方法和利用途径，形成相对完整和独立的当代工业遗产保护理论体系，指导工业遗产保护与利用的良性发展是一项艰巨和长期的任务。

1. 齐抓共管：聚焦工业遗产

2005年10月ICOMOS在中国西安举行的第15届大会上做出决定，将2006年4月18日"国际古迹遗址日"的主题定为"保护工业遗产"。2006年4月国家文物局在无锡举办中国工业遗产保护论坛，通过《无锡建议》；2006年6月国家文物局下发《加强工业遗产保护的通知》；2007年国家文物局开展第三次全国文物普查，首次将工业遗产纳入调查范围；2009年6月在上海召开全国工业遗产保护利用现场会。在第一批至第八批全国重点文物保护单位中，近代工业遗产共计143处，占比2.83%。2019年12月国家文物局印发《国家文物保护利用示范区创建管理办法（试行）》，为工业遗产保护利用奠定了坚实的基础。

2013年3月，国家发改委编制了《全国老工业基地调整改造规划（2013—2022年）》并得到国务院批准，该规划涉及全国120个老工业城市。2014年3月，国务院办公厅发布《关于推进城区老工业区搬迁改造的指导意见》，把加强工业遗产保护再利用作为一项主要任务。2020年6月国家发改委、工信部、国资委、国家文物局、国家开发银行联合印发《推动老工业城市工业遗产保护利用实施方案》，实现了政府部门之间的紧密合作，标志着工业遗产保护利用工作进入真抓实干的新阶段。

2017—2019年，工信部工业文化发展中心发布了三批"国家工业遗产名单"，共102项；印发了《国家工业遗产管理暂行办法》，对开展国家工业遗产保护利用及相关管理工作进行了明确规定。工业遗产是工业文化的重要载体，蕴含着丰富的历史信息和文化基因，见证了工业以及国家发展的历史进程。保护和利用工业遗产，是对尘封记忆的唤醒，更是对光辉历史的弘扬，有助于提升和坚定民族文化自信。

2018—2019年，国资委分行业、分批次发布中央企业工业文化遗产名单，包括核工业11项、钢铁工业20项、信息通信行业20项，指导中央企业发掘利用历史文化遗产价值，丰富企业文化内涵，彰显企业品牌价值，提升企业文化软实力和企业竞争力，逐步形成中央企业工业文化遗产集群。国资委还对中央企业文化遗产基本情况进行了摸底，编印了《央企老照片——中央企业历史文化遗产图册》，展示了国防科工、石油化工、电力、冶金、建筑等行业的发展轨迹、历史遗存与工业遗产。

2018年，住建部发布《关于进一步做好城市既有建筑保留利用和更新改造工作的通知》，提出要充分认识既有建筑的历史、文化、技术和艺术价值，坚持充分利用、功能更新原则，加强城市既有建筑保留利用和更新改造，避免片面强调土地开发价值，防止"一拆了之"。坚持城市修补和有机更新理念，延续城市历史文脉，保护中华文化基因，留住居民乡愁记忆。

2016—2019年，中国文物学会和中国建筑学会分四批公布"中国20世纪建筑遗产"名录，共396项，其中有64项工业遗产，占总数的16.2%。

2018—2019年，中国科协与中国规划学会联合公布两批"中国工业遗产保护名录"，共200项。同时，中国科协联合南京出版社出版了"中国工业遗产故事"科普系列丛书，更是广泛唤起了公众对工业遗产保护的关注。

2005—2017年，自然资源部分四批公布了88座国家矿山公园。2017年，国家旅游局发布《全国工业旅游发展纲要》，指出要充分挖掘和利用好工业文化，传承工业文明，实施工业旅游"十百千"工程，即10个工业旅游城市、100个工业旅游基地、1000个国家工业旅游示范点，并推出10个国家工业遗产旅游基地。

2010年以来，我国成立了多个工业遗产领域的学术组织，包括中国建筑学会工业建筑遗产学术委员会（2010年）、中国历史文化名城委员会工业遗产学部（2013年）、中国国史学会三线建设研究会（2014年）、中国文物学会工业遗产委员会（2014年）、中国科技史学会工业遗产研究会（2015年）等，工业遗产受到专家和学者的共同关注，成为学术研究的热点；工业遗产还吸引了大量规划师、建筑师参与到城市更新和既有工业建筑改造利用的实践当中，创造了丰富多彩的实践案例。他们成为我国工业遗产保护利用领域最强大的学术共同体，初步建构了我国工业遗产保护利用的学术体系。本套丛书的出版也将是作者们学术生涯的重要成果。

2. 回眸历史：树立国家丰碑

工业创造了曾经的辉煌，今天依然壮观美丽，工业遗产的价值得到越来越广泛的认识，工业美学得到越来越多的欣赏。英国、法国、德国、美国、日本等工业强国，把工业遗产保护作为国策，彰显了各国政府对人类工业文明的重视，展示了各国工业化进程的经验和成果，这是特别值得我们深刻思考的。工业遗产在广袤的大地上留下了独特的工业景观，见证了空想社会主义的社会实验，探索了现代城市规划方法和新建筑思想，其影响持续至今。

以造纸、酿酒、陶瓷、盐业、矿冶、桥梁、水利、运河为代表的中国古代传统工艺和手工业是中华民族智慧的结晶。洋务运动"自强""求富"，引进西方先进的科学技术，兴办近代军事工业和民用企业，迈出了中国近代工业发展的第一步。民族资本家的"实业救国"使中华民族摆脱贫穷，实现自救。殖民工业见证了侵略者的掠夺和中国遭受的耻辱。抗战工业展现了中国人民不屈不挠的决心。革命工业遗产谱写了中国人民英勇奋斗的壮丽篇章。

中华人民共和国成立后，国民经济恢复时期的建设项目、"一五""二五"时期苏联援建的"156项目"，奠定了新中国工业化的坚实基础。"三线"建设开启了西部大开发的序幕，中国的工业布局得到进一步完善，国防工业得到进一步发展。改革开放前以四大化纤基地和八大化肥厂为代表的"四三方案"，以及以宝钢和深圳"三来一补"工业企业为代表的改革开放工业建设的伟大成就，书写了中国工业化的历史，树立了一座座中国工业化进程的丰碑。

中华人民共和国成立70年，我们逐步建立了独立、完整的工业体系和国民经济体系，实现了从工业化初期到工业化后期的历史性飞跃，实现了从落后的农业国向世界工业大国的历史性转变。这两大历史性成就表明：我们在实现强国之梦的征程上迈出了决定性的步伐。这为我国工业遗产的未来发展树立了坐标。

3. 牢记使命：传承文化精神

中国今天的工业辉煌是用历史书写的，是前辈们用勤劳和汗水、聪明和智慧以及文化和精神铸就的。前辈学者们在工业发展历史的茫茫大海中去发现那些有价值的工业遗产，为我们的研究奠定了坚实的基础，让我们获益匪浅。

2015年11月21—23日，"中国第六届工业遗产学术研讨会"在华南理工大学召开。其间，华南理工大学出版社提出了组织出版"中国工业遗产丛书"的思路和想法，得到了专家们的认同和响应。之后历经上海、南京、鞍山、郑州四届年会的专题研讨会，不断丰富思路，细化计划，组织撰写。

本套丛书以省、直辖市为单位，将本地区工业发展的历程，工业遗产的保存、保护与活化利用工作进行梳理和总结，并通过大量的田野调查、研究成果、实践案例、政策法规的汇总，展现了本地区工业遗产的全貌，从而使本套丛书成为中国工业遗产集大成之作。

对于本套丛书的出版，华南理工大学出版社卢家明社长、周莉华副总编给予了大力支持，赖淑华编审、骆婷编辑全程负责项目推进和实施，在此特别感谢。也特别感谢撰写书稿的各位作者，他们来自多所大学，多年来做了大量现状调查，取得了丰硕的研究成果；他们还培养了大量研究生，参与了多项规划设计项目；结合书稿的需要，他们又补充进行了大量的资料搜集和现场调查、测绘，付出了艰辛和努力；特别是工业遗产分散，"三线"、军工遗产丰富的省份作者，他们付出的努力更加令人钦佩。

很多丛书分卷的作者开展了口述历史的搜集和整理工作，采访了工业企业的开创者、建设者、亲历者，包括各级领导、劳模、工人，收集了大量珍贵的文献档案、影像资料和工业文物；采访了文创园区的经营者和游客，开展问卷调查，大大丰富了本套丛书的内容，甘之如饴。

4. 结语

工业遗产书写了中国工业化的进程，承载着国家记忆和民族精神，是不朽的历史丰碑，是中国优秀文化的重要标识，是中国为人类文明的进步所做贡献的重要见证。让我们以更加饱满的热情、更加旺盛的斗志、更加严谨的作风投身到工业遗产调查研究、保护利用的事业中去，让工业遗产所承载的工业精神，凝结为中国人民和中华民族的优秀"基因"，为中国的"文化自信"做出新的贡献。

刘伯英

2020年12月

前 言

　　天津的工业遗产调查研究是在全国的工业遗产研究的背景下展开的。

　　2006年国家文物局推出了《无锡建议》，首倡工业遗产保护，启动了中国的工业遗产调查和研究。无锡市于2007年推出《无锡市工业遗产普查及认定办法（试行）》，并于当年开始对本市的工业遗存情况进行了摸底调查，并公布了第一批无锡工业遗产保护名录20处，第二批14处。常州从2006年就有了工业遗产普查。北京从2006年开始对本市的工业建筑遗存情况进行了摸底调查，2007年公布的《北京优秀近现代建筑保护名录》（第一批）中包含了6项工业建筑遗产。上海作为近代工业最发达的城市之一，工业遗存数量较多，其在工业遗产保护的理念、政策和实践方面都走在全国前列，上海在2007年开展的第三次全国文物普查中发现了200余处新的工业遗产。杭州2010年发布了《杭州市工业遗产建筑规划管理规定（试行）》。重庆从2007年开始，由重庆市规划局牵头开展了重庆工业遗产保护利用专题研究，普查了本市工业遗存的状况，提出了60处工业遗产建议名录。2011年南京市在"南京历史文化名城研究会"的组织下，展开了为期4年的南京市域范围内工矿企业的调查，并提出了50余处工业遗产建议保护名录。武汉市于2011年组织编制了《武汉市工业遗产保护与利用规划》，经过调研推选出了27处工业遗存作为武汉市首批工业遗产。

天津市开启工业遗产保护的契机源于对北洋水师大沽船坞的保护。2008年滨海新区中心商务区的建设涉及大沽船坞遗址的保护问题，2008年6月天津大学中国文化遗产保护国际研究中心起草了保护北洋水师大沽船坞的倡议书，倡议保护北洋水师大沽船坞遗址，同时天津市船厂厂长也致信国家文物局，由此大沽船坞获得保护，2013年被批准为第七批全国重点文物保护单位。以北洋水师大沽船坞保护为契机，天津的工业遗产保护工作正式启动。2010年塘沽区文物局组织了天津滨海新区工业遗产的普查工作，2011年初天津市规划局协同天津大学、天津城建大学等单位开展了全市范围内工业遗产的普查工作。普查工作结合全国第三次文物普查的结果，选取了131处工业遗产进行普查，建立了"一厂一册"的普查图册。

建立普查图册之后，天津市在2012年9月制定了《天津市工业遗产保护与利用管理办法（试行）》，为更好地保护天津的工业遗产提供了依据。在普查工作进行的同时，天津市规划局与天津市城市规划设计研究院对每一项工业遗产做了详细的规划策划，并于2013年编制出了《天津市工业遗产保护与利用规划》征求意见稿（2013版），2015年公示了修订后的《天津市工业遗产保护与利用规划》（2016版）。

2013版《天津市工业遗产保护与利用规划》将天津的工业遗产分为三类：第一类最具代表性典型工业遗产计20处，第二类典型工业遗产计24处，第三类一般工业遗产计78处，共计122处。2016版《天津市工业遗产保护与利用规划》则将与生产直接相关的37处工业遗产分为三个级别，其中一级工业遗产14处，二级工业遗产17处，三级工业遗产6处。一级工业遗产指国家级、市级、区级的工业遗产文物保护单位和受市重点保护的历史风貌建筑；二级工业遗产指认定价值较高、能体现特色的工业遗产，包括没有列入文物保护单位的不可移动文物和一般保护等级的历史风貌建筑；三级工业遗产指一般的工业遗产。同时，对每一级都提出了相应的保护内容和要求。2016版规划另包含60处与工业生产间接相关的工业遗产，与直接相关的工业遗产合计共97处。

天津大学中国文化遗产保护国际研究中心（以下简称"研究中心"）在倡议保护大沽船坞遗址之后，先后协助天津市规划局完成天津市滨海新区以及天津全市的工业遗产普查和大沽船坞保护规划等工作，并不断深化研究，承接了天津市哲学社会科学规划项目"天津市工业遗产保护及其开发利用研究"、天津市教委重大项目"天津市工业遗产保护与活化再生利用策略研究"、国家自然科学基金面上项目"塑造创意城市：天津滨海新区工业遗产群保护与再生的综合研究"、国家社科重大项目"我国城市近现代工业遗产保护体系研究"等一系列工业遗产的重要课题，不仅对天津的，也对全国的工业遗产进行了调查和研究，并和国际上的工业遗产文件和案例进行比较研究。2014年研究中心国家社科重大项目课题组推出《中国工业遗产价值评价导则（试行）》，2018年课题组完成国家社科重大课题报告《我国城市近现代工业遗产保护体系研究》，2021年出版了五卷《中国城市近现代工业遗产保护体系研究》。随着评估范围的逐步扩大，对于工业遗产的认识也不断更新。

本书系统地介绍了天津的工业遗产历史和现状、价值评估和保护规划。工业遗产在中国尚为新型遗产，且多处于城市核心地带，因此保护和再利用的难度比较大。本书主要收录了天津大学中国文化遗产保护国际研究中心十余年对天津工业遗产调查和研究的成果。这些研究成果的集中发表将对天津市工业遗产的宣传和保护起到积极的作用。

青木信夫（主任）、徐苏斌（常务副主任）主持了调研工作，承担全书的编写及校阅。参加天津工业遗产调查和研究的人员包括（按照参加的顺序）：曹苏、季宏、刘敏、刘征、闫觅、王宏宇、陈国栋、陈晨、李天、仲丹丹、彭飞、陈双辰、杜欣、郝帅、薛山、石越、张家浩、孙跃杰、于磊、刘静、张雨奇、李欣、李程远、赖世贤、李松松、冯玉婵、曲鹏、刘秘、王雨萌、吕志宸、曾程、张晶玫等。天津大学建筑学院老师张威、郑颖、张天洁、张蕾、胡莲、孙德龙、Bebio Amaro、左进参加了指导。各章节合作执笔者包括：季宏（1.2、1.3、2.1.1、2.1.2、2.1.4）、李程远（2.1.3）、陈国栋（2.2）、闫觅（2.3.2、3.2）、王宏宇（2.4）、曾程（3.1、4.1~4.5）、吕志宸（4.6~4.10）、张晶玫（4.11~4.14）、李松松（5.1、5.2）。吕志宸协助校阅。

感谢天津市社科联前书记万新平先生的鼓励和支持，感谢天津社会科学院罗澍伟、刘海岩、张利民等先生及南开大学王玉茹教授等的不吝赐教，感谢张利民先生、近藤久义先生、刘树伟先生、李云飞先生等提供的珍贵资料。

感谢巴黎第一大学、东京大学、UCL、东安格利亚大学、香港中文大学等高校的合作者。

感谢长期以来各种基金的支持，包括天津市哲学社会科学规划项目（TJYYWT12-03）、天津市教委重大项目（2012JWZD4）、国家自然科学基金面上项目（51178293、51878438）、国家社科重大项目（12&ZD230）、天津市自然科学基金项目（18JCYBJC22400）、高等学校学科创新引智计划（B13011）的大力支持。衷心感谢中国文物学会、中国建筑学会、中国城市科学研究会历史文化名城委员会、天津市规划局、天津市文物局、天津市滨海新区文广局、天津市国土资源与房屋管理局、天津市社会科学联合会、天津大学建筑学院的支持。感谢国内外众多工业遗产保护专家和朋友在研究中给予的帮助，感谢国家出版基金的支持和华南理工大学出版社的支持！

天津大学中国文化遗产保护国际研究中心
青木信夫　徐苏斌　谨识

目 录

第 1 章 绪 论

1.1 天津的地理位置和城市由来 ⋯⋯⋯⋯⋯⋯⋯⋯⋯⋯⋯⋯⋯⋯⋯⋯⋯⋯⋯⋯⋯⋯⋯⋯⋯ 2
1.2 天津近代工业发展脉络与分期 ⋯⋯⋯⋯⋯⋯⋯⋯⋯⋯⋯⋯⋯⋯⋯⋯⋯⋯⋯⋯⋯⋯⋯ 2
  1.2.1 发展脉络 ⋯⋯⋯⋯⋯⋯⋯⋯⋯⋯⋯⋯⋯⋯⋯⋯⋯⋯⋯⋯⋯⋯⋯⋯⋯⋯⋯⋯⋯⋯ 2
  1.2.2 天津近代工业发展的历史分期 ⋯⋯⋯⋯⋯⋯⋯⋯⋯⋯⋯⋯⋯⋯⋯⋯⋯⋯⋯⋯ 3
1.3 天津近代工业的选址与时空分布特征 ⋯⋯⋯⋯⋯⋯⋯⋯⋯⋯⋯⋯⋯⋯⋯⋯⋯⋯⋯ 12
  1.3.1 影响天津近代工业选址的因素 ⋯⋯⋯⋯⋯⋯⋯⋯⋯⋯⋯⋯⋯⋯⋯⋯⋯⋯⋯⋯ 12
  1.3.2 天津近代工业发展与分布特征 ⋯⋯⋯⋯⋯⋯⋯⋯⋯⋯⋯⋯⋯⋯⋯⋯⋯⋯⋯⋯ 16

第 2 章 天津工业发展历史

2.1 洋务运动时期的工业 ⋯⋯⋯⋯⋯⋯⋯⋯⋯⋯⋯⋯⋯⋯⋯⋯⋯⋯⋯⋯⋯⋯⋯⋯⋯⋯⋯ 22
  2.1.1 天津清末军工产业兴办的背景 ⋯⋯⋯⋯⋯⋯⋯⋯⋯⋯⋯⋯⋯⋯⋯⋯⋯⋯⋯⋯ 22
  2.1.2 天津机器局西局的建设 ⋯⋯⋯⋯⋯⋯⋯⋯⋯⋯⋯⋯⋯⋯⋯⋯⋯⋯⋯⋯⋯⋯⋯ 25
  2.1.3 天津机器局东局的建设 ⋯⋯⋯⋯⋯⋯⋯⋯⋯⋯⋯⋯⋯⋯⋯⋯⋯⋯⋯⋯⋯⋯⋯ 32
  2.1.4 北洋水师大沽船坞 ⋯⋯⋯⋯⋯⋯⋯⋯⋯⋯⋯⋯⋯⋯⋯⋯⋯⋯⋯⋯⋯⋯⋯⋯⋯ 45
  2.1.5 电报与铁路 ⋯⋯⋯⋯⋯⋯⋯⋯⋯⋯⋯⋯⋯⋯⋯⋯⋯⋯⋯⋯⋯⋯⋯⋯⋯⋯⋯⋯ 63
2.2 租界工业建设 ⋯⋯⋯⋯⋯⋯⋯⋯⋯⋯⋯⋯⋯⋯⋯⋯⋯⋯⋯⋯⋯⋯⋯⋯⋯⋯⋯⋯⋯⋯ 71
  2.2.1 租界中洋行附属的工业建筑 ⋯⋯⋯⋯⋯⋯⋯⋯⋯⋯⋯⋯⋯⋯⋯⋯⋯⋯⋯⋯⋯ 71
  2.2.2 租界中的工业区域 ⋯⋯⋯⋯⋯⋯⋯⋯⋯⋯⋯⋯⋯⋯⋯⋯⋯⋯⋯⋯⋯⋯⋯⋯⋯ 73
  2.2.3 租界市政基础设施与工业设施 ⋯⋯⋯⋯⋯⋯⋯⋯⋯⋯⋯⋯⋯⋯⋯⋯⋯⋯⋯⋯ 77
  2.2.4 外国人主导的租界外工业建设 ⋯⋯⋯⋯⋯⋯⋯⋯⋯⋯⋯⋯⋯⋯⋯⋯⋯⋯⋯⋯ 86
  2.2.5 租界附近的桥梁 ⋯⋯⋯⋯⋯⋯⋯⋯⋯⋯⋯⋯⋯⋯⋯⋯⋯⋯⋯⋯⋯⋯⋯⋯⋯⋯ 89
2.3 河北新开区新政工业 ⋯⋯⋯⋯⋯⋯⋯⋯⋯⋯⋯⋯⋯⋯⋯⋯⋯⋯⋯⋯⋯⋯⋯⋯⋯⋯⋯ 93
  2.3.1 直隶工艺总局 ⋯⋯⋯⋯⋯⋯⋯⋯⋯⋯⋯⋯⋯⋯⋯⋯⋯⋯⋯⋯⋯⋯⋯⋯⋯⋯⋯ 94

2.3.2	户部造币总厂	108
2.4	塘沽的工业建设	120
2.4.1	军事设施建设	120
2.4.2	民族工业的兴起和殖民时期的交通（1914—1937年）	121
2.4.3	日据时期塘沽的城市建设（1937—1945年）	131
2.4.4	塘沽新港建设	141

第3章 天津工业遗产现状调查

3.1	现状概述	158
3.1.1	遗产等级分类	158
3.1.2	时间分布特征	162
3.1.3	空间分布特征	162
3.1.4	行业类型特征	163
3.2	天津工业遗产的价值评估	165
3.2.1	年代与历史重要性	166
3.2.2	工业设备与技术	168
3.2.3	建筑设计与建造技术	171
3.2.4	文化与情感认同、精神激励	172
3.2.5	推动地方社会发展	173
3.2.6	重建、修复及保存状况	177
3.2.7	地域产业链、厂区或生产线的完整性	178
3.2.8	其他评价因子	180

第4章 天津工业遗产典型案例实录

4.1	办公管理类	184
4.1.1	开滦矿务局大楼	184
4.1.2	太古洋行大楼	188
4.1.3	怡和洋行大楼	190
4.1.4	仁记洋行天津分行	191
4.1.5	久大精盐公司大楼	193
4.1.6	天津电报总局	195
4.1.7	直隶全省内河行轮董事局	197
4.1.8	海河工程局	198

- 4.1.9 新河材料厂办公楼 ……………………………………………………………… 201
- 4.1.10 英美烟草公司北方运销公司总部 …………………………………………… 202
- 4.1.11 北宁铁路管理局 ………………………………………………………………… 204
- 4.1.12 轮船招商局公寓楼 ……………………………………………………………… 206
- 4.1.13 丹华火柴厂 ……………………………………………………………………… 207
- 4.1.14 济安自来水股份有限公司 ……………………………………………………… 209
- 4.1.15 日本新港港湾局办公厅旧址 …………………………………………………… 212

4.2 电子通信业 …………………………………………………………………………… 214
- 4.2.1 天津电话四局 …………………………………………………………………… 214
- 4.2.2 天津电话六局 …………………………………………………………………… 216
- 4.2.3 天津渤海无线电厂 ……………………………………………………………… 217
- 4.2.4 国营天津无线电厂 ……………………………………………………………… 219
- 4.2.5 天津广播电台战备台 …………………………………………………………… 222

4.3 纺织制造业 …………………………………………………………………………… 222
- 4.3.1 新华纽扣厂（宁家大院） ……………………………………………………… 222
- 4.3.2 华新纱厂 ………………………………………………………………………… 226
- 4.3.3 宝成、裕大纱厂（棉三） ……………………………………………………… 230
- 4.3.4 盛锡福帽庄 ……………………………………………………………………… 236
- 4.3.5 东亚毛呢纺织有限公司 ………………………………………………………… 238
- 4.3.6 天津外贸地毯厂 ………………………………………………………………… 243

4.4 机械制造业 …………………………………………………………………………… 246
- 4.4.1 津浦铁路局天津机厂 …………………………………………………………… 246
- 4.4.2 天津纺织机械厂 ………………………………………………………………… 252
- 4.4.3 天津重型机器厂 ………………………………………………………………… 257
- 4.4.4 天津第一机床厂 ………………………………………………………………… 259
- 4.4.5 天津拖拉机厂 …………………………………………………………………… 264
- 4.4.6 天津市电机总厂 ………………………………………………………………… 267
- 4.4.7 比商天津电车电灯股份有限公司 ……………………………………………… 269
- 4.4.8 福聚兴机器厂 …………………………………………………………………… 271

4.5 船舶制造业 …………………………………………………………………………… 273
- 4.5.1 北洋水师大沽船坞 ……………………………………………………………… 273
- 4.5.2 新河船厂 ………………………………………………………………………… 277
- 4.5.3 新港船厂 ………………………………………………………………………… 282

4.6 能源化学工业 ………………………………………………………………………… 286

4.6.1	天津第一热电厂	286
4.6.2	大沽化工厂	290
4.6.3	天津化工厂	301
4.6.4	永利碱厂	312
4.6.5	黄海化学工业研究社	315
4.6.6	港5井	317

4.7 交通运输业 319

4.7.1	塘沽南站	319
4.7.2	天津西站主楼	321
4.7.3	天津新站	324
4.7.4	静海火车站	326
4.7.5	陈官屯火车站	327
4.7.6	唐官屯火车站	328
4.7.7	杨柳青火车站站房	329
4.7.8	唐官屯给水所	331
4.7.9	独流给水所	332
4.7.10	怡和洋行仓库	333
4.7.11	亚细亚火油公司塘沽油库	336
4.7.12	交通部材料储运总处天津储运处	339
4.7.13	唐官屯铁桥	341
4.7.14	大红桥	342
4.7.15	万国桥	344
4.7.16	水线渡口	346
4.7.17	大沽息所	348
4.7.18	太古洋行塘沽码头	350
4.7.19	大沽灯塔	352

4.8 印刷造币业 354

4.8.1	天津印字馆	354
4.8.2	户部造币总厂	356
4.8.3	协和印刷厂	363
4.8.4	中共中央在津秘密印刷厂	367

4.9 医药工业 369

4.9.1	天津达仁堂制药厂	369
4.9.2	天津华津制药厂（三五二六厂）	372

4.10 食品业	378
4.10.1　薛家油坊	378
4.10.2　天津酿酒厂	378
4.11 公共教育	383
4.11.1　北洋大学堂	383
4.11.2　天津工商学院	385
4.12 水务工程	389
4.12.1　芥园水厂	389
4.12.2　三岔口扬水站	391
4.12.3　大朱庄排水站	392
4.12.4　邵庄子分洪闸	393
4.12.5　海河防潮闸	395
4.12.6　争光扬水站	396
4.12.7　城关扬水站	397
4.12.8　十一堡扬水站	398
4.12.9　双旺扬水站	399
4.12.10　耳闸	399
4.12.11　马圈引河闸（洋闸）	401
4.12.12　中国第一水工试验所	403
4.12.13　九宣闸	406
4.13 其他行业	407
4.13.1　天津利生体育用品厂	407
4.13.2　翟记棺材铺旧址	409
4.13.3　前甘涧兵工厂旧址	411
4.13.4　合线厂车间	412

第5章　天津工业遗产保护规划：从城市整体到遗产单元的探索

5.1 天津工业遗产保护规划概况	416
5.1.1　研究对象与研究方法	416
5.1.2　天津市工业遗产保护规划	418
5.1.3　从全国看天津市工业遗产保护规划	420
5.2 天津工业遗产保护策略及实践	421
5.2.1　市域层面专项规划：《天津市工业遗产保护与利用规划》	421

  5.2.2　城市新区层面专项规划：《天津滨海新区中心商务区文物保护与
　　　　发展规划》 ·· 431
  5.2.3　遗产单元层面专项规划：《北洋水师大沽船坞遗址保护总体规划》 ······ 442
5.3　天津工业遗产保护与利用案例 ·· 453
  5.3.1　6号院文化创意园 ·· 454
  5.3.2　巷肆创意产业园 ·· 455
  5.3.3　棉三创意街区 ·· 458
  5.3.4　天津拖拉机厂改造项目 ·· 461
  5.3.5　大沽船坞轮机车间 ·· 463

附录　天津工业遗产调研案例一览表 ·· 468

参考文献 ·· 482

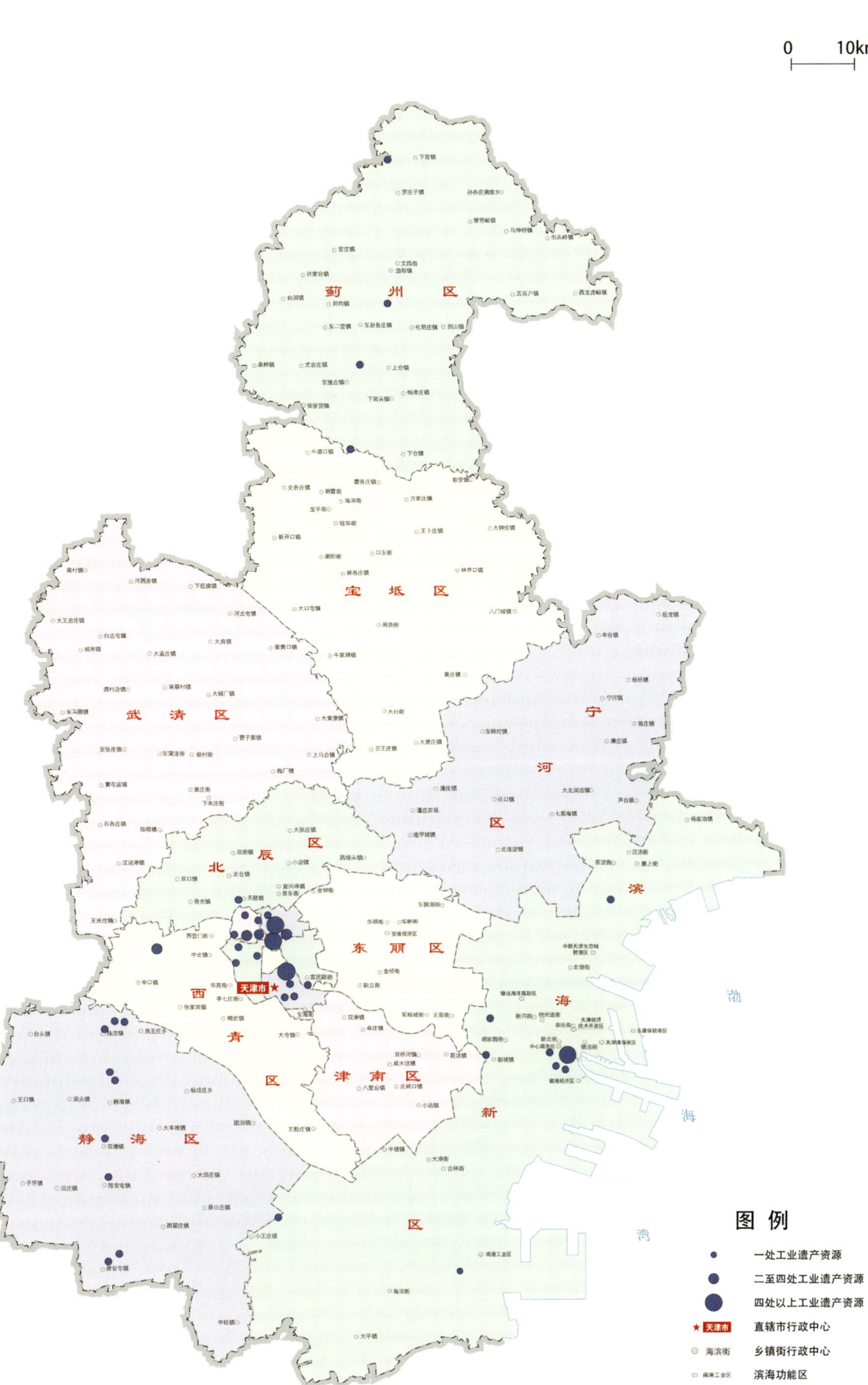

天津工业遗产分布图

第 1 章

绪 论

1.1 天津的地理位置和城市由来

天津位于海河下游，地跨海河两岸，是北京通往东北、华东地区铁路的交通咽喉和远洋航运的港口，有"河海要冲"和"畿辅门户"之称。其位于东经116°43′至118°04′、北纬38°34′至40°15′之间。市中心位于东经117°10′、北纬39°10′。天津地处华北平原北部，东临渤海，北依燕山，对内腹地辽阔，辐射华北、东北、西北13个省市自治区，对外面向东北亚，是中国北方最大的沿海开放城市。

隋朝修建京杭运河后，南运河和北运河的交会处（今金刚桥三岔河口），史称三会海口，是天津最早的发祥地。唐朝在芦台开辟了盐场，在宝坻设置盐仓。辽代在武清设立了"権盐院"，管理盐务。金贞祐二年（1214年），在三岔口设直沽寨，在今天后宫附近已形成街道，是为天津最早的名称。元朝改直沽寨为海津镇，这里成为漕粮运输的转运中心，设立大直沽盐运使司，管理盐的产销。明建文二年（1400年），燕王朱棣在此渡过大运河南下争夺皇位。朱棣成为皇帝后，为纪念由此起兵的"靖难之役"，在永乐二年十一月二十一日（1404年12月23日）将此地改名为天津，即天子经过的渡口之意。作为军事要地，天津在三岔河口西南的小直沽一带开始筑城设卫，又称天津卫，自此起算天津建城600多年，是中国古代唯一有确切建城时间记录的城市。后又增设天津左卫和天津右卫。清顺治九年（1652年），天津卫、天津左卫和天津右卫三卫合并为天津卫，设立民政、盐运和税收、军事等建置。雍正三年（1725年）升天津卫为天津州。雍正九年（1731年）升天津州为天津府，辖六县一州。清末时期，天津作为直隶总督的驻地，也成为李鸿章和袁世凯兴办洋务和发展北洋势力的主要基地。

1.2 天津近代工业发展脉络与分期

1.2.1 发展脉络

1860年天津成为通商口岸以后，英法首先在天津设置租界，美、德、日、意、奥、俄、比等国随后均在天津设立租界，开办洋行，设置码头。天津成为中国开放的前沿，同时由天津开始的军事近代化，以及铁路、电报、电话、邮政、采矿、近代教育、司法等方面的建设，均开中国之先河，天津成为近代中国洋务运动的基地。1900年以后，袁世凯在天津推行"新政"，在海河北岸建设河北新区，聚集了大量的近代工业企业。天津工业发达、门类齐全，是中国近代工业的发祥地，也是中国重要的老工业基地和中国传统与当前重要的工业城市。久大精盐公司、永利碱厂等曾开创中国化学工业的先河。1930年代天津的工业位居全国第二，工厂总数和工业投资仅低于上海，天津是中国北方重要的工业城市。1850—1950年，天津各个领域的发展几乎全方位地引领风气之先，东西方文明的碰撞与交融，形成了天津城市历史文化的独特魅力。

中华人民共和国成立后，天津利用已有的工业基础，获得了较快的发展。中国的第一辆自行车、第一只手表、第一架照相机、第一台电视机、第一台6000吨水压机、第一台模拟电子计算机等工业产品相继在天津问世，为中国的经济发展做出了重大贡献。现代天津一批产业聚集区的建设，充分体现了天津的发展水平和实力，大乙烯、大炼油、大飞机、大火箭等一批标志性项目的投产，不仅创造了天津工业的历史，而且也抢占了产业发展的制高点，站在了发展的最前沿。

1986年，天津被评为中国历史文化名城。

1.2.2 天津近代工业发展的历史分期

关于全国的工业发展分期，陈真在《中国近代工业史资料·第3辑：清政府、北洋政府和国民党控制官僚资本创办和垄断的工业》中，虽然对中国近代工业未做时间上的分期，但实际编写顺序在时间上仍然是有分期的，即清政府、北洋政府、国民政府这三个大的隐含分期。孙毓棠、汪敬虞编写的《中国近代工业史资料》分上下两册，上册主要收集的是1840—1895年的中国近代工业史料，下册则从1895年开始直至1914年。较为完整的、有代表性的分期方法应为祝慈寿的观点：中国近代工业的发生与初期情况（1861—1894年），甲午战争后帝国主义在华的工业投资与经营、甲午战争后的官僚资本工业与政府工业政策、中国民族资本工业的不断发展（1895—1927年），抗战前的外资工业与中国工业经营（1928—1937年），抗战时期的工业经营与变化（1938—1945年），抗战胜利后的中国工业演变（1945—1949年）。这些分期方式均有比较大的共同点，即选取的起始时间为洋务运动时期（孙毓棠、汪敬虞除外）。魏心镇在其《工业地理学：工业布局原理》中，对中国近代工业布局采用历史学方法对天津近代工业进行研究，以工业企业资本的属性作为分期的依据，从五个时期阐述了中国近代工业分布的地理特征，他对这几个时期的描述和分期为：近代工业萌芽时期（1840—1894年），近代工业初步发展时期（1895—1913年），近代工业大发展时期（1914—1922年），近代工业发展缓慢时期（1923—1936年），近代工业衰败与破坏时期（1937—1949年）。这种观点影响较大，分期的界标不仅涉及重大政治事件、重大制度变革，还考虑到国际和国内时局对工业的影响。

综上所述，研究者的普遍分期起点是1840年鸦片战争，第二个节点是甲午战争，第三个节点是抗日战争，第四个节点是中华人民共和国成立。每一个阶段又包含有两到三个小阶段，即：

1840—1895年可以分为：1840—1860年，1860—1895年；

1895—1937年可以分为：1895—1914年，1914—1927年，1927—1937年；

1937—1949年可以分为：1937—1945年，1945—1949年。

笔者所在的课题组收集到的与课题有关的中国近代工业史上的工厂数量近2200个，有明确建厂时间的2131个。从建厂时间的分布来观察，同样可以验证上述分期的可行性。[1]

然而天津研究者对天津近代工业发展有独自的分期。罗澍伟[2]从天津城市发展的角度进行分期：1840—1900年；1900—1927年；1927—1937年；1937—1945年；1945—1949年。这个分期在1900年这个节点上有别于中国近代工业研究的划分，其他划分则类似中国近代工业史的分期。宋美云[3]的划分为：1866—1900年；1900—1926年；1926—1937年；1937—1948年。董智勇[4]的划分是：1860—1895年；1895—1937年；1937—1948年。万新平[5]重点讨论了天津早期工

---

[1] 徐苏斌，赖世贤，刘静，等. 关于中国近代城市工业发展历史分期问题的研究[J]. 建筑师，2017（6）：40-47.
[2] 罗澍伟. 近代天津城市史[M]. 北京：中国社会科学出版社，1993.
[3] 宋美云，张环. 近代天津工业与企业制度[M]. 天津：天津社会科学院出版社，2005.
[4] 董智勇. 天津近代工业的发展特点与结构变迁（1840—1949）[D]. 天津：南开大学，2008.
[5] 万新平. 天津早期近代工业初探[G]//纪念天津建城600周年文集. 天津：天津人民出版社，2004.

业的起点，他认为应该以1867年天津机器局的创建为起点，而外商在天津最早设置的工厂应该是1881年英商高林洋行（Collins & Co.）的打包厂，下限是1900年。岳宏[①]也以中国重大历史事件为分期依据进行考察，将1900年八国联军侵华的"庚子事件"视作初始期结束、发展期开始，1911年辛亥革命视作发展期结束、兴盛期开始，1937年视作兴盛期结束。天津研究者的分期方法虽然有很多不同，但是普遍统一的节点有如下几个：起点是第二次鸦片战争以后的洋务运动，第二个节点是义和团运动，第三个节点是抗日战争，第四个节点是中华人民共和国成立。

天津的近代工业发展稍微有别于全国的工业发展进程。天津的起步和第二次鸦片战争关系更为密切。从全国范围考察，1840年是以广东黄埔科拜船坞（Couper Dock；J.C.Couper & Co.）的设立为标志的，但是天津近代最早的洋务工业起源于1860年代，笔者认为第一个节点是洋务运动。这个阶段主要是兴办机器局，制造枪炮。同时西人开设洋行、兴建码头都在这个时期起步。笔者认为第二个节点是义和团运动。义和团失败以后都统衙门（The Tientsin Provisional Government）全面管理城市，1902年管理权移交袁世凯，后袁世凯推行新政，发展工业。这个节点和全国的不同，这个期间有第一次世界大战，也有以国民政府建立的划分方法，不过从天津工业发展角度考察，辛亥革命的主要发生地不在天津，这个时期外资和民族资本都有较为稳定的发展，所以可以看作一个整体。第三个节点是抗日战争，第四个节点是中华人民共和国成立，此二节点和全国的节点一致。天津的划分方法显示了其独特的地方性。

鉴于上述研究和笔者所在团队的研究成果，本书将天津近代工业按如下分期：

初始期：1867—1900年；

发展兴盛期：1900—1937年（1900—1914年，1914—1927年，1927—1937年）；

战争时期：1937—1949年（1937—1945年，1945—1949年）。

1.2.2.1　初始期（1867—1900年）

天津近代工业的起点从两个方面进行考察，第一是洋务派的军事工业起步，第二是外商的企业在天津开始活动。

1. 清末军工产业兴盛

从18世纪中叶开始，西方列强一次又一次发动从海上侵略中国的战争。中国历代重视西北边防，而海岸线绵延万里，处处设防实为困难，且西方列强船坚炮利，中国的土枪土炮无法抵挡，与列强的战争多以失败告终。来自海上的威胁使中国的国防形势发生了历史性转变。面对西方列强的入侵，清政府采取一系列措施来发展本国经济和推动军事近代化进程：引进先进设备，创办军工产业，建立新式海军，购买并仿造军械弹药，派遣留学生学习西方先进技术等。

同治五年（1866年），直隶总督和神机营均编练西法军队，迫切需要各种新式武器，恭亲王在奏折中指出："练兵之要，制器为先，洋炸炮、炸弹与各项军火机器，为行军要需，虽然此类机器局在江苏已有，且有显著成效，但是江苏一省制造的军火并不能满足需要。目前直隶正在练兵，应该就近设局制造军火机器。这样，既可以有效地拱卫京师，又可以向别的省份调拨机器，作为南方各机器局的补充。"[②]出于增强直隶地区的军事实力和限制地方势力发展的双重考

[①] 岳宏. 工业遗产保护初探：从世界到天津[M]. 天津：天津人民出版社，2010.
[②] 《中国近代兵器工业档案史料》编委会. 中国近代兵器工业档案史料[G]. 北京：兵器工业出版社，1993：105.

虑，朝廷批准了在天津设机器局的建议。随着近代军工业在天津兴起，其主要能源——煤的需求量大增，此时国内手工煤窑所产煤炭量少且不合用，只能进口外国昂贵的煤炭。①为了保证军工业的正常发展，防止矿权落入外国人手中，李鸿章主张开办煤炭产业，委派唐廷枢勘察选址，最终选定在河北省滦县开平开办煤矿，取名为开平矿务局，于1878年正式开始钻探，1881年开始产煤。近代战争战况瞬息万变，西方列强均有电报及时互通战况，②而中国仍然使用书信传递军情，不仅不能及时对救援作出相应的作战计划，而且延误军机。光绪五年（1879年），李鸿章在大沽、北塘、天津之间架设了军用电报线，获得成功之后，次年奏《请设南北洋电报片》，1881年在天津设电报总局，天津成为清末电报枢纽城市。随着北洋海军舰队的扩大，天津机器局原有的船坞已不能满足修船、造船的需要。船只一旦有损坏，需要到上海和福州的船坞去修理，然而路途遥远，往返费时，且一旦有事则会贻误战机。③于是，李鸿章以"天津为海防重地，时有兵轮驻守，议建船坞，以为岁修之地"④为由向朝廷提出在天津设置船坞，以利北洋水师的舰艇修理。光绪六年（1880年）在大沽创办了北洋水师大沽船坞，与福建马尾船厂、上海江南造船厂形成南、北、中三足鼎立之势，为海军舰队提供补给之用。开平煤矿初期采用畜力车运煤到芦台，再由煤船沿蓟运河运至塘沽，销往各地，运输成本高且冬季运输受限，开平矿务局奏请修建轻便铁路，李鸿章转奏清廷同意后，于光绪七年（1881年）6月动工修建，11月修成从唐山煤井至胥各庄间的轻便铁路，这是我国自建并延续至今的第一条准轨铁路。1887年，李鸿章从加强海防出发，提出大沽、北塘之间防御太少，如果建设铁路则可快速调兵，⑤建议将唐胥铁路经大沽延伸至天津。经批准后，1888年3月，将该铁路修建延伸到塘沽，新河站和塘沽站建成。这一时期，也有少许的轻工业初见端倪，在机器制造业、火柴业、面粉业、毛纺织业等方面天津均有初步的发展，代表企业有德泰机器厂（1884年）、天津自来火公司（1887年）、贻来牟面粉厂（1897年）、天津织绒厂（1898年）等。

2. 天津早期的外资企业

英商在天津的外资工业中占有重要地位，其中打包厂所占数量较多。同治四年（1865年），

---

① 《筹议海防折》中指出："外国每造枪炮，机器全副购价须数十万金，再由洋购运钢铁等料，殊太昂贵。须俟中土能用洋法自开煤铁等矿，再添购大炉、汽锤、压水柜等机器，仿造可期有成。"出自：李鸿章. 李鸿章全集（1—12册）[G]．长春：时代文艺出版社，1998：1062-1075．
② 《筹议海防折》中指出："何况有事之际，军情瞬息变更，倘如西国办法有电线通报，径达各处海边，可以一刻千里，有内地火车铁路，屯兵於旁，闻警驰援，可以一日千数百里，则统帅尚不至於误事，而中国固急切办不到者也。"出自：李鸿章. 李鸿章全集（1—12册）[G]．长春：时代文艺出版社，1998：1062-1075．
③ 《建筑船坞请奖片》．出自：李鸿章. 李鸿章全集（1—12册）[G]．长春：时代文艺出版社，1998：1655-1656．
④ 天津市地方志编委员会办公室，南开大学地方文献研究室. 天津通志·旧志点校卷（上）[M]．天津：南开大学出版社，1999．
⑤ 《海军衙门请准建建沽铁路折》中指出："自大沽、北塘以北五百余里之间，防营太少，究嫌空虚。如有铁路相通，遇警则朝发夕至，屯一路之兵，能抵数路之用，而养兵之费，亦因之节省。今开平矿务局于光绪七年创造铁路二十里后，因兵船运煤不便，复接造铁路六十五里，南抵蓟运河边阎庄为止。此即北塘至山海关中段之路，运兵必经之地。若将此铁路南接至大沽北岸八十余里铁路，先行建造，再将天津至大沽百余里之铁路，逐渐兴办。"出自：交通史编纂委员会．交通史路政篇第一册[M]．1931. 转引自：宓汝成．中国近代铁路史资料：1863—1911．第1册[M]．北京：中华书局，1963：131．

英国人高林（Collins G. W.）等人在塘沽建起供引航船所用的码头，成立了大沽息所①②，负责天津港的引水业务，这是目前有记载的最早的外资企业活动。

一般认为较早在天津活动的外资是1874年英国的大沽驳船公司，比李鸿章筹办的轮船招商局要迟一些。"1874年5月，一个以大沽驳船公司命名的公司成立了，资本为33 000美元"，外国资本是在1871年才获准在天津经营驳船运输业务的，经清政府规定试办年限，在1874年终于成立了大沽驳船公司……1889年9月大沽驳船公司改组为股份有限公司，资本为50万两。③该说法与《近代天津工业与企业制度》（宋美云、张环，2005）一书中的描述一致。

1881年的高林洋行打包厂是天津第一家机器羊毛打包厂，④后有德隆、隆茂、世昌、华胜、安利、新泰兴、兴隆等洋行打包厂逐渐兴起。⑤

表1-2-1　1860—1900年天津外资企业一览表

设立年份	国家	企业名称	资本（两）	工人数（人）
1874	英	大沽驳船公司	500 000	500
1881	丹麦等	大北电报公司		
1887	英	高林洋行打包厂		
1887	德	德隆洋行打包厂		
1887	法	永兴洋行瑞兴蛋厂		50
1887	德、英	天津印刷公司（印字馆）	100 000	100
1888	英	隆茂洋行打包厂		
1888	德	世昌洋行电力打包厂		
1890	英	天津煤气股份公司	30 900	100
1890	德	华胜洋行打包厂		
1890	英	安利洋行打包厂		
1890	英	新泰兴洋行打包厂		
1890	德	兴隆洋行打包厂	10 000	50

---

① 天津市塘沽区地方志编修委员会. 塘沽区志［M］. 天津：天津社会科学院出版社，1996：183.
② The Chronicle & Directory for china, Japan and Philippines, Hong Kong: printed and published at the "daily press" office, 1872中有Collens, G.W., pilot, Taku.
③ 丹尼莱所著《大沽驳船公司与海河》。转引自：万新平. 天津早期近代工业初探［G］//纪念天津建城600周年文集. 天津：天津人民出版社，2004：118-119.
④ 雷穆森（O. D. Rasmussen）. 天津租界史［M］. 许逸凡，赵地，译. 插图本. 天津：天津人民出版社，2009：249.
⑤ 天津市地方志编修委员会. 天津通志·附志·租界［M］. 天津：天津社会科学院出版社，1996：196.

续表

设立年份	国家	企业名称	资本（两）	工人数（人）
1891	英	高林洋行卷烟厂		
1892	英	祥茂肥皂公司		
1896	日	桑茂洋行石碱厂		10
1897	英	天津自来水公司	198 000	200
1898	英	平和洋行打包厂		
1900	英	仁记洋行打包厂	200 000	

资料来源：宋美云，张环．近代天津工业与企业制度［M］．天津：天津社会科学院出版社，2005：15-16.

从表1-2-1中可以看出，至1900年，天津共有19家外资企业，仅英、德两国就有16家。这19家外资企业中，以对外贸易的企业为主，其中打包厂有10家。[1]早期的外国资本多为小型民用工业。

3．民间资本产业的创办

天津的民间资本产业比外资产业起步要晚，有据可查的最早的民间资本产业是1878年朱其昂创办的贻来牟机器磨坊。万新平指出，在1900年以前，天津的机器面粉业并非只此一家。"天津贻来牟机器磨坊，每年获利六七千两，近来添设三四家，每家每年仍可得利六七千两，足见销路日旺。"[2]这些在1890年代新设的机器磨坊，历史记载甚少，目前仅知有大来生机器磨坊、天利和机器磨坊以及南门外瑞和成机器磨坊三家。[3][4]

机器制造产业方面，1884年广东商人罗三佑创办的德泰机器厂是天津第一家民间资本创建的铁加工厂，另有1886年英租界内开办的万顺铁厂。德泰机器厂、万顺铁厂都设在毗邻租界的海大道（今大沽路）一带。20世纪初，这里又设有炽昌铁工厂等。因此海大道一带可能是天津早期民族资本机器制造业的发源地。这与当时租界的发展是相适应的。[5]

早期民间资本创建的机器加工产业还有1897年在三条石大街建成的金聚成铁厂。其他早期重要的民间资本产业，如1887年成立的天津自来火公司、1897年创办的北洋织绒厂、1898年创办的北洋硝皮厂，都是著名买办吴懋鼎投资兴办的，也是天津同类行业中最早的。

天津近代工业初始期重要产业约36家，19家为外资企业。在17家民族工业中，6家为官办或官督商办产业，这6家又多与军事相关，即使为官督商办性质，也多为清廷控制。民间资本产业投资较晚，规模较小，类型也并不多。

---

[1] 岳宏．工业遗产保护初探：从世界到天津［M］．天津：天津人民出版社，2010：246.

[2] 出自：汪敬虞《中国近代工业史资料》（第2辑）．转引自：万新平．天津早期近代工业初探［G］//纪念天津建城600周年文集．天津：天津人民出版社，2004：120.

[3] 胡光明．论天津近代史的基本线索［J］．天津史研究，1985（1）：23．转引自：万新平．天津早期近代工业初探［G］//纪念天津建城600周年文集．天津：天津人民出版社，2004：120.

[4] 宋美云．北洋军阀时期天津民族工业概况．油印本．义和团，2：8．转引自：万新平．天津早期近代工业初探［G］//纪念天津建城600周年文集．天津：天津人民出版社，2004：120.

[5] 万新平．天津早期近代工业初探［G］//纪念天津建城600周年文集．天津：天津人民出版社，2004：121.

1.2.2.2　发展兴盛期（1900—1937年）

从1900年开始到1937年这一时期，中国的民族企业发展并兴盛起来，同时外资企业也有了很大的发展。可细分为三个时期：新政时期（1900—1914年），呈现发展趋势；北洋政府时期（1914—1927年），正是第一次世界大战后刺激了工业的发展；国民政府时期（1927—1937年）。

1. 新政时期（1900—1914年）

1901年，清政府宣布推行"新政"，兴办实业；1903年由民族资产阶级发起的收回利权运动和1905年抵制美货运动为天津民族资本工业的发展提供了有利条件。直隶总督袁世凯积极响应清廷奖励设厂的政策，1903年委派周学熙总办直隶工艺总局，成立后分别开设了"工艺学堂""实习工厂"和"考工厂"，工艺学堂设化学和机器两科，用以培养技术工人；实习工厂设有织、染、提花、胰皂等12科，为师生实习之用，并培养工徒；考工厂是一个产品陈列馆，供实业家借鉴，1907年改为"劝工陈列所"，不仅沟通工业信息，还奖励与工商业有关的发明创造。此外，直隶工艺总局还资助办厂，一共办有5家企业，分别为织染缝纫公司（1904年）、造胰有限公司（1905年）、牙粉公司（1906年）、北洋劝业铁工厂（1906年）和玻璃厂（1907年）。[①]至此，天津已建立起包括制革、玻璃、肥皂、造纸、水泥等行业组成的化学工业，由汽水、啤酒、榨油、烟草等行业组成的食品工业，由织布、地毯、印染等行业组成的纺织工业，以及位于三条石的铸铁和机器加工工业，初步形成天津的工业格局。

外企在这个时期继续发展。英国在外资的航运业中占据首位，1900年进出天津港的英国商船为300艘，总吨位为313 126吨，占全部进出天津港外轮的三分之一。日本在津的航运业发展最为迅速，甲午战争后，日本根据《马关条约》的规定，获得了在中国沿海的特权，1898年日本大阪商船会社即有船舶来津，1905年又开辟了大阪至天津的航线，1914年日本到天津的商船达447艘[②]。这一时期的公用事业有很大的发展，1888年英国人建立的天津煤气公司是天津近代公用事业的开端，为租界内的居民提供服务。1897年设于英租界的天津自来水公司和1902年开办的济安自来水公司，分别向英、德、法租界和奥、意、俄租界供水，后又扩展到日租界和天津城区。1886年李鸿章令盛宣怀采购发电机，在天津的海光寺机器局安装电灯。1888年英租界德商世昌洋行使用发电机照明。1902年法租界设电灯房。同期比商天津电车电灯公司获得专营权，经营当地电力业务。这一时期建立的公用事业为天津工业的进一步发展提供了基础。[③]租界中出现的印刷工业、食品工业和轻工业也逐渐改变了人们的生活方式，天津印刷公司（1891年改为天津印字馆）、老晋隆洋行卷烟厂、祥茂肥皂公司所生产的报纸、卷烟、肥皂也逐渐走进了人们的生活。

2. 北洋政府时期（1914—1927年）

1914年，第一次世界大战爆发，中国民族工业有所发展。这一时期天津不仅延续了很多原有工业，并且新增了一些行业。1915年至1921年间开设了寿星、福星、大丰、民丰4家面粉厂，

---

① 天津市地方志编修委员会. 天津通志·工业志［M］. 天津：天津社会科学院出版社，2000：4.
② 李华彬. 天津港史［M］. 北京：人民交通出版社，1986：110-126.
③ 孙德常，周祖常. 天津近代经济史［M］. 天津：天津社会科学院出版社，1990：139-140.

使得天津成为全国六大面粉工业城市之一；至1922年，形成裕元、华新、恒源、裕大、北洋和宝成6大纱厂，产出量仅次于上海；①此时的三条石已经发展成为机器铸铁工业的聚集地，机器厂除郭天成、春发泰等老厂外，还增加了不少新厂，其中以德利兴机器厂的规模为最大，生产各种尺寸的车床、刨床、钻床、水泵等。此外还有孙恩吉、义聚成、志达、庆兴、俊记等机器厂，产品以榨油机、轧花机、弹花机等为主。铸铁厂中以金聚成、三合等老厂较为著名②；天津造胰厂此时已成为华北最大的制皂厂，置有蒸汽锅炉2座、碾皂和压皂机4部，新建的制皂工厂有中昌、生记、兴业、中亚、老天利等。③此外，天津的海洋化学工业在这一时期也初步奠定，1914年创建的久大精盐公司、1917年建立的永利碱厂和1926年在汉沽成立的渤海化学公司，都在国内化工行业处于领先地位，永利碱厂更是亚洲第一座苏尔维法制碱厂。

外资企业在这一时期也进行了扩展。第一次世界大战和世界经济危机促使外资在华增办工厂，倾销商品，以英国和日本为最多，而且投资行业也不断扩大，从最初的打包、榨油等为出口服务的行业转向纺织、食品、机械、日用品、化工、印刷、钢铁、橡胶等行业，由初级加工工业向基础工业转化。受到战争的影响，英国的在华资本逐步下降，除与洋行有关的加工业务外，仍以轻工业为主，英商英美烟公司所属的天津卷烟厂业务较好，东方机器厂是天津当时机械化程度最高的工厂。日本在这期间内投资增长最快，主要集中在纺织、食品、化学3个行业。纺织业有裕丰纺织股份公司天津分公司、钟渊公大第六厂和第七厂、双喜纺织公司天津工场、满蒙毛织公司天津工场等。化学工业主要集中在橡胶和染料2个行业上，橡胶业有泰山、怡丰、濑口、中村等，染料业有大清、福美津、大和及维新化学天津工厂4家企业。食品工业包括制冰、酿酒、味之素、榨油等工厂。④

3. 国民政府时期（1927—1937年）

西方资本主义国家爆发经济危机，各国为了转嫁危机，向中国大量倾销商品，再加上华北地区连年内战、交通阻塞，销售困难，使得天津的民族工业失去了很多市场。而国民政府的苛捐杂税，更加重了天津工业的经济负担，因此天津的工业逐渐走向衰落。

1926年，天津的面粉厂已发展到10多家，占全国总量的8.9%，同年在价格低廉的国外面粉的冲击之下，先后有嘉瑞、大丰及涌源等6家面粉厂歇业，至1929年只剩下4家面粉厂。1931年"九一八"事变后，东北市场完全失去，南方各省出产的面粉纷纷涌向天津，并与其争夺河北市场。此外，国民政府开始征收面粉税，使得天津的面粉业在与上海同行的竞争中处于不利地位，再加上美国面粉大量输入中国，给予天津面粉业又一打击，致使天津面粉业不断收缩，至1937年，天津的面粉厂只剩寿丰和福星两家公司。⑤棉纺织业是天津民族工业的支柱产业，但是至1931年，日本纺织品已经超越英美各国成为中国进口纺织品中的第一位，日资纱厂的细支纱与天

---

① 孙德常，周祖常. 天津近代经济史[M]. 天津：天津社会科学院出版社，1990：139-140.
② 天津市地方志编修委员会. 天津通志·工业志[M]. 天津：天津社会科学院出版社，2000：69.
③ 孙德常，周祖常. 天津近代经济史[M]. 天津：天津社会科学院出版社，1990：184.
④ 孙德常，周祖常. 天津近代经济史[M]. 天津：天津社会科学院出版社，1990：222-223.
⑤ 孙德常，周祖常. 天津近代经济史[M]. 天津：天津社会科学院出版社，1990：178-179.

津本土的粗支纱相比，不仅每支纱所交的棉纱统税要少，而且减轻了用棉量，从而降低了棉花税收量。在日资产品和严重税收的冲击之下，天津各棉纺织厂亏损严重。1934—1935年，恒源、北洋、裕元与宝成相继停产。1936年，华新、裕元、宝成分别被拍卖给日本财团，裕大也被日本接管。① 火柴业进口原料价格上涨，成本上升，且日货倾销，本土企业无法与之竞争，至1934年，北洋、荣昌火柴厂相继停工，只有丹华火柴厂还勉强维持。造胰业、织染业、制革业、地毯业等行业也受到外资的冲击，再加上部分行业技术落后，经营不善，也日渐衰落。这些行业的衰落也影响到为其提供机器设备和零部件的机械行业，也多生产不振。但是，永利碱厂、东亚毛纺厂和仁立毛纺厂却是例外，在此期间有显著的发展。采用苏尔维法制碱的永利碱厂在1926年成功生产出雪白的纯碱，命名为"红三角"牌纯碱，分别在1926年8月美国费城举办的万国博览会上获最高荣誉金质奖章，在1930年荣获比利时工商博览会金奖。②

1.2.2.3 战争时期（1937—1949年）

1. 抗日战争期间（1937—1945年）

1937年，日军占领天津，大多数企业都西迁至中国的大后方继续发展，部分没有迁走的企业也无法继续生产，不是被日军占领，就是被其损毁。6大纱厂中的4大纱厂被日资收购，永利碱厂西迁，遗留下来的企业如利中酸厂、华北制革公司、东亚毛纺厂等企业由于处处受到日本限制，也无法正常生产。尔后的三年内战期间，虽然天津工业具有较完善的生产设备和较高的生产能力，但是由于缺乏良好的社会环境，也无较大发展。

在日本军事开发政策下，天津建立起一批工厂和企业，在纺织业、机器工业、化学工业等方面均有显著发展。为了发展战争工业，日本对作为军事基础工业的机器工业提供原料和技术，建立了一些新的工厂。而天津沿海地区如塘沽、汉沽、新河、大清河等盐场丰富的盐业资源成为工业用盐和民用盐的主要来源，而且盐化工所产生的副产品如溴素等可以用于军事用途，因此成立了华北盐业公司，开辟了大量的盐田。由于天津的冶金业非常薄弱，而钢铁是战争中不可或缺的军事物资，因此，日本先后建立了炼铁、炼钢、轧延、冷拔、合金钢等十余家工厂。这些军事工业促进了天津建材业的发展，特别是制窑业的发展，这是新中国成立前天津制窑业最为发达的时期。③ 日本在占领天津初期，成立了"华北纤维统制协会"，在天津大力发展棉纺织业，不仅收购了天津6大纱厂中的4个纱厂，还建立了上海、双喜、大康等纺织厂，使得天津的纺织业超过青岛，居华北第一位。④

2. 解放战争时期（1945—1949年）

1945年8月15日，日本投降时，国民政府在接管了日伪在津的260多家工厂企业后，退还了1941年日伪侵占的英商的顾中烟草公司、法国的电力公司以及民族资本企业永利碱厂、久大精盐公司，其余的工厂则完全被官僚资本所控制，其中有的被拆除或拍卖。

官僚资本控制了当时在电力、钢铁、纺织行业中的重要工业部门，民族资本企业的生产发展受到限制，产量比抗战前还低。这期间，国民政

---

① 孙德常，周祖常. 天津近代经济史［M］. 天津：天津社会科学院出版社，1990：180-182.
② 天津碱厂志编修委员会. 天津碱厂志［M］. 天津：天津人民出版社，1992：10.
③ 孙德常，周祖常. 天津近代经济史［M］. 天津：天津社会科学院出版社，1990：262-267.
④ 孙德常，周祖常. 天津近代经济史［M］. 天津：天津社会科学院出版社，1990：265.

府没有新建设工厂，只对接管的部分企业进行改组，例如组建了冀北电力公司、华北钢铁公司、华北水泥公司、天津化学公司、天津造纸公司、天津机器厂、天津制车厂、中央电工器材厂天津分厂等。

当时的电信电器工厂被改组为三家企业，分别为"中央电工器材厂天津分厂""中央无线电器材有限公司天津"和"中美无线电器材厂"。这3家企业的建设，标志着天津大中型电信电器工业企业已经完全被官僚资本所侵占。但是在这段时期，由于摆脱了日本的控制，天津的民族资本电信器材企业也略有发展，设立了协昌无线电行、四强无线电行、华燃无线电行、合记无线电行、真美无线电行。这些民族资本企业的经营内容，不仅包括基础的无线电器材的供销、收音机与扩音机的修理业务，也包括无线电收发报机、小型广播发射机的配制和代客灌制录音唱片等。与此同时，部分无线电行和工业社开始进行技术攻关，尝试研制少量的无线电元器件。

在这期间，天津的经济命脉主要掌握在官僚资本和外国资本手中。1947年，全市工业总产值中，官僚资本和外国资本占62%，民族工业仅占38%，官僚资本和外国资本占据了天津电力工业和钢铁工业的全部。不仅是工厂企业，银行、外贸、铁路、邮电、海关、港口等也都控制在官僚资本和外国资本手中。

全市的工业部门构成以纺织工业和食品工业为主，其次为机械工业和化学工业。1945年，各行业的固定资产配比为纺织业约占50%，机械、汽车、电器行业约占25%；1947年产值比例中，轻工业（其中纺织工业为64.74%，食品工业为13.39%）占78.13%，机器制造业占0.96%；1949年产值比例中，轻工业约占88.3%，重工业约占11.7%。从中可以看出，天津的轻工业比重进一步上升了，1949年前，天津的工业化进程受到政治因素的严重干扰，长期受制于恶劣的发展环境和缺乏发展工业的基本条件，导致工业基础薄弱，结构畸形。当时的纺织工业、食品工业约占全市71.6%的工业产值，重工业只约占11.7%的份额，其中包括冶金、电力、化工原料和以修配为主的机械工业。中华人民共和国成立后，天津在前五个五年计划期间不断地调整优化轻重工业的比重，增加行业种类，提高设计能力和制造水平；到后来，伴随经济总量的不断增长，经济结构也发生了一系列重大变化，沿着工业化发展的进程由低级向高级逐步演进。农业、工业、服务业三种产业结构，由1949年的23.1∶36.4∶40.5，演变为1978年的6.1∶69.6∶24.3，又优化为2008年的1.9∶60.1∶38.0。各产业内部结构也发生重大变化，从以粮为主的传统农业，转变为现代沿海都市型经济。从以轻纺工业为主的传统制造业，转变为以高新技术为主；从技术基础弱的传统服务业转变为高技术含量的现代服务业。[①]

从1949年开始，通过新建、扩建和更新改造，兴建了白庙、北仓、土城、陈塘庄、程林庄、大港等十几个工业区，建设了一大批大型骨干企业。1990年底，天津发展出了全国40个工业大类中的36个，212个中类中的176个，538个小类中的414个。到2017年，工业生产覆盖全部41个工业行业大类中的40个，涉及175个行业中类、444个行业小类。其中炼铁、石油开采和加工、石油化工、化肥、农药、有机合成化学原料、原料药、塑料制品、日用化学、化学纤维、

[①] 郑书燕. 天津工业化发展情况的基本分析[J]. 企业导报，2013（7）：162-165.

拖拉机制造、机床及锻压设备制造、船舶制造、建筑机械制造、汽车制造、工业专用设备制造、日用机械、通信广播电视、电子计算机、电子元器件、仪器仪表、水泥、玻璃纤维等行业，都是在中华人民共和国成立后发展起来的。

1.3 天津近代工业的选址与时空分布特征

天津的近代工业并未形成大规模的工业区，而是沿海河带状展开，工业区沿海河向两岸扩散的面积并不大，距离水系较远的地区仅零星分布一些企业。这样的分布与交通运输有重要关系，同时，其他一些因素也影响到近代工业的时空分布特征。

1.3.1 影响天津近代工业选址的因素

1.3.1.1 原材料与矿产资源的分布

工业加工需要的原材料与矿产资源往往决定了工业的选址。清末军工产业的建设不仅要求所需的矿产资源与军事基地距离适宜，而且对矿藏储备和质量要求均比较高。

天津作为北洋水师的重要基地，军工产业的建设需要大量的能源，煤炭需求量日渐增多，当时煤炭多购自国外。

在直隶管辖范围选择煤炭蕴藏丰富、矿藏质量较高之地进行矿业开发是当时军工矿业选址的首选条件。清政府最初选在磁州试办，后来才选定开平。光绪十五年（1887年），在唐山大城山南麓建成了中国第一座水泥厂——唐山细绵土厂（图1-3-1），占地40亩。

此外，唐山优质的石灰石矿还是天津永利碱厂生产环节的重要原料，制造纯碱时所需的二氧化碳就是通过煅烧石灰石生成的。由此可见，唐山优质丰富的煤炭、石灰石矿储藏，对近代天津工业特别是军工产业的重要性，反映出近代工业选址中对原料的要求。

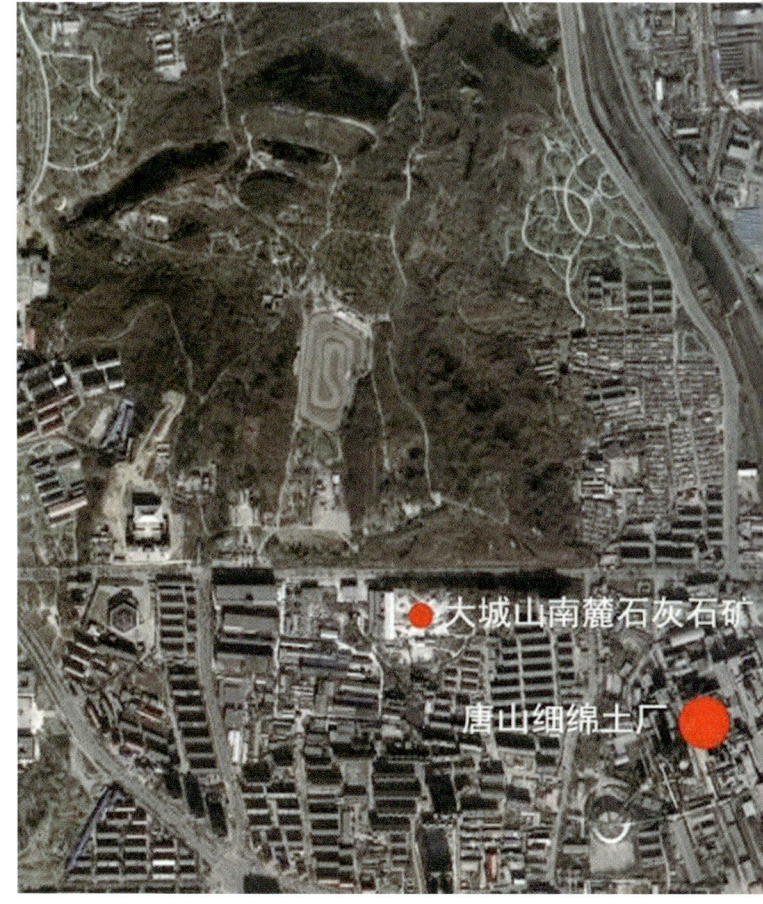

图1-3-1　唐山细绵土厂与石灰石矿
（资料来源：底图为googleearth截图，作者改绘）

1.3.1.2 原料与产品运输所需要的交通条件

近代工业发展对于原料与产品运输所需要的交通条件多依赖城市原有的水系和建造的公共交通设施，如铁路、公路等。其中城市水系的作用意义重大，近代许多重要的工业城市、工业区都是依托城市水系发展起来的，如上海近代工业集中在沿黄浦江的苏州河沿岸和杨树浦一带，无锡的近代工业集中在运河沿岸。近代天津工业建设所需的运输设施主要是由城市原有水系如海河、南北运河和铁路构成的。

唐山的煤炭作为北洋水师的能源供给，需要运输到天津。早在开平矿务局成立之时，总办唐廷枢就提出"开煤必须修筑铁路"的主张，李鸿章立即奏请清廷予以批准。当时守旧势力相当强大，朝中顽固派大臣群起反对。李鸿章只得先奏请兴修水利。

但随着采煤业的发展，煤炭运输成为最大的难题。面对这种局面，李鸿章采取了先斩后奏的策略，授意开平矿务局暂不禀报清廷，由矿务局出钱修建从唐山至胥各庄的铁路。一年之后，李鸿章才向清廷婉转奏请此事，并得到了允准。至1881年，这条铁路正式建成通车。唐胥铁路后延续至天津，成为后来的津唐铁路。

津唐铁路的修建，为途经的塘沽地区以及天津市内的近代工业原料的运输提供了条件，当时天津市内各大企业都争取沿海河用地，毕竟当时水运较为便宜、方便，有的企业无法取得沿海河用地，就争取靠近铁路沿线的用地，增设岔道与站台，依靠铁路运输。天津市内的一些近代纱厂就是围绕铁路修建的，如富士纱厂、吴羽纺纱厂等，塘沽区的永利碱厂亦是如此。有的企业即使地处海河沿岸，依然增设岔道，增加运输手段，如开滦矿务局、嘉瑞面粉公司、英商太沽东码头、天津电业等。

塘沽南站出土的"北宁铁路岔道商有岔道起点"界碑（图1-3-2）是目前我国发现的唯一一处民办铁路的证据。北宁铁路是北京到沈阳的铁路线，该铁路经过塘沽南站。"商有岔道"是由商业企业筹资修建的铁路，从塘沽南站附近开始修建，作为北宁铁路的一条支线。永利碱厂就是依靠这条商有岔道进行材料物资的运输的。

天津近代工业发展所需的运输条件，起到更为关键作用的是天津境内的水系。海河是天津的血脉，是天津的"母亲河"，又称沽河、白河。

中国北方的许多河流流经天津，汇成潞河、卫河，即北运河、南运河，然后在三岔河口交汇，成为海河干流，在天津城的东部呈S形向东南方向延伸，穿过南开区、河西区、河东区，经塘沽区入渤海湾。金、元以后，漕运开通，不论海漕还是河漕，江南的漕粮都要经过海河或三岔河口运抵京都，这一带遂成为重要的交通枢纽，沿河建设的码头、船坞遍布两岸。

天津近代重要的工业企业都尽可能依傍水系建厂。沿河建厂有很多优势，如成本较低、交通运输方便，相对公路、铁路运输，水运更为价廉，机器、原材料的采购都可直接抵达，生产出成品后又可直接外销，能缩短时间，降低成本。

图1-3-2 "北宁铁路岔道商有岔道起点"界碑
（资料来源：天津市滨海新区博物馆）

南运河的福星面粉厂与民丰面粉厂的仓库码头紧靠河岸建造，产品可直接运出销售。同时，作为当时主要能源的煤，沿河运输较为方便。此外，沿河建厂取水方便，满足了多数企业对水的需求，如纺织、电力、化学、面粉等行业在生产过程中都需大量用水，沿河建厂可大大降低费用。值得一提的是，为建造铁路而修建的新河材料厂，是中国第一家铁路材料厂，厂址选择在海河旁，借水运运输建造铁路所需的材料。

1937年，日军侵华后绘制了天津日资工厂的分布，如图1-3-3所示。从图中可以看出，当时的重要工厂都集中在海河两岸。

1.3.1.3 工业属性

部分工业的选址是由其工业属性决定的。如兵工厂一般选择郊外空旷、人迹罕至之地，造船等行业一般集中在码头，海洋化工等行业要位于沿海地带，水泥制造等行业一般要依托山体，合理利用地形高差，污染企业一般选择在城市最大风频的下风向或河流的下游等。

天津市塘沽区地处海河入海口，拥有海洋资源与水路运输等条件，逐渐发展成近代造船业、运输集散码头以及海洋化工的集中区。该区以清末军工产业北洋水师大沽船坞为起点，逐渐建造了新河船厂、新港船厂等船舶加工企业。以久大

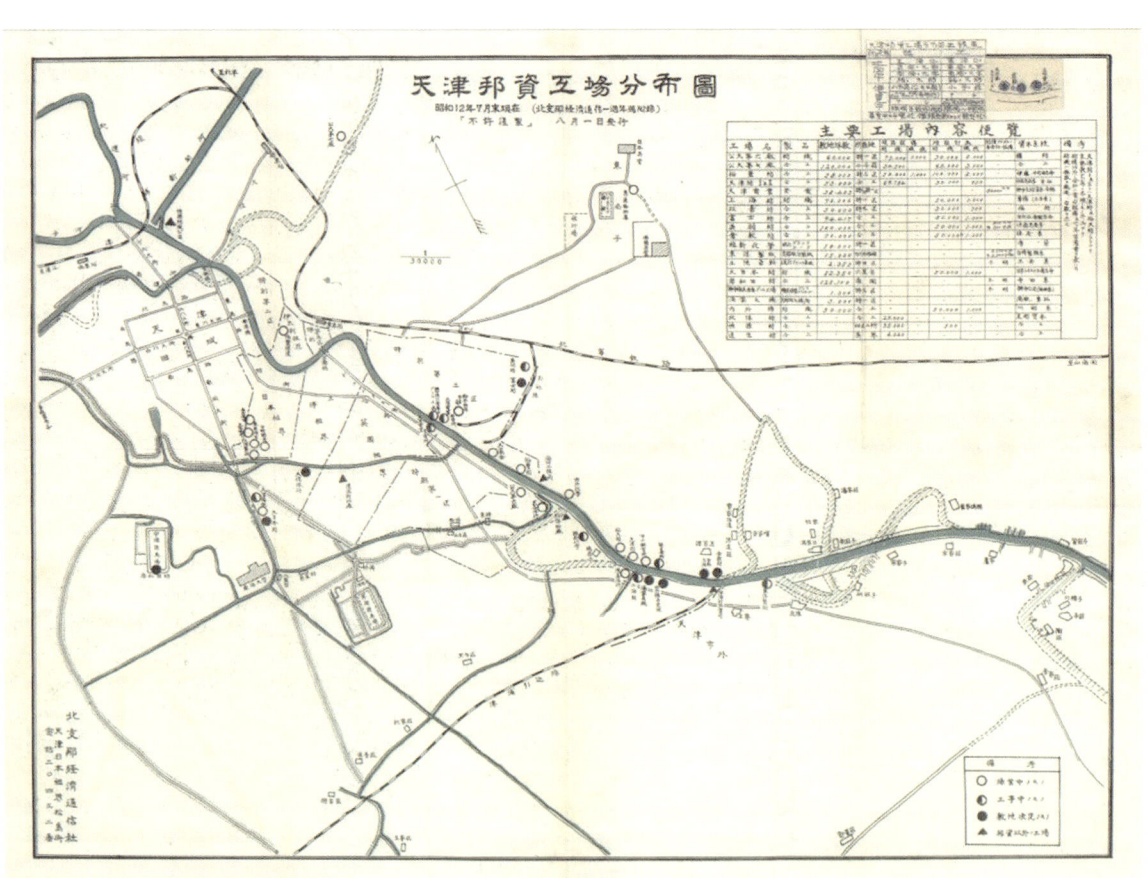

图1-3-3　1937年天津日资工厂分布图
（资料来源：张利民提供）

精盐公司为起点、永利碱厂为核心的海洋化工工业在范旭东的带领下逐步壮大，成为具有世界影响的海洋化工工业基地。这样的沿海工业集中地带，运输码头数量自然也相对较多，海河下游沿岸有大沽坨地码头、开滦矿务局码头、唐山启新洋灰公司码头、日本塘沽三井码头、久大精盐公司码头等。

1.3.1.4 土地价格

土地价格是影响天津近代工业分布的重要原因之一。大型企业往往需要较多的土地面积，低价的农田、未开发的荒地往往是建厂的首选。经过分析可以看出，天津的土地价格分布特征明显，其中租界区价格最高，并沿海河向两边逐渐降低，租界内繁华的道路周围地价也较高。法租界为当时天津市最繁华的地区，最高地价达每亩22 500元，俄租界地价以靠近火车东站一带马路及沿海河一带为最贵，每亩5000~10 000元。英租界英中街（现解放路）最高每亩20 800元，利顺德饭店一带最高每亩18 600元。天津城东临海河，北临南运河，地价较高。如城东北三条石一带，最高每亩8 500元。总体看来，海河西南岸地价较东北岸高。①

由于地价原因，中国民间资本建立的大型企业主要集中在天津城北的南、北运河以及城市东南海河两岸，避开了地价高的地段，这些地段多为农田，当时的地价仅为每亩100元。租界区内主要集中了外国资本的企业和早期土地价格并不太高时就具有相当实力的中国企业，如北洋纱厂等。租界区内海河西南岸由于地价较高，各大洋行、公司的办公楼沿海河建设，成为身价的象征。而东北岸更多集中了外资企业。官督商办企业集中在河北区范围内。三条石地区由于自发形成了中小型工业集中区，较为繁荣，又处于三岔河口，拥有优越的地理优势，成为租界区外地价最高的地段（图1-3-4）。

除了上述四点对近代工业的选址有重要影响外，产品的销售也是企业在选址时需要考虑的。相同性质的行业相对集中可对市场销售起到促进作用，天津近代的纱厂、面粉厂、火柴厂都相对集中在城市的某一区域。为开拓市场，有的企业虽然生产区位于其他城市或地区，但总部设立于

图1-3-4　1930年代天津土地价格
（资料来源：底图出自《天津城市历史地图集》（1937），作者改绘）

---

① 王炳勋. 天津市地价概况［M］. 佩文斋书局，1938. 转引自：天津土地管理志：312-314.

天津，如唐山启新洋灰公司、开滦矿务局、华新纺织厂、耀华玻璃厂、久大精盐公司等。

1.3.2 天津近代工业发展与分布特征

1.3.2.1 清末军工产业的兴建与天津城防

清末军工产业数量也不多，一般分布于沿海或内地重要军事城市，天津清末军工产业对城市空间的影响体现在海防与城防。天津作为重要的军事城市，体现了海防、城防的战略思想。"御海洋"是指御敌于海洋之外，旅顺军港与威海卫基地对于天津来说正是北洋水师御敌于海洋之外的地方；"固海岸"是指加强海岸防御设施，大沽口炮台和北塘炮台就是体现；"严城守"是指坚固城防工事，天津城濠的修建也是出于这样的目的。北洋水师大沽船坞的建造为北洋水师提供了后防屏障，呈掎角之势保卫中国的海岸，承担起"御海洋"和"固海岸"的责任。

天津机器局分为东、西二局，其选址在一定程度上可能和天津城防有关。咸丰十年（1860年），为防御外国侵略，天津城外距城三至五里不等的地方挖筑有护城濠墙一道，俗称墙子。设正门四座，即东、西、南、北营门。天津城南郊津郡筹防濠墙南营门恰好设立在海光寺附近，该营门因此命名为"海光门"，距城三里。1867年天津机器局西局围绕海光寺修建，建成后为外濠防御提供军事补给。1900年八国联军侵华，南营门和海光寺是八国联军侵华攻打天津城时的主战场之一，聂士成就驻守于此。不管其目的是否出于城防建设，但建成后的天津机器局西局（后世又称海光寺机器局）承担了重要的城防任务。

1.3.2.2 袁世凯"新政"时期河北区的工业发展与城市建设

1901年袁世凯任直隶总督，次年推行"新政"，仿照都统衙门成立工程总局，负责道路河流、桥梁码头、房屋土地、电灯路灯、街道树木等事项，并于1903年批准了工程总局制定的《开发河北新区市场章程》十三条，将西至北运河、南达金钟河、北界新开河的自督署至车站、铁路地区划为河北新区开发范围。河北新区建设以模仿租界模式开始，系统规划，统一建设。自总督衙门到新车站开辟大经路，并以此为轴线规划方格网状道路系统，大经路两侧布置政府衙署和各种公共建筑，建造开启式金钢铁桥，代替旧有的窑洼浮桥，联系新旧两区之间交通。

规划后的工业建筑、工业教育与展示建筑分布于行政职能区西北、东南两侧，工厂与北运河毗邻，如造币总厂与铁工厂。工业教育与展示建筑如高等工业学校、实习工厂、劝工陈列所等紧邻工厂，向东北方向展开。

这一时期各类产业属北洋政府，产业技术含量高、规模大，带动了周边区域同类产业的发展。这些产业大多为小型加工业，很难向南部租界蔓延，只能向天津城西土地价格较便宜的地域蔓延，故而城西片区成为小型企业的集中区。图1-3-5中的蓝色区域为当时的工业集中区域，呈现出"无明确边界、呈龟裂-蛛网状"的特征，但这种特征是由自发型居住空间的演进而形成的，只是恰巧适合于小型工业的蔓延，从而呈现出居住与工业复合的用地性质。而沿海河向城市东南延伸的租界区在这一时期逐渐发展起各类洋行、大型企业办公楼等设施。

1.3.2.3 民间资本产业繁荣与近代天津的城市化

自1870年代起，民间资本产业开始萌芽。这类中小型民间资本产业分散于城市各处，为自发状态下形成的，并无分布规律，如南门外的瑞和成机器磨坊，海大道（今大沽路）一带的德泰机器厂、万顺铁厂，三条石大街的金聚成铁厂等。虽然这类民间资本产业散布于城市各处，但类似性

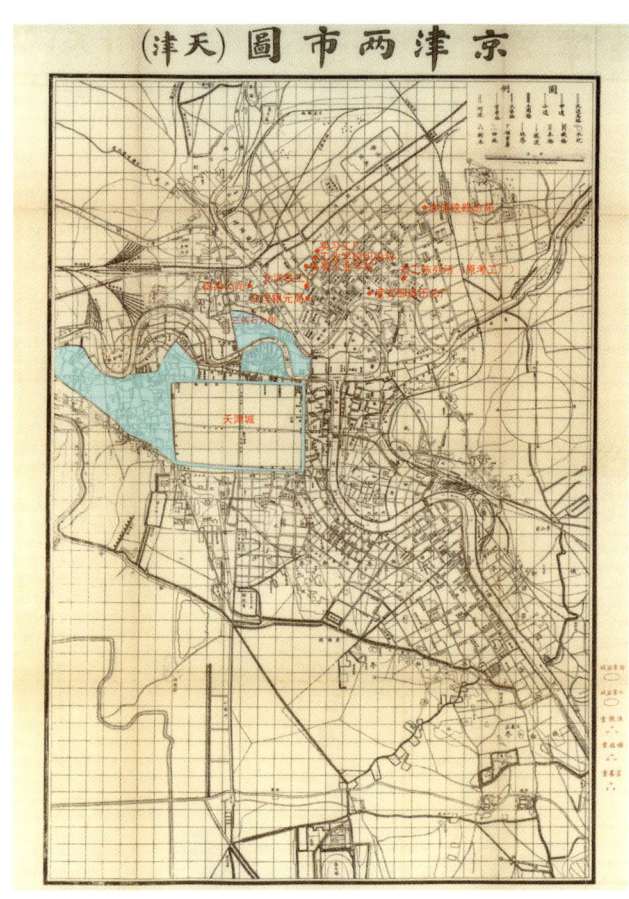

图 1-3-5 1910年代袁世凯"新政"后河北区的工业分布与民间资本产业分布
（资料来源：底图出自《天津城市历史地图集》(1917)，作者改绘）

质的企业呈现出相对集中的特点。如机器加工业分布于海大道和三条石大街附近。这些自发状态下形成的近代小型工业集中区与天津城北、城东、城西的居民居住地表现出相似的城市结构，具体表现为"无明确边界、呈龟裂-蛛网状"[1]的特征。这种自发形成的工业区与居住区混杂在一起，并延续着这种特征，使这类区域大大有别于天津城区与租界区。从1917年的天津地图中可以看出该区域的特征。

民国之后，天津近代的民间资本产业开始大规模发展，形成了工业繁荣的局面，当时的近郊由于土地便宜，许多农田被开发成为工厂，形成了近代天津的城市化局面。具体的城市工业用地开发呈现出如下演化规律：在空间上分为两部分，北部从三岔河口向西北方向发展，分布于南北运河两岸；南部租界区沿海河向东南发展，租界区内海河沿岸的工业多为外资企业。

类型相似的产业相对集中的现象还有：民丰面粉公司、福星面粉公司、永年面粉公司等面粉加工业集中在天津城北部的南运河，裕丰纺纱厂、北洋纺纱厂、公大第六厂等纺织工业集中在天津城东南租界区外海河沿岸。一些工厂无法沿海河修建，则远离海河沿岸但接近铁路的区域成为首选之地，可以修建铁路岔道用作运输材料或产品，如吴羽纺织厂、富士纺纱厂。这些工厂多选择地价相对低一些的地方，但也未形成大规模工业区。

图1-3-6反映了天津近代工业兴盛期工业企业的分布，可以看出天津近代工业主要集中于天津市区的海河、南北运河、新开河等水系沿岸和塘沽区的海河下游沿岸。

1.3.2.4 分布在租界中的工业建筑

租界是天津近代工业的发祥地。洋行一般附设有打包厂，如高林洋行打包厂、德隆洋行打包厂、世昌洋行打包厂等。后来工业种类和数量不断增加，有打包与包装业、印刷工业（如天津印字馆）、食品工业（如比租界和记洋行蛋厂）、卷烟工业（如俄租界英美烟草公司天津公司）、纺织工业和机械工业等。至1928年，外商在津

---

[1] 龚清宇.大城市结构的独特性弱化现象与规划结构限度——以20世纪天津中心城区结构演化为例[D].天津：天津大学，1999：15.

中国工业遗产史录　天津卷

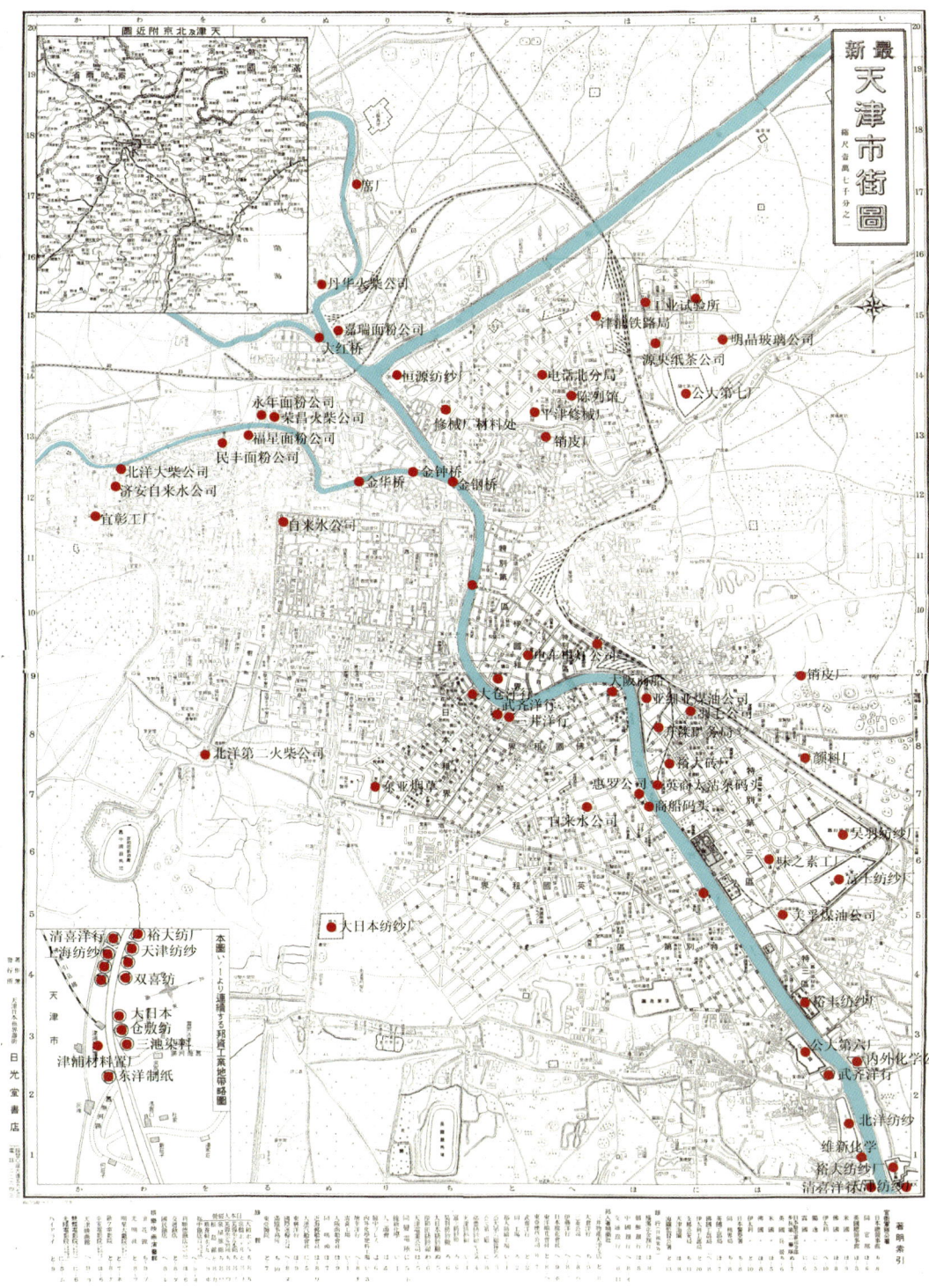

图1-3-6　1930年代天津工业分布图
（资料来源：底图出自《最新天津市街图》（年不详），作者改绘）

开设工厂100多家,除一些大中型工厂外,大多分布在各租界中。天津租界里的华资工业出现于1870年代末,多由参加洋务运动的官僚投资,包括面粉、机器修配、织呢等工业。1920—1930年代,地毯、毛纺等华资工业在租界兴起,如仁立毛纺厂(1931年)、东亚毛呢纺织股份有限公司(1935年)等。①

仓库作为重要的工业建筑,对于以商业贸易活动为主的租界来说尤为重要。仓库在租界存续时期大量存在,外商及华商也在租界内开办有大量工业厂房等。以英租界历年的建筑建造统计来看,仓库建筑所占的比例很高。

除此之外,还有日商的几家企业集中在相对独立的区域,位于日租界西南侧接近海光寺一带和六里台靠近主要道路的地带。此时的六里台地区属于农业用地。可见日商的选址多在城市偏远地区。

根据笔者所在研究中心统计,用GIS将1860—1949年的各个阶段的天津近代工业企业点要素经年变化图层数据相叠加,并将各个时期天津规划中的工业区呈现在同一图中(图1-3-7),②可以看出,近代工业推动天津城市外部空间向东、西、南、北四个方向都有所拓展,而且工业对城市外部空间的拓展与近代天津城市空间整体扩展的方向基本一致——工业主要推动城市空间沿着东南方向拓展。这样的发展和规划除了河北新区集中反映了规划和发展的一致性,其他区域的规划和实际发展状况并不一致。

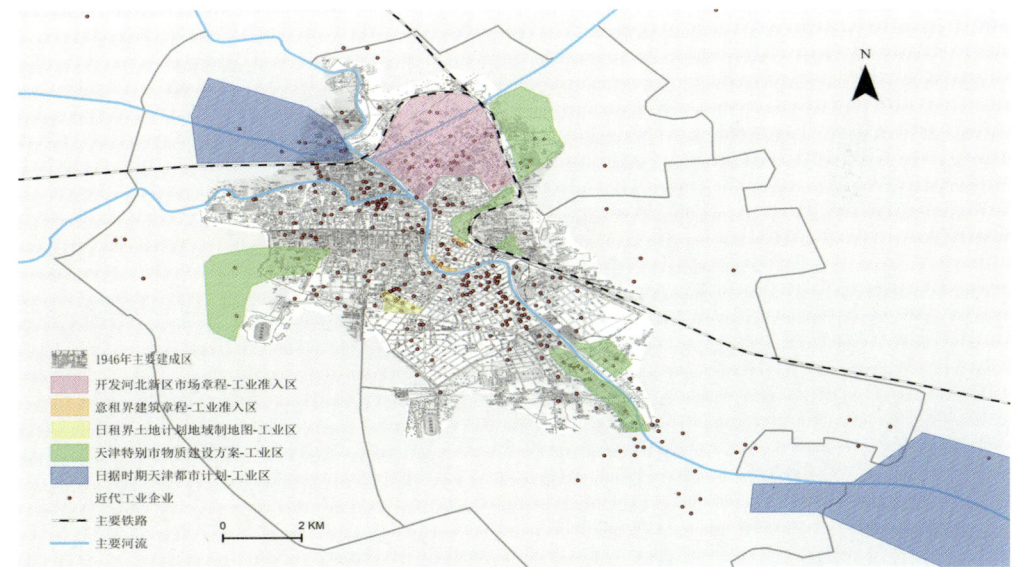

图1-3-7 1860—1949年天津城市规划中的工业空间与近代工业累计分布图
(资料来源:底图出自国家测绘地理信息局国家基础地理信息中心·全国地理信息资源目录服务系统,1:100万全国基础地理数据库。图中天津中心城区的主要建成区范围从《最新天津市街图》(1946年)中提取。图中日据时期天津都市计划中的工业区一直延伸至塘沽的海河两岸,因图幅原因,未能全部显示。天津大学中国文化遗产保护国际研究中心刘静统计制图)

---

① 天津市地方志编修委员会. 天津通志·附志·租界[M]. 天津:天津社会科学院出版社,1996:195-196,203-205.
② 刘静. 空间人文学视角下的中国近代工业基本空间特征研究[D]. 天津:天津大学,2019:211.

第 2 章

天津工业发展历史

2.1 洋务运动时期的工业

清末军工产业是天津近代工业的重要组成部分，是天津近代工业的开端。近代中国主动引入西方技术与设备即始于洋务运动，而洋务派在天津兴办的军工产业具有典型的自主性特征。本节对天津机器局、北洋水师大沽船坞、津唐铁路和天津电报兴办的历史、选址、功能构成、生产工艺、产品与科技成果以及遗产现状进行分析。

2.1.1 天津清末军工产业兴办的背景

天津近代的军工产业是两次鸦片战争后由洋务派兴办的。洋务派试图通过"练兵制器"达到国富兵强的目的，所谓"自强以练兵为要，练兵又以制器为先"。洋务派在天津及直隶范围陆续兴办了天津机器局（1867年）、轮船招商局（1872年）、开平矿务局（1877年）、电报总局（1880年）、北洋水师大沽船坞（1880年）、唐胥铁路（1881年）、津沽铁路（1888年）等一系列军工产业，成为天津近代工业的开端。

2.1.1.1 两次鸦片战争后洋务派的觉醒

鸦片战争后魏源就提出"师夷长技以制夷"的观点，但未得到重视。直至曾国藩、李鸿章在镇压太平天国运动的过程中领略了西方军事武器的威力后，才逐渐推行洋务运动。

咸丰十一年（1861年）七月十八日，曾国藩在《覆陈购买外洋船炮折》中提到"购买外洋船炮，则为今日救时之第一要务"，此后不久，曾国藩就在安庆设立了"安庆内军械所"。该所虽仿制外洋船炮，但仍为手工生产，并主要依靠中国技术人员，可以说"不甚得法"。李鸿章于同治元年（1862年）到上海主持军务，见洋枪洋炮的精纯，遂写信给曾国藩，建议采用学习。次年，李鸿章在《上曾相》中再次描绘了与太平天国交锋时西方先进武器的威力。随后，曾国藩、李鸿章在江苏陆续设立了三所小型军工厂，引进西方武器，并运用西法训练淮军。李鸿章在同治三年（1864年）春的《致总理衙门函》中详细介绍了长炸炮、短炸炮、炸弹的性能，以及汽炉机器的产量，李鸿章指出，要"专设一科取士"以培养"制器之人"。①

李鸿章兴办军工厂、设立军事学堂的设想在清末军事发展中得到推广。同治四年（1865年），李鸿章在《置办外国铁厂机器折》中奏明了在上海筹办机器局的具体方案，命丁日昌购得上海虹口洋人机器铁厂，将之前设立的两处军工厂合并，正式成立"江南制造总局"。折中还提到："前奉议饬以天津拱卫京畿，宜就厂中机器，仿造一分，以备运津，俾京营员弁，就近学习，以固根本。现拟督饬匠目，随时仿制，一面由外购求添补。"②可见天津由于自身军事地位的重要性，一直需要一个能够制造洋枪洋炮的近代军工厂。

早在道光之后，清政府内忧有太平天国和捻军叛乱，外患有列强觊觎。英法联军于1858年、1860年两次从天津大沽口攻入，太平天国和捻军与清政府的重兵亦交锋于此，天津作为京师最后防线，军事地位陡然上升。至1900年八国联军侵华期间，各大官员的奏折中反复强调天津乃"畿辅重地"，因此，天津很早就开始了西法练兵。"1862年1月（咸丰十一年十二月），清廷相继选派旗、绿营官兵一千多名（京营旗兵496名，天津大沽等绿营官兵620名），集中在天津

---

① 军机处·洋务运动档［O］. 中国第一历史档案馆.
② 军机处·洋务运动档［O］. 中国第一历史档案馆.

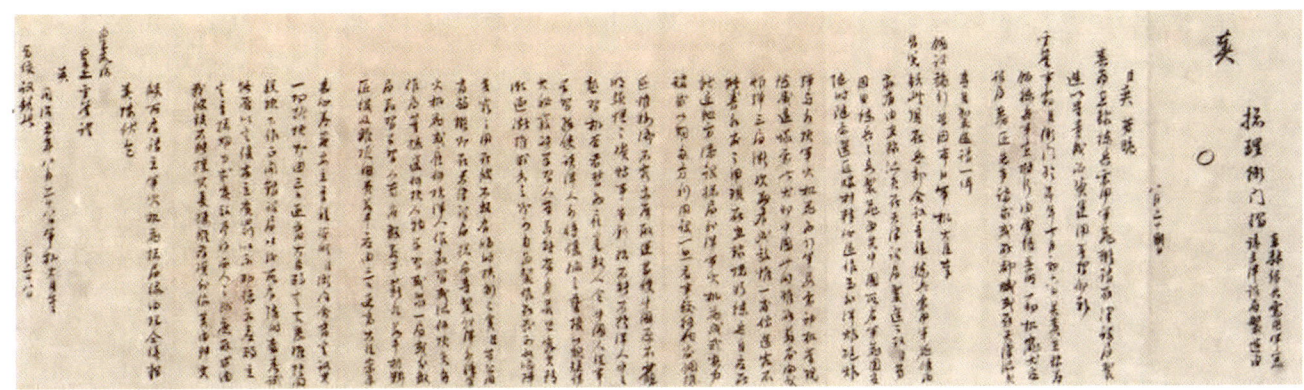

图2-1-1 恭亲王奕䜣的《请在天津设局制造军火机器折》
（资料来源：《中华百年看天津》）

大沽练兵，聘英国军官为教官，以西法练兵，操练西洋阵法，练习西洋枪炮、炮车和马队等兵器与技术，并教练制造枪炮和炮位之法，成为中国军队近代化的开端，在国内产生了重大影响。是年7月，上海和福建也仿照天津练兵之法试行练兵。随后，广东、江苏、湖北、贵州、云南、陕西、甘肃也争相聘请英法教官练兵。"[1]同年，崇厚在天津"试铸英国得力炸炮，加工精造炸炮子"，[2]八月已经造成炸炮两尊，因效果猛烈，于是在一个月内陆续造成十尊。[3]虽然当时天津练兵所需的军火主要由国外购入，但天津仿制的西式军火在全国也是领先的。天津设立机器局成为大势所趋。

同治四年（1865年），李鸿章在《筹调洋枪炮对赴津兼筹制造片》中说："臣仍饬潘鼎新到直隶后察酌情形，禀商崇厚等，如应设局制造，即妥议章程，再由臣饬商丁日昌酌派该局熟练之员，带领匠役器具，有轮船赴津，开局铸造炸弹，以资应用。"[4]

同治五年（1866年），总理各国事务衙门恭亲王等在《请在天津设局制造军火机器折》（图2-1-1）中奏明了天津设局的重要性与必要性：

"臣等因思练兵之要，制器为先。中国所有军器，固应随时随处选匠购材，精心造作。至外洋炸炮、炸弹与各项军火机器，为行军要需。神机营现练威远队，需此尤切。中国此时虽在苏省开设炸弹三厂，渐次著有成效，惟一省仿造究不能敷各省之用。现在直隶既欲练兵，自应在就近地方添设总局，外洋军火机器成式，实力讲求，以期多方利用。设一旦有事，较往他省调拨，匪惟接济不穷，亦属取用甚便。中国原不少聪明颖悟之资，特事当创始，不能不於洋人中之熟习机器者暂为雇觅数人，令中国人从事学习，务使该洋人各将优娴之艺，授以规矩，传其秘窍。该学习人等若能劳身苦思，究其精微，逐渐推求，久之即可自为制作。在我可收临阵无穷之用，在彼

---

[1] 陈振江. 天津近代新政运动的历史地位［G］//纪念天津建城600周年文集. 天津：天津人民出版社，2004：142.
[2] 中国史学会. 洋务运动（三）［M］. 上海：上海人民出版社，1961：449.
[3] 《崇厚奏稿》（抄件）. 中国社会科学院经济研究所藏.
[4] 军机处·机器局档［O］. 中国第一历史档案馆.

不致有临时挟制之虞。

"臣等公同商酌，拟即在天津设总局，专制外洋各种军火机器。或雇何项洋人作教习，或派何项员弁作局董，拣选何项人物学习，或聚一局、或分数局教习，学习人等名数若干，薪水若干，材料匠役及杂项用费若干，应由三口通商大臣崇厚悉心筹划，妥立章程，咨明臣衙门会商定议。其一切款项，即由三口通商大臣酌定支发，准於关税项下作正开销。设局以後，所有随时考试能否，以定优劣之赏罚，以示劝惩，亦应酌立定章。总期力求实效，尽得西人之妙，庶取求由我，彼族不能擅其长，操纵有宾，外侮莫由肆其焰。"①

可以看出，在此之前中国仅在江苏建有军工厂，如有事发生，须到江苏调用军火，实在不方便。"练兵之要，制器为先……现在直隶既欲练兵，自应在就近地方添设总局"是天津设立机器局的主要原因。

天津重要的军事地位以及其作为通商口岸、北洋大臣驻地、直隶总督府所在地，各方面的城市定位等诸因素都成为天津机器局兴办的动因，天津机器局于1867年批准兴建。

2.1.1.2 海防大讨论后清廷的行动

天津机器局的兴办满足了陆军"练兵"需要的军火物资，但是来自海上的威胁仍然是中国最大的"边患"。恭亲王奕䜣等在《海防亟宜切筹武备必求实际疏》中提出了"练兵、简器、造船、筹饷、用人、持久"等六条自强措施；江苏巡抚丁日昌在《拟海洋水师章程》中建议建立北洋、东洋、南洋三洋海军，分区设防、统一指挥；李鸿章则提出暂弃关外、专顾海防等观点。

同治十三年（1874年）十一月初二日，李鸿章在《筹议海防折》中详细描述了加强海防建设的各种措施，其中数项论及天津各类军工产业，同时，也再次提到天津大沽口的重要性。

1875年5月，清政府下令由沈葆祯、李鸿章分任南北洋大臣，建设南北洋水师。沈葆祯认为"外海水师以先尽北洋创办为宜，分之则难免实力薄而成功缓"，清政府考虑到北洋水师负责拱卫京师，遂采纳沈葆祯的建议，先创建北洋一军，待北洋水师实力雄厚后，再化为三洋水师。李鸿章通过总税务司赫德（Robert Hart）在英国订造"镇东""镇西""镇南""镇北"4艘炮舰，划归北洋；1879年又向英国订造巡洋舰"扬威""超勇"；1880年向德国船厂订造铁甲舰"定远""镇远"。在北洋水师兴建的过程中，北方需要建造一座能够满足日益扩大的舰队使用的船坞。

随着天津机器局、北洋水师大沽船坞等军工产业的兴建，煤铁需求量大增，而所需煤铁均购自国外，成为清政府的一大负担。1871—1880年，中国平均每年进口洋煤15万吨以上。②自主兴办矿业显得十分紧迫，北洋水师的建设也需要有相应的矿业资源作为支持，以保证所需的物资，以免发生战争时物资供给被切断。同时，李鸿章还考虑到"一旦有事，庶不为敌人所把持，亦可免利源之外泄"。开平矿务局就是在这样的背景下修建的。铁路的修筑缘起于开平煤炭向天津运输，后与海防息息相关。

电报的创立发展则与铁路的修筑相辅相成，

---

① 军机处·机器局档[O].中国第一历史档案馆.
② 罗伯茨.中国近代史[M].sutton publishing, 1998: 73.转引自：高鸿志.李鸿章与甲午战争前中国的近代化建设[M].合肥：安徽大学出版社，2008: 124.

图2-1-2 中国电报线地图
（资料来源：《清宫塘沽秘档图典》）

若铁路于海防为"调兵运械，贵在便捷"，那么电报于海防则为"用兵之道，必以神速为贵"，是当时传递军事信息最为迅速的手段。从日本出兵台湾的事件中，清廷洋务派中已经有人意识到电报对于调兵的重要性，并在同治十三年（1874年）的《筹议海防折》中提出。1877年，李鸿章架设直隶总督府至天津机器局东局之间的电报线，成为全国自主架设电报线的开端。1879年，架设北塘炮台与天津之间的电报线；1880年，在天津设立电报总局。

1881年，天津和上海之间的电报线架成，之后的十余年间，电报线遍及全国沿海各地（图2-1-2）。天津由于其地理位置的重要性，成为北洋军事中心、中国电报和铁路的枢纽城市。

综上所述，天津近代军工产业，如北洋水师大沽船坞、天津机器局，在天津选址修建有着相似的原因：第一，作为京师的门户，地理位置重要；第二，距离最近的军事基地远在上海，若遇有事之秋，恐贻误军需。虽然两者一为陆军练兵需要，一为海军修船需要，但都选择了天津作为兴办地。而铁路、电报的兴办也有着相似的原因，总体看来都与天津在海防中的重要地位密不可分。

2.1.2 天津机器局西局的建设

天津机器局是清末北方兴办的第一座军工产业，随着它的兴办与不断扩大，天津逐渐成为清末重要的军事基地。

2.1.2.1 天津机器局的历史沿革

1866年，恭亲王奕䜣奏请在都城或天津设机器局。1867年，由崇厚在天津主持兴办机器局，曰"军火机器总局"，设东、西两座机器局，东局位于城东贾家沽，西局位于城南海光寺。1870年，崇厚因"天津教案"出使法国，李鸿章任直隶总督，接办军火机器总局，改名为"天津机器局"。1871年，天津机器局西局撤销，划归李鸿章管辖的淮军，称为"北洋行营制造局"，但仍俗称天津机器局西局或海光寺机器局。此后，李鸿章的奏折中提到的"天津机器局"均指东局，"北洋行营制造局"就是指海光寺机器局，即天津机器局西局。

天津机器局东西二局于1900年在八国联军入侵天津后被彻底破坏，其中东局被法军占领，作为法国兵营；西局被日军占领，作为日本兵营。

2.1.2.2 天津机器局的选址与设置

奕䜣与崇厚奏请兴建天津机器局的奏折中，未提及选址的原因，仅说明选择城南海光寺与城东贾家沽一带。而关于福州机器局的选址有"其机器枪子二厂，建设在水部门内人烟稠密之处，存储军火，大非所宜，不如西关外制造局地面宽大，不近民居"①的说法。可见，机器局的选址一般位于郊外人烟稀少之地（图2-1-3）。广州机器局、山东机器局、四川机器局、吉林机器局等亦是如此选址。天津机器局东西二局选择城外，亦是符合这类军工产业选址原则的。作为大型军工厂需要的重型设备多由国外购入，接近河流则"输运便利，于建厂相宜"，从天津机器局每年军火的产量可以看出，生产所需的大量物资材料和大批军火产品的运输也有赖于河流，上述因素都是机器局选址需要考虑的。城东贾家沽一带有河流经过，可提供便利的物资运输条件。

从福州机器局"建设在水部门内"也可看出，依附原有建筑兴办或扩建的方法在这类建筑的选址中经常采用。同治十五年（1876年），张之洞在兴办广州机器局的奏折中说道："广东筹建水师、陆师学堂，并于堂外建机器厂一座，铸铁厂一座，烟筒一座"，②也是出于同样的考虑。在郊外空旷之地，已建成的寺庙、朝廷设立的部门，往往成为区域的中心，兴建建筑多会依附于此，毗邻建设。海光寺正位于南郊空旷之地，成为天津机器局西局选址所在地。类似的选址还有北洋银元局依附于大悲院，以及后文中北洋水师大沽船坞依附于海神庙，当然北洋水师大沽船坞依附于海神庙还有祭海等原因（在"2.1.4"中有详细介绍）。

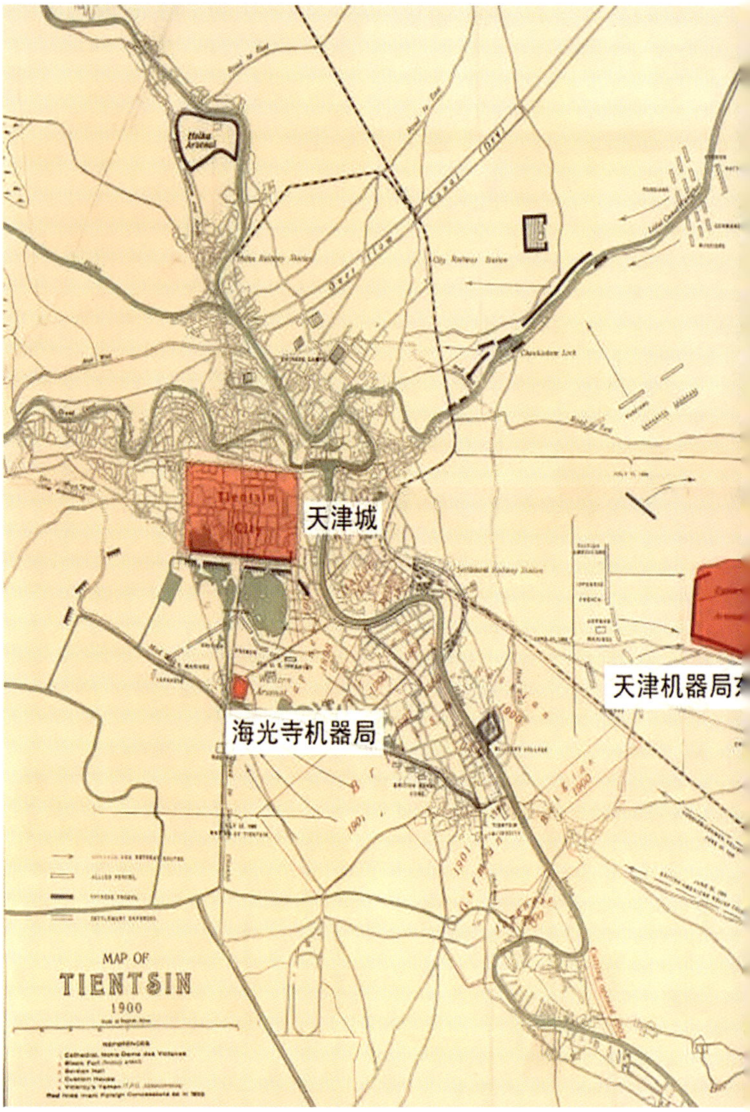

此外，海光寺机器局正处于外壕南门海光门旁（见"1.3.2.1"），建成后为外壕防御提供军事补给。1900年八国联军侵华，海光寺是八国联

图2-1-3 天津机器局选址
（资料来源：P.Harrington, *Peking 1990—The Boxer Rebellion*, 2001）

军侵华攻打天津城时的主战场之一。不管其目的是否出于城防建设，但建成后的海光寺机器局确实承担了重要的城防任务。

---
① 军机处·机器局档［O］. 中国第一历史档案馆.
② 军机处·洋务运动档［O］. 中国第一历史档案馆.

2.1.2.3 海光寺机器局的设计与建造

关于天津机器局,很多历史学家做了大量研究,由于历史档案、奏折中未对东西二局加以区分,往往统称天津机器局,因此目前对天津机器局的研究经常混淆两者,或干脆统称为天津机器局。而淮军的"北洋行营制造局",也有学者误认为是除东西二局之外的另一处军火制造局。

中国国家图书馆收藏的天津海光寺机器局及行宫地盘样,与故宫博物院收藏的天津海光寺机器局及行宫立样,均为清代著名建筑世家样式雷家族绘制。该图的存世为我们了解天津机器局的功能组成、格局、建筑特征及结构特征提供了可能,也为深入研究和区分天津机器局东西二局的功能设置、建筑组成提供了证据。

天津机器局于1867年批准兴建,从样式雷图档保留的天津海光寺行宫地盘样与立样图纸看来,这项任务应该是样式雷家族参与完成的,从1866年奏请建设到1870年初具生产规模,期间的设计应该是由雷思起(1826—1876年)与雷廷昌(1845—1907年)父子主持的。

天津机器局样式雷图档情况见表2-1-1。关于西局图档,故宫博物院藏5张,国家图书馆藏1张,包括3张地盘图、3张立样图;关于东局图档,均为故宫博物院所藏,共5张,包括3张全局地盘图和2张单体建筑地盘图,另有丈尺略节一册。

表2-1-1 天津机器局样式雷图档情况

厂别	馆藏	编号	原题名	校准题名	内容概述
西局	国家图书馆	[国]150-010	天津海光寺机器局及行宫地盘样	天津海光寺机器局及行宫地盘样糙底	表达了天津机器局西局的建筑布局和行宫的关系,单线绘制,有诸多修改痕迹
西局	故宫博物院	书4320	海光寺后天仙圣母殿御书楼等建筑立样图	天津海光寺机器局及行宫立样	表达了天津机器局西局和行宫整体立面造型,与"[国]150-010"所表达的平面信息对应
西局	故宫博物院	书4321	海光寺地盘立样糙图	天津海光寺机器局立样糙图	与"书4320"相似,但拼贴痕迹较多,应为其草图
西局	故宫博物院	书4134	光绪行宫立样全图	天津海光寺行宫与机器局立样全图	在"书4320"的基础上填色,表达效果更为精美,应为最终图
西局	故宫博物院	书4852	机器厂、铜匠厂等地盘尺寸糙图	天津海光寺行宫与机器局地盘样糙底	天津机器局西局的平面图过程方案,与前述图纸信息均不同
西局	故宫博物院	书3740	海光寺火器厂各座地盘丈尺画样	天津海光寺行宫与机器局地盘样	与"书4852"相似,为过程方案
东局	故宫博物院	书3738	天津大沽机器局全局各座丈尺画样	天津机器局东局全局各座丈尺画样	详细表达了东局的建筑布局和周边环境,用不同颜色表示围墙、水渠和铁路
东局	故宫博物院	书3739	天津大沽机器局全局各座丈尺画样	天津机器局东局全局各座丈尺画样糙底	与"书3738"基本一致,但未填色,应为其草稿
东局	故宫博物院	书4335	大制沽机器房座地盘样	天津机器局东局地盘样	与"书3739"基本一致,但增加了对各组成建筑间数的记录

续表

厂别	馆藏	编号	原题名	校准题名	内容概述
东局	故宫博物院	书4854	碾房水箱机器构造尺寸糙图	天津机器局东局碾药房地盘样糙底	碾药房在较低标高剖切的平面图，显示了建筑的整体轮廓，表达了内部所有机器，即锅炉、蒸汽机、碾药机的尺寸和摆放位置
		书4853	碾房水箱机器构造尺寸糙图	天津机器局东局碾药房地盘样糙底	碾药房在较高标高剖切的平面图，显示了建筑的轮廓、齿轮和传力杆的位置
		书5552	苑囿陵寝等项工程呈奏略节粘本	天津机器局东局丈尺略节	详细记录了每座建筑的面宽、进深、高度等尺寸

资料来源：李程远根据样式雷图档整理。

1. 海光寺概况

海光寺位于天津城南，始建于清康熙四十五年（1706年），原名普陀寺，康熙帝赐名海光寺。乾隆帝曾多次来此，并相继留有诗文。海光寺是天津著名的佛门圣地，也是风景绝佳之地（图2-1-4）。"津门十景"中的"平桥积雪"就是指海光寺北的西平桥。第二次鸦片战争期间英法联军于天津城外设南北二营，北营设于河北望海寺，南营就位于海光寺，这是海光寺第一次被外国侵略军占领。1858年6月，清政府与英、法、俄、美四国在海光寺签订了《天津条约》。

2. 海光寺行宫及机器局总体布局

从样式雷图中可以看到，海光寺机器局的设计包括海光寺行宫和机器局两部分，行宫在原有寺庙的基础上进行改建和扩建，再从寺庙东、西、北三侧建机器局。从海光寺行宫及机器局地

图2-1-4 海光寺照片
（资料来源：刘树伟提供）

盘样（图2-1-5）中可以看出，海光寺行宫及机器局可划分为中路海光寺行宫区、行宫东侧和北侧办公房、东西北三侧围绕的工厂区三部分。整个建筑组群以海光寺行宫为中心（图2-1-6）。由于海光寺本为佛教建筑，因此，整个行宫部分可划分为前后两部分，即南侧的佛殿与北侧行

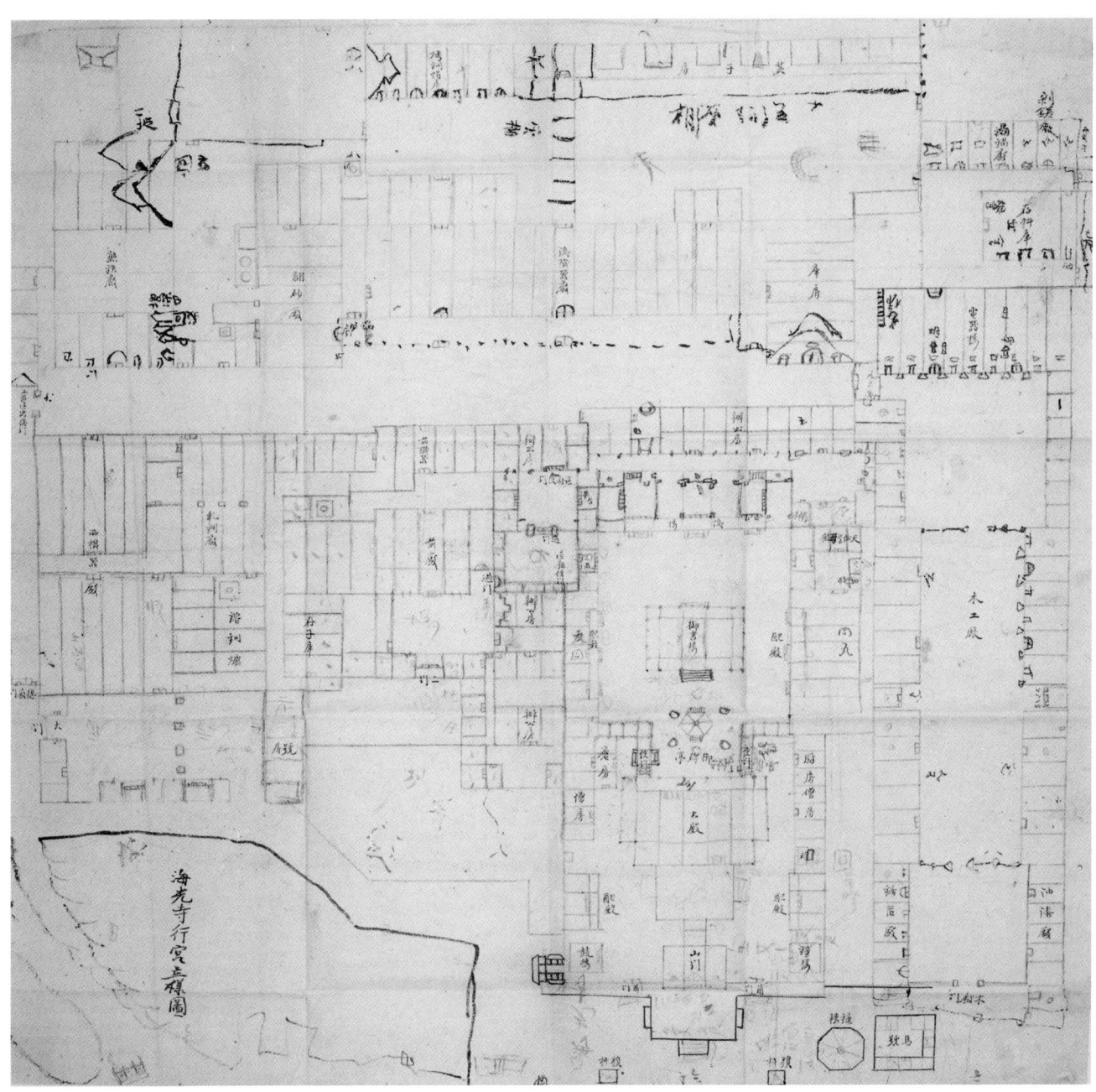

图2-1-5　天津海光寺行宫及机器局地盘样
（资料来源：原藏中国国家图书馆，摘自《华夏建筑意匠的传世绝响——清代样式雷建筑图档展》）

宫。行宫由南侧山门进入。工厂区面积较大，西侧设总南门和大门，南侧中部设二门，东侧木工厂有独立出入口木厂门。行宫东西侧与工厂紧贴，北侧留有院落，可通过便门进入工厂区。

3. 海光寺行宫的修缮与扩建

从建厂初期拍摄的海光寺未扩建的历史照片（见图2-1-4）可以看出，海光寺在样式雷家族进行修缮和扩建前就已经有相当规模。海光寺机器局及行宫地盘样中，行宫部分中轴线上的山门、大殿、御碑亭、御书楼与后楼皆备，只是不知是否为样式雷图中所绘的功能。样式雷首先对海光寺行宫进行修缮与扩建，将原海光寺从大殿之后划成行宫区，前后区之间设便门，便门与便门旁的廊很有可能为加建的。行宫部分的扩建与改造（图2-1-7）还包括在旗杆东侧加建一处钟楼和马号。海光寺大殿原为重檐歇山顶，样式雷图中在大殿南侧加建一勾连搭五开间卷棚抱厦。

地盘样中后楼部分进行内檐装修的初步绘制，床、花罩、壁纱橱、楼梯都清晰可辨，这是中路建筑中唯一绘制室内细节的，由此判断为重新装修的部分。此外，地盘样中西侧一路为办公房，从样式雷立样图（图2-1-8）中可看出为中国传统合院样式建筑。地盘样中从第三进院落以北部分绘制较为详细，与后楼北侧办公房连为一体，此部分详细绘制出开门位置，是加建或修缮尚不能断定，有待考证。

海光寺山门内钟鼓楼沿中轴对称，为重檐歇山顶，山门前的钟楼为八角攒尖顶（图2-1-9），后来德国克房伯兵工厂铸造的大钟便放置于山门前的钟楼内，被称为"海光寺大钟"（图2-1-10）。

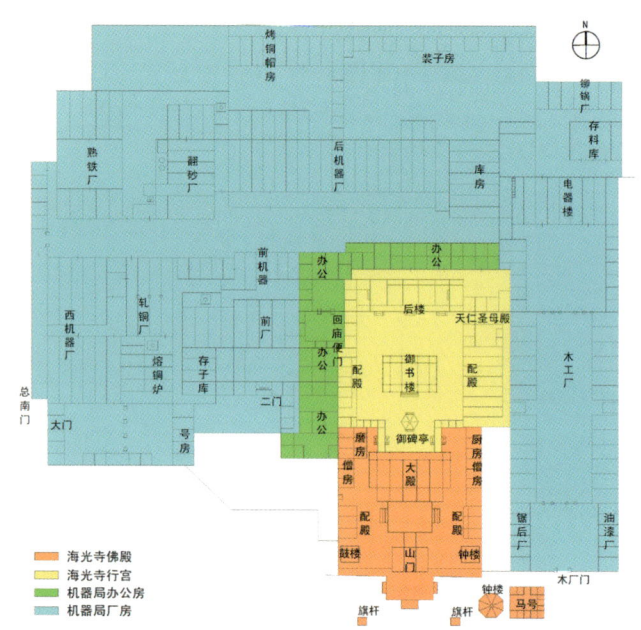

图2-1-6 天津海光寺行宫及机器局分区
（资料来源：作者自绘于图 2-1-5 之上）

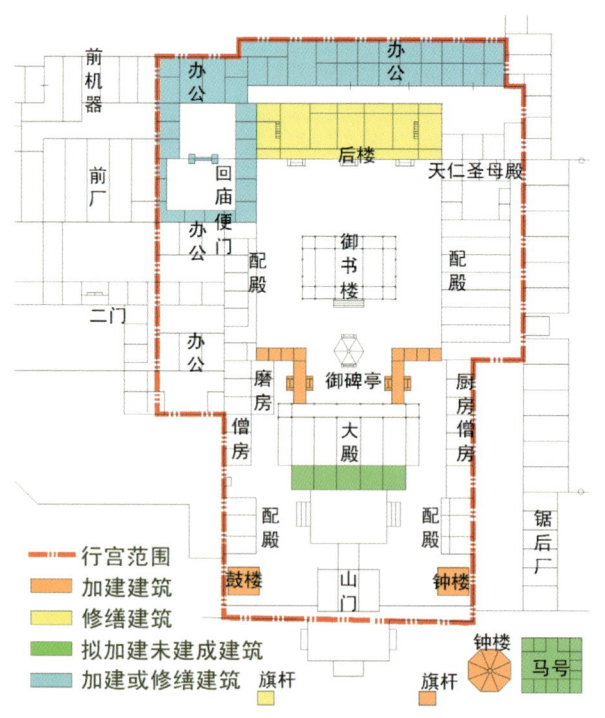

图2-1-7 海光寺行宫部分修缮及加建分析
（资料来源：作者自绘于图 2-1-5 之上）

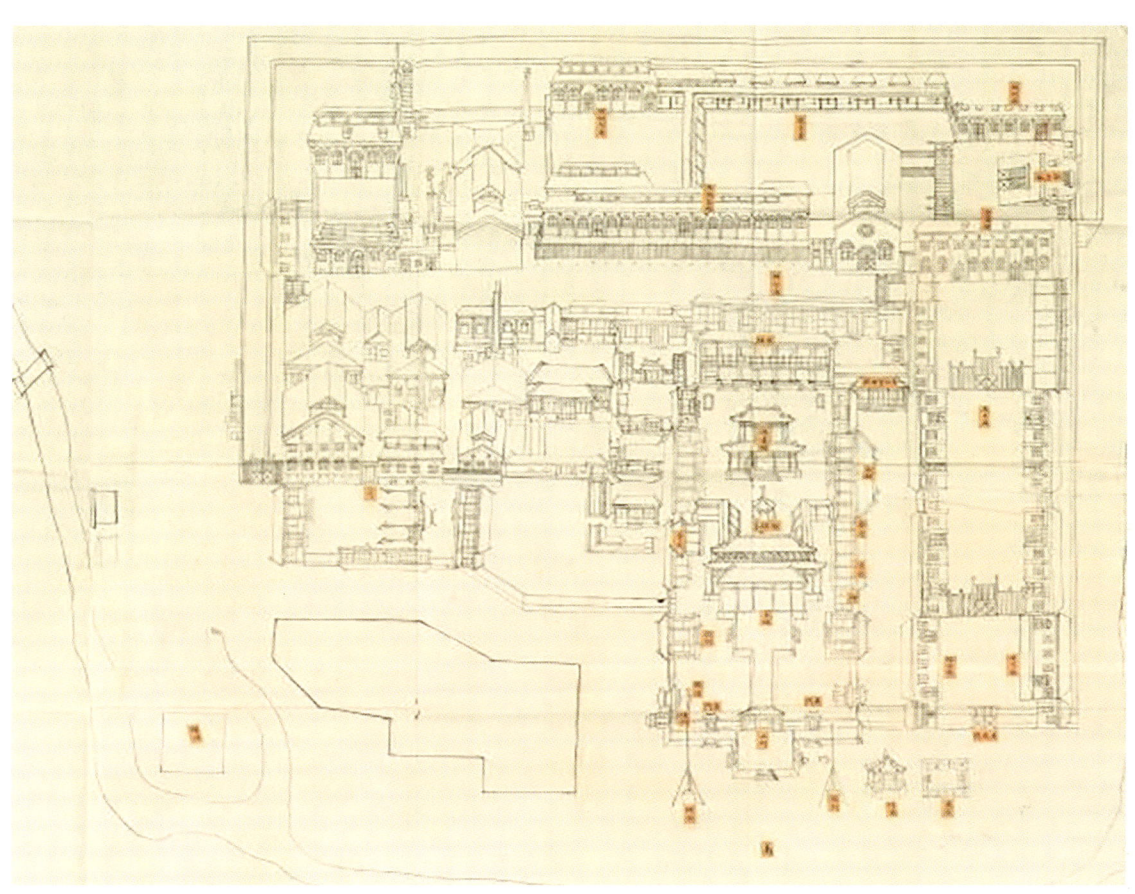

图2-1-8 天津海光寺行宫及机器局立样
(资料来源：原藏故宫博物院，摘自《华夏建筑意匠的传世绝响——清代样式雷建筑图档展》)

图2-1-9 机器局建成后的海光寺
(资料来源：刘树伟提供)

图2-1-10 放置于钟楼的"海光寺大钟"
(资料来源：《中华百年看天津》)

4. 海光寺机器局的设计

周馥随醇亲王于光绪十二年（1886年）至天津视察海防时所做的巡阅北洋海防日记中记录了西局建成后生产时的情形：

"局有八厂，共屋百余间，环于海光寺外，匠徒七百余人，每日可造哈乞开司枪子万粒，呔啫士得枪子五千粒，其余炮车、开花子弹、电线、电箱及军中所用洋鼓吹，皆能仿制……时伏水雷九具，于寺外积潦中一一试放，雷内装火药四十八磅者，水飞五六丈。盛杏孙观察复觅电光灯、织布机器两事设于局中，并请王试观……"①

对照样式雷图，海光寺机器局工厂区部分由八个分厂组成：行宫西侧依次有西机器厂、轧铜厂和前厂；行宫北侧为后机器厂，后机器厂西侧有熟铁厂与翻砂厂，后机器厂东侧有铆锅厂；行宫东侧为木工厂。不知是否因传统文化中的"五行"观念，故将木的加工放在行宫东侧一路。木厂门与山门相平，木工厂由南向北中轴对称布置，形制整齐。各分厂之间多有院落分隔，各自成区，之间设传统样式的五间六柱栅栏门。这些均与图中所绘相符合。值得一提的是，在周馥的日记中称呼海光寺机器局为淮军"北洋行营制造局"。

海光寺机器局图纸是目前所见的样式雷图档中为数不多的兵工厂图纸，也是样式雷图中较早按西方样式绘制的。与建成后照片（见图2-1-9）比较，可以看出海光寺机器局各分厂的格局与地盘样基本一致，但是建筑结构与外观特征则与图纸相差甚远，可见这套图纸仅为前期方案。但是它提供了样式雷设计的过程，为理解样式雷构思工业建筑及表达方法提供了可能。

地盘样中绘制出各厂房建筑的轴线，多为进深较大、开间较小，反映了工业建筑的空间特征。出入口部位都绘制出立面的门，普通过梁式和券洞式加以区分，有些立面复杂的部位还画出窗。同时，在地盘样中也简要绘出屋顶和气楼屋顶，反映了样式雷绘制地盘样时对立面的构思，这是样式雷绘制复杂屋顶时常用的方法，与立样图比较，完全吻合。样式雷地盘样中用作绘制水井的符号，在工业建筑中用来绘制烟囱，图中外方内圆的符号就是烟囱，其位置也与立样完全吻合。

海光寺机器局部分的建筑立面具有西洋建筑特征，多为立柱与圆券窗的组合，形成连续的韵律感。其中三处山墙形成的立面，有将立柱向中心逐渐升高伸至山墙檐口的处理，有将柱子等高承托屋顶檐口的，有圆券窗与圆窗组合的。这些做法显然与西方古典建筑的做法并不吻合，但却与中国建筑刚传入西方时出现的状况极为相似。西洋样式建筑在明万历年间就已传入中国，清代郎世宁、蒋友仁、王致成等欧洲传教士曾参与圆明园西洋楼的建设，②但设计师多为欧洲人。海光寺机器局是样式雷家族参与西洋风格建筑中的较早案例。

2.1.3 天津机器局东局的建设

天津机器局东局于1868年春破土动工，用时三年多才初具规模。自1870年李鸿章接管后历经五次扩充（表2-1-2），不断扩大黑火药的生产规模，及时引进西方最先进的火药生产技术，如栗色火药、棉花火药和无烟火药。1887年的《北华捷报》称天津机器局东局成为当时亚洲"最大最好火药厂"③。1893年又建成炼钢厂。

---

① 周馥. 醇亲王巡阅北洋海防日记 [J]. 近代史资料, 1982, 47 (1)：13-14.
② 史箴, 吴葱, 戴建新. 16—18世纪中西建筑文化交流要事年表 [J]. 建筑师, 2003 (102).
③ 孙毓棠. 中国近代工业史资料（1840—1895年）[M]. 北京：科学出版社, 1957：363.

表2-1-2　天津机器局东局建造年表

年代	建厂与设备	制造产品
同治元年（1862年）	崇厚在天津训练洋枪队，开始试造炸炮与军用品	炸炮
同治五年（1866年）	总理衙门奏请在天津设局制造军用品，命崇厚筹划	
同治六年（1867年）	西局建成开工，东局兴建	以铜帽等金属加工为主
同治七年（1868年）	铸铁、锯木、金工、木工等厂已有机器设备	
同治九年（1870年）	李鸿章接办扩充	
同治十一年（1872年）	铸铁、熟铁、锯木各厂竣工	火药、铜帽、炮台、炮架等
第一次扩充		
同治十二年（1873年）	开工制造火药子弹，两座碾药厂	
同治十三年（1874年）	建药库三座，各厂大体齐备，建第三、第四座碾药厂	饼药
第二次扩充		
光绪元年（1875年）	建饼药厂、硫酸厂、轧铜厂	
光绪二年（1876年）	添设电气水雷局	林明敦枪、士乃得枪、子弹、前膛开花炮弹、后膛镀铅来福炮弹、拉火
第三次扩充		
光绪五年（1879年）	添置提磺厂、压药器等	
光绪六年（1880年）	设电机水雷学堂	气船、水雷艇
光绪七年（1881年）	建淋硝新厂	电线、电箱
光绪八年（1882年）	建镪水新厂	
光绪九年（1883年）	仿制康邦蒸汽机	
第四次扩充		
光绪十三年（1887年）	添栗色火药厂	栗色火药
光绪十四年（1888年）	拟定英国铸钢炉，水力压钢机	
第五次扩充		
光绪十七年（1891年）	筹建炼钢厂	
光绪十八年（1892年）	兴建炼钢厂	钢弹、钢炮
光绪十九年（1893年）	炼钢厂建成	

资料来源：孙毓棠《中国近代工业史资料》。

2.1.3.1 整体规划布局

天津机器局东局东西长约390丈，南北宽约250丈，计购地22顷30余亩，[①]面积几乎相当于整个天津城。设南、北两处局门，南局门为主要出入口，北局门为工匠通勤出入使用，有一条大道将天津城与南局门相连接。全局四周修建土墙，全长约十三里，土墙上设六座炮台，南北各三座，每处炮台下设看守房。贾家沽引河于局东自南向北穿局而过，与城墙交汇处设水闸，局东有一处船坞与引河相连。城墙内外挖壕沟与引河相连，局内挖水沟与各厂、库相连，共设桥七座。（图2-1-11）

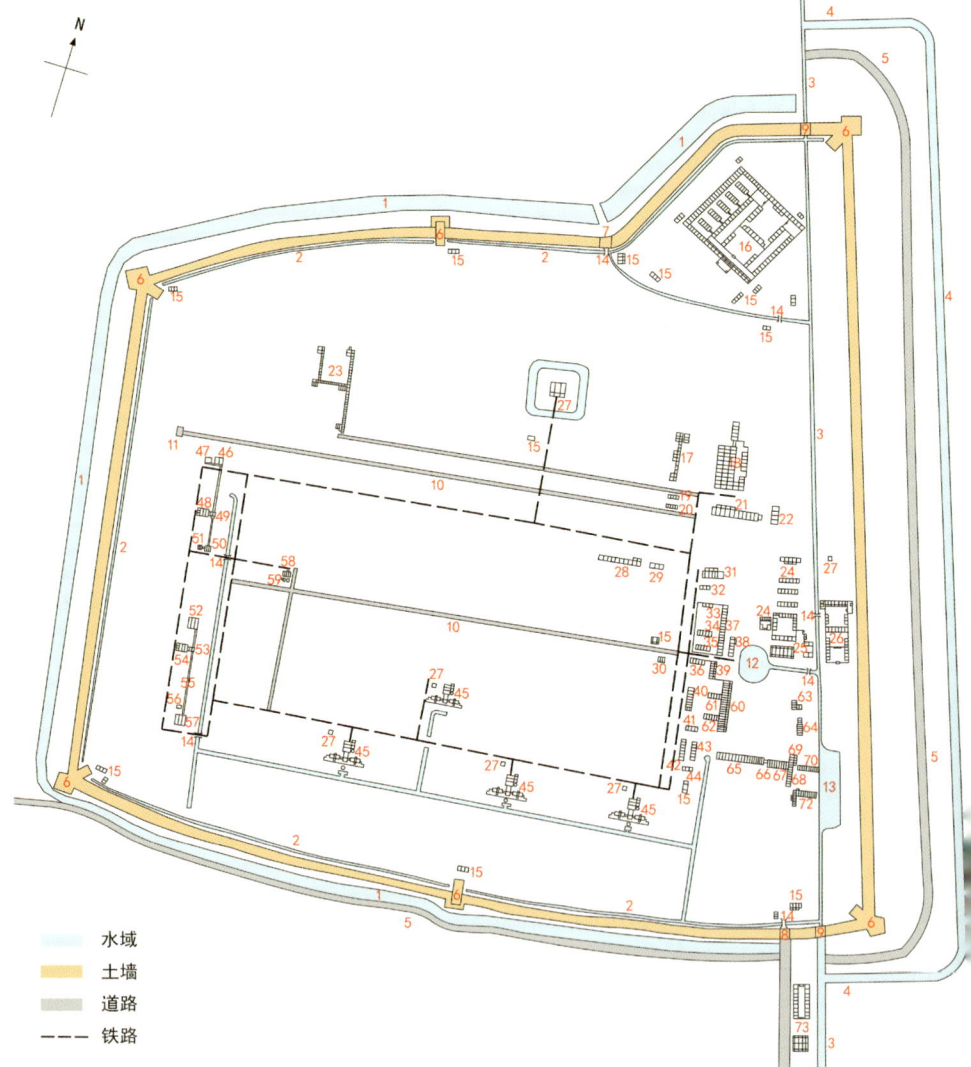

图2-1-11 天津机器局东局平面图

1—外城濠，2—内城濠，3—贾家沽引河道，4—新开河道，5—新筑大道，6—炮台，7—北局门，8—南局门，9—水闸，10—试药道，11—靶子，12—卸货区，13—试放水雷池，14—桥，15—看守房，16—天津总局住房，17—后膛枪子药房，18—烤铜壳房、铜帽房、锅房、汽机房、拉火房、枪子房，19—后膛铜帽库，20—后膛枪子库，21—卷铜烤铜厂，22—熔铜房，23—合铜帽药房，24—住房，25—公务厅，26—学水堂，27—药库，28—锸水房，29—制水碾房，30—试药房，31—烧炭房，32—炭库，33—磺库，34—硝库，35—铁库，36—铜库，37—堆煤场，38—杂料库，39—库房，40—淋硝房、筛硝房，41—锅房，42—碾磺房及其炭房，43—磺末库、合磺房，44—炭库，45—碾药房，46—药饼房，47—合药房，48—锅房，49—汽机房，50—光药房，51—装药入厘房，52—筛药房，53—汽机房，54—锅房，55—通连轮房，56—水轴房，57—研药压药房，58—烤药房，59—锅房，60—翻译房、绘图房、木工房、汽机房、新洋枪房，61—熟铁房，62—木样房，63—下房，64—焦炭房，65—机器房，66—汽机房，67—锅房，68—卷枪厂，69—挂铅房，70—熟铁厂，71—剪铁房，72—生铁厂，73—洋匠住房

（资料来源：李程远根据故宫博物院所藏样式雷图档改绘）

[①] 刘义树. 天津机器局的创办与发展［A］//政协天津市河东区委员会文史资料委员会. 清末北方的近代化基地——天津机器局. 2004：15.

东局建筑功能类型涵盖生产、仓储、居住、办公与教育,几乎所有建筑都记录了详细尺寸,主要是面宽、进深和柱高,反映了其建筑体量。生产和仓储建筑占地规模最大,功能组成最为复杂。总局住房位于局内之北,洋匠住房位于局外之南。公务厅位于船坞东北侧,学水堂位于公务厅以东,与其一河之隔,有桥相连。

局内铺设了一条环形铁轨,东侧与船坞相连。根据故宫博物院收藏的样式雷图可以推算其长度达两千余米,在每个转折点都设置了一处转盘便于火车掉头和转弯。这条铁轨于1868年春开始修筑,是天津所修建的第一条铁路。[①]几乎所有的仓储和生产建筑都通过这条铁轨相互连接,局内的生产活动依此展开。正如历史文献中描述的"内墉外濠","东则帆樯沓来,水栅启闭;西则轮车转运,铁辙纵横。城堞炮台之制,井渠屋舍之观",[②]这一场景和图中高度吻合。

2.1.3.2　机器局东局的建筑

土墙、炮台、内外城濠所组成的防御体系延续了古代城池的常用做法,主入口南局门从外形上看就是一座古城城门(图2-1-12)。局内除了生产建筑之外,住宅、公务厅、学水堂等平面布局和建筑设计均采用传统式样。特别是总局住房,北、东、西三面被土墙包围,南临壕沟,人为制造"负阴抱阳、背山面水"的格局。其主殿供奉五行神堂,总体朝向与周围环境没有对应,应是出于风水上的讲究。出入局的货船在引河两岸视线内多为传统建筑风貌。以上符合清统治者"中学为体、西学为用"的思想,引用西方的科学技术。图2-1-13为1893年建成的炼钢厂。

图2-1-12　天津机器局东局南局门
(资料来源:《明信片中的老天津》,2000)

---

① 中国出现的第一条铁路是1865年英国资本家杜兰德在北京宣武门外修建的一条长度仅有一里的铁路,主要用作展示。而中国第一条营运铁路是1876年英商怡和洋行修建的淞沪铁路,不久被拆除。可见1868年的天津机器局东局内修建铁轨进行货物运输在当时是非常领先的。

② 1968年4月18日天津机器局洋总办(密妥士)致英国驻天津总领事摩尔根(J.Morgan)的备忘录。引自:孙毓棠. 中国近代工业史资料(1840—1895年)[M]. 北京:科学出版社,1957:348-349.

图2-1-13 天津机器局东局炼钢厂
（资料来源：《消失的天津风景》）

2.1.3.3 整体规划布局的近代化

天津机器局东局在样式雷设计的三个工业建筑①中规模最大，引进机器大规模生产火药，生产流程也最为复杂，使得样式雷必须摒弃合院式的传统建筑布局方式并重新组织厂房的规划布局。手工业时期的兵工厂在生产和居住上没有明确的空间划分，常常融合在一个院落之中，室内居住，室外修械。传统合院式布局可满足手工业生产需求，却无法满足大机器生产的需要。所以东局具有典型的产居分离特征，设建筑群作为工匠住房，设学堂供学生学习居住。这二者与整个生产区域都有一河之隔，在空间上有明确的划分，这是其规划布局近代化的一个重要标志。

火药的生产工艺较为繁琐，每一步都要在独立的建筑中完成。东局采用了典型的分散式布局方法，用铁轨将所有生产建筑连起来，完成从原材料进入到成品输出的过程。在目前的档案中没有找到东局购买和使用蒸汽火车的记载，局内铁轨应该是人力或马拉火车。尽管如此，东局利用轨道来完成厂内转运在当时也是非常先进的。而枪子生产区，特别是制铜壳、拉火、枪子的部分，因须安放诸多金属加工设备，采用了集中式布局，这对建筑跨度有了更高的要求。

此外，根据消防组织厂内水系，在火药生产的重点厂房附近都有水源。从厂内的两处试药道可以看出，东局对产品质量的把控先进于手工业时期的兵工厂。总之，样式雷是充分根据工艺流程来完成东局的整体空间布局的，其设计理念已经从以人的活动为核心转向以生产功能为核心。

2.1.3.4 生产技术流程

工业建筑的技术核心是工艺流程，是建筑规划布局的依据。欲探究东局之运行机制与设计理念，必须研究其工艺流程。天津机器局东局《兴造记》②中详细介绍了天津机器局东局的生产情况，原材料主要有硝、磺、炭、铜、汞等，经过一系列复杂的工艺后最终生产为火药、枪炮（图2-1-14）。若将工艺流程和功能分区叠加在东局平面图上，即可揭示其设计谜题（图2-1-15）。

---

① 即天津机器局东西二局和广东机器局。
② 同治十三年（1874年），李鸿章上书"同治五年总理各国事务衙门奏准在天津设局仿制外洋机器六年通商大臣崇厚委员开局举办九年屋宇机器告成直隶总督李鸿章奉"，与样式雷图档的判定年代也是吻合的。引自：黄彭年. 畿辅通志（三）[M]. 上海：商务印书馆，1884：卷九十三，3813-3814.

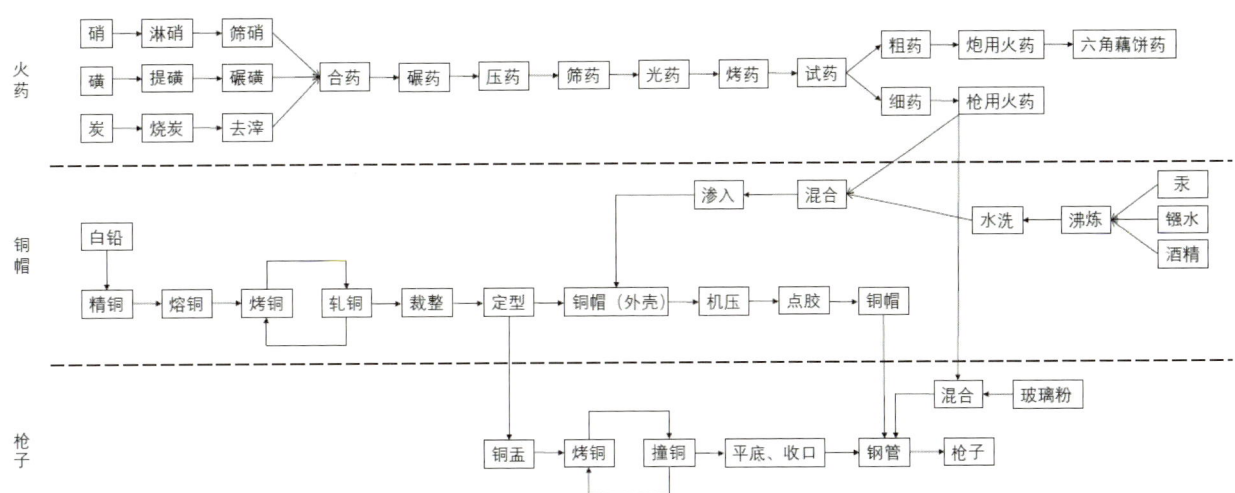

图 2-1-14　天津机器局东局火药、铜帽和枪子的生产流程简图
（资料来源：李程远根据黄彭年的《畿辅通志（三）》整理）

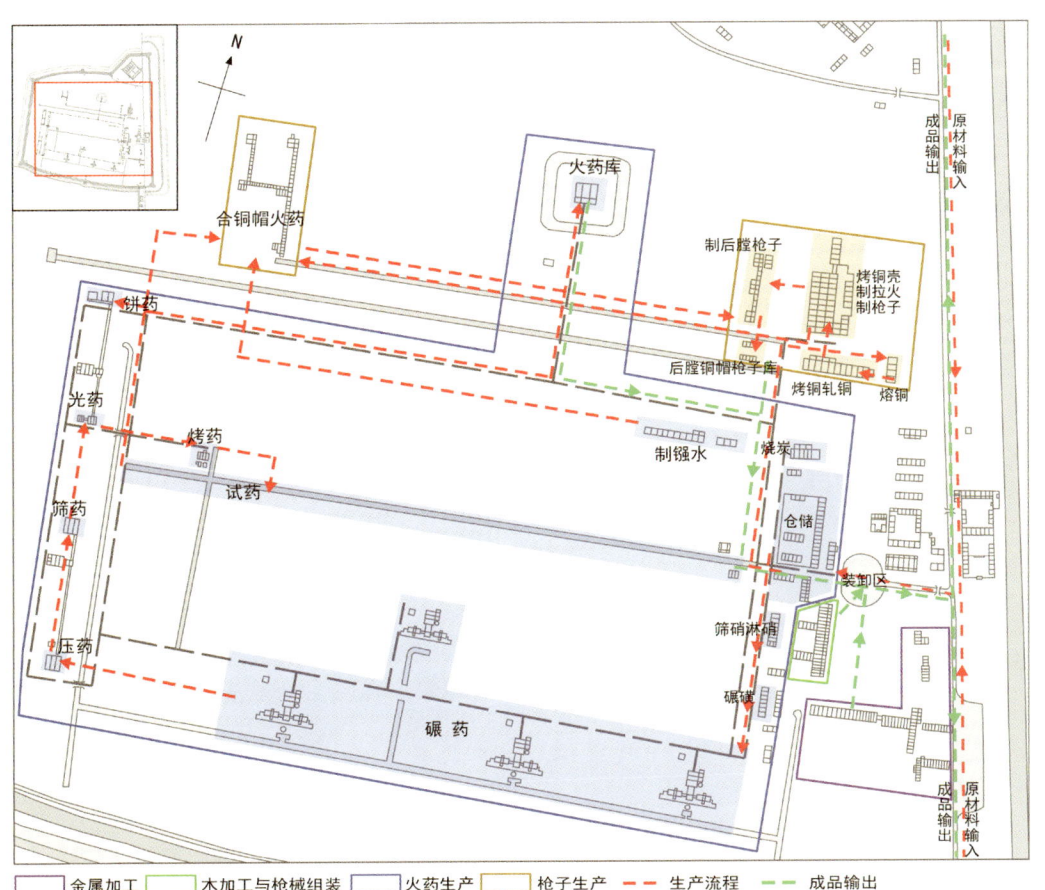

图 2-1-15　天津机器局东局生产建筑的功能分区与流程图
（资料来源：李程远根据故宫博物院所藏样式雷图档改绘）

生产区域按其所生产的产品可以划分为金属加工、木加工与枪械组装、火药生产、枪子生产四大功能区。建筑原材料从局南北的水门经引河进入局内，经过一段支流后进入船坞，所有货物在船坞处装卸，再经过一段铁路后与局内环形铁路对接。船坞成了全局交通组织的核心位置，是连接水运和轨道运输的节点。虽然不是机器局大门，但这里是实质意义上原材料输入和产品输出的"大门"。

如此，各功能分区和建筑布局的设计原理便得以解释。公务厅邻近船坞，便于管理和调度。金属加工、木加工与枪械组装主要输出成品枪和炮，为了节约运输成本，被布置在船坞以南邻近区域。金属加工区不仅生产前门炮、后门炮等，还生产水雷，所以其紧邻试放水雷池。硝库、磺库、炭库等原材料仓库都布置在与船坞相连的铁轨两侧，在船坞卸货后就近储存。以船坞为起点，向南顺时针构成火药生产线，向北逆时针构成枪子生产线，两条生产线在环形铁轨北侧对接，火药直接供应枪子生产，最终成品通过船坞运至局外。

火药生产线复杂且环环相扣，其生产建筑都直接"串联"在环形铁轨两侧，利用铁轨转运半成品。从仓储区域开始，沿铁轨向南北延伸，对原材料进行初加工，如淋硝、筛硝、碾磺、烧炭等，以备生产所用。沿铁轨向南运至四座碾药房，每座碾药房配有一座小型药库供临时储存。碾好的火药向西运至压药房，而后向北运至筛药房、光药房、烤药房。火药烤干后则药成，随即在旁边一条东西向的试药道上试药，"及人百步为最细者，枪用之，粗者，炮用之"①，枪用火药直接运至合铜帽药房被生产为铜帽，炮用火药被运至饼药房生产为六角藕饼药，部分火药沿铁轨运至火药库。

枪子生产区位于铁轨以北火药库东西两侧，通过道路相连接。枪子的生产工艺不及火药复杂，其原材料简单，主要是铜。从仓储区域沿铁轨向北运至枪子生产区，对铜进行熔铜、烤铜、轧铜等初加工后，被加工成枪子的零部件，如铜壳、拉火和铜帽。再将成品火药渗入其中，组装成枪子。枪子库向西是一条试药道，尽头处为靶子，枪子被生产好以后直接在此试验其性能。

生产设备的近代化也体现在东局中。样式雷在设计时依据设备的摆放方式和大小来推敲建筑的布局，地坪标高，建筑进深、面宽和高的尺寸。以碾药房为例（图2-1-16），全局共有平面几乎一致的四座碾药房，其平面左右对称，洗煤和锅房独立出来，并且直接与铁轨对接，便于供煤。汽机房位于正中间，与锅房相连，通过传力杆直接连接两侧碾压火药的磨盘，饼药房和光

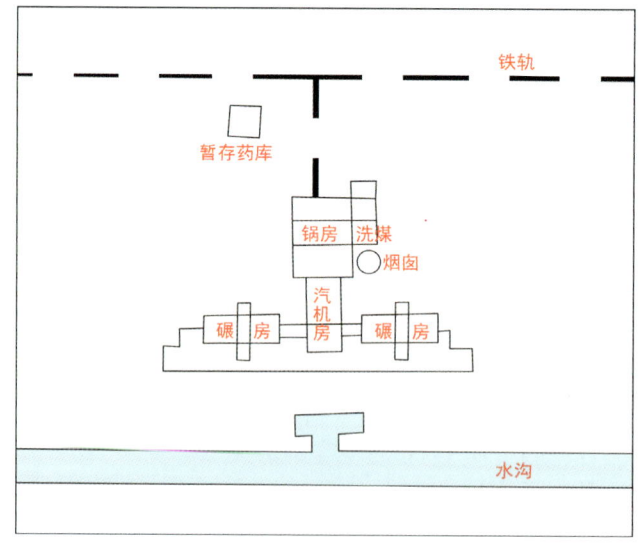

图2-1-16 碾药房平面图
（资料来源：李程远根据样式雷图档改绘）

---

① 黄彭年. 畿辅通志（三）[M]. 上海：商务印书馆，1884：卷九十三，3813-3815.

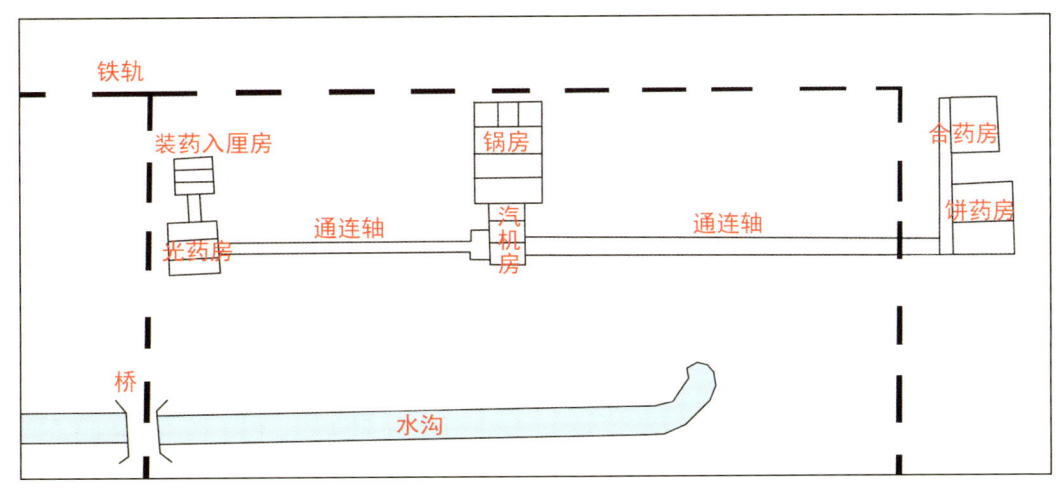

图2-1-17 光药房平面图
（资料来源：李程远根据样式雷图档改绘）

药房（图2-1-17）亦是如此，其建筑内部空间布局充分适应蒸汽机动力时代的机器运转模式。

关于火药库的设计，在《畿辅通志》中有较为详细的介绍，"药库造法悉仿洋式"[①]。为了防止铁和木摩擦生火，整个建筑全部为木结构。屋脊两侧设两根避雷针，木杆顶安铜线如鹿角状，承以铜条，下贯铜线至地下，铜线和木杆之间用瓷管相隔，防止雷电不直入地下。药库的每个开间在地板、地板以下的外墙处和檐下设三处通气孔，以通风排湿。由此可见，当时样式雷对火药库的防火防潮设计已经有了一定的认识。

2.1.3.5 居住与教育建筑

东局中的居住建筑几乎是最早建造完成的，兴建之初便于局南勘定两处地基，一处建房供洋匠、技师居住，一处设立砖瓦窑用地；在局北勘定一处地基，设公所供中国官员和工匠居住[②]。样式雷图中绘出洋匠住宅位于局南之外，呈东西排列的两列房屋和一处独立住房。官员与工匠住宅位于局北之内，临近北局门，西北紧邻内城濠，东临贾家沽引河，南面为从内城濠修筑到引河的水沟，水沟东侧设桥。住宅四周均被水沟包围，主要起到防御的作用。从平面上看（图2-1-18），其建筑整体为西南朝向，分为东路

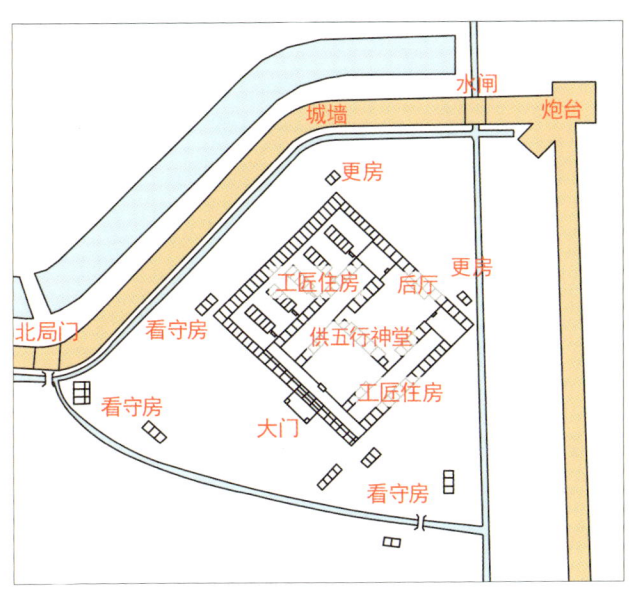

图2-1-18 总局住房平面图
（资料来源：李程远根据样式雷图档改绘）

---

① 黄彭年. 畿辅通志（三）[M]. 上海：商务印书馆，1884：卷九十三，3815.
② 崇厚等奏销建造天津机器局经费并请饬李鸿章妥筹酌办该局折. 引自：《中国近代兵器工业档案史料》编委会. 中国近代兵器工业档案史料[G]. 北京：兵器工业出版社，1993：705-706.

和西路，东路有两进院落，主殿供五行神堂，西路有六进院落，全部为工匠住房，东北两角设更房，西南两角设看守房。丈尺略节中记载，"南门外洋匠人住房三十九间"，"总局住房并匠人住房共一百六十五间"，[①]其规模可见一斑。

公务厅紧邻船坞之东北侧，在此方便直接管理原材料和产品的进出。公务厅是一座六开间的建筑，前后有外廊。公务厅北侧有一座院落供官员居住，东侧是服务于公务厅的下房，内有厨房和茶房。

东局内有一学堂名为"学水堂"，又称水雷馆，位于局内贾家沽引河以东。其位置安排巧妙，与生产建筑仅一河之隔，西侧引河之上设桥与公务厅相邻，以北设有一座药库，以南拓宽河道，建有一座试放水雷池作为学堂的试验场。学堂为两进院落，入口设门楼一座，正房兼用于小型生产和存储，后正房作为学堂，所有厢房均作学生住房。（图2-1-19）

2.1.3.6 天津机器局东西二局比较

1. 东西二局功能构成及建筑比较

天津机器局东西二局最初规划是东局为火药局，西局（海光寺机器局）生产现代枪炮。西局的枪炮生产属于机器制造，其工艺主要在金属的加工，故西局的功能构成有铆锅厂、木工厂、机器厂、轧铜厂、熟铁厂、翻砂厂、烤铜帽房等。这些厂房均是当时机器加工所需的主要组成部分，与北洋水师大沽船坞、北洋银元局以及北洋劝业铁工厂等产业的主要厂房基本一样。

东局最初仅生产火药。1870年李鸿章接任直隶总督后，深知"天津机器局为北洋海防水陆各军根本，关系重要"[②]，遂大力扩充、精心经

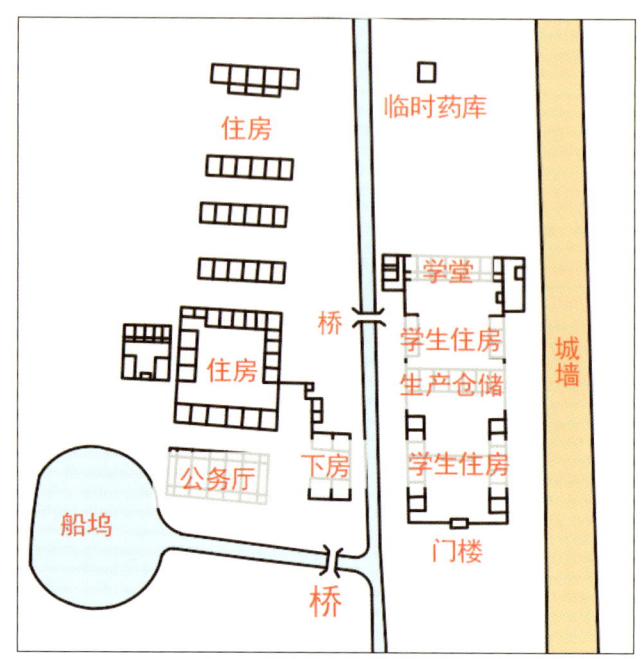

图2-1-19 公务厅与学水堂平面图
（资料来源：李程远根据样式雷图档改绘）

营，并加入了枪炮生产。

天津机器局东局于1876年设电气水雷学堂，1881年设北洋轮机学堂，1882年并入北洋水师学堂，当时大沽船坞尚未建成。北洋水师学堂开设了数学、天文、地理、测量、驾驶等课程，为北洋水师提供军事人才。

天津机器局虽分设两处，但在后来的发展过程中也是重点建设东局，此外，西局还承担东局的修配等任务。天津机器局东西二局生产车间比较见表2-1-3。

---

① 故宫博物院所藏样式雷图档（编号：书5552）。
② 中国史学会. 洋务运动（四）[M]. 上海：上海人民出版社，1961：277.

表2-1-3 天津机器局东西二局生产车间比较

功能	天津机器局西局（海光寺机器局）	天津机器局东局			
	枪炮生产	炮弹制造	火药生产	洋枪制造	水雷制造
生产构成	铆锅厂 木工厂 机器厂 轧铜厂 熟铁厂 翻砂厂 烤铜帽房	1870年以前： 机器房（厂） 1872年： 铸铁厂 熟铁厂 锯木厂 1893年： 炼钢厂	1870年以前： 淋硝制造间 磨磺制造间 烧炭制造间 1874年： 铅室法硫酸厂 碾药厂 洋枪厂 枪子厂 火药库 1875年： 饼药厂房 锯水厂房 轧制铜板配造拉火厂房 栗色火药厂 1881年： 淋硝厂 1882年： 硫酸厂 1896年： 无烟药厂	1870年以前： 铜帽厂 1875年： 机器房分出一半改建成枪厂，铜帽厂分出一半改建成枪弹厂	1876年： 电气水雷局
备注	均建成于1868年以前	西局铸铁厂移并东局（1873年）	栗色火药厂建有汽炉房、汽机房、分磨房、压药房、筛药房、分药房等厂房	1875年改造的枪厂、枪弹厂用作制造林明敦后膛枪、枪弹	

资料来源：海光寺机器局厂房构成来自样式雷图，天津机器局东局厂房构成记录在李鸿章历年的天津机器局奏折中，上表根据来新夏《天津近代史》一书中第104-106页的相关内容绘制。

东西二局的厂房建筑，由于图纸有限，给研究带来了一定的难度，但将样式雷设计的图纸与东局进行比较，还是可以看出一些区别。关于海光寺机器局的厂房，在样式雷的设计图中采用了抬梁式建筑结构形式，但是1980年代东局内的遗存还有西洋式人字形屋架（图2-1-20）。

密妥士（J.A.T. Meadows）对天津机器局东局兴建时的情形是这样描绘的："现在每天雇着1000至1200名中国小工和泥瓦匠、木匠在赶建厂房。大半的小工正在垫高四尺的地基，上面拟铺设轨道（铁轨），把厂地上的各个建筑和大门外的船坞联结起来，也有工人在挖大门外的船

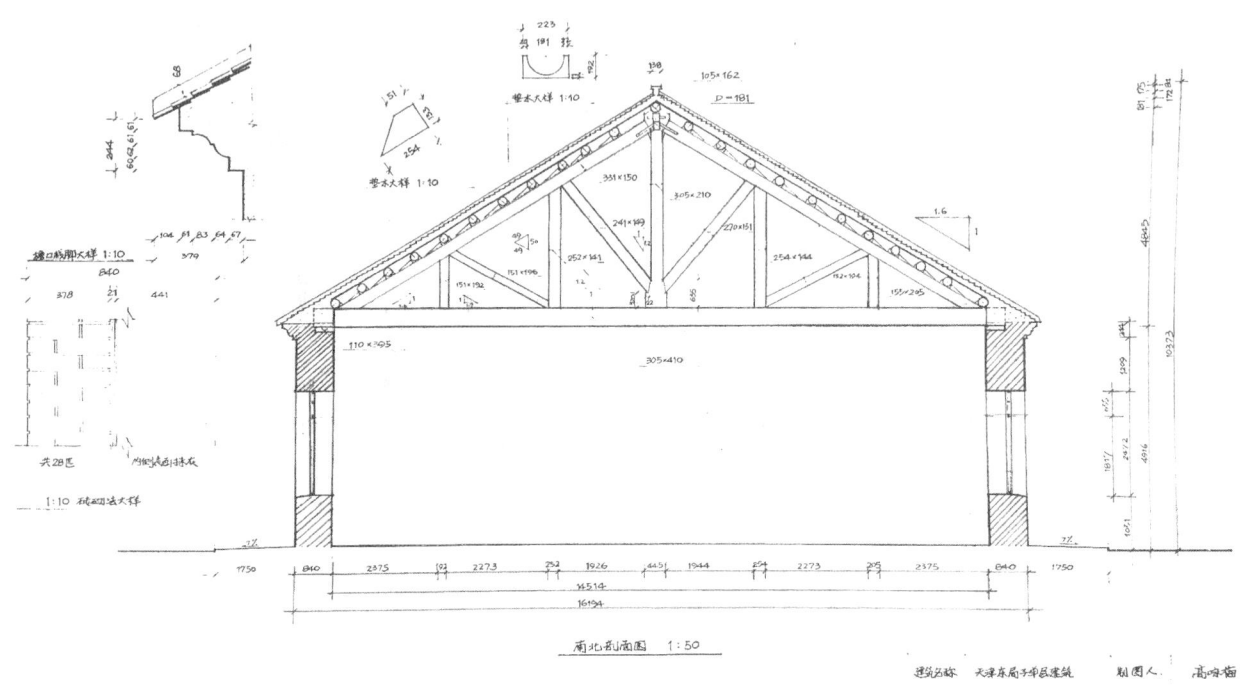

图2-1-20 天津机器局东局厂房屋架
(资料来源:《中国近代建筑总览——天津篇》)

坞,泥瓦匠和木匠正在建筑一个仓库,以及外国技师与中国官吏的住宅。"[1]

2. 东西二局主要产品比较

由于定位不同,天津机器局东西二局主要生产的产品存在着很大的区别,详见表2-1-4。天津机器局的生产技术和军事产品在中国近代军事史上都具有重要地位。

1870年,天津机器局东局建成的日产140～180千克的黑火药厂,是中国第一个以蒸汽为动力,用机器生产黑火药的工厂,后又进行扩建,1874年前后日产量提高到900多千克。[2]1874年前后,徐寿、徐建寅分别在龙华火药厂、天津机器局东局无烟药厂建成中国最早的铅室法硫酸厂。1876年生产前装开花弹6.8万发,是全国产量最大的兵工厂。[3]天津机器局东局于1887年建成的栗色火药厂,是中国最早建成的栗色火药厂。[4]天津机器局西局于1880年试制成功的水底机船被认定为是中国最早研制的潜水艇。[5]

---

[1] 摘自密妥士同治七年(1868年)4月18日《致英国总领事摩尔根备忘录》。
[2]《中国近代兵器工业》编审委员会. 中国近代兵器工业——清末至民国的兵器工业[M]. 北京:国防工业出版社,1998:76.
[3]《中国近代兵器工业》编审委员会. 中国近代兵器工业——清末至民国的兵器工业[M]. 北京:国防工业出版社,1998:61.
[4]《中国近代兵器工业》编审委员会. 中国近代兵器工业——清末至民国的兵器工业[M]. 北京:国防工业出版社,1998:77.
[5] 海军司令部编辑部. 近代中国海军[M]. 北京:海潮出版社,1994. 转引自:航鹰. 近代中国看天津——百项中国第一[M]. 天津:天津人民出版社,2008:33.

表2-1-4　天津机器局东西二局主要产品比较

类型	天津机器局西局（海光寺机器局）		天津机器局东局			
	枪炮	其他	炮弹	火药	洋枪	水雷
产品名称	1868年： 重铜炸炮 炮车 炮架 花子弹	1868年： 轮船零件 机器零件 挖泥船 电线 电机 铁舰 快船 鱼雷艇 1880年： 水底机船 1890年： "铁龙"轮船	1870年： 铜帽 1875年： 林明敦枪炮弹 1876年： 前装开花弹 劈山炮 后膛镀铅来福炮弹 1895年： 钢质炮弹	1870年： 黑火药 1874年： 无烟火药 硝强水 硝酸钾 1876年： 硫酸 1881年： 栗色火药 棉药火药 1896年： 无烟药厂	1870年： 后膛枪 1875年： 林明敦枪	1876年： 水雷

资料来源：主要参考了《中国近代化学工业史》《洋务运动与中国近代企业》及《中国近代兵器工业》。

天津机器局东局应水师学堂教学的要求，翻译并出版了很多军事著作（表2-1-5），其中《陆操新义》《整顿水师说》等都是当时重要的教材。

随着天津机器局的壮大，北京神机营和朝鲜国先后派送员工来学习制造军火技术。1876年李鸿章的《妥筹朝鲜武备折》指出："朝鲜为东北藩服，唇齿相依。该国现拟讲求武备，请派匠工前来天津学造器械，自宜俯如所请，善为指引。"[1]为此机器局专门建立了习艺厂和朝鲜馆。1882年，李鸿章还调拨一批军火供应朝鲜国使用，其中包括"旧制十二磅开花铜炮十尊……运送朝鲜借练军之用……轮船陆续运往，由吴长庆转交朝鲜国。光绪八年十月初一"[2]。

2.1.3.7　义和团运动后的机器局

海光寺机器局于1900年在八国联军入侵天津后，被彻底破坏（图2-1-21）。海光寺与日租界用地毗邻，从1902年的天津地图可以看出，海光寺地块已经标注为日本兵营了。是年，作为日本兵营的原海光寺用地进行了重新设计（图2-1-22），当年样式雷家族规划设计的海光寺机器局的格局已完全不存在。

---

[1] 中国第一历史档案馆. 光绪宣统两朝上谕档 [M]. 桂林：广西师范大学出版社，1996：218-219.
[2] 军机处·机器局档 [O]. 中国第一历史档案馆.

表2-1-5　天津机器局出版的专著

书名	著者（国籍）	译者	出版日期
陆操新义：四卷	康贝（德）	李凤苞	光绪十年（1884年）
水雷图说：十一卷	施立盟（英国）		光绪十年（1884年）
艇雷纪要：三卷		李凤苞	光绪十年（1884年）
船阵图说：二卷			光绪十年（1884年）
鱼雷图解秘本			光绪十一年（1885年）
机炉用法：七卷			光绪十一年（1885年）
整顿水师说		李凤苞	光绪十一年（1885年）
北洋机器制造局各厂机器图（照片）：四卷	朱恩绂		
兵船汽机			
鱼雷图说			光绪十六年（1890年）

资料来源：根据中国国家图书馆及第一历史档案馆所藏档案整理。

图2-1-21　1901年义和团运动后的海光寺机器局
（资料来源：《北清事变写真帖》，1901）

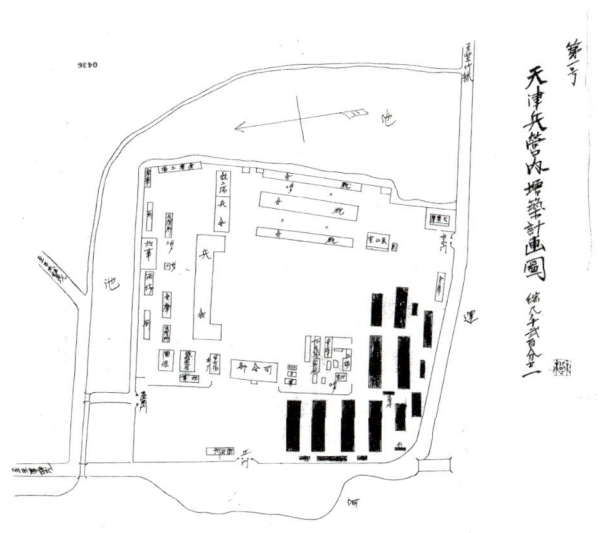

图2-1-22 被日军占领后重新规划的原海光寺机器局用地
（资料来源：日本防卫省防卫研究所藏《天津専管居留地に兵営建築の件》，1908）

图2-1-23 天津机器局东局厂房
（资料来源：《明信片中的老天津》）

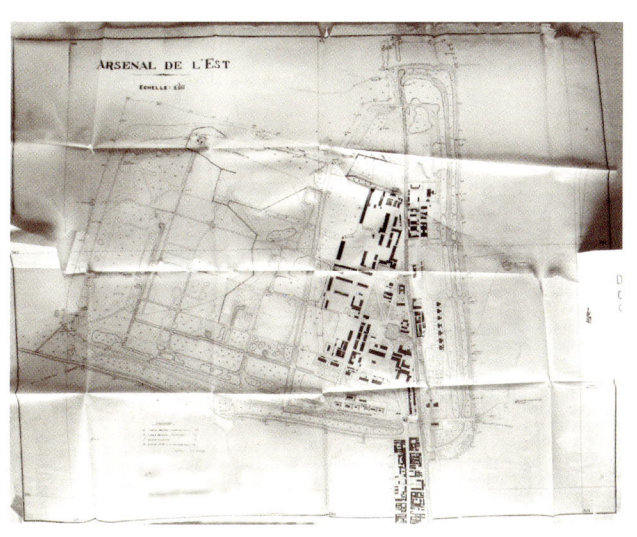

图2-1-24 被法军占领后的东局规划图
（资料来源：法国Archive de Nantes收藏）

天津机器局东局于1900年在八国联军入侵后，用作法国兵营（图2-1-23、图2-1-24）。1980年代，清华大学和东京大学合作开展中国近代建筑调查和研究，在对天津调查后出版了《中国近代建筑总览——天津篇》，书中收入了天津机器局东局建筑遗存的测绘图。

2.1.4 北洋水师大沽船坞

北洋水师大沽船坞是中国北方第一所船坞，作为北洋水师三大基地之一——天津重要的军事设施，与威海卫刘公岛基地、旅顺军港共同承担着拱卫京师的任务。

2.1.4.1 北洋水师大沽船坞历史沿革

北洋水师大沽船坞始建于1880年，经历了清末洋务派创办的军事产业过程，至1906年，大沽船坞更名为"北洋劝业铁工厂大沽分厂"，委派周学熙为总办，此时已是官助商办的近代产业。

1913年，大沽船坞划归北洋政府海军部管辖。1937年被日本占领，直到1945年抗战胜利，才收回由交通部接管。在此过程中经历的重要事件包括：

1880年，建立北洋水师大沽船坞，始建甲坞。

1884年，兴建乙、丙坞。

1885年，兴建丁、戊坞。船坞有打铁厂、锅炉厂、铸铁厂、模件厂，陆续建成甲、乙、丙、丁、戊船坞。

1890年，大沽船坞开始生产枪、炮等军火。

1891年，大沽船坞仿造德国一磅后膛炮九十余门，除修船外还开始制造枪炮、水雷等，实际上大沽船坞成为一座军火工厂。

1892年，在船坞院内设修炮厂兼造水雷，从此，大沽船坞成为一个修船造船、生产枪炮军火的综合军事基地。

1900年，八国联军入侵大沽口，大沽船坞被俄国霸占，设备惨遭洗劫。

1902年8月30日，清政府外务部正式向俄国提出要求其交还大沽船坞，俄国于12月19日将大沽船坞交还。12月奉直隶总督袁世凯之命绘制详图，将各坞、各厂损坏坍塌情形呈报在案，兴工修理。

1906年，袁世凯在天津大沽口创办宪兵学堂（后改名陆军警察学堂）。同年，开办北洋劝业铁工厂，设分厂于大沽船坞，大沽船坞改名为"北洋劝业铁工厂大沽分厂"。

1913年，大沽船坞划归北洋政府海军部管辖，改名为"海军部大沽造船所"。

1937年，日本发动全面侵华战争，国民党爱国将领张自忠将军调224团2营进驻大沽口，7连守卫大沽造船所。大沽造船所后被日本人占领，变成了"军事劳工监狱"。日本人先后成立了塘沽运输公司、天津船舶运输会社等机构，其造船部在大沽有东、西两厂。东厂系新建，西厂即是大沽造船所，为军管工厂委托经营。

1945年抗战胜利，由交通部接管大沽船坞，改为"天津市船厂"。[①]

2.1.4.2 北洋水师大沽船坞的选址

有关北洋水师大沽船坞的选址迄今并没有详细的记载。李鸿章曾在旅顺军港的大船坞选址中详细记录了其借鉴西方建造船坞的经验："西国水师泊船建坞之地，其要有六：水深不冻，往来无间，一也；山列屏障，以避飓风，二也；陆连腹地，便运粮粮，三也；土无厚淤，可浚坞澳，四也；口接大洋，以勤操作，五也；地出海中，控制要害，六也。"[②]以往研究都借上述六点说明大沽船坞的选址。但是在《李鸿章全集》中没有任何记录说明大沽船坞的选址也依据上述六点。笔者经过研究认为，大沽船坞的选址与上述第一、二、三、五点均不吻合，表现在：大沽船坞的水位不深且冬季会出现冰冻；大沽船坞周围没有群山可以作为屏障；大沽船坞周围并没有煤炭储蓄，因此李鸿章修建了唐山与天津之间的铁路，以运输煤炭；大沽船坞并非口接大洋，北洋水师也并无在此操练。而符合上述六点经验的应该是威海卫刘公岛和旅顺军港。"胶州澳形势甚阔，但僻在山东之南，嫌其太远；大连湾口门过宽，难于布置。惟威海卫、旅顺口两处较宜，与以上六层相合。"[③]

由此可知，李鸿章除了忙于将天津建设成为一个军事基地之外，还将注意力集中到整个渤海湾的军事部署。与大沽船坞几乎同时施工建设的旅顺军港（1880年）在水位条件、群山屏障、口接大洋、控制要害等方面的优势表现得更为突出。旅顺军港船坞建成后取代大沽船坞成为更重要的铁甲舰的修理之地。至迟在明代《筹海图编》中就提出的"御海河、固海岸、严城守"防御体系，指出御敌于海洋之外，北洋水师的军队部署也是以威海卫基地、旅顺军港为主的。大沽船坞更多的是作为修船造船的场所和军火供应地，它是李鸿章在海防紧急的情况下，在京师最后关卡天津建设的北洋水师"天津基地"的重要

[①] 本文中关于北洋水师历史沿革来自"北洋水师大沽船坞遗址纪念馆"，其中部分内容来自王毓礼《北洋水师大沽船坞历史沿革》。
[②][③] 李鸿章. 李鸿章全集. 海军函稿（卷1）[M]. 影印本. 海口：海南出版社，1997：17.

组成部分。在之后的战役中，其与威海卫刘公岛、旅顺军港呈掎角之势拱卫京师。

大沽船坞选址于大沽口海神庙附近，除了李鸿章驻节天津、大沽口有炮台对其加以保护这两个因素外，还有两个因素值得特别注意：第一，在清代，大沽口海神庙附近是船舶停靠的集中之地，在记录海神庙场景的绘画中可以看到这里的繁荣景象（图2-1-25）。另有1862年英军绘制的大沽地图（图2-1-26），此时距离1880年建造大沽船坞尚有一段时间。图中大沽船坞周围清晰可见有六个类似船坞的槽状物，可能为便于船

图2-1-25　停泊于海神庙山门前的船舶
（资料来源：塘沽文化局提供）

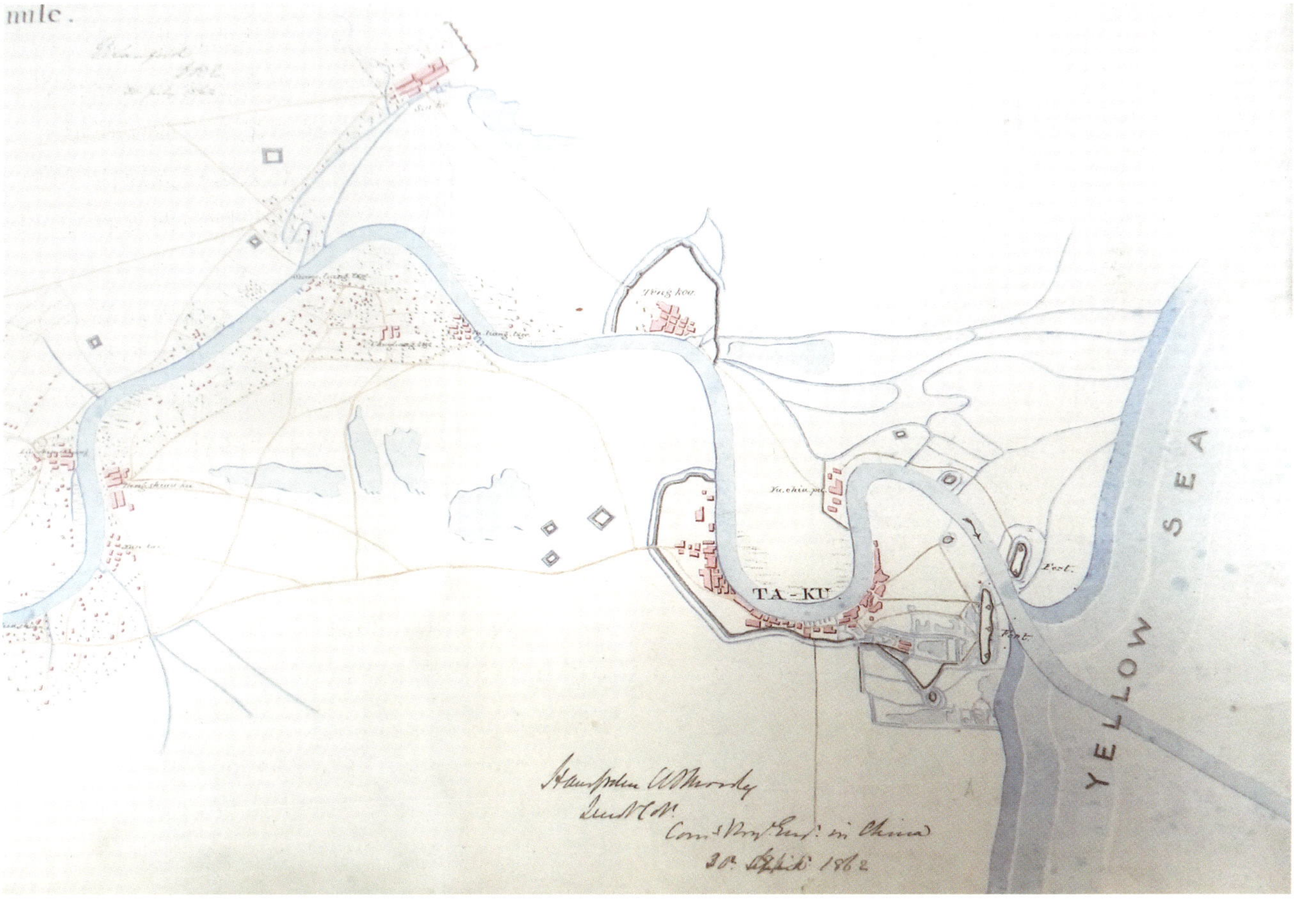

图2-1-26　1862年的大沽地图
（资料来源："Plan of the Peiho River from Tien-Tsin to Ta-Ku"（1860-61-62），The National Archives, UK）

舶停靠之所，说明此地适合建造船坞，甚至有将这种便于船舶停靠的槽状物改造成船坞的可能。从图中也可看到其与大沽炮台的密切关系。第二，从1907年大沽铁分厂图和1941年大沽造船所平面图都可以看出，整个大沽船坞各厂房、船坞、宿舍等以海神庙为中心建设。中国历来有将重要建筑放置于中心的传统。且据中国传统，造船、修船、新船下水、出海都要举行祭海神、龙王等仪式，[①]与工业生产相关的民间信仰祭祀活动并不仅有造船要祭海神一处，纺织业要祭祀蚕神，开窑挖矿要祭祀窑神，井盐要祭祀井神，等等。大沽船坞建设结合海神庙，并不是巧合，它反映了近代工业文明与传统祭海文化的结合。福州马尾船政（图2-1-27）的天后宫、威海卫刘公岛上的龙王庙的建设都与这种文化相关。开平矿务局为我国最早采用近代技术进行煤炭挖掘的军工产业，亦保留了祭祀窑神的活动。

此外，在天津机器局选址中有在空旷地域中依托既有建筑建设军工产业的选址习惯。海神庙在该区域不管是建筑体量还是祭祀活动，都能起到中心的作用。同时，海神庙曾用作总督的行辕和接待外国使节之所。[②]从大沽船坞的总体布局中也可看出，办公部分正是结合海神庙西配殿布置的，与海光寺机器局的布局极为相似。综上所述，可以说是多方面因素共同决定了大沽船坞选址于海神庙。

2.1.4.3　建坞前后天津的军事建设与机构设置

1861年，第二次鸦片战争后，清政府设立总理衙门，其下又设三口通商大臣，驻天津管理天津、牛庄（后改营口）、登州（后改烟台）的与外通商事务。1870年改设北洋通商大臣，管理直隶、山东、奉天三省对外通商、交涉事务，兼办海防和其他洋务。北洋通商大臣于1870年始由直隶总督兼任，同年直隶总督府由保定迁往天津，时任直隶总督的李鸿章又兼北洋大臣之衔。光绪十一年（1885年）设立海军衙门。1885—1895年这十年间，李鸿章一直为海军衙门会办，旨在统一全国海军的行政管理，他将自己的直隶总督府作为总指挥部，并以天津为基地开始实施其军事计划。

中国近代最早兴办的福州马尾船政的功能构成主要包括：船政衙门、船政学堂、船坞、炮台、宗教建筑、军火库、医院、宿舍等。旅顺军港的提督衙门下设船澳及泊岸工程、炮台工程、旅顺电报局、旅顺水雷营、水陆医院、拦水坝、小铁路等机构；威海卫刘公岛的提督衙门下设有船坞、炮台、水师学堂、龙王庙、电报局、机械局、弹药库等机构。

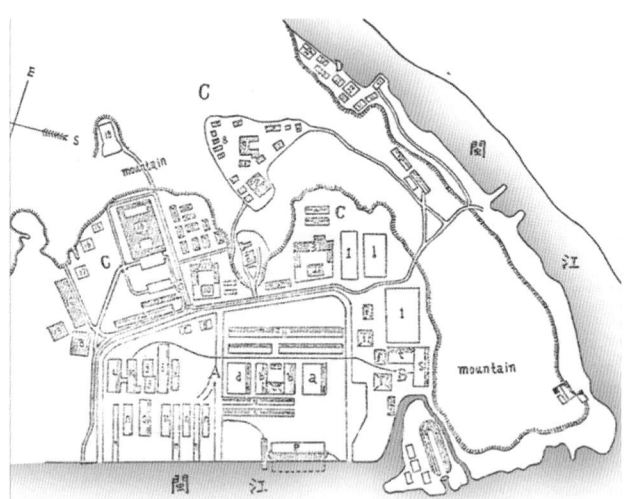

图2-1-27　福州马尾船政平面图
（资料来源：福州马尾船政展览馆）

---

① 姜彬. 东海岛屿文化与民俗[M]. 上海：上海文艺出版社，2005：137-158.
② 马戛尔尼. 1793乾隆英使觐见记[M]. 天津：天津人民出版社，2006：15.

由此可见，一个近代海军军事基地，除了修船造船所必需的功能设施外，还有衙门、学堂、炮台、宗教建筑、医院等，唯独北洋水师大沽船坞仅建设与修造船工艺相关的设施。

但从整个天津在清末的军事建设情况来看，在北洋水师大沽船坞建立（1880年）前后，天津先后建设了天津机器局（1867年）、天津电报总局（1880年）、北洋水师学堂（1881年）、武备学堂（1885年）、天津储药施医总医院（1893年）、天津铁路总局、天津支应局等机构，其中部分机构还是大沽船坞的协助机构，为其输送人才，如北洋水师学堂等。而天津机器局西局后也更名为北洋行营制造局，隶属北洋水师。至此可以看出，与北洋水师相关的衙门、学堂、炮台、医院分布在天津各地，而直隶总督府正是北洋水师的"天津总司令部"，旅顺军港与威海卫刘公岛的提督衙门皆听命于直隶总督府。北洋水师三大基地各机构的相互关系就十分清楚了（图2-1-28）。

为了便于指挥，直隶总督府与天津机器局东局之间于1877年架设电报线，后来延伸至大沽、北塘、山海关等地，至1885年沿海、沿江各省已全部架设电报线。电报线的设立为李鸿章在直隶总督府直接管辖北洋水师各机构和威海卫、旅顺提供了可能。威海卫刘公岛、旅顺军港均设有电报局，中日甲午战争爆发时，李鸿章也是以天津为基地，以电报方式联系威海卫刘公岛和旅顺军港的。

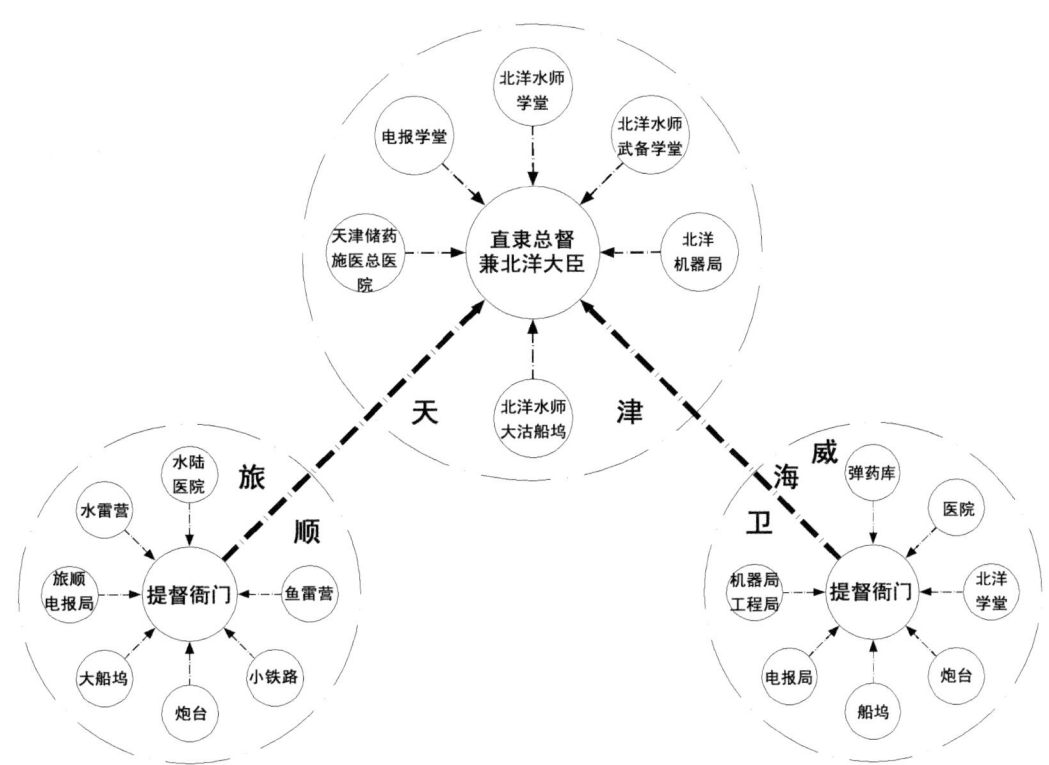

图2-1-28 北洋水师三大基地各机构关系图（箭头表示隶属关系）
（资料来源：作者自绘）

2.1.4.4 北洋水师大沽船坞的建设

1. 大沽船坞时期的建设（1880—1906年）

大沽船坞于1880年奏请兴办，1906年改为北洋劝业铁工厂大沽分厂。据记载，1902年奉直隶总督袁世凯之命绘制详图，而《直隶工艺志初编》一书中保留了"大沽铁工分厂图"（图2-1-29），据书中记载绘制于1907年。该图为目前所知关于大沽船坞最早的历史图。图中详细绘制了1907年前后的建筑组成、河岸轮廓、厂区范围等，并绘有比例尺、图例、指北针。大沽船坞属于机器加工业，其功能组成与铁工分厂所需的功能基本一致，因此，大沽船坞的格局、保存完好的建筑及内部设备，为铁工分厂的建设也提供了资源。

池仲祐的《海军实纪》描绘了当时大沽船坞的状况：

"坞口向北临河，坞之东，有煤厂、物料库；坞之西，有起重架；坞之后，建汽机房、抽水机房、锅炉房；轮机厂居中。熟铁厂在其左；监工房、一号炮厂在其右。再后，则中设模样厂、查工室、铸铁厂、枪炮检查室。厂前设熔铁炉、铜厂，又有铁路通于起重架，以供料件之运输；其左侧绘图楼，楼后工务处司员住室及所长办公室。后为四号枪炮厂；其右侧三号枪炮厂、二号枪炮厂、铆工厂、电机房、锅炉、烟筒设备。再西靠海神庙，其前左为司员住室、稍

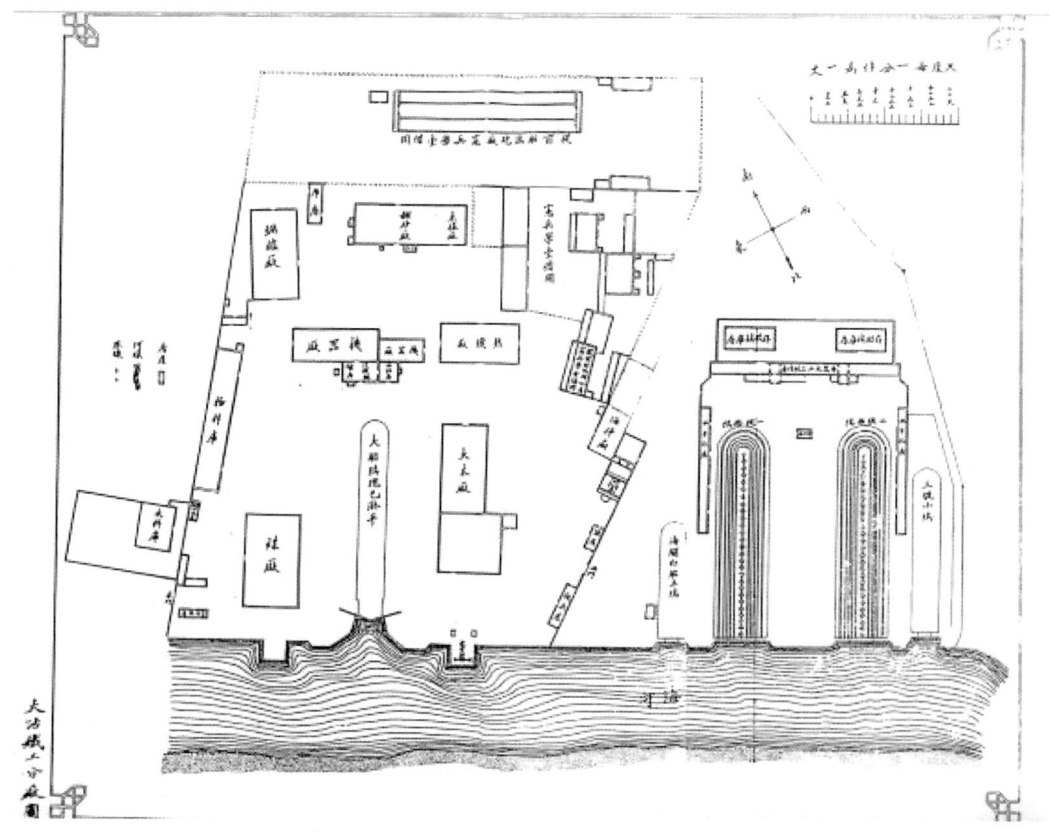

图2-1-29　大沽铁工分厂图
（资料来源：《直隶工艺志初编》）

出为客厅、各员办公室。迤北至于海滨活码头而止。按坞在海神庙东北，面积长三百二十尺，宽九十二尺，深二十尺。其海神庙西北尚有西坞一所。迤西乙丙丁三坞。乙坞面积长三百五十尺，宽八十尺，深十七尺。丙坞面积长三百尺，宽八十三尺，深十六尺。丁坞面积长三百尺，宽八十三尺，深十四尺。以外尚有土坞数所，以备舰艇避冬之用。"①

王毓礼的《北洋水师大沽船坞历史沿革》中记载：

"大沽造船所，原以北洋船坞建设，提议于光绪六年（庚辰正月），北洋大臣、直隶总督李鸿章奏准。以天津制造局东设立水师学堂，是年，（庚辰二月）购用民地一百二十亩，建筑各厂、各坞，为便利北洋水师各轮修理之用。三月，聘用英员葛兰德为船舶总管，安的森为轮机总管，斯德浪为收支委员。四月，委罗丰禄为大沽船坞总办。五月，甲坞兴工建筑，由天津四合顺包揽工程，创盖轮机厂房、马力房、抽水房。由外洋购到床机二十余台，马力机、水机、卧形锅炉各一具。次盖大木厂及码头、起重机、绘图楼并各办公房，相继兴工，经年告成。模样厂原设于库房楼上。铸铁厂设于楼下。熔炉吹风，皆为人力。库料处原设于铸铁厂，后更迁焉。熟铁厂因筑工未竣，原址搭盖厂棚一处，熔炉七、八只，熟铜厂设于绘图楼下。锅炉厂因工未竣，搭棚与木厂东檐，是时已开工制造矣。全厂工人六百余名，工匠三百余名，均皆广东、宁波、福建等籍，本地临时者居半。月支经费五千两，由天津支应局支领。十一月竣工。"②

将上述两文献与1907年大沽铁工分厂图中各厂房名称比较，可以看出《北洋水师大沽船坞历史沿革》反映的是工厂的建造顺序，而《海军实纪》中的各厂房名称与1907年大沽铁工分厂图中的名称完全吻合，也就是说，该图虽为大沽铁工分厂，但完全保留了大沽船坞的建筑诸功能，也可以看出《海军实纪》反映的是北洋水师大沽船坞规模成熟时各厂房分布情况。将《海军实纪》中各厂房名称绘制于1907年大沽铁工分厂图（图2-1-30）中，有利于读者更好了解大沽船坞当时状况，并将《北洋水师大沽船坞历史沿革》中所述的诸厂房建造顺序反映在图纸中（图2-1-31），建造顺序依次为红色区域、黄色区域，蓝色区域代表当时未建成的厂房，留空的厂房是因为文中未提及建造顺序，绿色区域代表炮厂，根据历史记载应该是最后完成的。

建设的先后反映出大沽船坞各组成部分的重要与急需程度，最先建成的甲坞、轮机厂房、马力房、抽水房无疑为修船造船最重要的功能区域，这几个部分建成后便可修船造船。锅炉厂、熟铁厂与物料库显然重要性次之；大木厂、办公楼为辅助性用房；炮厂则是衍生的功能。

2．大沽铁工分厂时期的功能构成（1906—1913年）

《北洋水师大沽船坞历史沿革》中记载："……三十年（甲辰），委周学熙为北洋劝业铁

---

① 池仲祐．海军实纪[M]．中国国家图书馆古籍善本影印本．民国十九年（1930年）．
② 《北洋水师大沽船坞历史沿革》系原大沽造船所公务科员王毓礼之稿本，约写于1931年。1947年，经天津社会科学院和社会部新河船厂共同整理，发表于1980年第9期《天津历史资料》。该稿本内容起光绪六年（1880年），讫民国二十年（1931年）。引自：张侠．清末海军史料[M]．北京：海洋出版社，1982：156．

中国工业遗产史录　天津卷

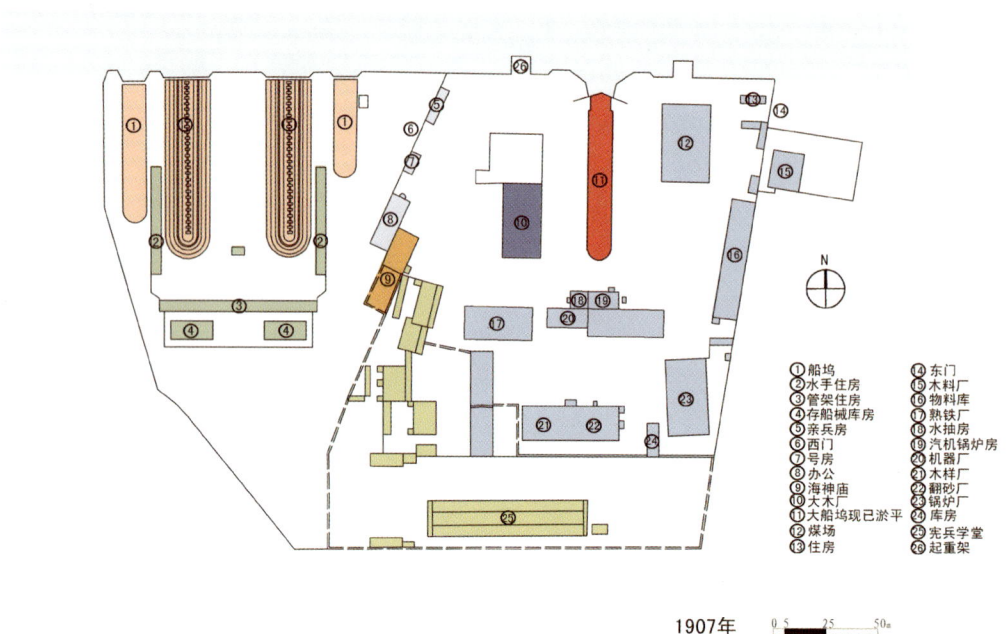

图2-1-30　厂房名称
（资料来源：根据《直隶工艺志初编》绘制）

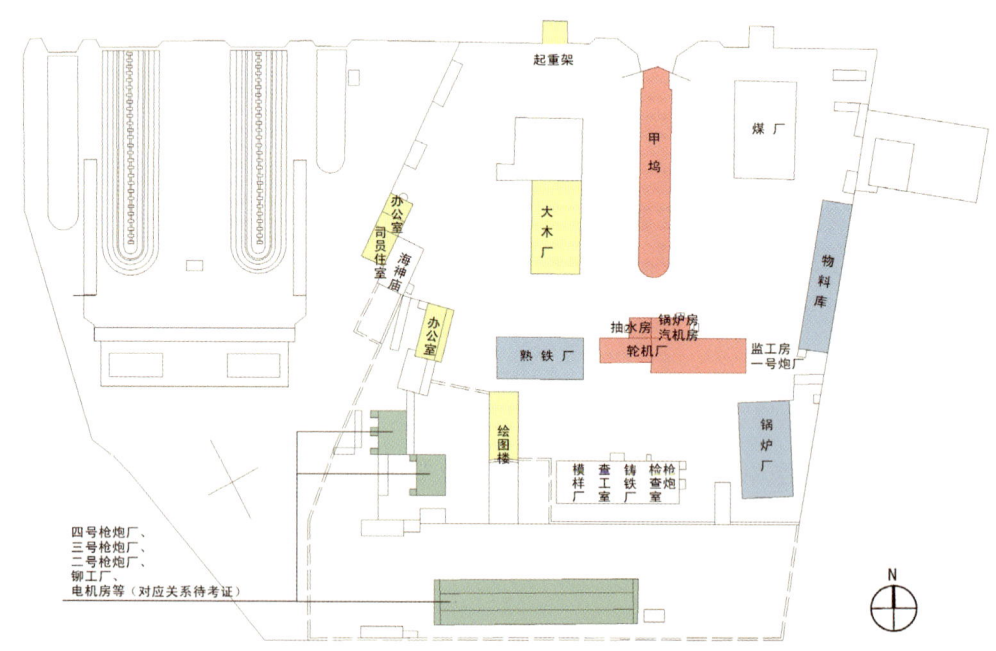

图2-1-31　厂房建造顺序
（资料来源：根据《直隶工艺志初编》绘制）

工厂总办，兼大沽船坞更名铁工分厂总办，驻津办事。"①书中光绪三十年，即1904年。1907年，正值袁世凯委任周学熙在大沽创建北洋劝业铁工厂大沽分厂后的一年，因此图纸名称为"大沽铁工分厂图"。按图纸所示比例缩放，叠加于现状图上，海神庙、轮机车间、船坞等皆差距较大，说明本图并非十分精确的测绘图。

"二十七年（辛丑），俄炮舰战役损坏各件颇多，来坞加工兴修。各厂机件经俄兵拆卸者颇多，各坞坍塌淤塞者亦不堪入目。二十八年（壬寅）……遂奉直隶总督袁世凯饬绘详图，将各坞、各厂损坏坍塌情形呈报在案，勘估兴工修理。……三十三年（丁未）二月，……海军因各舰战役失利，多归南洋避险，坞门、坞底淤塞旨平；……乙、丙两坞，'飞鹰''飞霆'两驱逐舰，因战时工程未竣，机件多被俄人拆卸失去，不能行驶。……四月，甲坞、'飞霆'不堪应用。"②

由此可见，从光绪二十七年（1901年）俄兵占领大沽船坞至光绪三十三年（1907年），甲、乙、丙三坞都处于淤塞时期，无法生产，直至"宣统元年（己酉）七月，'飞霆'、甲坞工竣，呈请验收"，其时与1907年大沽铁工分厂图中所示"大船坞现已淤平"吻合。该图的重要意义是反映了当时的建筑状况，有利于大沽铁工分厂的使用。其他的文字说明也证实了上述的结论，"从前船坞炮厂宪兵学堂借用"及"从前船坞办公房宪兵学堂借用"表明了除船坞外，其他厂房并没有全部为大沽铁工分厂所用。因此，

1907年前后的大沽船坞被划分为四个主要部分：北洋劝业铁工分厂、废弃船坞、海神庙和宪兵学堂。由此可以推测大沽铁工分厂厂区用地范围及功能分区（图2-1-32）。

图中红色区域推测为大沽铁工分厂的用地范围，这个区域中有东门、西门，南部与宪兵学堂交界部分有虚线分隔，图例中为"界线"。该范围内建筑之上标明其功能，如熟铁厂、机器厂、煤厂等，这些名称应为更名"大沽铁工分厂"之前大沽船坞各建筑名称，后文重要建筑考证部分会对其详细介绍。图中黄色区域为宪兵学堂占用区域，绿色区域为船坞，紫色区域为海神庙，位于中部。

1907年1月27日，袁世凯在给清廷《试办宪兵学堂将次毕业请饬部立案折》中叙述："臣近鉴南洋兵巡冲突之弊，远酌欧瀛军事警察之规，谨于上年五月间就大沽水师营房，酌量修葺，开

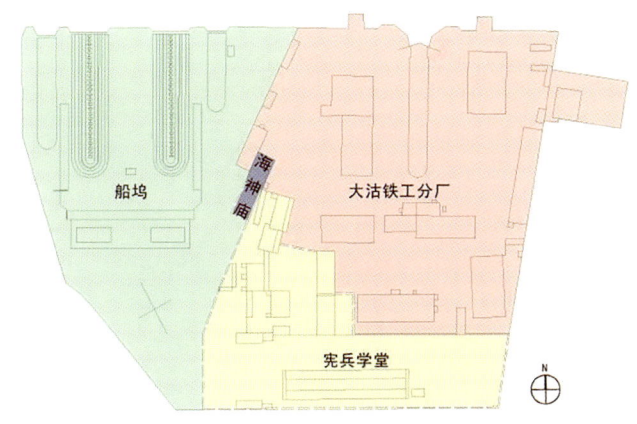

图2-1-32 大沽铁工分厂功能分区图
（资料来源：根据《直隶工艺志初编》绘制）

---

① 《北洋水师大沽船坞历史沿革》系原大沽造船所公务科员王毓礼之稿本，约写于1931年。1947年，经天津社会科学院和社会部新河船厂共同整理，发表于1980年第9期《天津历史资料》。该稿本内容起光绪六年（1880），讫民国二十年（1931）。引自：张侠. 清末海军史料［M］. 北京：海洋出版社，1982：156.
② 张侠. 清末海军史料［M］. 北京：海洋出版社，1982：156.

办宪兵学堂。"大沽铁工分厂图中"宪兵学堂借用"表明了宪兵学堂设立的时间、地点与文献吻合，应是袁世凯在大沽创办的宪兵学堂的组成部分。从以上资料中也可以看出，从1903年袁世凯派人对大沽船坞进行测绘到1906年在此设立宪兵学堂及大沽铁工分厂，再到1913年大沽船坞归属北洋政府海军部，更名为"大沽造船所"（图2-1-33），这期间大沽船坞一直归袁世凯管辖，是袁世凯的重要军事基地。

3. 日军占领时期（1937—1945年）

日军占领时期于1941年绘有"大沽造船所平面图"（图2-1-34），为人们了解这一时期大沽船坞的状况提供了可能。图中详细绘制了建筑组成、建筑面积、河岸轮廓、码头及船台、厂区范围等，并绘有图例、比例尺、指北针、总面积，图中文字皆为日文。按图中所示比例缩放，按指北针调整方向，叠加于现状图上（图2-1-35），轮机车间和海神庙部分与现状图的形状、大小完全吻合。甲坞由于在新中国成立后改造为混凝土船坞，作为定位证据，略有不足，但大沽造船所平面图中甲坞与现状轴线基本吻合，且图中厂区轮廓基本完整，西南侧尚可见河渠、桥梁。五座船坞由东向西依次命名为一、二、三、四、五号船坞。从图中建筑上标注的名称可以看出，1941年前后甲坞周围厂房依然作为修船造船的厂房，如铁船工厂、熔锻

图2-1-33　大沽造船所
（资料来源：中国第二历史档案馆）

第 2 章　天津工业发展历史

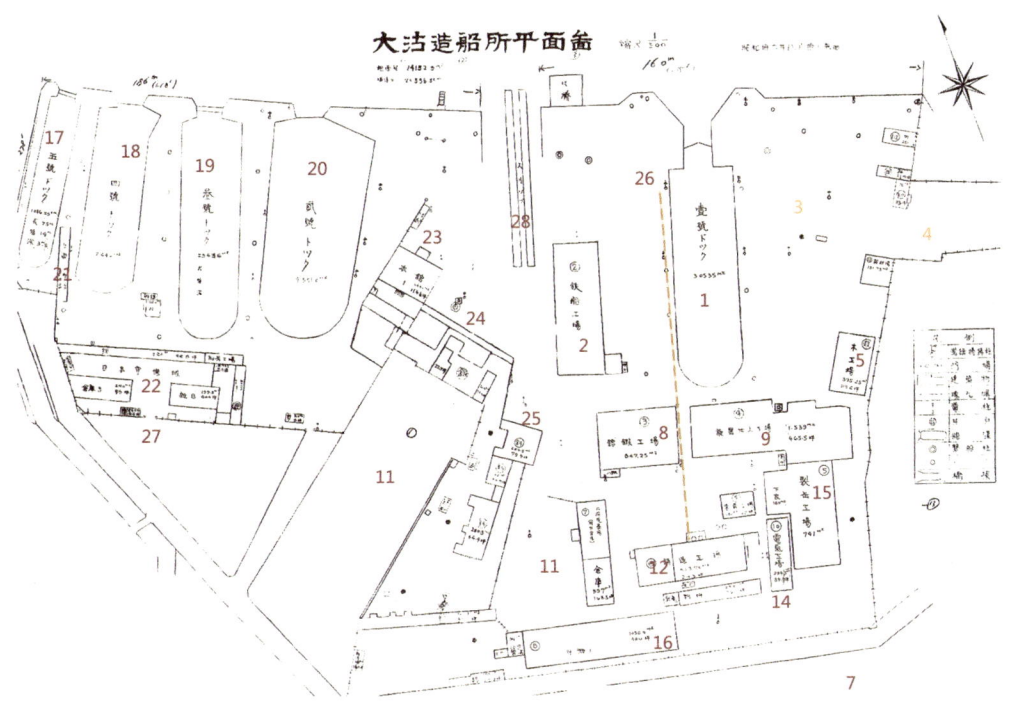

图2-1-34　大沽造船所平面图（1941年）
（资料来源：中国第二历史档案馆）

图2-1-35　大沽造船所平面图与现状图叠加
（资料来源：作者根据图2-1-34改绘）

工厂、电气工厂、木工厂等。海神庙于1922年被毁，但图中山门部分仍然完整，轮廓清晰，与现状考古发掘图完全吻合，应是大火后保留较好的部分。海神庙西北原用于办公的房间，在日军占领期间称为"本馆"，仍为办公之意，在日语中是主要建筑的意思。厂区西侧建筑为"日本守备队"所用。此外，尚有数间房屋未标明用途。整个图纸以本馆为中心，主要功能划分为：船坞区、工厂区、守备队（图2-1-36），与日本在大沽成立的天津船舶运输会社功能相吻合。日本守备队是否为"军事劳工监狱"尚有待进一步考证。图中右下角标明图例，旗杆、系船柱、电柱、船渠、桥梁、建筑物等一应俱全。旗杆置于首位，可见其重要性。此外，系船柱的位置亦绘制得十分详实。

大沽船坞旧址占现天津市船厂厂区的一部分，该厂于唐山大地震后向南扩建。图2-1-37为天津市船厂的厂区现状局部图纸，该图囊括了大沽船坞文物建筑遗存及大沽船坞早期厂区范围。图中可见甲坞、轮机车间及海神庙。图中绿色部分为海神庙考古发掘图（仅海神庙甬道、山门、碑亭进行了考古发掘）经过测量定位之后绘

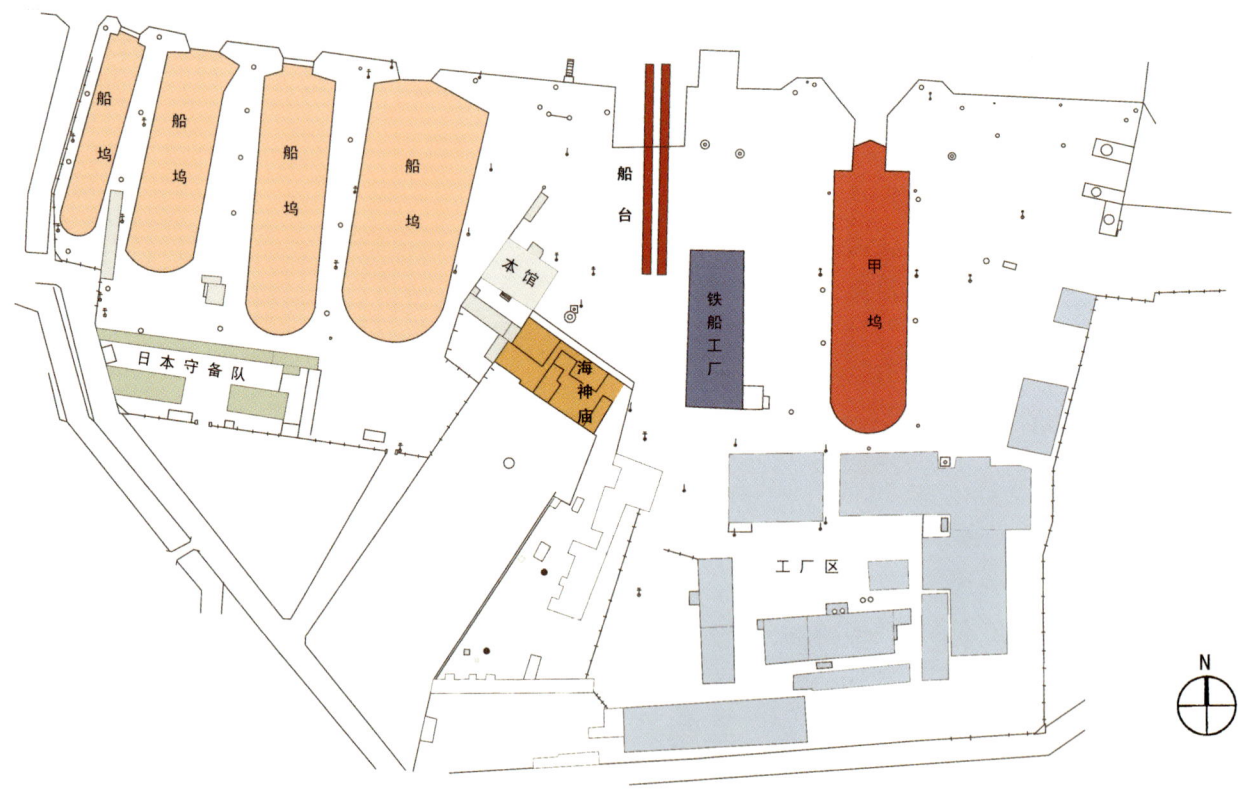

图2-1-36　大沽造船所功能分区
（资料来源：作者根据图2-1-34改绘）

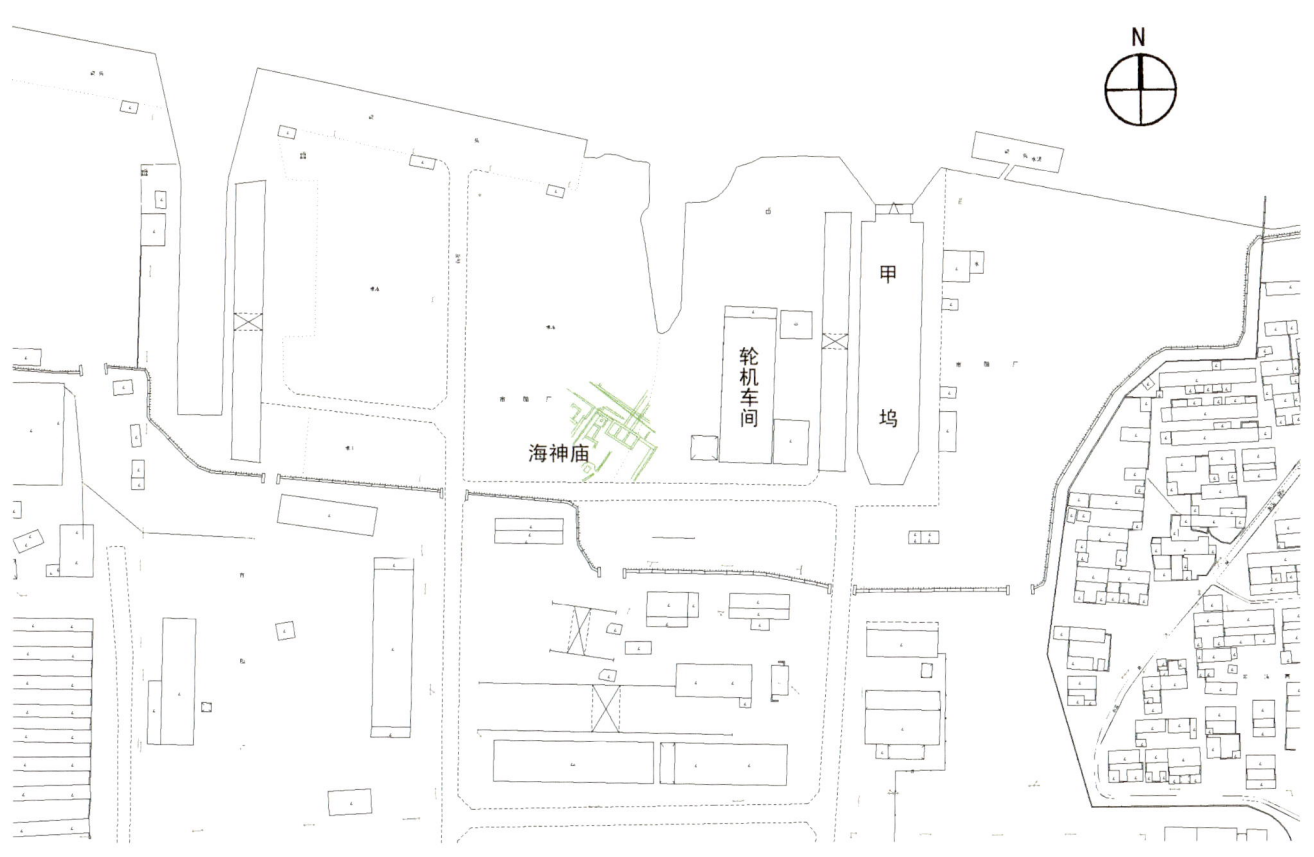

图 2-1-37 天津市船厂现状图
（资料来源：底图来自塘沽区文化局。图中海神庙山门由天津市文化保护中心考古发掘，天津大学白成军定位，作者自绘于现状图中）

制于现状图之上的位置。其他船坞埋于地下，除轮机车间外的厂房均已被陆续拆除。1970年代建设防潮堤一道，将大沽船坞旧址范围拦腰截断。

图2-1-38中的两张历史图纸反映了1907—1941年间大沽船坞厂房、构筑物、码头等的变迁。1907年图纸中的红色部分为1941年图纸中不存在的建（构）筑物，1941年图纸中绿色部分为1907—1941年间增加的建（构）筑物。此外还可以看出，1907年图纸中反映的四部分格局在1941年图纸中已经不存在了，在1907年图纸上分析出的原大沽铁工分厂的范围界线已经消失，

特别是"西门"部分，没有了严格的界线。

由于大沽船坞内众多船坞的名称记载混乱，为确定船坞数量增加了难度，如历史文献中的"西坞"始终无法落实到图纸中。既往研究一般认为北洋水师大沽船坞建造了六座木船坞和两座泥坞，六座木船坞是指陆续建成的甲至戊五座坞加上西坞。在两张历史图中，大沽船坞厂区范围内都绘制有五座船坞，天津市文化遗产保护中心考古探测到两座泥坞，叠加到现有地形图中发现，两座泥坞在防潮堤以东，原大沽船坞厂区边界以西，与历史记载的两座蚊炮船坞吻合，根据

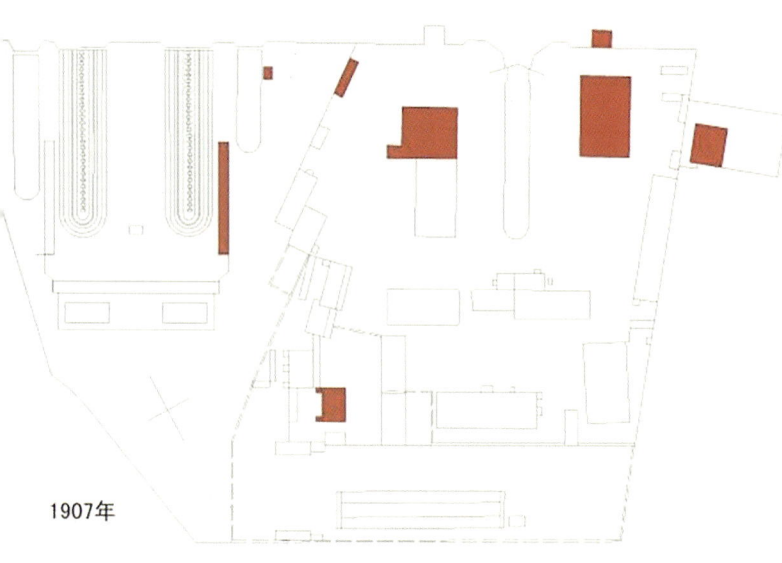

图 2-1-38 两张历史图比较
（资料来源：根据《直隶工艺志初编》与1941年图绘制）

历史图与探测结果，共有七座船坞。具体船坞数量以及与船坞名称的对应关系尚待考证。

2.1.4.5 大沽船坞重要建筑考证

1. 祭祀建筑——大沽口海神庙

海神庙始建于康熙三十四年（1695年），康熙视察大沽，敕造此庙，经两年建成，并御题"敕建大沽口海神庙"匾。嘉庆十二年（1807年），长芦盐政李如枚在筹款兴修海神庙的奏折中写道："海神庙内有御碑亭三座，山门殿宇到底六层，连东西配殿、庙外戏楼共八十余间"，可见其规模。据2007年考古发掘得知，海神庙山门宽12米，与1941年大沽造船所平面图完全吻合，结合该平面图可以得出海神庙山门连同西配殿通面阔为40.7米。从《津门保甲图说——东大沽图》（图2-1-39）可以看出，海神庙由两组轴线组成：由幡杆、山门、碑亭和观音阁组成的主轴线建筑部分以及西配殿建筑群。幡杆、山门、碑亭均与考古发掘吻合。此外，中国古代祭祀建筑一般有相应的规制：建有神龛、戏楼或戏台、看楼、雨亭与香炉等。① 海神庙作为皇家祭祀海神的场所，自然有相应的配套设施，李如枚奏折中的"庙外戏楼共八十余间"也证明了这一点。

1793年，英国特使马戛尔尼（George Macartney，1737—1806年）率"狮子"号军舰从英国来到大沽口，迎接仪式在大沽口海神庙举行。"海神庙者，总督之行辕，且用以接待吾辈者也……抵庙门，总督亲出欢迎，礼貌极隆：旋导余至一广

---
① 林然. 福建民间信仰建筑及其古戏台研究［D］. 泉州：华侨大学，2007：48.

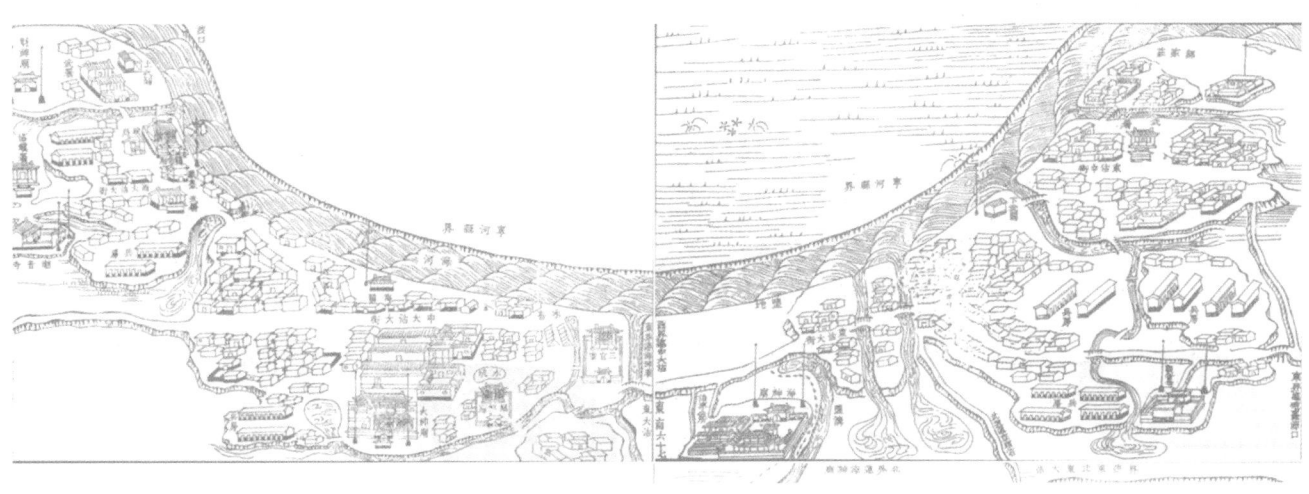

图2-1-39 东大沽图
（资料来源：《津门保甲图说》）

厅，坐甫定，有其属员及侍从多人，至厅由恭立站班，亦有分列两行，做'八'字式，站于堂下者。中国俗尚，客至必进茶，吾辈进茶后，总督又导余至一陈设精美之室中小坐。自广厅全此室，中间经一天井，四面均有房屋围之。此天井四周之墙壁，有五彩画图极可娱目。余初意此壁必为木制，木外复加以油漆，绘成人物宫室之形，乃逼近观之，全体均属瓷瓦。其花纹乃自窑中烧出；则东方之瓷业，淘有足为吾辈艳羡者在也……"[①]文中描绘的广厅、天井，极有可能是位于西配殿轴线上的建筑，用来作为总督的行辕和接待外国使节之用。

1922年，海神庙观音阁失火，大庙化为灰烬，成为遗址。

2. 构筑物——船坞

两份历史文献中记录了五座船坞的建造年代，其数量在前文中有所介绍，名称与实物的对应关系、建造技术等有待考古发掘和进一步考证。

3. 生产建筑

（1）轮机车间

今天称为"轮机车间"（图2-1-40）的建筑在大沽铁工分厂图中称"大木厂"，且北侧有院落，是否为储存货物之用尚有待考证。大沽造船所平面图中称其为"铁船工厂"，称为"轮机车间"应是新中国成立后的事情。李鸿章建立北洋水师大沽船坞时另设有"轮机车间"，图中标有当时的轮机车间位置。现为"轮机车间"的建筑始建于1880年5月，砖木结构，中柱一列，测绘数据为开间19.77米，进深14间55.26米。

（2）炮厂

大沽铁工分厂图中标明了炮厂的位置，具体对位尚有待考证。据历史记载，大沽船坞于1890年开始生产枪炮等军火，大沽船坞也逐步成为北洋水师供应军火的后方基地。光绪三十一年（1905年）引进日本宪兵制度，袁世凯在天津大沽口利用原老炮队的旧营房创设宪兵学堂（后改

---

① 马戛尔尼. 1793乾隆英使觐见记 [M]. 天津：天津人民出版社，2006：15.

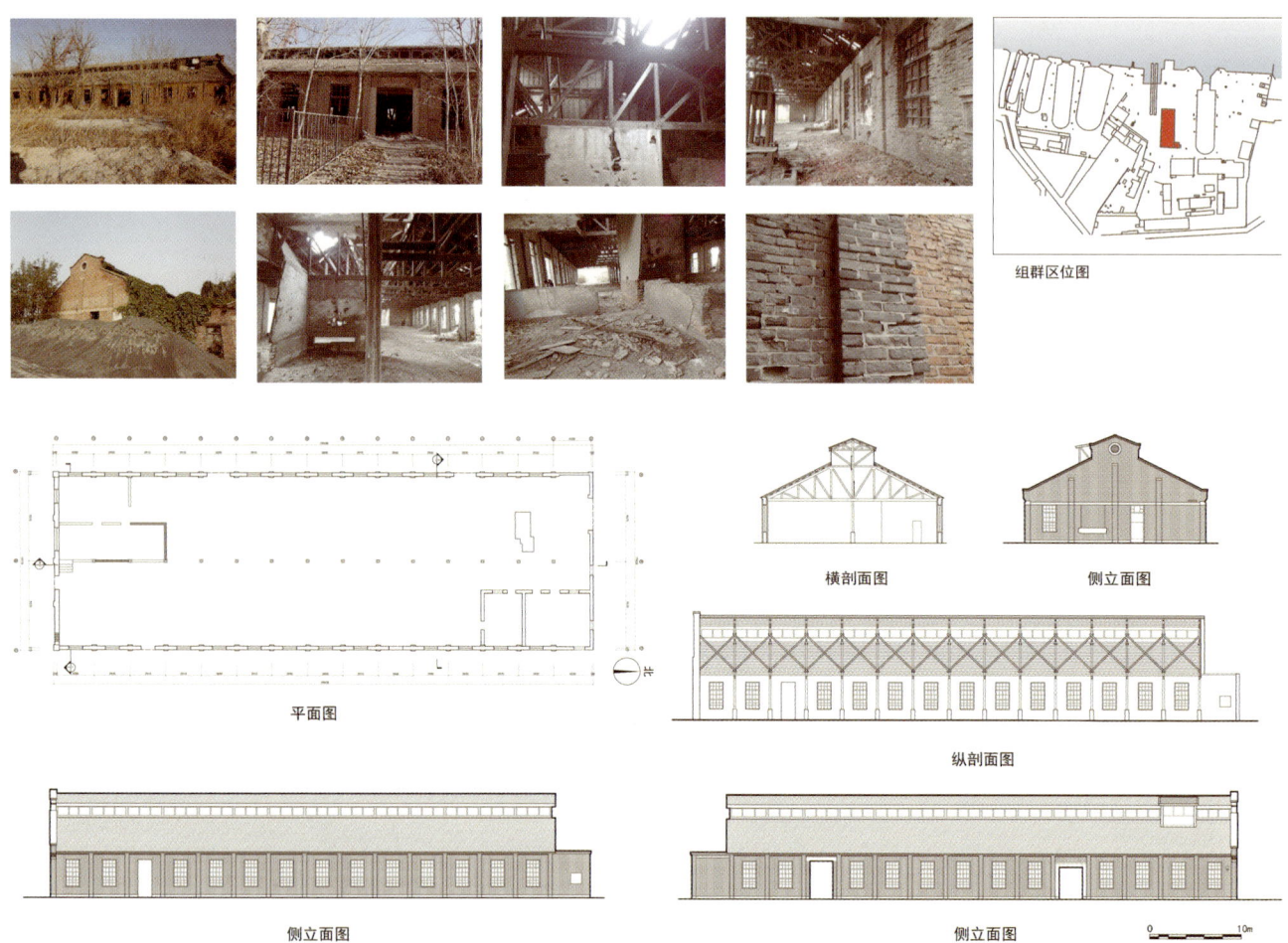

图2-1-40 轮机车间现状测绘图
（资料来源：天津大学中国文化遗产保护国际研究中心张磊、李世维、季宏绘制）

名陆军警察学堂），大沽船坞的炮厂就改为宪兵学堂。这是我国出现最早的宪兵队，日本籍顾问川岛速浪是总教习。

4. 办公建筑——办公楼（玻璃厅）

绘于道光年间的《津门保甲图说——东大沽图》中，海神庙西配殿的西北方并无任何建筑，而1907年大沽铁工分厂图及1941年大沽造船所平面图中，海神庙西配殿西北方向都有较大体量建筑，与《海军实纪》中描述的"再西靠海神庙，其前左为司员住室、稍出为客厅、各员办公室"吻合，说明该建筑建造于北洋水师大沽船坞建坞之后，为司员居住、办公之用。在民国海军部大沽造船所的照片中，牌坊后面的大体量建筑就是该楼。日军占领期间称为"本馆"。据天津市船厂王可有厂长回忆：该建筑二层，南侧是居住空间，北侧一层为客厅，二层为办公室，内部装修有西洋特征，当时被称为"玻璃厅"。根据1941年大沽造船所平面图可知，办公楼开间20.3米，进深29.7米。

2.1.4.6 大沽船坞的军事成果

光绪八年（1882年）起，大沽船坞开始修船造船，此后二十余年大沽船坞共建造大小舰船38艘。光绪十八年（1892年），大沽船坞开始制造军火。具体军事成果见表2-1-6。

表2-1-6 大沽船坞军事成果

	修船	造船	军火	其他
名称	1882年： 镇海、操江 镇中、镇边 康济、静海 1885年： 镇东（避冻） 镇西（避冻） 镇南（避冻） 镇北（避冻） 1895年： 飞霆、飞鹰 1898年： 海龙、海犀 海青、海华 1900年： 飞凫、飞艇	1883年： 飞凫 飞艇 1886年： 遇顺 利顺 1889年： 飞龙 快顺 1890年： 宝筏 捷顺	1892年： 德国一磅后膛炮 大沽造手枪 1917年： 德国新式马克沁重机枪 1927年： 意式捷克轻机枪（捷克ZB26式轻机枪）	兵营雷电炮械与照明等工程 1897年： 水雷 铁架
备注	将一艘英国造夹板船改造为"敏捷"号练船			

资料来源：修船造船各舰名称参考王毓礼《北洋水师大沽船坞历史沿革》一文，军火各产品名称参考《中国近代兵器工业——清末至民国的兵器工业》一书。

2.1.4.7 大沽船坞遗产现状

1. 不可移动遗产

（1）海神庙遗址

海神庙于1922年观音阁失火时化为灰烬，成为遗址。2007年12月，天津市文化遗产保护中心对海神庙遗址进行考古发掘，发掘面积近1000平方米，有建筑基础、通向海河的甬道及山门遗址。出土文物有清代御制海神庙汉白玉石碑1通，柱顶石5个，大量清代黄琉璃和绿琉璃筒瓦、板瓦与瓦当，带有"永通窑造"戳记的铭文砖及少量清代青花瓷片。海神庙东侧幡杆（前文中又称旗杆）于1922年大火中毁掉一个，西侧幡杆在日军占领时期作为安置日本国旗的柱子，称为"国旗揭扬柱"。日军占领时期幡杆所在地成为聚会场所，时常有摔跤等活动。[1]海神庙西侧幡杆毁于1960年代，基础有待考古发掘。海神庙遗址被新中国成立后新修的防潮坝拦腰截断，船厂变电所也压于遗址之上，因此大规模考古发掘还有待时机成熟。

（2）船坞

"甲"字船坞于1970年代改为混凝土材质，原有坞壁木桩、板基被拆除，坞门于1968年由原

---

[1] 老厂长王可有听船厂老职工回忆。

来的双扇木质挤压式对口坞门改造成钢质浮箱式坞门。"甲"字船坞具有修船、造船功能，为国家级重点文物保护单位。其他船坞埋藏于地下，有待考古发掘。

（3）轮机车间与百年老杨树

轮机车间（原大木厂）木质门窗全部损坏，屋顶、檐口、墙身均有不同程度损坏，墙体原为青砖，受1976年唐山大地震影响，部分墙体倒塌，后更换为红砖，现在建筑内墙壁还保留有原先的青砖。室内屋架部分保留完好，柱子底部可能因损坏而外包了一圈混凝土材质。地面凹凸不平，原有铁轨在尘土掩埋下隐约可见。轮机车间西侧有老杨树两株，传说为李鸿章所种植，老杨树至今枝叶茂盛。

（4）船台与小码头

船台木桩长期放置于水中，腐朽严重，且船台上生满杂草，遗产周边环境恶劣。小码头已经失去原有轮廓，其上堆满石子，杂草丛生，支撑小码头轮廓的木桩孤立地立于水中。

（5）办公楼及厂房遗址

办公楼、厂房在1960—1970年代陆续拆除。其基础埋于地下，有1980年代新建的厂房压于老建筑基础之上。新中国成立后新修的防潮坝也压在部分厂房基址之上，并将原有厂区拦腰截断。

（6）牌坊

立于民国时期、书有"海军大沽造船所"的原木质牌坊已被拆除。1990年代，王可有厂长为纪念大沽船坞，在原址仿照原牌坊重建了一铁牌坊，并书有"大沽船坞"。

2. 可移动遗产

（1）藏品、展品

藏品、展品收藏于北洋水师大沽船坞遗址纪念馆中，共22件，其中包括剪床（1882年）、冲剪（1889年）等生产设备，大沽造手枪、马克沁机枪（1919年）等制造产品，此外，还有当时保存文件的保险箱（1893年），抗日战争中缴获的日军望远镜、子弹夹等。馆内藏品、展品保存良好。

（2）机器设备

机器设备散落于厂区内，共27件，多为体量较大、建造年代相对较晚者，部分机器已生锈。

3. 非物质遗产——生产工艺流程

大沽船坞的厂房格局及名称为人们研究清末船舰制造、修理的生产工序提供了可能。在船舰加工过程中，舰体内部需要大量的木材作为构架，这些由木工厂进行加工。而船身铁甲及零件都为金属制品，诸厂中的熟铁厂、熔铁炉、铜厂、铸铁厂、模样厂都是金属加工的车间。当时金属加工需要先做木模，模样厂根据绘图楼设计出的图纸做出模样，这些模样有用来在钢板上比照着下料的木板，如铁甲的制作；有用于翻砂制作的木模，如零配件的制作。按模样生产的金属板材再送入铆工厂加工。而零配件的制作则相对复杂，需要将熔化的金属浇入铸好的砂型空腔中，冷却凝固后获得船舰制造的零配件。砂型的原料以砂子为主，为了在砂型内塑成与铸件形状相符的空腔，必须按设计在模样厂生产木模。有了木模，就可以翻制空腔砂型，这是翻砂厂的工作。砂型制成后，浇注铁水。冷却后的铸件还要经过除砂、修复、打磨等过程，方能合格。熟铁厂、熔铁炉则为零件生产提供铁水等。

轮机是船舶动力机械的通称，由主机（即蒸汽机）、副机、锅炉组成。锅炉主要用来产生蒸汽，推动机器，并将蒸汽产生的热能转变为各种动力。轮机可以说是船舰的"心脏"。我国自主制造的第一台船用蒸汽机是1871年在马尾船政轮机厂生产的。《海军实纪》中提及的大沽船坞的轮机房、汽机房、抽水机房、锅炉房等厂房就是用以生产船舰主要动力设备的。

生产好的金属板材、零件、汽轮机、锅炉、抽水机等设备一并运至船坞，在船坞中完成组装，这便是造船的生产工艺，并无流水线，船体是组装而成的。

海光寺机器局中枪炮的生产亦运用同样工序，熔铜炉、轧铜厂、熟铁厂、翻砂厂主要加工枪炮的金属零配件部分，木工厂辅以木料加工，最后组装成成品。由此可见，机器局诸厂功能与造船工艺接近。

现在天津市船厂的车间构成及内部设备的放置顺序，经船厂老师傅介绍如下：①生产车间主要分为两类：机加工车间和铆加工车间，各种设备都是按类型、型号、大小放置。机加工车间有机床，先将金属原材料加工成装配零件，再运到铆加工车间由钳工装配成组合船舶的构件。机加工车间内没有固定的生产流程，每个机床均独立工作，机床的摆放方式是将同种类型和同一型号的机床摆放在一起，以便于操作。屋架上架设天轴，早期用蒸汽机，现在为电动机带动，再由皮带传动给机床。设备机床按类型分为两大类：普通皮带床和异形床。普通皮带床根据其尺寸大小又分为大、中、小三种型号。普通皮带床的功能是将金属原材料加工成圆形，异形床再对其进行进一步加工。从现场的考察和老师傅的介绍中，还依稀可见近代的造船工艺。

2.1.5 电报与铁路

2.1.5.1 清末保守派对修筑电报与铁路的抵制

电报和铁路的修筑不仅体现了近代军工产业创办的艰辛，更代表了中国近代思想史上一个重要的历史时期，反映了清廷对电报和铁路这类军工产业从反对到主动兴办的过程。

电报与铁路、蒸汽机车在清末都曾被视为"奇技淫巧"，自其在清廷提出就遭到强烈的反对，可以说都是在曲折的道路中成长起来的。

首先，保守派将电报与"忠""孝"联系在一起，认为架设电线则"不忠不孝"。工科给事中陈彝在奏折中认为电线可以"用于外洋，不可用于中国"：

"铜线之害不可枚举，臣仅就其最大者言之。夫华洋风俗不同，天为之也。洋人知有天主、耶稣，不知有祖先，故凡人其教者，必先自毁其家木主。中国视死如生，千万年未之有改，而体魄所藏为尤重。电线之设，深入地底，横冲直贯，四通八达，地脉既绝，风侵水灌，势所必至，为子孙者心何以安？传曰：'求忠臣必于孝子之门。'藉使中国之民肯不顾祖宗丘墓，听其设立铜线，尚安望尊君亲上乎？"②

其次，洋务派自己最初对电报的意义也认识不足，对架设电报线的建议屡屡以无用而拒绝，奕䜣、曾国藩、崇厚、左宗棠、刘坤一等都曾表示坚决反对，认为是劳民伤财的无益之举。③

对于修筑铁路一事，保守派更将其与"卖国"联系在一起。光绪七年（1881年），王家璧指责刘铭传、李鸿章倡议兴办铁路"似为外国谋而非为朝廷谋也……人臣从政，一旦欲变历代帝王及本朝列圣体国经野之法制，岂可轻易纵诞若此"。周德润、刘坤一、刘锡鸿、李福泰、崇厚、曾国藩、张家骧都上奏折反对修铁路。其中刘锡鸿的《罢议铁路折》和《仿造西洋火车无利

---

① 在天津市船厂王可有厂长和刘主任的帮助下，船厂老职工详细介绍了目前的造船工艺，并指出清末大沽船坞的造船工艺与现在大致相同。
②③ 雷颐. 李鸿章与晚清四十年［M］. 太原：山西人民出版社，2008：227.

《多害折》则以自己在国外多年的生活阅历证明"火车实西洋利器,而断非中国所能仿行也":

"盖由火车洋匠之觅生理者立说相煽;而洋匠之怀叵测心而布散之,华人之好奇喜新,不读诗书,而读新闻纸者附和之。洋楼之走卒、沿海之黠商、捐官谋利者,见此可图长差,以攘莫大之财也,遂鼓其簧舌,投上司所好,而怂恿之,辗转相惑,以致上闻也。"①

刘锡鸿更为详细论述了修铁路的危害,"臣窃计势之不可行者八,无利者八,有害者九","有害者九"中较为重要的有以下几点:一是修铁路有利于外敌入侵;二是修铁路扰民;三是商民丧失生计;四是毁坏地脉、破坏风水;五是劳民伤财。

清廷最后作出决定:"铁路火车为外洋所盛行,若以创办,无论利少害多,且需费至数千万,安得有此巨款?若借用洋款,流弊尤多。叠据廷臣陈奏,佥以铁路断不宜开,不为无见。刘铭传所奏,著无庸议。"

虽然保守派对兴办洋务持有强烈的反对意见,但是这些近代设施所表现出来的在军事方面的优势,让紧张局势下的海防建设不得不接受。清廷的态度也逐渐从反对到接受,到最后主动兴办。电报与铁路的兴办,见证了清廷由传统思想向接受先进文明的开放思想的转变。

2.1.5.2 电报与铁路的修筑历程

1. 电报线的修筑

光绪三年(1877年),直隶总督府与天津机器局东局之间架设电报线(图2-1-41),由于是试办,该线仅长16里②。光绪五年(1879年),李鸿章感到传统邮驿传递不能满足大沽、北塘炮台等海防急需的信息传递,便在大沽、北

(资料来源:《中华百年看天津》)

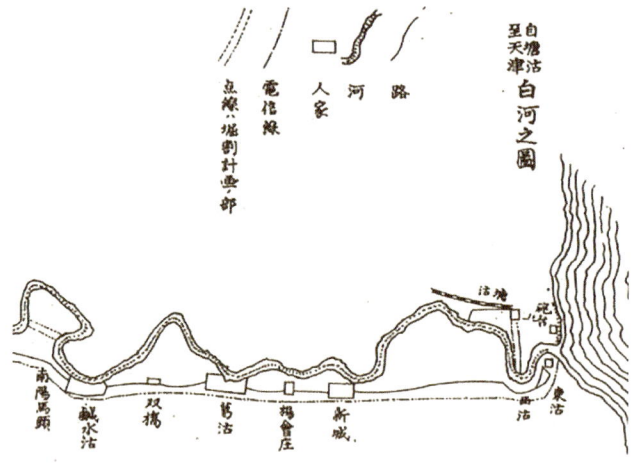

白河之图反映了天津至塘沽电报线的设置
(资料来源:《明治三十三年清国事变海军战史抄·第五卷》,日本外交史料馆藏)

图2-1-41 天津架设电报线

---

①军机处·洋务运动档[O]. 中国第一历史档案馆.
②1里=0.5千米。

塘的海口炮台设电报线，连接到天津总督衙门。最初是动用淮军饷银等款垫办，由丹麦大北电报公司承包架设。获得成功后，李鸿章于光绪六年（1880年）奏《请设南北洋电报片》，修筑南北洋电报。

1880年，李鸿章在天津设电报学堂，聘请丹麦工程师任教。1881年津沪线开通后，在天津设立电报总局，在紫竹林、大沽口、济宁、清江、镇江、苏州、上海设7所电报局。光绪八年（1882年），津沪线改为官督商办，由盛宣怀负责总办。

大沽口、北塘至山海关，营口至旅顺一直是北洋沿海扼要之区，袁保龄在光绪九年（1883年）禀报李鸿章请设电报线。光绪十年（1884年），中法战争引起朝廷惊慌，遂批准赶办山海关、营口至旅顺口沿海陆路电报线以通军报。此线由天津府城官电总局经管，架设至紫竹林、山海关、奉天、营口、旅顺等处设分局。翌年该线展延至奉天（今沈阳），成为东北电信史上第一条电报线。因当时的藩属国朝鲜经常有事，清廷需派员调解或派兵镇压，1885年又架设了东北地区最早的国际电报线以便联络，从旅顺通至朝鲜汉城（今首尔）。天津作为京师门户，责无旁贷地承担起电报联络枢纽的职责，成为清末电报枢纽城市。

2. 津唐铁路的修筑

开平煤矿于光绪五年（1879年）开始凿建煤井，光绪六年（1880年）九月，唐廷枢禀报李鸿章要预筹运道为明春出煤解决运输问题。胥各庄至芦台已开挖了一条长七十里的运河以供运煤，后称"煤河"。而唐山至胥各庄间长约二十里路段，不便开挖运河，于是便修筑铁路，即"唐胥铁路"。唐胥铁路从策划到修建，是唐廷枢和李鸿章两人决策的，直至光绪七年（1881年）铁路建成后，李鸿章才正式奏明唐胥铁路的建设，在奏折中，李鸿章将唐胥铁路说成"马路"，即"马车铁路"，对此普遍认为唐胥铁路出现用马拖车的现象是李鸿章面对朝廷保守势力的无奈之举。① 也有学者认为该举措是模仿基隆煤矿小铁路，因当时开平矿务局的物质条件难以立即使用蒸汽机车，直到后来英籍工程师金达利用废旧锅炉自制了一台机车，马车铁路才变为火车铁路。②

当时开平矿务局总工程师为薄内（Robert Reginald Burnett，1841—1883年），负责唐胥铁路的主任技师就是英籍工程师金达（Claude William Kinder，1852—1936年），他们为修筑唐胥铁路、确立标准轨距、设计中国自制的首台机车做出了极大贡献，获得了清政府的信赖。当确定轨距时，为了省钱，有人主张采用2英尺5英寸轨，有人主张采用日本式的3英尺6英寸轨，唐廷枢原本接受了窄轨的建议，但金达凭借自己丰富的经验，③坚持采用英国轨距：

"……金达了解到这个问题必须力争的重要

---

① 雷颐的《李鸿章与晚清四十年》与高鸿志的《李鸿章与甲午战争前中国的近代化建设》中都持该观点。
② 潘向明. 唐胥铁路史实考辨［J］. 江海学刊，2009（4）：185.
③ 英国杂志《工程》（Engineering）评价金达："金达非但是一个爱好铁路工程的人，而且在他来到中国之前，在英国、俄国、日本已有了建筑铁路的经验，所以他是具备从各方面得来的丰富经验而投入此次工作的。大家承认铁路建设得很好；真的，由于一些著名的工程师在此监护着铁路的利益，因而，对英国的债券持有人来说，不会再有别的想法了。正如我们多少期来所指出，金达不仅筑了铁路，他还制造了比买来的便宜得多的机车和车辆，而且质量可与欧洲最好的出品媲美……"引自：徐苏斌. 中国自主型铁路的先驱——关内外铁路外国技师的研究［C］//刘伯英. 中国工业建筑遗产调查与研究. 北京：清华大学出版社，2009：182.

性。他认为这条矿山铁路的轨距必须放宽，这条矿山铁路一定要成为他日巨大的铁路系统中的一段，而且他也认识到当时是一个紧要关头，决定的轨距和将来铁路的发展有极重要的关系。……因而他决定在他能力所能阻止的情况之下，决计不让中国人蒙受节省观念的祸害，所以力劝采取英国标准（即4英尺8英寸半，折合1.435米）。经过一番顽强的斗争，他的意见通过了。"①

民国交通铁道部编撰的《交通史·路政编6》一书还记录了金达改造机车的情形：

"八年，金达氏乃利用开矿机器之废旧锅炉，改造一小机车，其力能引百余吨，驶行于唐胥间，是为我国驶行机车铁路之始。此机车由薄内氏之妻以英国第一机车之名命之，曰中国之洛克提（Rocket of China）。"②

可见该机车最初被开平矿务局总工程师薄内的夫人命名为"中国火箭号"，以纪念乔治·斯蒂文森诞生100周年以及他那举世闻名的"火箭号"。开平矿务局的中国员工在机车两侧各镶嵌一条龙，把它叫作"龙号机车"。"龙号机车"是中国自主建造的第一台蒸汽机车，从此结束了用马拖车的局面。

建造唐胥铁路的过程中，保守派提出反对意见："有碍民间车马及往来行人，恐至拥挤磕碰，徒滋骚扰。"③李鸿章对此提出了两种解决方案：一为"旱桥"；一为"设立栅门"。前者就是今天的立体交通，后者是在通车时闭栅，阻止行人，待火车通过后再开启栅门的方法，时至今天仍十分常见。唐山老双桥里的西桥，是建于1881年的"旱桥"，桥上有"1881"字样，是中国最早的铁路立交桥，是在兴建唐胥铁路时建造的。可见唐胥铁路的修建开创了多个中国第一，其意义之重大不言而喻。美国驻天津领事苏克（J. C. Zuck）预言这条铁路"在不远的将来，会成为中国建设一个庞大铁路系统的核心"。④

光绪十一年（1885年），中法战争后，清廷逐步认识到铁路对调兵运饷的重要性。醇亲王、左宗棠等转而支持修筑铁路。在醇亲王的协助下，兴办铁路最终划归海军衙门办理。光绪十二年（1886年），李鸿章设立开平铁路公司。光绪十三年（1887年），开平铁路公司改为中国铁路公司，唐胥铁路从胥各庄修至芦台附近的阎庄。光绪十四年（1888年），唐胥铁路终于延续到天津老龙头，途径北塘、大沽等海防重要地段，这段铁路称为津唐铁路或津沽铁路。从唐胥铁路到津沽铁路，都是中国自主修筑的，修筑至芦台时就曾有德国考察团愿提供铁路贷款，被李鸿章谢绝。延展至津沽铁路修筑，又有美国旗昌洋行（Russell & Company）的代表史密斯和工程师威尔逊向李鸿章建议由美国提供贷款修筑此路，旗昌洋行派人担任公司经理，威尔逊为工程师，⑤也遭到李鸿章拒绝。最终，李鸿章任命伍廷芳为总办，沈保靖与周馥为中国铁路公司

---

①肯德. 中国铁路发展史[M]. 李抱宏，译. 北京：生活·读书·新知三联书店，1958：29.
②交通史·路政编6[M]. 交通铁道部交通史编纂委员会. 1930：11-12.
③军机处·洋务运动档[O]. 中国第一历史档案馆.
④美国外交关系文件，1883年，第200页. 转引自：高鸿志. 李鸿章与甲午战争前中国的近代化建设[M]. 合肥：安徽大学出版社，2008：76.
⑤美国外交关系文件，1888年，第205页. 转引自：高鸿志. 李鸿章与甲午战争前中国的近代化建设[M]. 合肥：安徽大学出版社，2008：79.

督办，金达为工程师，最终完成了津沽铁路的修筑。津唐铁路完成后，出于海防的需要，清政府将该铁路延伸至山海关、锦州、营口，并最终到达旅顺。

2.1.5.3 电报与铁路的遗产构成及现状遗存

1. 电报的遗产构成及现状遗存

电报的兴办主要需要电报局和架设电报线，电报线可分为"旱线"和"水线"两种。清末全国共设7所电报局，仅天津就有两处：天津电报总局、大沽口电报局，可见天津军事地位的重要性。

天津电报总局旧楼于1920年代遭到破坏，1924年重新修建了天津电报总局，现保存完好，只是角部高塔丧失（图2-1-42）。

在陆地修筑的电报线为"旱线"，随着城市的发展，早期的"旱线"早已无存。穿越河流的电报线为"水线"，清末架设天津到大沽口电报线时，在塘沽区需要穿越海河，于是设立了中国最早的"水线"（图2-1-43）。设立"水线"就要建设"水线"码头，如今塘沽"水线"码头依然存在（图2-1-44）。

2. 铁路的遗产构成及现状遗存

铁路的兴办主要需要铺设铁轨、建筑车站、架设铁路桥、兴办机车及修理厂等，还要有铁路公司负责管理。唐胥铁路与津沽铁路作为中国自

图2-1-42　天津电报总局
（资料来源：法国外交部档案）

主修建的第一条标准轨铁路，其遗产构成主要有如下几类：

（1）天津铁路公司

光绪十二年（1886年），清廷批准在津组建开平铁路公司。1891年，李鸿章将铁路作为官办事业经营，开平铁路公司相继更名为天津铁路公司、中国铁路总公司（关内外铁路总局）。1894年金达成为总工程师。关内外铁路总局在天津法租界白河岸边设置了总部（图2-1-45），当时设置了本部、运输课、会计课、庶务课、法科。1983年，更名为天津铁路分局。早期建筑现已不存在。

（2）火车站

津唐铁路的重要车站有胥各庄火车站（1882年）、老唐山火车站（1882年）、唐山南站（1907年）、塘沽南站（1888年）、老龙头火车站（1888年）。其中老龙头火车站在八国联军侵华（1900年）时被俄军占领，成为八国联军与天津义和团的主要战场，老龙头火车站毁于战火。胥各庄火车站、老唐山火车站、唐山南站毁于唐山大地震（1976年）。目前仅塘沽南站保存完好，是第七批全国重点文物保护单位。

近代中国城市中出现了大量如塘沽南站特征的建筑，立面简洁，适用于工业厂房、车站等类型。这类建筑平面一般呈一字形展开或 ▄▄▄▄ 形。三角形山花如放大的老虎窗，将整个立面均

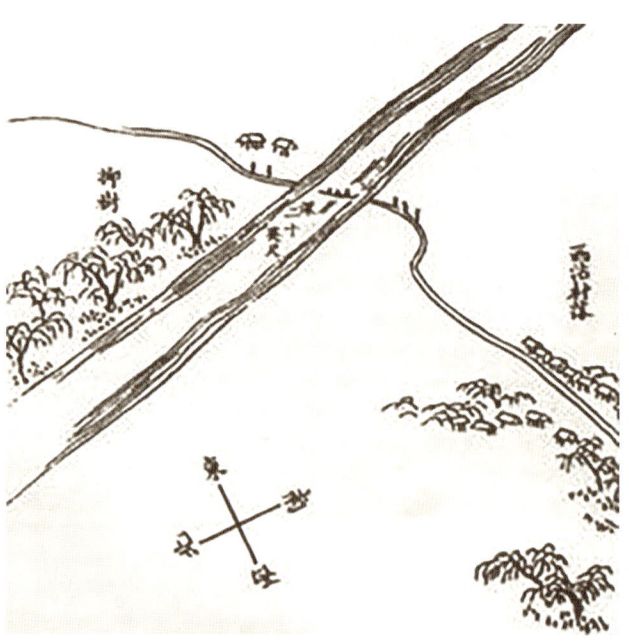

图2-1-43 清末地图中的水线
（资料来源：《图说滨海》）

图2-1-44 水线码头现状
（资料来源：作者自摄）

图2-1-45 天津铁路公司
（资料来源：《百项中国第一》）

分成几个部分。瘦长高耸的烟囱与水平展开的立面显得并不协调，作为车站，建筑前多带有外廊，在墙的转角或者窗户的两侧用隅石加以装饰。天津的老龙头火车站和塘沽南站均是这类特征的代表（图2-1-46～图2-1-48）。

（3）机车修理厂与材料厂

我国的第一个铁路工厂原设于胥各庄，称为胥各庄修车厂，1888年迁至唐山，历经百余年发展成为今天的中国北车集团唐山机车车辆厂。唐山机车车辆厂包括技术本部、车辆部两部分，早期建筑已毁于唐山大地震，现存建筑是在原址上重建的。我国最早为修筑铁路而修建的材料厂是位于塘沽的新河材料厂，建于1886年。当时修筑铁路所需的钢轨和大桥钢梁为英美制造，枕木大部分采用日本硬木，石渣采用唐山产的石灰石，皆采用水运。新河材料厂就是这些材料的堆放地，位于海河旁，由码头、货场、办公房组成。新河材料厂遗存仅有码头木桩（图2-1-49）。

图2-1-46　老龙头火车站
（资料来源：明信片，近藤久义提供）

图2-1-47　1920年代的塘沽南站
（资料来源：明信片，近藤久义提供）

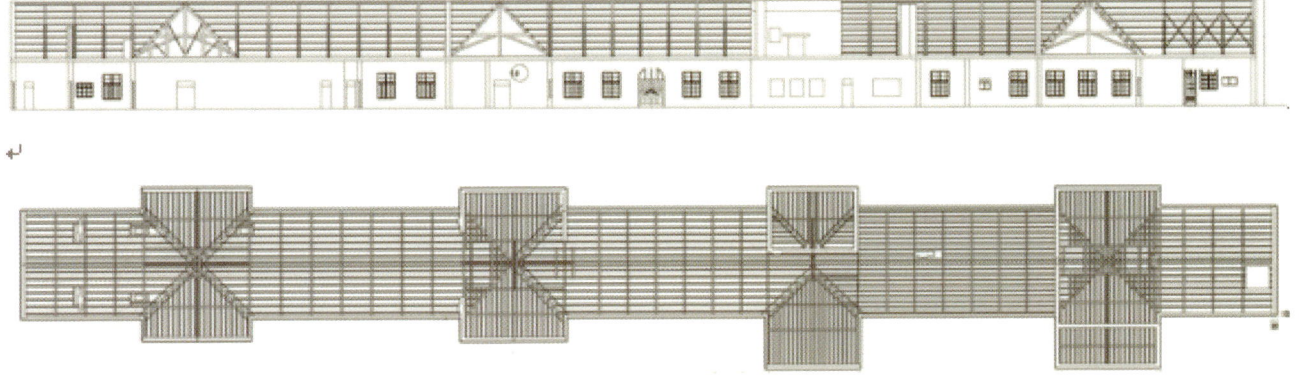

图2-1-48　塘沽南站屋架结构测绘
（资料来源：王宏宇、闫觅、季宏绘制）

图2-1-49　新河材料厂码头木桩遗存
（资料来源：作者自摄）

图2-1-50　日本技师曲尾辰二郎监督建设的汉沽铁桥（单轨铁桥）
（资料来源：《天津志》）

图2-1-51　1943年加设的汉沽铁桥（单轨曲线钢桥）
（资料来源：汉沽烈士陵园展览馆）

（4）铁路桥

津唐铁路中最为重要的铁路桥当属汉沽铁桥，该桥历经4次重建。最初建于1887年，次年建成，1900年八国联军侵华时毁坏。对于该桥的记录有："汉沽铁桥到1893年为止是全国最大桥，全长720英尺（217米），跨度30英尺的铁（桁）架5跨，60英尺的旋开桥一跨，50英尺的10跨，桥墩中的数个由于工程紧迫用木构造，其他为石头构成。当时中国人认为木头比较经济，但是设计者认为北方比较干燥，木材收缩很厉害，还是推荐了钢铁材料。"①可以看出，汉沽铁桥是中国最早的铁桥，也是最大的铁桥，而且使用了旋开桥的形式。

1901—1904年，德国工兵架设临时木桥，是汉沽铁桥的第二次修建。第三次修建是1904年起重新修建的汉沽铁桥（图2-1-50），在金达手下的日本技师曲尾辰二郎负责监督了汉沽铁桥的架设。"一九零四年铁桥架设动工，编者自身担任监督，翌年七月竣工，十一月六日开通。"②该汉沽铁桥为单轨铁桥，1943年在距离汉沽铁桥90米远处又加设了一条单轨曲线钢桥（图2-1-51）。1904年、1943年相继建成的两座汉沽铁桥在1976年唐山大地震后桥墩发生了倾斜，之后陆续拆除并架设新桥，现存钢桥建成于1981年。目前，1904年、1943年建成的两座汉沽铁桥的桥墩依然保存完好。

---

① 铁道时报，第8卷，1905年，第360号，清国关内外铁路（2），第5467页．转引自：徐苏斌．中国自主型铁路的先驱——关内外铁路外国技师的研究［C］//刘伯英．中国工业建筑遗产调查与研究．北京：清华大学出版社，2009：189．
② 铁道时报，第8卷，1906年，第364号，清国关内外铁路（5），第5532页．转引自：徐苏斌．中国自主型铁路的先驱——关内外铁路外国技师的研究［C］//刘伯英．中国工业建筑遗产调查与研究．北京：清华大学出版社，2009：189．

除了水面上修筑的铁路桥外，还有一种"旱桥"，1899年开平矿务局矿内修建的达道桥就是一座"旱桥"，是目前保存完好的最早的达道桥（图2-1-52）。

图2-1-52 开平矿务局达道及界碑
（资料来源：开滦煤矿博物馆）

2.2 租界工业建设

2.2.1 租界中洋行附属的工业建筑

租界是天津近代工业的发祥地。租界早期的洋行开设了打包厂、洗毛厂，如高林洋行（Collins & Co.）1870年代后期开设了小型洗毛厂，1881年建立了天津第一家现代的羊毛打包厂（modern press-packing plant），1900年仁记洋行（Wm. Forbes & Co.）建立了第一家机器洗毛厂，此后隆茂洋行（Mackenzie & Co.）、新泰兴洋行（Wilson & Co.）也建有洗毛打包厂[1][2]；还有专门的打包厂，如平和洋行（Liddell Bros. & Co.）打包厂等。1907年钱德勒斯（R. H. Chandless）建立的Chandless & Co.洋行（图2-2-1）在1917年前就已安装了最时髦的打包设备，直接进口自当时最著名的机械制造商英格兰公司（Messrs. Fawcett, Preston & Co.）。后来随着工业种类和数量不断增加，打包与包装业、印刷工业（如天津印字馆）、食品工业（如比租界和记洋行蛋厂）、卷烟工业（如俄租界的英美烟草公司天津公司）、纺织工业和机械工业等工厂相应增加。至1928年，外商在津开设工厂100多家，除一些大中型工厂外，大多分布在各租界中。天津租界内的华资工业出现于1870年代末，多由参加洋务运动的官僚投资，包括面粉、机器修配、织呢等工业。1920—1930年代，地毯、毛纺等华资工业在租界兴起，如英租界的北洋织绒厂（1897年）、仁立毛纺厂（1931年）、东亚毛呢纺织股份有限公司（1935年）等。[3]

---

[1] Rasmussen O D. Tientsin: An Illustrated Outline History [M]. Tientsin: The Tientsin Press, Ltd., 1925: 286.
[2] 雷穆森. 天津租界史 [M]. 许逸凡, 赵地, 译. 插图本. 天津: 天津人民出版社, 2009: 249.
[3] 天津市地方志编修委员会. 天津通志·附志·租界 [M]. 天津: 天津社会科学院出版社, 1996: 195-196, 203-205.

图2-2-1 Chandless & Co.洋行
1.仓库；2.内景；3.羊毛分拣；
4.转运前的羊毛打包
（资料来源：见脚注①）

仓库作为重要的工业建筑，对于以商业贸易活动为主的租界来说尤为重要。仓库在租界存续时期大量存在，外商及华商也在租界内开办有大量工业厂房等。以英租界历年的建筑建造统计来看，仓库建筑所占的比例很高。

天津近代首位外国职业建筑师、英租界工部局工程师柏龄庚（William Augustus Harvey Bellingham）曾以"土木工程师、建筑师"名义承接建筑设计和土木工程，涉及项目类型多样，除大批市政工程与建筑外，洋行仓库与工厂也较多。他为平和洋行建造了一座拥有最新改进措施的五层仓库（推断是建于1898年的现存原英租界美国兵营），为高林洋行的液压压毛设备建造基础，全面负责天津第一个毛织厂（Tientsin Woollen Mill Co.，应是1897年由吴懋鼎筹办的北洋织绒厂，1900年毁于炮火后迁出租界②③）的建筑与机械建设，还设计建造了怡和洋行和太古洋行的仓库与办公楼、天津海关建筑（imperial maritime customs），包括住宅与办公楼、仓库等。④

仁立毛纺厂建筑（1931年前后建，图2-2-2）和天津中国银行货栈（基泰工程司杨廷宝、

图2-2-2 仁立实业股份有限公司
（资料来源：见脚注③）

---

① Feldwick W. Present Day Impressions of the Far Eas tand Prominent and Progressive Chinese at Home and Abroad [M]. London：The Globe Encyclopedia Co., 1917：268.
② 赖德霖，伍江，徐苏斌. 中国近代建筑史（第一卷）[M]. 北京：中国建筑工业出版社，2016：507.
③ 天津市地方志编修委员会. 天津通志·附志·租界 [M]. 天津：天津社会科学院出版社，1996：204.
④ Augustus William Harvey Bellingham[OL]// UK，Civil Engineer Records，1820—1930 [2016-11-07].

杨宽麟于1928—1929年设计，图2-2-3）已采用现代建筑样式。

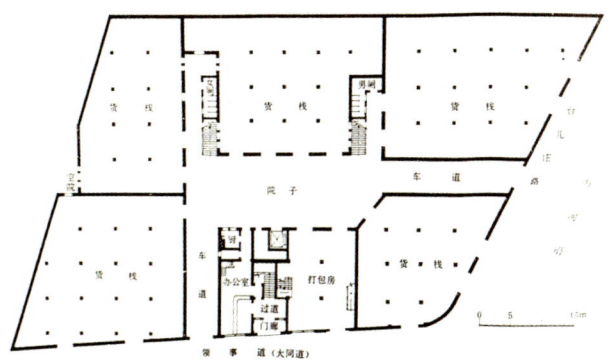

图2-2-3　天津中国银行货栈的平面与照片
（资料来源：见脚注①②）

2.2.2　租界中的工业区域

英、俄、法、日、意等租界多有或规划或自发聚集的工业区域。

1. 英租界的工业区域

天津英租界早期存在大量洋行仓库建筑，属不具备独立的工业企业性质的工厂，主要是与进出口贸易有密切联系的打包与包装业，如高林洋行打包厂等。一期老租界时期、二期扩充界时期的英租界边缘地带或外围散落有一些工业设施，在租界内部也分散着为数不少的工业建筑，以仓库建筑为主，这些工业场所多与商业、住宅等混合在一起。如洋行仓库与打包厂、外商所办的工厂③、市政设施（自来水厂、汽灯房、工部局所属的物料厂与维修场所等），还有屠宰场、牛奶厂等。英租界1918年后陆续规划、建设有专门的工业区域，具体界限几经调整。英租界1918年土地章程（1929年版）提及各种具体的仓储和工业空间。④⑤从1921年英租界地图（图2-2-4）中可以看出，仓库建筑或用地面积的比例将近一半，与洋行、办公、住宅等的总和接近。

随着英租界的几次扩展，中心逐渐西移。老租界和扩充界都是商业、居住、仓库、休闲等各类功能空间混杂在一起的区域。扩充界城市功能

---

① 南京工学院建筑研究所. 杨廷宝建筑设计作品集［M］. 北京：中国建筑工业出版社，1983. 转引自：武玉华. 天津基泰工程司与华北基泰工程司研究［D］. 天津：天津大学建筑学院，2006：35.
② 黄元炤. 基泰工程司（上）：从"开拓"到趋于"稳定"的阶段（津、京时期）［J］. 世界建筑导报，2014，29（1）：29-33.
③ 在历史地图中可看到以下工业场所的名字，如利津铁厂、天津瓦斯会社、天津水泥公司、格克马车房、马车公司、马车厂、公易木厂、立达木厂、北洋机器工厂、开滦码头厂等。
④ 第26条　各种营业捐照：一、凡未经本局发给执照者，概不得开设叫卖行、印字馆、雕刻石印、印刷报章、杂志，张贴广告或开设商场质当银号、钱铺、金店、银楼、牛乳房、洗衣房、茶点室、屠宰场、马车行、汽车行、牛羊猪圈栏，并不得租房存储或出售衣服与专利药品以及鲜肉、鱼虾、野禽、鸡鸭、鲜果、冰块、菜蔬……
⑤ 第33条　检查卫生专项：二、本局对于住宅、货栈、工厂、棚舍以及工部局所辖区域内其他无论属于何人之房产，……四、本局得稽查牛乳房、屠宰场、面包房及一切出售食物之店铺……五、洋蜡厂、锻炼厂、镕化厂、屠宰场、铸铁厂、造胰厂，或制皮毛血骨处所、并猪栏、厕所、粪堆、垃圾堆、杂皮堆集处、检洗羊毛所，以及其他在工部局所辖区域内之工厂及经营上项……

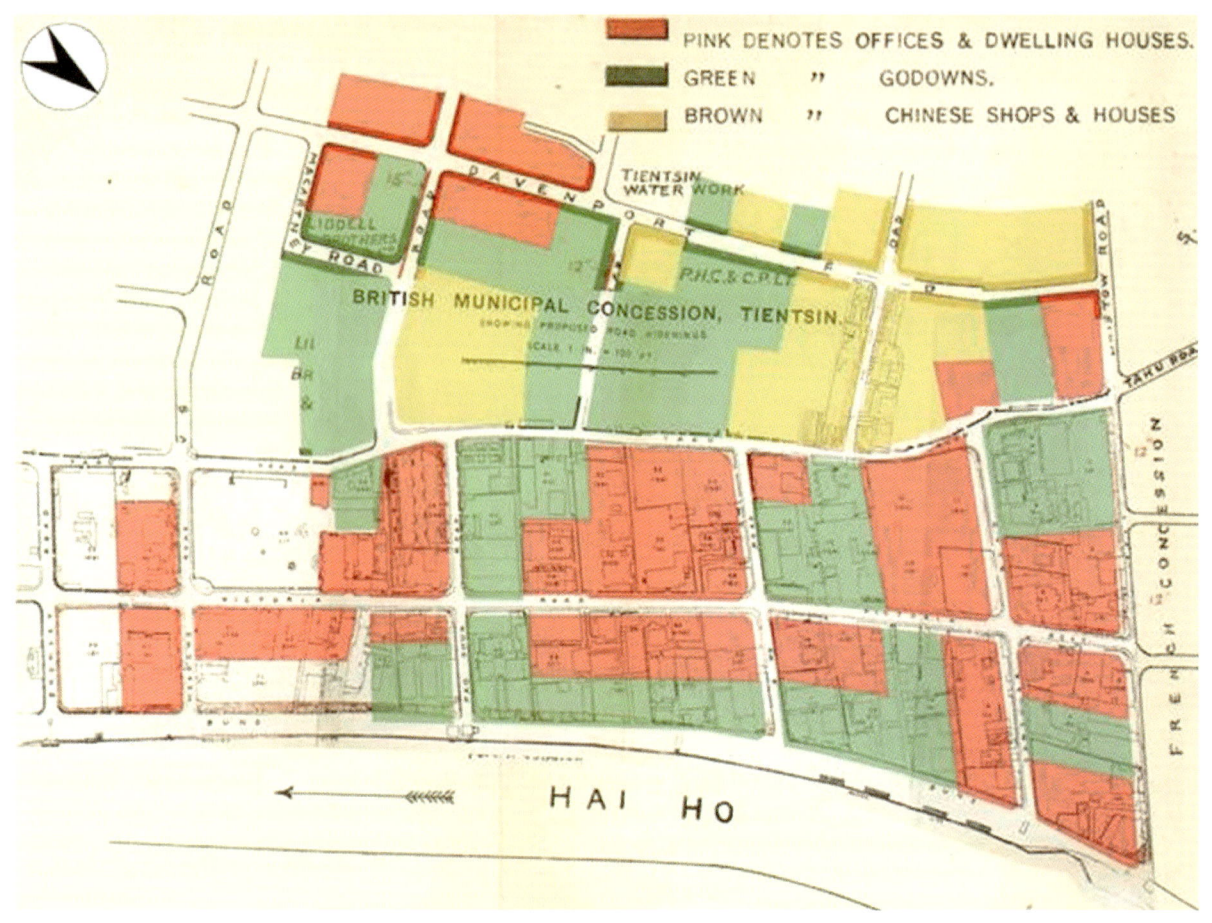

图2-2-4 1921年老租界和扩充界（部分）建筑类型分布（绿色表示仓库）
（资料来源：改绘自BMCT，1918；BMCT，1922）

基本延续了老租界情形。除以居住功能为主外，承接了老租界的占地面积较大的市政公共设施（如自来水厂、汽灯房、菜市场、邮电局、墓地、运动场、公园等）、工厂（如铁厂、水泥厂等）、洋行仓库、公共建筑（如教堂、学校、医院等）、办公建筑（如领事馆、外军司令部及兵营、矿务局等）、其他私人建筑等。

19世纪末德国开始进行城市分区规划，以后影响了全世界。天津英租界1916年首次出现分区规划想法。1918年安德森（Henry McClure Anderson，1876—1942年）规划被董事会基本采纳实施，规划提出关于分区分等级规划，对建筑的密度、间距、退线、采光、面积和公共空间等详细建议，并建议靠近马场道建造高质量豪华住宅，靠近今成都道附近建造较小尺度建筑。安德森规划完成度较高，后经1922年、1930年、1938年等年份的局部规划调整，最早在1927年出现分区规划英文"Zoning"。1925年前规定商业区或工业区以外的地方严格规定必须建外国式建筑。1930年推广界分区条例对分区规划、建筑类型、建筑密度、建筑间距、建筑数量、建筑高度、容积率、建筑室内面积等做了详细规定。其中一等区只能建造住宅；二等区以住宅为主，在相关条例限制下（如满足二等区建筑密度和建筑间距等规定，不得影响公共卫生和安全等）可建造商店和商业建筑；三等区按1925年建筑卫生规范应以商业建筑为主，但以居住为主要功能的建筑必须满足三等区建筑密度和建筑间距的规定。

推广界采取分区制进行规划建设（表2-2-1、图2-2-5）。1918年安德森规划方案中明确提出了分区建造的想法（可能主要是工部局董事会的意志），主要是在推广界建造高级住宅区，并在西北面划定一片商业区域（中国式房屋准建区，渐渐演变为后来的工业区或非高级住宅区）。工业区的具体位置、范围和面积经过几次调整变化，与1930年推广界分区规划图（图2-2-5c）中划定的三等区相当，有700亩左右。商业区或工业区以外区域严格规定必须建外国式建筑，建造计划首先必须送交工部局批准。虽然建筑必须是外国式的，但是居住者并不限国籍。①

2. 俄租界的工业区域

俄租界整体功能定位是工业区及住宅区。大片工业厂房聚集于东区海河沿岸，东区滨河中部有俄国花园和一片高档花园住宅，靠近天津东站的西区和东区西侧也建有一批住宅；只有

表2-2-1 推广界分区规划

年份	名称	规划者	简介
1900—1908	柏龄庚规划草案	柏龄庚	柏龄庚于1900—1902年已规划推广界路网，1908年档案又提及已制订推广界道路规划图
1916	分区规划建议	租界合并委员会	首次提出分区规划：1916年初推广界与扩充界合并委员会提出在推广界划一区域，只准建3 000两以上住宅，禁建低等房屋
1918	安德森规划	安德森	现代花园郊区规划，明确提出分区规划，对建筑的密度、间距、采光和面积等提出建筑控制详细建议
1922	工业区位置图	推断为市政工程师	工业区范围与安德森规划所示商业区略有不同
1922	实施方案	推断为市政工程师	改进安德森规划西北侧弧形路网，道路面积比降低，地块更规整、更大，商业利益更大，工业区改至西北侧
1927	分区条例	推断为市政工程师	附属于1925年建筑卫生条例，首提"Zoning"一词
1930	分区条例	推断为市政工程师	三级分区（一区只建住宅、二区住宅为主、三区商业建筑为主），对建筑类型、密度、间距、数量、高度和容积率等有详细规定
1933	分区条例	推断为市政工程师	增订一等区临街建筑退线，贯彻安德森规划策略：东西向道路（今重庆道、常德道、大理道、睦南道和马场道）路北退30英尺，路南退6英尺（马场道除外）；推广界内其他道路两侧均退6英尺
1938	工业区四至图	推断为市政工程师	与三等区范围略微不同

资料来源：作者制表。

---

① 雷穆森. 天津租界史[M]. 许逸凡，赵地，译. 插图本. 天津：天津人民出版社，2009：290.

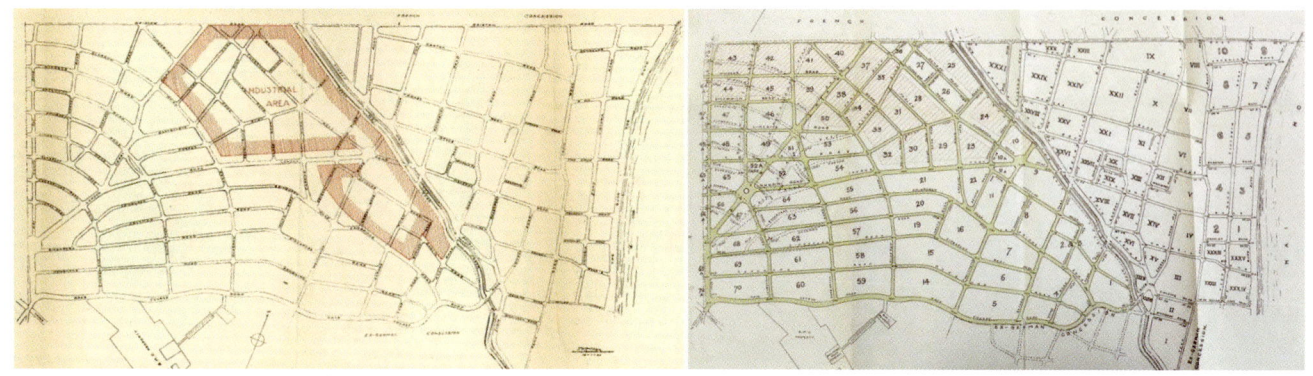

a. 1922年工业区位置   b. 1922年道路规划和地块编号图

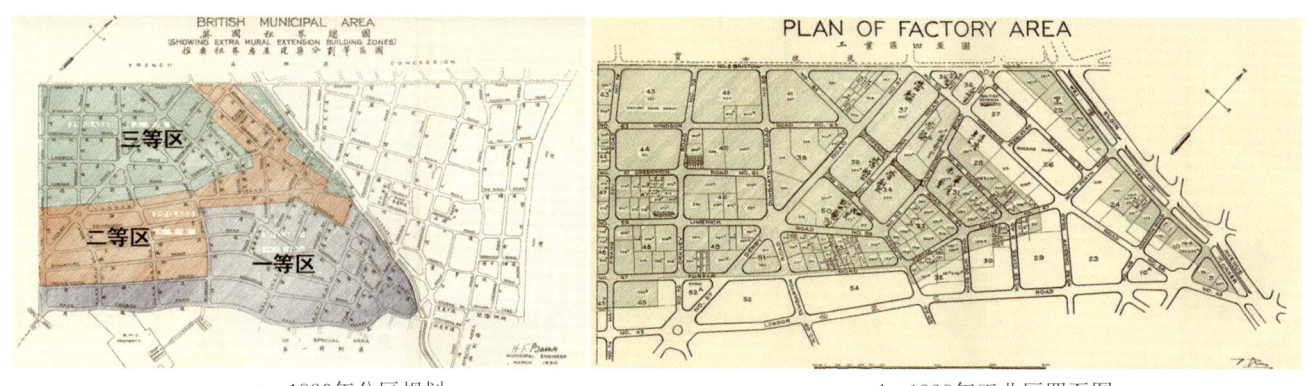

c. 1930年分区规划   d. 1938年工业区四至图

图2-2-5　1922—1938年推广界分区规划
（资料来源：图a至d依次为：BMCT，1923：60；BMCT，1922a；BMCT，1930：34&210；BMCT，1939：22）

少量商业服务设施集中在西区。1900年武备学堂被八国联军毁掉，后在原址及东侧建造俄领事馆、俄国花园。靠近天津东站和海河沿岸的大尺度地块最先被占据、开发，多是以英商势力为首的英、日、美等国洋行争相建设一些码头和工厂，1913年的地图显示，有太古代理轮船公司（China Navigation Co.）、仁记代理（J. M. Dickinson）、美孚油栈（Standard Co. of Oil Tanks）、亚细亚火油栈（The Asiatic Petroleum Co. Ltd. of Oil Tanks）、英美烟公司（B.A. Tobacco Co. Ltd.）等。到1920年收回俄租界领事警察等权，原俄工部局虽继续存在但行事权减弱；俄租界内各国人民所置地产价值比例：美13.59%，英41.52%，中10.92%，日23.58%，俄8.19%，其他各国1.84%。[①]英商占据了俄租界最有利、开发最好的地段。在俄租界拥有土地的各大洋行有个共同特点，即大都设在英法租界内，只在俄租界建造仓库、设立码头。有的洋行

---

① 1920津海关贸易报告. 引自：吴弘明. 津海关贸易年报（1865—1946）[M]. 天津：天津社会科学院出版社，2006：377.

在英法租界建有仓库或专设码头，又向俄租界发展。①1925年前已开发地区70%以上的土地被英、美、日三国利益集团占有，收回与否对其他国家的侨民至关重要。②1920—1930年代，随着铁路运输迅速发展，收回后的俄租界成为天津经济发展最快、最具开发潜力的工业区和贸易区。

3. 其他租界的工业区域

法租界和日租界西侧也分布有一些工业厂房、市政工业设施等，如法租界西侧曾有砖窑厂，日租界有永信料器厂。意租界边缘（主要集中在码头附近）有少许为社区内部服务的商业设施（商业、建筑业仓库和办公室）③，靠近码头的少部分用作工业区。④比租界于1923年前后也曾筹划建设沿河工业区域，但未能成功⑤；不过也建设有少量工厂，如1924年投产的和记洋行蛋厂（食品工业）⑥。

2.2.3 租界市政基础设施与工业设施

多数租界（英、法、日、德、意等）有独立或公用的市政公用设施，如自来水厂、汽灯房、发电厂、菜市场等。

1. 电灯及发电厂

与上海⑦类似而稍晚，天津在1880年代开始使用电力，1930年代完全取代煤气灯。1886年李鸿章令盛宣怀采购发电机，在天津的海光寺机器局安装电灯10盏。⑧1888年英租界德商世昌洋行在压羊毛机上加装发电机用于照明，一度输送电力到附近的荷兰领事馆供照明用。1902年法租界设电灯房。同期比商电力公司获得授权经营电力业务。1903年英总领事馆设发电所，用于领事馆照明。1906年英、日租界电灯房设立，英商成立小规模的直流发电厂向英租界供电（图2-2-6）。比商电力公司经营的中国第一条电车在天津通车。1908年德租界设电灯房。天津

---

① 尚克强，刘海岩．天津租界社会研究［M］．天津：天津人民出版社，1996：102．
② 雷穆森．天津租界史［M］．许逸凡，赵地，译．插图本．天津：天津人民出版社，2009：308．
③ Cardano N, Porzio P L. Un Quartiere Italiano in Cina——Sulla via di Tianjin: mille anni di relazioni tra Italia e Cina（一个意大利区在中国——天津之路：意大利与中国关系一千年）[M]. Roma: Gangemi editore, 2004: 74-107.
④ 意租界政治或权力中心（领事馆、工部局、警察营房），中部是意大利俱乐部、菜市场、一战胜利纪念碑和广场、公园等为市民服务的公共空间。
⑤ 1922年左右，京奉铁路局谈判购买比租界约100米宽的沿河地带，以使铁路能直通海河码头，后并未成交。1923年前后，比租界起草道路规划方案，工程师们完成一期开发计划，打算1924年初春开始建设。在此前后，沿河地块陆续售给购买者。其他计划包括：垫平地块；重建码头护岸；延长俄比租界分界线并供美孚石油公司使用的铁路支线，为打造优良的工业基地（商业货栈和工厂）做准备。1929年比租界面临财政危机，比利时宣布放弃比租界，开发计划未能成功实施。
⑥ 系华北地区唯一具有冷藏设备的蛋品加工厂，生产能力仅次于南京和记洋行蛋厂，也是外资在中国设立的第二个大型蛋厂，蛋品收购量和出口量居于天津垄断地位。引自：天津市地方志编修委员会．天津通志·附志·租界［M］．天津：天津社会科学院出版社，1996：198．
⑦ 1882年英人成立上海电光公司。1918年以后煤气照明逐年减少，1933年煤气公用照明几乎停止，1935年11月上海街头的煤气路灯被全部拆除。到1930年代电灯完全占据道路与室内照明领域。路灯开始出现白炽灯、荧光灯、碘钨灯等不同种类的竞争。20世纪初发明的霓虹灯在1926年首次用于上海南京路的伊文斯书店橱窗。
⑧ 1886年醇亲王奕譞来天津巡阅北洋海军，直隶总督李鸿章特命津海关道盛宣怀用银1万两从外国采购发电机，于天津机器局海光寺局内外安装电灯10盏，"灯光色淡，明如白昼，一灯之光，可照一里之遥"，供从未见过电灯的奕譞观摩。

a. 法租界电灯房（1902年）

b. 比租界发电厂（1906年）

c. 日租界电灯房（1906年）

d. 英租界电灯房（1906年）

e. 中日合资天津电业公司（1936年）

图2-2-6　各个租界发电厂
（资料来源：《近代天津图志》）

英租界电力设施在1920—1930年代极为先进。① 煤气灯逐渐被电灯取代（图2-2-7）。1925年，"就像在现代世界其他地方一样，电力在照明和动力方面展现出的魔力，吸引这里的人们在工业生产和家庭中使用它。英租界工部局电务处（图2-2-8）过去几年的经历，是天津发展的最明显的一个标志……这更加能说明天津真正的发展状况，因为所增加的需求量中大部分来自工业的需要。"②1936年英租界发电厂发电总容量增至7000千瓦，也向德租界供电。

2. 铁路与火车

李鸿章大力支持铁路建设，1881年金达负责建成唐胥铁路。柏龄庚等若干英国工程师在金达带领下参与修筑津唐铁路。1886年外商邀请李鸿章等中国官员参加在租界附近铺设的小型窄轨轨道的试运行仪式，给中方留下深刻印象③；1887年1月4日轻便小型铁路在大沽路运营④。有轨电车或轻轨的实验影响不大，不过对铁路建设

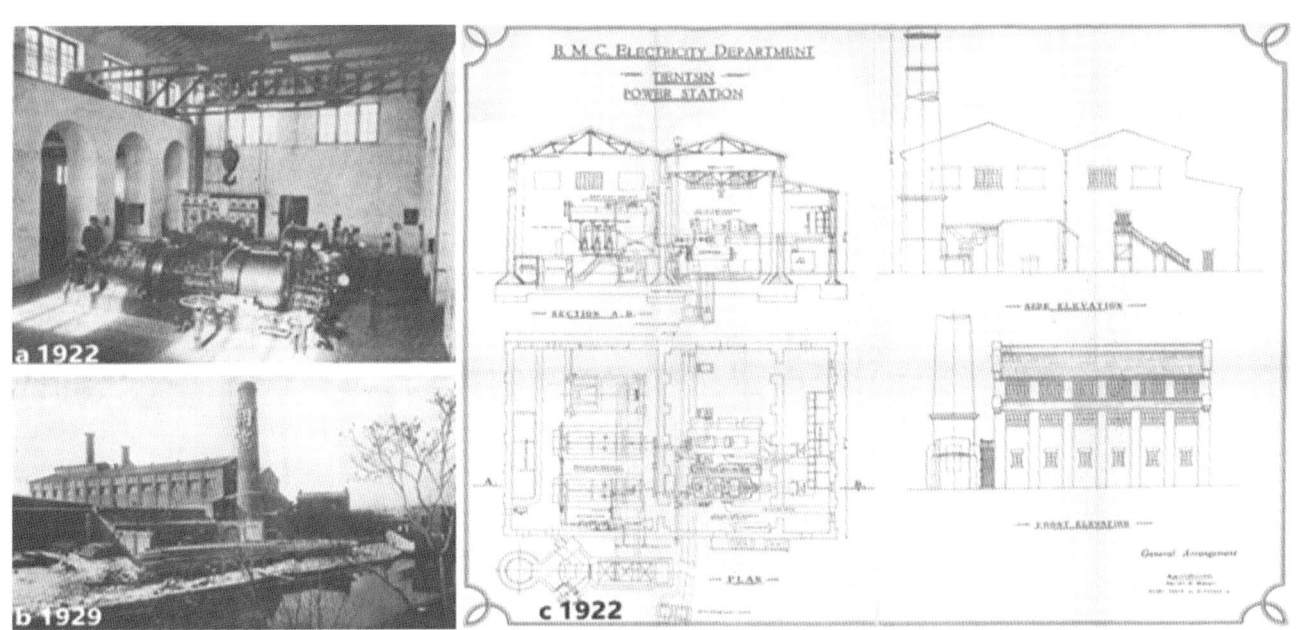

图2-2-7 英租界发电厂
a.发电机（1922年）；b.电厂（1929年）；c.发电厂平立剖（1922年）
（资料来源：图a/c：BMCT，1923：98-99；图b：BMCT，1930：60-61）

---

① 英工部局委托仁记洋行集资25万元，在黄家花园一带建小型直流发电厂。1923年自装1000千瓦汽轮发电机两台，改为交流供电。电灯厂刚开办时，实际接线用户总负荷大概刚好1000千瓦。1920年代，英租界路灯照明设备是远东地区最先进的，街头还安装了电力驱动的时钟。引自：刘海岩. 通商口岸的外国人社会：以天津租界为例［M］//海洋史丛书编辑委员会. 海洋史丛书第一辑：港口城市与贸易网络. 台北："中央研究院"人文社会科学研究中心海洋史研究专题中心，2012：147-184，162.
② 雷穆森. 天津租界史［M］. 许逸凡，赵地，译. 插图本. 天津：天津人民出版社，2009：287-288.
③ 很多条便携式窄轨专门送给李鸿章，几乎每次都会邀请李乘坐。引自：The Chinese Times，第4期. 转引自：王晓颖. 天津第一份英文报纸《中国时报》（The Chinese Times）——由《中国时报》看天津城市发展［D］. 北京：北京外国语大学中国海外汉学研究中心，2014：29.
④ 王晓颖. 天津第一份英文报纸《中国时报》（The Chinese Times）——由《中国时报》看天津城市发展［D］. 北京：北京外国语大学中国海外汉学研究中心，2014：31.

图2-2-8 英租界工部局电务处
a/b.中国监工人员宿舍；c.电务处员工宿舍；d.1937年电务处职工合影
（资料来源：BMCT，1937）

促进较大。1888年4月，唐胥铁路从胥各庄延至塘沽，8月延至天津。天津人称火车为"铁马"（Iron-horse）或"火轮车"，称货运车厢为"飞翔的车厢"（flying carriages）[1]。虽然铁路建设一直遭到保守势力反抗，但社会上渐渐认识到铁路的很多益处[2]。津唐铁路的钢轨从德国克房伯工厂购买。

3. 电车

1905年铺设的围城电车路线，逐渐成为租界与华界间的主要交通线。与遍布市区的数万辆人力车互为补充，形成20世纪天津市内的主要交通网络。[3]电车的发展改变了城市的空间结构。[4]有轨电车的出现使城市交通发生了根本性的变革，电车铺设在环城及意、法、日、俄租界，虽然英租界未曾有电车，但租界和华界乃至整个天津城的联系更为紧密，各种交流大大增加。1950年代电车线被拆除。

4. 自来水供应

19世纪的天津"河水浑浊不清，皆汲诸河浑水，投矾净化以供日用"[5]。1897—1898年英商

---

[1] The Chinese Times，第8期．转引自：王晓颖．天津第一份英文报纸《中国时报》（The Chinese Times）——由《中国时报》看天津城市发展[D]．北京：北京外国语大学中国海外汉学研究中心，2014：30.
[2] 王晓颖．天津第一份英文报纸《中国时报》（The Chinese Times）——由《中国时报》看天津城市发展[D]．北京：北京外国语大学中国海外汉学研究中心，2014：30.
[3] 尚克强，刘海岩．天津租界社会研究[M]．天津：天津人民出版社，1996：78.
[4] "盖天津市发展之趋势，其初围绕旧城，继则沿河流，复次则沿铁道线，自有电气事业则沿电车道而发展"。天津电车电灯公司问题，33，华北国际五大问题。转引自：尚克强，刘海岩．天津租界社会研究[M]．天津：天津人民出版社，1996：79.
[5] 曾根俊虎．北中国纪行清国漫游志[M]．范建明，译．北京：中华书局，2007：3.

仁记洋行在英租界创办天津自来水有限公司，建自来水厂（今保定道与建设路交叉口），是继上海、旅顺后的中国第三家自来水厂。1898年11月完成铺管工程；1899年1月建成投产，给英租界供水，早期自来水用户多是外国居民。[①]1900年英军记录所使用的城市供水来自净化的河水（将浑浊的河水泵入沉淀池，用1英尺鹅卵石和2英尺砂子过滤，然后泵入水塔，再用水管给全城供水）。[②]1901年中英合办天津济安自来水股份有限公司（下称：天津济安自来水厂），区内供水范围仅限于租界，其他市民则饮用坑河及浅井水。1922年5月至1923年1月，英租界接收自来水厂，完成收购，改名为"英租界工部局水道处"。1922年10月，原德租界供水由向用户分散供水改为整体集中供水。通往德租界的三条供水干管被切断，安装上水阀门和水表，自来水直接供给前德租界管理局，再由该局转供给每个用户。[③]1924年6月法租界由英租界自来水厂供水改为由天津济安自来水厂供水。1925年扩建水厂时，开始用深井产水，以提高水质（当时海河水污染严重）。英租界前后建过4个自来水厂。[④]除给水外还有排水设施（图2-2-9~图2-2-11）。

5. 油灯与汽灯

中国古代照明采用蜡烛和油灯（豆油、菜油）。1859年美国宾夕法尼亚钻出第一口油井，开始大量制造煤油，但初期价格很高。近代上海等各口岸陆续引入煤油灯、煤气灯、电灯。因当时煤油价格较高，且煤气灯开始普及，故上海并未广泛使用煤油灯。[⑤]煤气灯比煤油灯更安全方便。上海自1861年开始使用煤气灯，至1868年已较为普及。[⑥]1888年英商在天津英租界筹建天津煤气公司（即"地火公司"，The Tientsin Oil-gas Company），建煤制气厂（今河北路与南京路转角），公司代表鲍尔森（C. Poulsen）、丹麦土木工程师林德（A. De vwLinde）与英工部局签订合同[⑦⑧⑨]，1889年开始供应租界公共道路照明。1888—1889年林德负责建造天津天然气厂

---

① 刘海岩. 通商口岸的外国人社会：以天津租界为例［M］//海洋史丛书编辑委员会. 海洋史丛书第一辑：港口城市与贸易网络. 台北："中央研究院"人文社会科学研究中心海洋史研究专题中心，2012：147-184.

② 英国国家档案馆（The National Archive，TNA），WO 106/77：28.

③ 雷穆森. 天津租界史［M］. 许逸凡，赵地，译. 插图本. 天津：天津人民出版社，2009：297.

④ 四厂总生产能力为河水1363m³，井水11 818 m³。水道处管理期间共铺供水管道50.57公里。英租界总面积为3.47平方公里，供水管道每平方公里为14.58公里，普及率几乎达百分之百。当时墙子河西面住宅建筑虽不多，但均在铺路前埋设供水管道和消防栓，做到基础设施超前施工。引自：赵津. 租界与天津城市近代化［J］. 天津社会科学，1987（5）：54-59.

⑤ 上海1845年计划设置路灯。1845—1860年，上海照明多用油灯。上海英租界没有采用煤油灯，一方面因为价格高，另一方面煤气灯在逐步替代油灯。1860年代，煤气灯取代油灯。1865年计划用煤油灯替代油灯，灯杆不换，但投标价格太贵。有一些商家开始从事煤油与煤油灯的经营业务，经营的对象是室内用户。后来煤油进口很多，一些外商在上海兴建火油池。1900年美国纽约美孚石油公司在上海黄浦滩设立公司。1907年亚细亚火油公司在上海九江路设立机构，次年在外滩设立亚细亚火油公司华北公司。

⑥ 上海1861年底就曾提起使用煤气灯；1864年在室内试用煤气灯；1865年煤气公司做了第一盏煤气灯；1868年大多用煤气灯；1881年底共有489盏煤气路灯。

⑦ Rasmussen O D. Tientsin: An Illustrated Outline History［M］. Tientsin: The Tientsin Press, Ltd., 1925: 88.

⑧ 罗澍伟. 近代天津城市史［M］. 北京：中国社会科学出版社，1993：150.

⑨ 雷穆森. 天津租界史［M］. 许逸凡，赵地，译. 插图本. 天津：天津人民出版社，2009：79.

图2-2-9 英租界与天津的自来水供应

a. 1900年天津送水车；b. 庚子事变期间教会供水（各国民众聚集水龙头处）；c. 1900年自来水供应；d. 旧式送水方法（1920年代）；e. 1922年巴克斯道（今保定道）机厂水泵房；f. 1925年英租界2号自流井钻塔架；g. 1925年英租界2号自流井正抽水测试；h. 1927年道格拉斯道机场蓄水池内部；i. 1934年驻华英公使贾德干参加河坝立式水泵开用仪式；j. 1935年推广界新开地段布设总水管

（资料来源：图a/b：天津电视台提供；图c：TNA, WO 106/77, p28；图d：BMCT；图e：BMCT, 1922；图f：BMCT, 1925；图g：BMCT, 1925；图h：BMCT, 1927；图i：BMCT, 1934；图j：BMCT, 1935）

图2-2-10 英租界1919—1940年的总水管图
(资料来源:BMCT,1920—1940)

图2-2-11 1932年伦敦道（今成都道）下水道
（资料来源：BMCT，1925：62）

（Tientsin Gas Co.）。1932年已安装煤气灯400余盏，主要供应英租界（96盏）、法租界（81盏）、中国铁路公司和开平矿务局等使用。1903年改组为天津汽灯房（英商天津煤气电灯股份有限公司），同年驻津英总领事馆发电所开始发电，煤气公司专供英法租界家用煤气。

6. 菜市场

英、法、日、意等国租界的菜市场曾有2或3代建筑。英租界菜市场①于1901年由柏龄庚负责设计、建造。1918年安德森在推广界规划的菜市场位置方案未实施。1933—1934年原址拆除老建筑，新建一座新式、时髦的现代菜市场（a new, up-to-date and modern market），可能是英工部局工程处工程师设计、建造；两层砖混结构，营业大厅为超静定的钢筋混凝土无铰拱结构，仓库为钢筋混凝土结构。②法租界菜市场于1908年修建露天的混凝土水泥台，1922年建造室内菜市场，1928年又新建摩登的菜市场（混凝土结构墙体、铁质桁架）。③（图2-2-12）

7. 电报和电话

1879年招商局架设由大沽至紫竹林的全国第一条电报线。1890年清政府与英商大东公司、丹麦大北公司联合组成天津电报局。1924年迁入新落成的天津电报局大楼（今花园路天津邮政局）办公营业。

1901年开通京津长途电话，为全国第一条长途电话线路。1904年天津电话总局成立。1927年天津电话东局（今光复道分局）引进安装德国西门子电机厂A-22型步进制自动交换机1000门，此后，天津各租界几乎都设邮局、设公用电话。

8. 新材料

铁、钢材、水泥、机制砖瓦、钢筋混凝土等新材料的引入，突破了传统的土、木、砖、石结构用材的局限性。早期钢铁（如1887—1889年津唐铁路、1887年后海河约十座钢桥等）需从英国等外国进口。天津机器局于1888年筹议、1891年建炼钢厂，从英国进口设备，1893年生产钢铁。④中国出现最早的水泥工业是1890年开

---

① 在扩充界海大道与博罗斯道拐角处。
② 高仲林. 天津近代建筑［M］. 天津：天津科学技术出版社，1990：114.
③ 李天. 天津法租界城市发展研究（1861—1943）［D］. 天津：天津大学建筑学院，2015：190.
④ 闫觅. 以天津为中心的旧直隶工业遗产群研究［D］. 天津：天津大学建筑学院，2015：83.

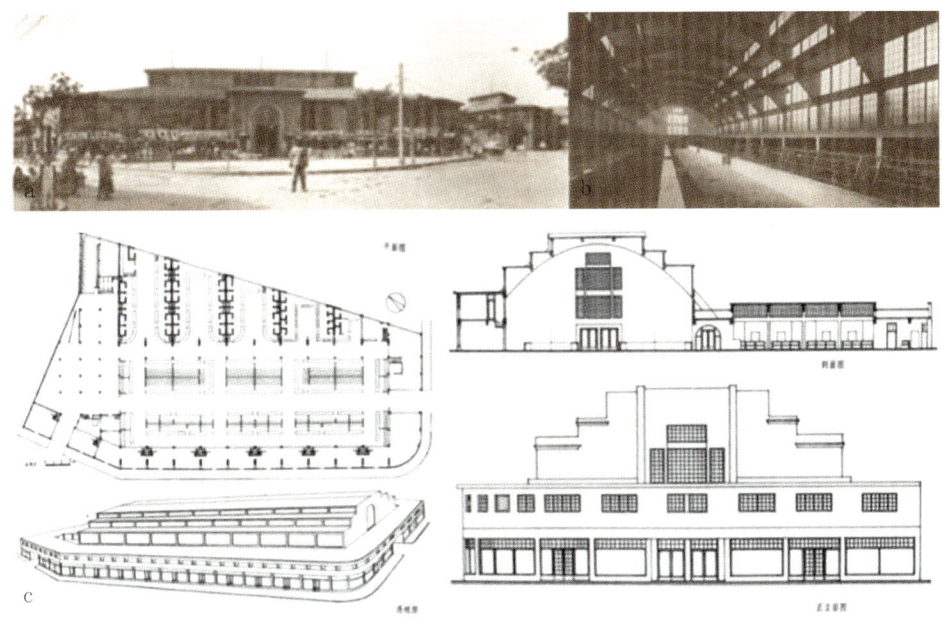

图2-2-12 英、法租界菜市场
a. 法租界菜市场（1928年建成）；b. 英租界菜市场内部（1933—1934年建成）；
c. 英租界菜市场平立剖与透视图
（资料来源：图a：Article 398.Archives du Consulat Français à Tientsin, CADN.
转引自：李天．天津法租界城市发展研究（1861—1943）[D]．天津：天津大学
建筑学院，2015：191．图b：BMCT, 1935：16-17．图c：高仲林．天津近代建筑
[M]．天津：天津科学技术出版社，1990：114-115）

平矿务局附设的水泥厂。1895年柏龄庚曾在市政工程中使用水泥。[①]1901—1902年柏龄庚实验混凝土道路。[②]1906年天津启新洋灰公司成立，1910年前后水泥年产量为43万桶，1921年为86万桶，1932年为180万桶；公司还生产大量砖、瓦。此外还有振祥、裕丰、水和等机制砖制造公司，机制砖取代了传统的手工制砖，砖产量剧增。[③]1925年英租界建筑规范对建筑钢材的使用、应力检验作出具体规定（图2-2-13）。[④]英工部局建筑材料存放与加工厂——新工程场（new works yard）每年供给大量的沥青混凝土、路面沥青料和各类尺寸的辗轮榨碎石块，并在专门的实验室对各类建筑材料进行测验，每年测验约200次（1930年238次，1931年168次，1932年202次）。[⑤]

1901年建立的公易木厂（A. H. Jaques &

---

① BMCT, 1895.
② BMCT, 1902.
③ 高仲林．天津近代建筑[M]．天津：天津科学技术出版社，1990：68-71.
④ British Municipal Council, Tientsin. Building & Sanitary By-Laws, 1925 [Z]. Tientsin: Tientsin Press, Limited, 1929: 143-158, 101-116.
⑤ 如1930年该场供给沥青混凝土挽合计35 972立方尺，路面沥青料11 271立方尺，辗轮榨碎石块（limestone（rubble）crushed to required sizes）共计32 102立方尺（分若干尺寸）。化验室查验沥青混凝土暨沥青与砖块等共计238次（238 tests on asphaltic concrete, sheet asphalt, sand asphalt and brick were made in the Laboratory）。引自：1930—1932年工程处报告；BMCT, 1931：15, 20.

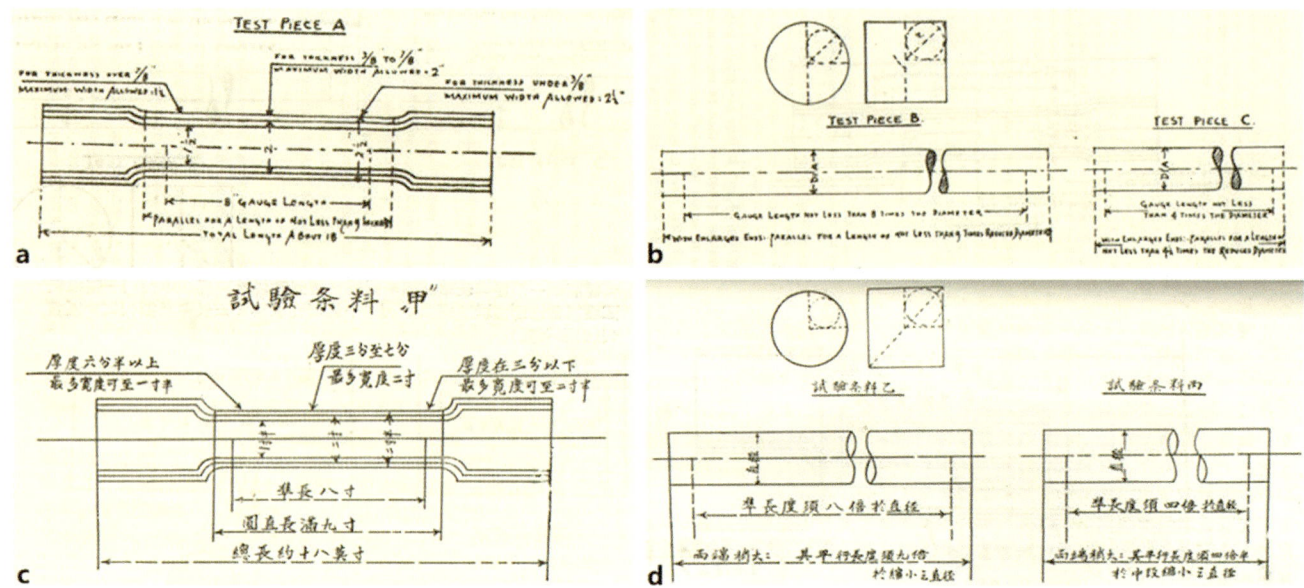

图2-2-13　1925年英租界建筑钢料检验规范示意图
（资料来源：图a/b/c/d：British Municipal Council, Tientsin. Building & Sanitary By-Laws, 1925［Z］. Tientsin：Tientsin Press, Limited, 1929：145/146/103/104）

Co., "Kung Yih"）（图2-2-14和图2-2-15）或可被视为天津的"Whiteley's"；有自己的家具工厂，致力于高质量的老式手工艺家具制作和销售；雇工来自浙江宁波[1]；在维多利亚路有洋行主店面，在推广界马场道北侧有加工厂，经营家具、装饰、设备等。

2.2.4　外国人主导的租界外工业建设

租界外不远区域往往有外商建设的砖厂、加工厂等工厂，也有兵营建筑等。

外商W. Kleeschulte在1908年前开办有杨村砖厂（The Jangstun Steam Brick Works），采用了最先进的科学工艺，包括采用霍夫曼窑，烟囱约50米高；工程设备还包括压机、蒸汽驱动的泥浆混合机、干燥棚、木工和铁匠铺以及6个大型双泥窑，年总生产能力为800万块砖；夏季雇有600个天津工人。[2]

E. Marzoli砖厂（图2-2-16）于1901年由L. Marzoli（意大利人）创办，1907年其去世后，工厂由其兄弟E. Marzoli接手。起初L. Marzoli经营无烟煤和石灰的生意，1904年在黄村（Huangtsun）开办钙质砖厂（calcareous brick），年产量500万~600万块砖，1911年公司获得都灵展览荣誉奖。[3]

---

[1] Wright A, Cartwright H A. Twentieth Century Impressions of Hongkong, Shanghai, and other Treaty Ports of China: Their history, people, commerce, industries and resources［M］. London: LLoyd's Greater Britain Publishing Company, LTD., 1908：742.

[2] Wright A, Cartwright H A. Twentieth Century Impressions of Hongkong, Shanghai, and other Treaty Ports of China: Their history, people, commerce, industries and resources［M］. London: LLoyd's Greater Britain Publishing Company, LTD., 1908：740.

[3] Feldwick W. Present Day Impressions of the Far East and Prominent and Progressive Chinese at Home and Abroad［M］. London: The Globe Encyclopedia Co., 1917：285.

图2-2-14 公易木厂
a.仓库；b.主楼；c.家具工厂；d.家具工厂员工
（资料来源：Wright A, Cartwright H A. Twentieth Century Impressions of Hong-kong, Shanghai, and other Treaty Ports of China: Their history, people, commerce, industries and resources[M]. London: LLoyd's Greater Britain Publishing Company, LTD., 1908: 741）

图2-2-15 公易木厂建筑立面
（资料来源：郑红彬提供）

图2-2-16 E.Marzoli砖厂
a.1908年前后；b.1917年前后
（资料来源：图a: Wright A, Cartwright H A. Twentieth Century Impressions of Hong-kong, Shanghai, and other Treaty Ports of China: Their history, people, commerce, industries and resources［M］. London: LLoyd's Greater Britain Publishing Company, LTD., 1908: 741；图b: Feldwick W. Present Day Impressions of the Far East and Prominent and Progressive Chinese at Home and Abroad ［M］. London: The Globe Encyclopedia Co., 1917: 285）

近代天津砖工业及其现代化：

（1）在外商引入红砖、机制砖以前，天津的砖厂与砖窑只有灰砖、手工砖。1938年天津共有57处砖厂，包括5处机制砖厂、52处手工砖厂（24处红砖厂、28处灰砖厂）；共124处砖窑，包括5处机械窑炉、34处红砖窑、85处灰砖窑。1911—1928年间政局混乱，租界建设量大，砖厂生意好；1928—1936年间，政府迁至南京，1930年全球经济危机，天津贸易受影响，砖厂皆有损失；1937—1940年间，砖工业进入黄金时代。

（2）当时天津城南最适合建砖窑，城东次之，城北与城西不适合。

（3）天津的砖主要有红砖、灰砖、釉面砖（enamel bricks）三种类型；砖窑有灰砖砖窑和红砖砖窑两种。天津土壤不适合制造烧结砖（clinkers）、耐火砖（fire bricks）和瓷砖（porcelain bricks）。前两者主要来自唐山，瓷砖从日本大量进口。

（4）制砖工艺：手工砖价格统一，质量高，制造分7个步骤。机制砖根据土壤性质和不同需求可分为软泥法、干泥法和硬泥法。造砖过程在任何国家都一样，主要不同在于制造流程和所用设备。天津的机制砖主要使用软泥法。

（5）天津的砖市场情况：天津的砖自产自销，价格相对较低，本地需求量大，出口较少，很少售往北京。以前Y Pen砖厂生产的机制砖和瓷砖曾销往上海和南洋，1930年代砖出口很少，主要因为运输成本高，且中国各地已遍布砖厂。[1]

1917年前后在德租界下游建造了由通和洋行（Atkinson and Dallas, Ltd.）设计的一座棉纺织厂（Yu Yuen Cotton Spinning and Weaving Company, Ltd.）（图2-2-17），包括工厂、拣选机房、发电室、机器和木工棚、仓库、办公楼、员工宿舍、工程师住宅等建筑群，采用了当时中国最先进的纺织厂设备，烟囱高53米，很可能是当时华北地区最高的烟囱。

图2-2-17 1917年在建的棉纺织工厂（德租界下游，通和洋行设计）
（资料来源：Feldwick W. Present Day Impressions of the Far East and Prominent and Progressive Chinese at Home and Abroad [M]. London: The Globe Encyclopedia Co., 1917: 260）

---

[1] Li B（李步龙）. The brick industry in Tientsin and the problems of its modernization [M]. Tientsin: Hautes études, 1940: 1-15, 28.

2.2.5 租界附近的桥梁

英、法、日、意、美和中国等多国技师参与设计、建造了近代天津海河及相关河道上的大量桥梁（图2-2-18～图2-2-21和表2-2-2），其中外国人设计、建造的钢结构桥梁较为突出。活跃在近代天津和英国的工程师、建筑桥梁公司在近代天津桥梁建设中起到重要作用，日、美、法等国的工程师、公司也多有参与。租界相关的洋行贸易、工程活动保障了建设事业的开展。

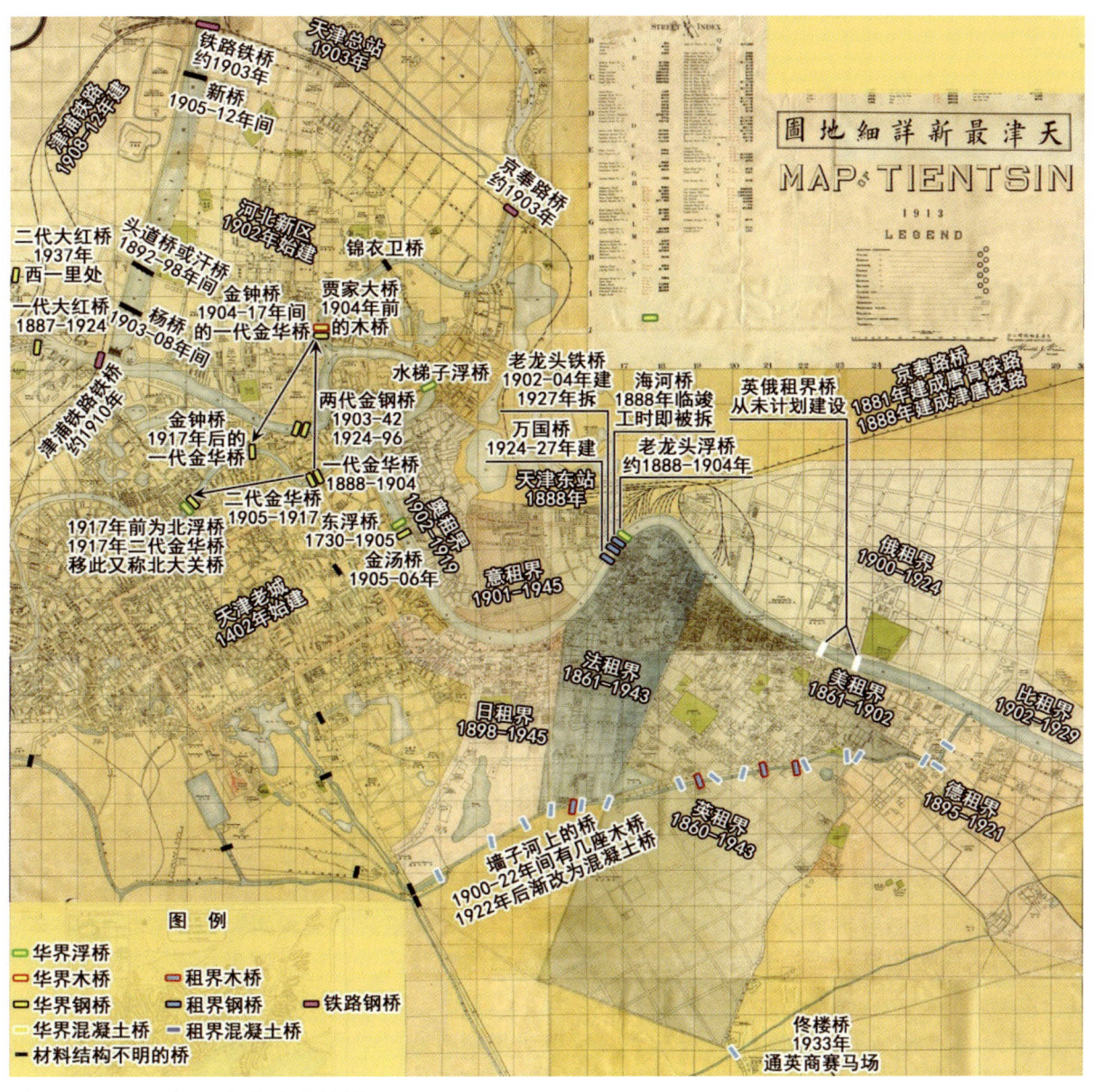

图2-2-18 近代天津的重要桥梁
（资料来源：根据《天津城市历史地图集》改绘）

图2-2-19　东浮桥（1905年摄，金汤桥北侧）
（资料来源：天津电视台提供）

图2-2-20　1925年英租界宝士徒桥（混凝土桥）
（资料来源：BMCT，1925）

a. 1887年第一座大红桥

b. 1888年第一座金华桥

c. 1903年第一座金钢桥

d. 1902—1904年老龙头铁桥

e. 1904—1905年第二座金华桥

f. 1905—1906年金汤桥

g. 1922—1924年第二座金钢桥

h. 1924—1927年万国桥

i. 1927年新老万国桥并存

图2-2-21　近代天津的重要桥梁
（资料来源：天津电视台提供）

表2-2-2　近代天津的重要桥梁

时间	名称	结构	设计、建造者	简介	保存情况
1882—1888	铁桥		英技师	1882年李鸿章将河北大胡同巡盐使署东的浮桥改为铁桥，由英国技师设计，1888年改为开启式铁桥	
1887—1924	第一座大红桥	单孔拱式结构钢桥		天津首座钢结构桥梁，单券，红桥区因此得名。1924年洪水冲垮护岸和桥台，桥身钢架全沉入水中	
1888—1900	汉沽铁桥	有旋开桥1跨	英国土木工程师	基础工法。1893年前是全国最大桥。全长720英尺（217米），跨度30英尺的铁桁架5跨，60英尺的旋开桥一跨，50英尺的10跨	1900年毁于战火，后经四次重建
1888	海河桥	平转跨开启钢桥	英Patent Shaft and Axletree Company of Sheffield制造，公司James Cleminson设计	本预连接华界，实际建于下游三百米与法租界连接，接近完工时，因保守势力反对，李鸿章不得不下令拆除。后附近建老龙头铁桥、万国桥	临竣工前被拆除，多数钢梁用于开平-林西延长线若干桥梁
1888—1904—1920	第一座金华桥	双叶开动承梁式开启钢桥	英国工程师	中国最早的开启式钢桥、天津第一座悬臂式开启桥。桥身为双叶开动承梁式，桥跨为15米+10米+15米，共三孔，总桥长40.25米，宽7米	1904年新建后，第一座金华桥拆移为金钟桥
1903—1927—1942	第一座金钢桥	双叶承梁式开启钢桥，沉箱工法	日本工程师曲尾辰二郎	前身为"窑洼木浮桥"。桥长240英尺（或76.2米），宽6.45米，跨度100英尺，2跨，中间是跨度40英尺（或11.60米）的开启桥2跨。1922—1924年在下游18米处建成新金钢桥，后成为便桥，1927年待修停用	1927年待修停用，1942年被日军拆除至仅剩四座桥墩
1902—1904—1928	老龙头铁桥	平移开启式跨桥	法国费福林公司承建	前身为老龙头浮桥。桥身设四孔，采用变高度的连续钢桁架，中间设两孔，桥宽8.4米，为平移开启式跨桥，有蓝牌有轨电车线路贯穿。也称国际桥或万国桥，1927年西侧新万国桥建成后，1928年被拆	1927年西侧新的万国桥建成后，1928年被拆
1904—1905—1917—1980	第二座金华桥	悬臂式开启钢桥，沉箱工法	日本工程师曲尾辰二郎	或称双叶开动承梁铁桥。桥长37.6米，宽10.3米，三孔横跨南运河。中孔为双叶立转下承开启跨，人力开启	1917年移为北大关桥，1980年代重建
1904—1905	第二座汉沽铁桥	沉箱工法	日本工程师曲尾辰二郎	1904年由曲尾辰二郎负责新建，共分4跨	

续表

时间	名称	结构	设计、建造者	简介	保存情况
1905—1906至今	金汤桥	电力启动的扭转式开启桥		或称旋转承梁铁桥。1730年建东浮桥。1905—1906年在东浮桥桥南新建长76.4米、宽10米电力启动的钢桥。中孔作水平旋转。4米宽的红牌单轨电车线路贯穿桥面	1934年修，1970年拆开启设备，2003年恢复开启功能
1922—1924—1996	第二座金钢桥	上承式钢桁架开启桥或双叶开动承梁铁桥	美施特劳开启桥公司Strauss Bascule Bridge Co.设计制造，天津大昌实业公司安装	桥长85.80米，宽为17米（另说18.9米），两侧人行道宽2米。上部为上承式钢桁架，桥基设气压沉箱，桥墩和桥台为钢筋混凝土结构，桥墩距桥面24.4米。桥的两边跨和中跨分别为固定桥孔和双叶立转开启孔，可从中间用电力操纵吊起开成八字形	1996年拆建，模型置于金钢公园内
1924—1927至今	第二座万国桥（今解放桥）	悬臂式双叶立转开转钢桥	发明者为美国芝加哥布施尔泽尔桥梁公司（Wm Scherzer），由法国戴德·萨德和施奈尔公司（The Etablissements Dayde and Messrs Scheiner & Co.）承建	1920年筹建，1923年招标，次年开标，投标者17家，设计方案31种。1925年动工，1927年建成。1927年《益世报》载"由法国工学博士白璧氏仿造芝加哥最新之图案为之"。桥长97.64米，分3孔。中孔为双叶立转开启跨，跨长47米，两边孔各24.6米。桥面宽19.5米，限载20吨，车道宽12米，铺双轨电车道	全国唯一能开启的现存钢桥，天津仅存的三座开启式铁桥之一
1937至今	第二座大红桥	人力启闭单叶立转式钢结构开启桥	李吟秋主持，英商东方铁工厂或英Dorman Long & Co.Ld Middlesbrough承建	1937年在老大红桥西约1里处新建。长12.75米的右孔为人力启闭单叶立转式开启跨。桥面板除主跨车道之外均为木板，下部结构基础采用美松木桩，台身及墩身采用钢筋混凝土结构	天津仅存的三座开启式铁桥之一，已不能启闭
1922年及之后	墙子河上的混凝土桥	混凝土桥	英租界工部局	墙子河在今和平区内（主要是原英法日租界）曾建16座桥，其中英租界有8座混凝土桥。1922年左右，英租界内墙子河上建第一座现代混凝土桥，宽50英尺。1925年前后又陆续建造几座。1933年英工部局改建马场道佟楼桥，采用预制装配式T型梁上部结构，是天津最早应用装配式预制构件进行安装的桥梁	

资料来源：①天津市工务局．天津市工务局业务报告［R］．1935．
②卢绳．天津近代城市建筑简史［M］//中国人民政治协商会议天津市委员会文史资料研究委员会．天津文史资料选辑（第24辑）．天津：天津人民出版社，1983：1-47．
③于邦彦．天津的桥梁建设史［M］//汪坦，藤森照信．中国近代建筑总览·天津篇．东京：中国近代建筑史研究会，日本亚细亚近代建筑史研究会，1989：26-29．
④韩冬．近代天津基础设施建设探析（1860—1937）［D］．天津：南开大学经济学院，2013：220-221．
⑤单钰杨．天津近代桥梁建设与城市发展研究［D］．天津：天津大学建筑学院，2017．
⑥日本工程师曲尾辰二郎的资料由徐苏斌提供。

1900年的地图显示，庚子事变期间，外军曾在法、英、美、德租界与俄租界之间建造临时的浮桥——法国桥、英国桥、俄国桥、德国桥。① 因墙子河作为扩充界和推广界的分隔，贯穿英租界，且是法、日租界的边界，墙子河在今和平区内（以原英、法、日租界范围为主）曾建有16座桥梁，英租界在1922年前，仅有咪哆士道附近的人行木桥，1922—1933年陆续建8座混凝土桥梁。② 1932年，英租界内仅剩马场道佟家楼桥为木桥。③ 1933年英工部局决定改建马场道佟楼桥，采用预制装配式T型梁上部结构，是天津最早应用装配式预制构件进行安装的桥梁。④

2.3 河北新开区新政工业

河北新开区位于北站、老天津城、金钟河、新开河、白河围成的区域内。这个区域是袁世凯以天津为基地，实行"新政"使天津成为北方"洋务"的中心的目标。开辟新市区也是"新政"的内容之一。义和团运动后，八国联军占领了天津，天津呈现出衰败的景象。为了振兴天津，1901年上任的直隶总督袁世凯采取了一系列振兴工商的措施，成立了直隶工艺总局，下设考工厂、工艺学堂、实习工场等，这些机构包括总督府在内都分布在河北新开区，使新开区成为"洋务"的中心。铁道建设也在同时进行，1903年北站的竣工，改变了过去只有位于租界地的老龙头车站的局面，中国人乘车变得方便。在天津近代自主性城市建设史上，河北新开区的规划具有先驱的意义。

1902年袁世凯开始进行城市规划，当时在三条石的张公祠设置工程总局，下设测量、道路、桥梁、河道等科，雇佣德国技师，官僚60人，职员200人，施工人员300人。1906年工程总局废除，合并为巡警总局工程科，担当市政工程和道路建设事业。

1903年袁世凯批准了工程总局制定的《河北新开市场章程》。从该章程内容可知新开区规划的范围"东至铁路，西至北运河，南至金钟河，北至新开河"，负责该项工作的是工程总局，此地区原来的状况为"冢墓""水坑地"等，规划区域的土地分为三等，"其现下已建有房屋或填平与马路毗连者作为一等；地不近马路者作为二等；水坑地作为三等"，地租为"第一等每亩为每年征收行平银七两五钱；二等五两；三等二两五钱"。工程总局审批该界内所有买卖租押地业等事。

从1909年《天津志》的介绍中可知，度支部造币总局、高等工业学堂（原工艺学堂）、实习工场、铁工厂、劝业会场（其中包括劝工陈列所等很多公共设施）等都在这个区域里。这些都成

---

① TNA，WO 106/77；MPH 1/432/1.
② 1924年，"直到两年以前，英租界的过河处还只有位于咪哆士道一端的小木桥——马场道桥和老发电厂附近的一座人行桥。第一座新建桥梁是连接墙子河东边的红墙道与西边的牛津道的一座50英尺宽的现代混凝土桥。这座桥立即缓解了马场道桥的交通拥挤状况，并成为通往赛马场以及墙外推广界已建成的新住宅区的一条近路。工部局又很好地利用这个机会重修了马场道桥，现在那里已经不是原来的那座摇摇晃晃的木桥，而是一座50英尺宽的新式混凝土桥了。除了这些桥以外，预计明年年底，将会再建起一座连接咪哆士道与墙外推广界主要交通干线伦敦道的50英尺宽的混凝土桥，以及另一座连接盛茂道与横贯新区的主要大道之一威灵顿道的60英尺混凝土桥。"引自：雷穆森. 天津租界史[M]. 许逸凡，赵地，译. 插图本. 天津：天津人民出版社，2009：292.
③ 立[利]斯克目道桥业已于年间用钢筋混凝土筑造，马场道佟家楼桥梁为本界仅剩之木桥，仍施以普通修葺用保现状。引自：BMCT，1933.
④ 周祖奭，张复合，村松伸，等. 中国近代建筑总览·天津篇[M]. 北京：中国建筑工业出版社，1989：29.

为袁世凯改革的重要实践。直隶工艺总局在这个地区得到充分的发展。直隶工艺总局就是振兴民族产业以及工业教育的基础。

2.3.1 直隶工艺总局

光绪二十九年（1903年），袁世凯委托周学熙在天津草厂菴①创建直隶工艺总局，为"振兴直隶全省之枢纽"②，以"创兴工艺、提倡实业"③为宗旨，以"诱掖、奖励使全省绅民勃兴工业思想"为义务，以"全省工业普兴，人人有自立之技能"为目的，④光绪三十三年（1907年）迁到玉皇阁。

工艺局原是收容游民的机构。义和团运动后，外国的商品挤压中国市场，造成原有的劳动市场平衡崩溃，因此被称为游民的贫民成为社会的不安定要素，为了安定游民，振兴民族工业，很多地方成立了工艺局。根据1913年《世界年鉴》记载："直隶、奉天、吉林等22个省中有228个工艺局、519个传习所、10个劝工场。"其中中央、省级的工艺局包括：⑤

京师工艺局（1902年）、北洋工艺局（1903年，别称：直隶工艺总局、北洋工会总局）、济南工艺传习所（1905年）、山西省工艺局（1902年）、江西工艺院（1901年）、四川通省劝工局（1903年）、广东工艺厂（1904年）、广西工艺厂（1904年）、福建工艺处（1903年）、浙江工艺传习所（1905年）、陕西工艺厂（1904年）、甘肃劝工局（1906年）、安徽全省工艺厂（1908年）、奉天工艺传习所（1906年）、黑龙江工艺传习所（1907年）、吉林实习工场（1909年）。

因此，1903年成立的北洋工艺局即直隶工艺总局在全国也是较早的。直隶工艺总局由袁世凯任命周学熙负责办理。周学熙⑥被誉为"北洋实业之导师，民国财政之权威"，与张謇共同作为中国实业创立之初的南北双雄，被称为"南张北周"。周学熙所建立的北洋实业成为袁世凯集团的重要支撑，民国初年曾任民国总理的颜惠庆评论道："清光绪间袁项城督直，一时北洋新政，如旭日之升，为全国所具瞻。所有工业建设，均出公（周学熙）手。"⑦周学熙先后建立20多家实业，以启新洋灰公司和华新纺织公司为中心，建立了包括建筑、煤炭、纺织、机器、玻璃制造和自来水等工业。此外，周学熙还非常重视实业教育，在其《自叙年谱》中写道："惟究心于教人养人之事"，因此，周学熙创办了一系列教育设施，以期为中国的工业培养人才。

光绪三十二年（1906年），直隶工艺总局直接创办的企事业有高等工业学堂、教育品制造所、劝工陈列所、实习工场、劝业铁工厂、种植园、官造纸厂、劝业会场，以及北京第一、第二小学堂工场；其附设的有夜课补习所、仪器讲演会、工商研究所、工商演说会、招考工业、招考仿制物品、小彩票、工业售品总分所及销售处、

---

① 位于天津旧城东南隅。
② 本局总理工艺学校及考工厂之办法（401206800-J0128-2-001043-003）．天津市档案馆藏．
③ 周学熙．周止庵先生自叙年谱［M］．台湾：文海出版社，1985：25．
④ 甘厚慈．北洋公牍类纂［G］．台湾：文海出版社，1967：1246．
⑤ 彭泽益．中国近代手工业史资料（二）［M］．北京：生活·读书·新知三联书店，1957：505-576．
⑥ 周学熙（1866—1947年），字缉之，又字止庵，晚号松云居士，又号耕老人，安徽至德人。历任天津道、长芦盐运使、直隶按察使、农工商部丞参。民国年间，曾两度出任财政总长。
⑦ 周叔媜．周止庵先生别传［G］//周小鹃．周学熙传记汇编．兰州：甘肃文化出版社，1997：125-126．

津益拍卖处；同时，直隶工艺总局的考工厂每年开办劝业展览会、实习工场开纵览会各一次；其帮助创办的有初等工业学堂、织染缝纫公司、造胰公司、牙粉公司、玻璃厂；经其提倡建立的有艺徒学堂二处、织布工厂八处、木工工场二处、造胰工厂一处；在直隶工艺总局的传习指导下，直隶省府厅州县开设的工艺局厂有六十五处。①

从图2-3-1中可以看出直隶工艺总局借用玉皇阁传统建筑，中路依次为牌楼、大门、二门、办公处、玉皇阁。东、西两侧为配房，前部主要为司员住宅，后部则是厨房、厕所、仓储等辅助用房，设有办公处、司员住室、客厅、延宾室、厨房、号房等，共五十六间房。②

直隶工艺总局大量聘用日本专家。最初雇用的是藤井恒久。他出身于石川县，1883年毕业于东京帝国大学应用化学科，1891年任大阪商品陈列所的所长，义和团运动之后他来到天津，1902年任天津日本租界行政委员会委员，1903年任实业调查员，1920年为中国工业顾问，晚年在大连度过。1902年7月30日，藤井和周学熙签订了三年的契约，担任翻译，之后又延长了2年。此外根据外务省的记录，藤井还担任过北洋工艺总教习、直隶工艺总局顾问官、工艺学堂教习、直隶工业顾问等。③

藤井辅助袁世凯创建直隶工艺总局，其架构参考了日本大阪的格局。严复在

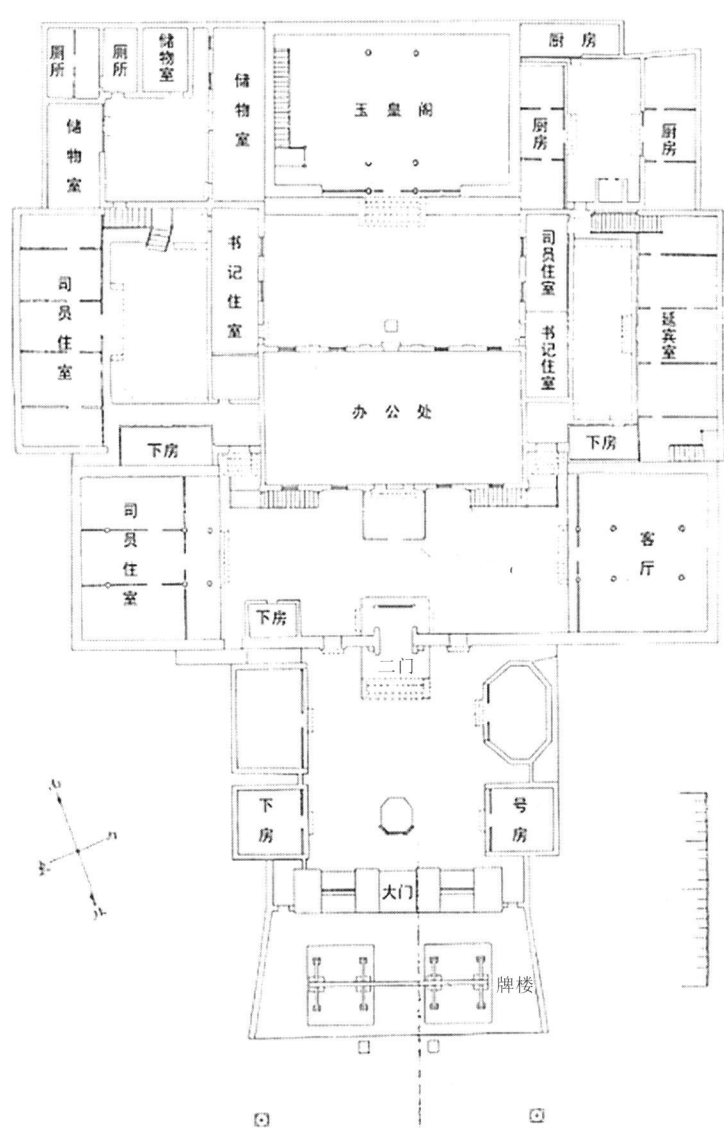

图2-3-1 直隶工艺总局
（资料来源：《直隶工艺志初编》）

---

① 周尔闿. 直隶工艺志初编（志表类卷）（上）[Z]. 工艺总局，1907：3-4.
② 周尔闿. 直隶工艺志初编（志表类卷）（上）[Z]. 工艺总局，1907：4.
③ 《清国官厅顾聘本邦人一览表》，明治36年4月（1903年）调查。

1904年参观日本后的日记中阐述说，工艺学堂就是（大阪）高等学校，工艺总局即（大阪）商工局，考工厂就是（大阪）商品陈列所。①天津的改革参考大阪模式和顾问官藤井有直接关系。具体在工业教育、商品陈列等方面直接推动了初期工艺总局的工作。

1903年大阪的内国劝业博览会是一次契机。这一年藤井给周学熙介绍了日本工艺家盐田真来天津任考工厂（商品陈列所）厂长，并带领工艺学堂老师张道枢、洋文教习孙凤藻以及20名学生参观日本，除了参观第五届内国劝业博览会，还巡游了长崎、神户、大阪、东京等各地。②对天津学习日本起到推动作用。周学熙也留下了《东游日记》，详细记录了这次参观的内容。③

在表2-3-1工艺总局雇用的日本人记录中，1904年前的主要是教养局工师，教养局是工艺局之前的名称，工艺学堂创建之初属于教养局，因此推测这些工师是担任工艺学堂教学工作的。工

表2-3-1　工艺总局雇用的日本技术人员一览表

调查日期	姓名	月收入（两）	单位名称与职业	负责职务	在日职务	合同日期	期限（年）	出生地
1903.4	藤井恒久	400	高级工艺翻译等	一般工艺		1902.7.30	3	石川
	驹井于菟	50	天津教养局副工师	教授染织		1902.10.2	3	石川
	山口仲次郎	50	北洋工艺学堂工师	工事监督	前陆军技术员	1903.3.6	未定	爱媛
	大原养浩	100	天津教养局正工师	染色工业教育	陆军炮兵少尉	1902.10.30	3	新潟
	藤田辰三	50	天津教养局副工师	教授织布机		1902.11.16	3	冈山
1904.12	藤井恒久	400	高级工艺翻译等	一般工艺		1902.7.30	7	石川
	驹井于菟	50	天津教养局副工师	教授染织			7	石川
	盐田真	300	天津考工厂长	考工厂管理	农商部技术员	1903.11	2	东京
	松长长三郎	60	北洋工艺学堂教习	教授绘图	前世博会秘书	1904.1	无限期	东京
	佐佐木长次郎	25	天津习艺教养局工厂长	织布及绸缎制作		1904.9	1	京都
1908.1	藤井恒久	400	天津工艺学堂教习			1902.7	7	石川
	驹井于菟	100	天津工艺学堂教习			1902.10	7	石川
	长岛忠三郎	50	天津工艺学堂教习			1906.3		栃木

---

① 严修. 严修东游日记[M]. 天津：天津人民出版社，1995：173-174。
② "候补道前会弁工艺学堂张（张道枢）等赴日本博览会并调查学堂工场各事宜"。引自：直隶工艺志初编（上）（报告类·下）[Z]. 北洋官报局，光绪33年（1907年）：8.
③ 周学熙. 东游日记[M]. 1903.

续表

调查日期	姓名	月收入（两）	单位名称与职业	负责职务	在日职务	合同日期	期限（年）	出生地
1908.1	宫崎良荣	100	天津工艺学堂教习			1905.9		神奈川
	中沢政太	150	天津工艺学堂教习		大阪府警察	1905.11		长野
	松长长三郎	120	天津工艺学堂教习			1904.1	6.8	东京
1908.12	藤井恒久	400	直隶工艺总局顾问官			1902.7	7	石川
	宫崎良荣	100	直隶高等工业学堂教习	教授日文等		1905.9		神奈川
	松长长三郎	120	直隶高等工业学堂教习	绘图科教授		1904.1	6.8	东京
1909.12	藤井恒久	400	直隶高等工业学堂教习			1902.7	7	石川
	松长长三郎	120	直隶高等工业学堂教习			1904.1	无限期	东京
1910.12	藤井恒久	400	直隶工艺总局顾问官			1902.7	9	石川
	松长长三郎	160	直隶高等工业学堂教习	绘图科	陆军步军少尉	1904.1	无限期	东京

资料来源：参考了日本外务省政务局的多份《清朝政府雇佣日本人一览表》，分别有1903年4月调查的、1904年12月调查的、1908年1月调查的、1908年12月调查的、1909年12月调查的和1910年12月调查的。

艺学堂在1903—1908年隶属工艺总局，故此时工师称为天津工艺学堂教习，1908年以后工艺学堂改为直隶高等工业学堂，此时工师称为直隶高等工业学堂教习。教课的内容主要是染织以及图案设计。另外盐田真是负责商品陈列的专家。

2.3.1.1 直隶高等工业学堂

直隶高等工业学堂原名北洋工艺学堂，创办于1903年，原属教养局，校址在草厂菴①，同年9月改由直隶工艺总局经办，1904年随《高等农工商实业学堂章程》公布，于河北新开区窑洼实习工场对面建筑新学堂，北洋工艺学堂改名为"直隶高等工业学堂"。

在草厂菴拟建的建筑（图2-3-2）中轴对称，呈"出"字形，这种平面在晚清时期的学校建筑中十分常见。楼房由前后两栋连接而成，各两层，前一栋为陈列所客厅、账房、库房，楼上为办公之所；后一栋为讲堂，楼上为教习住宿之所，其西建实验房四间，北即教养局，东即草厂菴，教养局为工场，草厂菴为学宿食之所。②共计上下楼房193间。因屋舍不合学堂程式，迁往

---
① 甘厚慈. 北洋公牍类纂 [G]. 台湾：文海出版社，1967：1255.
② 甘厚慈. 北洋公牍类纂 [G]. 台湾：文海出版社，1967：1255-1256.

河北新开区实习工场对面。①

直隶高等工业学堂（图2-3-3、图2-3-4）以"教育培植工艺上之人才，注重讲授理法，继以实验，卒业后能任教习、工师之职，以发明工业为宗旨"②。学堂分正科、速成和预科三种，正科有应用化学科和机器学科两个班，三年毕业；速成科有制造化学科和意匠图绘学科两个班，两年毕业；预科分甲乙两班，一年毕业后才能进入正科或速成科。课程设置如表2-3-2所示，以数理化为重点、高价聘请专家，教育与生产相结合。

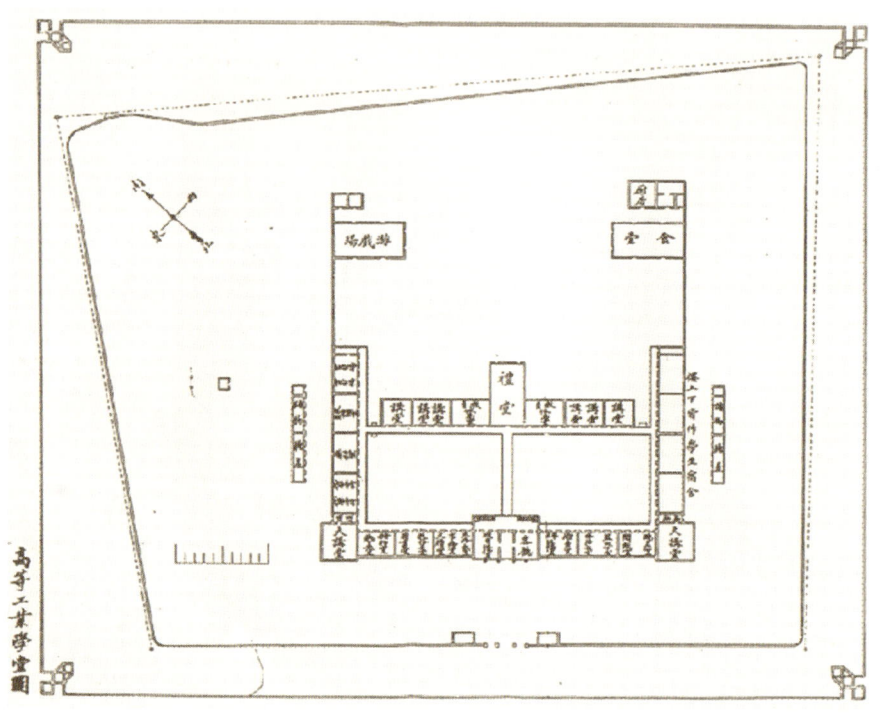

图2-3-2 直隶高等工业学堂（位于河北新开区，现已不存）
（资料来源：《直隶工艺志初编》）

图2-3-3 直隶高等工业学堂
（资料来源：《近代天津图志》）

图2-3-4 直隶高等工业学堂教室
（资料来源：《近代天津图志》）

①②《高等工业学堂要略表》。引自：周尔闿. 直隶工艺志初编（志表类卷）（上）[Z]. 工艺总局，光绪33年：8.

表2-3-2 直隶高等工业学堂课程设置

班级	预备课程	专门功课	
正科	英文，汉文（修身）（历史）（速法作文），算学（数学）（代数）（平面几何），化学（大略），物理学，地理学（商工地理），图画，普通物理学试验，化学实验，体操	应用化学科	英文，算学（平面几何学）（代数学）（三角法），化学（无机）（有机），物理学，矿物学，制造化学，电气化学，应用机器学，电气工学，工场建筑法，冶金学，分析化学，工业卫生学，工业簿记，工业经济，画图，工场实修，体操
		机器学科	英文，算学（几何）（代数）（三角）（解析几何）（微积分大意），物理学，应用力学，机器制造法，发动机，电气工学，制造用诸机器，建筑学，工业卫生，工业经济，工业簿记，工场实修，制图，体操
速成科	汉文（修身）（历史）（速法作文），日文（看书法），数学，物理学，化学，普通实验，图画，体操	制造化学科	日文，算学，化学，制造化学（玻璃）（油类制造）（颜料制造）（涂料制造）（其他小制造），色染法，工场建筑法，工业经济，工业簿记，实验（各生须认定一门），图画，体操
		意匠图绘学科	日文，算学，化学，图绘法，用器画，自在画，建筑图画，实修，体操

资料来源：本表为1908年以后的课程。参考了《直隶高等工业学堂试办章程》。引自：甘厚慈．北洋公牍类纂［G］．台湾：文海出版社，1967：1263-1264．

学堂采用"既注重讲授理法，又特别重视实践"的教学方针，让学生"既习其理，又习其器"，专设实验室和实习场。1903年藤井恒久带领工艺学堂老师张道柢、洋文教习孙凤藻以及20名学生参观日本。1906年8月，又选派机器学、应用化学两科学生19人赴日本东京、大阪等地工厂实习。因此受到日本较大的影响。1907年报请袁世凯批准，由教员率机器学科全班学生制造3马力卧机1台，其报告中说："所费工料不过五六百金，而制造一完全之机器，则学生能得初终之解识……可举一反三。造端虽小，收效当宏，以此日培植人才之法规，作将来扩充机器之基础，因势利导，事似易行。"①经这所学堂培育的毕业生153人，分布全国，有的在中高等学府任教，有的在重要厂矿任职。

2.3.1.2 实习工场

光绪三十年（1904年），河北窑洼孙家花园新建洋房，"以培植工业，推广各省，俾国无游民、地无弃才为宗旨，故名曰实习工场"②，作为高等工业学堂学生的实习工厂，又可招收艺徒来培养合格的初级工业人才。设有机械、彩印、染色、提花、图画、刺绣、烛皂、制燧（即火柴）、木工、窑业、劝工等课。③在生产过程中，"与工业学堂联为一气"。学堂教习半日授

---

① 《直隶工艺总局详工艺学堂试造三匹马力卧机》．引自：甘厚慈．北洋公牍类纂［G］．台湾：文海出版社，1967：1270．
② 周尔闿．直隶工艺志初编（志表类卷）（上）［Z］．工艺总局，光绪33年：27．
③ 《工艺总局续订实习工场章程》．引自：甘厚慈．北洋公牍类纂［G］．台湾：文海出版社，1967：1311．

课，学生学文化、图算、机理，并在工师、匠目指导下，实习操作，如布匹染色、织线漂白。其产品有：各色直（斜）纹布、被面、拇面、床单、毛巾、各色绸缎、各种花卉及禽鸟的刺绣品及火柴洋烛、黄白肥皂、新式桌椅、各样扇面、瓷器、屏幅、镜心等，可谓一应俱全[1]，见表2-3-3。学生分甲、乙两班，甲班侧重书算，乙班侧重实践，并指导进行实地操作训练和制造产品，成绩最优者可留厂成为工师、匠目，其余学生可回各省担任工师、匠目等职。[2]

实习工场包括大门（图2-3-5）、号房、公务厅、客厅、会议厅、各司员住室、售品处、陈列馆、东西讲堂、各种房工徒号宿舍，以及马号车棚、厨房等，共计上下楼房五百六十四间。[3]

从图2-3-6中可以看出，建筑群整体为中轴对称格局，既有传统合院的影响，又注重实用功能。一入大门为开阔的庭院，内有花池，大门两侧布置有材料库、成品库、厨房等辅助用房，穿

表2-3-3 实习工场制成各科品物表

科名	物品名称
织机科	白斜纹布、白直纹布、直纹花布、斜纹花布、椒纹花布、水纹花布、锦纹花布、各色直纹布、各色斜纹布、兰白线布、花被面、袍面、床巾、小号床巾、大毛巾、二号毛巾、褥面、台布、纱巾、方格巾
彩印科	印十二码花布、印小龙旗、印纱巾、印各项广告
染色科	漂十二码洋布、漂十四码粗布、漂毛巾、漂绒、深色十四码粗布、浅色十四码粗布、深色十四码漂布、浅色十四码漂布、各码批子（合股线深色）、各码批子（合股线浅色）
提花科	库缎、宁绸、仿宁绸、袄面、纺绸、提花被面、提花床巾
画图科	画大镜心、画二号镜心、画挂屏、画桃山、画放大照片
木工科	木机、轮线架、大小纺车、梭匣子、穗子盒、新式大床、三人大躺床、小板凳、藤心椅、嵌花茶几、顶高绒棉椅、二号绒棉椅、长行条桌、写字台桌、顶高茶几、长行茶几、新式折叠高橙椅、绒面躺椅、玻璃框、转心椅、新式大算盘、连五大床
窑业科	瓷墩、瓷花架、大花盆、二号花盆、三号花盆、二节痰桶、三节痰桶、大花瓶、小花瓶、大瓷宝顶、花盖碗、杯碟、大缸盅、小酒盅、七寸碟子、五寸碟子、大海碗、中碗、罗汉碗、白盖碗、半截砖
刺绣科	绣竹纹镜、绣松鼠镜、绣鹌鹑镜、绣小燕镜、绣芦鸭镜、绣虎狮镜、绣屏风、绣二号屏风
町工科	跈二十码花条布、跈四十二码白洋标、跈四十码各色洋布、跈袍面、跈被面、跈床巾
烛皂科	黄皂（每箱三十条）、黄皂（每箱二十条）、白皂（每箱二十四条）、大小香皂
制燧科	大火柴、小火柴

资料来源：周尔闰. 直隶工艺志初编（志表类卷）（上）[Z]. 工艺总局，光绪33年：30.

---

[1]《实习工场要略表》。引自：周尔闰. 直隶工艺志初编（志表类卷）（上）[Z]. 工艺总局，光绪33年：27.
[2]《实习工场试办章程》。引自：甘厚慈. 北洋公牍类纂（卷十八）[G]. 台湾：文海出版社，1967：1311.
[3] 周尔闰. 直隶工艺志初编（志表类卷）（上）[Z]. 工艺总局，光绪33年：27.

图2-3-5 实习工场大门
(资料来源:《近代天津图志》)

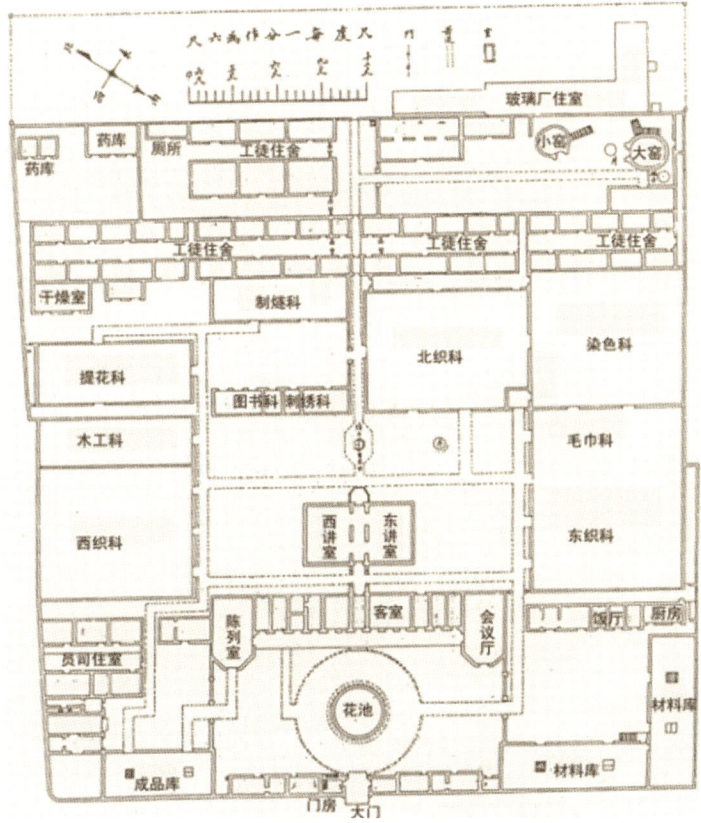

图2-3-6 实习工场平面图
(资料来源:《直隶工艺志初编》)

过花池为客室,尽端的大空间布置有会议厅和陈列室,西面一侧布置有司员住室。围绕东、西讲室则布置有织机科、木工科、提花科、制燧科、染色科等科室,再往北则是工徒住舍。

2.3.1.3 考工厂并劝工陈列所

劝业会的概念是从日本引进的。工艺总局下设考工厂和工艺学堂,考工厂虽然名称上继承了中国的汉字"考工",但是其内容是大阪商品陈列所的翻版。教育家严修曾说天津的工艺总局就是日本商工局的具体化,劝工场就是商品陈列所,而劝工场在1906年前的名字就是"考工厂"。

1903年,大阪举办了第5届内国劝业博览会,日本在内国劝业博览会举办后,为贩卖剩余物品设置了"劝业场",也称为"劝工场",这成为近代百货商店的前身。劝业场主要以贩卖为主,而商品陈列所则以展示为主。天津考工厂吸取了日本商品陈列所和劝业场的特点,即展陈富有地方特色的产品,同时也像日本劝业场一样给产品贴上价格标签,以便贩卖。

1904年,天津考工厂在老城北马路建成2层的洋馆(图2-3-7),其中一层展卖中国货,二层是日本工艺品参考室。该建筑参考了日本的内容和形式,这与考工厂艺长盐田真是分不开的。周学熙在日本考察期间经过藤井恒久的介绍,1903年11月邀请盐田真(1837—1917年)来到天津主持考工厂。盐田真曾经在日本工部省、农商务省负责商品陈列所和博览会事项,1873年参加审查维也纳万博的工作,1876年被政府派往费城博览会,1900年担任巴黎万国博览会审查,1903年第5届内国劝业

图2-3-7 天津考工厂
（资料来源：《近代天津图志》）

博览会时是"美术及美术工艺"部门的审查员。他既是官僚同时也是技术人员，主要精通陶器和古美术。曾经在日本的美术教育权威学校东京美术学校任教。

艺长的责任主要是担当实业家的顾问，详细回答各工商界人员的咨询，同时还要演说工商要理，教授工艺方法，规划标本展陈，制作说明，鉴别商品等。

盐田真的存在使得考工厂带有很浓郁的日本特色。1906年考工厂扩大规模，迁入劝业会场，于是名称也变成了"劝工陈列所"，合"劝工场"和"商品陈列所"为一体，更接近于中国的融合两者展陈和贩卖于一体的特征。而会场名称"劝业会场"也直接来源于"劝业场"。自1906年起每年都举办劝业展览会。

光绪三十一年（1905年），直隶工艺总局在河北新开区创办了劝业会场（图2-3-8）作为展览场所，1906年会场建成后，考工厂、教育品陈列所等均迁移至此，营造了一个兼容工艺展览、公共娱乐的近代城市的公共空间。① 整个会场的入口在西面，头门采取中西结合的建筑样式，例如牌坊次间柱头使用了中式攒尖屋顶和西式的帕拉第奥样式。二门则使用了西式椭圆穹顶和柱式，配上大钟，反映了新政时期建筑的时代特点。大门的形式和唐山启新洋灰厂的大门相同，而邻近的户部造币总厂入口也曾使用了钟楼。穿过头门（图2-3-9）、两旁市房、二门（图2-3-10）后，即可看到劝工陈列所、教育品参观室、直隶学务公所、学会处、北洋译学馆（图2-3-11）等建筑围绕中心的花园布置，建筑设计大都

---

① 徐苏斌. 20世纪初开埠城市天津的日本受容——以考工厂（商品陈列所）及劝业会场为例［J］. 城市史研究，2014（9）：188-203.

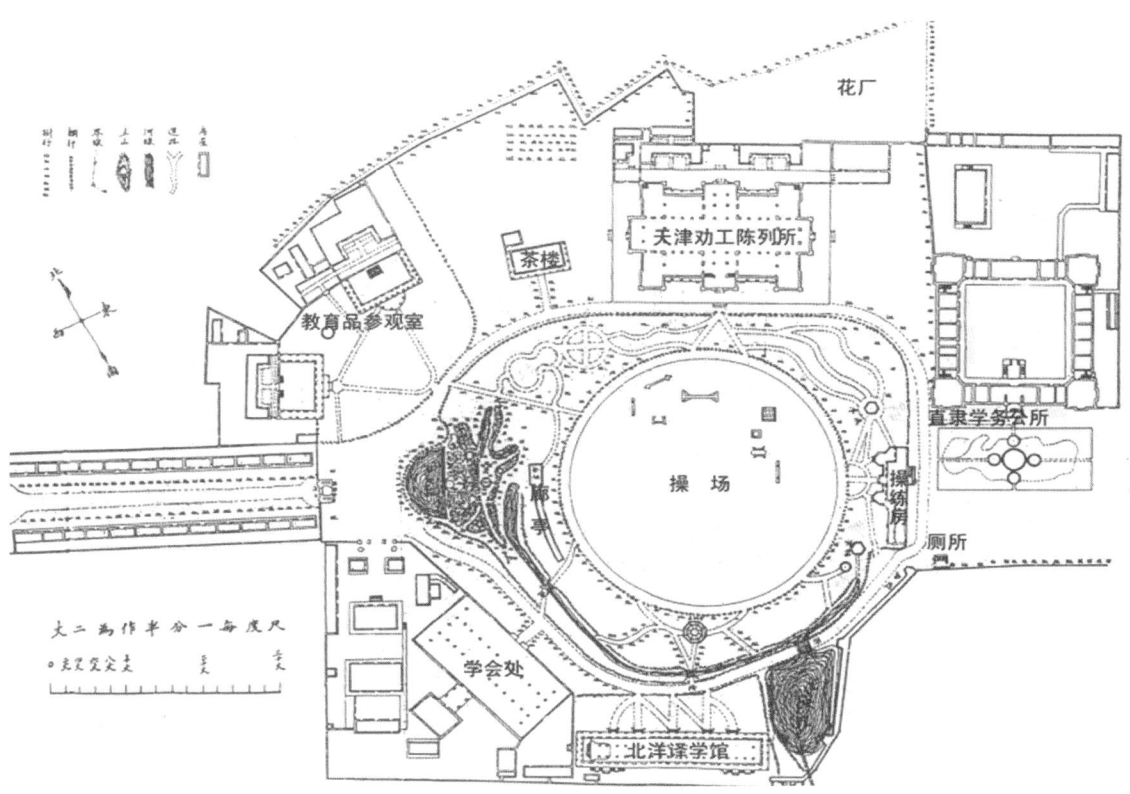

图2-3-8 劝业会场平面图
（资料来源：《直隶工艺志初编》）

图2-3-9 劝业会场头门
（资料来源：《北清大观》）

图2-3-10 劝业会场二门
（资料来源：《明信片中的老天津》）

图 2-3-11　北洋译学馆
（资料来源：《明信片中的老天津》）

采用西洋风格。

光绪三十二年（1906年），考工厂迁入劝业会场，更名为劝工陈列所[①]。

劝工陈列所（图2-3-12）由南向北主要分成三个区域，依次是：展览区（共六个展区），优待室、公事房、讲堂、住宿区。展览区面积较大，约占二分之一，以满足"容纳众品"的需要。最初在北马路时为接待外地绅商附设的迎宾室，在新馆为优待室。劝工陈列所（图2-3-13）为两层红砖白石相间的建筑，立面恢宏大气，楼顶设有精致的塔楼，建筑立面底层设有单层的券柱式外廊。

在劝业会场还有很多其他类型设施，劝业会场不仅包括商品的贩卖和展示，而且还设置了抛球房（台球房）、照相馆、宴会处、番菜馆（西餐厅）、电戏园（电影院）等公共娱乐空间，还有教育品制造所、参观室等提高民智的设施。劝业会场包含了很多具有近代意义的公共空间，是个综合设施，其中和生产有关的还有教育品制造所（图2-3-14）。

直隶工艺总局在振兴实业的同时，意识到"工非学不兴，则教育宜重，学非工不显，则仪器尤先"[②]，因此于光绪二十九年（1903年）在玉皇阁庙修建了教育品陈列馆，后迁至劝业会场，为教育品制造所，建筑为典型的"外廊式"建筑[③]；两层均为券柱式，但是天津寒冷的冬天并不适合这种类型的建筑的建造，"重要官员、领事及较大的洋行的房屋，通常都造得很坚固。

[①] "查新马路地方与宪署相近，又为新车站径来要道，地势宽绰。自开马路后，中西商人接续修造房屋，繁庶之象计日可竣。拟待该处商业兴旺后，另行在彼择地建筑，以为永远之计，届时再行禀办。" 引自：虞和平，夏良才. 周学熙集 [M]. 武汉：华中师范大学出版社，1999：60.
[②] 周尔闿. 直隶工艺志初编（志表类卷）（上）[Z]. 工艺总局，1907：17.
[③] 藤森照信. 外廊样式——中国近代建筑的原点 [J]. 建筑学报，1993（5）：33-38.

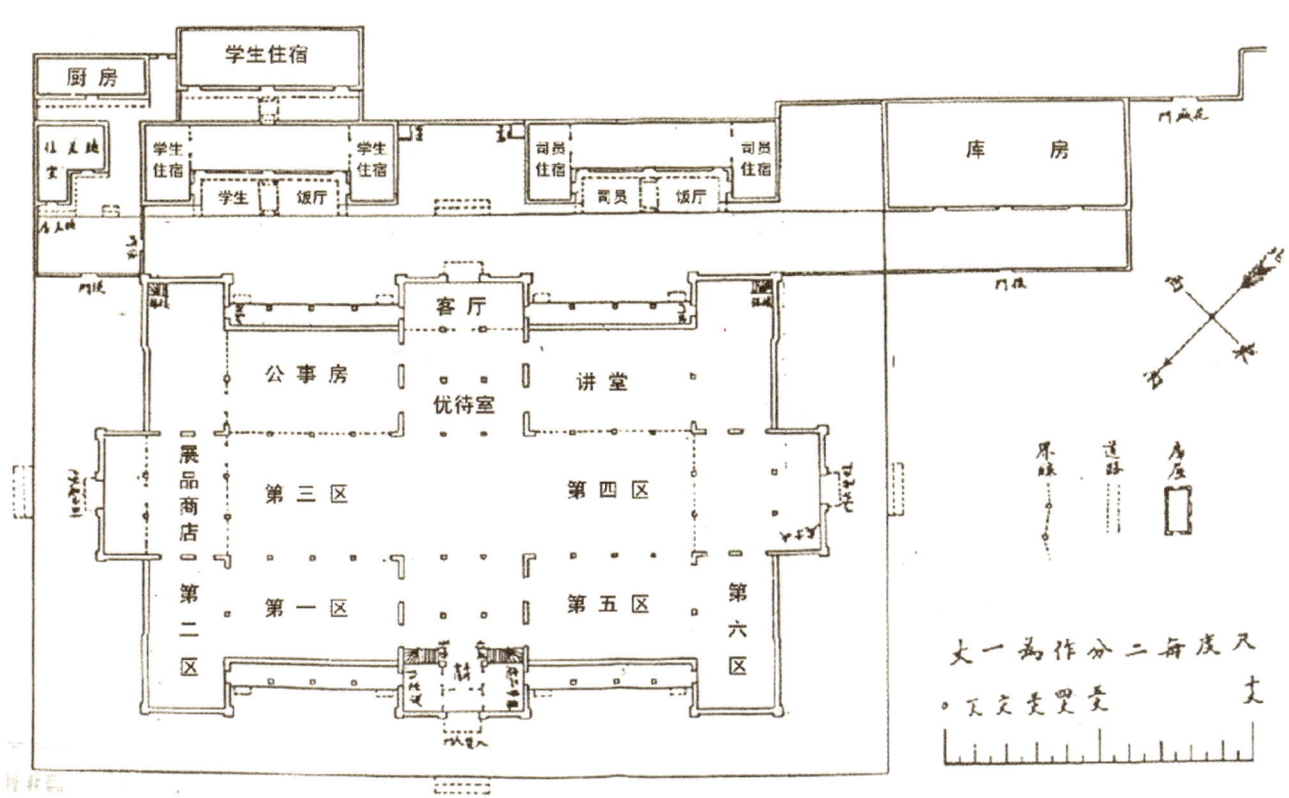

图2-3-12　劝工陈列所平面图
（资料来源：《直隶工艺志初编》）

图2-3-13　劝工陈列所
（资料来源：《北清大观》）

图2-3-14　教育品制造所
（资料来源：《明信片中的老天津》）

这些房屋中一部分大抵是模仿香港的，但香港的建筑形式却是从印度传来的。结果常常是房屋内部宽敞，家具充裕，宜于夏天居住，一到冬天，却使人一看就感到寒意。"① 另有一座建筑作为管理和学生宿舍之用，建有楼房、工厂、宿舍共一百七十五间。劝业会场的教育品制造所、参观室提供了公共教育的场所。教育品参观室收集、陈列了教育用品和图书，成为图书馆的先驱，该建筑后来成为河北省第一图书馆。

2.3.1.4　劝业铁工厂

清光绪三十二年（1906年），周学熙利用天津机器局银元局的残余机器在河北西窑洼开办北洋劝业铁工厂（图2-3-15、图2-3-16），并将北洋水师大沽船坞的机器厂改为铁工厂的分厂，目的是培养合格的中级人才。"凡制造各种机器，莫有不资于铁，是厂之设以创造机器开工艺先声，挽利权而便民为宗旨，故名曰劝业铁工厂"②，被誉为"华北机匠的摇篮"，附属于造币总厂，后改隶属于工艺总局。内设机器、木样、翻沙、制铁、电镀、铆锅等科。③

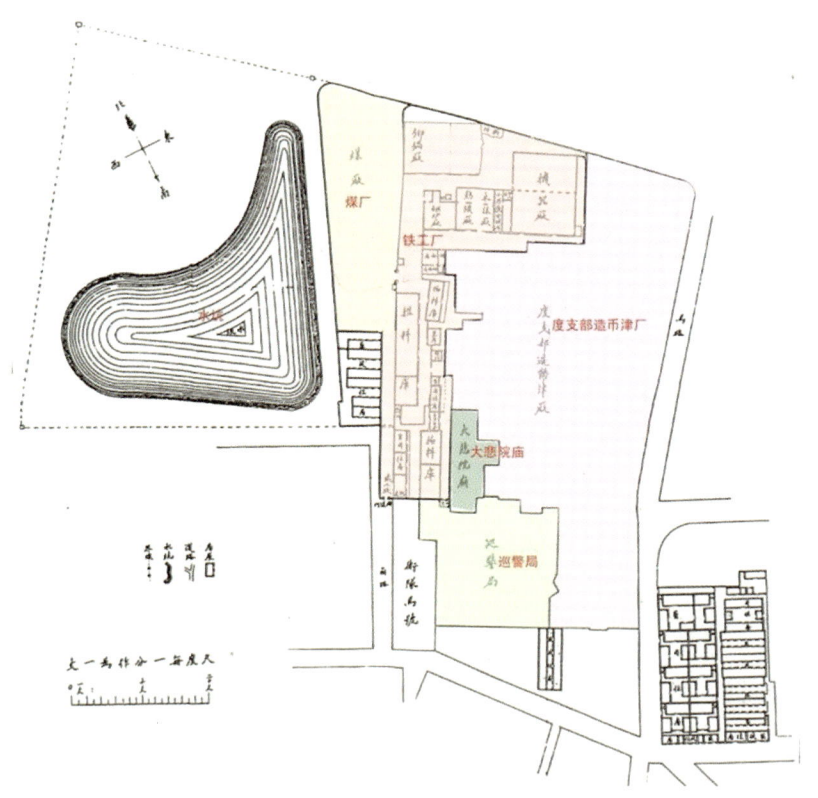

图2-3-15　北洋劝业铁工厂平面图
（资料来源：根据《直隶工艺志初编》的铁工厂图改绘）

---

① 雷穆森. 天津租界史［M］. 许逸凡, 赵地, 译. 插图本. 天津：天津人民出版社, 2009: 32.
②③ 周尔闿. 直隶工艺志初编（志表类卷）（下）［Z］. 工艺总局, 光绪33年: 11.

图2-3-16　北洋劝业铁工厂
（资料来源：《近代天津图志》）

铁工厂是天津最早的民用机械制造厂之一，产品以纺纱机、织布机、造胰机、火柴机、印刷机及各种机床为主（表2-3-4）。铁工厂由于制造技术娴熟，质量不断提高，在国内声誉鹊起。1911年前后，天津使用机器生产的24家工厂中，设备大多来自铁工厂。其生产的织布机等还销售到河北高阳、宝坻、香河等地。

1909年9月15日，全国奖进会在武汉召开，北洋劝业铁工厂参赛产品获一等银牌32枚，一等铜牌305枚。北洋劝业铁工厂"固重图算，尤重实修"[①]，成为津沽机匠之帮的发源地。铁工厂在特别注意提高本厂职工技术水平的同时，又在厂内附设"图算学堂"（图2-3-17），有数学、绘图、机械制造等科，修业期限3年，以半

表2-3-4　北洋劝业铁工厂产品分类表（1907年）

分类	产品
机器类	造胰子机、造火柴机、榨油机、宽式铁轮织布机、窄式铁轮织布机、简爽铁轮织布机、手摇纺纱机、煤矿起重机器、抽手机器、车床机器、轧棉子机器、面粉罗柜机器、手压水机、汽剪、汽碾、喷道水车、平刨床机器、钻眼机器、手摇钻眼机、手扳撞眼机、压力机器、银铜币光边机器、研墨机器、石印机器、印字压机器、弹棉花机器、立刨床机器
杂件类	双筒压杆水龙、手压水龙、手压便捷水龙、三折铁椅床、三星天平、洋磅、保险铁柜、田鸡水龙、四折行军床、卫生铁床、风扇、电气风扇、试重力磅、粉笔铜模、手摇平刨床、人摇起重机、折叠绒椅、铁圆桌、铁茶几、熨斗、马蹬、振铃、陆军用品指挥刀等

资料来源：周尔闰. 直隶工艺志初编（志表类卷）（下）[Z]. 工艺总局，光绪33年：14.

---

① 《北洋劝业铁工厂试办章程》。引自：甘厚慈. 北洋公牍类纂（卷十八）[G]. 台湾：文海出版社，1967：1320.

图2-3-17　北洋劝业铁工厂图算学堂
（资料来源：《天津百年老街 中山路》）

工半读的形式，培养了一批中级工艺人才。

2.3.2　户部造币总厂

2.3.2.1　新式造币厂诞生

天津第一座近代造币厂附设在天津机器局东局。1887年，奉光绪谕旨"规复制钱必须广筹鼓铸"[①]，命李鸿章购置机器，命为宝津局。沈保靖从英国格林沃铁厂订购铸钱机器一台，制造了一批"光绪通宝"，但是由于"西洋机器造法与中国模铸不同"[②]，西洋钱币中没有方孔，用其机器制造中国钱币时，需要另外设置机关，从银模正中垂直落下，才能撞出钱孔，因此机器损耗太大[③]；而且机器铸钱用铜既费，且工序繁复，工钱开支甚巨[④]。因此，李鸿章建议停止机器铸钱，机器留在局中设法改成别的用途。1900年机器毁于战火中。宝津局在1896年铸成价值7600元之一元、半元、二角、一角及五分等银币，在以后三年中分别铸成价值176 556元、3 030 950元以及1 645 789元之银币，银元在此等产品中居多数，1898年与1899年每年亦生产约58 000万枚铜钱，大致相当每年银225 000两之价值。[⑤]

庚子战争后，社会动荡，私自制钱更是导致物价上涨，通货膨胀。光绪二十八年（1902年），袁世凯札委周学熙督办北洋银元局（图2-3-18、图2-3-19），曰"我月余归来，冀见鼓铸之成功"[⑥]，于是，周学熙择定北洋银元局

---

① 李鸿章. 李鸿章全集（1—12册）[G]. 长春：时代文艺出版社，1998：2341-2342.
② "机器造法本与中国模铸不同，其自熔铜、卷片，以至成胚、凿孔、印字、光胚，挨次相连，又非多建厂座不敷。"出自：《中法铸钱运京折》. 引自：李鸿章. 李鸿章全集（1—12册）[G]. 长春：时代文艺出版社，1998：2365-2368.
③ "缘西洋造钱系属平面中无方孔，压成较易。今以西洋机器造中国钱式，须另添打眼挺杆，由银模正中穿透，始能撞出钱孔，地位殊窄。撞力过大，挺杆上下与钱模互相磨触，最易伤损。每日每座机器模掩，修换数次或十数次不等。"引自：李鸿章. 李鸿章全集（1—12册）[G]. 长春：时代文艺出版社，1998：2365-2368.
④ "又土铸系用生铜熔灌，工料简易，仅用铜五成四、铅四成六、机器则须铜七成，方受压力，铅只三成，且必先化成六分厚铜板，再月卷铜斤机器烤卷十数次，使其质性纯熟，减至不及半分厚之铜片，始能压造成钱。其铜片成钱者，只六成，下余四成废边，又须加费熔卷再造。仅卷铜片一项工料，每造钱千文，应合银四钱一分零，加以他项工料，为费甚佟。"引自：李鸿章. 李鸿章全集（1—12册）[G]. 长春：时代文艺出版社，1998：2365-2368.
⑤ 《津海关十年报告》. 引自：赵桂芬. 津海关史要览[M]. 北京：中国海关出版社，2004：37-38.
⑥ 周小鹃. 周学熙传记汇编[M]. 兰州：甘肃文化出版社，1997：125.

衙门设于大经路（今中山路），工厂在河北大悲院旧址（今河北区天纬路26号），庀工鸠材，招募工匠。他将被八国联军破坏的天津机器局东局修械厂和用于制钱的旧机器拆卸并加以改造。后相继改称"北洋铸造银元总局"（亦简称北洋银元局）、"直隶户部造币北分厂"、"度支部造币津厂"。①至光绪三十年（1904年），建设厂房140间，办公用房、库房等82间，熔银铜烘片烘饼模等炉84座、水柜2具、烟筒4座、引擎6副、锅炉5座、辗片机23架、舂饼机11架、光边机5架、印花机39架、电灯机2架。北洋银元局是袁世凯创建北洋实业的第一家企业，成为北方币制改革的最先尝试者，为发展实业奠定了资金基础。1902年的《津海关贸易年报》中写道："银两仅作为一种虚银本位而由来甚久者，将有实际形状并成为标准计值单位。该局建于总督衙门附近……设若新银两仅于直省成为公认之计值标准，亦必大有利于贸易。至于北京与邻省当道是否会效照直隶总督之法，尚待观察。"开办之初所用的铜来自日本，1905年之后则从美国进口，1903年铸造二十文铜元1 288 725枚、十文铜元51 109 757枚、五文铜元2 594 020枚。1904年铸造二十文铜元3 997 710枚、十文铜元81 946 060枚、五文铜元1 077 120枚。②

光绪三十一年（1905年），清政府为制止滥铸，整顿金融秩序，决定"画一银式，设立铸造银钱总厂"③。原计划在北京设厂，但考虑到铸造银钱总厂要使用机器应靠近水运和方便煤炭

图2-3-18　北洋银元局合影
（资料来源：刘树伟提供）

图2-3-19　北洋银元局远景
（资料来源：刘树伟提供）

运输为重要因素，而北京不如天津运输方便，且天津靠近开平煤矿，可节省运输铸币机器和能源的费用。④因此选址天津河北区大经路旁置地一百二十八亩，濒临金钟河，靠近新修的马路（大经路），并且离天津总站和北运河相距不过

---

① 中国人民银行总行参事室金融史料组. 中国近代货币史资料（第一辑）（下）[G]. 北京：中华书局，1964：904.
②《津海关十年报告》. 引自：赵桂芬. 津海关史要览[M]. 北京：中国海关出版社，2004：37-38.
③ 周小鹃. 周学熙传记汇编[M]. 兰州：甘肃文化出版社，1997：21.
④ "因各在案查银钱总厂之设，先须勘定合式地基为根据，而机器之用尤以近水近煤为第一要义。京中地势并非无可用之处，而水源多不敷用，且距开平煤矿较远，运费亦必增加，似不如建设天津经费较可节省。"出自：《奏为尊旨设立铸造银钱总厂现在天津勘定地势并筹商建情形恭折》. 引自：中国人民银行总行参事室金融史料组. 中国近代货币史资料（第一辑）（下）[G]. 北京：中华书局，1964：814.

一二里，运输极为方便，购进全套美国新式铸造银铜元通用机器，派熟悉建造洋式工厂的工人先行建造办公楼及工人宿舍①，组建银钱总厂，札委周学熙绾揽厂务。②初名户部铸造银钱总局，后更名为"户部造币总厂"、"财政部造币总厂"，而此时北洋银元局成为造币总厂的分厂，为"度支部造币津厂"③（图2-3-20）。北洋银元局专铸铜币，户部造币总厂专铸银币。1916年后，北洋银元局改为炼铜厂，主要熔化制钱。

2.3.2.2 机器设备与工艺

1. 机器设备

不论是宝津局还是户部造币总厂，均向国外定制最新式的造币机器。光绪十三年（1887年）3月20日及23日，格林沃铁厂④（Greenwood & Batley, Ltd., Albion Works, Leeds, England）先后接获电报订单，为天津机器局提供十架制钱用印花机（10 presses for minting cash）、一架飞轮式压床、两架冲饼机，另外还有一架制模用压床、钢模抛光机及钢坯、雕刻完成之钢模一对。⑤天津机器局东局造币时的监督仍为司图诺（James Stewart），他在1887年4月追加订购若干设备，包括30匹马力的动力机一具、坯饼用秤

图2-3-20　度支部造币津厂（原北洋银元局）
（资料来源：《北清大观》）

---

① "当经派该提督调等前往天津详细履勘，旋据勘得河北民地一区，计一百二十八亩有零，濒临金钟河，即在新修马路之侧。形势极为高敞，且与火车站及北运河相距均不过一二里，取水运煤尤极方便，该员绘图呈阅前来。臣等会同查阅其地势尚属合用，当经商由直隶督臣袁世凯派员标明四至，饬传业户，至验契具。现议定价值每亩库平银二百一十两。其地内尚有应行迁移坟墓，拆让草房，为数无多，另行分别给价办理，以示体恤。拟俟该地交割清楚，即令北洋熟悉洋式厂屋之人核实估计，将官员工役办公及住宿房屋先行择日动工，其安设各项机器厂屋，一俟机器购定后，既行如式修造，以期迅速。所有遵旨设立铸造银钱总厂，现在天津勘定地势并筹商建造情形是否有当理合恭摺具陈伏乞。"出自：《奏为尊旨设立铸造银钱总厂现在天津勘定地势并筹商建造情形恭折》。引自：中国人民银行总行参事室金融史料组. 中国近代货币史资料（第一辑）（下）[G]. 北京：中华书局，1964：814.
② 《津海关十年报告》。引自：赵桂芬. 津海关史要览[M]. 北京：中国海关出版社，2004：37-38.
③ 吴鼎昌. 造币总厂报告书[M]. 天津：华新印刷局，1914.
④ 该厂除制造造币用设备外，还生产各种工作母机如铣床、刨床、蒸汽机、发电机、火车头等，也制造鱼雷、弹壳等军火与枪械、兵工生产机器等。此外，该公司生产的军火机器同样售于南京的金陵制造局。
⑤ 孙浩. 天津造币三局系列（一）——天津机器局"洋法试造钱样"与英国格林沃铁厂[J]. 中国钱币，2014（3）：17.

两架以及为每架印花机添购三套印模用钢坯。[①]

户部造币总厂曾向天津德商瑞记洋行订购美国常生厂[②]最新的铸币机器[③]，见表2-3-5。

表2-3-5 户部造币总厂订购的最新铸币机器列表

项目	设备
锅炉项	新式锅炉二个（每个一百三十匹马力）、新式汽机一座（二百五十匹马力）（图2-3-21、图2-3-22）、新式抽水进锅炉机器一座、各种铁管为抽水机接合锅炉用一全份
熔炉项	熔炉五副（只有铁件随有熔铜管十个为卷残片用榔头钳子全）、最新模样银铜两条机器（随有铜模管八个二架）、铁杓铁钳及一切熔银铜所用各件共五种（各种有十件）
碾银铜片机器项	碾轴机器十三副（内有增添一副）（图2-3-23）、备用碾轴七副（增添）、剪片机器二副
撞饼机器项	造银铜两元子坯子机器五架（为大小银铜两元通用）（内有增添一副）（图2-3-24）
印花机器项	大号印花机七架（内有增添一副）、中号印花机四架、起边机器随有校准花纹机五架（内有增添一架）（图2-3-25）
回炉房项	洗净及烘干银铜元器具（内烤银元箱、烤铜元箱、烘台、随有热凉镪水柜、随、二全副）（内有增添一副）、火炉铁篦铁件全一座、刷洗银铜元摇抖机器二副（增添）
平秤项	显微平秤即显十五架（此平最细巧平银元用若平时差分毫）、头号平秤银铜元条其用一架、二号平秤银铜元条两用一架、三号平秤二架（增添）、自行平秤（此天平向德国厂购两余天平如德国厂好亦向德国厂购二架）（增添）（图2-3-26）
做钢印模机器项	家伙割钢模用五个、压钢模印花机器随有钢印模坯子一百个一架（图2-3-27）
修理机器及机器匠房项	墩头一个、老虎钳一个、家伙内系榔头钳子等件全副、手风箱一个、车床中心七寸三架内有增添一架、车床中心十四寸一架、车床中心二十四寸一架、刨床六尺长一架（图2-3-28）、钻床一架、磨碾子机器石一块一架、做模样机器一架
为运动以上各机器所用各件项	转轴、挂脚、上带轮、下带轮、各种宽窄厚薄皮带（一切应连随件全足够供此分大机器用）、小钻床一个（增添）、小刨床一个（增添）、小割齿轮床一架（增添）

资料来源：《天津德商瑞记洋行承订财政处购机合同》。引自：甘厚慈. 北洋公牍类纂[G]. 台湾：文海出版社，1967：1672-1684.

[①]孙浩. 天津造币三局系列（一）——天津机器局"洋法试造钱样"与英国格林沃铁厂[J]. 中国钱币，2014（3）：17.
[②]该厂专门承造美国国家银铜元机器，在欧美各界很出名，是一流工厂。
[③]《天津德商瑞记洋行承订财政处购机合同》中仅说明是大清财政处银钱总厂为订购方，未说明机器是用于北洋造币局还是户部造币总厂，但是在《中国近代货币史资料》中，收录的《户部奏档》中写明："购办机器系由提调自向各洋行详细考校，在瑞记洋行订购美国新式上等机器全份，并续购锅炉、车床、化验机器、磋价值，亦均核实。"因此可以推知向瑞记洋行订购机器的是户部造币总厂。引自：中国人民银行总行参事室金融史料组. 中国近代货币史资料（第一辑）：清政府统治时期[G]. 北京：中华书局，1964：818.

图2-3-21 马力汽机（一）
（资料来源：《户部总厂全图》）

图2-3-22 马力汽机（二）
（资料来源：《户部总厂全图》）

图2-3-23 碾片机器
（资料来源：《户部总厂全图》）

图2-3-24 撞饼机器
（资料来源：《户部总厂全图》）

图2-3-25 印花机器
（资料来源：《户部总厂全图》）

图2-3-26 天平
（资料来源：《户部总厂全图》）

图2-3-27 压钢模机器
(资料来源:《户部总厂全图》)

图2-3-28 刨床机器
(资料来源:《户部总厂全图》)

2. 工艺流程

光绪十三年(1887年),张之洞在《请用机器试铸制钱折》中提出"惟用机器制造,则钱精而费不巨"①,开始了中国机器制币的新篇章。与传统的铸钱方法相比,新式机器在铸钱工艺流程上并没有太大的突破,只是使用机器能使生产的钱币更为精准,且节省能源和人力消耗。

关于宝津局铸币的工艺流程记载不多,仅能从当时的奏折中略知一二,主要包括熔铜、卷片、成坯、凿孔、印字、光坯等流程,②即将原料铜和铅熔化,比例为7:3,烤卷十余次后成为不及半分厚的铜片,压制成为铜钱坯,然后用撞饼机撞出钱孔,印上文字,用机器打磨成成品。③从《度支部造币北洋总厂铸造银币试办章程》④中可知,造币总厂主要的生产车间有熔银所(图2-3-29)、碾片所(图2-3-30)、撞饼所、光边所、烘摇洗所(图2-3-31)、印花所、校准所、化验所(图2-3-32)等,主要的工艺流程如图2-3-33所示。

熔化所首先将需熔化的原料铜和铅按比例称重准备好,因为比例稍有不准,会导致成色参差。将配好比例的原料熔化后注入浇筑模,此时

---

① 席裕福,沈师徐. 皇朝政典类纂[G]. 台湾:文海出版社,1982:10-12.
② "其自熔铜卷片以至成坯,凿孔、印字、光胚挨次相连……即置设局内按照尺寸修筑厂房,添配石座,并造锅炉、轮轴车床,各项除零星工程及烤铜炉、卷铜滚轴须随时添修外,其余均已就绪。"出自:《请停机器铸钱折》。引自:李鸿章. 李鸿章全集(1-12册)[G]. 长春:时代文艺出版社,1998:2365-2368.
③ "又土铸系用生铜熔灌,工料简易,仅用铜五成四、铅四成六、机器则须铜七成,方受压力,铅只三成,且必先化成六分厚铜板,再月卷铜斤机器烤卷十数次,使其质性纯熟,减至不及半分厚之铜片,始能压造成钱。其铜片成钱者,只六成,下余四成废边,又须加费熔卷再造。"出自:《请停机器铸钱折》。引自:李鸿章. 李鸿章全集(1-12册)[G]. 长春:时代文艺出版社,1998:2365-2368.
④ 甘厚慈. 北洋公牍类纂[G]. 台湾:文海出版社,1967:1672-1675.

图2-3-29 美式熔化银铜炉座
（资料来源：《户部造币总厂》）

图2-3-30 碾片所
（资料来源：《近代中国看天津：百项中国第一》）

图2-3-31 烘摇洗所
（资料来源：《户部造币总厂》）

图2-3-32 化验所
（资料来源：《户部造币总厂》）

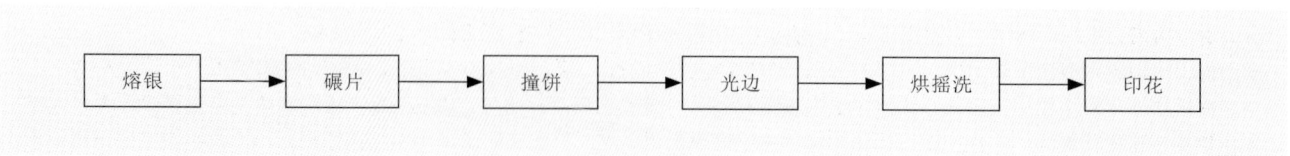

图2-3-33 造币总厂工艺流程图
（资料来源：作者自绘）

需要仔细查看火候，熔成制作所需要的铜珠和银条，拿到化验所化验合格后，在校准所过平。①

碾片是将之前铸造好的银条或铜珠经过碾片机轧成铸币所需要的厚度。碾片司将原料放置在铁盘之上，防止高温之下熔化损失，银片只烤一二次，每次出炉后需等银片退热后浸入水柜中冷却，取出后重碾，经过不断地重复碾压，以达到铸币的标准厚度。②

撞饼、光边原来同属于撞饼司，撞饼是把碾片所处理好的银片通过冲床进入冲模，冲下坯饼，边屑则返回熔化所重新熔炼。光边即是轧边，坯饼通过光边机的转盘和凹槽，使边缘突起，便于压印时花纹成型。③最后送往校准所，饼边和银饼的总数应等于送来时银片的重量。

光边程序完成后，将冷却的银饼送往烘摇洗所，重新烘烤恢复软度，再经过酸溶液洗掉银饼表面被氧化的部分，洗毕后送往印花所，通过压印机将模具上的花纹和模圈上的丝齿印于银饼，最后银元成品完成。

在各个过程进行前后，都需要到校准所过平校验，确保质量无损才能进行下一道工序，若分量或个数不符合则要求工人赔偿。④

20世纪初，周学熙赴日本考察工商币制，曾在日记中记录道："观熔化、碾片、撞饼、烘、摇、洗各法，大致与我局相同，唯器较利。"⑤由此可见，中国的造币技术流程与日本的基本相同。

2.3.2.3 户部造币总厂建筑

坐落在天津河北区中山路上的户部造币总厂，现今虽然仅存有大门和办公部分四合院，但是它曾在中国金融史上占有很重要的地位，同时它的厂区规划及建筑设计也反映了近代工业建筑

---

① "一镕银关系綦重比镕铜尤当格外细心，照章镕化，铜铅偶有化合不匀，成色参差，尚须重镕，况银铜本质银比铜软，火候稍过立即亏耗，配合铜珠与铜配铅又大有区别，倘工匠技艺不精，不能详审火候，银铜或搅不匀则成色难期画一，若致重镕火耗愈大，该所员司务当认真考查，督率该工匠等将火候看准，能考火色合度即当用杵搅匀倾成银条，应将此罐所出之条记明号数，由化验所挑取化验，应与配合之数相符，斯所耗自不至出于范围之外。一镕银及配合铜珠必须员司看明，用心稽查，倘每罐稍差一二，积少能成多，此等流弊不可不防。一铜珠镕成后镕化所应同过平，交库妥存，因镕银配合铜珠，其珠之分两即可成抵银之分两，不得不以铜珠轻视，开铸之日配银应用铜珠，由较准所为写条立簿向银铜库领发当日应用若干重即登诸报单印薄，以凭查核用途之铜珠即登领银并铜珠薄内，每铸银币一批汇结一次以清账目。"引自：甘厚慈．北洋公牍类纂[G]．台湾：文海出版社，1967：1673-1674.
② "一辗片所司事领条到所即发交该所领首辗作，告之原来分两若干，以便核对，烤银凭即以现钣订做之铁盘盛之，以备万一炉火过度片偶镕化尚在盘内，不至耗失银片，只烤一二次，每次出炉俟片退热方浸入水柜，至冷取出重碾，银片烘耗甚微，鄂局每千两只耗二三钱，本厂初试铸银币著责成该所员司认真考查，如烘烤银片偶然炉火过度，为数极少情尚可原，若习为常有是工匠漫不经心，自应酌量惩罚。"引自：甘厚慈．北洋公牍类纂[G]．台湾：文海出版社，1967：1673-1674.
③ 张俊英．造币总厂——清末民初中国机制币铸造中心[M]．天津：天津教育出版社，2010：35.
④ "一撞饼光边原合为一，撞饼所司事领片到所即发交该所领首撞饼，其饼即交光边所光边，边碎交较准所发镕饼边两数合计应与来片重数相符即不差错，但撞饼用油原有溢重，本厂若用胰子油溢重虽稍减，仍应有溢重，各省铸局撞饼向未有耗，该所员司务当督率匠徒认真经理，本厂亦不应有耗。一烘摇洗所司事领饼必须带同本所匠徒当面过平过数，然后发交烘洗洗毕，能照原来个数缴还本所事即清交割，但烘洗有耗势至重数稍轻，耗之多少视所铸之银币之轻重并工匠技艺精粗细心与否而定也，如技精心细耗亦甚微，收后应由该所事转发印花所其银饼应书条，载明个数重数若干不应有参差，印花所眼同收去即为交割清楚，印花所司事领饼亦必须带同本所匠徒当而过平过数，即照原条来数交其印花印毕由艺徒照原重数当面缴还，本所司事接收，分两部差，个数不差即清交付，倘有分量不符或个数不符应著该艺徒如数赔偿。"引自：甘厚慈．北洋公牍类纂[G]．台湾：文海出版社，1967：1673-1674.
⑤《东游日记》．引自：周学熙．二十世纪名人自述系列：周学熙自述[M]．合肥：安徽文艺出版社，2013：261.

如何在满足新式技术的基础上,与中国传统建筑布局形式相结合。

从图2-3-34中可以看出,造币总厂的平面为中式多进四合院格局,厂区西部为办公区域,东部为生产区域,功能分区明确,而且依托金钟河设置货物码头,并就近开设运料门,人流物流互不干扰,反映出西方近代工厂布局的思想。办公区域的建筑布局也是非常明显的四合院格局,由五个四合院组成堂办办公室、提调办公室、堂官办公室、文案处和收支处,监长司住房和监委住房同样也是四合院的形式。但是用于生产的化验所、美式熔化银铜所、熔化银铜所、机器总厂、烘洗所、造铜模所等厂房却没有继续采用四合院的形式,而是根据工艺流程依次排列(图2-3-35),并根据工艺要求而调整建筑的朝向。由此可见,这一时期的工厂平面布局会依据不同的功能而采用不同的形式,反映出中国工业厂区规划的发展历程。

《天津德商瑞记洋行承订财政处购机合同》中对造币厂的厂房设计提出了如下要求:

"议配造运动机器等件、转轴之长短、大小并机器地盘等件之形势、地位、尺寸必凭厂房配造,此乃一定理法也。其厂房或由外洋寄图建造,抑由贵局自行变通绘图建造今尚未定,如一

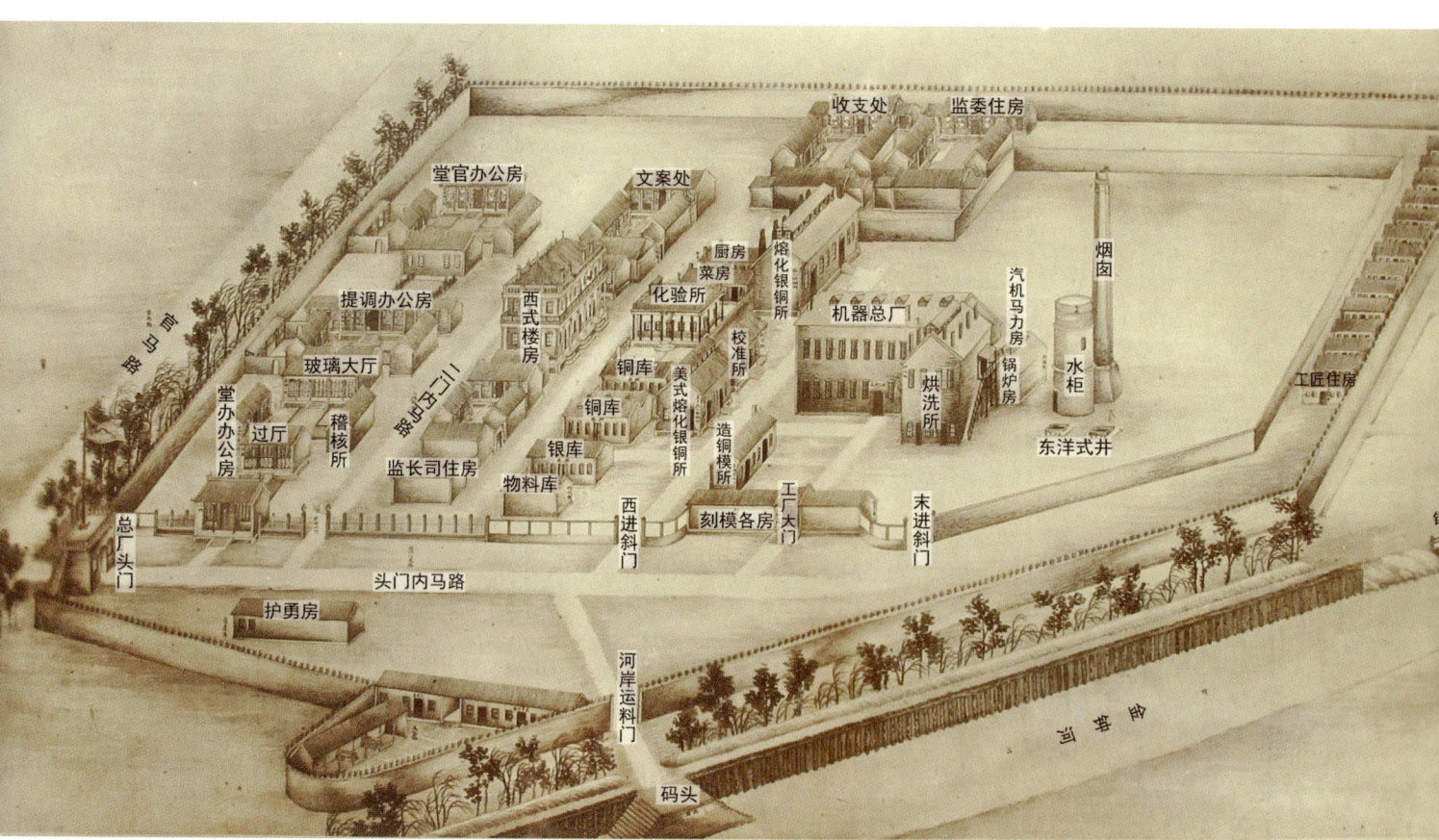

图2-3-34　户部造币总厂
(资料来源:《户部造币总厂全图》)

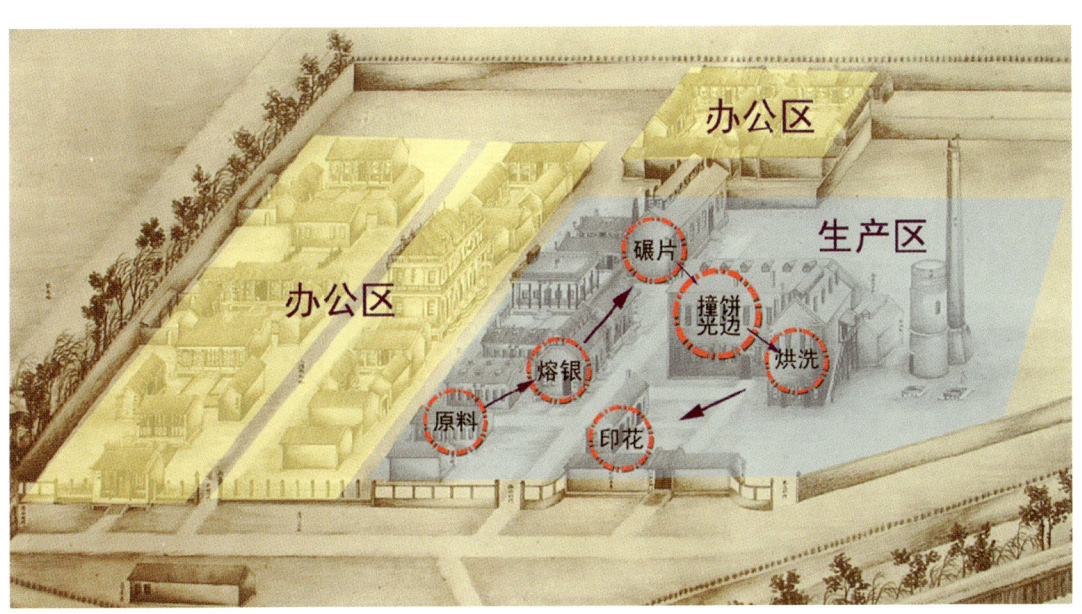

图2-3-35 造币总厂工艺流程图
（资料来源：根据《户部造币总厂全图》改绘）

准有局绘图，务请于立合同后一个月内，将图发给瑞记寄往，照图上厂房配造转轴、褂脚等件，庶无贻误。若由外洋厂中寄图改造，厂房其配转轴并地盘等件之形势、尺寸至将来应如何做法，可均按外洋厂房图配造也。如要外洋寄图亦于立合同后一个月内示知瑞记，以便照办，缘转轴之大小长短并机器之地位既以厂房图为凭，则该图最为紧要，万不能用贵局之图造厂而按外洋之图造转轴等件，则相配必不合式也。"①

由此可知，工业厂房的建筑与机器设备密不可分，机器转轴的长短、大小与地基的形势、地位、尺寸直接相关。瑞记对天津户部造币总厂的厂房设计提出两种方案，一是将造币厂的设计图寄往瑞记洋行，瑞记洋行根据已有的图纸配造配件；另一种则是使用外国的厂房设计图，厂房尺寸、机器配件等均按照外国厂房设计图配造即可；但是如果使用中方设计图建筑厂房而使用外国的图纸配造配件，则会导致厂房与机器配件的不匹配。

户部造币总厂内，中式、西式建筑共存，其二门内马路右侧基本为西式建筑，左侧为中式四合院。四合院应该是北洋银元局时期的作品。户部造币总厂大门（图2-3-36）"采用方形壁柱古典式构图，两侧各有一个巨大的巴洛克特征的大涡卷装饰，女儿墙做成中国传统城墙的样式"②。二门（图2-3-37）是典型的中式建筑，该建筑为硬山顶，面阔三间，进深两间，山墙砖砌，前檐有椽飞、滴水，有廊柱，柱上有雀替，无斗拱，一进两开，砖砌槛墙，槛墙上置菱花窗。左路中轴线三进院相连，依次为过厅、

---
① 甘厚慈. 北洋公牍类纂［G］. 台湾：文海出版社，1967：135.
② 季宏. 天津近代自主型工业遗产研究［D］. 天津：天津大学，2012：130.

图2-3-36 大门
（资料来源：《户部造币总厂全图》）

图2-3-37 二门
（资料来源：《户部造币总厂全图》）

图2-3-38 玻璃大厅
（资料来源：《户部造币总厂全图》）

图2-3-39 提调办公房
（资料来源：《户部造币总厂全图》）

玻璃大厅（图2-3-38）、提调办公房（图2-3-39）和堂官办公房（图2-3-40）。正房均为卷棚顶，面阔五间，进深三间，配房为硬山顶，筒瓦铺顶。玻璃大厅稍间为槛墙槛窗，明间、次间为格栅，使用玻璃。提调办公房和堂官办公房明间为格栅，次间、稍间为槛墙槛窗。中路依次为监长司住房、西式楼房（图2-3-41）和文案处。监长司住房和文案处为中式建筑，与左路形制类似。西式楼房则为二层古典风格，建筑屋顶形式为平屋顶，采用双柱式，窗皆为券窗。右路依次为物料库、银铜库房、化验所（图2-3-42）、美式熔化银铜所（图2-3-43）、校准所（图2-3-44）、熔化银铜所（图2-3-45）、收支处和监委住房等建筑。其中，用于仓储、办公、住宿的物料库、收支处、监委住房为中式建筑，而美式熔化银铜所、校准所、熔化银铜所则为西式建筑。右路旁还有刻模各房、机器总厂（图2-3-46、图2-3-47）、锅炉房、水柜、烟

图2-3-40　堂官办公房
（资料来源：《户部造币总厂全图》）

图2-3-41　西式楼房
（资料来源：《户部造币总厂全图》）

图2-3-42　化验所
（资料来源：《户部造币总厂全图》）

图2-3-43　美式熔化银铜所
（资料来源：《户部造币总厂全图》）

图2-3-44　校准所
（资料来源：《户部造币总厂全图》）

图2-3-45　熔化银铜所
（资料来源：《户部造币总厂全图》）

图 2-3-46　机器总厂
（资料来源：《户部造币总厂全图》）

图 2-3-47　机器总厂楼上
（资料来源：《户部造币总厂全图》）

卤等建（构）筑物。美式熔化银铜所、烘洗所、熔化银铜所等建筑都具有双坡屋顶、砖砌立面、高侧窗等西方近代工业厂房的典型特征。①

2.4　塘沽的工业建设

塘沽地区登上近代史舞台的时间应追溯到第一次鸦片战争时期，但其受到近代西方政治、经济、科技的影响却始于第二次鸦片战争后，当时天津被迫开埠通商，作为海运必经之地的塘沽地区深受此影响，掀开了其近代城市史的第一页。

2.4.1　军事设施建设

虽然塘沽位于海河入海口，是天津港内河航线的必经之处，但却是以海防军事要塞的身份登上近代史舞台的。从1840年第一次鸦片战争开始直到1900年八国联军入侵，塘沽的军事及相关设施建设从未停止。

自明成祖朱棣迁都北京后，塘沽的国防地位日益显著。明嘉靖年间，开始在北塘口和大沽口建炮台，并"宿重兵领以副总兵"。②此后，清顺治、雍正、嘉庆三朝均在此宿重兵，修建炮台。

道光二十年（1840年），鸦片战争爆发，英军北侵直至大沽口，清廷急忙命直隶总督讷尔金额筹划大沽防务。翌年二月，在总督讷尔金额和尚书塞尚阿的督办下，大沽口南岸增筑炮台2座，北岸增筑炮台1座，北塘口增筑炮台1座，另外还建设营房，修筑土堡，以为防御（图2-4-1）。

咸丰八年（1858年），第二次鸦片战争的战火燃烧到大沽口。同年5月，发生了第一次大沽口之战，清军战败。6月，清廷被迫与英、法签订《天津条约》。9月，钦差大臣僧格林沁奉命到大沽口整饬海防，重修炮台5座，分别冠名"威""震""海""门""高"。另在北岸石头缝新建炮台1座。炮台用木材和青砖砌筑，外用二尺多厚的三合土砸实，炮台高达三至五丈，宽厚比以前略增，形状有方、圆两类，炮台周围

---

① 户部造币总厂. 户部造币总厂全图［Z］. 户部造币总厂，1905.
② 天津市塘沽区地方志编修委员会. 塘沽区志［M］. 天津：天津社会科学院出版社，1996：12.

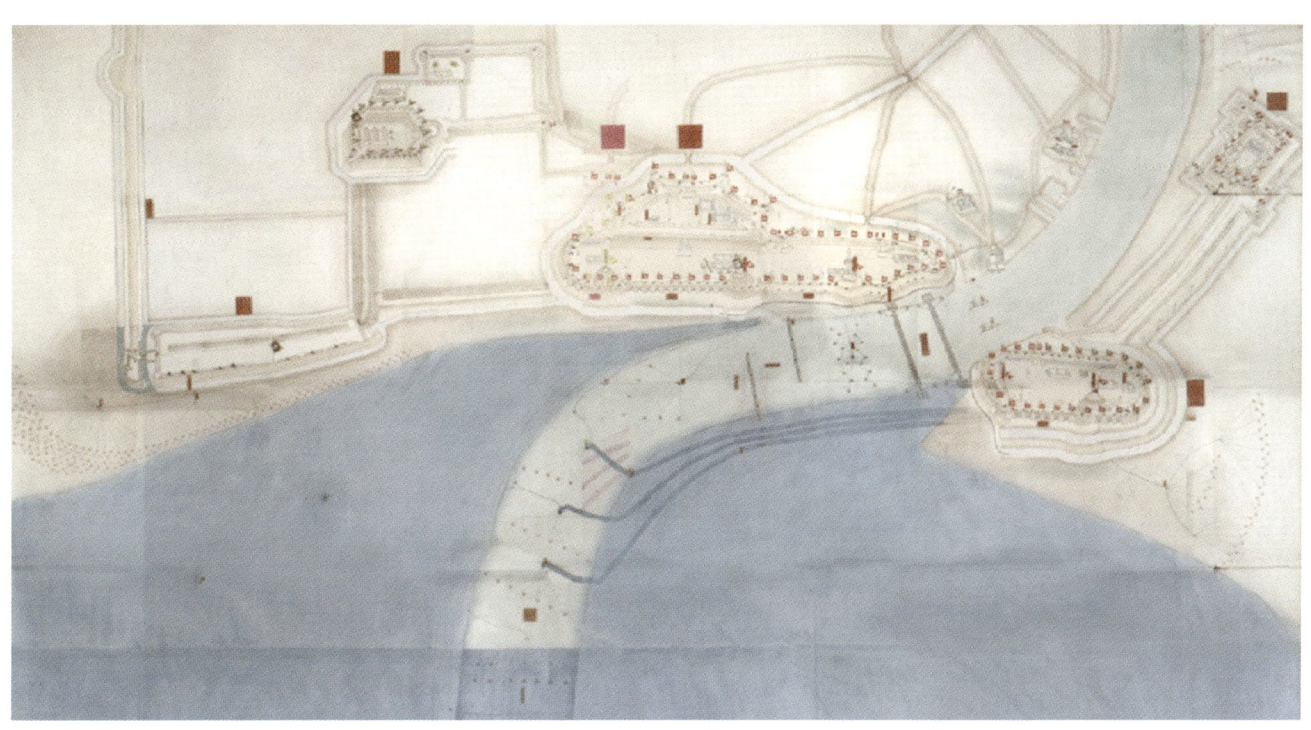

图2-4-1 大沽口南北两岸营垒全图
（资料来源：中国国家图书馆）

筑坚固堤墙，挖壕沟，以加强防护。

同治十三年（1874年），直隶总督李鸿章认为：“以北洋海防，仅恃大沽、北塘二海口炮台，后路尚恐单薄，乃就运河北岸，用三合土建筑新城，四围设大小炮台，护以金刚墙，引海河为城濠，屯驻重兵，与大沽防营相应。”[①]新城（图2-4-2）完全是人工筑造的军事堡垒，位于塘沽三道防线中的第二道上，不具备其他功能。

光绪元年（1875年），李鸿章又在大沽、北塘和新城继续增筑洋式炮台营垒，以备不时。次年，再筑新城炮台。此时大沽和北塘有大小炮台数十座，沿岸设立军营，驻守陆军，成为当时中国海防体系中的重要节点。然而，在光绪二十六年（1900年）抗击八国联军之后，这些炮台和兵营被迫按照《辛丑条约》全部拆除，数十年经营，毁于一旦，北洋海防也日渐懈弛。自此，塘沽的军事建设活动基本终结，其海防要塞功能也逐渐丧失，港口功能则逐渐加强。

2.4.2 民族工业的兴起和殖民时期的交通（1914—1937年）

塘沽城市发展史上最早的近代工业乃是建于1880年的北洋水师大沽船坞，属于官办工业，而对塘沽城市发展建设影响最大的则是永利碱厂、久大精盐公司及其研究机构——黄海化学工业研究社，属于民族工业。

---

① 赵尔巽. 清史稿·志一百十三 [M]. 北京：中华书局，1977：138.

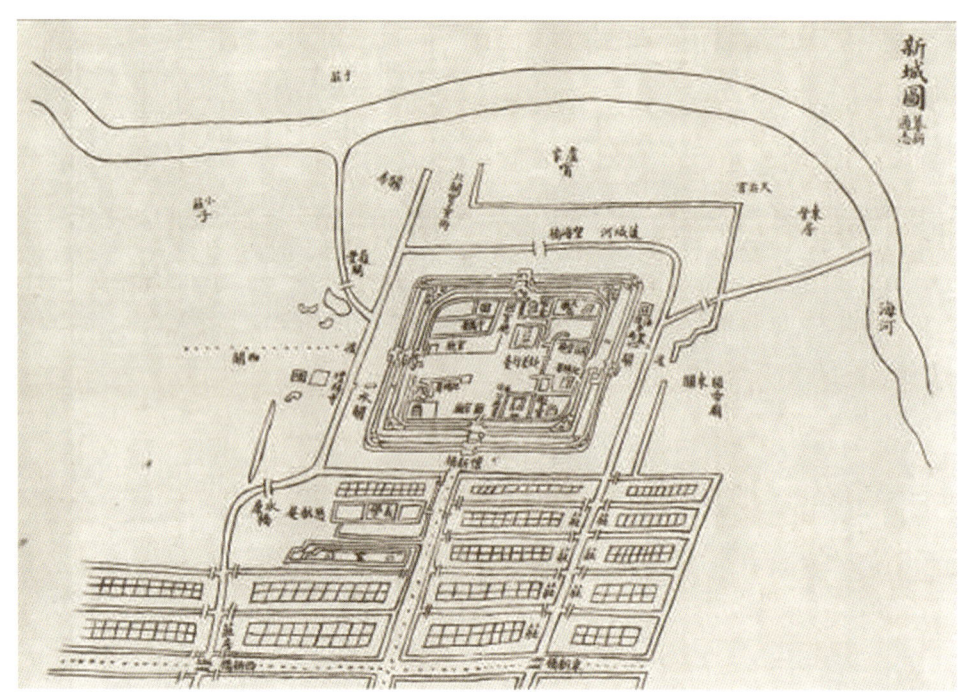

图2-4-2 新城图
(资料来源：中国国家图书馆)

2.4.2.1 "永久黄"的建设

"永久黄"是永利碱厂、久大精盐公司及黄海化学工业研究社的简称。

1. "永久黄"的发展概况

1914年夏，范旭东在塘沽创办久大精盐公司（图2-4-3），1915年盐厂建设竣工并正式投产，成为塘沽城市史上第一个近代民族工业。此后，精盐厂不断发展壮大，厂区也不断扩充，短短几年内从最初的一所扩建为六所。

1917年10月，范旭东在复兴庄建永利化学股份有限公司，厂内制碱用的两座十层南北楼拔地而起，成为塘沽此后40年间最高的建筑。

1922年，范旭东有感于科学研究对振兴民族工业的重要性，在原"久大"和"永利"实验室的基础上，在塘沽创立了"黄海化学工业研究

图2-4-3 久大精盐公司工厂建筑及原盐搬运图
(资料来源：黄海学社展览)

社"，成为中国第一家民营化工研究机构。

2. "永久黄"对塘沽城市建设的推动

"永久黄"工厂均选址于塘沽城区（图2-4-4、图2-4-5）东侧的荒地处，南临塘沽站（今塘沽南站），北接盐滩。经过数次扩建，至

图2-4-4 1920年代塘沽地图
(资料来源:天津市档案馆)

图2-4-5 塘沽全景图
(资料来源:《塘沽之化学工业》)

1920年代时,厂区面积大大扩展,成为当时塘沽最主要的建设项目。

"久大"和"永利"两厂带来的不仅仅是巨大的建设量和扩大的城市建成区面积,还带来了近代城市必备的基础设施(图2-4-6、图2-4-7)。为了提高工厂职工的福利待遇,1920年建设了"永久医院",成为塘沽第一所近代意义上的医院,医院主要服务于工厂职工,也允许周围居民前来看病。同年,又为职工创办"工人俱乐部",这也是塘沽的第一座俱乐部,在为厂内职工服务的同时也丰富着当地居民的生活,有利于文化思想的传播。1925年,为解决职工子女上学

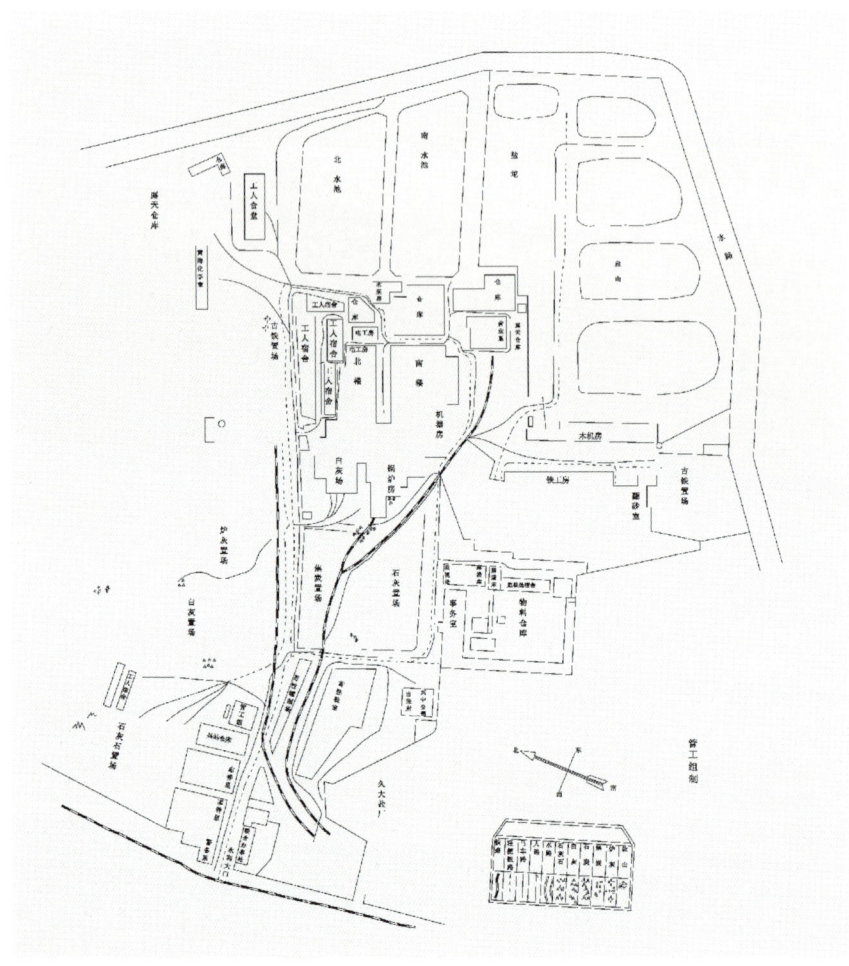

图 2-4-6 永利工厂全图
（资料来源：天津市档案馆摹图）

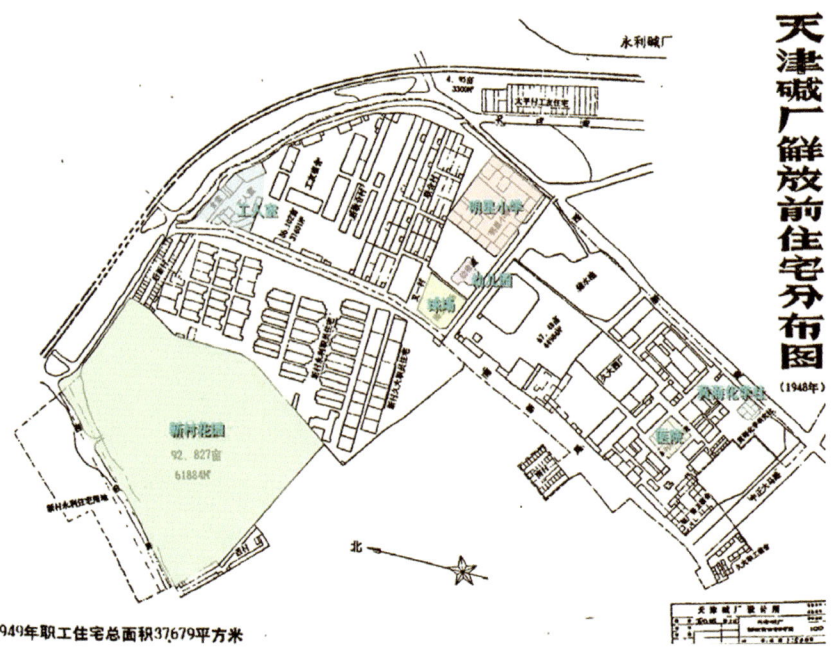

图 2-4-7 1948年附属设施分布图
（资料来源：《天津碱厂志》）

问题,"永久黄"三团体联合建立了一所近代化小学——明星小学,负责三团体职工子弟的初级教育,当地居民的孩子也可入学,只需交少量学费,这为塘沽引进了新式教育。1928年,范旭东创办了属于自己工厂的企业杂志——《海王》旬刊,在内部刊发,社址在天津。[①]1929—1933年间,在高家坟(现天碱新村、工人室)分三次建起前、中、后新村宿舍,以供工人居住。在新村西面,还建了一座占地约50亩的花园,园内有山水桥亭、花草树木,还有网球场、游泳池,设施堪称完备,这是塘沽城市史上见于记载的第一座人工园林。[②]1932年,建立黄海图书馆,成为塘沽第一座图书馆,进一步丰富了塘沽的文化设施。同年,由于工厂配套设施越来越丰富,故设立联合办事处,统一管理工厂的各类设施,是中国较早的尝试工厂设计中实践工业社区的案例。

"永久黄"的建设极大推动了塘沽城市发展,丰富了城市建筑类型,建立了第一批城市基础设施,促使塘沽近代城市雏形的形成,加速了塘沽的城市化进程。

2.4.2.2 近代交通的兴起

良好的交通条件是城市形成和发展的先决条件和持续动力。塘沽地处海河入海口,扼华北海运之咽喉,其优越的先天地理条件,决定了该市的发展潜力和发展方向。开埠通商后,天津或主动或被动地迎来了先进的西式交通工具和交通方式,引发了天津地区交通运输环境的变革。

塘沽作为天津港内河航线出海口上的重镇,也最先受到变革的影响,这主要表现在水路和陆路两方面。水路方面,交通工具逐渐转变为以西式轮船为主;海河塘沽段两岸修筑起很多码头,形成塘沽港区,成为天津港辅港;客货运输繁荣。陆路方面,铁路通到塘沽,设塘沽站(今塘沽南站),塘沽成为联系华南、华北和东北的重要节点;津沽公路修通,公共汽车开始往返津塘之间。水陆交通方式的变革极大地促进了塘沽的城市化和近代化进程,是塘沽近代城市发展最重要的推动力之一,这种推动作用在"庚子之变"后的几十年里表现得尤为明显。

1. 航运的新发展

天津开埠后,海河成为内河航道,航运极为繁忙,塘沽作为轮船来往津市必经之路,其重要地位为国内外的洋行公司和其他官方机构所看中,纷纷在塘沽修建简易码头。在1880年代以前,海河水位尚深,往来津市的客货船只可直达紫竹林码头,而一些载重较多、吨位较大的轮船则需在大沽口碇泊,等到潮汐来时,才可驶入内河,故而此时塘沽的码头数量不多,且设备简陋。不过此时大沽口至大沽一带作为天津港重要辅助港区的作用已经开始体现。清同治六年(1867年),《天津新海关章程》中就规定:"将天津港停泊区划为上、下两域,一域为大沽口(自河口炮台至东沽海神庙);一域为天津紫竹林(南自梁家园,北至天津新海关卡局码头北皇船坞)。"[③]

塘沽修建码头的繁荣期在1880年代后的三四十年间,这段时期内塘沽大量兴建、扩建和改建码头,塘沽辅港区基本形成,塘沽城市地位也得以较大提升,与天津关系更加密切。塘沽之所以集中在这段时间内修建码头,主要有以下原

---

① 天津碱厂志编修委员会. 天津碱厂志[M]. 天津:天津人民出版社,1992.
② 中国人民政治协商会议天津市塘沽区委员会文史资料研究委员会. 塘沽文史资料辑(第三辑)[G]. 天津:塘沽人民出版社,1986:36.
③ 天津市地方志编修委员会. 天津通志·港口志[M]. 天津:天津社会科学院出版社,1999:70.

因：首先，海河淤塞，水位下降，通航条件变得很恶劣，加上海河迂回曲折，更增加了航行困难。其次，随着科技发展，轮船吨位越来越大，载货量越来越多，内河航运也就越来越不适合大轮船航行，很多海轮需要在塘沽过驳，然后再通过水陆方式运输到天津，十分不便，成本也高。最后，唐津铁路修通，水陆联运基本得到实现，塘沽也一跃成为全国性的重要交通枢纽，北可上东北，西可达华北乃至更远，南可至华南、东南甚至国外，东可抵日本、朝鲜半岛，国内外物资均可在此集散。因此，到20世纪的头十年，塘沽沿河两岸遍布码头（图2-4-8），达数十座，运输业务也十分繁忙。这一时期塘沽主要码头的情况见表2-4-1。

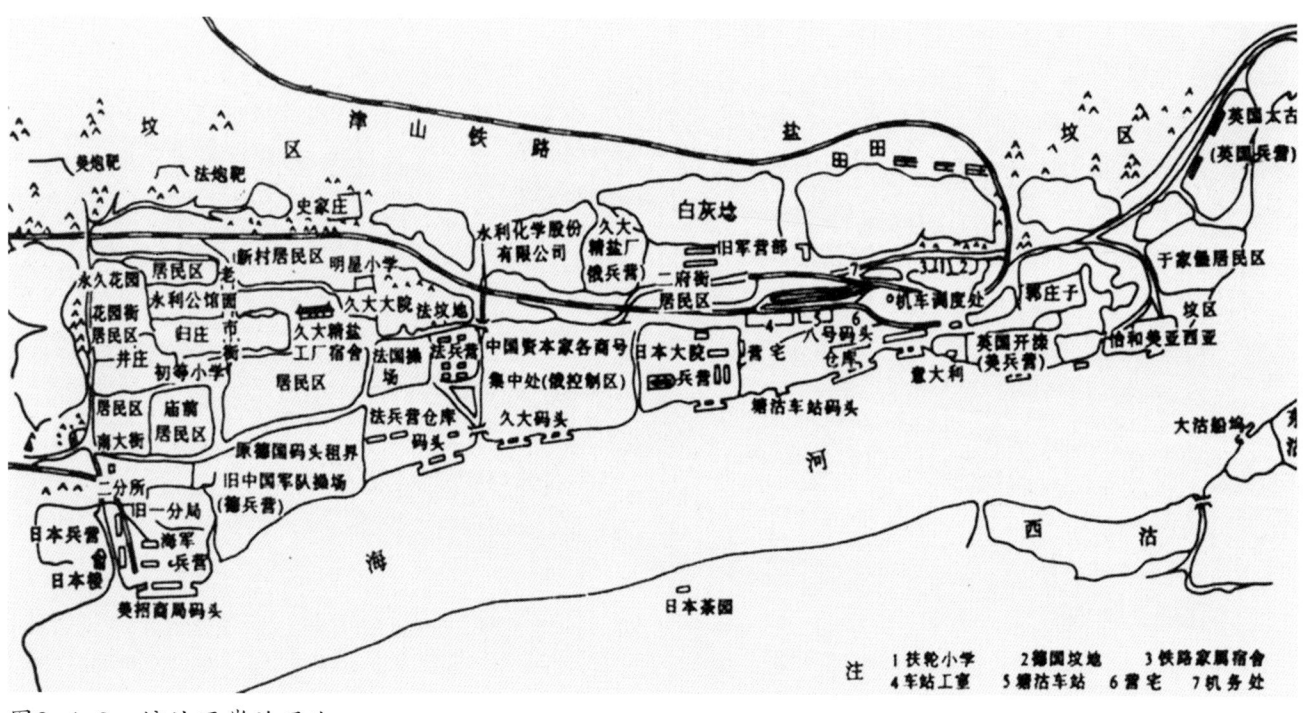

图2-4-8　塘沽两岸的码头
（资料来源：《图说滨海》）

表2-4-1　1936年前塘沽主要码头概况

码头名称	建设时间	归属	简介
太古船行码头	1899年	太古洋行（Taikoo Butterfield & Swire）（英）	为太古轮船公司所建，在海河北岸，专供停泊该行轮船。码头共有三座，一座是木质构造（为丁字形小码头合并而成），其他两座由四只船组成，可同时停靠三艘轮船。岸上场地内建有仓库和煤库各一座，占地颇广，前者容量为5000吨，为船行办理对外仓储业务所用，后者为该行存储自用煤之用。此外，场内还余20～30亩空地供存货用。码头与塘沽站间修有一条铁路支线，该线近码头一段又分成三道线，共可存40吨货车40辆

续表

码头名称	建设时间	归属	简介
启新洋灰公司码头	1906年	启新洋灰公司（中）	为启新洋灰公司所有，可供各行船只停靠。码头呈马蹄形，用洋灰（水泥）建造，长160英尺，宽76英尺，可停泊大型轮船一艘，装卸货物方便。码头运出货物以洋灰为主，有时久大、永利的盐碱也在此装船，运进货物主要为启新所需之麻袋、铁片、木料及其他商行的米面等。岸上场地内有仓库一座，长400英尺，宽50英尺，能存袋装洋灰11 000余吨。仓库靠近铁路支线的一侧建有装卸货物站台，十分方便。此外，场内还有空地60~70亩，可存货14 000吨左右。码头和塘沽站（今塘沽南站）间有一条铁路支线，靠近码头处分为两道线，共可存40吨货车20辆
亚细亚油行码头	1902年	亚细亚火油公司（Asiatic Pelroteum Company）（英）	为亚细亚火油公司私有码头，专门停靠该公司装载煤油的驳船，从不外租。因该行载油轮船吨位很大，无法通过大沽口，须驳船分运，故而仅由一大一小两只铁船构成，可停泊驳船一艘、拖轮一艘。此外还有一座木码头与大铁船相接，上架有输油铁管，分别连接油船和储油罐，煤油即通过此管输送，不用人工，十分方便。码头岸上场地内有大油罐8个、小油罐3个、仓库数所，均为储煤油所用。码头与塘沽站（今塘沽南站）间有一条铁路支线，在靠近码头处分为四道线，可存车16辆
怡和船行码头（又称水线码头）	1867年	怡和洋行（Matheson & Jardine）（英）	为怡和船行所建，主要供本行轮船停靠、起驳或装煤（轮船自用煤）。因码头收费过高且水浅、设施不完备，外行轮船很少停靠。码头两座，乃由四座丁字形小码头合并而成，均为木质，可停船两艘。码头岸上场地内有仓库一所，铅铁建筑，可存货2000余吨，另有露天货场约70亩。码头和塘沽站（今塘沽南站）间有一条铁路支线，在靠近码头处分为两道线，可存40吨货车16辆。码头后来移至水线渡口东侧，又称为水线码头
恒丰堂码头	1928年	永利久大公司（中）	为永利久大公司所建，除自用外，码头还设有永利久大运输部，对外办理装卸、起驳、存栈及轮船停泊等业务。码头两座，乃由四座丁字形小码头合并而成，均为木质，可同时停泊两艘2000吨级轮船。码头附近有一座仓库，系用砖和洋灰所建，异常坚固，仓库平面呈正方形，每边约70英尺，乃专供永利久大公司自用。该码头临近塘沽街市区，岸上露天货场面积有限，仅1亩左右，存货极为有限。码头也没有铁路支线通至车站，对于装卸囤存货物，均感不便
招商局东码头	1881年	轮船招商局（中）	由轮船招商局经营，专停该局轮船，只在该局不用时才外租。码头由四只铁船构成，每只船长50英尺，每两只停轮船一艘（两铁船间须有60英尺间距），可同时停两艘。这种码头可活动，能随水的深浅而移动，但船上面积较小，不便装卸货物。码头附近有三座仓库，其中一号库最大，长155英尺，宽55英尺，高12英尺；二、三号则大小相同，长96英尺，宽46英尺，高10英尺，每仓可存面粉1250吨。此外，有露天货场20余亩，全部外租给大同东厂（约7亩）、义兴及高线三家煤商。有一条铁路支线连接码头和火车站，在靠近码头处分为两道线，直达码头附近，作为装煤之用，可同时存40吨货车24辆。日本占领塘沽后，该码头由日本塘沽运输公司接管，成为铁矿及矾土出口专用码头
开滦码头	1892年	开滦矿务局（中）	由开滦矿务局所建。码头初始时均采用木桩结构，上覆三合土，主要储运开滦煤炭，此外还负责转运清廷北洋水师的军需物资以及邮件、旅客等。1920年代末改建为钢筋混凝土板桩岸壁码头，进入1930年代后完全改为水泥码头。码头长约1200英尺，共分四号，可停靠四艘2000~3000吨的轮船或六艘千吨以下的轮船。1930年代初期，由于水位过浅，大轮船不能停靠，开滦煤多转移到秦皇岛装运，该码头则主要提供给前来购买开滦煤的各商行轮船免费停泊。码头繁忙时曾雇数千装卸工人，每天装卸能力在6000~7000吨，至抗战前，因煤炭出口锐减，装卸工人仅剩400余人。码头岸上场地十分宽阔，可存煤18万~19万吨。一条铁路支线从塘沽站（今塘沽南站）通至场内，在场地内又分为四道线，直达四座码头附近，可同时停40吨货车190辆

续表

码头名称	建设时间	归属	简介
北宁铁路码头（又称八号码头）	1887年	中国铁路公司（中）	1887年，为方便进口修建津唐铁路所需的国外铁路器材而建，与之同时建立的还有铁路材料厂。码头共有八座，并非同时修成，沿岸均为石砌，每座可停泊大轮船一艘。1930年代时，第一、二号码头互相连接为木质通码头，面积很大，第一号码头还备有起重机一架，起重能力为20吨，并有一条铁路支线直通火车站。该码头距火车站最近，交通颇为便利。在第一号码头与车站站台之间，有一座小仓库。第四、六、八号码头，均为木质丁字形码头（为六座丁字形小码头合并而成），各可停一艘轮船，多为装煤船。1898年戊戌变法失败，康有为、梁启超从这里登船逃亡日本。1937年日本侵占塘沽后，将之改建为华北交通码头
分遣队码头（即日本兵营码头）	1900年	日本兵营（日）	1900年八国联军攻陷塘沽后，各帝国主义国家的军队盘踞在塘沽，划分自己的控制区。日本军队占据今新华南路至塘沽南站一带，建设兵营，人称"日本大院"。与兵营同时建设的还有一座木质码头，在兵营西侧，可停靠大小轮船各一艘，以日本军舰为主，空闲时可租与商船停靠，但多为日轮。码头没有仓库和铁路支线
久大码头	1900年	久大精盐公司	1900年俄国在海河左岸日本分遣队码头西南侧也建设了一座码头，称为俄国码头。1918年被久大精盐公司收购，用来运盐，并改称久大码头
仪兴码头	1900年	仪兴驳船公司（法）	在久大码头以西，有大小码头各一座，均为木质构造，通长370英尺，可停泊载重3000吨左右的大轮船和400~500吨小轮船各一艘，或千吨以下轮船两艘。码头岸上场地内有仓库一所，容量甚小，场内外有空地15~16亩，可存5000吨杂货，若是煤、盐则可存更多。码头最早装运煤和洋灰为多，后来则以杂货为主。码头向外开放，各商行轮船均可随时商洽停泊。有一条铁路支线直达码头场内，但因不使用，至1930年代时铁轨被所经大陆埋没，基本荒废。 注：仪兴驳船公司表面以法商自称，实为华人组织，共有驳船14艘，专在津沽两处揽装货物
招商局西码头（即振兴码头）		招商局和振兴公司共有（中）	由轮船招商局与振兴公司合办，地皮为招商局所出，仓库及码头设备由振兴公司出资修建。1931年，两公司订立十年合同，码头完全由振兴公司经营，每年所得利润两家均分，并准许招商局轮船在该码头每月免费停泊两次，两次以外则按半价收费。 码头占地面积约40亩，陆地部分围以带刺铁线，内有仓库四所，均可出租使用。每座仓库容量颇大，可存货物5000吨左右，露天空地部分亦被租去做存煤之用。码头有三座，乃是由六座丁字形小码头合并而成，长约90米，载重2500吨以下的轮船可同时停靠三艘，系木质构造，不甚坚固，每立方米载荷不能超过60千克。各座码头上面积狭窄，不便货物装卸和使用起重机。码头和塘沽站（今塘沽南站）间有一条铁路支线连接，在场地内部又分为三道线，可停40吨货车30辆
德大码头	1894年	礼和洋行（Carlowitz & Co.）（德）	1894年，德国礼和洋行在海河北岸建设木结构栈桥式码头，并有铁路专用线，称之为"德国大码头"，后被称为"德大码头"
新河码头	1903年	新河铁路材料厂（中）	1886年，唐胥铁路延长工程开始，铺至芦台。1888年又延至塘沽，不久达天津。为方便进口铁路材料，铁路公司设立塘沽材料处，专门办理筑路材料的采购、检验、储运和供应。八国联军攻陷塘沽后，该处被意、奥占据。1903年，交通部在新河车站（今塘沽火车站）以南的海河边购地重建材料厂，第二年建成，称为"新河材料厂"。材料厂建有自己的码头，即新河码头，可停靠2000吨级轮船，有数条专用铁路线连接厂内并通向北宁铁路线，交通十分便利。1937年，新河材料厂被日本侵略军占领，成为日军接运侵华军用物资、掠夺中国宝贵资源的转运站。1945年抗战胜利后，新河材料厂成为国民党政府交通部铁路材料的储存基地

续表

码头名称	建设时间	归属	简介
美孚码头	1905年	美孚石油公司天津分公司（Exxon Mobil (Tianjin) Petroleum Co.Ltd.）（美）	1904年，美国美孚石油公司在天津开设分公司，次年在塘沽建立美孚石油公司油库，并建有码头、油罐、铁路专用线等。码头长约100米，有泊位1个。塘沽的美孚石油公司油库是美孚石油公司在中国北方主要的储存处和供应处
海河工程码头（即新河船厂码头）	1916年	海河工程局（中）	1916年法商在新河车站西侧河边建了永和公司，并建有码头和船坞。后转卖给海河工程局，成为专门维修海河工程船的工厂。码头长约50米，有泊位1个

资料来源：北宁铁路经济调查队. 北宁铁路沿线经济调查报告［R］. 北宁铁路管理局，1937：2045-2057.

2. 铁路通塘沽

光绪六年（1880年），开平矿务局为运输煤炭，出资3万余两白银，以英国技师金达为总工程师，开始筹办唐山至胥各庄铁路。光绪七年（1881年）十一月，铁路修成通车。光绪十三年（1887年），李鸿章以"便商贾，利军用"①为由上书朝廷，建议将唐芦铁路延伸，"南接大沽北岸，北接山海关"，获准。光绪十四年（1888年）三月，铁路修至塘沽，同年八月至天津。此后，唐津铁路又经数次延伸，最终南接北京，北通奉天（今沈阳），并与津浦、京汉、京绥铁路连接，形成华北铁路网（图2-4-9）。

铁路修通后，在北塘、塘沽和新河分别设立停靠站，称为北塘站、塘沽站（今塘沽南站）和新河站，其中塘沽站最为重要与发达。塘沽站（图2-4-10、图2-4-11）距新河站4.46公里，在塘沽市区外约半里处，位于海河左岸，东距大沽口二十余里，为水陆联运之处，客、货运输最

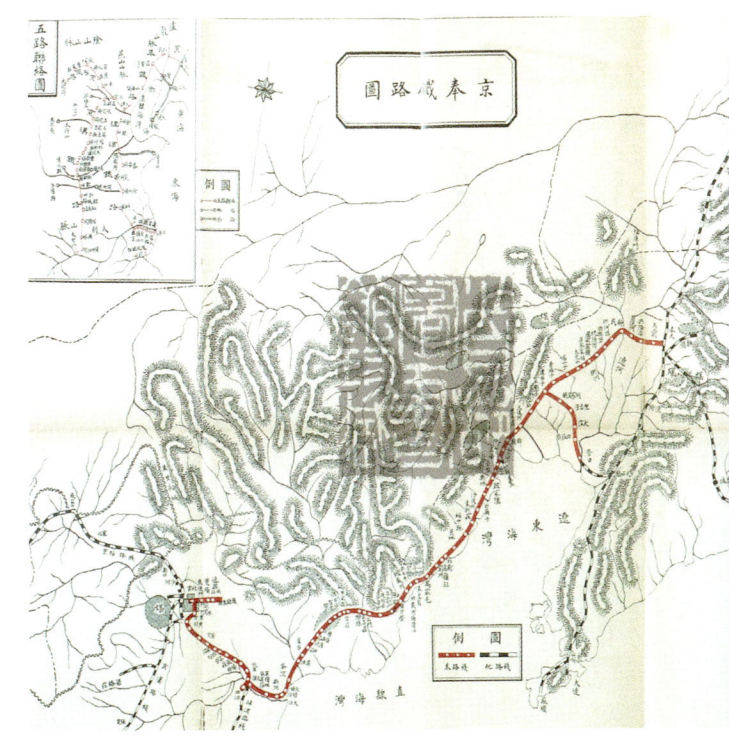

图2-4-9 京奉铁路全图
（资料来源：首都图书馆）

---

①天津铁路分局路史编辑委员会. 天津铁路分局志［M］. 天津铁路分局路史编辑委员会，2003：42.

图2-4-10 塘沽车站内景（拐弯的铁路线即"老弯道"）
（资料来源：明信片）

图2-4-11 1930年代的塘沽南站
（资料来源：近藤久义提供）

为发达。车站内有上下行站台各一座，均用沙土铺垫，站台间以天桥相连，下行台有风雨棚一座，为旅客候车休息之处，车站与各村镇间的交通主要靠大车、驴、马、人力车等方式，十分落后。新河站因新河庄命名，距军粮城车站16.19公里，因有仪兴等轮船公司和小火轮竞争，客运极为萧条，货运则相对发达，与附近各村庄间的交通工具则同塘沽站。北塘站距塘沽站12.42公里，距北塘镇约3公里，与北塘村间的交通主要依靠洋车、骡车及大车等，附近的金钟河航运与其竞争激烈。①

3. 运输业的繁荣与塘沽城市的发展

自天津开埠以来，贸易范围和贸易额迅速扩大，逐渐成为北方商贸中心。开埠之初的二十余年里，天津对外交通以航运为主，所以贸易扩大的同时也造就了水上运输业的繁荣。不过随着海河淤塞加剧，通航能力日益下降，各公司洋行开始在塘沽修筑码头货栈，天津港的部分业务开始转移至此，塘沽的地位也从航运线上的重要节点转变为部分航线的起点和终点。及至铁路开通，塘沽形成较完善的水陆交通系统后，开始成为重要的物资集散地和贸易城市，并将水陆运输业推向高峰。反过来，高度繁荣的运输业带来了大量的过境客流，进一步带动相关城市产业的发展，成为推动塘沽城市发展的主要力量。

在航运方面，至1930年代，经营天津水上运输业务的公司有很多，其中主要的公司可归为"三行六社十二司"，三行为太古洋行、怡和洋行和轮船招商局，六社均为日商轮船会社，即大阪、大连、日清、国际、美昌、东兴，十二司有北方航业公司、政记轮船分公司、三北轮船分公司、天津航业公司、通顺轮船总公司、益记轮驳公司、直东轮船总公司、驻津肇兴轮船公司、大通兴轮船公司、日昌轮船公司、同和振记轮船公司、振兴东记轮船公司。②这些规模、航线均不同的公司，共同构成了当时津塘地区与国内外其他地区水上客货运输的主要力量。

铁路修通后，沿线辐射范围内的各种物资均可运到塘沽出海，其中以煤炭、洋灰为大宗，面

---

① 北宁铁路经济调查队. 北宁铁路沿线经济调查报告 [R]. 北宁铁路管理局, 1937：758-771.
② 北宁铁路经济调查队. 北宁铁路沿线经济调查报告 [R]. 北宁铁路管理局, 1937：2017-2042.

粉、煤油次之。煤来自开滦矿及平汉、平绥两路沿线各矿，除少数供本地工厂需用外，大部分由此装船转销长江流域各埠。洋灰则由唐山启新厂运来，在此装轮销往华中、华南各地。面粉、煤油由上海等地运来，再售往天津各地，其中煤油全部在新河站集散。运出货物则以盐、碱、鲜鱼虾等为主，盐多销往冀、豫二省以及平汉、陇海两路沿线各地，碱广泛售于华北、江南和国外，鲜鱼虾则全部运抵天津、北京、唐山等地售卖。[①]货运繁荣的同时，客运也蓬勃发展，1930年代，仅塘沽站（今塘沽南站）年发送旅客就达二三十万人，十分繁忙。至于水上客运业务，除了一些大公司经营塘沽至国内其他各市和国外的航线外，就连津塘之间的航线也有几家华商和法商轮船公司专营客运，主要为北河、仪大、利河、河榕、河济五家。

自从港口开辟铁路通车后，塘沽市内的商业、服务业开始发展起来，行政机关也纷纷在此设立（表2-4-2）。

在铁路和航运交通的推动下，塘沽迎来了第一次大发展，城市规模大大扩展，基础设施有所改善，经济逐渐繁荣，地位日益重要，天津港区重心也进一步向塘沽倾斜，天津和塘沽之间在经济上的联系也迅速密切起来。

2.4.3 日据时期塘沽的城市建设（1937—1945年）

日本占领塘沽期间，主要的人力、物力与财力都用在了新港建设方面，作为新港经济支撑的塘沽建设必然也会被带动起来。除此之外，塘沽的建设还受到日本军事战略方针的影响，日本在中国殖民地制定的经济政策指导着塘沽城市建设的内容。

表2-4-2　1910年前后塘沽地区各行业情况

	住宿		餐饮		行政机关和企业单位等	其他
	中国人办	日本人办	中餐	西餐		
塘沽	新丰客栈 泉盛客栈 长春客栈 东升客栈	谷村旅馆 华信旅馆	山东小饭店，约有五六家	西洋饭店 巴林洋饭店	协镇署、海防分府署、巡警二局、邮政分局、通运公司、日本邮政局、法国万能公司、日本邮船会社、电报分局、电话分局、新海关、矿务局、招商局、漕务局、浙江海运局、江苏海运局、钞关分局、工部关分局、币捐分局、津海关分局、海防分府税局、卫生医院、渔业公司、巡警一局、协标中军都司署、海河厅习学铁工厂、宪兵学堂、土药分局、巡警三局、巡警四局	清真寺、天主堂
新河		赵家厂小店			总汛厅、民立学堂、官立小学堂、许氏小学堂、巡警分局	
北塘			小店数家		广昌煤栈、同和煤栈、三义煤栈、游击署、守备署、千总署、把总署、钞关分局、鳌捐分局、通永道海税局、渔业公司、卫生局、顺天船捐局、消卤局、官盐局、戒烟公所二处、巡警分局、宣讲所、巡防队、邮政分局、民立小学堂	天主堂、耶稣堂

资料来源：京奉铁路管理局总务处. 京奉铁路旅行指南［M］. 1917：135-140.

[①]北宁铁路经济调查队. 北宁铁路沿线经济调查报告［R］. 北宁铁路管理局，1937：758-771.

2.4.3.1 铁路修建与改造

1. 大同至塘沽新港铁路修建计划

"七七事变"后,日本很快侵占了华北大部分地区,开始大肆掠夺各种军需资源并输送回日本国内。为了运输大同煤炭和宣化铁矿石至塘沽新港,日本计划修建大同至塘沽间的新铁路,其中,丰台至塘沽段利用原京山铁路增建复线。复线建设于1942年7月完成,比新港第一码头完工时间略晚。

2. 北宁铁路塘沽段的改造(图2-4-12)

光绪十四年(1888年),唐芦铁路延伸至塘沽,设立塘沽站(今塘沽南站),站北铁路呈人字线,列车运行极为不便,第二年拆人字线改为马蹄形迂回套线,改成后虽然方便了机车运行,但增加了数公里的路程。日本占领华北后,为提高铁路运输效率,于1943年将京山线上塘沽站的马蹄形套线取消,并于史家庄一带另建一曲线连接新河站和北塘间的线路,改线后线路缩短了5公里,京山线上的列车不再经过塘沽站,新河站则变为塘沽地区主要的对外交通站点。被剔除的套线中,一部分改作支线,连接至新港,成为进港线的一部分。

2.4.3.2 上、下水道建设

在《天津都市计划大纲区域内塘沽街市计划大纲》(以下简称《塘沽街市计划大纲》)制定之前,塘沽地区一直处在无规划、自由发展的状态,城市基础设施极为简陋。城区内普通居民靠汲取渠、塘、河水作为生活用水,极不卫生。一些有条件的公司机关和外国驻军等为满足各自需要,则凿井取水,造塔贮水,兼向居民售水。城区排水采用明沟排水法,由众多沟渠纵横构成,最后连接到两条大水沟——上盐沟和下盐沟(均为永利碱厂和久大盐厂的运盐沟),城区的雨水、污水就主要通过这些沟渠排入海河。[①]这种

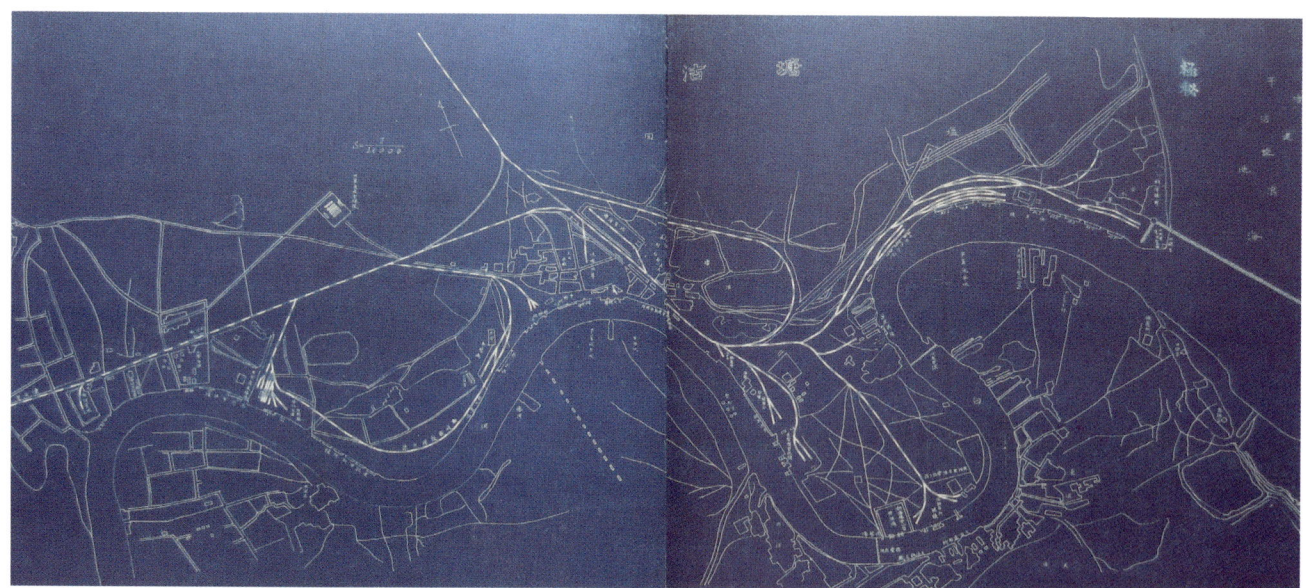

图2-4-12 北宁铁路塘沽段改线示意图
(资料来源:《清宫塘沽秘档图典》)

---

① 天津市塘沽区地方志编修委员会. 塘沽区志[M]. 天津:天津社会科学院出版社,1996:145.

简陋的排水系统,效果极差,对改善城区环境卫生的作用不大。

《塘沽街市计划大纲》制定后,日本人首先在新河火车站东南、海河抱弯处的土地上,按照已制定的"塘沽都市计划要图"进行塘沽城市史上首次有规划的建设(图2-4-13)。随之建成的,还有为该规划地段服务的上水道和下水道,这是塘沽第一段近代化给排水设施。

1. 上水道建设

1943年12月2日,塘沽新市街一部上水道工事开工建设,由浅野水道工业株式会社以收取31 000元工程费承揽施工,并与伪天津工程局签订契约书。工程于同年12月25日如期竣工,并由技士加藤浩藏前往检验,工程局复核无异。①塘沽新市街一部上水道建设完成后即投入使用,为保证上水道设施的良好运营,伪天津工程局还颁发了一份给水规程。②

2. 下水道建设

1943年下半年,伪天津工程局为塘沽新市街一部下水道筑造工事进行招商投标(图2-4-14、表2-4-3),当时有六家单位参与竞争,最终共成公司以最低标价拿到该工程。同年10月12日,作为甲方的伪天津工程局契约担任官沈瓒与乙方承揽人共成公司的荒井见三签订契约书,契约中规定工程于10月18日开工,12月15日竣工。③

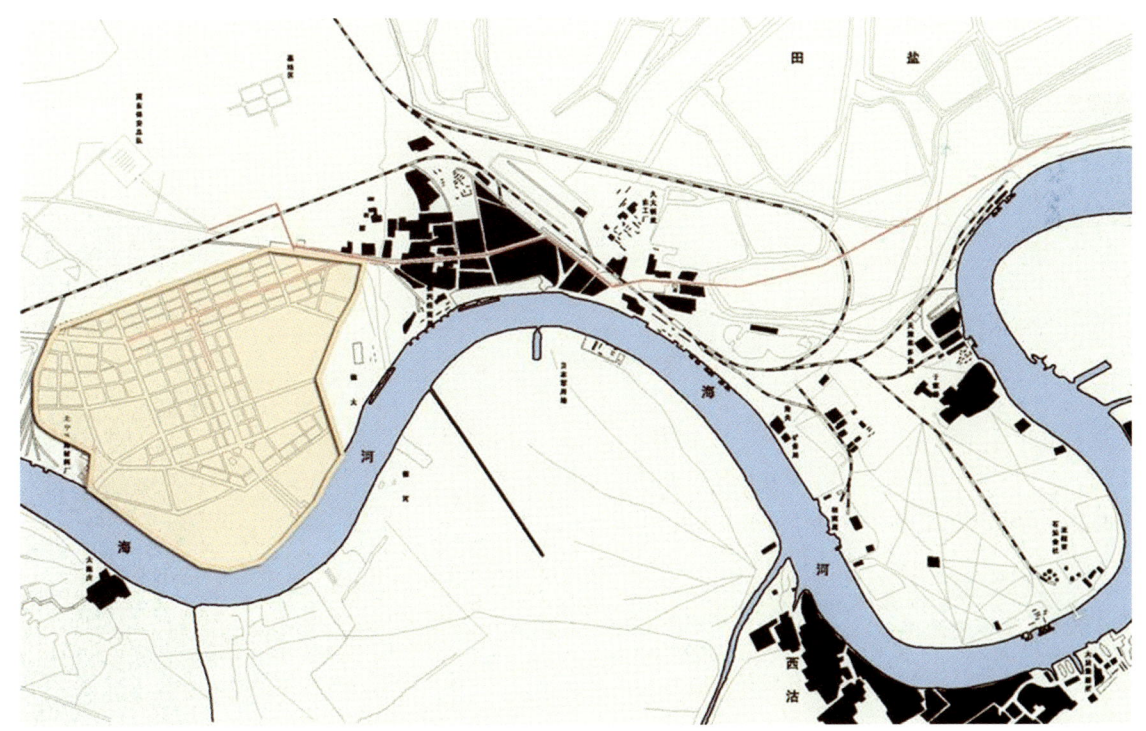

图2-4-13　日本人实施的规划建设图
(资料来源:底图出自天津市档案馆,作者改绘)

---

① 华北建设总署天津工程局. 塘沽新市街一部配水费敷设工事[O]. 天津市档案馆,档号401206800-J0089-1-000019.
② 华北建设总署天津工程局. 都市杂件[O]. 天津市档案馆,档号401206800-J0089-1-000018.
③ 华北建设总署天津工程局. 塘沽新市街一部下水道筑造工事[O]. 天津市档案馆,档号401206800-J0089-1-000017.

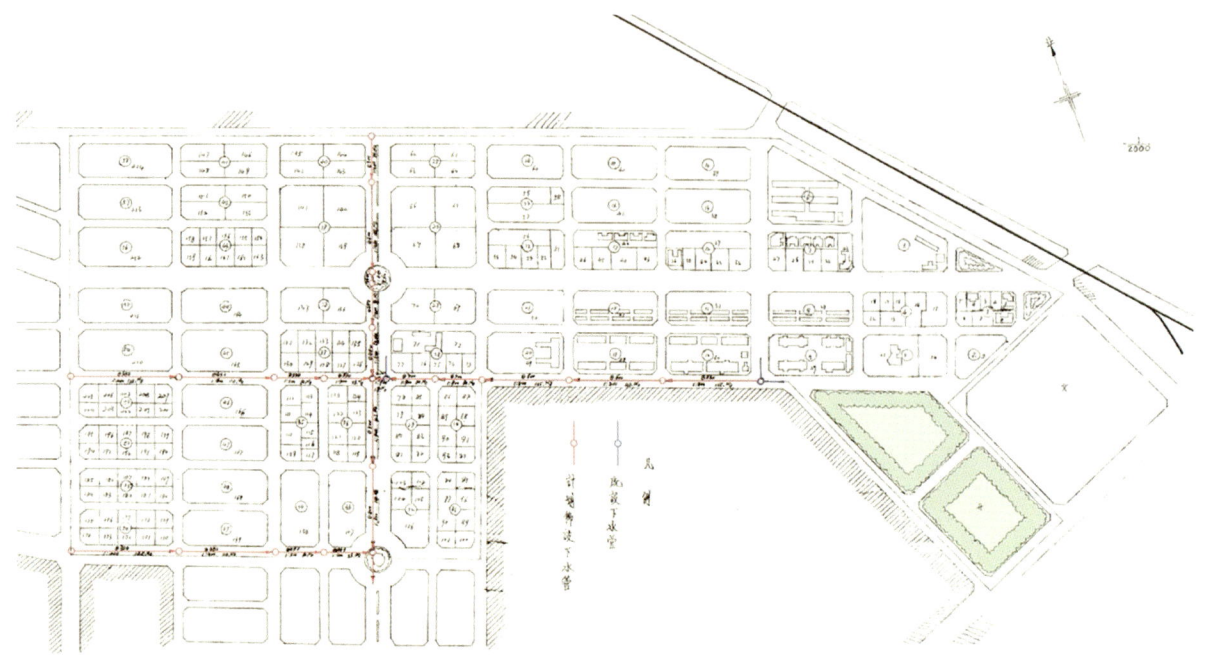

图2-4-14 塘沽新市街下水道平面图
（资料来源：底图出自天津市档案馆，作者改绘）

表2-4-3 竞标情况表

请负人氏名	金额（元）	摘要
共成公司	118 350	落扎
新星社	132 000	失格
新华公司	159 800	预算价格超过
冈田组	216 000	预算价格超过
小林公司	136 500	失格
浅野水道会社	144 000	预算价格超过

资料来源：华北建设总署天津工程局. 塘沽新市街一部下水道筑造工事［O］. 天津市档案馆，档号401206800-J0089-1-000017.

下水道计划建造长度为1.6公里。工程中主要使用的建筑材料为洋灰、砂、砂利及钢筋等，排水管道的沟管采用圆形钢筋混凝土管，根据不同位置采用不同的管径（表2-4-4、表2-4-5）。工事主要分五部分，即钢筋混凝土管布设工、人孔筑造工、雨水结构筑造工、土留及排水工、吐口工。①

---

①华北建设总署天津工程局. 塘沽新市街一部下水道筑造工事［O］. 天津市档案馆，档号401206800-J0089-1-000017.

表2-4-4 工程用料

材料	洋灰	砂	砂利	钢筋	钢筋	钢筋
尺寸				十六	十二	九
单位	袋	立方米	立方米	千瓦	千瓦	千瓦
数量	89 000	17 000	22 000	23 100	2 000	10 200
摘要	塘沽新市街仓库	塘沽新市街仓库	塘沽新市街仓库	塘沽新市街仓库	塘沽新市街仓库	塘沽新市街仓库

表2-4-5 钢筋混凝土管布设工

内径	800	700	600	530	450	380	300
尺寸							
单位	毫米	毫米	毫米	毫米	毫米	毫米	毫米
数量	230	135	210	220	280	285	280

资料来源：华北建设总署天津工程局. 塘沽新市街一部下水道筑造工事［O］. 天津市档案馆，档号401206800-J0089-1-000017.

共成公司承揽施工后，于12月2日完成总工程的55.8%，完成时由时任建设总署伪天津工程局塘沽施工所所长浦上松寿到现场详细检查并将结果具表上报。全部工程于12月15日如期完工，施工成果由技士加藤浩藏前往检验，并未发现不妥。

这是塘沽城市史上第一段下水道，弥补了塘沽近代市政设施建设在排水工程方面的空白。由于日本主要精力在于新港建设上，并无足够资金支持，加之战争拖累，所以塘沽下水道建设也就仅止于此（图2-4-15～图2-4-17）。

2.4.3.3 盐场建设

盐业是塘沽地区聚落形成的重要物质基础之一，早期居民主要就是以晒盐和捕鱼为生。近代以来，由于工业的快速发展，盐的需求量直线上升，盐业成为塘沽经济发展的支柱产业之一，而丰富的盐资源更是吸引了一批工业在塘沽建厂，加剧了对盐的需求。日本占领塘沽后，盐成为其重点掠夺的资源，为此，日本侵略者一边恢复旧有的盐滩，一边在塘沽城区周围设计建造一批新盐滩，极大地扩展了盐场面积，盐产量也大幅提升。

城区周围的盐场建设也是塘沽城市建设的一部分，因为这里有大量的塘沽居民在劳作，是当地贫苦百姓的一个主要就业处，而大批原盐通过四通八达的盐道运至城区码头和工厂，紧密了城区与周围郊地的联系。

1. 长芦盐区"开发"的主要机构——兴中公司和华北盐业公司

兴中公司成立于1935年12月，总部设在大连，是日本政府及其"国策公司"——"满铁"共同设立的子公司，其最初任务是推行对华北的经济政策，经营范围涉及华北几乎所有重要产业。兴中公司进行的与长芦盐区有关的活动主要集中在1937年以前，如从事长芦盐输日业务，建

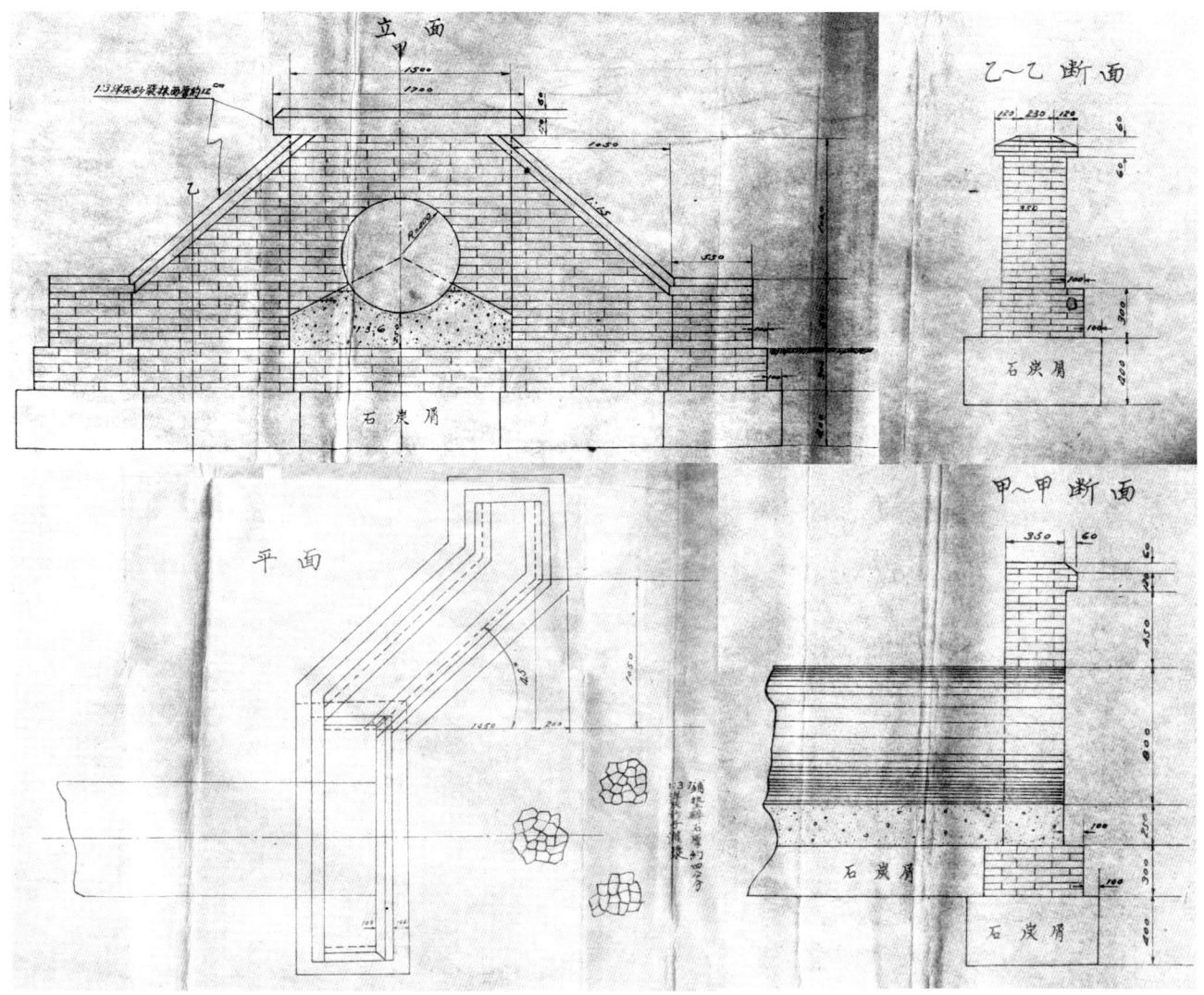

图2-4-15 塘沽下水道出水口平立剖图
（资料来源：天津市档案馆）

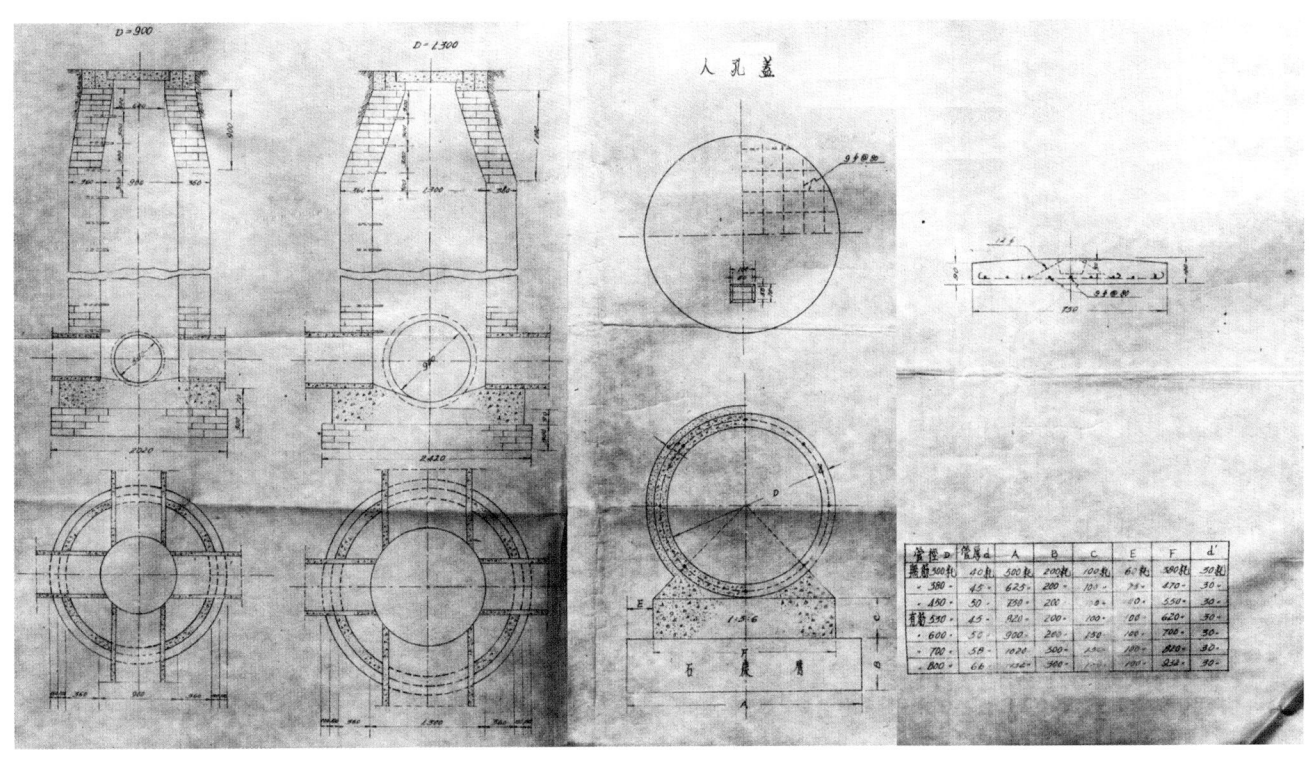

图2-4-16 塘沽下水道人孔构造图
（资料来源：天津市档案馆）

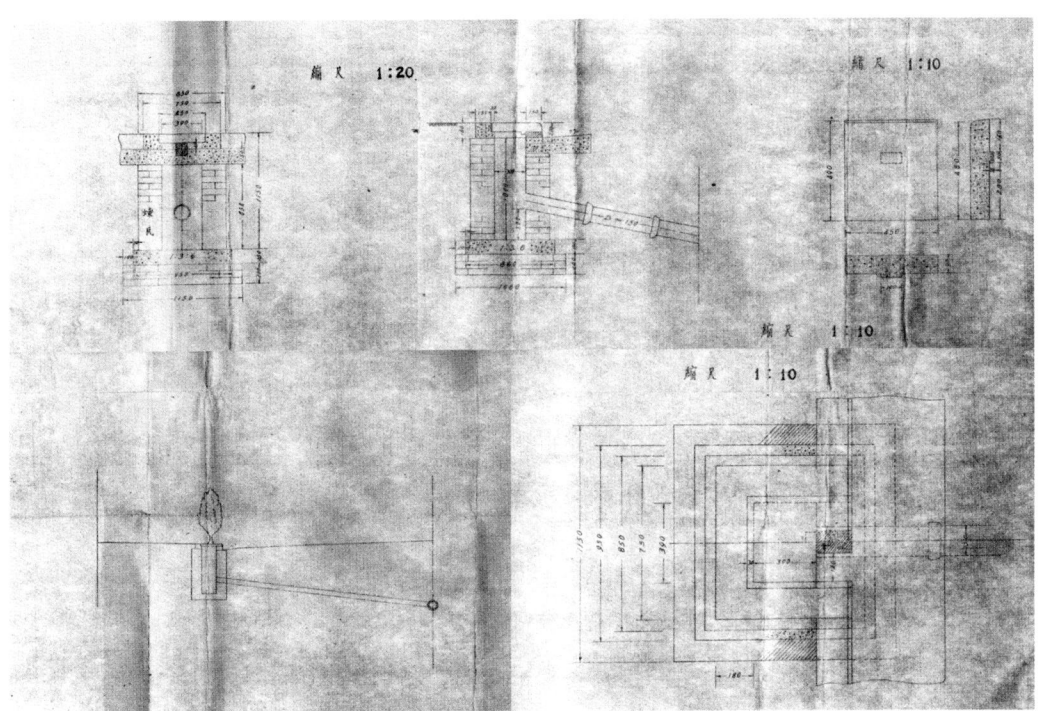

图2-4-17 塘沽下水道雨水井构造图
（资料来源：天津市档案馆）

造运盐帆船，成立塘沽运输公司等。1937年日军占领长芦盐区后，兴中公司曾制定开发中国60余万亩新盐田的计划，但未能实施。

1937年10月，为了进一步掠夺盐资源，日本开始组建"华北盐业股份有限公司"，1939年公司正式成立。其经营业务主要包括：盐的生产加工与买卖输出；苏打类产品的制造与买卖输出；为中国制盐者提供贷款；前三项附带业务。[1]可见，华北盐业公司是产销一体化的企业，一方面开发建设盐田，另一方面加工生产盐类制品并销售，长芦盐区的建设与运作完全由它控制，其在盐区的开发建设过程中有着重要的地位。

2. 日本对塘新邓盐场的"开发建设"

长芦盐区环绕渤海分布，北抵山海关，南达山东海丰县（今无棣县），绵延千余里，是中国最古老的产盐区之一。长芦盐区分为芦台和丰财两场，前者主要是在汉沽，后者则分为塘沽、新河、邓沽三个分场。1930年代，塘沽有盐滩47副，新河有14副，邓沽有33副（图2-4-18、图2-4-19）。

1937年8月，日军占领长芦盐区后不久，兴中公司就提出了对长芦盐区的"开发"纲要，纲要中提出在海河以南的邓沽地区、以北的汉沽地区、大清河和涧河沿岸规划建设新盐田，其中邓

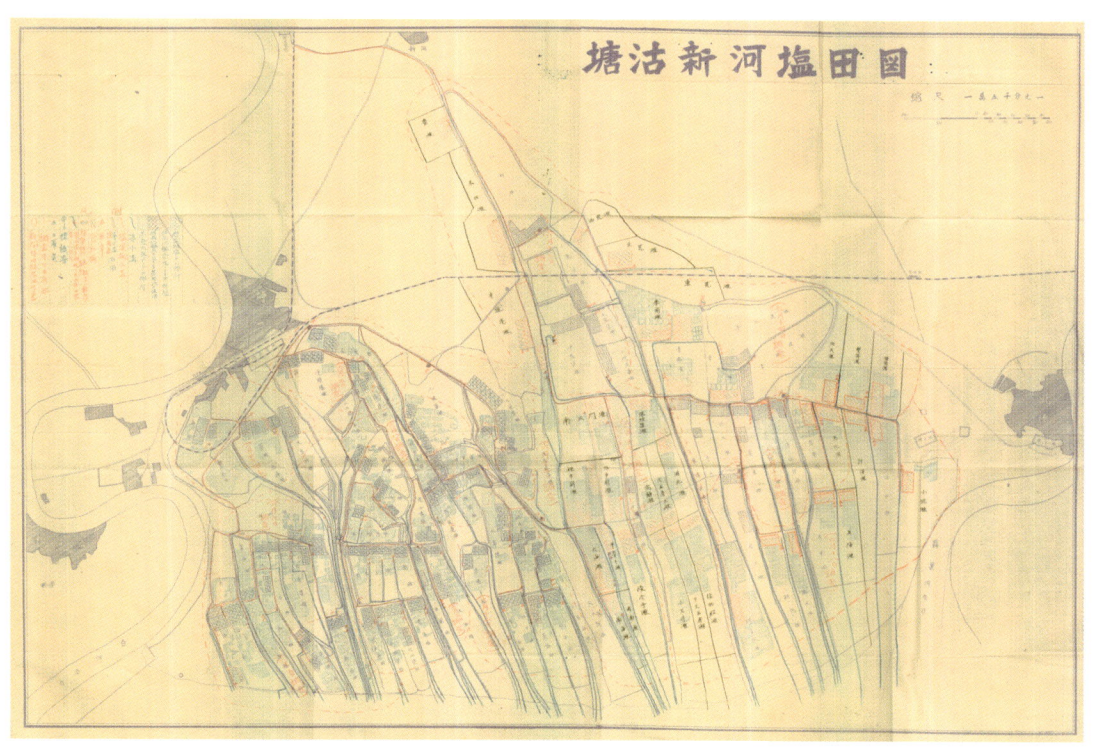

图2-4-18　塘沽新河盐田图（日本调查图）
（资料来源：天津市档案馆）

---

[1] 刘传林. 日本对华北经济的掠夺和统制——华北沦陷区资料选编[M]. 北京：北京出版社，1995：531-532.

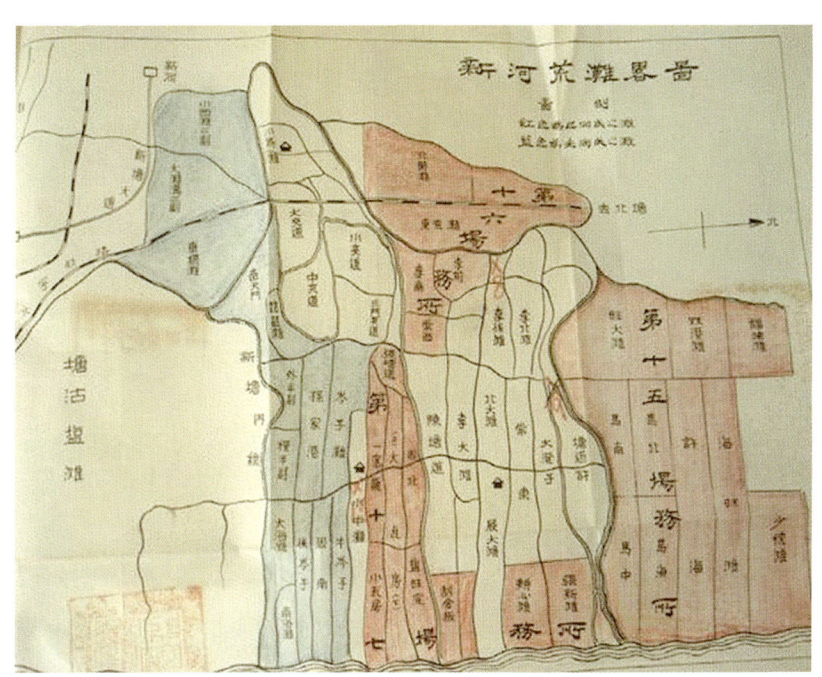

图2-4-19 新河荒滩图
（资料来源：天津市档案馆）

沽新盐田设于已有盐田的东南部，面积约10 000町步①（约148 500亩），预计年产盐650 000公吨。此后又经过一年的详细调查，兴中公司又制订了大沽地区的盐田建设方案，计划在大沽新建盐田约10 000町步，预计年产盐500 000公吨。②

1938年，兴中公司盐业部在东沽设立"日本建筑经营所"，并着手在大沽、大清河和汉沽分别建造6000町步、7081町步和3000町步的盐田，后因为洪灾的影响，到1942年3月才完成。③

1939年，为提高盐产量，刚成立不久的华北盐业公司制定了"长芦盐业五年增产计划书"，提出长芦盐区开发应分两步进行：一是对旧有的盐滩进行投资复活并扩大其面积，这部分主要位于汉沽、新河、邓沽；二是开发新的盐滩，在大清河、大沽、大神堂和蛏头沽开辟盐田。其中投资复活的盐滩包括：塘沽2副、新河39副、邓沽20副。

1939年，东沽滩户河源昌又在大沽设立"福民公店"，与"日本建筑经营所"共同负责大沽盐田建设（图2-4-20）。"大沽盐田一期工程从1939年3月动工，到1940年5月竣工，面积179 994公亩④；二期工程从1939年6月动工，到1940年3月竣工，面积415 026公亩。两期工程先后共开辟盐滩146副，面积为595 020公亩。滩型为

---

①町步是日本和朝鲜使用的面积单位，1町步=14.85亩。
②华北建设总署天津工程局. 长芦盐务管理局专卷［O］. 天津市档案馆，档号401206800-J0161-2-001292.
③刘传林. 日本对华北经济的掠夺和统制——华北沦陷区资料选编［M］. 北京：北京出版社，1995：539.
④1公亩=0.15亩。

图2-4-20 1940年代华北盐业公司大沽盐场地形图（作者描绘）
（资料来源：天津市档案馆）

半集中式盐田结构，整齐、对称，滩坨、结晶池、调节池、蒸发池依次排列，整个盐田分为五区：

一区：有盐滩8副，结晶池320个，结晶面积2391公亩。

二区：有盐滩25副，结晶池990个，结晶面积7398公亩。

三区：有盐滩30副，结晶池1200个，结晶面积8970公亩。

四区：有盐滩40副，结晶池1600个，结晶面积11 950公亩。

五区：有盐滩43副，结晶池1720个，结晶面积12 854公亩。"[1]

2.4.3.4 大沽化工厂建设

大沽化工厂乃是作为华北盐业公司工业部门而建设的，是该部门的核心。1939年底，华北盐业公司提出在塘沽海河南岸大梁子地区建设大沽化工厂的计划，得到"华北开发株式会社"的批准，翌年4月，华北盐业公司又提出将大沽化工厂苦卤处理装置扩充到5万吨的方案并得到批准。项目确定后即开始进行招工、征地、垫地等

---

[1] 鲍连和. 日本侵华时期的长芦盐业开发[J]. 盐业史研究，1995（2）：47.

筹建准备工作，1941年第一期工程开工，1942年8月大沽化工厂初步建成并实行试运转，1943年正式投产。1944年第二期工程开始，主要进行溴工业建设，建设过程中考虑到溴素生产需要大量的液态氯，而液态氯从日本运来十分困难，不如本地生产方便，于是又加建了氯碱工业，工程在第二年日本投降后即停止了。

一期建成的主要有电解工厂和盐卤工场，前者的主要设备为电解碱设备，后者则为盐卤工业设备。大沽化工厂原计划主要生产苛性碱、漂白粉、合成盐酸、液体盐素、氢、溴、氧化钾、氧化镁等化工产品，一期工程完成后，除溴尚不能生产外，其他均可生产，但由于电力不足和机器缺乏等原因，化工厂的产量远远低于预期。[①]

1945年日本投降后，大沽化工厂被国民党政府接收，改称为财政部盐政总局华北盐业公司大沽工厂。1948年改为中国盐业股份有限公司华北分公司大沽工厂。中华人民共和国成立后，又经过数次改名和扩充，形成了现在的天津大沽化工厂。

大沽化工厂是日本侵略中国、掠夺中国重要资源的产物和罪证，它也开启了塘沽近代海洋化工业的先河，扩大了塘沽的工业类型，是近代塘沽城市一项重要的建设活动。

2.4.4 塘沽新港建设

日本侵占华北以后，疯狂掠夺华北资源，鉴于华北各港吞吐能力有限，不能满足大批输送各类战略物资的需要，日本经过各方面的调查比较，选址在塘沽建设新港。新港计划对于当时的日本来讲是一项十分庞大的工程，到日本投降时为止，也没完成该计划的一半。国民党政府接收之后，在日本原计划的基础上制定新的修筑计划，并继续修筑日本人未完成的工程。

2.4.4.1 港区变迁

天津平原河流众多，水量丰富，有着极好的水运基础。至隋唐时，南北大运河纵贯南北五大水系，天津逐渐形成河港，并成为北方水运中枢。此后，由于社会发展、政治经济变化和自然演进的原因，天津港区重心开始沿海河变迁（图2-4-21）。

1. 三会海口——天津的第一个港区

塘沽未成陆以前，永济渠、滹沱河和潞河在军粮城附近汇合入海，唐代称之为"三会海口"。唐代，幽燕边防驻有重兵，所需粮饷均靠漕运从南方运来。当时漕运路线有两条，一条为

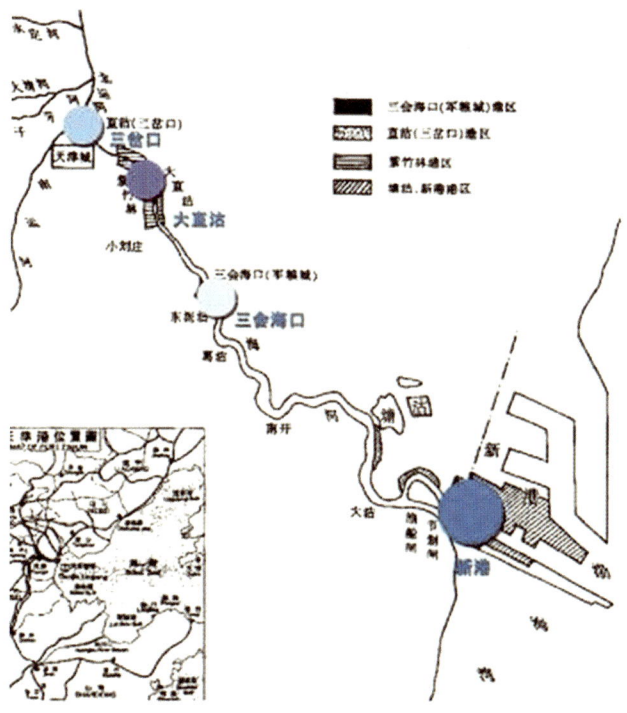

图2-4-21 天津港区变迁示意图
（资料来源：《天津通志·港口志》）

[①] 刘传林. 日本对华北经济的掠夺和统制——华北沦陷区资料选编[M]. 北京：北京出版社，1995：545-548.

河路：从扬州出发沿南北大运河，经通济渠、永济渠到天津东南的独流（今海河南岸的泥沽），再经永定河抵达幽燕；另一条为海路：由长江口入海，沿海岸向北绕过山东半岛过莱州湾、渤海湾，经沧州沿岸抵三会海口北岸的军粮城，卸漕装仓以待转运。①自此，三会海口成为河海漕运必经之路，军粮城则成为转运军粮、输送兵员的中转站，也是存储军粮的仓库。这里也成为天津的第一个港区，后来因"安史之乱"而逐渐衰落。

2. 三会海口到三岔河口——港区的第一次变迁

南宋时，塘沽地区逐渐成陆，入海口推进至大沽一带，三会海口不复存在。而元、明、清三朝均定都北京，各种物资都要从全国各地集中到北京，这些物资主要是通过河、海两路漕运运抵三岔河口（潞水、御河及海河交汇处）一带，然后转陆路送达北京。三岔河口是近代以前天津存续最久的港区，先后历经三朝共700多年，成为北方水陆交通要冲和畿辅重地，它孕育了天津旧城，完成了天津港区重心的第一次变迁。作为中国北方传统的内河港口，三岔河口港区的重要地位与作用直到天津开埠后才逐渐转移到紫竹林港区。

3. 三岔河口到紫竹林——港区的第二次变迁

1860年天津被辟为商埠，英、美、法三国在紫竹林一带圈地设立租界，规划道路，建设房屋，修筑简易码头并配置相应的库场、房屋等建筑，初步形成了"紫竹林租界码头"。初期多是外国来津船只在此停靠。之后，随着租界的扩大与繁荣，各国洋行、公司、工厂等纷纷在紫竹林建造码头仓库，建造材料也变成了混凝土，国内外各类船只几乎全部到此停泊，紫竹林港区的发展进入鼎盛阶段。随着紫竹林港区的发展，三岔河口迅速衰落，仅有传统小船会行驶到此。与紫竹林港区并存的还有塘沽辅港区。清同治六年（1867年）颁布的《天津新海关章程》规定："将天津港停泊区划为上、下两域，一域为大沽口（自海口炮台至东沽海神庙）；一域为天津紫竹林（南自梁家园，北至天津新海关卡局码头北皇船坞）。"②1932年修改后的港章明确规定："天津锚地为金杨桥至比租界下端；塘沽锚地为招商局栈桥至北炮台。"③不过，当时的大多数船舶还是要上行至紫竹林港区，天津港重心依然在天津市内。紫竹林港区的兴起使航运中心从三岔河口一带转移到紫竹林租界，完成了天津港区的第二次变迁。

4. 紫竹林到塘沽新港——港区的第三次变迁

1937年日本侵占华北后，大肆掠夺各种资源，但由于当时天津内河港口设施破败，加之海河淤塞难行，根本不敷运输需要，于是日本提出修筑新港计划。1939年5月日本"兴亚院"制定了《北"支那"新港计划案》，拟在塘沽海河入海口修筑新港。1940年，新港工程开工兴建。抗战胜利后，国民党政府接收了塘沽新港并进行维护性建设，但由于资金极度缺乏，工程几无明显进展。1949年1月天津解放，塘沽新港建设稳步开展。1952年10月，新港一期工程竣工，正式开港运营。

塘沽新港的修建标志着天津港区重心第三次变迁的开始，这次变迁不同于前两次，主要在于这次天津港是由内河港转变为深水海港，规模更大，辐射范围更广，国际化程度更高。

---

①天津市地方志编修委员会. 天津通志·港口志［M］. 天津：天津社会科学院出版社，1999：65.
②天津市地方志编修委员会. 天津通志·港口志［M］. 天津：天津社会科学院出版社，1999：70.
③天津市地方志编修委员会. 天津通志·港口志［M］. 天津：天津社会科学院出版社，1999：72.

2.4.4.2 日本的塘沽新港计划

1. 港址选择

日本对华北中心港口选址的问题进行过深入的研究与讨论。初始之时，港址曾考虑过秦皇岛、青岛、连云港、威海、烟台以及龙口。但经过讨论认为，秦皇岛位置偏北，不利于大同煤的运输，且有英国势力控制，易产生矛盾；青岛和连云港位置则过于偏南；而威海、烟台、龙口等地交通不便，与后方联系不畅，且距离华北政治经济中心较远，也不适宜建设大港。此外就只有塘沽、天津和大清河口三地可供选择。塘沽附近海岸地势平缓，-10米等深线距海岸约20公里，容易被泥沙埋没，且海河口地质松软，容易造成地基沉陷，不易建设大型建筑物。①天津虽然是华北经济中心，基础设施完善，更靠近北京，但处于内陆，航运受海河水深制约，且海河泥沙量大，经常淤塞，实不利于建设大港。大清河口不宜填垫成陆建港，而且附近一片荒芜，需要新建交通及其他附属设施，费用高，耗时长。②如此对港址的选择就集中在了塘沽和大清河口，两个地方各有利弊，日本内部也分为两派，双方各执一词。最终，日本满铁株式会社、日本港湾协会以及内务省共同研究后，力主选址塘沽，并经"兴亚院"得到最终确定。

1939年6月，日本在北平设置"北支新港临时建设事务局"，隶属于"兴中公司"，由高西敬义任第一任局长，并进行工程筹备工作。1940年7月该机构移设塘沽，同年10月举行开工典礼，塘沽新港正式开工建设。1941年"北支新港临时建设事务局"改称为"塘沽新港港湾局"，隶属于"华北交通株式会社"。③

2. 港口规划

1939年5月，日本"兴亚院"制定了《北"支那"新港计划案》，对港口进行了规划。日本计划在1942年从华北运出物资2185万吨，至1946年时增加至5215万吨。④当时华北港口有7个，即秦皇岛、天津、青岛、连云港、龙口、烟台和威海，其中前4个为华北最主要之港口，后3个仅是山东部分地区的地方港口。前4个主要港口总的吞吐能力仅为1240万吨，远远不能满足日本的需求（表2-4-6、表2-4-7）。基于此，日本推出了庞大的新港建设规划。

塘沽新港计划的吞吐量目标为2700万吨，可供45艘万吨级船停靠，工程原计划投资1.5亿日元，分两期完成，第一期工程计划5年，工程费用为总计划费用的一半，不过总工期则无明确期限。⑤1939年6月，日本内务省派遣了以高西敬义为首的70人的工作队伍到塘沽进行现场调查，并着手编制第一期工程费预算。经过多方面验算后发现，第一期工程实际所需费用竟是原计划的两倍，这一结果导致日本方面提出了计划修正案，并将1940年预算额提高了30%。

此后因为沉重的战争包袱，加上日本国内经济极度萧条、资金匮乏，到1942年新港建设总计划又做了改变，港口吞吐量目标定为1070万吨，此时工程费用为2.5亿日元，工期不变。而第一期工程计划为"吞吐量目标750万吨（其中煤500万吨）；工程费9580万日元；工期从1939年起5年"。⑥

---

①②李华彬. 天津港史[M]. 北京：人民交通出版社，1996：223.
③刑契梓. 塘沽新港工程的过去与现在[M]. 交通部塘沽新港工程局，1947：3~4.
④小岛精一. 北支经济读本[M]. Chikura Shobō, 1937：236.
⑤刑契梓. 塘沽新港工程的过去与现在[M]. 交通部塘沽新港工程局，1947：7.
⑥中道峰夫，比田正，濑尾五一. 塘沽新港[J]. 港口工程，1990（5）.

表2-4-6　华北各港输出能力统计表

单位：万吨

港别\数量\年别	1938年	1939年	1940年	1941年	1942年	1943年
天津	400	500	600	800	800	800
青岛	400	450	500	600	600	960
连云港	90	90	190	360	360	360
秦皇岛	350	350	400	425	425	425
拟建港					750	2670
合计	1240	1390	1690	2185	2935	5215

资料来源：李华彬．天津港史［M］．北京：人民交通出版社，1996：222.

表2-4-7　日本掠夺华北物资计划表

单位：万吨

类别\数量\年别	1942年	1946年
煤	1400	3650
铁矿石	100	300
矾土、页岩黏土	50	65
棉花	10	20
工业盐	90	150
杂货	535	1030
合计	2185	5215

资料来源：李华彬．天津港史［M］．北京：人民交通出版社，1996：222.

3. 日本制定的工程计划及实际完成情况

新港港址选在海河口北侧距原海岸线5公里的海面处，预计需要填海造陆1000万平方米。修筑新港主要遵循如下原则："第一，鉴于当时海河航道水浅，新建港区航道，应使新港不受大沽沙航道水深限制；第二，筑防沙设施，避免淤积港区水域；第三，兼顾海河航道的利用，继续发挥天津老港的作用。"①

按照已定的计划，工程分两期进行，其中第一期工程的目标主要为："a.建设以北炮台为起点的南北两大防波堤，由北炮台建至-6米等深线。b.两防波堤中间开挖主航道，东端达低潮面下8米深的海面，宽约200米。c.填筑航道以北一带土地，约500万平方米，作为港区陆域。d.填筑地最东端建煤码头，包括煤炭出口栈桥三座，矿石用突堤一座，危险品作业场一处。西端沿主航道建杂货及旅客码头（即第一、二码头）。e.主航道以西，北炮台附近建船闸一座，使新港与海河沟通。"②

1940年10月，新港第一期工程建设开始。出于战争需要，日本要求塘沽新港能尽早投入使用，为此，每天有数千名华工和日籍技术人员在基地上作业，使用挖泥船、起重船、打桩船、拖轮、运土船、方驳等各种工程船舶数十艘，加紧施工。在劳动者们辛苦努力下，1942年新港第一码头建成并投入使用，此后新港建设基本上就在边使用边施工的状态下进行。后续由于日本背负沉重的战争包袱和发生政治经济危机，资金投入严重不足，大量建港物资甚至被调用他处，导致新港建设计划不断调整和压缩。③到1945年日本投降时，"支出工程费达8500万元（联银

---

① 李华彬．天津港史［M］．北京：人民交通出版社，1996：225.
② 刑契梓．塘沽新港工程的过去与现在［M］．交通部塘沽新港工程局，1947：8-10.
③ 刑契梓．塘沽新港工程的过去与现在［M］．交通部塘沽新港工程局，1947：14.

券）"，①而实际完成工程量不及原计划的一半（表2-4-8）。

2.4.4.3 二战后新港建设情况

1. 接收新港

1945年8月日本投降，9月美国海军陆战队从大沽口登陆，协助国民党政府接管了新港。10月，国民党政府交通部特派员办公处正式接收新港，并设立塘沽新港港务处。"接收仪式在新港机械工厂进行。参加人员：日方有山田三郎、桧出千里等数名，中方有16人，此外还有美国军人10多人，新港的中国职员数十名。"11月，国民党政府下发文件，决定继续建设新港，但由于资金匮乏、人事变动等原因未能开工。1946年4月，改塘沽新港港务处为交通部塘沽新港工程处。8月又改为交通部塘沽新港工程局，局长为刑契梓。

表2-4-8　日据时期新港工程计划与实际完成情况表

设施名称		实际建设情况
防波堤	北防波堤	未完全完成的石堤长度为4800m，低潮时才会露出水面，余下部分尚未施工。其中有350m的堤顶已完成混凝土块安装
	南防波堤	陆地一侧已完成的石堤长度为5000m；中段有各60m的缺口；近海一侧未完成的石堤长度为4500m，与已完成部分相连接
	横堤	未完成的石堤长度为650m，紧靠南防波堤
航道		分三槽施工，南北二槽均宽70m，中间槽宽60m，南槽和中间槽均已挖到-6.0m，即有130m宽的航道竣工
吹填地工程		航道和港池挖出的泥沙被填筑到浅滩处以造陆，实际完成吹填面积250万平方米，剩下部分未能达到计划高度
船闸		主要作用是沟通新港与海河的航道，便利船只来往，实际完成80%
码头工程	第一码头	全部完成。使用18米长钢板桩为墙，上浇筑混凝土
	第二码头	栈桥式码头，装煤专用，又称煤码头。计划建造两个泊位和四座装煤机，实际完成60%，即建造了一个泊位和两座装煤机
	驳船码头	实际完成不及25%
铁路和公路		塘沽站到港区的铁路修通，长约13公里；塘沽到新港的公路修建了6公里
干船坞		未全部完成
其他设施		沉箱工场、机械工厂、滑船坞基本完成；潮标、主航道导标基本完成；第一码头事务所基本完成

资料来源：刑契梓. 塘沽新港工程的过去与现在［M］. 交通部塘沽新港工程局，1947.

---

① 李华彬. 天津港史［M］. 北京：人民交通出版社，1996：226.

2．新港的临时工作计划及成果

新港在日本投降前夕，曾遭到了大肆破坏，在美军接管期间，亦遭到一定程度的损毁，甚至"连装煤机上的胶皮带都被拆下铺地"。① 及至国民党政府交通部派员正式接收时，工程已完全停顿，秩序极为紊乱，档案资料被大量销毁，船舶沉没，航道淤塞，材料散失，机器毁损，房屋破坏，车辆缺乏，食宿困难，整个新港基本已无法使用。②

1946年4月，新港工程局开始对满目疮痍的新港进行处置（图2-4-22），如留用部分日籍技术人员，修理办公房屋及宿舍，修理道路，添置交通工具及电信设备等，耗时约两个月，这些准备工作为接下来的顺利复工打下了基础。③

7月，新港整理准备工作已经完成，并得到工程拨款77亿元，但此时仍无具体建设计划。新港工程局只好将日本未完成的一部分工程先行继续完成，作为临时工作计划。该临时工作计划主要包括如下内容：完成船闸工程、整顿船舶、航道疏浚工程。

（1）完成船闸工程

新港船闸位于新港港区西部，海河口北岸，是沟通新港航道与海河航道的重要港口设施。新港船闸于1942年开工，翌年完成主体工程，

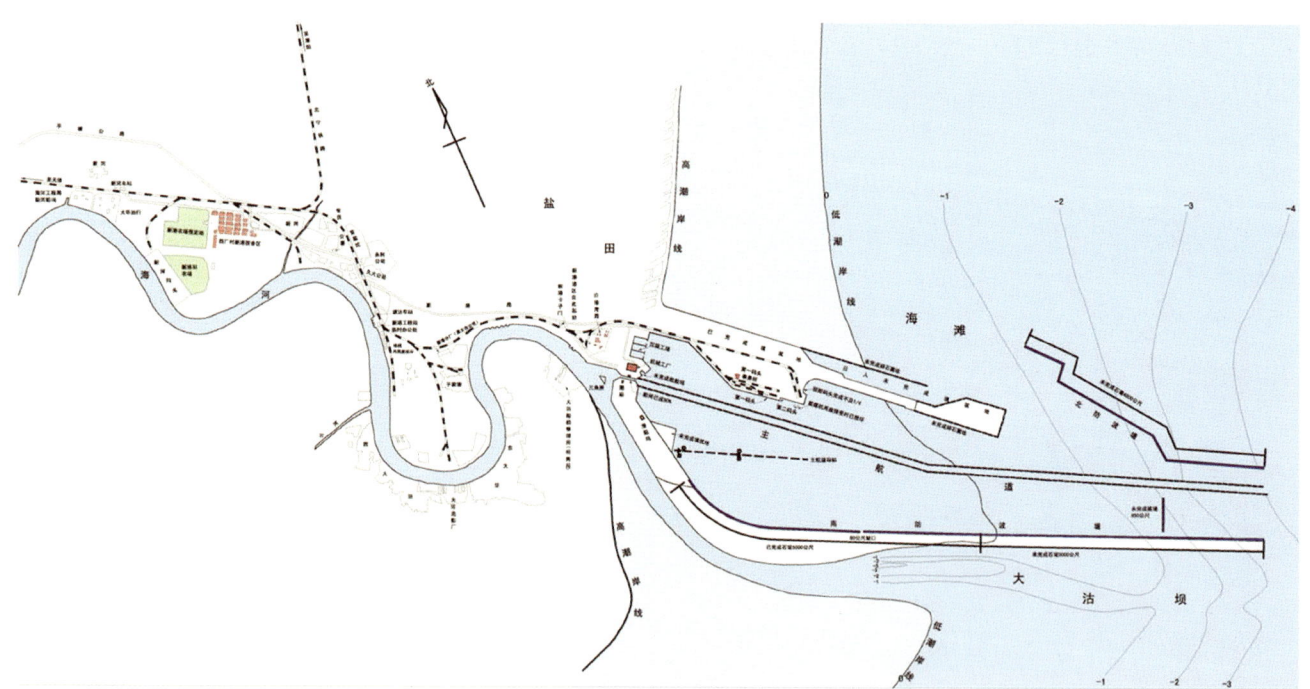

图2-4-22 1946年4月塘沽新港接收时概况图
（资料来源：底图出自天津市档案馆，作者改绘）

---

① 李华彬. 天津港史[M]. 北京：人民交通出版社，1996：260.
②③ 华北建设总署天津工程局. 交通部塘沽新港工程局概况[O]. 天津市档案馆，档号401206800-J0161-2-002094.

1945年8月日本投降时停工，直至1946年4月方才复工，间隔8个月之久。工程停顿期间，机械锈损，材料纷失，船闸亦没于水下，经4个月的整理，至8月正式兴工修建船闸，11月时，水面下工程完工，12月25日其他各项修建工作也全部竣工。①

船闸完工的同时，港内航道也疏浚至低潮下3～4米，经试行通航，成绩良好，各轮船公司纷纷请求通过，自1946年12月17日至1947年1月共通过轮船34艘。②这期间船闸的好处得以体现，以往3000吨级轮船出入大沽口时，须在口内或口外先行卸货一部分后方能通过，及至口外后才能装足货，极为不便，作业也十分危险，而现在只需经过船闸则可满载出入，省却了驳运之烦，便利甚大。

（2）整顿船舶

在工程停顿期间，新港的各类船舶被随意搁置，无人维护照顾，致使许多船舶或去向不明，或被借调他用，或搁浅沉没，或损坏而无法使用。所以，整顿船舶成为紧急之事，关系到新港建设的顺利进行。

日本投降后，被各方面挪用并散在各地的船舶被陆续收回。至1946年12月，共计收回14艘（表2-4-9），另有12艘也在接洽收回中（表2-4-10）。新港接收前很多船舶沉没了，1946年5月至11月陆续打捞起船舶14艘（表2-4-11）。新港现有及打捞起的船舶约80余艘，大都有所损坏，需修理后方能使用。至1946年末，共修理船舶47艘，其中新港自修31艘，发交外厂修理16艘，此外还有28艘待修中。

表2-4-9 收回船舶情况表

船舶名称	旧名	船舶种类	容量能力	收回日期	收回机关
新港一号	日光丸	拖轮	108吨	4月以前	招商局塘沽办事处
新港二号	第十三万寿丸	拖轮	60吨	6月	招商局塘沽办事处
新港三号	第一新港丸	拖轮	33.6吨	4月以前	招商局塘沽办事处
新港四号	第二新港丸	拖轮	23.6吨	4月以前	招商局塘沽办事处
新港十号	爱岩丸	拖轮	12.0吨	8月	招商局塘沽办事处
新港十四号	第十七万寿丸	拖轮	61吨	10月	招商局塘沽办事处
泰山一号	第一号起重机船	起重机船	起重能力：40吨	9月	驻塘沽美军
泰山二号	第八号起重机船	起重机船	起重能力：10吨	9月	驻塘沽美军
长风号		汽油艇		9月	驻塘沽美军

①②华北建设总署天津工程局. 交通部塘沽新港工程局概况［O］. 天津市档案馆，档号401206800-J0161-2-002094.

续表

船舶名称	旧名	船舶种类	容量能力	收回日期	收回机关
塘沽九号	第四塘沽丸	挖泥船	600吨 电力：1500瓦	10月	青岛港务局
新港十六号	宝丸	拖轮	72.00吨 马力：190匹	10月	山东省保安第八团
新港十七号	第一庆元丸	拖轮	43.68吨 马力：95匹	10月	山东省保安第八团
金星二号	第三阪神丸	自航运土船	蒸汽： 756.9吨	10月	山东省保安第八团
新港十六号	第一万寿丸	拖轮		11月	山海招商局

资料来源：华北建设总署天津工程局. 交通部塘沽新港工程局概况［O］. 天津市档案馆，档号401206800-J0161-2-002094.

表2-4-10　交涉收回中船舶情况表

船舶旧名	种类	容量能力	收回机关
第六万寿丸	拖轮	59.14吨	连云市政府
第十万寿丸	拖轮	60.59吨	连云市政府
第十一万寿丸	拖轮	60.59吨	连云市政府
第一阪神丸	挖泥船	677.86吨	陇海铁路局连云港务处
高轮丸	挖泥船	650.00吨	陇海铁路局连云港务处
阿寒丸	拖轮	109.51吨	陇海铁路局连云港务处
第103号运土船	运土船	120.00立方米	陇海铁路局连云港务处
第111号运土船	运土船	120.00立方米	陇海铁路局连云港务处
第三号运土船	运土船	120.00立方米	陇海铁路局连云港务处
第二号起重机船	起重机船	20.00吨	陇海铁路局连云港务处
第二号杭打船	打桩船	橹高21.20米	陇海铁路局连云港务处
第二号水船	给水船	橹高21.20米	陇海铁路局连云港务处

资料来源：华北建设总署天津工程局. 交通部塘沽新港工程局概况［O］. 天津市档案馆，档号401206800-J0161-2-002094.

表2-4-11 打捞船舶情况表

船名	旧名	种类	容量能力	打捞时期	打捞地点
新港五号	第二厚生丸	拖轮	19.00吨	7月以前	船闸东口
新港六号	第七住吉丸	拖轮	19.64吨	7月以前	天津
新港七号	第六住吉丸	拖轮	19.12吨	7月以前	西沽
新港八号	小新港	拖轮	12.98吨	7月以前	船闸东口
新港九号	铁丸	拖轮	15.26吨	7月以前	船闸东口
新港十一号	福阳丸	拖轮	16.49吨	7月以前	新港第二码头
	朝石丸	拖轮	16.16吨	8月	新港第二码头
泰山三号	第七号起重机船	起重机船	起重能力：1吨	8月	南防波堤
渡船一号	福字十八号	运石船	容量：540吨	8月	南防波堤
新港十二号	住吉丸	拖轮	20吨	9月	船闸东口
新港十三号	第三新港丸	拖轮	26吨		船闸东口
泰山四号	天龙丸	起重机船	起重能力：10吨	10月	船闸东口
		台船			船闸东口
		运土船			船闸西口

资料来源：华北建设总署天津工程局.交通部塘沽新港工程局概况[O].天津市档案馆,档号401206800-J0161-2-002094.

（3）航道疏浚工程

日本投降时，防波堤尚未完成，泥沙很容易漂流入港，以致航道日见淤塞。1946年8月测量结果显示主航道水深2~3米，第一码头前水深仅有2米，可见淤塞之严重。自10月起使用现有挖泥船4艘，并借用海河工程局自航式挖泥船1艘，赶工疏浚，将航道挖深至3.5米，第一码头前一部分挖深至4~5米，才可通航。挖出的泥土则填筑于第一、第二码头北隅低地处，共计填土量约16万立方米。1947年预计可挖泥300万立方米，按平均高度4米算，可填出约0.7平方千米的陆地。

除上述三项工程活动外，新港还为下阶段工作做了准备，如将现有材料集中整理，备置各种工程用料和器械，还修造房屋，完善给水设备，以供员工和工厂使用。除此之外，新港建立了自己的警卫大队，下辖三个中队，约400人，担任新港水陆防务工作。

3."三年工程计划"的制定及主要内容

新港工程局根据日本人所作的规划以及新港的实际建设情况，拟定了1947—1949年的"三年工程计划"（表2-4-12），主要工作任务为完成防波堤、疏浚航道、完成码头设备、航行标识、修船设备等，目标为年吞吐量200万吨，若往来船只增加、装卸设备齐全，可增至400万吨。

表2-4-12 三年工程计划

	1947年	1948年	1949年
防波堤	将南北防波堤低潮下0～4m未完成的石堤加固并继续完成；投石：27万m³；洋灰方块：3.4万m³；打钢板桩长1650m	继续施工修筑南北防波堤；部分铺装洋灰方块约6.5万m³；低潮下4～6.5m的部分打钢板桩，计划完成60%	全部完成
航道及停泊地	疏浚港内主航道，宽至70m，深至低潮下6m；第一码头前停泊地挖深至低潮下6m；第二码头前挖深至低潮下8m	航道加宽30m，挖深至低潮下8m；再挖深水停泊地两处，深11m	航道再加宽30m，使总宽达130m，深达8m；添挖深水停泊地两处，深11m
码头	驳船码头长370m，全部修筑完成；新筑油料码头一处，长300m		
船舶		添购挖泥船及破冰船各一艘	
装卸设备	修复原有的两架装煤机；新购起重机10余台		
干船坞及修船厂	将日本未完成的2000吨干船坞予以完竣；新筑简单修船坞一所；扩充修船厂		添造5000吨至10 000吨干船坞一所
电力设备	新设变压所，安装2000kV变压器三台，1000kW发电机四台，其中两台已购妥，两台正洽购中		
航道标识	添设自明标11套、灯塔2座、雾号志2座、导标6座、信号所3座、无线电台1座、深水停泊地用标识4套		
铁路和公路	整理铁路10 km；铺设通道	新筑铁路11.5 km；新筑盐场公路4 km	添铺铁路4 km，第一期计划修筑的26 km铁路全部完成
房屋	新建仓库2所，堆栈5所及工厂房屋医院		
上下水道	整理上下水道	给水排泥设备完成	
经费预算	56 750 000 000元	32 800 000元	39 648 400 000元
成果	a.三千吨级轮船可随时通过船闸；b.第一码头可停泊三千吨级轮船五艘至七艘，年装卸量约100万吨；c.第二码头装运煤斤100万吨，大同、井陉、开滦产煤均可由此出口；d.油料码头完成；e.船坞及修船设备完成	a.三万吨级海洋巨轮可在深水停泊地下碇两艘；b.防波堤完成大部分，可防止泥沙回淤和风浪侵袭	a.三万吨海洋巨轮可在新筑深水停泊地下碇；b.防波堤全部竣工，港基更加稳固；c.港内停船及转运设备完成；d.可修造沿海航行船舶；e.业务收入大增，每年余利约150亿元，可用以扩充码头设备

资料来源：华北建设总署天津工程局. 交通部塘沽新港工程局概况 [O]. 天津市档案馆，档号401206800-J0161-2-002094.

按照新港工程局的规划意图,该"三年工程计划"的重点在于新港基础设施建设,使其能够尽快满足华北运输的需要,新港未来的发展计划则根据华北经济繁荣程度和津塘间运输状况来制定。加之日本所筑部分不及原计划的一半,遗留工程甚多,新港扩充前景广阔。按照新港工程局的设想,建成后的新港将成为全国数一数二的大海港,具有极重要的地位,故计划中新港建设应与塘沽城市建设相配合,达到以港兴城、以城带港之目的。经数年经营后,新港预计可成为北太平洋国际贸易上的主要港口,塘沽也会成为繁华的新城市。

4."三年工程计划"实施情况(图2-4-23)

(1)1947年至1948年7月上旬工程进展概况(图2-4-24)

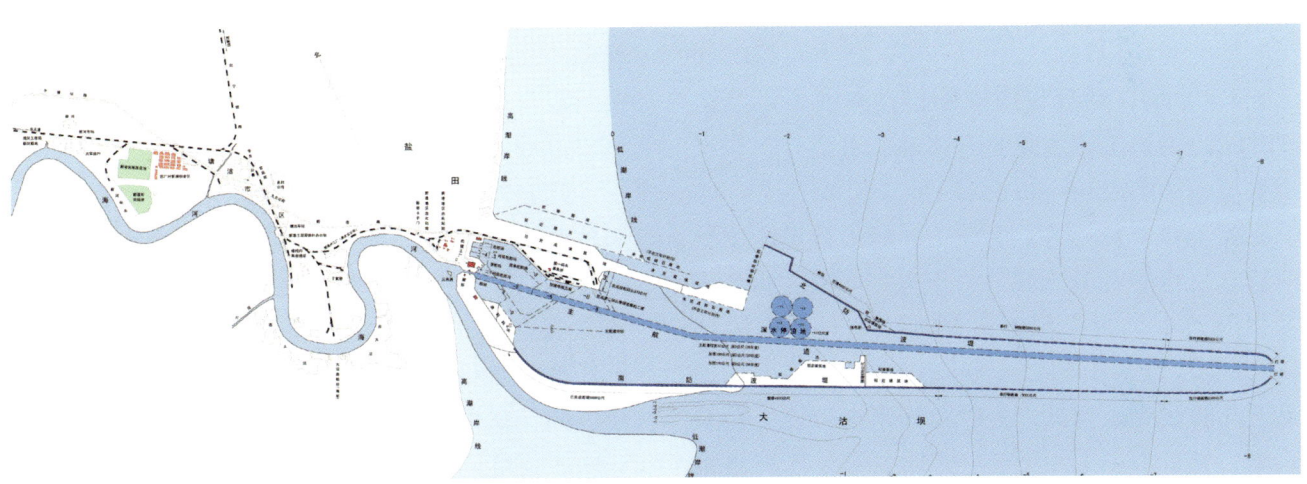

图2-4-23 塘沽新港三年计划图
(资料来源:底图出自天津市档案馆,作者改绘)

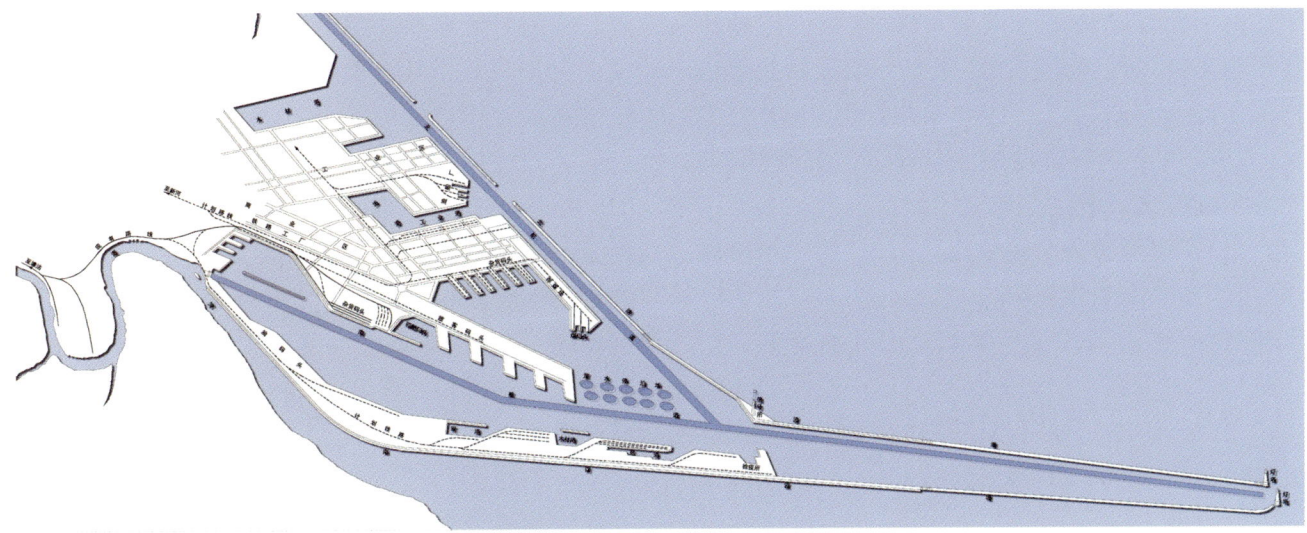

图2-4-24 塘沽新港一期工程完成后鸟瞰图
(资料来源:底图出自天津市档案馆,作者改绘)

· 防波堤工程

防波堤可抵御港外风浪，防止泥沙入港，为海港的良好运行提供基本条件，因此一直以来都是新港建设的重要且基本工程。

南防波堤计划全长16.8公里，日本占领时期已修筑9.5公里，其中4.5公里只完成一部分，需要加高加固。在1947—1948年，共整修南防波堤2.9公里，共计投石料约2.5万吨，堤顶加高至大沽水准零点上2.7米。

北防波堤计划全长13.8公里，日本占领时期已筑4.8公里，均只完成一部分，高度不足。这段时间的主要工作就是抛石加高已筑部分，在水深处压置90块22吨重的混凝土块于堤顶上。鉴于混凝土块太费材料，新港工程局另行设计出一种节省材料的混凝土圈，每个重13.5吨，28个压置在堤顶上，效果很好，于是计划再制混凝土圈538个，预备于1947—1948年全数压置于堤顶上。北防波堤西部靠岸处的1190米缺口已经抛石筑堤，共计投石料8万吨，堤顶大部分已高出水准2~2.3米，可抵挡泥沙流入。

· 疏浚航道工程

由于此前防波堤未筑到水深4米处，港外泥沙很容易流入港内而使航道淤塞，要维持航道通畅就必须常常疏浚之。1947年共挖泥300万立方米，1948年上半年进度则慢了许多，仅挖100万立方米。经过疏浚，主航道已挖深至大沽水准下4米，第一码头前一个船位深达6米，第二个船位深5米，第三个船位深4米，第二码头装煤机前一个船位深6米。疏浚工作愈靠近海外愈困难，加之电力供应不畅，挖泥船偏少，使得挖泥效率低下，为此，新港工程局申请拨款从美国购买大自航式挖泥船一艘，期望能提高效率。

· 船坞工程

船坞为修造船之所，新港工程用船甚多，来往进出港船只更多，经常有损坏者，小船的修理只需船台，大船的修理则必须要用船坞。日据时期原拟筑一座二千吨级干船坞，只完成了基底部分便因日本投降而停工。新港工程局接管后考虑到此项工程相当艰巨，本欲暂时搁置，以待将来有条件时再建，但塘沽周围各港口都没这种设备，导致损坏船只无法修理，对航运业和新港建设都非常不利，故决定完成此项工程，并将船坞底部加长，改成三千吨级船坞。工程于1947年秋季动工，并于同年冬季封冻前将土方基桩2400余根及混凝土8000余立方米等主要土木工程完成，只需再增加些机械附属设备就可投入使用。

此船坞可以修理或制造三千吨级的船只。坞底标高为-3.5米，长100米，宽11.6米；坞顶标高为+4.7米，长106.1米，宽23.9米。坞身用混凝土建造，坞门用钢制。抽水设备有50马力12寸口径的抽水机二台，7.5马力7寸口径的抽水机三台。共计使用砂石、洋灰、木料等4万余吨。

· 发电厂及变电所

1947年6月新建发电厂一座，装置了两套1000kW发电机，发电量除可满足港内工程需求，夜间时还可供一部分给塘沽市区使用。后来又向物资供应局购得1000kW发电机两套，计划安装在正在建造的厂房内。

· 堆栈

原计划在第一码头上建造防火堆栈5座，后因工料价格猛涨，经费短缺，改为建造3座，并于1947年底全部完成。每座堆栈占地面积为3000平方米，共计可堆置面粉60万袋。另外还有一座木质堆栈，是从别处拆迁改造而来，可作应急之用。

· 铁路

为促进水陆联运，新建了第一码头临港铁路、第二码头装煤机道、第三义道及发电厂运煤道、临时调车场等共计5.72公里，加上日据时期所修的8.18公里，此时港区内共有铁路13.9公里。原本港区所用铁路由新港工程局建设和管理，后交通部下令自1948年7月1日起全部铁路的管理使用以及兴建等权属均移交给平津区铁路局，新港工程局不再负责。

· 装煤机

按照日据时期的新港计划，第二码头系装煤专用码头，拟设装煤机四座，仅完成二座，接收时已破坏甚剧，原有转动大胶皮带全部遗失。1947年6月，新港工程局从青岛市港务局购得宽3市尺①、长3500余市尺的胶皮带一条，修复装煤机一座，每小时可装煤300吨，成效甚佳。第二座装煤机尚在修理中。

· 整修扩充机械工厂

工程停顿期间内，机械工厂本身并未受到较大破坏，修复并无困难，但是内部的设备机器仅有94台且多有损坏，不敷应用，故新港工程局的主要工作都放在了建设新厂房和添购新机器上。截至1948年7月，新厂房已建成，新港工程局从"行总敌伪产业处理局物资供应局"购买的144台机器也尽数安装，此外还有日本赔偿的100余台机器待运来后安装。

· 打捞船只

接收新港后，新港工程局在港内陆续发现大小沉船54艘，其中38艘已打捞出来。

· 自来水工程

新港工程建设需大量淡水，但临海之地，淡水来源缺乏。日据时期通过凿深井抽取地下水使用。新港工程局接收后，这些淡水井已不能满足实际使用，于是又新凿口径6寸②的新井两口，深约15米，日出水量30万加仑③；凿口径11寸的新井一口，深约16.5米，日出水量达百万加仑。供水系统的水管也做了调整，并加设大小水管150余米，300吨的钢质蓄水塔一座。

（2）1948年下半年工程进展概况④

· 防波堤工程

南防波堤整修9公里至10公里一段，将堤顶加高至大沽零点，以防泥沙侵入港内，共计抛投片石1万吨。北防波堤堤顶继续安置重13.5吨的混凝土圈，下半年共安妥39个，此外新制混凝土圈117个。出于以后方便装运片石的目的，在第三码头附近修筑一座木码头，长200米，宽8米，已竣工。

将各种防波堤修筑方法所耗费用进行估算并加以比较，以研究合理的防波堤断面。8月下旬成立材料试验室，试验新港附近土壤的各项特性，寻找混凝土受侵蚀的原因，研究探讨防止堤段沉陷的方法，以为将来改进沉箱设计提供参考。

· 疏浚航道工程

1948年原预定挖泥量为500万立方米，但因燃料和挖泥船只缺乏，不敷应用，实际上半年仅完成挖泥量100万立方米，下半年截至10月底也只挖泥100余万立方米，远低于预期。

1948年春，新港工程局申请拨款从美国购买大自航式挖泥船一艘，得到批准，成交后于7月底启程来华，至10月26日驶抵塘沽，计划先驶往青岛拆除封舱铁板，然后再返回新港以投入使

---

① 1市尺=1/3米。
② 1寸=1/30米。
③ 1加仑（美）=3.785升；1加仑（英）=4.546升。
④ 华北建设总署天津工程局. 塘沽新港工程局业务报告［O］. 天津市档案馆，档号401206800-J0219-3-031197.

用。该船长290英尺①，吃水（满载）24.5英尺，泥舱容量2815立方码②，空船排水量4000吨，具有两个各为450匹马力的离心式吸泥泵，日挖泥量约1万立方米。

为减轻航道回淤，在第一码头西端及第二码头东端各试做一道拦泥坝，具体做法是：先在淤滩上打木桩，然后编挂柳枝。观测数月后发现，坝后淤泥表面较高，坡度较平，有一定实效。另外在航道南侧用土袋另做一道拦泥坝，待观测出结果后，将两个方法比较以取舍。

· 船坞工程

给三千吨级船坞添加附属设备，工作已经完毕，船坞开始试行放水，准备投入使用。

· 装煤机

第二座装煤机于下半年开始修理，自9月初开工，预计年底可竣工，届时装煤能力可增至每小时600吨。

· 市政工程

下半年以来，新港工程局协助警察局修筑塘沽市区公路计长4华里，路面用煤渣及黏土混合铺修，并用氯化钙处理，以防灰尘兼使之耐久，已经竣工。此外为加强塘沽的防卫力量及维护新港安全，新港工程局协助专员公署修筑各种防御工事。

5. 工程成效

截至1948年7月，新港工程局在新港建设方面已取得了一些进展，虽然工程艰难，耗费巨大，但这些工程进展也产生了相应的成效。在船闸工程完成后一年半的时间里，通过大小公私轮船1380余艘，明显地起到了便利航运的作用。修好的装煤机每小时可装煤300吨，若按每天工作12小时、一年工作300天计算，一年的装煤能力达100余万吨。如果将第二架装煤机修好，基本可使运来的煤能随到随走，效率很高。1948年春，开滦煤因秦皇岛港出现问题而转由新港运出7650吨，门头沟煤也由此运出39 100吨，出口很是快捷。第一码头上的三座堆栈完成后，美国救济物资及陆空军用器材均在该处卸存，然后转运至华北各地。1948年5月1日至6月11日，美国援华面粉及华南面粉668 000余袋，就是经过新港运入平津，再分散至各地，以供军用民食的。可见，在边建设边使用过程中，新港已经开始发挥作用，并对华北经济产生良好影响，对华北整个军事也有相当的裨益。③

2.4.4.4 新港建设在塘沽城市发展中的地位

港口作为水、陆运输的连接纽带，是促进城市发展的重要条件。世界上大多数滨河沿海的城市都是因港口的兴盛而发展起来的，而新港的修建意味着与新港相依靠的塘沽迎来了城市腾飞的最大机遇，事实上也确实如此。

新港修建以前，塘沽地区依靠盐田、铁路和水运等优势逐渐发展起来，形成了一定的城市规模，城市人口也增加了很多，不过塘沽依然只是一幅乡村式城镇面貌。新港港址选定在塘沽以后，塘沽的地位迅速发生变化。随着新港的修建，天津港的港区中心开始偏向塘沽，紫竹林港区也最终被塘沽新港取代。

塘沽在近代最后的十几年中，新港建设成为塘沽城市建设的主要内容，塘沽市内的许多建设活动也与新港建设相配合。新港工程先后进行了

---

① 1英尺=0.3048米。
② 1立方码=0.756立方米。
③ 华北建设总署天津工程局. 塘沽新港工程局业务报告［O］. 天津市档案馆，档号401206800-J0219-3-031197.

9年，动用了数万人力，其中有大量的技术人员和管理人员，为了给这些人提供良好的工作条件，工程主管部门在塘沽街市里修建了很多配套服务设施以及员工宿舍，形成了所谓的"西新港"区。这些建设丰富了塘沽城市建筑类型，也带来了塘沽服务业和娱乐业的发展。另外，由于日本侵略者打算将新港建设成华北的转运基地，先后在塘沽建立了大沽化工厂、大沽坨地、浮船株式会社、水产株式会社和日满渔业组合等工厂机构，给塘沽的城市建设带来了一定的繁荣。

新港建设对塘沽城市发展建设的巨大推动作用主要体现在新中国成立后的几十年里，从滨海新区现在的发展情况和经济地位来看，可以想象当年的新港建设为塘沽带来了多么大的历史机遇。

2.4.4.5　新港建设对津塘关系的影响

日本侵略华北以前，天津与塘沽在军事、政治和经济方面的联系已经极为密切。塘沽在清末时是天津最重要的军事屏障，津塘之间曾设有专门的电话电报线，塘沽还是天津航运交通的必经之地，是物资转运中心和水陆交通枢纽，也是天津工业资本重要的投向目标。但是一直以来，天津和塘沽都没有统一行政区划，二者之间类似于中心城市和远郊城镇间的关系。

日据时期，津塘关系出现了重大变化，从关系密切开始向不可分割的有机体衍变，并为新中国成立后统一区划奠定了基础，而这种衍变的主要推动力就是新港建设。因为塘沽新港具备足够的潜力和优势取代天津市内河港，而且这种趋势随着海河淤浅和航道不畅越来越明显。天津是北方最大的商贸城市和工业城市，设备齐全的近代化大港口对其发展至关重要，而塘沽新港正是这样的大海港，迎合了天津城市发展的客观需要。

当然，津塘间便利的交通也为迎合这种需求创造了必要的条件。日据时期，当局对保障交通运输通畅极为重视，改造了北宁铁路塘沽段线路，修建了津塘公路，改善了津塘间的交通条件，使得新港能够取代内港成为天津市的港口。津塘关系的突破性变化，既是经济发展的客观结果，也是人为推动的主观成果。

从1937年到1949年，统治当局针对天津和塘沽先后编制了三个城市规划方案，均将"天津和塘沽作为一个整体来设计"，并将塘沽新港划为天津市的港口。虽然由于战争原因，这些设想未能实现，但完全反映了当时"有识之士"对津塘关系的清晰认识与把握。

可以说，津塘关系的质变是经济、技术和交通条件发展的客观结果，其衍变过程则在人为的主观推动下加速了，塘沽新港建设也正是客观发展和主观作用的共同结果。新港建设为天津城市发展提供了强大而直接的出海口，有利于城市经济贸易的发展，同时，新港以天津市为支撑，以华北、西北为腹地，也可以保持繁盛不衰，二者相得益彰。

第 3 章

天津工业遗产现状调查

3.1 现状概述

天津关于工业遗产保护与利用工作始于2010年，首先展开了对天津滨海新区工业遗产的普查工作。2011年初，天津市规划局与天津大学中国文化遗产国际保护研究中心等机构开始了全市范围内工业遗产的普查工作。普查工作结合了全国第三次文物普查的结果，选取了131处工业遗产进行普查，建立了"一厂一册"的普查图册，于2012年结束。除去灭失的工业遗产，最终确认121处。建立普查图册之后，天津市制定了一套工业遗产的认定标准《天津市工业遗产管理办法》（2012年）。与普查工作同时进行的，是由天津市规划局与天津市城市规划设计研究院对每一项工业遗产所做的详细规划策划。对有代表性的工业遗产，于2013年编制出了《天津市工业遗产保护与利用规划》，并于2016年对其进行了修订。本书第4章"天津工业遗产典型案例实录"主要基于2012年普查资料，并对其作出相应补充。变化较大者补充了新说明。

普查从厂区整体情况和建（构）筑物情况两个层面进行。厂区整体情况包括地理位置、始建年代、厂区范围及占地面积、产权单位、使用功能、历史沿革、厂区内的环境要素等；建（构）筑物情况包括建筑的名称、建筑面积、层数、高度、时间年代、建筑功能、建筑风格和保存状况，以及内部设备情况等。

3.1.1 遗产等级分类

根据2013年制定的《天津市工业遗产保护与利用规划》，天津的工业遗产分为三类：第一类最具代表性典型工业遗产20处，第二类典型工业遗产24处，第三类一般工业遗产78处。2016年修订的《天津市工业遗产保护与利用规划》减少至97处，其中37处为与生产直接相关，60处为间接相关。将与生产直接相关的37处工业遗产分为了三个级别，其中一级工业遗产14处，二级工业遗产17处，三级工业遗产6处。一级工业遗产指国家级、市级、区级的工业遗产文物保护单位和受市重点保护的历史风貌建筑；二级工业遗产指认定价值较高能体现特色的工业遗产，包括没有列入文物保护单位的不可移动文物和一般保护等级的历史风貌建筑；三级指一般的工业遗产。并对每一级都提出了保护的内容和要求。

3.1.1.1 与工业生产直接相关的工业遗产

与工业生产直接相关的工业遗产共计37处，包括生产、加工、仓储等工业建筑物及附属设施。由于这类工业遗产的价值、重要性和完整性等，其历史、技术、社会、建筑等价值较高。

一级、二级、三级工业遗产名录见表3-1-1～表3-1-3。这些工业遗产能够体现天津工业发展的历史特征，并具备鲜明的工业风貌特色。在相应时期内具有稀缺性、唯一性，并在全国或天津具有较高影响力的工业遗产，有造币总厂旧址、北洋水师大沽船坞旧址（天津市船厂）、塘沽南站旧址等。在全国同行业内具有代表性或先进性，品牌影响最大，工艺先进的工业遗产，有天津第一机床厂、亚细亚火油公司塘沽油库旧址、比商天津电车电灯股份有限公司旧址等。企业建筑格局完整或建筑技术先进，并具有时代特征和工业风貌特色的工业遗产，有天津拖拉机厂、天津外贸地毯厂旧址等。

表3-1-1 一级工业遗产名录

序号	名称	所在地	始建年	等级
1	北洋水师大沽船坞旧址（天津市船厂）	滨海新区	1878年	一级工业遗产
2	黄海化学工业研究社旧址	滨海新区	1922年	一级工业遗产
3	塘沽南站旧址	滨海新区	1876年	一级工业遗产
4	比商天津电车电灯股份有限公司旧址	河北区	1904年	一级工业遗产
5	福聚兴机器厂旧址	红桥区	民国	一级工业遗产
6	国营天津无线电厂旧址	河北区	1946年	一级工业遗产
7	津浦路西沽机厂旧址（天津机辆轨道交通装备有限责任公司）	河北区	1909年	一级工业遗产
8	天津市印字馆旧址	和平区	1886年	一级工业遗产
9	亚细亚火油公司塘沽油库旧址（天津亚细亚火油公司）	滨海新区	1915年	一级工业遗产
10	杨柳青年画馆（安氏家祠）	西青区	1720年	一级工业遗产
11	华新纱厂工事房旧址	河北区	1918年	一级工业遗产
12	永利碱厂旧址	滨海新区	1916年	一级工业遗产
13	造币总厂旧址	河北区	1905年	一级工业遗产
14	日本协和印刷厂旧址（环球磁卡）	河西区	1938年	一级工业遗产

资料来源：《天津市工业遗产保护与利用规划》（2016）

表3-1-2 二级工业遗产名录

序号	名称	所在地	始建年	等级
1	新华纽扣厂旧址（宁家大院）	南开区	1938年	二级工业遗产
2	宝成、裕大纱厂旧址（棉三）	河东区	1920年	二级工业遗产
3	盛锡福帽庄旧址	和平区	1929年	二级工业遗产
4	天津达仁堂制药厂旧址	河北区	1914年	二级工业遗产
5	三五二六厂旧址	河北区	1938年	二级工业遗产
6	天津电业股份有限公司旧址（第一热电厂）	河东区	1938年	二级工业遗产
7	天津外贸地毯厂旧址（天津意库）	红桥区	1957年	二级工业遗产
8	天津酿酒厂	红桥区	1952年	二级工业遗产

续表

序号	名称	所在地	始建年	等级
9	渤海无线电厂	河西区	1954年	二级工业遗产
10	天津市电机总厂	河西区	1950年	二级工业遗产
11	天津市公交集团二公司	河西区	1953年	二级工业遗产
12	东亚毛呢纺织有限公司旧址	和平区	1936年	二级工业遗产
13	东洋化学工业株式会社汉沽工厂旧址（天津化工厂）	滨海新区	1938年	二级工业遗产
14	日本大沽工场旧址（大沽化工厂）	滨海新区	1939年	二级工业遗产
15	天津第一机床厂	河东区	1951年	二级工业遗产
16	天津纺织机械厂	河北区	1946年	二级工业遗产
17	新港船厂	滨海新区	1940年	二级工业遗产

资料来源：《天津市工业遗产保护与利用规划》（2016）

表3-1-3　三级工业遗产名录

序号	名称	所在地	始建年	等级
1	天津钢厂	东丽区	1950年代	三级工业遗产
2	天津广播器材有限公司（国营第764厂）	河西区	1949年	三级工业遗产
3	天津拖拉机厂	南开区	1950年代	三级工业遗产
4	天津重型机器厂	北辰区	1950年代	三级工业遗产
5	新河船厂	滨海新区	1916年	三级工业遗产
6	原英商怡和洋行仓库	和平区	民国	三级工业遗产

资料来源：《天津市工业遗产保护与利用规划》（2016）

3.1.1.2　与工业生产间接相关的工业遗产

与工业生产间接相关的工业遗产共计60处（表3-1-4），主要包括企业办公、职工居住、城市交通运输设施等工业物质遗存，以单体建筑、构筑物形式为主。该类遗产主要分布在城市中心以及沿河岸地区。

表3-1-4　与工业生产间接相关的工业遗产名录

序号	名称	所在地	始建年	序号	名称	所在地	始建年
1	原太古洋行大楼（航运）	和平区	1886年	26	大红桥	红桥区	1937年
2	原天津电报局大楼	和平区	民国	27	张贵庄飞机场旧址	东丽区	1951年
3	原招商局公寓楼	和平区	民国	28	杨柳青火车站大厅	西青区	1912年
4	仁记洋行天津分行旧址（航运）	和平区	1920年	29	中法合营王朝葡萄酒公司	北辰区	1978年
5	原开滦矿务局大楼	和平区	1921年	30	南和顺北窑遗址	滨海新区	元
6	原怡和洋行大楼（航运）	和平区	1921年	31	南和顺西窑遗址	滨海新区	元
7	原万国桥	和平区	1923年	32	南和顺南窑遗址	滨海新区	元、明
8	原久大精盐公司大楼	和平区	1924年	33	陈寨庄西南窑遗址	滨海新区	明
9	济安自来水股份有限公司旧址	和平区	1901年	34	英国大沽代水公司旧址	滨海新区	1865年
10	英美烟草公司北方运输公司总部旧址	河东区	1919年	35	水线渡口	滨海新区	1878年
11	铁道部天津基地材料厂办公楼	河东区	1954年	36	英国太古洋行塘沽码头	滨海新区	1899年
12	海河工程局旧址	河西区	1911年	37	日本新港港务局办公厅旧址	滨海新区	1940年
13	原工商学院主楼	河西区	1925年	38	港5井	滨海新区	新中国
14	天津新站旧址	河北区	1903年	39	海河防潮闸	滨海新区	1958年
15	耳闸	河北区	1919年	40	大沽灯塔	滨海新区	1971年
16	天津电话四局旧址	河北区	1926年	41	唐代窑址	宁河县	唐
17	天津电话六局旧址	河北区	1927年	42	张官屯窑址	静海县	明
18	天津利生体育用品厂旧址	河北区	1928年	43	唐官屯火车站	静海县	清
19	北宁铁路管理局旧址	河北区	1936年	44	独流给水所（铁路设施）	静海县	清
20	交通部材料储运总处天津储运处旧址	河北区	1937年	45	静海火车站	静海县	1908年
21	天津西站主楼	红桥区	1902年	46	唐官屯铁桥	静海县	1909年
22	原北洋大学堂（北洋工学院）	红桥区	1902年	47	陈官屯火车站	静海县	1910年
23	芥园水厂	红桥区	1903年	48	唐官屯给水所（铁路设施）	静海县	1910年
24	直隶全省内河行轮董事局旧址	红桥区	1914年	49	城关扬水站	静海县	1952年
25	丹华火柴厂职员住宅	红桥区	民国	50	争光扬水站	静海县	1959年

续表

序号	名称	所在地	始建年	序号	名称	所在地	始建年
51	十一堡扬水站	静海县	1959年	56	前甘涧兵工厂旧址（小三线）	蓟县	1973年
52	二里店窑址	蓟县	汉	57	三岔口扬水站	蓟县	1974年
53	沟河北采石场	蓟县	清	58	合线厂旧址	西青区	1971年
54	大朱庄排水站	蓟县	新中国	59	翟记棺材铺旧址	西青区	民国
55	天津广播电台战备台旧址（小三线）	蓟县	1966年	60	薛家油坊	西青区	清末民初

资料来源：《天津市工业遗产保护与利用规划》（2016）

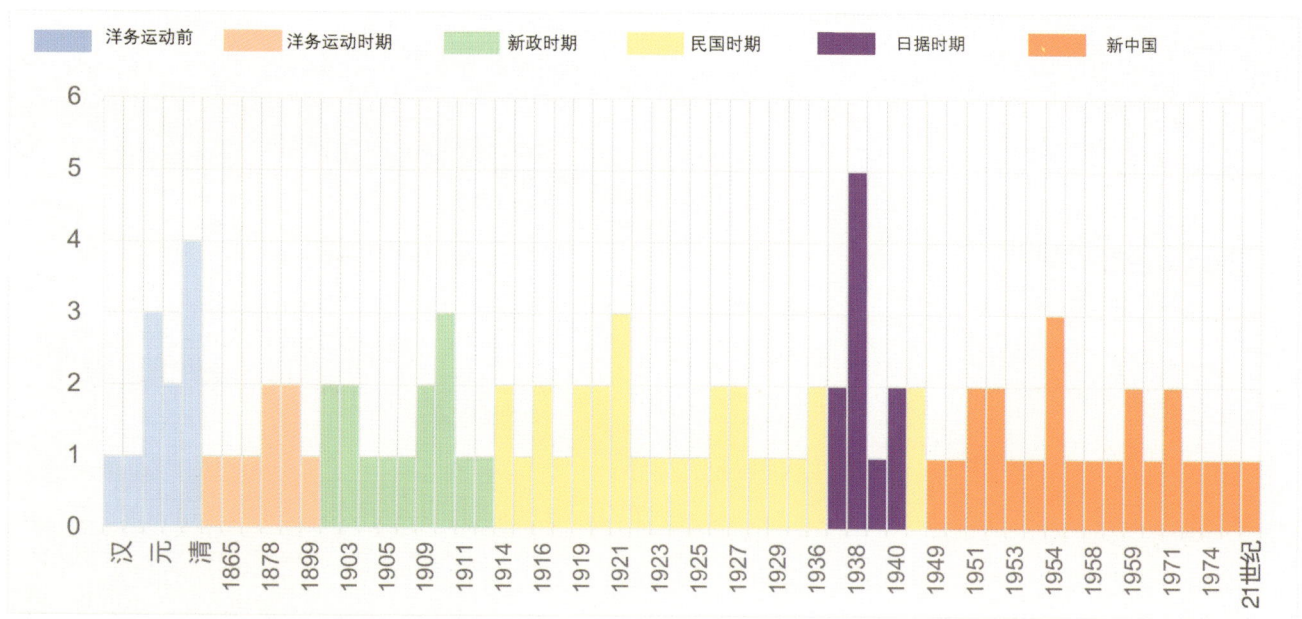

图3-1-1 天津工业遗产时间分布统计图
（资料来源：作者自绘）

3.1.2 时间分布特征

从图3-1-1中可以看出，在历史延续性上，天津市现存工业遗产的时间分布存在很强的连续性，能够从侧面反映出天津城市的近代化脉络和工业发展的历史特征；从数量上来说，民国时期保留的工业遗存最多，新中国"一五""二五"时期、新政时期次之。

3.1.3 空间分布特征

3.1.3.1 行政区分布特征

从图3-1-2可知，从各行政区的分布来看，数量最多的是滨海新区，数量最少的是宁河区；从整体来说，滨海新区、老城中心区、静海郊区呈现多极分布特征。

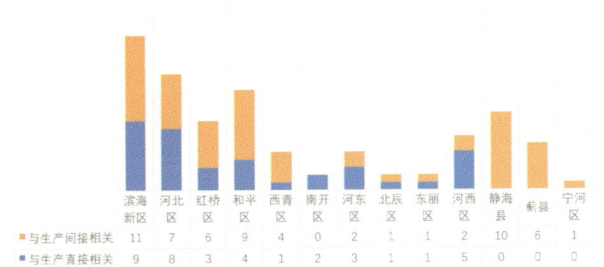

图3-1-2 天津各区工业遗产数量统计图
（资料来源：作者自绘）

3.1.3.2 交通线性分布特征

为了靠近资源，方便运输，近代天津的工业布局大致沿海岸线、海河和铁路沿线展开。滨海新区集中了制盐、制碱等化工企业和大型造船企业，中心城区则多为对外贸易的市场和仓库码头。

1. 海河沿线

海河是连接运河航运与海运的唯一通道，天津近现代工业遗产在中心城区和滨海新区核心区范围内多数沿海河集聚分布，共计约40处，体现了港口和水运对天津近现代工业发展的影响。

在中心城区形成了以交通运输、纺织、设备制造业为主的三岔河口工业遗产集聚区，共有工业遗产6处；以设备制造及供应、交通运输业为主的海河租界沿线集聚区，共有工业遗产15处。在滨海新区核心区形成了以交通运输、船舶制造业为主的塘沽入海口集聚区，共有工业遗产4处。

2. 铁路沿线

随着京山铁路和津浦铁路的陆续建成，天津工业进入铁路运输的时代，工业遗产在中心城区和滨海新区核心区内沿铁路运输线集聚分布，共计约19处，体现了铁路运输对天津近现代工业发展的影响。

在中心城区形成了以交通运输、纺织、电子制造、设备制造业为主的京山铁路沿线工业遗产集聚区，共有工业遗产11处；以交通运输、设备制造业为主的京沪铁路沿线工业遗产集聚区，共有工业遗产3处。在滨海新区核心区形成了以化学制品制造、交通运输业为主的进港二线工业遗产集聚区，共有工业遗产4处。

3. 大运河沿线

京杭大运河天津段现分为南运河[①]和北运河两段，交接在三岔河口。沿线分布遗产（图3-1-3）总数共9个，其中水闸、水坝、桥、水厂等水利设施共7个，窑址共2个。京杭大运河带动了沿线当地民生经济的发展，不仅有水利的兴修，还有延伸的产业如烧造砖窑、贸易经济、用品补给等都是我国都市发展的真实写照，因此具有由广入微，多层面、全方位的研究和保护价值。

京杭大运河本身就是一部几千年的中国南北交流史、对外防御史、经济贸易史等多种身份的集合。天津北邻关外，东环渤海，西接北京，无论是对外防御、贸易经济，还是政治服务，都是不可或缺的角色。从东汉建立伊始，至隋唐翻修，大运河以其卓越的军事边防功能载入史册。后经宋金朝局变换，军事功能逐渐衰微，商贸功能日渐兴起。由于南北通商的发展，南运河作为大运河的支段起了不可小觑的漕运作用。大运河天津段在历史的各阶段的角色转变不仅对沿线城市的相关研究弥足珍贵，更可以此来对整个运河运输状态定性。

3.1.4 行业类型特征

本书将案例实录部分分为办公管理类、电子通信业、纺织制造业、机械制造业、船舶制造

---

① 大运河分为七段，其中天津至临清段称南运河。

审图号：GS(2019)3333号

图3-1-3 大运河遗产分布图
（资料来源：底图出自"标准地图服务"网站，作者改绘）

业、能源化学工业、交通运输业、印刷造币业、医药工业、食品业、水务业、公共教育、水利工程、古代窑址、其他行业等类型。

天津工业遗产种类繁多（图3-1-4），前五位分别是交通运输业、办公管理类、水利工程、机械制造业、古代窑址，而纺织制造业、能源化工业、电子通信业则数量接近。

除去古代窑址，天津近代工业遗产的产业分布特征大致如下：交通运输业中的津浦铁路包含了众多铁路类遗产，代表了当时先进的铁路建造技术和管理制度；机械制造业中的天津第一机床厂是当时同行业的先进代表；船舶制造业中的大沽船厂，印刷造币业中的造币总厂等在当时国内都有着很高的影响力；纺织制造业中的外贸地毯厂、棉三纺织厂的建筑时代特征和工业风貌特征显著。

3.2 天津工业遗产的价值评估

工业遗产的评估主要有文化资本评估和经济资本评估。针对文化资本的评估，2014年国家社科重大项目《我国城市近现代工业遗产保护体系研究》课题组推出《中国工业遗产价值评价导则》（试行），在历史、艺术、科学技术的大框架下针对工业遗产制定了具体指标，可归纳为以下12项：①年代；②历史重要性；③工业设备与技术；④建筑设计与建造技术；⑤文化与情感认同、精神激励；⑥推动地方社会发展；⑦重建、修复及保存状况；⑧地域产业链、厂区或生产线的完整性；⑨代表性和稀缺性；⑩脆弱性；⑪文献记录状况；⑫潜在价值。本书对天津工业遗产

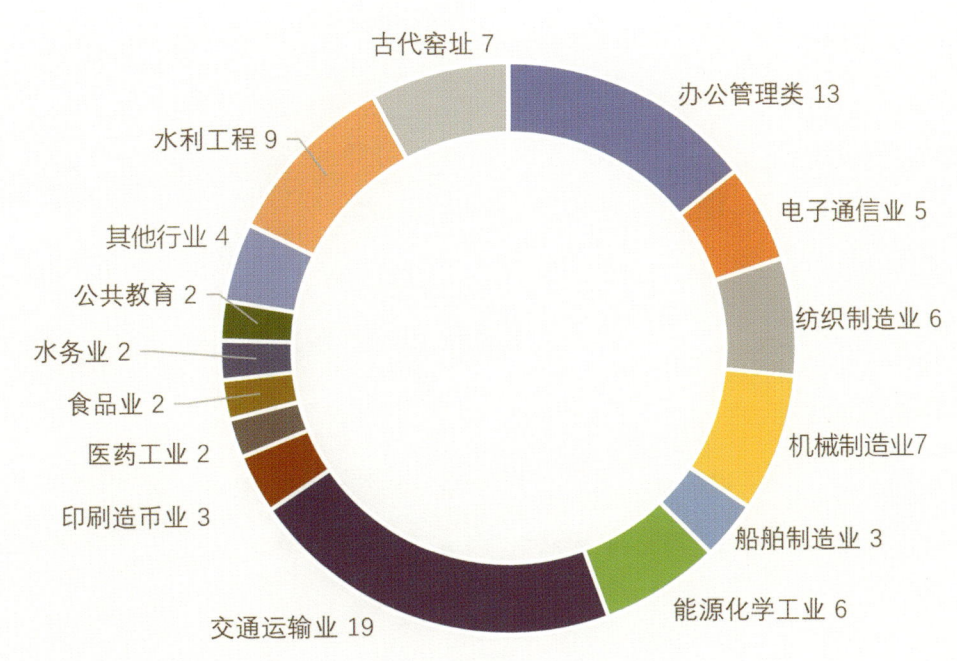

图3-1-4　现有工业遗产产业分布图
（资料来源：作者自绘）

的评估亦基本遵循了该导则，主要针对文化资本进行评估。

3.2.1 年代与历史重要性

天津在中国近代工业发展中举足轻重。天津及周边工业遗产群见证了天津近代化的历程，也反映了中国在近代化过程中的一个侧面。清朝末年在天津建立的一系列军工企业为该地区的工业起步发展奠定了基础，但在1900年八国联军侵华时，这些军工企业大多被破坏或占领（图3-2-1）。

民国时期，军事威胁已不重要，重要的威胁是经济掠夺。面对如此情景，民族资本家奋起抵抗，积极响应"抵制外货"运动，建立了很多卓有成效的民族企业，反抗外资垄断。直隶地区中较著名的有东亚毛纺厂、永利碱厂、久大精盐厂、启新水泥厂等企业，这些企业所生产的"抵羊"毛线（图3-2-2）、"红三角"纯碱（图3-2-3）、"海王星"精盐和"马牌"水泥，不仅在国内受到好评，而且还在国外的博览会上屡次获得奖牌。

通过对天津工业遗产的分析可以看出，天津工业遗产历经清末时期、民国时期、战争时期以及新中国四个时期，遗存历史久远，时间跨度大。从1879年为及时互通战况，李鸿章在大沽、北塘、天津之间架设的军用电报线穿越海河遗址以来，历经一个多世纪。其间，以李鸿章为代表的清末洋务运动，在天津建立了一系列包括军工、制造、铁路等在内的近代产业。而《马关条约》签订之后，天津外资工业急剧发展，主要为进出口贸易和为租界居民生活服务的公用设施。第一次世界大战期间，西方国家无暇东顾，民族资本工业有了较大的发展，这一时期建立的面粉、纺织、化学等工业为天津日后的工业发展打下了坚实的基础。1937年日本占领天津，中国的

图3-2-1　作为法国兵营的北洋机器局
（资料来源：place41, PhotoConcessionFrance1904—1931, ArchivesNationalesd'outre-Mer）

图3-2-2　东亚毛呢纺织有限公司商标"抵羊牌"
（资料来源：《天津纺织老照片》）

图3-2-3　永利碱厂商标"红三角"
（资料来源：黄海化学工业研究社）

大部分工业企业被日本占领,少数迁入中国西部继续发展。日本除扩建原有工业外,还新建了纺织、机械、冶金、橡胶、面粉、化工等各种类型的工厂。天津的历史演变与中国近代工业发展及中国近代史息息相关,是中国近代工业发展的缩影,也是中国近代史的缩影。

在工业化的进程中,直隶地区在很多方面都积极尝试,创造了很多的中国第一(表3-2-1),为中国其他地方的工业化提供了基础和借鉴。

表3-2-1　直隶地区在工业化的进程中的首创

类型	名称	时间	成就
工业	天津机器局东局	1866年	中国第一家近代化火药厂
	水底机船	1880年	中国第一次试制潜水艇
	开平矿务局	1881年	中国第一家实行机械采煤的近代化煤矿
	宝津局	1887年	中国第一座机器铸币厂
	北洋硝皮公司	1898年	中国第一家近代化制革厂
	户部造币总厂	1903年	中国第一座国家造币厂
	久大精盐公司	1914年	中国第一家精盐制造厂
	永利制碱厂	1917年	中国第一家制碱企业
	耀华玻璃公司	1921年	中国第一家中外合资玻璃企业
	利生体育用品厂	1921年	中国第一家皮革制球工厂
科学技术	龙号机车	1882年	中国第一个自制蒸汽机车
	天津载人气球	1885年	中国第一只载人气球升空成功
	"侯氏制碱法"自制"红三角"牌纯碱	1926年	获美国费城世界博览会金奖
	"化学扩散原理"	1928年	中国第一个发现
	永明漆	1929年	中国第一个硝基漆先进工艺
	北洋工学院试制成功飞机发动机	1934年	中国第一台飞机发动机
研究机构	中国地学会	1907年	中国第一个研究地理的学术团体
	黄海化学工业研究社	1922年	中国第一家民营化工研究机构
	《海王》旬刊	1928年	中国第一家私营企业杂志
	北洋大学"中国第一水工试验所"	1932年	中国第一个水利工程试验机构

续表

类型	名称	时间	成就
邮政通信	海关书信馆总办事处	1878年	中国第一所邮政管理局
	北塘—大沽—天津军用电报线	1879年	中国第一条电报线
	（津沪）电报总局	1880年	中国第一家电报局
	天津至保定电话线	1884年	中国第一条自建长途电话线
	天津电话东局	1904年	中国第一座自建自动电话局
	"中天牌"电话机	1934年	中国第一批国产自动电话机
铁路运输	唐胥铁路	1881年	中国第一条自建标准轨铁路
	开平铁路公司	1886年	中国第一个铁路管理机构
	汉沽铁桥	1887年	中国第一座铁桥
	津芦复线铁路	1897年	中国第一条复线铁路
市政建设	工程局	1883年	中国第一个市政工程机构
	金华桥	1889年	中国第一个修建开启式铁桥的城市
	考工厂	1902年	中国第一座商品陈列所
	有轨电车	1906年	中国第一座拥有公共交通的城市
教育	电气水雷学堂	1876年	中国第一所培养水雷技术人才的军事学校
	北洋电报学堂	1880年	中国第一所工业技术学校
	北洋水师学堂	1881年	中国第一所培养海军驾驶人才的军事院校
	北洋武备学堂	1885年	中国第一所陆军军官学校
	北洋大学堂	1895年	中国近代第一所大学
金融	中国实业银行	1919年	中国第一家为工业融资设立的银行

资料来源：航鹰. 近代中国看天津——百项中国第一［M］. 天津：天津人民出版社，2008.

3.2.2 工业设备与技术

天津的工业遗产群反映了中国工业从农业社会转向工业社会的产业结构变化的过程；设备和技术是工业发展的核心，天津的工业遗产群完全地展示了中国近代工业引进设备、技术转移、技术创新的一系列变化过程。技术传播的载体是人，他们对于技术的传播和创造促进了该地区工业的发展，并结合中国实际的国情以及传统文化特色创造出中国特有的工业景观。

3.2.2.1 工业结构的变化

天津传统手工业主要是围绕盐业生产和农业用具而展开的。明代三汉沽、丰财和芦台三个盐场由于采用了晒盐法而产量大增。明末，出现了织绸业、造船业以及为盐业服务的采煤和柴行。

清朝中叶，编席业和酿酒业不断扩大。随着天津军事地位的提高，还出现了制造军火器械的手工业。这些行业不仅结构单一，而且大都是手工制造，生产力水平很低，产品质量也不是很高。

随着天津被开辟为通商口岸，许多新鲜事物随之而来。工业方面也不例外，不仅外商在天津开办新式企业、买办洋行，清政府也积极自主地建立新式工厂，完全改变了传统的以农业为主的手工业结构，逐渐演变成以军工、纺织、食品、化工等为主的近代工业结构。

3.2.2.2 技术交流与创新

中国工业化初期的技术引进首先表现为机器的引进。工业形成和发展的基本条件是先进的机器设备，而当时中国作为落后的农业古国，自己并不能制造机器，因此发展近代工业的物质前提和起点只能是从国外引进新的生产力。[1]洋务运动筹办的一系列军工企业，在建立之初也要从外国采购被称为"万器之器"的机器设备，才能进行下一步的生产活动。天津机器局也不例外，时任三口通商大臣的崇厚委托当时的海关税司赫德从英国购进军器33箱，包括车床、刨床、直锯、卷锅炉、铁板机器等[2]。

传统手工业向近代工业转变的标志就是机器的使用和动力的发展，纺织、面粉、制革等行业都从国外购置了机械设备和动力设备，动力最初采用蒸汽动力，后来采用电力设备。天津六大纱厂都购置了松花机、纺纱机、织布机等机器设备，还有蒸汽锅炉、发电机、马达等动力设备（表3-2-2）。这些先进设备的使用，不仅提高了生产效率，而且优化了产品的质量。

表3-2-2　北洋时期天津六大纱厂引进国外先进设备统计表

工厂名称	机械设备	动力设备
裕元纺织股份有限公司	纺纱机75 000锭（美国）、织布机1000台（英国、日本）、合股机900锭	蒸汽锅炉4座（英国）、引擎马达185座（美国）、透平发电机4座（美国）
华新纺织股份有限公司	纺纱机22 000锭，打花机、清花机、松花机共556台	电机锅炉2座、电台1座、马达（马力500匹）120座、透平发电机3座
恒源纺织股份有限公司	纺纱机31 000锭，织布机2000台（英国、美国）	立式水管锅炉5座、透平发电机2座、三相交流发电机3座、马达202座（美国）
裕大纺织股份有限公司	纺纱机35 000锭，细纱机、粗纱机、钢丝机共276台（美国）	发电机3座、马达60座、锅炉4座（美国）
北洋第一商业纺织股份有限公司	纺纱机20 000锭（美国）	蒸汽水管式锅炉1座、三相交流发电机2座（英国）、引擎马达68座（美国）
宝成第三纺织股份有限公司	纺纱机27 000锭，摇纱机、合股机等250台	锅炉3座、透平发电机2座、电台1座

资料来源：根据胡光明、蓝长云的《天津商会档案汇编》（1992）整理。

---

[1] 宋美云，张环. 近代天津工业与企业制度[M]. 天津：天津社会科学院出版社，2005：261-263.
[2] "中央研究院"近代史研究所. 海防档·丙·机器局[M]. 台北："中央研究院"近代史研究所，1957：29.

18世纪西方传教士开始向中国传播近代科学技术。在洋务运动中,更是大量引进外国技师和教习,在中国的工业化初期产生了重大的影响。天津的洋务运动企业如天津机器局、开平矿务局以及唐胥铁路的建立与发展都与外国技师的来华息息相关。

工业生产中最为重要的是技术,先进设备需要与先进的生产技术相配合。如若不掌握核心技术,最先进的设备和杰出的外国技师都无法使该企业有后续发展的潜力。因此,在积极引入现代化设备的同时,近代天津的工业界人士也非常重视生产技术的引进与创新。侯氏制碱法是中国近代工业史上的重大突破,它是唯一的以单独的中国人名命名的化学方法,因此天津碱厂是显示中华民族智慧和荣耀的实物载体。

技术的传播和影响力也是评价的重要方面。华北被日本占领后,大批企业迁往内地,重建中国的工业,为战争提供后备力量。永利碱厂也于1937年与久大精盐厂和黄海化学工业研究社一同前往四川华西重建化工基地,最终选在犍为县五通桥南的老龙坝置地建设永利川厂,在自贡自流井张家坝建成了久大自贡模范食盐厂,黄海化学工业社也在五通桥继续化工研究。犍为县盛产食盐,附近有烟煤、黄铁矿、石灰石等化工原料。老龙坝位于岷江之滨,水陆交通便利,水路直通重庆,公路可达成都。永利川厂用山上的条石建房,用取石后的深坑作为蓄水池,称为"百亩湖",湖西侧山上建造工人的宿舍,至1942年,已经逐步建成碱厂、发电厂、机械厂、炼油厂等多处生产单位[①]。(图3-2-4)

| 纯碱厂 | 机械厂 | 发电厂 |
| 实验室 | 现场指挥部 | 炼水室 |

图3-2-4 永利川厂厂房现状照片
(资料来源:作者自摄)

---

① 陈歆文,周嘉华. 永利与黄海:近代化学工业的典范[M]. 济南:山东教育出版社,2006:52-63.

3.2.3 建筑设计与建造技术

天津工业遗产从侧面反映了中国近代建筑特别是工业建筑的发展历程。从以天津机器局、天津造币局为代表的"中学为体，西学为用"的工业初期建筑，至北洋新政时期的完全西化的建筑风格，再到工业兴盛期的以"功能为主、形式为辅"的现代主义风格均有遗存，体现了中国建筑近代化的过程。

工业建筑是中国近代化历程中出现的新建筑类型之一，其作为近代工业传入中国的一个附属品由西方移植而来，早期的工业建筑以机器局为代表，其东局和西局都为样式雷设计建造，这个时期的工业建筑体现了传统建造技术和工业生产功能结合的探索。后来，由洋行代办购买机器的同时引进了西式的工业建筑，以造币局工厂部分为代表，反映了建筑和设备的契合。

清末新政之后，国家对于西方文化的认识从器物层面提升到了制度层面，而此时的工业建筑也大多采用西洋风格建造，反映了当时国家与政府对于西方技术的态度。这一时期，新建的建筑不论是衙署建筑、商业建筑、还是教育建筑，均采用典型的西方建筑式样。1906年河北新开区劝业会场几乎全部采用了西式建筑。但是梁思成却对这一时期的建筑持否定态度："自清末季，外侮凌夷，民气沮丧，国人鄙视国粹，万事以洋式为尚，其影响遂立即反映于建筑。凡公私营造，莫不趋向洋式。"①

随着第一代留学生归国以及民族工业的逐渐壮大，中国对工业的认识已经不仅仅停留在"购置船炮、自制枪炮"这一层面，而是意识到掌握整个生产工艺对于工业发展的重要性。因此，这一时期的工业建筑布局与设计主要从功能出发，同时受到适用于工业化社会的现代主义的影响，工业建筑既不是传统的中式风格建筑，也不是西式的古典风格建筑，而是遵循"形式追随功能"的宗旨，采用简洁的立面和纯净的形体。

随着新式外资工厂在中国的建立，砖、石、铁等材料以及桁架技术等这些真正的新式欧洲建筑技术也开始在中国工业建筑上使用。工业建筑逐渐从西洋风格的建筑载体中脱离出来，经济原因还在其次，主要是出于防火与跨距这两个原因。大型工厂的大敌就是火灾，一不小心便会将巨资购进的机器化为废铁，因此工厂建筑外墙逐渐使用石材或砖墙，而里面的柱梁及屋架则使用铁材。随着机器成为工厂的主体，各式机器之间通过管道或装置相互连接，因此对于大空间的要求也越来越高。不仅建筑内的柱间距增大，而且柱子也必须细小，因此能满足跨度要求的桁架、强度高且细小的铁柱均首先在工厂建筑中出现。②

此外，工业本身的发展也促使工业建筑发生根本性的变革。此时工业的行业与门类都有所扩充，并不仅仅是将传统工艺改为机器制造，提高生产效率，而是在现有工业基础上不断发展壮大，不仅纺织、火柴、制皂、机器生产等行业逐渐将各个生产环节整合到一个大空间内，而且新兴的化工、冶金、钢铁等工业还需要大型的机器设备。

由于工业建筑自身的特殊性，致使许多新材料、新结构都最先在工业建筑上使用，然后才推广到公共建筑、商业建筑以及住宅建筑上。如为了防火而采用砖石等材料，为获得大空间、增加建筑的跨度而采用桁架结构和细而硬的铁柱，等等，因此，可以说工业建筑是有别于其他建筑

---
① 梁思成. 中国建筑史 [M]. 天津：百花文艺出版社，2005：353.
② 藤森照信. 日本近代建筑 [M]. 黄俊铭，译. 济南：山东人民出版社，2010：61-62.

的，更具有典型性，因为它推动了建筑技术的不断发展。

3.2.4 文化与情感认同、精神激励

企业精神是企业职工在长期生产经营实践中所形成的思想作风、价值观念、道德规范、行为准则等群体意识的总和。对于每一个企业，如何培育企业精神，用一种崇高的目标和信念凝聚、吸引、激励职工与企业同甘苦，共患难，这是企业面临的挑战。民国时期的企业若无强大的信念和精神支持，是无法在外国列强、本国官僚的双重压制之下发展的，因此各企业都建立了自己独特的企业文化，这些企业文化与精神是旧直隶地区民族工业创立之初的真实写照。

1930年，中国近代企业提出的企业文化的内涵主要包括以下几方面：①提出实业救国的思想；②提出服务社会的思想；③倡导独具的企业精神[1]。范旭东的"久大精神"和宋棐卿的"东亚精神"都是这些要素的综合体现。

永利碱厂在范旭东先生的带领下先后制定了11项信条，主要有：个人利益服从国家利益；公私分明，克己自制；创业求精，互相砥砺；遵令奉行，不得违职；保守公司秘密，严守服务道德；主持公道，不徇私情；团结工友，以善待人；宗教自由，不探隐私等。这种精神在1934年被归结为著名的"四大信条"[2]：

①我们在原则上绝对地相信科学；
②我们在事业上积极地发展实业；
③我们在行动上宁愿牺牲个人，顾全团体；
④我们在精神上以能服务社会为最大光荣。

以"四大信条"为主导的"永利精神"不仅支持着永利碱厂在艰难的环境下艰苦奋斗，在华西重建化工基地，更是成为中国近代民族工业发展的精神动力。

《东亚铭》是东亚公司1945年编制的《东亚精神》中格言式的企业文化（图3-2-5），包括

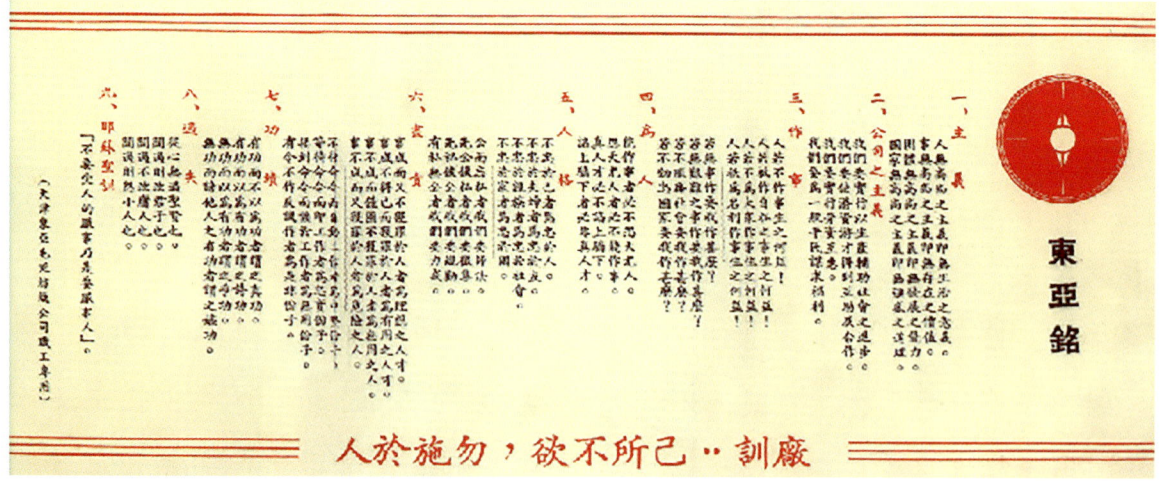

图3-2-5 《东亚铭》
（资料来源：《天津纺织老照片》（2012））

---
[1] 宋美云，张环. 近代天津工业与企业制度[M]. 天津：天津社会科学院出版社，2005：286-289.
[2] 天津碱厂志编修委员会. 天津碱厂志[M]. 天津：天津人民出版社，1992：486.

东亚公司的主义、作事、为人、人格、尽责、功绩、过失等方面。其中"公司之主义"表达了东亚精神的最高境界：以生产辅助社会进步；使游资游才得到互助合作；实行劳资互惠；为一般平民谋幸福。东亚职工每人一份，悬挂在办公室或家里，作为"座右铭"。

3.2.5 推动地方社会发展

天津工业对天津地区的社会发展起到重要的推动作用。首先，近代工业的诞生促使近代教育的发展，不同专业技术人才的培养又催生各式新式学堂，为工业的发展提供人才储备。其次，近代工业促进地方基础设施的建设，新式工厂促使产业工业集聚形成工业区，为了解决工人的各项需求，保障工人的多方利益，相应的各项近代基础设施相继兴建，不仅为所属厂区的工人服务，也为工厂所在地区的其余市民服务，因此推动了城市化的进程。最后，许多大型工厂还承担了部分社会责任，如在受灾期间主动赈济灾民、施粥施诊，有效地防止了灾后疾病的大面积蔓延，促进了灾后重建工作。

3.2.5.1 职业教育的发展

"近代中国的实业教育是从洋务派的军事工业开始的"，[1]随着近代军械的引进和中国军事工业的发展，导致军事和近代教育变化，因此培养水雷、电报等各种专业技术人才的军事学堂应运而生。福州船政学堂为近代教育之始，随后各地新式学堂纷纷建立，旧直隶地区也开办了一批军事学堂。

光绪二年（1876年），天津机器局在其电气水雷局内创办电气水雷学堂，"延订西士选募生童……教练一切，制成各种水雷，历赴海口演示，应手生效"，[2]这是天津最早的军事技术学堂。1880年，为培养架设天津到上海的电报线的专门技术人员，在天津创办北洋电报学堂，校址位于天津东门外扒头街，雇佣丹麦教习璞尔生（Poulson）教授电子和发报技术，共培育出300名毕业生，是中国电信事业的先驱。该学堂于1900年战争期间停办。

光绪六年（1880年），李鸿章呈奏朝廷获准在天津机器局创办北洋水师学堂。从英国留学归国的严复先后任总教习、会办、总办等职。"堂室宏敞整齐，不下一百余椽。楼台掩映，花木参差，藏修游息之所，无一不备。另有观星台一座，以备学习天文者登高测望。"[3]1881年，北洋水师轮机学堂（又称水师驾驶学堂）创建。1882年，该校并入北洋水师学堂。学堂原址位于天津机器局东局东侧，1900年毁于战火。在《光绪纪要》中，北洋水师学堂被推崇为"开北方风气之先，立中国兵船之本"。课程分设驾驶与管轮两个专业，驾驶班课程分内堂（理论）课、外场（实践）课两部分，内堂课有国文、英文、数学、代数、几何、三角、立体几何、天文、驾驶、海上测绘、丈量学、物理学、化学等；外场课有陆军兵操、枪炮法理、弹药及引信法理、信号、开枪操练等。管轮班课程也分为两部分，内堂课有国文、英文、数学、代数、几何、三角、立体几何、物理学、化学、汽学、力学、锅炉学、桥梁学、制图学、轮机全书、煤质学、手艺工作学、鱼雷学等；外场课与驾驶班略同。[4]北洋水师学堂为北洋海军培养了大批新式实用型军

---

[1] 徐苏斌. 近代中国建筑学的诞生 [M]. 天津：天津大学出版社，2010：51.
[2] 李鸿章. 李鸿章全集（1-12册）[M]. 长春：时代文艺出版社，1998：1369.
[3] 张焘. 津门杂记（中卷）[Z]. 天津：天津古籍出版社，1986：19-20.
[4] 天津市档案馆. 天津档案与历史 [M]. 天津：天津人民出版社，2008：216.

官人才,张伯苓、黎元洪、郑汝成、王邵廉、温世霖等均为该校毕业生。

除了军事学堂外,天津还开办了一系列培养各类专业人才的民用学堂,如直隶高等工业学堂、实习工厂、劝业铁工厂等。与军事学堂相比,这些民用学堂以培养产业工人为教学目的,更注重工业实践的训练,课程设置立足于中国急需发展的工业种类,教学与生产相结合,或者通过半工半读的形式培养技术工人,这些民用学堂毕业后的技术工人成为旧直隶地区工厂的工人主力。

3.2.5.2 附属设施的建设

工厂除了生产厂区之外,还有宿舍、学校、医院等与居民生活息息相关的生活设施,这类遗产不仅反映了企业对工人待遇的不断发展变化,更是与当地居民的生活有着不可分割的联系,是工业遗产中与当地居民之间最直接的连结。

从欧文的空想社会主义开始,工厂就被当作乌托邦社会的试验田。民国时期,中国工厂建设也出现了建设附属设施的倾向。国民政府颁布的《工厂法》中第36~40条有规定:"工厂对于童工及学徒,应使受补习教育,并负担其费用之全部,其补习教育之时间,每星期至少必有10小时,对于其他失学工人,亦酌量补习,其前项补习教育之时间,必在工作时间之外;工厂可能范围内,应协助工人举办工人储蓄及合作社等事宜;工厂可能范围内,应提倡工人正当娱乐;工厂营业年度终结算,如有盈余,除提股息、公积金外,对于全年工作并无过失之工人应给以奖金或分配盈余。"此法颁布后,各企业均对工人的福利问题高度重视,其中尤以"东亚""开滦""永利"这些大型企业为代表,范旭东、宋棐卿等人不仅满足《工厂法》中对工人福利的要求,而且还兴建职工宿舍、食堂、医院、小学等。

1. 职工宿舍

"久大工人室"是最早的男单身宿舍,建有53间平房,每间设12个床位,共住约200人。宿舍配有饭厅、浴室。1928年改名为"久大、永利工人室"。1931年工人室又增加了国术室,派专职武术教师教授职工武术,还有国剧室、游艺室、图书室等,此外还配有理发所,并建有洗衣房一间。1932年久大精盐厂在南院建二层楼房,作为女单身宿舍。至1948年有宿舍76间,住370人。久大精盐厂从1926年开始建工友住宅,1929年建职员住宅17户51间(图3-2-6),永利碱厂从1927年建联合村宿舍,1932年在联合村和铁路之间建太平村宿舍(图3-2-7),1936年建新村花园,占地43.18亩。[①]

图3-2-6 1929年11月建成的职员住宅
(资料来源:《天津碱厂发展90年史略》)

图3-2-7 太平村宿舍
(资料来源:《天津碱厂发展90年史略》)

---

① 天津碱厂志编修委员会. 天津碱厂志[M]. 天津:天津人民出版社,1992:551-552.

2. 学校

永利碱厂十分重视对技术人员的培养和对普通工人的文化教育，通过实地学习、派出国进修和开设学习班等形式，培养了大批技术干部和技术工人，其中许多成为企业的骨干。1921年，永利碱厂和久大精盐厂联合成立工人读书班，设在原"久大工人室"内，有教室4间，专职教师3人，学员240人，"工读班"是永利碱厂第一个正规的职工教育机构。1934年8月，永利碱厂成立永利碱厂特种艺徒班，该班学员于1937年6月全部结业，成为企业培养的一批技术骨干力量。[1]

1934年，永利碱厂创建了"怀瑛堂"幼稚园。该园设有2间教室和1间活动室，1935年开学，有1名主任，2名教员，"永久黄"的职工子弟皆可免费入园。1948年有学生100余人，教员8名。

1925年，永利碱厂和久大精盐厂合办明星小学（图3-2-8），以满足职工子女的普通教育。建校初期有2名教师，设一、二、三、四年级，有学生19人，校址在原久大精盐厂后门的原法国海军营房（现天碱网球场）。1926年，教员增至6人，加开了五、六两个年级，全校有学生77人。由于学生不断增加，于1935年8月建成新校舍，在联合村的南面，有平房教室12间，办公室5间，400多座位的礼堂、海王球场各1个，教师宿舍、储藏室、化妆室、传达室等若干间，共占地面积12.346亩。[2]

3. 医院

1920年，永利和久大设永久医院，地址在黄海院（现天碱俱乐部），1924年永久医院迁往工人室，医院占地60平方米，设备不甚完善，仅相当于保健站规模。1935年10月12日，永久医院迁往新建的南院楼房，增添设备、医生，已相当于小型规模医院。（图3-2-9）

4. 娱乐体育

"永久黄"团体认为"一切运动方法，能养成耐劳、有恒、勇敢、合群、守纪律等优良习惯"，因此对各项体育运动格外重视，其目的并不是为了争夺竞赛名次，而是为了健身。因此整个企业从高级领导到普通职员，都积极参加体育

图3-2-8 明星小学
（资料来源：《图说滨海》）

图3-2-9 20世纪30年代永久医院候诊室
（资料来源：《天津碱厂发展90年史略》）

---
[1] 天津碱厂志编修委员会. 天津碱厂志 [M]. 天津：天津人民出版社，1992：507.
[2] 天津碱厂志编修委员会. 天津碱厂志 [M]. 天津：天津人民出版社，1992：514.

活动，如篮球、足球、乒乓球、游泳、网球、排球、武术等。

1928年以前，黄海化学工业研究社东门已建起综合运动场，包括两个网球场、一个篮球场、一个足球场。1929年成立了永久篮球队、网球队和足球队，1935年又组建了乒乓球队、排球队，并增添许多体育设施，如游泳池、溜冰场、灯光篮球场、乒乓球室等，如此全的体育设施在全国的企业中是极为少见的。

"永久黄"团体在整个直隶地区中开展最早的体育项目是网球，1935年塘沽成立了"永利久大黄海网球会"，以提倡体育、联络感情、增进球术、团结精神为宗旨，并明确了章程、范围、义务。该会下属的"海王"网球队与"永利""久大"网球队经常进行友谊赛，并且与天津地区的其他团体进行比赛（图3-2-10），在直隶地区名噪一时。①"永利"篮球队由于普及性比较高，因此球技不断提高，在各项比赛中都取得优秀的成绩。（图3-2-11）

图3-2-10　网球比赛情景
（资料来源：《海王》第28期，1936年）

3.2.5.3　承担社会责任

旧直隶地区的工厂还承担了部分社会救济职责，如开滦煤矿设有开滦收容所，其主要开销由开滦矿务局负责，中国铁路公司也承担部分开支。接收人群主要是老人、妇女儿童、矿内受伤员工以及内战中受伤士兵。其中身体健康的人群需接受培训，进行地毯、篮子编织、制鞋等工作。据1929—1930年总矿师年报记载："所制地毯在当地可卖到很好的价格，质量属上等，很受人们欢迎"，"受伤士兵痊愈后，有些竟不愿离开"。②可见当时收容所的条件相对较好，并且可以不必全部依赖开滦矿务局和中国铁路公司

图3-2-11　永利篮球队
（资料来源：《海王》第5期，1932年）

---

① 天津碱厂. 钩沉——"永久黄"团体历史珍贵史料选编［M］. 天津碱厂, 年不详: 430.
② 1929—1930年总矿师年报［O］. 开滦煤矿档案2478.

的资助。开滦收容所的成立也是开滦煤矿扩大其社会影响力的一个重要途径。

1939年,天津遭遇洪灾期间,东亚公司组织护厂赈灾,用装满沙土的麻袋垒在工厂各要塞,阻止洪水淹入,并雇用民船去各处解救职工家眷和其他难民。洪水退后,东亚还召集各厂施粥救济灾民。其时,东亚、仁立各捐助八千万,设有粥厂、施饼处(图3-2-12)为灾民提供粮食,还设有施诊处(图3-2-13),为灾民及时检查身体,防止灾后大面积爆发传染病。

图3-2-12　东亚施饼处
(资料来源:《天津纺织老照片》,2012)

图3-2-13　施诊处
(资料来源:《天津纺织老照片》,2012)

3.2.6　重建、修复及保存状况

遗产的重建、修复及保存状况即是遗产的真实性。对于工业遗产而言,建(构)筑物并不是其价值核心所在,遗产所承载的生产流程、工艺设备、企业文化、社会精神才是其核心价值。所以,虽然很多工业遗产由于设备更新、工艺提高,建(构)筑物也随之拆改,但是其核心价值并未受到影响。

但是很多工业遗产的保存状况却不容乐观。由于多数工业遗产位于区位较好的城市地段,在"退二进三"的城市化进程中不免遭受拆除和破坏。这样的例子比比皆是,不胜枚举。以天津碱厂为例,它所处的于家堡地区被规划为滨海新区CBD,虽然天津碱厂位于CBD的边缘地带,但是仍属于规划建设的二期工程。天津碱厂于2010年全面停产,完成全部厂区内的排污处理后,于2011年大面积拆除,仅剩余大门、科学厅、白灰窑、日据时期仓库和发电厂,承载重要生产线的建(构)筑物都被拆除,制碱设备被卖给其他工厂,无法再次使用的设备则当作废铁处理。2012年进行工业遗产普查时,天津碱厂空旷的土地上只余白灰窑(图3-2-14)、一座日据时期仓库(图3-2-15)、科学厅(图3-2-16)和一座厂房框架,原有工厂的脉络以及历史积淀全然不见。遗存的建(构)筑物由于周围环境的破坏丧失了很多重要的价值,比如遗存的1号与2号白灰窑虽然历史久远,但是煅烧白灰产生二氧化碳只是制碱工艺流程中的前期准备环节,并不是制碱的关键工段,当白灰窑与其相关联的碳化工程脱离而单独作为设备时,无法体现整体制碱流程,也无法反映出范旭东先生等人当年辛苦建厂历经磨难的经历,因此它的价值也仅仅体现在历史价值上。

图3-2-14　白灰窑遗存
（资料来源：作者自摄）

图3-2-15　仓库遗存
（资料来源：作者自摄）

图3-2-16　科学厅遗存
（资料来源：作者自摄）

3.2.7　地域产业链、厂区或生产线的完整性

物质载体的完整性包括三个层次，首先是产业链的完整性，其次是厂区自身的完整性，最后是核心生产线的完整性。

3.2.7.1　产业链的完整性

产业链的完整性是工业遗产完整性的典型特征。永利碱厂生产纯碱需要煤作燃料、石灰石和盐作原材料，所以产业链的上游是唐山的煤和皂家店的石灰石，以及长芦盐区的盐。这些环节需通过铁道交通、河运等连接。碱又是化工、食品、制药的原材料，制碱同时也生产化肥，用于农业。因此，产业链的完整性是工业遗产价值叙事的依据之一。

3.2.7.2　厂区的完整性

厂区的完整性并不仅仅指生产厂区的完整性，还包括为工厂的生产生活所建立的所有的相关设施。以"永久黄"团体为例，其厂区的完整性不仅仅指永利碱厂、久大精盐厂以及黄海化学社生产厂区的完整，还包括为其运输原料和产品的铁路和码头设施，如为工人生活提供方便的工人宿舍——永利花园、工人新村，为工人子弟提供教育机会的幼稚园、明星小学，保证工人身体健康的永久医院等。

从图3-2-17中可以看出，北宁铁路将开滦煤矿的煤和皋家店的石灰石运到塘沽，永利、久大的产品通过塘沽南站和久大码头经铁路和水路分别运出塘沽行销各地。久大东厂和永利碱厂毗邻而建，长芦盐区的盐可通过厂内铁路运到久大东厂制盐，成品精盐也可通过厂内铁路运到永利碱厂用于制碱，两者相辅相成。此外厂区外围还建有工人宿舍、医院、学校等相应的配套设施。

3.2.7.3 核心生产线的完整性

许多厂区遗产占地庞大，厂内建筑众多，相互关系错综复杂，既有用于生产的生产区，还有为之服务的公用设施、仓储设施、运输设施以及办公设施。但并不是所有的生产设施都属于核心生产线，工厂也并不只生产一种产品，有很多副产品是由核心生产线衍生而来的。以天津碱厂为例，其主要产品是纯碱，但是生产纯碱的过程中所产生的废气、废水是制造烧碱、碳酸镁、氯化钙等产品的重要原料，副产品的生产线应为二级生产系统，其地位比核心生产系统也就是一级生产系统低。对于天津碱厂而言，首先应该确保一级生产系统也就是氨碱法制碱生产线的完整性，包括原料的运送进厂、加工、合成、生产、产品的包装、运输出厂全部的过程的完整性，并在条件允许的情况下尽量保证二级生产系统的完整性。

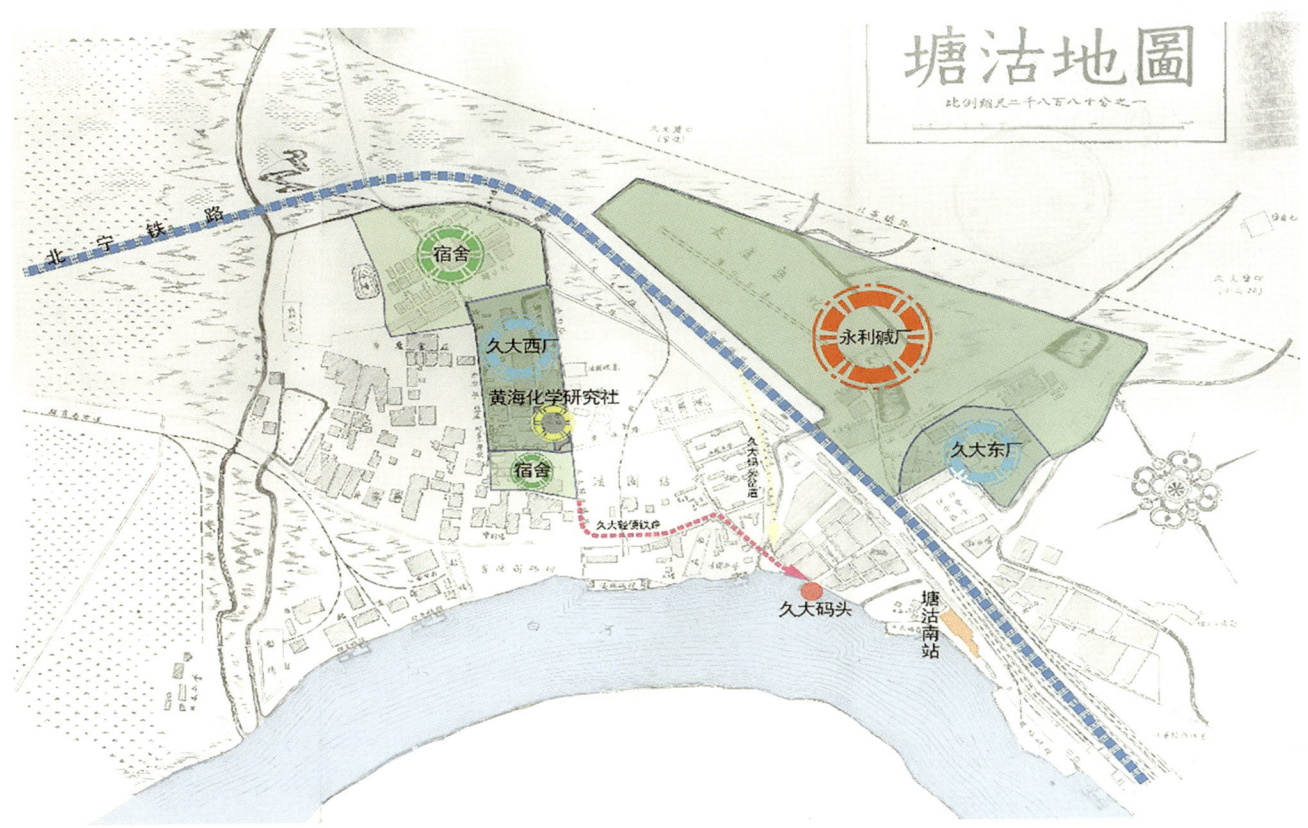

图3-2-17 "永久黄"分布地图
（资料来源：作者根据《塘沽之化学工业》中塘沽地图改绘）

3.2.8 其他评价因子

1. 代表性和稀缺性

代表性指一处遗产能够覆盖和代表广泛类型的遗产，在与同类型的遗产相比较时具有更高的价值和重要性。稀缺性指某个遗产如果是此类型遗产中罕见的或者唯一的实例，则具有更高的价值。以天津为中心的旧直隶工业遗产群的代表性主要体现在其整体性上，即工业遗产群中的工业遗产并不是孤立存在的，它们之间通过产业链而相互连接在一起，不仅反映了中国近代化的历程，而且通过产业链逐渐建立起来的行业也反映了中国工业发展的历程。此外，天津工业技术的引进和输出反映了中国甚至亚洲国家工业的发展历程以及它们之间的相互关系。中国的工业化进程不仅受到西方国家的影响，还对中国周边国家的工业化进程产生了影响，可以看出，亚洲地区的工业化进程是一个相互影响、相互促进的过程。

2. 脆弱性

脆弱性作为一项辅助性的价值评价标准，是指某些遗产特别容易受到改变或损坏，如一些结构形式特殊或复杂的建（构）筑物，其价值有可能因疏忽对待而严重降低，因而特别需要谨慎精心的保护，从而提升其值得受到保护的价值。随着城市化进程的加快，遗产群中的很多工业遗产由于位于城市中心区，且占地面积较大，在土地使用性质变更后，这些企业必须搬迁。但是很多遗产现在并没有被列为文物保护单位，不受文物法的保护，因此在企业搬迁后，遗留下来的遗产就只能面临被拆除的命运。

3. 文献记录状况

文献记录状况亦是一项辅助评价标准，如果一个工业遗产有着良好的文献记录，包括遗产同时代的历史文献（如历史地图、照片或记录档案），或当代文献（如考古调查发掘等），都可能提高该遗产的价值。以天津为中心的旧直隶工业遗产群中，很多遗产是延续至今的企业，如开滦煤矿、天津碱厂、大沽船坞等，这些企业都建有自己的档案馆或展览馆，保存着与该企业相关的地图、文献、档案等历史资料。而一些较为重要的遗产也进行了考古调查发掘，如大沽船坞的海神庙遗址，这些文献记录都证明了以天津为中心的旧直隶工业遗产群的重要性。

4. 潜在价值

潜在价值是指遗产含有一些潜在历史信息，具备未来可能获得提升或拓展的价值。对历史的研究其实是在不断发展的，遗产所携带的信息，当代的思维方式与技术手段并不一定能完全解读，但随着技术的进步，许多目前并不能解读或未注意到的信息在将来或许会有新的阐释。同样，由于当前视野和技术的限制，一些目前不曾注意到的或者未被重视的信息，也会随着相关学科的不断发展而进入人们的视野。从这两方面来看，天津工业遗产群具有重要的潜在价值。

第 4 章

天津工业遗产典型
案例实录

天津工业遗产处于动态发展过程中。本章基于2011—2012年天津市工业遗产普查资料并做补充，忠实记录了天津工业遗产大规模改造之前的状态。在保护策略方面，天津市规划局与天津市城市规划设计研究院曾基于普查成果制定了《天津市工业遗产保护与利用规划》2013年征求意见稿和2016年公示版，前者比较忠实反映了保护的初衷，后者应对城市发展调整较大。本章主要依据前者。另外补充了一些最新发展动态。

4.1 办公管理类

4.1.1 开滦矿务局大楼

4.1.1.1 基本情况（图4-1-1、图4-1-2）

原名称：开滦矿务局大楼

现名称：开滦矿务局大楼旧址

设计者：爱迪克生和达拉斯（英商同和工程司，Atkinson & Dallas）

区位地址：和平区泰安道5号

占地面积：建筑面积9180平方米

始建年代：1920年

现使用者：空置

图4-1-2　原开滦矿务局大楼航拍图[②]

4.1.1.2 历史沿革

1877年，李鸿章批准唐廷枢[③]筹办开平矿务局（Chinese Engineering and Mining Company）。开平煤矿的诞生主要基于以下三点：首先是为满足近代工业的自身需求。洋务运动兴办的军用产业及部分民用企业对煤炭的巨大需求，特别是军工产业如金陵、天津、福州等机器局、轮船招商局、大沽船坞等，但旧时手工煤窑产量远远不能满足市场需求，只能长期依赖于洋煤的供给，然"一遇煤炭缺乏，往往洋煤进口故意居奇"，因此清政府计划开矿采煤。其次，"权自我操""消西人觊觎之心"。随着对外通商口岸的大量开放，外国轮船运营公司以及外资

图4-1-1　原开滦矿务局大楼区位图[①]

[①]本章中未标注来源的区位图，均为基于天津市现状图改绘而来。
[②]本章中未标注来源的航拍图，均为基于天津市现状图改绘而来。
[③]唐廷枢（1832—1892），曾担任上海怡和洋行的总买办，1878年他被任命为轮船招商局的总办，并在开平地区负责煤矿开采。

经营的工厂企业每年需要消耗大量的煤炭，为满足需求，各国均要求在中国境内开采煤矿，为防止矿权落入旁人手中，清政府决心自己开采。最后，李鸿章认为英国富强的主要原因在于其矿产的丰富，因此开办开平煤矿可以达到富国强兵，以利民用的目的。

1878年，唐廷枢带领聘请的英籍矿师马立师（Samuel John Morris）到达开平，开始选址、建矿的工作，经过反复研究，决定在乔家屯西南部进行钻探，即为现在的唐山矿1号井的位置。1881年，唐山矿正式出煤[①]。唐山矿主要由英籍矿师薄内（Robert Reginald Burntt，1841—1883）主持建造，使用西法开凿1号井、2号井。此外，地面还建有锅炉房、绞车房、煤楼、仓库等建筑，并修筑了铁路、调车厂等运输系统设施。1894年，唐山矿附近开凿新井——西北井，作为唐山矿的附井，于1899年出煤。

1906年，周学熙奉命筹办滦州官矿有限公司，目的是"以滦收开"，新矿位于滦州地面。1908年，开建马家沟矿包括1号井、2号井以及一个马路眼（安全出口）。1909年，在煤师兼总监工赵玉的主持下兴建赵各庄矿，采用德国最新式机械设备，共建造三个矿井[②]。

1912年，开平矿务局与滦州官矿有限公司联合成立开滦矿务局。开滦矿务局是我国近代最早运用机械进行煤矿开采的产业，在提升运输系统、发电设施、洗煤、装卸等环节都引进国外最先进的设备，从煤炭出井到装货运输，生产流程清晰，机器设备具有较高科技价值。就煤矿的开采而言，提升运输系统是当时采矿的核心，也是各个矿井最为引人注目的设备。开滦矿务局下赵各庄矿采用当时德国最新式的设备，林西矿、唐山矿西北井均架设提升煤矿的绞车。

1920年1月21日，经理纳森（Edward John Nathan）提出建造新的办公大楼——开滦矿务局大楼，并投资53万两白银。同年，新的办公大楼开始打地基，当时的建筑材料基本从英国订购，其中，门窗地板材料从菲律宾与日本订购，并从英国聘请了一位材料估计员。1922年3月31日，开滦矿务局大楼在天津举行启用典礼，同时邀请了英国公使及直隶省长剪彩，他们二人分别保有当时大楼开门仪式中使用的纯金钥匙。

1949年，开滦矿务局大楼成为中国共产党天津市委员会所在地，2010年后空置至今，现为天津市文物保护单位。

4.1.1.3 遗存情况

原开滦矿务局大楼总平面布局及现状照片见图4-1-3～图4-1-7。

现存原开滦矿务局大楼一栋，单体建筑面积为9180平方米，建筑层数为4层，高15米。原使用功能为办公，后延续其办公功能，目前为闲置状态。该建筑立面为"横三纵三"构图，共4层（含一层地下室），二、三层为爱奥尼巨柱式柱廊，古典比例均衡，除檐口线脚外，立面构图十分简洁。在建筑的细节处理上，多为具有古典特征的细部，如比例和细节处理完美的爱奥尼柱式、圆券窗、线脚等，材料加工精细，设计水平较高。作为官督商办产业的办公楼，开滦矿务局大楼在体量、比例和构图上为古典主义，建筑立面对称、庄重。建筑当前为市文保单位，具较高保留利用价值，保护策略为商务办公。

---

① 徐冀．开滦煤矿志·第一卷［M］．北京：新华出版社，1992：17-19.
② 徐冀．开滦煤矿志·第二卷［M］．北京：新华出版社，1992：104.

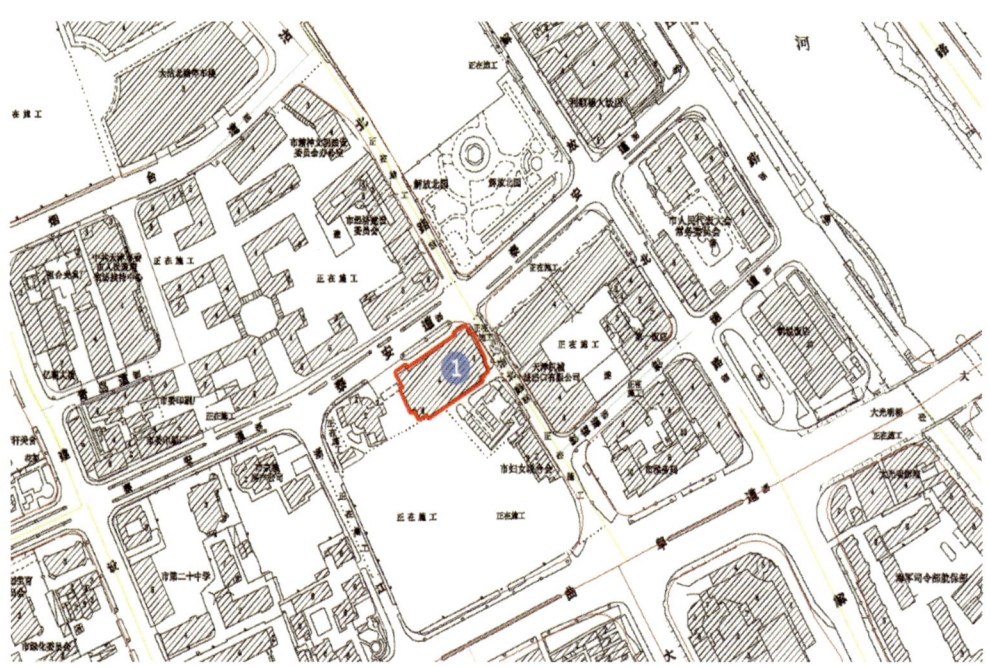

图4-1-3　原开滦矿务局大楼总平面布局①

图4-1-4　原开滦矿务局大楼（一）②

---

①本章中未标注来源的总平面布局图，均来源于天津工业遗产普查资料。
②本章中未标注来源的照片，均为普查组拍摄。

图4-1-5　原开滦矿务局大楼（二）

图4-1-6　细部线脚

图4-1-7　主立面柱廊

4.1.2 太古洋行大楼

4.1.2.1 基本情况（图4-1-8、图4-1-9）

图4-1-8 原太古洋行大楼区位图

图4-1-9 原太古洋行大楼航拍图

原名称：太古洋行大楼
现名称：天津市建筑材料供应公司
设计者：不详
区位地址：和平区解放北路165号
占地面积：建筑面积826平方米；场地面积1880平方米
始建年代：1886年
产权单位：天津市建材集团
现使用者：天津市建筑材料供应公司；滨海天地（天津）投资管理有限公司

4.1.2.2 历史沿革

1812年，太古洋行在英国利物浦创建，后总行迁至伦敦。1866年，英商施怀雅父子与巴特费尔德在中国联合创办太古洋行，总行设在上海。曾和怡和洋行共同垄断中国的航运业，后兼营糖业、油漆、保险、驳船等业务。1881年，太古洋行天津分行开业，主要经营范围包括进出口贸易和远洋航运。1886年，建造天津分行大楼——太古洋行大楼，选址在当时的英租界内（现和平区解放北路165号）。目前，该建筑作为天津租界时代留存下来的重要建筑之一，仍作为办公大楼在使用当中。

4.1.2.3 遗存情况

原太古洋行大楼总平面布局及现状照片见图4-1-10、图4-1-11。

现存原太古洋行大楼一栋，单体建筑面积为826平方米，建筑层数为2层，高8米。原使用功能为办公，目前延续了办公功能。该建筑为砖木结构楼房，房间宽敞，室内装饰简洁。外檐以青砖为主，窗套等部位用红砖相间，体现了丰富的中国传统建筑材料。建筑立面用拱形门窗作为主要形象特征，并辅以放射状花饰丰富其细部，二楼立面还辅以壁柱装饰。入口位于大楼中部，采用内凹手法，以突出建筑的壮观，入口门为旋转门。建筑当前为区文保单位和重点保护等级历史风貌建筑，具较高保留利用价值，保护策略为商务办公。

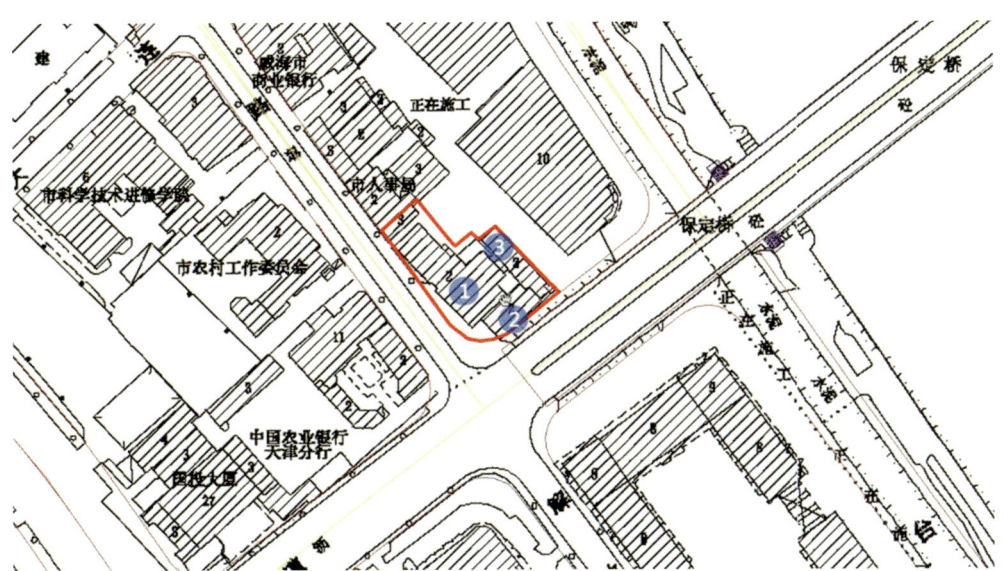

图4-1-10　原太古洋行大楼总平面布局

图4-1-11　原太古洋行大楼现状

4.1.3 怡和洋行大楼

4.1.3.1 基本情况（图4-1-12、图4-1-13）

图4-1-12　原怡和洋行大楼区位图

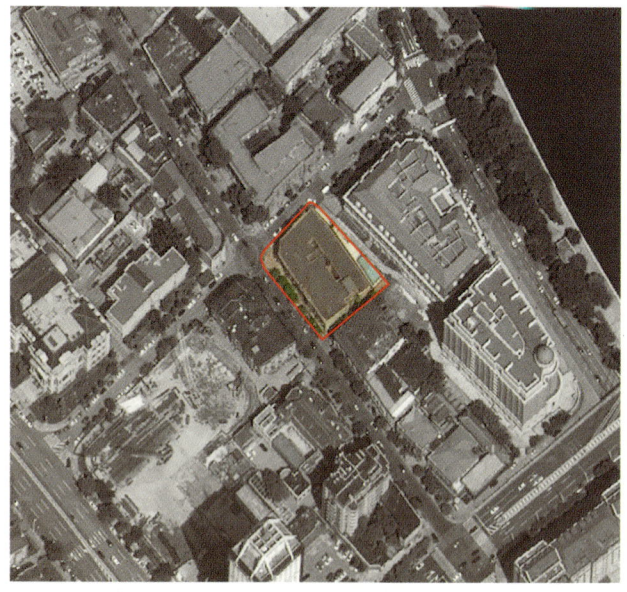

图4-1-13　原怡和洋行大楼航拍图

原名称：怡和洋行大楼
现名称：威海商业银行
设计者：通和洋行（Atkinson & Dallas Architects and Civil Engineers Ltd）
区位地址：和平区解放北路155～157号
占地面积：建筑面积1403平方米；场地面积1799平方米
始建年代：1921年
产权单位：外贸总公司
现使用者：威海商业银行

4.1.3.2 历史沿革

1867年，英商怡和洋行在天津紫竹林码头设立分行。怡和洋行是进入天津的第一家外国航运洋行，是天津早期四大洋行之一，也是当时天津最大的外国洋行。初期以代理船舶为主，由船务部经营。代理船舶共4艘，主航津沪线。1871年，怡和洋行将中国北清轮船公司的2条轮船并入自己的船队。1872年，怡和洋行将所辖船务部改组为华海轮船公司，募集资本共50万两，怡和占64.2%为第一大股东。1881年，怡和洋行购买华海轮船公司的全部股份和中国扬子公司的船舶12艘，在上海正式成立怡和轮船公司，天津怡和洋行船务部也改组为怡和轮船分公司。该建筑现为威海商业银行所使用。

4.1.3.3 遗存情况

原怡和洋行大楼总平面布局及现状照片见图4-1-14、图4-1-15。

现存原怡和洋行大楼一栋，单体建筑面积为1403平方米，建筑层数为2层，高8米，原办公用途未改变。该建筑为砖石结构，主入口面向地块转角位置，采用切角方式处理，其余两个立面设有三角形山花造型。建筑当前为市级文保单位，有较高保留价值，保留策略为商务办公。

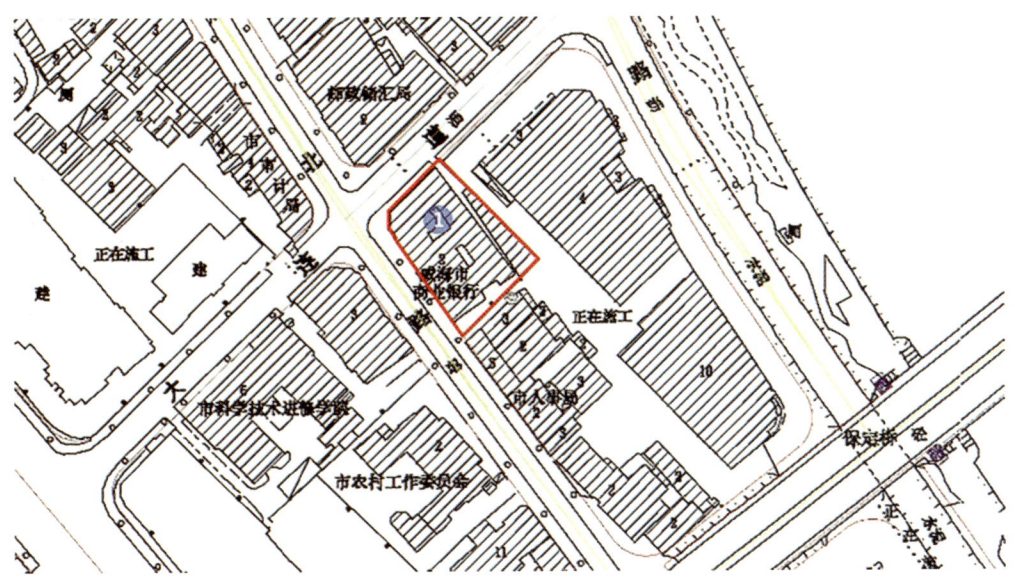

图4-1-14 原怡和洋行大楼总平面布局

图4-1-15 原怡和洋行大楼现状

4.1.4 仁记洋行天津分行

4.1.4.1 基本情况（图4-1-16、图4-1-17）

原名称：仁记洋行天津分行

现名称：国药控股（天津）有限公司

设计者：英商景明工程司（Hemmings & Berkley）

区位地址：和平区解放北路127～129号

占地面积：建筑面积1022平方米；厂区面积1273平方米

始建年代：1920年

产权单位：和平区人民政府

现使用者：国药控股（天津）有限公司

4.1.4.2 历史沿革

仁记洋行成立于第二次鸦片战争之前，总行设在上海，天津设有分行，居"四大洋行"之列，经营轮船、火车、古玩玉器、毛发，兼营保险、海陆运输、招募华工等。天津分行行址初设于英租界河坝路一幢小房里，1900年被义和团焚

图4-1-16 仁记洋行天津分行旧址区位图

图4-1-17 仁记洋行天津分行旧址航拍图

毁，后利用庚子赔款于1920年迁址英租界中街并重建分行大楼。

4.1.4.3 遗存情况

仁记洋行天津分行旧址总平面布局及现状照片见图4-1-18~图4-1-20。

现存原仁记洋行天津分行大楼一栋，单体建筑面积为1022平方米，建筑层数为3层（含一层地下室），高8米，原办公用途未改变。该建筑立面为"横三纵三"构图，正立面共5个开间，入口居中，进入需上半层台阶，台阶位于建筑内部。该建筑为天津市文物保护单位，有较高保留价值，保留策略为商务办公。

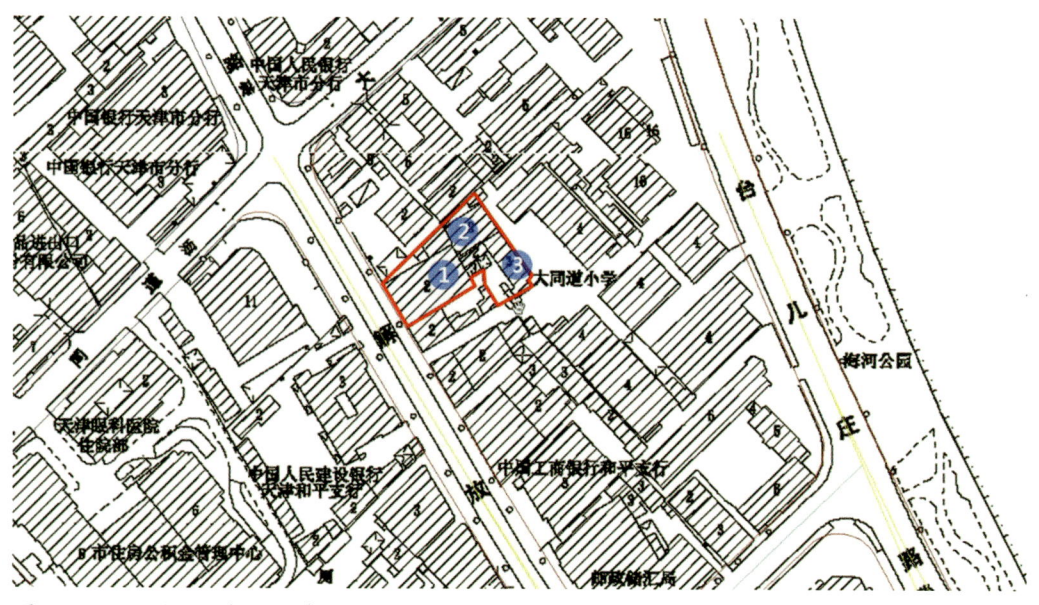

图4-1-18 仁记洋行天津分行旧址总平面布局

图 4-1-19 仁记洋行天津分行旧址现状（一）

和平区

图 4-1-21 原久大精盐公司大楼区位图

图 4-1-20 仁记洋行天津分行旧址现状（二）

图 4-1-22 原久大精盐公司大楼航拍图

4.1.5 久大精盐公司大楼

4.1.5.1 基本情况（图4-1-21、图4-1-22）

原名称：久大精盐公司大楼

现名称：天津市春秋文化传播有限公司乔治玛丽婚纱摄影

设计者：中华兴业公司

区位地址：和平区赤峰道63号

占地面积：建筑面积1200平方米；场地面积2100平方米

始建年代：1924年

产权单位：天津渤海化工集团公司

现使用者：天津市春秋文化传播有限公司乔治玛丽婚纱摄影

4.1.5.2 历史沿革

1914年,范旭东募得资金买下通州盐商开设的熬盐小作坊,开始筹建精盐公司,与当时盐务署顾问、《盐政杂志》主编景韬白商议,在其兄范源廉(时任教育总长)和师友梁启超等人的支持下,于7月20日申请立案,9月22日获批准,设厂塘沽,厂名"久大精盐厂",同年,出资在天津法租界内设立驻津办事处,并将总店移到此处。[①]

1915年6月,破土动工建设厂房,除锅灶由上海求新工厂制造外,其他主要设备由范旭东亲自到日本调查购买。1916年4月6日,久大精盐厂西厂竣工投产,所产精盐商标为"海王星",象征着为广大人民造福。1917年,在接近盐田的地方设立了久大精盐厂东厂,并将此盐田开发为久大自己的盐场,生产粗盐作为久大精盐的重要原料。

1923年2月,久大精盐公司大楼由中华兴业公司开始设计,并于1924年落成。1935年,久大精盐厂西厂完全建成,厂内设有第三工厂、第五工厂、仓库,并设有黄海化学社、图书馆、医院等设施。西厂北部为幼稚园和明星小学,以及为职工提供住宿的联合村和工人室,装运铁路的西侧则为工人新村。

1937年,日本占领塘沽,久大精盐公司被占领,并入华北兴中盐业公司,作为其各种军工工业的原料生产基地。[②]在此期间日军也有一些对久大精盐厂的建设计划,如对第四厂的修复计划等。1941年,盐厂被日本宪兵队占用。1945年,日本战败后,由久大公司收回。

4.1.5.3 遗存情况

原久大精盐公司大楼总平面布局及现状照片见图4-1-23、图4-1-24。

现存原久大精盐公司大楼一栋,单体建筑面积为1200平方米,建筑层数为3层,高10米。原为办公用途,现为办公和商业经营相结合(乔治玛莉婚纱摄影)。

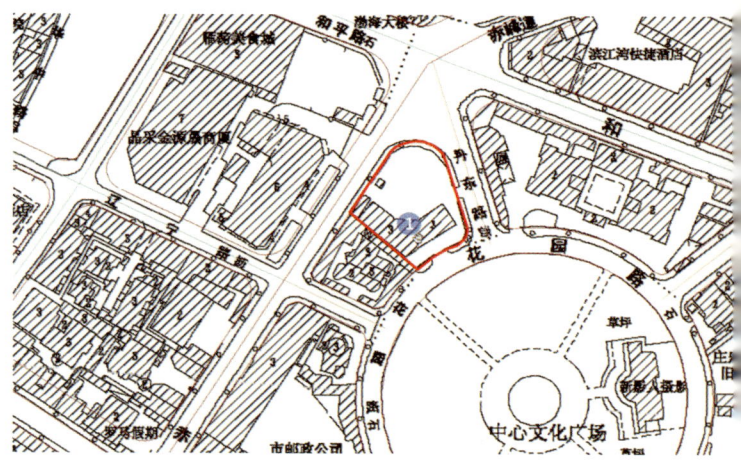

图4-1-23 原久大精盐公司大楼总平面布局

图4-1-24 原久大精盐公司大楼现状

[①] 天津碱厂志编修委员会. 天津碱厂志[M]. 天津:天津人民出版社,1992:8-9.
[②] 赵津. 范旭东企业集团历史资料汇编——久大精盐公司专辑[M]. 天津:天津人民出版社,2013:791-793.

该建筑布局在场地南侧，北侧退让出较大空间，街角空间处理较为舒适。建筑为欧式风格，平面呈"L"形，中部设四根多立克立柱，顶部有三角形山花。建筑当前为天津市文物保护单位，具较高保留利用价值，保留策略为商务办公。

久大精盐公司是我国近代第一所精盐生产厂，结束了中国仅以粗盐为食的历史，为改善民众生活起到关键作用。同时，久大精盐公司第一次运用机器制造精盐，具有开创性价值。此外，其积累的资金和办厂经验，也为永利碱厂的创立提供了条件。

4.1.6 天津电报总局

4.1.6.1 基本情况（图4-1-25、图4-1-26）

原名称：天津电报总局大楼
现名称：天津市邮政管理局办公楼
设计者：不详
区位地址：和平区赤峰道65～67号
占地面积：建筑面积16 816平方米
始建年代：1924年
产权单位：不详
现使用者：中国邮政

图4-1-25 原天津电报总局大楼区位图

图4-1-26 原天津电报总局大楼航拍图

4.1.6.2 历史沿革

1879年，李鸿章架设了总督行署至大沽炮台的电报线。1880年9月16日，李鸿章又奏请设津沪电报线，9月18日获批准。天津东门内设立津沪电报总局，上海等处设电报分局，盛宣怀任电报总局总办，总办归直隶总督署管辖。津沪电报总局设在法租界紫竹林。1881年1月9日，津沪电报线竣工，全长1500余公里。同年，津沪电报线沿线各个电报分局正式营业。1882年3月，津沪电报总局从官办改为官督商办，成立商电局。1884年2月，津沪电报总局由天津迁往上海，改称中国电报总局，原天津局为分局。1900年，天津局办公楼被法军占领，天津局暂时搬至法租界大北电报公司内办公。同年，英商大东、丹麦商大北两公司设立水线、路线联合报局。之后，官报局与路线局合并为天津电报总局，并搬回法租界紫竹林红楼办公。1902年，天津电报总局重新改为官办。1908年，天津电报总局办公楼红楼出售，迁往法租界丰领事路法国花园旁新址办公。1924年，天津电报总局迁到法租界霞飞路，为三层砖混结构带地下室。现存的天津电报总局大楼设计于1923年，建成于1924年，现为天津市文物保护单位。

4.1.6.3 遗存情况

原天津电报总局大楼总平面布局、历史照片及现状照片见图4-1-27～图4-1-31。

现存原天津电报总局大楼为砖混结构，局部内框架，钢筋混凝土现浇楼板。建筑占地4202平方米，建筑面积16816平方米。地上三层，地下一层，为一字形平面。建筑为古典建筑形式，竖向三段式，包括基座、墙身和檐部，整体为红砖清水墙。入口处有两个扶壁柱，柱头为变体爱奥尼克，入口处有两个弧形拱起，内有盾饰，强调入口。墙角部有断山花及盾饰，并设盔顶钟塔

图4-1-29 原天津电报总局大楼

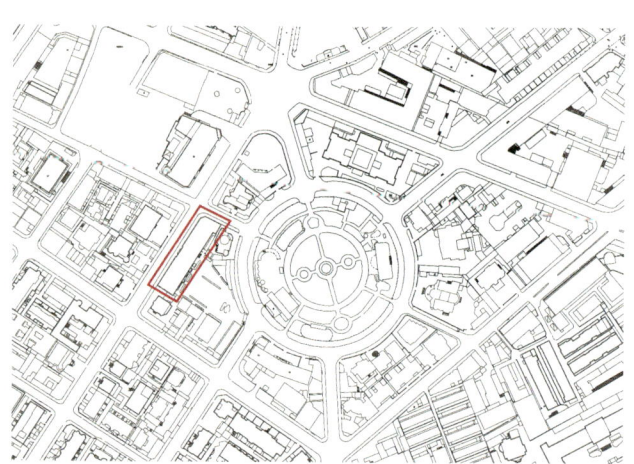

图4-1-27 原天津电报总局大楼总平面布局

图4-1-30 原天津电报总局大楼立面

图4-1-28 原天津电报总局大楼历史照片
（资料来源：法国外交部档案）

图4-1-31 原天津电报总局大楼细部

图4-1-32 直隶全省内河行轮董事局旧址区位图

楼,以强调路口转折。目前,原天津电报总局大楼除角部钟楼在地震中毁坏,其他部位保存完好,建筑属于天津市文物保护单位,具较高保留利用价值。

4.1.7 直隶全省内河行轮董事局

4.1.7.1 基本情况(图4-1-32、图4-1-33)

原名称:直隶全省内河行轮董事局
现名称:河北省交通厅港航管理局
设计者:不详
区位地址:红桥区西沽小辛庄街19号
占地面积:不详
始建年代:1914年
产权单位:河北省交通厅港航管理局
现使用者:河北省交通厅港航管理局

4.1.7.2 历史沿革

1913年12月26日,直隶省行政公署同大沽造船所达成《筹集官款办理直隶全省内河行轮事务》的协议,并成立了直隶全省内河行轮总筹办处,协议规定率先开办津保航线(天津至保定大清河航线)。

1914年4月10日,直隶省行政公署发出指

图4-1-33 直隶全省内河行轮董事局旧址航拍图

令,令总筹办处从速先行开办津保航线。4月15日,经直隶省行政公署批准并报交通部核准成立津保行轮事务所,专司津保航线行轮事宜。6月3日,第一期河道修整基本完工,津保航线试航,从此开始了客轮运输,为官办航业经营的第一条轮船客运航线。直隶省行政公署指令天津、保定警察厅及沿河各县公署张贴布告,切实保护行轮安全,这对内河轮船运输业的兴办起到了促进作用。9月16日,总筹办处撤销,直隶全省内河行

轮董事局正式成立，下设津保内河行轮事务所，并制定大纲规定行轮董事局为官办。

1915年3月20日，津保内河行轮事务所并入内河行轮董事局，同年保定航线延长，直抵保定南关新闸。各航运站由一名司事管理或委托当地商号代理售票，津保线开始经营货运。1917年9月1日，根据各航线变化情况，调整了所设站点。1918年9月21日，津保、津磁、津沽三站合并为津保线天津站。

1928年8月，直隶全省内河行轮董事局改称天津特别市政府内河航运局，设津保总站，津保线设航运站15个，并在保定设管理站。

1935年6月6日，直隶省政府由天津迁到保定。1937年3月24日，航运局对机构进行改组，津保线增设站点和船只。7月，日军侵华，各航线停航。7月30日侵华日军占领天津，9月24日保定沦陷，航运局被日军强行接管。1940年5月4日，日本华北交通株式会社对水运部进行改组，保定成立航运营业所。11月1日华北交通株式会社负责水上运输的水运部改为水运局，并决定将大清河航线延伸到保定。1960年代以后，津保之间的内河航运因河水流量减少，不再具备通航能力。

4.1.7.3　遗存情况

直隶全省内河行轮董事局旧址现状照片见图4-1-34、图4-1-35。

直隶全省内河行轮董事局旧址现存建筑4栋，其中保留着的1940年代的售票房，有"河北省内河航运局"水泥刻字镶嵌在门额上方。同时遗存的还有办公楼、航运局工人俱乐部及医务室小楼，这三处建筑均带有20世纪工业遗产的风韵，建筑保存比较完整。

图4-1-34　办公楼

图4-1-35　航运局工人俱乐部

4.1.8　海河工程局

4.1.8.1　基本情况（图4-1-36、图4-1-37）

原名称：海河工程局
现名称：天津航道局有限公司
设计者：不详
区位地址：河西区台儿庄路41号2号楼
占地面积：厂区面积30 659平方米
始建年代：1911年
产权单位：中交天津航道局有限公司
现使用者：空置

图4-1-36　海河工程局旧址区位图

图4-1-37　海河工程局旧址航拍图

4.1.8.2　历史沿革

1897年3月4日,海河泥沙淤塞导致水患频繁,时任直隶总督的王文韶与驻天津英国领事、法国领事以及西洋商会的一些要员共同商议治理海河的方案,并在会后决定成立中国第一家专业的河道疏浚机构——海河工程局。此后,海河工程局通过疏浚海河河道,对海河裁弯取直和吹泥垫地,改善了当时海河的通航条件和天津市的市政建设,使天津成为当时中国北方商埠重镇。

1958年,海河工程局更名为天津航道局。海河工程局旧址现为天津市文物保护单位。

4.1.8.3　遗存情况

海河工程局旧址总平面布局及现状照片见图4-1-38～图4-1-41。

海河工程局办公楼建筑坐落于当时的天津德租界海滨街（今河西区台儿庄路41号）。现存建筑遗存4栋（表4-1-1）,其中2栋为重点保护等级历史风貌建筑。

表4-1-1　海河工程局旧址建（构）筑物基本情况表

建筑编号	建筑名称	建筑面积（m²）	层数	始建年代	建筑质量	建筑价值	保留策略
01	食堂	519.02	2	1988年	完好		
02	办公楼	562.94	2	1911年	完好	保留风貌建筑	保留
03	办公楼	795.6	2	1911年	完好	保留风貌建筑	保留
04	办公楼	3165.96	6	1984年	完好		

资料来源：天津工业遗产调查表

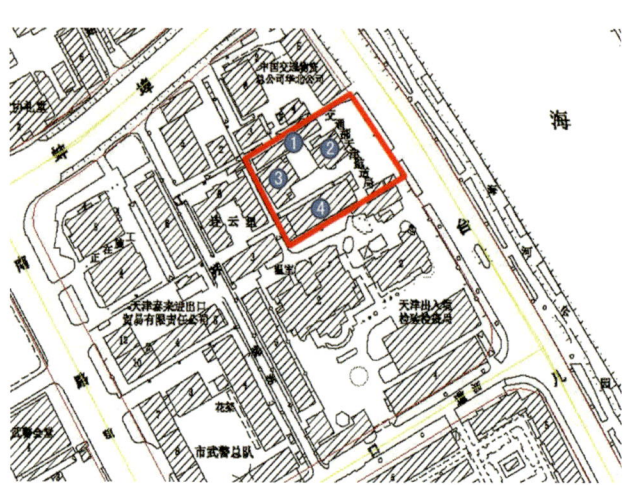

图4-1-38 海河工程局旧址总平面布局

图4-1-40 办公楼（02）

图4-1-39 食堂（01）

图4-1-41 办公楼（03）

4.1.9 新河材料厂办公楼

4.1.9.1 基本情况（图4-1-42、图4-1-43）

图4-1-42 新河材料厂办公楼区位图

图4-1-43 新河材料厂办公楼航拍图

原名称：新河材料厂办公楼
现名称：中国铁路物资天津有限公司
设计者：不详
区位地址：河东区津塘路21号
占地面积：建筑面积2150平方米；厂区面积3000平方米
始建年代：1954年
产权单位：不详
现使用者：中国铁路物资天津有限公司

4.1.9.2 历史沿革

1887年2月24日，塘沽材料处成立于塘沽南站，负责筑路材料的采购、储运、检验、分发供应工作。1907年（清光绪三十三年），塘沽材料处并入新河材料厂，属京奉铁路局直辖。新河材料厂随津榆铁路发展而壮大，因其成立最早又是唯一一家材料处，故称为"中国第一材料处"。

1954年，新河材料厂在河东区十一经路2号（现津塘路21号）建办公楼，沿用至今。1958年11月改称铁道部材料供应局天津办事处。1975年，更名为铁道部天津物资管理处。1981年10月1日，天津物资管理处改为天津物资办事处，同时更名为中国铁路物资总公司天津公司。1991年9月，更名为中国铁路物资天津公司。2011年，更名为中国铁路物资天津有限公司。

4.1.9.3 遗存情况

新河材料厂办公楼总平面布局及现状照片见图4-1-44、图4-1-45。

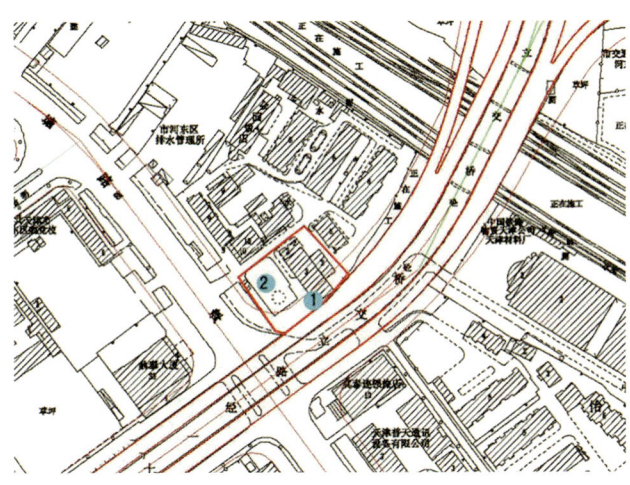

图4-1-44 新河材料厂办公楼总平面布局

图4-1-45　办公楼

图4-1-47　英美烟草公司北方运销公司总部航拍图

新河材料厂办公楼现有建筑遗存1栋。建筑主体为三层，局部两层，为砖石结构。普查时建筑保存完好，建议保留。

4.1.10　英美烟草公司北方运销公司总部

4.1.10.1　基本情况（图4-1-46、图4-1-47）

原名称：英美烟草公司北方运销公司总部

现名称：大王庄工商局

设计者：不详

区位地址：河东区六纬路113号

占地面积：建筑面积1660平方米；厂区面积1230平方米

始建年代：1919年

产权单位：不详

现使用者：大王庄工商局

4.1.10.2　历史沿革

英美烟草公司北方运销公司始建于1919年，位于天津。中华人民共和国成立后改为天津卷烟厂，现为大王庄工商局使用。

4.1.10.3　遗存情况

英美烟草公司北方运销公司总部总平面布局及现状照片见图4-1-48、图4-1-49。

图4-1-46　英美烟草公司北方运销公司总部区位图

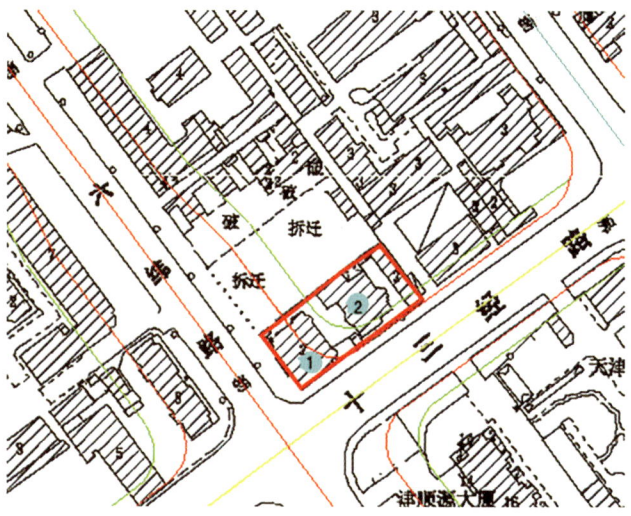

图4-1-48　英美烟草公司北方运销公司总部总平面布局

图4-1-49 英美烟草公司北方运销公司总部办公楼（01）（左）、办公楼（02）（右）

英美烟草公司北方运销公司总部现有建筑遗存2栋（表4-1-2）。使用功能与原来相同，仍为办公建筑。

表4-1-2 英美烟草公司北方运销公司总部建（构）筑物基本情况表

建筑编号	建筑名称	建筑面积（m²）	层数	始建年代	原使用功能及变迁情况	修缮及改造情况	建筑质量	建筑价值	保留策略
01	办公楼	1340	2	1919年	原使用功能为办公，现闲置	2003年十三经路整治时修缮屋顶，增加塔楼	完好	有很高的保护与再利用价值	餐饮娱乐
02	办公楼	320	1	1919年	原使用功能为办公，现为大王庄工商局办公	2003年十三经路整治时修缮屋顶	完好	有很高的保护与再利用价值	餐饮娱乐

资料来源：天津工业遗产调查表

4.1.11 北宁铁路管理局

4.1.11.1 基本情况（图4-1-50、图4-1-51）

图4-1-50 北宁铁路管理局旧址区位图

图4-1-51 北宁铁路管理局旧址航拍图

原名称：北宁铁路管理局
现名称：天津铁路分局
设计者：不详
区位地址：河北区中山路5号
占地面积：建筑面积1473平方米；厂区面积23 100平方米
始建年代：1936年
产权单位：天津铁路分局
现使用者：天津铁路分局

4.1.11.2 历史沿革

北京—奉天铁路（PMR，Peking-Mukden Railway），曾在1928年和1929年先后更名为北平—奉天铁路和北平—辽宁铁路（北宁铁路）。线路全长840公里，从北京到奉天府（今沈阳市），是连接华北地区和东北地区的交通要道。这条铁路起源于1881年建成通车的唐胥铁路，在不断延长后连接天津市、北京市和秦皇岛市，还向山海关外延长到葫芦岛市和锦州市，最终到达沈阳市，前后历时31年。

1949年5月，北宁铁路管理局撤销。1950年6月再建天津铁路分局。1953年1月再度撤销后改为天津铁路运输分局。1958年1月撤销，更名为天津铁路办事处。1963年恢复为天津铁路分局。

4.1.11.3 遗存情况

北宁铁路管理局旧址总平面布局及现状照片见图4-1-52～图4-1-55。

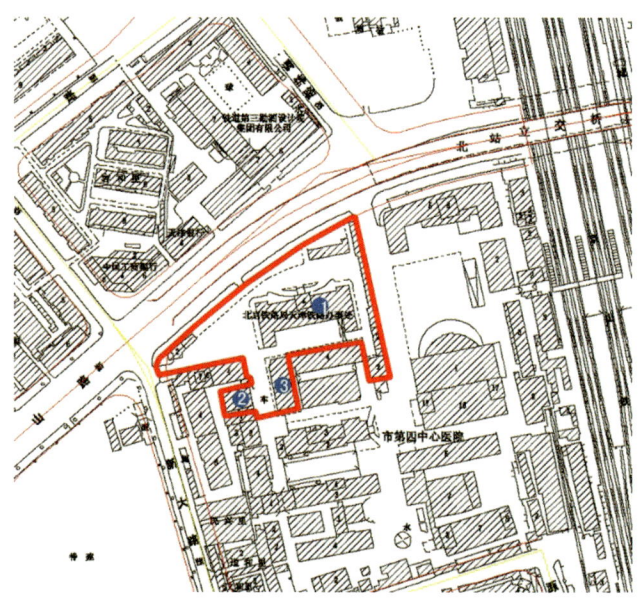

图4-1-52 北宁铁路管理局旧址总平面布局

第4章 天津工业遗产典型案例实录

北宁铁路管理局旧址现有建筑遗存3栋（表4-1-3）。大楼使用功能未变更，依然为办公使用。

图4-1-53 办公楼（01）西立面

图4-1-54 办公楼（01）正立面

图4-1-55 办公楼（03）

表4-1-3 北宁铁路管理局旧址建（构）筑物基本情况表

建筑编号	建筑名称	单体建筑面积（m²）	层数	建筑高度（m）	始建年代	原使用功能及变迁情况	修缮及改造情况	建筑质量	建筑价值	保留策略
01	办公楼	4420	3	15	不详	原为办公，功能未变更	无	完好	高	全部保留
02	办公楼	1500	4~6	30	1980年代	原为餐厅，功能未变更	无	完好	一般	部分保留
03	办公楼	2750	5	18	1990年代	原为办公，功能未变更	无	完好	一般	部分保留

资料来源：天津工业遗产调查表

4.1.12 轮船招商局公寓楼

4.1.12.1 基本情况（图4-1-56、图4-1-57）

原名称：轮船招商局公寓楼

现名称：峰光大酒楼

设计者：通和洋行

区位地址：和平区解放北路168号

占地面积：建筑面积4700平方米；厂区面积1551平方米

始建年代：1920年代

产权单位：不详

现使用者：峰光大酒楼

4.1.12.2 历史沿革

轮船招商局是清末时最早设立的大型轮船航运企业，也是清政府经营的第一家近代民用企业，于1872年由洋务派代表李鸿章招商筹办，于1873年正式成立，总局设于上海。1873年2月，天津轮船招商局成立，是最早成立的分局之一。1920年代在现址建设办公大楼。1948年更名为招商局轮船股份有限公司天津分公司。1949年，天津军管会交通处在天津招商局举行接收天津航政局、天津招商局仪式。

4.1.12.3 遗存情况

原轮船招商局公寓楼总平面布局及现状照片见图4-1-58、图4-1-59。

现存原轮船招商局公寓楼一栋，建于1920年代，单体建筑面积为4700平方米，建筑层数原来为3层，现加建为4层，高15米，是供出租使用的商铺、办公用房，兼做居住用房，保存至今。该建筑为区级不可移动文物，有较高保留价值。

图4-1-56 原轮船招商局公寓楼区位图

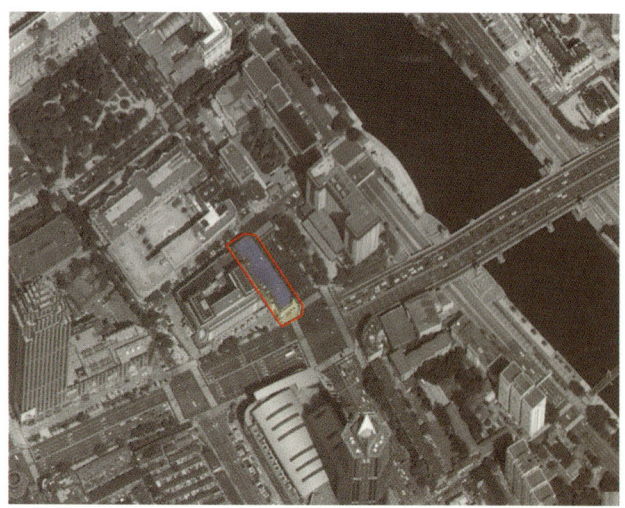

图4-1-57 原轮船招商局公寓楼航拍图

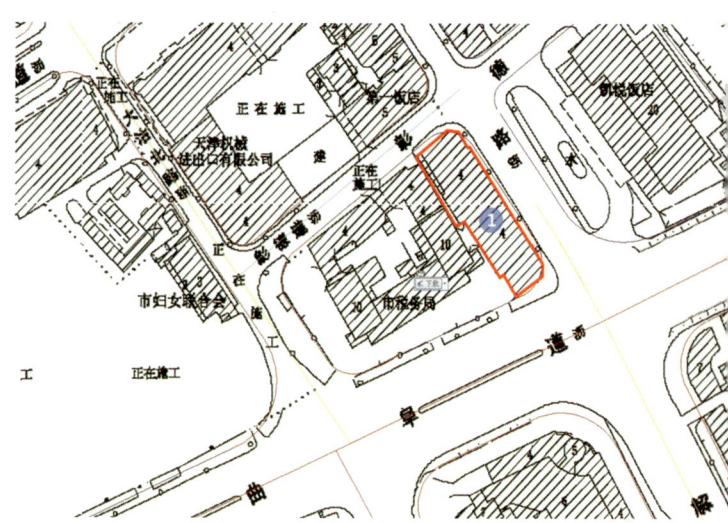

图4-1-58 原轮船招商局公寓楼总平面布局

图4-1-59　原轮船招商局公寓楼

4.1.13　丹华火柴厂

4.1.13.1　基本情况（图4-1-60、图4-1-61）

图4-1-60　丹华火柴厂旧址区位图

图4-1-61　丹华火柴厂旧址航拍图

原名称：华昌火柴公司、丹华火柴厂
现名称：司前街16号建筑
设计者：不详
区位地址：红桥区西沽村司前街16号
占地面积：原场地面积约40 000平方米
始建年代：1910年
产权单位：不详
现使用者：居民

4.1.13.2 历史沿革

1887年，杨宗濂、吴懋鼎等创办天津自来火公司，为商办企业，生产"老龙头"圆筒火柴，资本一万八千两。1910年，士绅张新吾在西沽村天津自来火公司原址上建立了华昌火柴公司，主要股东有安徽督军倪嗣冲、大粮商王郅隆、买办吴连元（吴懋鼎之子）。1916年，在奉天安东设立分厂，注册资本白银七万五千两，由孙实甫担任经理，占地约4万平方米，日生产量约60箱[①]。1918年，北平丹凤火柴股份有限公司与天津华昌火柴公司合并，于是以倪嗣冲、倪幼丹为主的倪氏财团独自投资成立了丹华火柴股份有限公司，分北平、天津两厂。1920年，又在辽宁安东增设一厂，是为东厂。丹华火柴公司股金总计现洋120万元，有专用排梗机40台，工人约600人，日产火柴80~90箱，最高日产170箱。1925年，公司从生产安全性较差且有剧毒的黄磷火柴改为生产硫化磷火柴。1929年9月22日，丹华火柴厂在国民政府全国注册局注册。1946年1月14日，丹华火柴厂重新进行商号登记。2017年前后，该建筑所在西沽地区进行整体拆改。

4.1.13.3 遗存情况

司前街16号建筑（丹华火柴厂旧址）（图4-1-62～图4-1-65）位于天津西沽村，在第三次全国文物普查中核查为不可移动文物。宅院坐北朝南，门前抱鼓石保存完好，其房屋内装饰的民国年间特征非常明显，木板折页窗、地板地、护墙板均较为完整。

丹华火柴厂是一家影响着中国民族火柴业发展史的大企业，其主要火柴商标有"清真""玉手""福利""佛手""电风扇""醒狮"等牌号，其中一种叫"手牌"的火花卷标，由16种不同手指变化图构成，为我国第一套成套火花，弥足珍贵。丹华火柴厂的规模很大，它与同时期的

图4-1-62　火柴厂侧面

图4-1-63　火柴厂大门

---

① 吴瓯. 天津市火柴业调查报告［R］. 天津市社会局，1931：21.

图4-1-64　门前石鼓

图4-1-65　屋脊雕花

天津北洋、中华、荣兴等三家大的火柴厂共同占领了国内各地的大部分市场。

丹华火柴厂设立之初的目的就是抵制洋货，保护好民族企业。在当时与外商的竞争中，保护了国内的利益，为防止白银外流做出了贡献；同时刺激了相关的行业发展，例如化工、木材制造、交通运输业。火柴厂提供的就业机会吸收了大量的社会劳动力，在无形中也为穷苦家庭创造了工作的机会，不仅缓解了他们生活的困难，还改善了人民的生活质量，大大促进了社会的进步。

4.1.14　济安自来水股份有限公司

4.1.14.1　基本情况（图4-1-66、图4-1-67）

原名称：济安自来水股份有限公司

现名称：金海岸婚纱摄影

设计者：不详

区位地址：和平区赤峰道91号

占地面积：建筑面积632平方米；厂区面积1742平方米

始建年代：1901年

产权单位：天津市管道工程集团有限公司

现使用者：金海岸婚纱摄影

图4-1-66　济安自来水股份有限公司旧址区位图

图4-1-67　济安自来水股份有限公司旧址航拍图

4.1.14.2 历史沿革

1901年，天津济安自来水股份有限公司（Tientsin Native City Water Works Co., Ltd）由中外合资筹划成立。初由"都统衙门"总文案美国人田夏季礼（Charles Denby）提议，华商芮玉堃、马玉清、陈济易等人筹措资金25万两白银分别向"都统衙门"、总督衙门申请，德商瑞记洋行出面，以英商名义向香港英国当局注册创办。1903年3月，济安自来水公司下属芥园水厂建成营业，位于芥园道西段北侧，是天津最大的河水厂。1904年10月，济安自来公司与日本居留民团水道课签订了供水合同，向日租界供水。1935年9月，济安自来水公司收购特别第一区自来水厂，作为分厂。收购后公司从炮台庄沿墙子河东岸铺设了一条直径14英寸的干管直达水厂，以改善水质。

1936年，国民政府提出，天津济安自来水股份有限公司系中外合资企业，冠以"英商"二字与公司法不符，应予重新登记。后由国民政府内政部和实业部共同拟定了特许登记办法。1937年6月，由国民政府内政部和实业部为济安自来水股份有限公司颁发了营业执照，公司中文名称不变，英文名称改为"Tientsin Works Co., Ltd."。宁彩轩任董事长，卢开瑗任总经理，英国人哈拔为副总经理，刘莳祺为总工程师。1937年7月，战争爆发后，济安自来水公司的业务受到一定影响，利润逐渐下降。在日本人统治期间，公司业务无大发展，仅维持局面而已。

1945年，天津市政府接收了济安自来水股份有限公司，并将公司的日本股份作为官股。公司董事会也进行了改组。董事长由国民党天津市党部主任委员时子周担任，总经理为蔡慕韩，副总经理刘莳祺（兼总工程师）、陈同燮，经理陈静澜，副总工程师段茂翰。1949年4月20日，天津市公用局与济安自来水股份有限公司代表进行接触协商合并事宜。1950年3月2日，济安自来水股份有限公司与天津自来水厂合并，成立天津市自来水公司。之后拆除了两个供水管网系统之间的总水表，沟通了管道。1953年底，经过"赎买"等操作，天津市自来水公司转变为全民所有制企业，为天津市供水事业的发展奠定了基础。

4.1.14.3 遗存情况

济安自来水股份有限公司旧址总平面布局、历史照片及现状照片见图4-1-68～图4-1-71。

济安自来水股份有限公司是天津第一所由

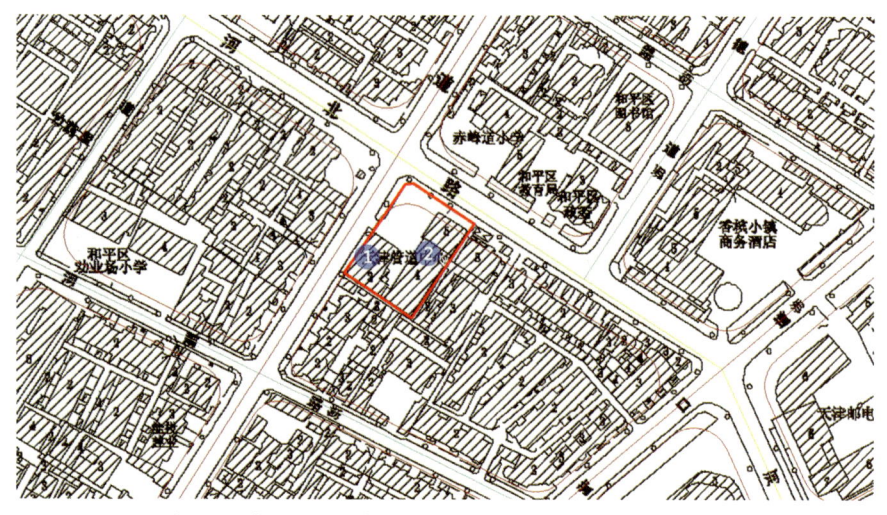

图4-1-68　济安自来水股份有限公司旧址总平面布局

图4-1-69　原济安自来水股份有限公司大楼

图4-1-70　济安自来水股份有限公司历史照片
（资料来源：法国Archive de Nantes档案）

图4-1-71　原济安自来水股份有限公司大楼正面

中外合资成立的自来水公司，具有较高的历史价值与社会价值。旧址内现有遗存1处（表4-1-4），即01号建筑，该建筑为原济安自来水股份有限公司大楼，现为商业用途，建于1901年，单体建筑面积为632平方米，建筑层数为2层，高8米，属于不可移动文物，具较高保留利用价值。

表4-1-4　济安自来水股份有限公司旧址建（构）筑物基本情况表

建筑编号	建筑名称	单体建筑面积（m²）	层数	建筑高度（m）	始建年代	原使用功能及变迁情况	修缮及改造情况	建筑质量	设备情况	建筑价值	保留策略
01	原济安自来水股份有限公司大楼	632	2	8	1901年	原为办公用途，现为商业经营		较好	无设备	不可移动文物，有较高保留价值	商务办公

资料来源：天津工业遗产调查表

4.1.15 日本新港港湾局办公厅旧址

4.1.15.1 基本情况（图4-1-72、图4-1-73）

原名称：新港临时建设事务局

现名称：日本新港港湾局办公厅旧址

设计者：不详

区位地址：滨海新区塘沽新港街道港航居委会办医街20号

占地面积：1.2万平方米

始建年代：1940年

产权单位：天津滨海新区港务局

现使用者：天津港建设公司等机构

滨海新区

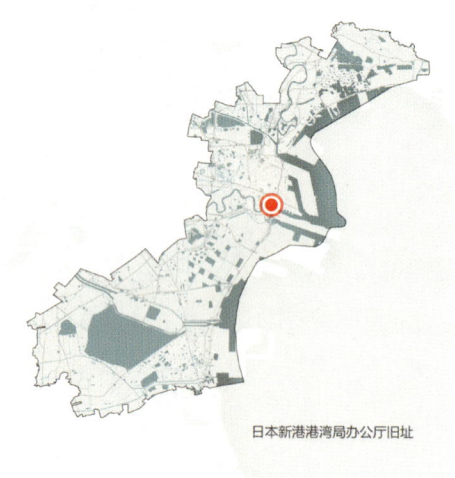

图4-1-72　日本新港港湾局办公厅旧址区位图

图4-1-73　日本新港港湾局办公厅旧址航拍图

4.1.15.2 历史沿革

1939年5月，日本"兴亚院"制定了《北"支那"新港计划案》，计划在距离塘沽海河口岸5公里的海上修筑新港。1939年6月，日本在北平设立新港临时建设事务局。1940年7月，该局由北平迁至塘沽。1941年10月，兴中公司解散新港临时建设事务局，改称塘沽新港港湾局。现为天津港建设公司等机构所在地。该旧址现为天津市文物保护单位。

4.1.15.3 遗存情况

日本新港港湾局办公厅旧址总平面图布局及现状照片见图4-1-74、图4-1-75。

旧址外观保存状况良好，维持目前使用情况，保持主体结构完整。原使用功能为办公，现依然保持办公。入口有灌木植被，周边有院墙。

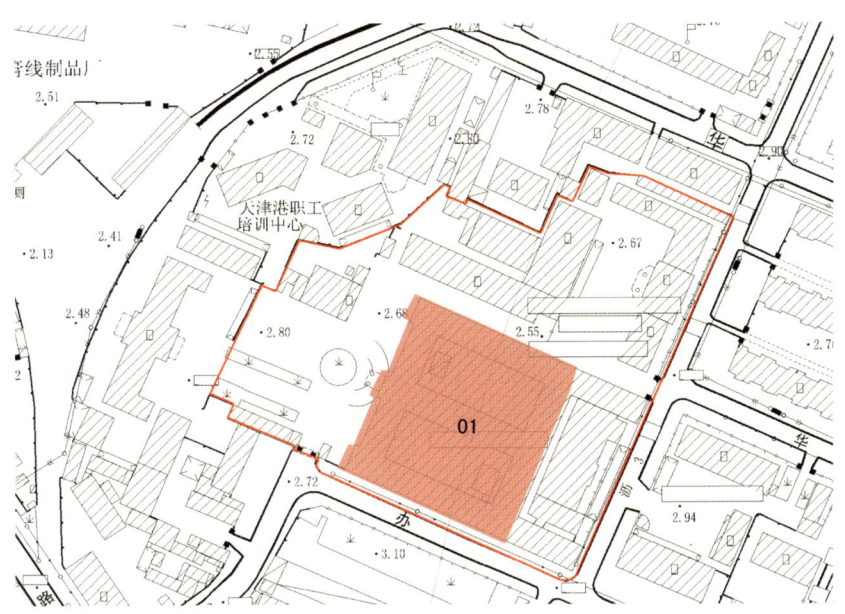

图4-1-74 日本新港港湾局办公厅旧址总平面布局

图4-1-75 日本新港港湾局办公厅旧址

4.2 电子通信业

4.2.1 天津电话四局

4.2.1.1 基本情况（图4-2-1、图4-2-2）

原名称：天津电话四局

现名称：中国联通天津河北分公司

设计者：不详

区位地址：河北区光复道12号

占地面积：建筑面积527平方米；厂区面积1821平方米

始建年代：1926年

产权单位：不详

现使用者：中国联通天津河北分公司

4.2.1.2 历史沿革

天津电话四局建于1926年，位于河北区光复道12号。1927年10月，天津电话四局引进德国西门子电机厂A-22型步进制自动交换机1000门，成为我国自建的第一个自动电话局。现为中国联通天津河北分公司。

4.2.1.3 遗存情况

天津电话四局旧址总平面布局及现状照片见图4-2-3、图4-2-4。

天津电话四局旧址现有工业遗存3栋（表4-2-1）。其中机房建筑为砖木结构，三层带地下室，水泥罩面。

图4-2-1　天津电话四局旧址区位图

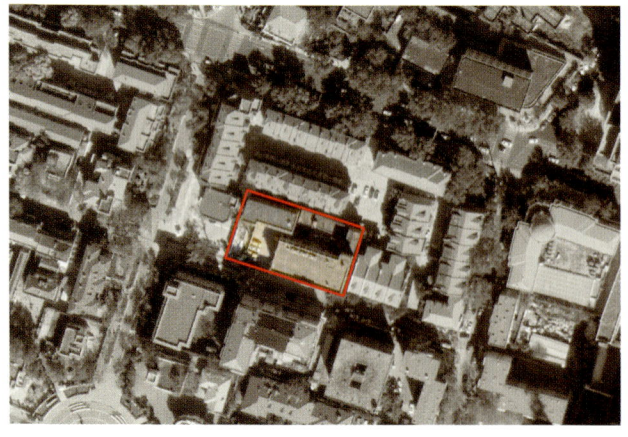

图4-2-2　天津电话四局旧址航拍图

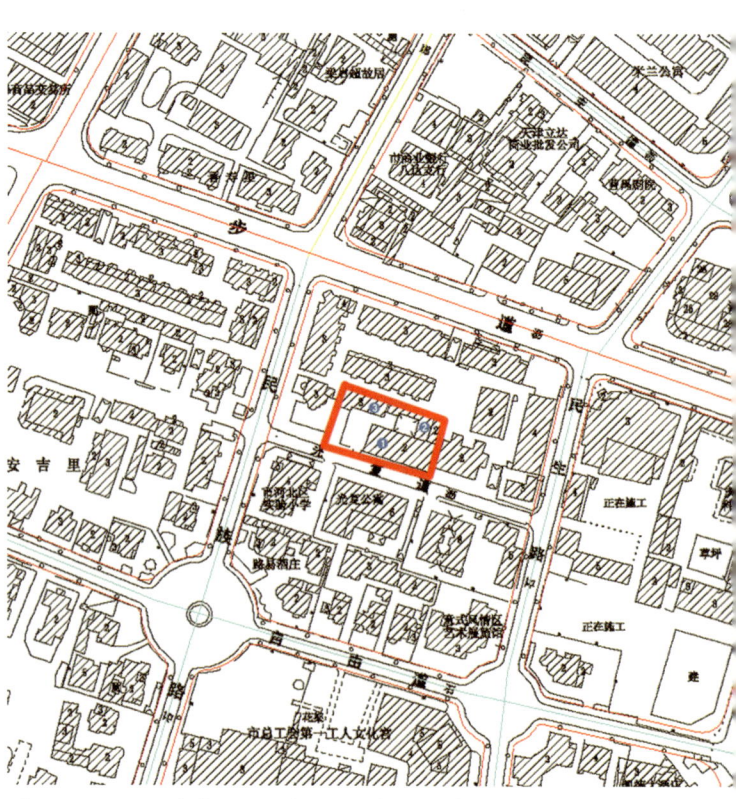

图4-2-3　天津电话四局旧址总平面布局

表4-2-2 天津电话六局旧址建（构）筑物基本情况表

建筑编号	建筑名称	单体建筑面积（m²）	层数	建筑高度（m）	始建年代	原使用功能及变迁情况	修缮及改造情况	建筑质量	建筑价值	保留策略
01	办公楼	1480	2～3	12.01	1927年	现为中国联通公司营业厅	改造年代不详	完好	较高	全部保留
02	机房	6160	5	21.14	1990年代	现为中国联通公司机房	未改造	完好	一般	为现代风貌建筑，可依建设需求变更
03	车库	532	2	10.71	近期	现为中国联通公司车库	未改造	完好	一般	为临时性搭建建筑，可依建设需求拆除
04	食堂	466	2	2.85	近期	现为中国联通公司食堂	未改造	完好	一般	为临时性搭建建筑，可依建设需求拆除

资料来源：天津工业遗产调查表

4.2.3 天津渤海无线电厂

4.2.3.1 基本情况（图4-2-9、图4-2-10）

原名称：天津渤海无线电厂
现名称：长城电子有限公司
设计者：不详

区位地址：河西区陈塘庄工业园怒江道8号
占地面积：厂区面积57 000平方米
始建年代：1954年
产权单位：长城电子有限公司
现使用者：长城电子有限公司

图4-2-9 天津渤海无线电厂区位图

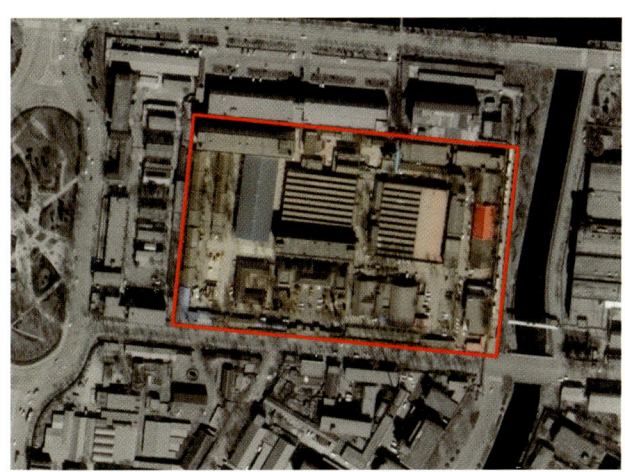

图4-2-10 天津渤海无线电厂航拍图

4.2.3.2 历史沿革

天津市织物漂染公司建于1954年，1960年其与天津市第一电讯器材厂合并为天津电讯器材厂。1963年改名为天津渤海无线电厂，设36个科室和11个工艺生产车间、一个分厂、一所技校。天津渤海无线电厂的收音机产量从1966年的6.6万台，增长到1981年的70万台。其产品包括舞台音响、汽车收放机、卫星接收天线、无线报警器、收录机、组合音响、轻船键盘开关、车站工程等。其产品821调频调幅收音机获国家银质奖。1984年以来，与日本、我国香港等进行来料加工和联合开发新产品的合作，职工人数最多时达3500人，其中大学毕业生50多名。1990年代初，要求破产，技术人员大量流失，主要产品停产。2008年，被长城电子有限公司收购，并拆分出海达、欧立、神光三家子公司，现主营来料加工。

4.2.3.3 遗存情况

天津渤海无线电厂旧址总平面布局见图4-2-11。

天津渤海无线电厂旧址北临郁江道，东临长泰河，西临洞庭路，周边多为工业用地，目前隶属于长城电子有限公司。旧址用地现状为工业用地，包括车间、办公楼、仓库和设备及附属用房等四类功能建筑。

办公楼主楼建于1950年代，1970年代加建两侧辅楼，但依然延续了主楼的建筑风貌和主要建筑格局。办公楼是仿中国传统形式的典型民族形式建筑，坡屋顶、立面色彩和建筑细部设计都体现着传统建筑与近代特色的结合，现状保存较好。此建筑作为当时的主要办公建筑和研发空间，起着重要作用。

礼堂建于1950年代，建筑屋顶为大跨度拱形结构，建筑外墙、主要框架结构、建筑屋面等均保存良好，建筑内饰留有中华人民共和国成立初期的时代特征，并保留有原有扩音系统。

机加工车间建于1954年漂染厂建厂之初，折板式天窗设计主要出于漂染行业的特殊需求。成排锯齿形建筑屋顶和天窗保存完好，具有鲜明的工业建筑特色。

锅炉房建于1950年代，后期内部加装吊顶，部分用作库房，但仍保留锅炉房功能。由建筑立面外观风格一致的两栋建筑相连组成，屋顶形式带有典型的工业建筑特征，建筑结构及屋面材料均保存十分完好。

4.2.3.4 遗产价值与保护

（1）遗产价值

天津市织物漂染公司与天津市第一电讯器材厂合并为天津市电讯器材厂，主要生产五灯、六灯收音机。1960年共生产五灯、六灯收音机84 922台。1960年底研制出红旗牌355型六灯三级收音机，1961年9月通过质量鉴定并投产。1962年海河牌356型五灯收音机研制成功，1963年投入批量生产，该机在电路、结构和工艺方面都有所改进，电气、电声、机械等性能良好，质量较以往有较大提高。1963年2月20日的《天津日报》以《海河牌收音机质量提高》为题对此做了详细报道。

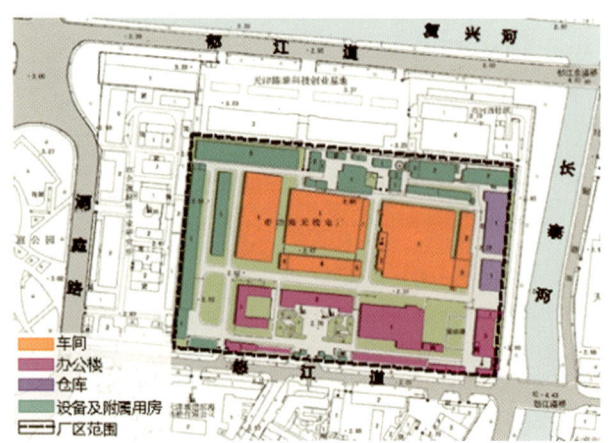

图4-2-11　天津渤海无线电厂旧址总平面布局

中华人民共和国在成立之后的十年中，逐渐建立起了自己的收音机工业体系，结束了以装配为主的历史，并开始生产可以媲美国际先进水平的高级收音机。同时修改了普及型收音机的标准，天津渤海无线电厂生产的鹦鹉牌系列和海河牌432系列，基本可以满足普通家庭的需要。

（2）保护策略（图4-2-12）

天津渤海无线电厂应与陈塘地区进行整体更新利用。在功能上，可利用无线电厂的滨水区位、建筑空间和特色元素，形成具有历史特色的商业与休闲街区。机加工车间需保护大跨度建筑结构和风貌，重点保护屋顶造型和天窗，可进行适当的立面和内部修缮，可改造成创意创新办公空间，成为新兴产业的实体空间载体。办公楼主楼需整体保留建筑结构、外观，可在合理保护的前提下进行修缮，可继续沿用其办公功能，保持历史风貌和空间特色。礼堂需严格保护建筑结构和建筑风貌，保持外墙的色彩搭配，可在保持外墙风格和色彩搭配的前提下进行适当的立面修缮，注重保留原有扩音系统，可进行内部修缮，改造成小剧场、音乐厅等文艺演出类功能空间。

锅炉房需保留建筑高度、建筑立面和风格，可进行适当修缮，加固建筑主要构件和内部结构，建筑功能可进行更新，可进行内部结构和空间改建，改造成创意创新办公空间。

4.2.4 国营天津无线电厂

4.2.4.1 基本情况（图4-2-13、图4-2-14）

原名称：国营天津无线电厂

现名称：天津712通信广播集团

图4-2-13 国营天津无线电厂旧址区位图

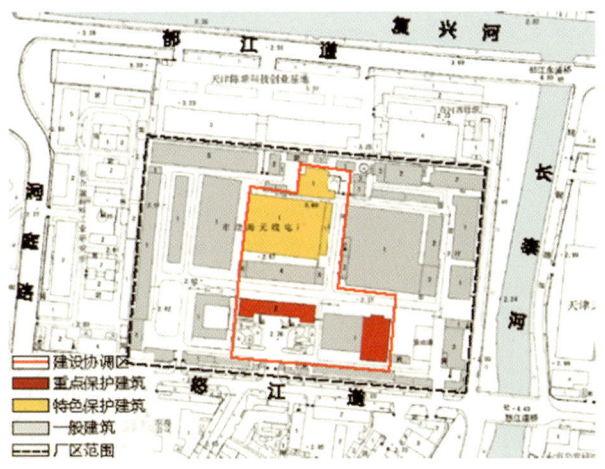

图4-2-12 天津渤海无线电厂旧址保护分级图
（资料来源：天津工业遗产普查资料）

图4-2-14 国营天津无线电厂旧址航拍图

设计者：不详
区位地址：河北区新大路185号
占地面积：厂区面积9.46万平方米
始建年代：1946年
产权单位：天津712通信广播集团
现使用者：天津712通信广播集团

4.2.4.2 历史沿革

1936年始建于湖南长沙的国营无线电厂为其前身。1946年迁至现址。1953年改名为国营天津无线电厂，即712厂。1958年3月，该厂诞生了中国第一台电视机。后改名为天津712通信广播集团，普查时仍在使用中。现为天津市文物保护单位。

4.2.4.3 遗存情况

国营天津无线电厂旧址总平面布局及现状照片见图4-2-15～图4-2-17。

国营天津无线电厂旧址普查时有工业遗存18栋（表4-2-3）。

图4-2-16　国营天津无线电厂（08）

图4-2-17　国营无线电厂办公楼（06）

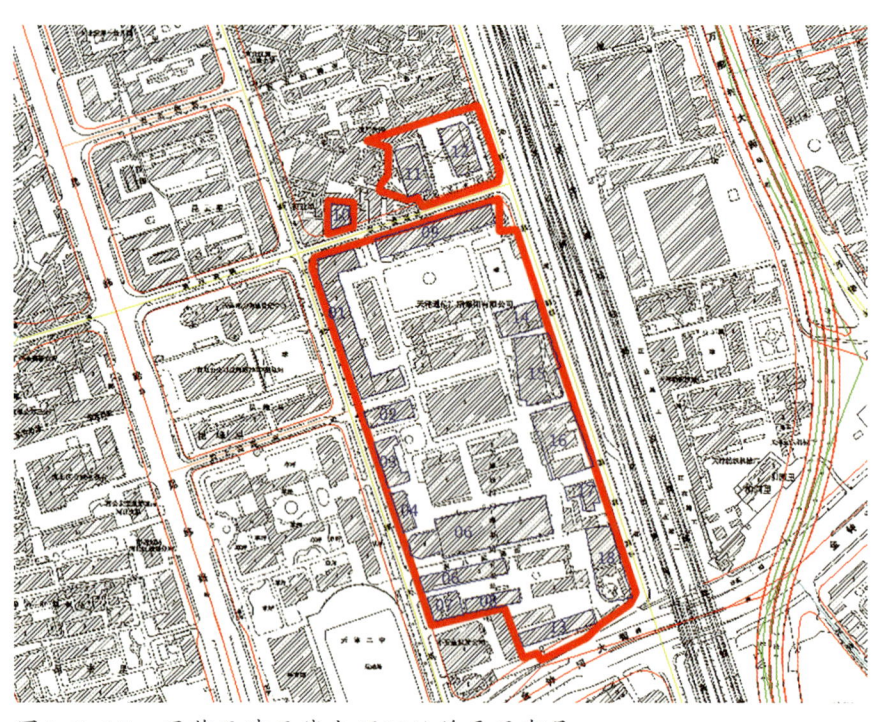

图4-2-15　国营天津无线电厂旧址总平面布局

表4-2-3　国营天津无线电厂旧址工业遗产调查表

建筑编号	建筑名称	单体建筑面积（m²）	层数	建筑高度（m）	始建年代	原使用功能及变迁情况	修缮及改造情况	建筑质量	建筑价值	保留策略
01	办公楼	3547.29	4	17.97	不详	不详	未改造	完好	一般	全部保留
02	办公楼	762.50	3	16.77	不详	不详	未改造	完好	一般	全部保留
03	办公楼	923.10	3	16.23	不详	不详	未改造	完好	一般	全部保留
04	不详	533.22	4	16.06	不详	不详	未改造	完好	一般	全部保留
05	不详	5093.42	9	30.79	不详	不详	未改造	完好	一般	全部保留
06	不详	1226.39	3	3.87	不详	不详	未改造	完好	一般	全部保留
07	不详	828.74	1	3.69	不详	不详	未改造	完好	一般	全部保留
08	不详	782.34	3	4.03	不详	不详	未改造	完好	一般	全部保留
09	不详	2251.24	4	19.74	不详	不详	未改造	完好	一般	全部保留
10	存车处	815.62	2	8.63	不详	不详	未改造	破损	一般	元素保留
11	不详	1119.25	1	7.19	不详	不详	未改造	完好	一般	全部保留
12	不详	1262.72	3	12.05	不详	不详	未改造	完好	一般	全部保留
13	不详	1111.88	4	14.01	不详	不详	未改造	完好	一般	全部保留
14	不详	1076.95	1	18.31	不详	不详	未改造	完好	一般	全部保留
15	不详	2348.86	2	6.58	不详	不详	未改造	完好	一般	全部保留
16	不详	2215.10	2	7.10	不详	不详	未改造	完好	一般	全部保留
17	不详	1130.33	2	6.65	不详	不详	未改造	完好	一般	全部保留
18	不详	1496.19	2	5.92	不详	不详	未改造	完好	一般	全部保留

资料来源：天津工业遗产调查表

4.2.4.4　遗产价值与保护

办公楼为1950年代苏联援建建筑，建筑形态、结构保存较好，为该厂核心办公楼建筑。部分单层工业厂房在1960年代建设，并在1980年代进行过改造，此外还有部分建筑为1980年代建设。1958年3月，该厂诞生了中国第一台电视机——"北京"牌电视机，被誉为"华夏第一屏"。此建筑作为当时的主要办公建筑和研发空间，起着重要作用。

建议结合遗产现状利用情况进行整体策划，对办公楼重点保护建筑进行维护，其余建筑维持现状保留（图4-2-18）。

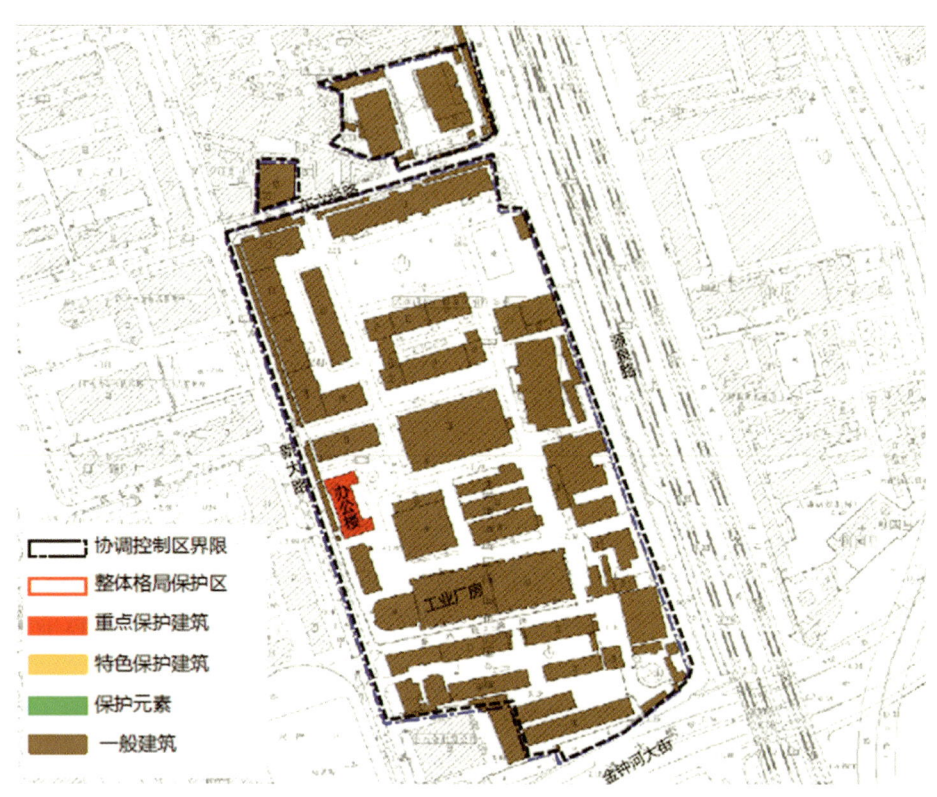

图4-2-18　国营天津无线电厂旧址保护分级图
（资料来源：《天津市工业遗产保护与利用规划》（2013））

4.2.5　天津广播电台战备台

天津广播电台战备台旧址位于蓟州区下营镇青山岭村东北1000米的山洞内。洞口向西，对面是高山，前面有长白公路，两侧为高山，山上植被丰富。该台建于1966年，全长305米，总面积1800平方米，有大小房间共计21间，最大的房间面积达140平方米。洞内四季恒温，水库、卫生间、播音室、宿舍及全套播音设备保存较好。洞口改建成仿古式样，洞口两侧建有房屋6间，现无人使用。该旧址现为天津市文物保护单位。

4.3　纺织制造业

4.3.1　新华纽扣厂（宁家大院）

4.3.1.1　基本情况（图4-3-1、图4-3-2）

原名称：新华纽扣厂、三五二二厂
现名称：际华3522装具饰品有限公司
设计者：不详
区位地址：南开区三纬路49号
占地面积：厂区面积16 400平方米
始建年代：1920年代
产权单位：际华3522装具饰品有限公司
现使用者：际华3522装具饰品有限公司

图4-3-1　新华纽扣厂旧址区位图

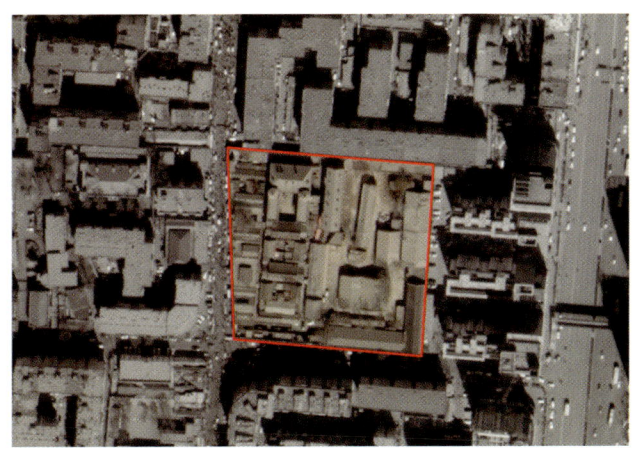

图4-3-2　新华纽扣厂旧址航拍图

4.3.1.2　历史沿革

新华纽扣厂前身为宁家大院,始建于1920年代,是著名商人宁星普(1842—1928年)的故居。1938年,新华纽扣厂成立,开始生产各种纽扣。1946年,改为国民政府天津被服总厂装具分厂。1949年,更名为华北军区联勤部平津装具厂,开始为政府、军队生产配套用品,主要产品有军用纽扣、领章、肩章、帽徽等。1955年,更名为中国人民解放军第四零八工厂。1965年,更名为中国人民解放军第三五二二厂,生产军需用品,产品种类增多,包括军用纽扣、领章、肩章、帽徽、凉鞋、水壶、挎包等。1990年合并3605厂(机械厂),1998年合并3529厂(医疗器械厂)。2009年,成为际华3522装具饰品有限公司。2010年随际华集团股份有限公司整体上市,2011年集团公司进入世界500强。现主要产品包括携行装具产品、机加工产品、医疗器械产品、移动光伏产品等。公司年销售收入15亿元。

4.3.1.3　遗存情况

新华纽扣厂旧址总平面布局及现状照片见图4-3-3~图4-3-8。

新华纽扣厂旧址现有建筑遗存包括住宅、办公用房、设备及附属用房、仓库四类功能的建筑。住宅和办公用房为三进院落,建于民国年间,为宁家大院老宅。院落入口坐北朝南,院内建筑为砖木结构,硬山瓦顶,主体建筑为三进四合院布局。后院正房和东西厢房为中西合璧式二层楼房,正房楼顶左右两端各筑有圆形攒尖顶凉亭,造型别具一格。两栋单层办公建筑建于民国年间,建筑形式具有工业厂房建筑特征,传统的小砖瓦坡屋顶、屋檐、门廊等结构。器材库房建

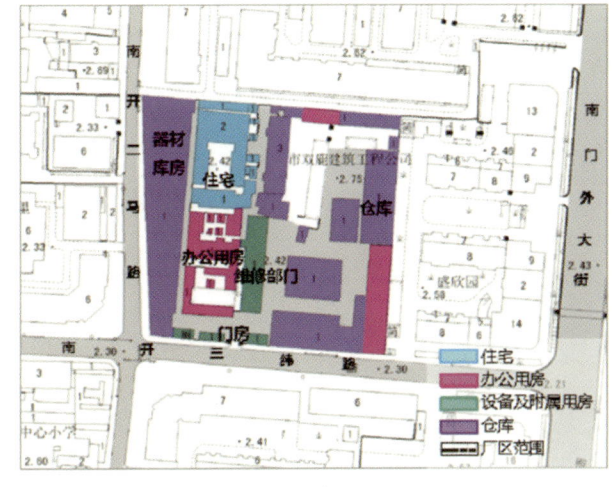

图4-3-3　新华纽扣厂旧址总平面布局

图4-3-4 后绣楼

图4-3-5 器材库房

图4-3-6 单层办公建筑（一）

图4-3-7 单层办公建筑（二）

图4-3-8 门房与围墙

于民国年间，原为宁家大院西跨院，后为工厂的器材库房。坡屋顶建筑，屋顶形式有工业建筑特征。厂区由砖砌围墙包围，只有一处入口。入口坐北朝南，为具有中式风格的拱形门，建筑特色鲜明，檐口设计精美，作为门房仍在生产使用中。

4.3.1.4 遗产价值与保护

（1）遗产价值

新华纽扣厂厂区面积约16 400平方米。整体包括了生产区和居住区，东侧为生产车间，西侧为仓库，中间南侧为办公区，中间北侧为宁家大院老宅。中间部分为三进四合院，为住宅和办公部分。住宅部分为宁家大院的老宅，布局考究、设置完整。中轴线处为主要建筑序列，包括有中式门楼和多进院落，直抵后绣楼。门楼院落曾有三重牌匾，匾额为天津大书法家华世奎等人手书。西侧为供奉先人的家庙、杂役居住的地方及马棚等。后绣楼为中西合璧回廊建筑，楼顶的两侧阳台均有中式圆亭高耸，极为别致。整个建筑错落有致，造型大方美观。

（2）保护策略（图4-3-9）

新华纽扣厂旧址内部地块宜进行整体开发，对建筑进行合理合法的修缮改造。应保护建筑群本身以及与周边的空间格局关系，在建设协调区内新建建筑应控制在10米以下，新建建筑风格应与保护建筑风貌相协调，对保护建筑应进行保护性修缮，保留原有建筑风貌、高度、材质，在建设协调区内部的建设活动应按照文物和历史风貌建筑的相关保护规定进行。

住宅和办公用房已认定为文物保护单位的不可移动文物与一般保护等级的历史风貌建筑，不

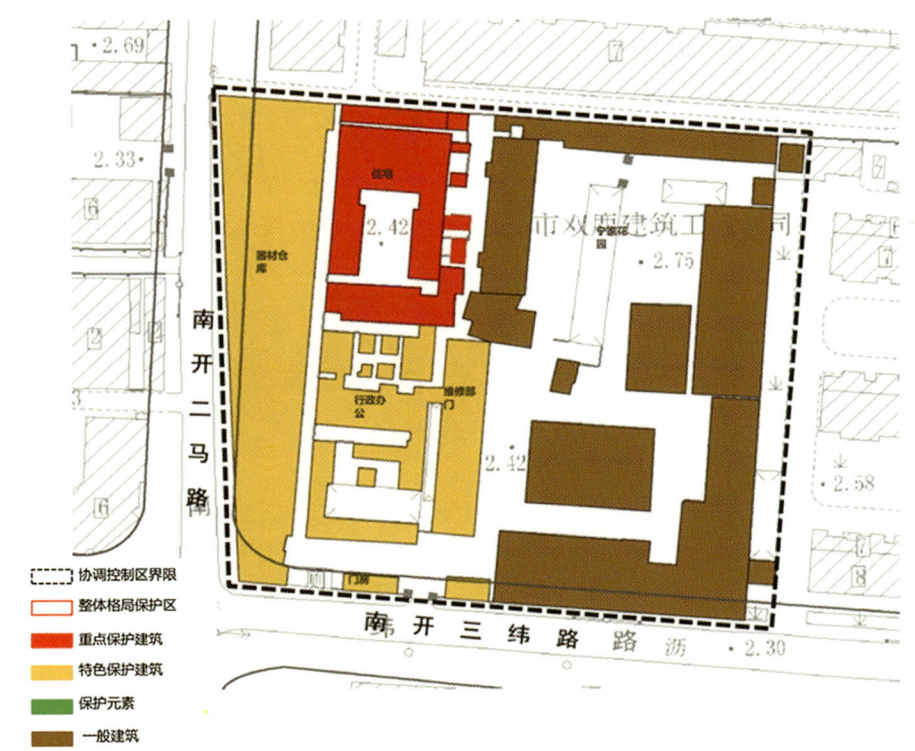

图4-3-9 新华纽扣厂旧址保护分级图
（资料来源：《天津市工业遗产保护与利用规划》（2013））

得改变建筑的外部造型、主要配色和建筑立面装饰，保持建筑主体结构、三进院落的空间布局和中西结合式建筑风貌，对建筑进行修缮、加固以恢复其原有风貌。单层办公建筑已认定为一般保护等级的历史风貌建筑，不得改变建筑的工业建筑外部造型、现状配色和饰面材料。器材库房已认定为一般保护等级的历史风貌建筑，不得改变建筑的外部造型、色彩和饰面材料，保留建筑空间格局和屋顶开窗形式。

4.3.2 华新纱厂

4.3.2.1 基本情况（图4-3-10、图4-3-11）

原名称：华新纱厂
现名称：天津印染厂
设计者：不详
区位地址：河北区万柳村大街11号
占地面积：厂区面积10万平方米
始建年代：1918年
产权单位：不详
现使用者：闲置

图4-3-11 华新纱厂旧址航拍图

4.3.2.2 历史沿革

1918年，民族资本工业企业——华新纺织股份有限公司成立，其工厂为华新纱厂，坐落在华新大街和中纺前街附近。1936年，日商钟渊纺绩株式会社强行低价收购了该公司，改名为钟渊公大实业株式会社第七工厂（简称公大七厂）。1945年，日本投降后，由中国纺织建设公司天津分公司接收，改名为中纺七厂。1946年，中纺七厂拆分成天津印染厂和天津纺织机械厂两大部分，还有一小部分改为民宅。原华新纱厂部分改名为天津印染厂。2007年，天津印染厂停产，厂区闲置至今。

4.3.2.3 遗存情况

华新纱厂旧址总平面布局及现状照片见图4-3-12～图4-3-16。

华新纱厂旧址现有工业遗存34栋（表4-3-1）。

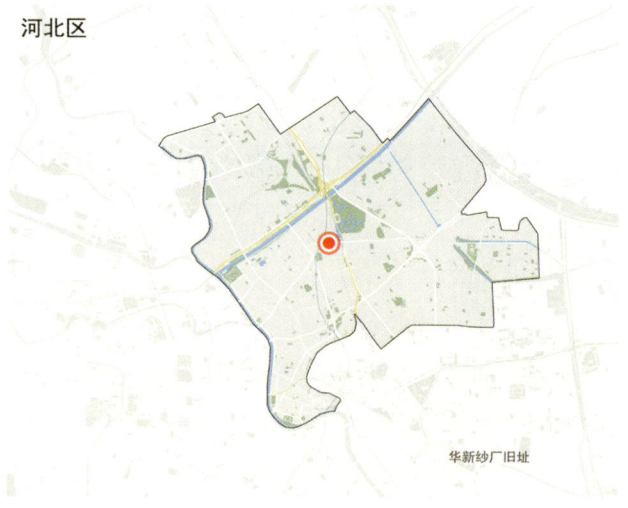

图4-3-10 华新纱厂旧址区位图

图4-2-4 机房(01)

表4-2-1 天津电话四局旧址建(构)筑物基本情况表

建筑编号	建筑名称	单体建筑面积（m²）	层数	建筑高度（m）	始建年代	原使用功能及变迁情况	修缮及改造情况	建筑质量	建筑价值	保留策略
01	机房	1054	2	12.8	1926年	原为自动电话局，现为中国联通天津河北分公司	现为中国联通天津河北分公司，改造年代不详	完好	高	全部保留
02	办公楼	825	3	12.00	不详	未改变使用功能	未改造	完好	一般	部分保留
03	办公楼	215	1	3.43	不详	未改变使用功能	未改造	完好	一般	部分保留

资料来源：天津工业遗产调查表

4.2.2 天津电话六局

4.2.2.1 基本情况（图4-2-5、图4-2-6）

图4-2-5　天津电话六局旧址区位图

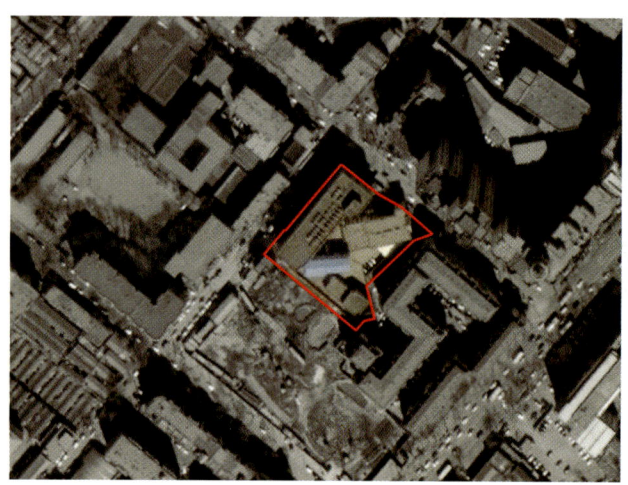

图4-2-6　天津电话六局旧址航拍图

原名称：天津电话六局

现名称：中国联通天津河北分公司

设计者：不详

区位地址：河北区月纬路11号

占地面积：建筑面积1480平方米；厂区面积4648平方米

始建年代：1927年

产权单位：不详

现使用者：中国联通天津河北分公司

4.2.2.2 历史沿革

天津电话六局始建于1927年，位于河北区月纬路11号，现为中国联通天津河北分公司。该旧址现为天津市文物保护单位。

4.2.2.3 遗存情况

天津电话六局旧址总平面布局及现状照片见图4-2-7、图4-2-8。

天津电话六局旧址现有建筑遗存4栋（表4-2-2）。

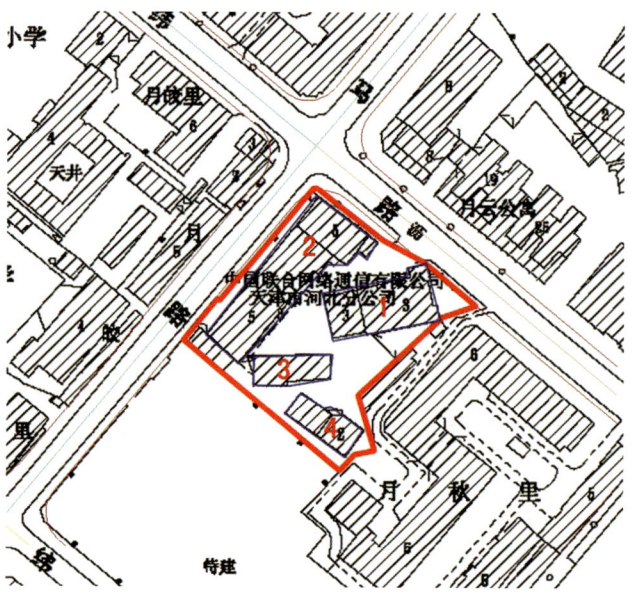

图4-2-7　天津电话六局旧址总平面布局

图4-2-8　办公楼（01）

第 4 章 天津工业遗产典型案例实录

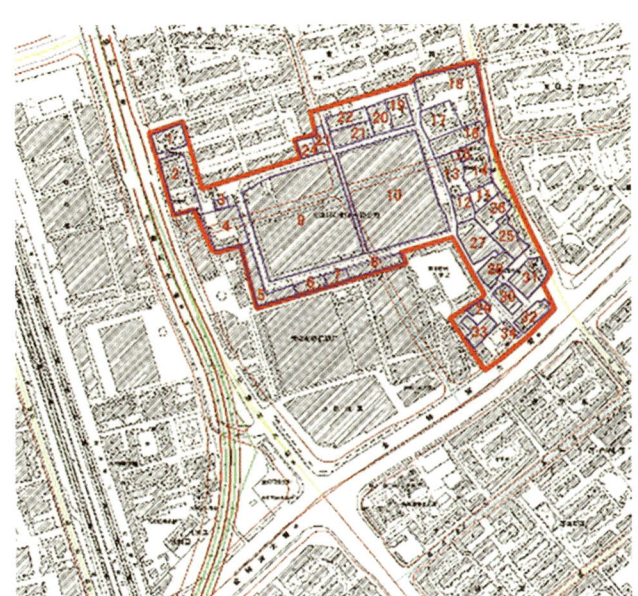

图4-3-12 华新纱厂旧址总平面布局

图4-3-14 华新纱厂（05）

图4-3-15 华新纱厂（07）

图4-3-13 华新纱厂（09）

图4-3-16 华新纱厂（10）

表4-3-1 华新纱厂旧址工业遗产调查表

建筑编号	建筑名称	单体建筑面积（m²）	层数	建筑高度（m）	始建年代	原使用功能及变迁情况	修缮及改造情况	建筑质量	设备情况	建筑价值	保留策略
01	软水站	664	2	8.61	不详	原为软水站；现已废弃	未改造	破损	无设备	建筑相对独立，破损严重，历史价值不大	可根据发展需要整改或拆除
02	给水站	1274	1	3.89	不详	现仍为给水站（为附近居住区供水）	未改造	破损	室内供水设备	破损很严重，但仍在使用中	可根据发展需要整改
03	门卫房	388	2	7.20	1910年代	原为门卫房；现已废弃	未改造	破损严重	无设备	破损很严重，历史价值不大	可根据发展需要整改或拆除
04	（已拆除）	1040	—	—	不详	原为厂房；现已拆除	已拆除	—	无设备	—	—
05	工厂车间	2024	1	7.15	不详	原为车间；现已废弃	未改造	破损	无设备	一般	可根据发展需要整改或拆除
06	工厂车间	1405	3（局部2层）	15.23	不详	原为车间；现已废弃	未改造	破损	无设备	一般	可根据发展需要整改或拆除
07	工厂车间	1067	3（局部2层）	14.48	不详	原为车间；现已废弃	未改造	破损	室内不详；室外无设备	一般	可根据发展需要整改或拆除
08	工厂车间	2253	3	17.68	1910年代	原为车间；现已废弃	未改造	破损	室外连廊通向9号厂房	一般	可根据发展需要整改或拆除
09	工厂车间	25546	1（局部7层）	20.17	1910年代	原为车间；现已废弃	未改造	破损	部分室外设备（塔楼）	厂房一角保留有日据时期建造的塔楼，有历史价值	可根据发展需要整改
10	工厂车间	25112	1（局部2层）	12.18	1910年代	原为车间；现已废弃	未改造	破损	部分室外设备（管道）	一般	可根据发展需要整改或拆除
11	（已拆除）	544	—	—	不详	原为厂房；现已拆除	未改造	—	无设备	—	—
12	供水站	632	2	6.74	不详	原为供水站；现已废弃	未改造	严重破损	屋顶有供水设备	一般	可根据发展需要整改或拆除

续表

建筑编号	建筑名称	单体建筑面积（m²）	层数	建筑高度（m）	始建年代	原使用功能及变迁情况	修缮及改造情况	建筑质量	设备情况	建筑价值	保留策略
13	工厂车间	442	2	18.36	不详	原为车间；现已废弃	未改造	严重破损	无设备	一般	可根据发展需要整改或拆除
14	（已拆除）	2219	—	—	不详	原为厂房；现已拆除	未改造	—	无设备	—	—
15	工厂车间	443	2	6.13	不详	原为车间；现已废弃	未改造	严重破损	无设备	一般	可根据发展需要整改或拆除
16	工厂车间	909	1	4.77	不详	原为车间；现已废弃	未改造	严重破损	无设备	一般	可根据发展需要整改或拆除
17	工厂机械厂	2404	2	12.14	不详	原为工厂机械厂；现已废弃	未改造	严重破损	无设备	一般	可根据发展需要整改或拆除
18	工厂车间	1847	1	5.26	不详	原为车间；现已废弃	未改造	严重破损	无设备	一般	可根据发展需要整改或拆除
19	工厂车间	1480	2	10.10	不详	原为车间；现已废弃	未改造	破损	无设备	一般	可根据发展需要整改或拆除
20	工厂车间	1929	3	13.69	不详	原为车间；现已废弃	未改造	破损	无设备	一般	可根据发展需要整改或拆除
21	工厂办公用房	942	1	8.54	不详	现仍为工厂办公用房	未改造	较破损	无设备	一般	可根据发展需要整改或拆除
22	工厂办公用房	587	1	11.20	不详	现仍为工厂办公用房	未改造	较破损	无设备	一般	可根据发展需要整改或拆除
23	工厂办公用房	293	1	6.35	不详	现仍为工厂办公用房	未改造	破损	无设备	一般	可根据发展需要整改或拆除
24	工厂车间	756	3	6.50	不详	原为车间；现已废弃	未改造	破损	无设备	一般	可根据发展需要整改或拆除
25	工厂车间	1224	1	6	不详	现为三环纺织厂楼管处	未改造	破损	无设备	一般	可根据发展需要整改或拆除
26	国印房地产办公室	940	1	6	不详	现仍为办公室	未改造	破损	无设备	一般	可根据发展需要整改或拆除
27	工厂车间	1955	1	4	不详	未明	未改造	破损	无设备	一般	可根据发展需要整改或拆除
28	工厂服务用房	1040	1	4	不详	原为工厂服务用房，现为杂货店	未改造	破损	无设备	一般	可根据发展需要整改或拆除

续表

建筑编号	建筑名称	单体建筑面积（m²）	层数	建筑高度（m）	始建年代	原使用功能及变迁情况	修缮及改造情况	建筑质量	设备情况	建筑价值	保留策略
29	建材销售	316	1	7	不详	原为工厂服务用房，现为建材销售	未改造	破损	无设备	一般	可根据发展需要整改或拆除
30	工厂服务用房	514	1	8	1990年代	原为工厂服务用房，现为杂货店	未改造	破损	无设备	一般	可根据发展需要整改或拆除
31	酒店	2218	2	10	1968年	现为顶好捷酒店	1968年始建，1997年改建为酒店	破损	无设备	一般	可根据发展需要整改或拆除
32	酒店	2256	3	20	1968年	现为顶好捷酒店	1968年始建，1997年改建为酒店	破损	无设备	一般	可根据发展需要整改或拆除
33	戏院	2056	2	12	1968年	现为天笑大戏院	未改造	破损	无设备	一般	可根据发展需要整改或拆除
34	建材销售	69	1	5	2010年代	现为五金建材市场	未改造	破损	无设备	一般	可根据发展需要整改或拆除

资料来源：天津工业遗产普查资料

4.3.3 宝成、裕大纱厂（棉三）

4.3.3.1 基本情况（图4-3-17、图4-3-18）

原名称：宝成、裕大纱厂，天津第三棉纺织厂

现名称：棉三创意街区

设计者：庄俊

区位地址：河东区郑庄子西台大街38号

占地面积：建筑面积24.18万平方米；厂区面积10.32万平方米

始建年代：1920年

产权单位：天津新岸创意产业投资有限公司

现使用者：天津新岸创意产业投资有限公司

图4-3-17 宝成、裕大纱厂旧址区位图

图4-3-18 宝成、裕大纱厂旧址航拍图

4.3.3.2 历史沿革

1922年，天津宝成、裕大纱厂相继建办，主要生产纱锭和棉布。天津成为中国北方棉纺织业的中心。1930年2月，宝成纱厂是中国第一个实行八小时工作制的工厂，开创了中国近代工业文明的新纪元。裕大纱厂、宝成纱厂分别在1933年和1935年相继转卖给日企，合组为天津纱厂。棉纺织行业逐渐进入以外资尤其是日资为主的发展时期。1950年，改名为天津第三棉纺织厂（简称棉三）。1960年开始，棉纺织行业进行设备调整，棉纺产品产量下降，棉纺织业进入发展的低潮。改革开放后，棉纺织业开始引进精梳机等先进设备，天津第三棉纺织厂建设了自己的纺织实验厂，走上研发、生产、销售于一体的道路。1998年，天津第三棉纺织厂破产，原厂旧址空置。2015年，棉三创意街区在原厂址开放，为天津一个崭新的集创意设计、新媒体服务、商务咨询、艺术展示、文化休闲、人才培训为一体的新型创意产业综合体。

4.3.3.3 遗存情况

原天津第三棉纺织厂（宝成、裕大纱厂旧址）总平面布局、生产工艺流程及现状照片见图4-3-19～图4-3-29。

将棉纺织生产工艺流程与建筑布局相对应，可以看出纺织厂通过海河将原料棉花运来，放置在厂内原棉库中储存备用，在纱厂车间内通过各种纺纱机将原料棉花纺成棉线，送往布厂车间通过织布机制成布匹，在印染车间内染色或印花，最后成品布再通过海河运往销售地。整体流程清晰明确，建筑布局也非常合理，由于纺织工艺中许多相关的工艺需要在一个空间内完成，因此棉三大都为大空间、采光充足的厂房。

一布厂建成于1950年代，是核心生产车间之一。建筑为大跨度工业厂房，砖砌立面，砖折板结构屋顶，具有典型的工业建筑特征，屋顶造型体现了纺织行业特色，建筑保存情况良好。二布厂建成于2000年前后，是核心生产车间之一，建筑为较现代的工业厂房建筑，平屋顶。铸造车间建于1970年代，为进行设备、机械生产加工的场所，建筑平面为长方形，为坡屋顶工业厂房，体量方正，山墙上有圆形开窗，建筑结构与立面保存完好。棉库建于1922年，为储存原棉的棉库，后作为车间使用，建筑平面为方形，长宽均40米，青砖结构，四周墙体有盲窗，基本保存完好。已认定为文物保护单位和第四批国家工业遗产。一纺厂建于1922年，原裕大纱厂纺纱车间，是核心生产车间之一，建筑地基梁架结构与楼层结构完全一致，整体浇筑，南侧车间侧面上檐呈锯齿形，背风向阳，起到了自然采光的突出作用。二纺厂建成于1922年，为原宝成纱厂车间，后为纺纱车间，是核心生产车间之一，建筑为梁架结构的大跨度厂房，具有典型的工业建筑特征，建筑部分遭损毁，但建筑结构保存较好。办公楼建成于1970年代，为厂区主要办公建筑，建筑体量较大，外立面细节丰富具有特色，建筑质量完好。发电厂建成于1950年代，是重要的厂

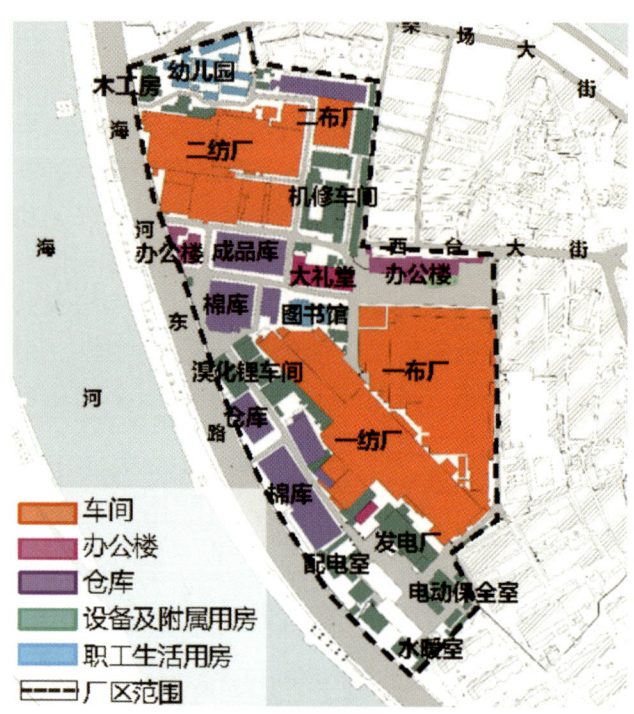

图4-3-19 原天津第三棉纺织厂（宝成、裕大纱厂旧址）总平面布局

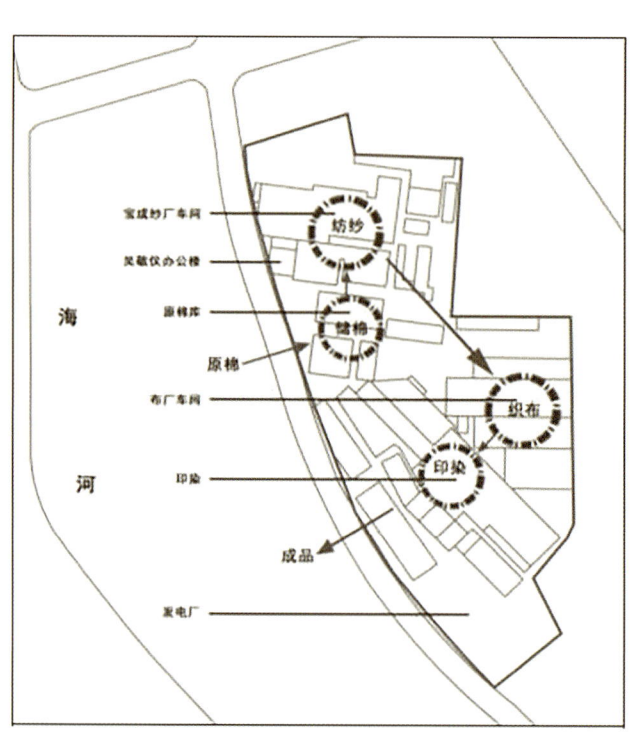

图4-3-20 棉纺织生产工艺流程图
（资料来源：作者自绘）

图4-3-21 吴敬仪办公楼（01）

图4-3-22 布厂（02）

图4-3-23　棉库（03）

图4-3-24　办公楼（04）

图4-3-25　宝成纱厂车间（05）

图4-3-26　房屋（06）

图4-3-27　房屋（07）

图4-3-28　房屋（08）

图4-3-29　房屋（09）

区发电设施，建筑体量方正，建筑立面线条设计精美，建筑空间结构具有工业建筑特色，内部空间较大。机修车间建成于1980年代，是对生产设备、机械进行维修的场所，建筑为坡屋顶联排工业厂房，体量方正，外檐设计和立面开窗方式具有工业建筑特征。焊工车间建于1950年代，并于1970年代进行改建和加建，是对生产设备、机械进行维修养护的场所，建筑为坡屋顶工业厂房，体量方正。二布库房建成于2000年前后，为存放棉纺产品的库房，建筑为坡屋顶砖砌结构，面宽较大。木型车间为生产设备模具的车间，建筑为砖砌二层结构。俱乐部建成于1990年代，原功能为职工俱乐部，建筑为砖砌三层结构，平屋顶。

原天津第三棉纺织厂普查时有建筑遗存9处（表4-3-2）。

表4-3-2　原天津第三棉纺织厂建（构）筑物基本情况表

建筑编号	建筑名称	单体建筑面积（m²）	层数	始建年代	原使用功能及变迁情况	建筑质量	设备情况	建筑价值	保留策略
01	吴敬仪办公楼	1160	2	1922年	办公楼	破损	无	一般	无
02	布厂	部分拆毁	1-3	1950年代	工厂	损坏	无	一般	无
03	棉库	1700	1	1922年	仓库	损坏	无	一般	无
04	办公楼	部分拆毁	4	1970年代	办公楼	完好	无	一般	无
05	宝成纱厂车间	10 000	1	1922年	工厂	损坏	无	一般	无
06	房屋	部分拆毁	3-4	不详	空置	损坏	无	一般	无
07	房屋	部分拆毁	3	不详	空置	损坏	无	一般	无
08	房屋	部分拆毁	1	不详	空置	损坏	无	一般	无
09	房屋	部分拆毁	1-2	不详	空置	损坏	无	一般	无

资料来源：天津工业遗产调查表

4.3.3.4　遗产价值与保护

（1）遗产价值

1925年，五四运动在全国席卷开来后，天津纺织工会多次发动纺织工人进行罢工，最终取得了胜利。这些全市范围的反帝示威活动首先始于宝成纱厂，在取得了小范围的胜利后，极大地鼓舞了宝成和其他纺织工厂的工人，使得后期宝成、裕大、北洋、裕元等纱厂共同举行同盟大罢工。宝成、裕大纱厂具有很高的纪念意义，反映和记录了当时社会劳动人民同帝国主义、封建主义和官僚资本主义及其反动势力进行英勇顽强斗争的抗争历史。

1930年2月，天津宝成纱厂是中国第一个实行八小时工作制的工厂。

宝成、裕大纱厂自1922年建厂以来，厂区内不断建设新的厂房，使得现今拥有不同时期的工业建筑。在其旧址内，有包括车间、办公楼、仓库、设备及附属用房和职工生活用房等五类功能建筑，大部分具有典型的工业建筑特征，造型体现了纺织行业特色。目前建筑保存情况良好。

（2）保护策略

宝成、裕大纱厂旧址毗邻海河，地块宜进行整体开发（图4-3-30）。在地区功能上，可利用棉三的历史底蕴、工业建筑空间特色和特色景观元素，打造具有独特历史气息和工业感的现代创意休闲街区。新建建筑应与保留建筑相协调，以砖砌立面为主，配色为深色。一布厂可改造成为现代化办公空间或文化创意工作室；一纺厂可利用建筑长度较长的特点，改造成为商业和生活休闲街区；棉库需进行内部空间改造，使之成为文化展览建筑；二布厂与周边建筑可改造成具有特色的餐饮功能空间或文化创意街区；发电厂可进行内部结构与空间改建，改造成文化创意功能空间；二纺厂通过内部空间改造成为休闲与商业功能空间；办公楼可改造成为现代化商务楼宇或商业建筑。

目前改造利用方案有较大变更，沿海河建筑已经拆除（图4-3-31）。改造详情见"5.3.3"。

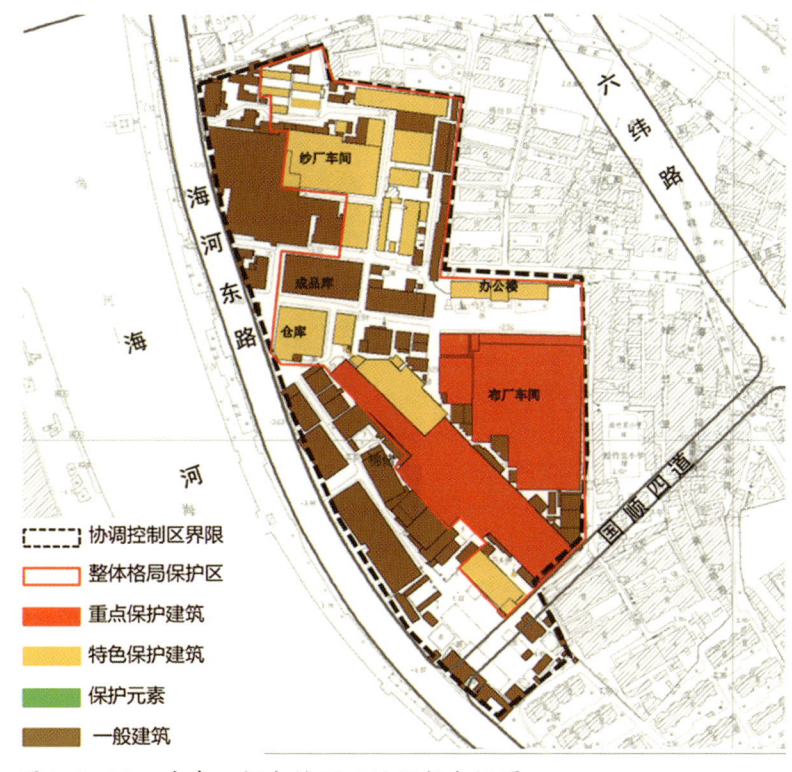

图4-3-30 宝成、裕大纱厂旧址保护分级图
（资料来源：《天津市工业遗产保护与利用规划》（2013））

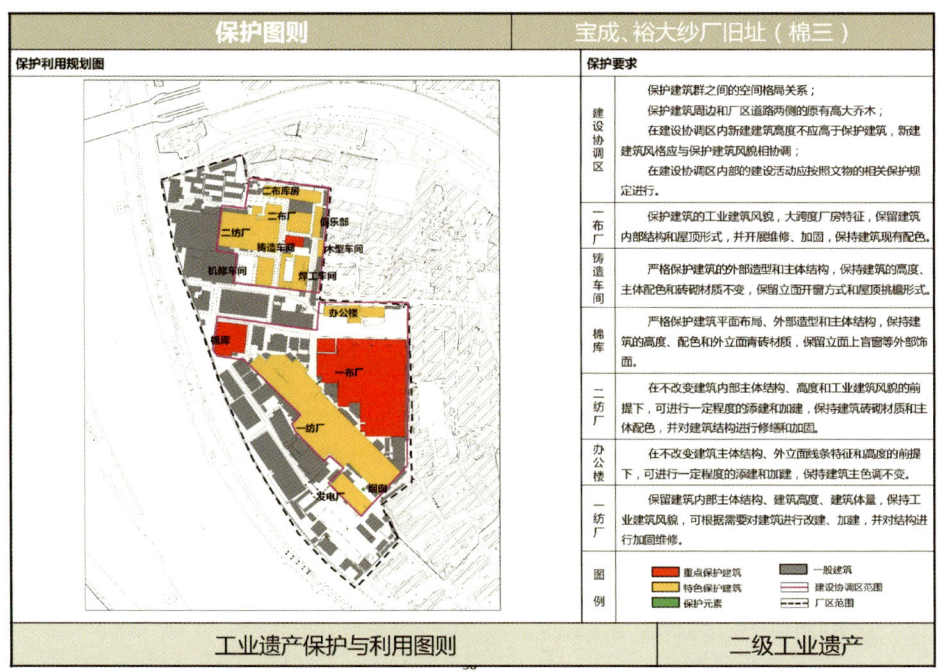

图 4-3-31　宝成、裕大纱厂旧址保护图则
（资料来源：《天津市工业遗产保护与利用规划》（2016））

4.3.4　盛锡福帽庄

4.3.4.1　基本情况（图 4-3-32、图 4-3-33）

原名称：盛锡福帽庄

现名称：盛锡福帽庄

设计者：不详

区位地址：和平区和平路273号

图 4-3-32　盛锡福帽庄旧址区位图

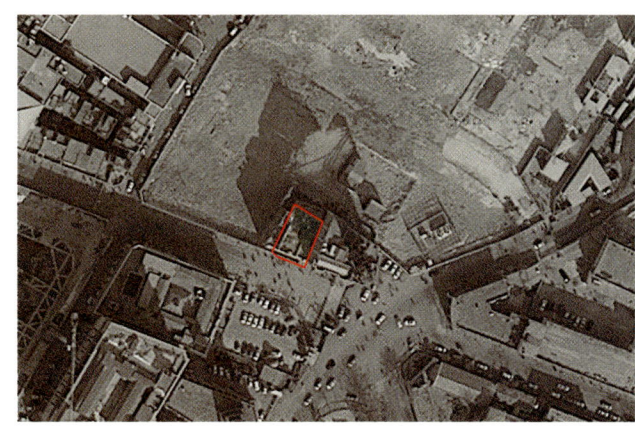

图 4-3-33　盛锡福帽庄旧址航拍图

占地面积：建筑面积1800平方米；厂区面积408平方米

始建年代：1917年

产权单位：天河城责任有限公司

现使用者：盛锡福

4.3.4.2 历史沿革

1911年，刘锡三和友人合资在天津估衣街开办了盛聚福小帽店。1917年迁至天津法租界（今和平区和平路273号），并把盛聚福改为盛锡福。1919年，盛锡福用巨资买下了西方人运来的一全套电力制造草帽的机器，设立草帽工厂自产自销，并很快在天津打开了销路。1924—1934年，盛锡福获得多项国民政府颁发的荣誉，许多社会名流为盛锡福题字，如曹锟曾题"国货之光"，盛锡福的牌匾则出自吴佩孚之手。1937年，北京开设盛锡福帽庄分号，位于王府井大街196号。随后，南京、上海、沈阳、青岛和武汉等地亦设立分号，共计20多家。盛锡福的产品一开始只由天津总号工厂供应，之后也有在北京生产。1956年，北京盛锡福帽庄分号实现了公私合营，历史翻开了新的一页。同年，盛锡福帽厂在北京八面槽韶九胡同19号正式开工生产。1950—1960年间，盛锡福曾为毛主席、周总理等国家领导人制帽。改革开放后，盛锡福在津外6个省市开有多家分店，经营时装帽、休闲帽、裘皮帽、针织帽、儿童帽、礼士帽、棒球帽、草帽等8个系列近4000个花色品种，产品远销到了美国、德国、奥地利、新加坡、法国、比利时等多个国家。

4.3.4.3 遗存情况

盛锡福帽庄旧址总平面布局及现状照片见图4-3-34、图4-3-35。

盛锡福帽庄为单栋办公楼建筑（表4-3-3），旧址范围内现状用地为商业，和平路商业街沿线为天河城商业的一部分。该建筑为灰白色砖混结构欧式建筑，主体四层，局部五层，立面左右对称，整体结构完整，外观保存较好，已认定为尚未核定为文物保护单位的不可移动文物。

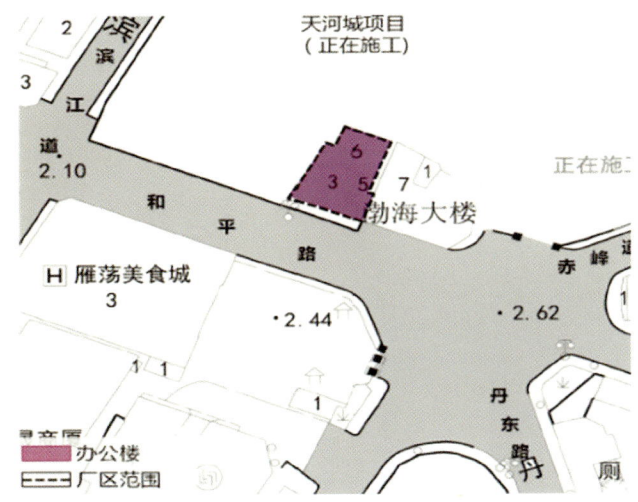

图4-3-34　盛锡福帽庄旧址总平面布局

图4-3-35　盛锡福帽庄沿街立面

表4-3-3 盛锡福帽庄旧址建（构）筑物基本情况表

建筑编号	建筑名称	单体建筑面积（m²）	层数	建筑高度（m）	始建年代	原使用功能及变迁情况	建筑质量	设备情况	建筑价值
01	盛锡福帽庄旧址	1800	5	18	1917年	原为生产经营场所，现为天河城项目	较好	无设备	不可移动文物，有较高保留价值

资料来源：天津工业遗产调查表

4.3.4.4 遗产价值与保护

（1）遗产价值

盛锡福帽庄具有较高的历史价值及社会价值。盛锡福帽庄总部建筑是这一老字号品牌价值的载体。盛锡福品牌以其用料考究、手工制作、做工精细、品质优良而著称，受到海内外各界人士的广泛欢迎。自2005年以来，盛锡福被商业部评定为"中华老字号"，被北京市评为著名商标，之后被列入"国家级非物质文化遗产"名录，老职工李金善被授予"国家级非物质文化遗产盛锡福皮帽制作技艺代表性传承人"称号。

（2）保护策略

盛锡福帽庄旧址位于和平路商业街区内，周边毗邻滨江道和平路商业街、维多利亚公园、五大道历史街区等商业氛围浓郁、文化特色突出的地区，可以延续其商业功能，并结合市场需求，注入博物、展览、创意设计等功能。例如，可以作为盛锡福制帽历史博览馆，作为手工业活态展览馆，也可以作为精品帽子的售卖空间。部分空间可以改造为中式茶馆，从而将整个建筑改造为以制帽业为核心的集展览、商业、文化于一体的复合型空间。此外，对沿和平路的建筑主立面和重要标志物开展保护性修复，不得改变主立面颜色、开窗形式及重要标志物，恢复建筑原貌。

4.3.5 东亚毛呢纺织有限公司

4.3.5.1 基本情况（图4-3-36、图4-3-37）

图4-3-36 东亚毛呢纺织有限公司旧址区位图

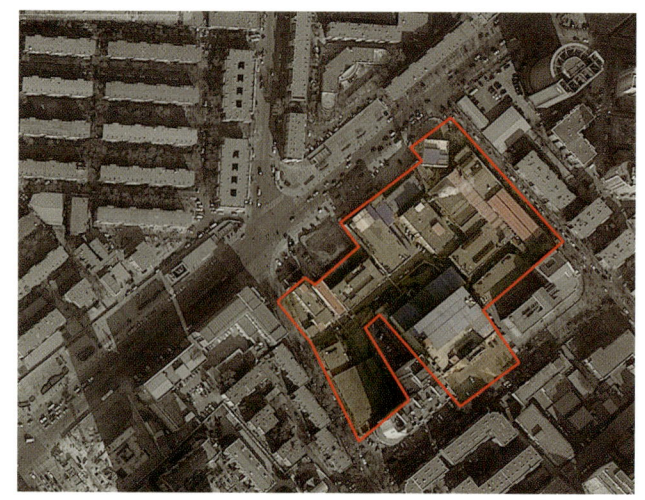

图4-3-37 东亚毛呢纺织有限公司旧址航拍图

原名称：东亚毛呢纺织有限公司
现名称：抵羊会馆
设计者：不详
区位地址：和平区云南路与营口道交口
占地面积：建筑面积23 000平方米；厂区面积21 500平方米
始建年代：1936年
产权单位：天津中纺抵羊纺织有限公司
现使用者：天津中纺抵羊纺织有限公司

4.3.5.2 历史沿革

1932年，宋棐卿与其弟宋霞飞等人在意租界合伙创建东亚毛呢纺织有限公司，创办资本5万银元，原料为从澳洲订购的半成品毛条，纺织机是通过怡和洋行从英国订购的旋纺机（飞X式或帽式），制成的线为精梳式。东亚公司报告中记载：建筑有洋灰钢筋楼房6座，占5177.45公尺；瓦房80所，平房31所，仓库5所。1933年4月10日，宋棐卿将其产品注册为"抵羊"牌，这也是中国第一个国产毛线品牌。"抵羊"牌毛线一经问世就大受欢迎，迅速占领市场[1]。1934年，东亚毛呢纺织公司的"抵羊"牌毛线遍销全国各地。当时报纸报道"抵羊"牌毛线可谓现代唯一荣誉之国产物，更可称为舶来品之劲敌。1936年，东亚毛呢纺织公司搬迁到第十区云南路（原英租界二号路，现和平区云南路），包括毛厂、麻厂、化学厂三厂，出品毛线、麻袋、驼绒、西药、化学品等。此时，不仅前纺、后纺、洗染三大工段设备先进齐全，而且还增添了毛织部和针织部。1954年11月1日，东亚毛呢纺织公司更名为天津市公私合营东亚毛麻纺织厂，并同天津其他几个大型纺织厂一同收归国有，组建为大型国有企业——天津纺织集团。2003年，天津市公私合营东亚毛麻纺织厂改名为天津中纺抵羊纺织有限公司。2006年5月26日，天津中纺抵羊纺织有限公司迁出原址，落户滨海新区空港物流加工区高新纺织工业园。其原址被其他城市功能替换。同年12月，"抵羊"品牌被国家商务部授予"中华老字号"。同时，公司决定在其旧址上复原一栋建筑，用作纪念馆，现名为"抵羊1932"。门口立有一座两羊相抵的石像，内部用于展示当年宋棐卿与东亚毛呢纺织公司发展的历史照片。

4.3.5.3 遗存情况

东亚毛呢纺织有限公司旧址总平面布局及现状照片见图4-3-38～图4-3-47。

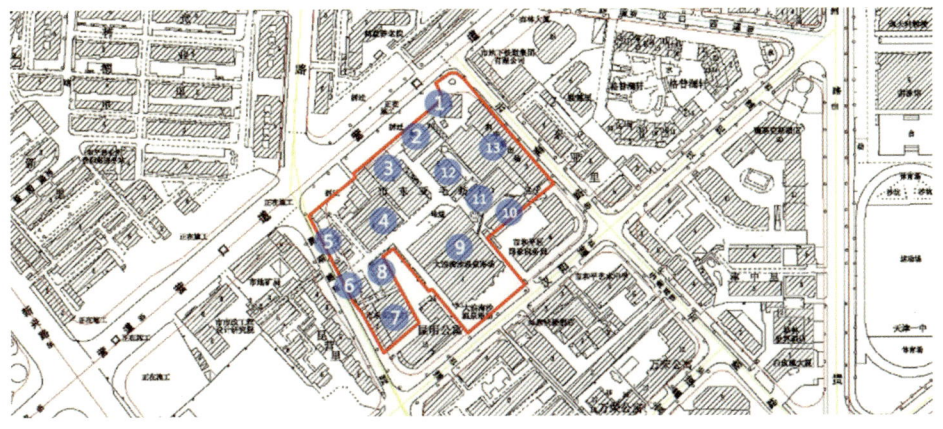

图4-3-38　东亚毛呢纺织有限公司旧址总平面布局

---

[1] 宋允璋. 他的梦——宋棐卿[M]. 香港：明文出版社，2006.

东亚毛呢纺织有限公司旧址现有工业建筑遗存13栋（表4-3-4）。除一间名为"抵羊1932"小型的创意商铺在售卖一些"抵羊"品牌的纺织产品外，其余房屋大多空闲或以出租的方式进行再利用。其中，厂房由于其高度、跨度等空间上的优势，被改造为游戏城、菜市场等公共商业空间；锅炉房被改造为办公楼；其余大多数被个体户、居民使用，进行日常居住和贸易活动。由于旧址地处旧城和平区，周围居住环境拥挤，居民结构复杂，进行大型的商业翻修改造存在一定难度。现状业态大多以满足日常生活需求为主，利用较不充分，仍存在较多发掘空间。

图4-3-39　抵羊会馆（01）

图4-3-42　厂房改为乐途动漫游艺城（04）

图4-3-40　厂房改为浴室、餐厅（02）

图4-3-43　仓库（07）

图4-3-41　厂房改为歌友会（03）

图4-3-44　锅炉房（12）

第4章 天津工业遗产典型案例实录

图4-3-45 烟囱

图4-3-46 围墙上的"东亚铭"

图4-3-47 厂房改为和平菜市场（13）

表4-3-4 东亚毛呢纺织有限公司旧址建（构）筑物基本情况表

建筑编号	建筑名称	单体建筑面积（m²）	层数	建筑高度（m）	始建年代	原使用功能及变迁情况	修缮及改造情况	建筑质量	设备情况	建筑价值
01	抵羊会馆	830	2	8	1932年	原使用功能为办公，功能未变更	1973年建筑内部修缮，建筑结构未改变；2004年建筑外部修缮，门窗形式改变，建筑结构未改变	完好	内无设备	较高
02	厂房	357	2	8	不详	现为浴室、餐厅		一般	内无设备	较低

续表

建筑编号	建筑名称	单体建筑面积（m²）	层数	建筑高度（m）	始建年代	原使用功能及变迁情况	修缮及改造情况	建筑质量	设备情况	建筑价值
03	厂房	3100	3	10	不详	现为娱乐及医院		一般	内无设备	较低
04	厂房	4120	4	15	不详	现为商业		一般	内无设备	较低
05	东亚浴池	560	2	8	不详	现为浴池		一般	内无设备	较低
06	变电室	480	2	8	不详	现为市政		一般	内无设备	较低
07	仓库	1600	1	8	不详	现为仓储		一般	内无设备	较低
08	汽修厂办公	300	1	3	不详	现为商业		一般	内无设备	较低
09	清水湾酒店	8800	4	16	不详	现为商业		一般	内无设备	较低
10	房屋	740	2	8	不详	现为居住		一般	内无设备	较低
11	厂房	1540	2	8	不详	现为商业		一般	内无设备	较低
12	锅炉房	3200	5	20	不详	现为办公		破损	内无设备	较低
13	厂房	4600	2	8	不详	现为市场		一般	内无设备	较低

资料来源：天津工业遗产调查表、天津市档案馆资料及现场调查。

4.3.5.4 遗产价值与保护

（1）遗产价值

厂区规模较大，建筑遗存数量较多，生产流线完整。厂区面积二十余亩，原有公事房、工厂机器房、仓库房等五十余间，还有锅炉房、水楼、浴室、饭厅、职工宿舍、厨房、运动场等。生产流线设有洗烘、梳纺、精梳纺、合股、摇线、染色、打包、成品、机井室等部分。创办之初有设备大锅炉一座、小锅炉一座、纺织机三十架。

纺织产品的品牌——"抵羊"，采用抵制洋货的"抵"和山羊的"羊"，意味深长，提升了当时民族工业产品的信心。此外，宋棐卿将西方先进的管理方式和中国传统文化相结合，采用儒家"文治教化"之道，制定了厂训、厂歌，提出了东亚的"四大主义"和"四大目的"，以"东亚铭"规定了公司宗旨和员工做事为人的准则，形成了独具特色的企业文化，同时制定了详细完备的生产管理、企业管理、职工生活管理等制度，还印制了包括《东亚精神》（甲、乙本）、《东亚礼仪常识》、《东亚声》、《方舟》月刊、《东亚企业文化》、《职员训练讲义》等企业文化类刊物[1]，为员工的个人发展提供了良好的环境。

（2）保护策略

建议对抵羊会馆及建筑前雕塑进行重点保护，其作为原址纪念馆的方式是对原有文化的传

---

[1] 杨天受、李静山的《天津东亚公司与宋棐卿》，1964年撰写，1981年刊于《工商史料》第2辑第106页。转引自：天津社科院历史所.天津历史资料20（内部资料）：9.

承。建议对"东亚铭"纪念墙、水塔进行外观特色保护。其他建筑遗存由于已经被占用或破坏，建议进行修复改造后再结合上位规划进行利用。

4.3.6 天津外贸地毯厂

4.3.6.1 基本情况（图4-3-48、图4-3-49）

原名称：天津外贸地毯厂

现名称：天津意库

设计者：不详

区位地址：红桥区湘潭路与湘潭中路交口

占地面积：厂区面积56 000平方米

始建年代：1957年

图4-3-48 天津外贸地毯厂旧址区位图

图4-3-49 天津外贸地毯厂旧址航拍图

产权单位：天津地毯进出口公司

现使用者：天津意库创意产业园

4.3.6.2 历史沿革

清朝咸丰年间，手工地毯技术传入天津。鸦片战争后，天津开埠，地毯业逐渐兴旺，租界里有很多洋行经营地毯出口业务。当时的天津是全国最大的羊毛集散地和对外贸易出口地，享有"地毯城"的美誉。天津第一个国企地毯厂是"玉盛永"地毯厂，也是天津历史最长的地毯厂。

1957年，天津外贸地毯厂建厂。此时天津有16个地毯厂，这16个厂需要出口的地毯，都会集中到天津外贸地毯厂。该厂成为当时天津地毯出口的集散地。1964年，在莱比锡国际比赛中，天津地毯博得世界公众的一致赞赏，荣获金质奖章。1979年，天津外贸地毯厂荣获国务院颁发的金质奖章，在同行业中产品质量名列全国第一名。1980年代，天津外贸地毯厂进入最辉煌的时期，在厂工人达到1100人，年生产手工地毯7万平方米、半手工地毯50万平方米。1986年荣获保加利亚国际金奖。1990年代初，随着国家政策的改变，外贸出口企业开始自负盈亏，国有企业包袱过重的现象开始显现，天津外贸地毯厂开始逐年亏损。2002年工厂停产，进行了土地流转等一系列转型发展。2004年，天津意库创意产业园在原厂旧址上成立，并以文化创意产业园的身份重新对公众开放。

4.3.6.3 遗存情况

天津外贸地毯厂旧址总平面布局及现状照片见图4-3-50～图4-3-55。

天津外贸地毯厂旧址南侧紧邻京沪铁路，西侧紧邻天津西站，现有工业遗存5栋，均被划定为重点保护建筑。原生产车间是地毯厂原料加工、剪裁、生产区的核心空间，目前已停止生产，作为创意产业的办公空间。遗存的5栋建筑

图4-3-50 天津外贸地毯厂旧址总平面布局

图4-3-51 建筑编号（01）

图4-3-52 建筑编号（02）

图4-3-53 建筑编号（03）

图4-3-54 建筑编号（05）

图4-3-55 建筑编号（06）

均为砖砌坡屋顶结构，建筑风格简洁明快，建筑结构与空间保存较好。

4.3.6.4 遗产价值与保护

（1）遗产价值

天津外贸地毯厂于2007年改造成为天津意库创意产业园，是天津市首家通过工业遗存改造而成的创意产业园。意库本着修旧如旧的原则，在保护老厂房的基础上进行改造设计，将玻璃、钢材等现代要素融入其中，既保留了老建筑的历史风貌和建筑结构，又注入了新的艺术元素，营造了较为完善的创业环境和良好的园区文化。现园区占地30 000平方米，建筑面积25 000平方米，拥有1950—1990年代不同风格的建筑16幢，体现了城市在不同发展时期独特的风格和艺术特色。

意库创意产业园是一个开放型的创意园，园区内已经入驻了200多家以文化创意、科技、现代服务业为主要类型的企业，先后引进了多家知名企业，创造就业岗位3000个。园区把文化与科技的结合作为发展创意产业的方向，并以此为契机，形成以文化为内容、以科技为载体、以创意为核心的创意产业发展模式，集中发展以城市空间设计为主导定位的产业链。

（2）保护策略（图4-3-56）

天津外贸地毯厂旧址是尚未核定为文物保护单位的不可移动文物，建设协调区范围包括5栋原车间建筑所在的半个街区地块。在建设协调区内部的建设活动应符合文物保护单位的相关保护规定，保护建筑单体的结构、颜色、材质、开窗位置及尺度等。此外，还应保护5栋原车间建筑的整体格局、风貌、空间尺度，延续其场所感和历史感，在建设协调区内新建或扩建建筑应与保护建筑风格相协调，建筑高度应控制在15米以下。

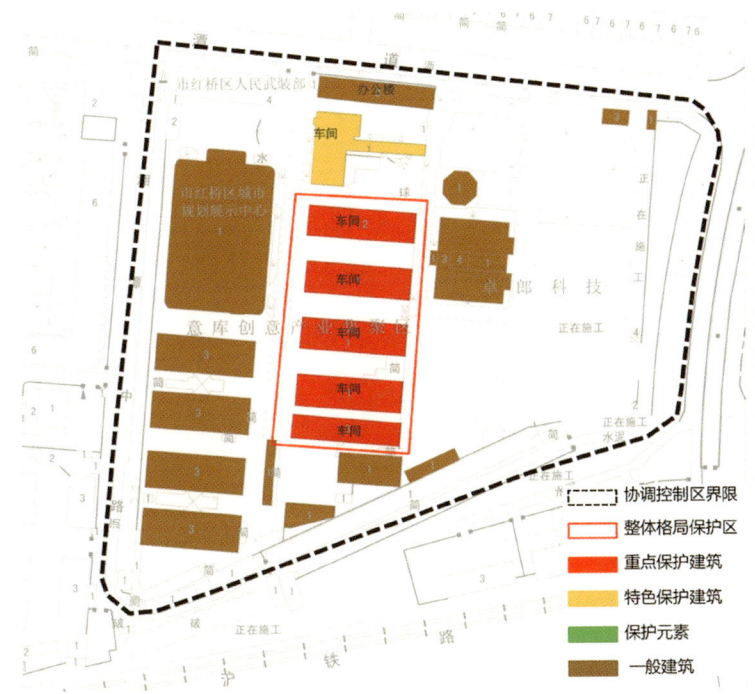

图4-3-56　天津外贸地毯厂旧址保护分级图
（资料来源：《天津市工业遗产保护与利用规划》（2013））

4.4 机械制造业

4.4.1 津浦铁路局天津机厂

4.4.1.1 基本情况（图4-4-1、图4-4-2）

原名称：津浦铁路局天津机厂

现名称：中国北车天津机辆轨道交通装备有限责任公司

设计者：不详

区位地址：河北区南口路22号

占地面积：建筑面积83 500平方米；厂区面积36 000平方米

始建年代：1909年

产权单位：中国北车天津机辆轨道交通装备有限责任公司

现使用者：中国北车天津机辆轨道交通装备有限责任公司

4.4.1.2 历史沿革

1909年，清政府借款建厂，德国人承建并代管，时称津浦铁路局天津机厂。1937年，被日本占领后，改称华北交通株式会社天津铁道工厂。1949年，中华人民共和国成立后，改称平津铁路管理局天津工厂。1988年，改称铁道部中国铁路机车车辆工业总公司天津机车车辆机械厂。2007年，按照中国北车集团整体改制上市工作要求，将原工厂优质资产注册成立了天津机辆轨道交通装备有限责任公司，并于当年8月1日开始正式运行至今。现为天津市文物保护单位、天津市历史风貌建筑。

4.4.1.3 遗存情况

津浦铁路局天津机厂旧址总平面布局及现状照片见图4-4-3～图4-4-9。

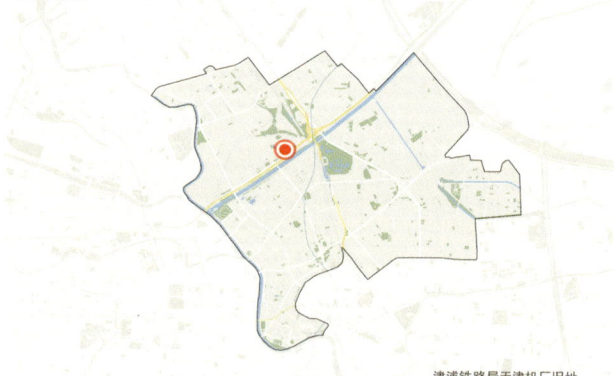

图4-4-1　津浦铁路局天津机厂旧址区位图

图4-4-2　津浦铁路局天津机厂旧址航拍图

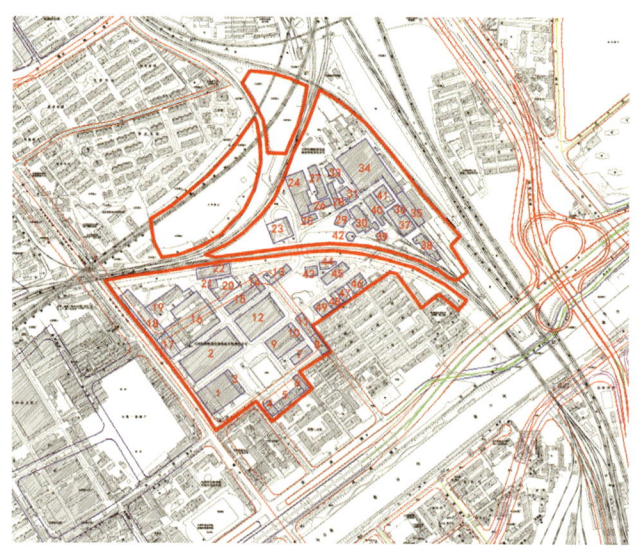

图4-4-3　津浦铁路局天津机厂旧址总平面布局

第 4 章 天津工业遗产典型案例实录

图4-4-4 老锻造车间（36）

图4-4-6 老锻造车间外立面（36）

图4-4-5 老锻造车间屋架（36）

图4-4-7 新锻造车间（37）

图4-4-8 转盘车间（29）

图4-4-9 水塔（42）

津浦铁路局天津机厂旧址于2012年普查时有工业遗存49栋（表4-4-1）。2021年除老锻造车间、水塔、转盘车间外，全部拆除。

表4-4-1 津浦铁路局天津机厂旧址建（构）筑物基本情况表

建筑编号	建筑名称	建筑面积（m²）	层数	建筑高度（m）	始建年代	原使用功能及变迁情况	修缮及改造情况	建筑质量	建筑价值	保留策略
01	工厂车间	5769	1	12.57	1990年代	现仍为工厂车间	未改造	完好	一般	仍在生产中
02	工厂车间	11860	1	12.47	1990年代	现仍为工厂车间	未改造	完好	一般	仍在生产中
03	办公楼	1442	1	12.57	1990年代	现为机厂的市场部、采购部、供应部	未改造	完好	一般	仍在生产中
04	办公楼	572	1	3.72	1975年	现为会议室	未改造	完好	一般	仍在生产中
05	办公楼	12984	4	14.23	1975年	现为天津机辆劳务有限公司	未改造	完好	一般	仍在生产中
06	办公楼	2360	4	21.79	1990年代	仍为办公楼	未改造	完好	一般	仍在生产中
07	车库	2754	2	8.51	1990年代	仍为车库	未改造	完好	一般	仍在生产中
08	办公楼	2400	2～4	15.35	1986年	现为质量保证部、计量试验中心	未改造	完好	一般	仍在生产中
09	工厂车间	12842	2～3	13.85	1980年代	现仍为工厂车间	未改造	完好	一般	仍在生产中
10	工厂车间	1010	1	13.8	1980年代	现仍为工厂车间	未改造	完好	一般	仍在生产中
11	工厂车间	798	1	15.35	1980年代	现仍为工厂车间	未改造	完好	一般	仍在生产中

续表

建筑编号	建筑名称	建筑面积（m²）	层数	建筑高度（m）	始建年代	原使用功能及变迁情况	修缮及改造情况	建筑质量	建筑价值	保留策略
12	工厂车间	16904	2	9.47	1980年代	现仍为工厂车间	未改造	完好	一般	仍在生产中
13	工厂车间	907	1	8.84	1970年代	现仍为工厂车间	未改造	完好	一般	仍在生产中
14	机厂食堂	1310	2	9.42	1970年	现仍为食堂	未改造	完好	一般	仍在生产中
15	工厂车间	2823	1	7.22	1971年	工厂软处理分厂	未改造	完好	一般	仍在生产中
16	工厂车间	2989	1	12.47	1960年	现仍为工厂车间	未改造	完好	一般	仍在生产中
17	工厂车间	3092	4	14.93	1960年代	现已废弃	未改造	完好	一般	可根据发展需要整改
18	职工宿舍	402	3	11.4	1970年代	现仍为职工宿舍	未改造	完好	一般	仍在生产中
19	工厂车间	3461	1~2	15.9	1960年代	现已废弃	未改造	完好	一般	可根据发展需要整改
20	生产辅助房屋	1604	2	8.49	1988年	生产辅助房屋	未改造	完好	一般	仍在生产中
21	污水处理站	214	1	6.77	1994年	现仍为污水处理站	未改造	完好	一般	仍在生产中
22	工厂车间	4584	3	12.85	1960年代	现仍为工厂车间	未改造	完好	一般	仍在生产中
23	变电站	502	1	3.78	1977年	现仍为变电站	未改造	完好	一般	仍在生产中
24	工厂车间	9678	2	17.24	1970年代	现仍为工厂车间	未改造	完好	一般	仍在生产中
25	工厂车间	1437	3	10.54	1993年	机厂厢体分厂	未改造	完好	一般	仍在生产中
26	工厂车间	3600	3	17.24	1993年	现仍为工厂车间	未改造	完好	一般	仍在生产中
27	工厂车间	19027	1	12.93	1990年代	现仍为工厂车间	未改造	完好	一般	仍在生产中
28	机厂辅助用房	3585	3	10.66	1975年	现仍为辅助用房	未改造	完好	一般	仍在生产中
29	转盘车间	283	1	13.89	1970年代	现仍为工厂车间	未改造	完好	一般	仍在生产中
30	工厂车间	2085	1	16.8	1964年	现仍为工厂车间	未改造	完好	一般	仍在生产中
31	工厂车间	919	1	11.67	1956年	现仍为工厂车间	未改造	完好	一般	仍在生产中
32	工厂车间	829	1	9.9	1974年	现仍为工厂车间	未改造	完好	一般	仍在生产中
33	工厂车间	3591	3	16.63	1960年	现仍为工厂车间	未改造	完好	一般	仍在生产中

续表

建筑编号	建筑名称	建筑面积（m²）	层数	建筑高度（m）	始建年代	原使用功能及变迁情况	修缮及改造情况	建筑质量	建筑价值	保留策略
34	弹簧车间	8447	1	11.63	1960年	现仍为工厂车间	未改造	完好	一般	仍在生产中
35	工厂车间	1747	1	10.42	1970年代	现仍为工厂车间	未改造	完好	一般	仍在生产中
36	老锻造车间	835	1	10.76	1910年代	1910年代德国人始建，现仍为缓冲器厂房	1949年12月改建	完好	较高，现为天津市历史风貌建筑	仍在生产中
37	新锻造车间	2472	1	10.76	1949年	现仍为工厂车间	未改造	完好	一般	仍在生产中
38	库房	1551	1	11.41	1993年	现仍为库房	未改造	完好	一般	仍在生产中
39	工厂车间	231	1	4.46	1957年	现仍为工厂车间	未改造	完好	一般	仍在生产中
40	工厂车间	1672	1	10.96	1850年代	现仍为工厂车间	未改造	完好	一般	仍在生产中
41	工厂车间	1251	1	11.50	1950年代	现仍为工厂车间	未改造	完好	一般	仍在生产中
42	水塔	—	—	14.16	1910年代	1910年代德国人始建	未改造	完好	较高	建议保留
43	活动中心	615	1	6.47	1990年代	现仍为活动中心	未改造	完好	一般	仍在使用中
44	工厂辅助用房	372	1	5.18	1970年代	现仍为工厂辅助用房	未改造	完好	一般	仍在生产中
45	工厂辅助用房	1748	1	17.42	1979年	现仍为机厂精锻工段	未改造	完好	一般	仍在生产中
46	工厂车间	1292	1	18.27	1970年代	现已废弃	未改造	完好	一般	可根据发展需要整治改造
47	工厂辅助用房	1602	3	14.16	1970年代	现已废弃	未改造	完好	一般	可根据发展需要整治改造
48	办公楼	960	2	7.86	1965年	现为研发中心	未改造	完好	一般	仍在使用中
49	会议室	1466	1	9.27	1961年	现为机厂第一会议室	未改造	完好	较高	仍在使用中

资料来源：天津工业遗产调查表

4.4.1.4 遗产价值与保护

（1）遗产价值

津浦铁路局天津机厂是中国铁路历史上最重要的火车修理厂之一。凭借其先进的设备，历史上在中国铁轨上运行的火车有80%都要到这里来维修。弹簧车间建于1960年代，建筑形态与工艺需求和轨道运输相结合。锻造车间由德国人建造于1910年代，后因弹簧生产量大，于1949年改建为弹簧车间，建筑外立面保持特有的德国特色，历史价值较高。水塔由德国人建造于1910年代，普查时仍在使用中，历史价值较高。

锻造车间作为生产设备车间，是承载核心生产工艺的制造空间。弹簧车间承载了弹簧制造的核心工艺。转盘车间是火车修理流线中不可缺少的关键空间，建筑形态与工艺相契合，形成特色鲜明的弧形建筑。水塔是重要的生产设备，整体建筑完好无损。

（2）保护策略（图4-4-10）

旧址内厂区目前仍在使用中，因此建议结合使用现状，对重点建筑的结构、立面以及重要部件进行保护，以保持厂区整体风貌。对于历史悠久的老工业建筑，应停止其作为工业生产的功能，加固修缮，可用作老工厂历史博物馆。

2013年的《天津市工业遗产保护与利用规划》中对该旧址有较全面的保护计划，但2016年公示的规划中，仅剩老锻造车间、水塔、转盘车间为保护对象，反映了工业遗产保护和城市规划的尖锐冲突。

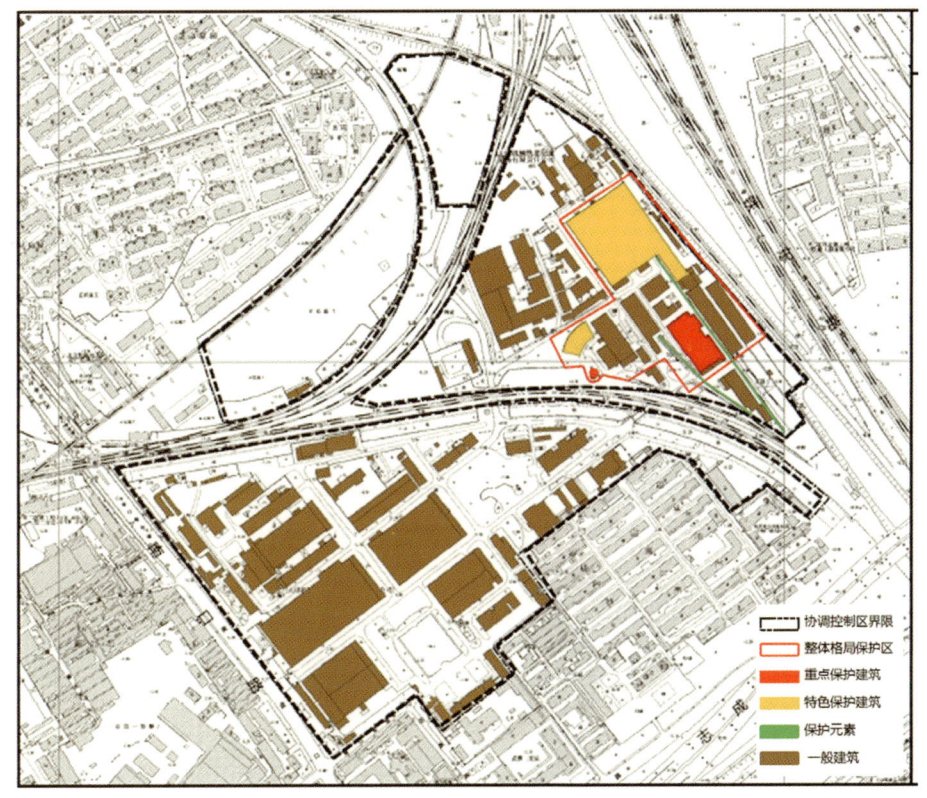

图4-4-10　津浦铁路局天津机厂旧址保护分级图
（资料来源：《天津市工业遗产保护与利用规划》（2013））

4.4.2 天津纺织机械厂

4.4.2.1 基本情况（图4-4-11、图4-4-12）

原名称：天津纺织机械厂
现名称：1946创意产业园
设计者：不详
区位地址：河北区万柳村大街56号（两侧）
占地面积：厂区面积87 900平方米
始建年代：1946年

图4-4-11 天津纺织机械厂区位图

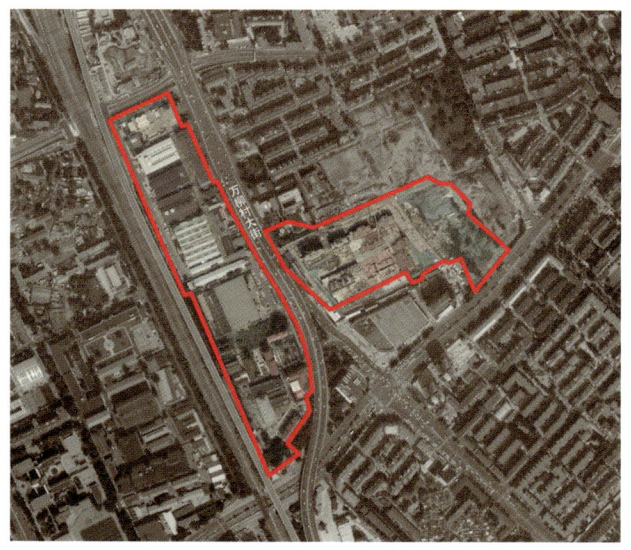

图4-4-12 天津纺织机械厂航拍图

产权单位：天津纺织机械有限责任公司
现使用者：天津纺织机械厂、1946创意产业园

4.4.2.2 历史沿革

1946年7月1日，天津纺织机械厂建厂。1950年，全厂开展创新纪录运动，成功自制出三十余种粗纱机锭翼机器，使手工制造锭翼一跃而为机器加工。1955年5月16日，周恩来总理在京棉二厂参观由天津纺织机械厂生产的粗纱机的使用情况。1956年，天津纺织机械厂创造了新的锻工三块工作法。1957年，铸工小件自动线建成投产，实现小件的机械化生产，即实现铣口机生产半自动化。1965年，铸工低压铸造设备调试成功，是我国纺织机械制造史上首次制造低压铝合金锭翼，使该厂达到了业界当时的世界先进水平。1973年4月，华罗庚教授莅临机械厂开办"优选法"推广会。1984年，引进国外先进技术解决零件加工问题和制造问题。1994年被评为天津市最大（百强）工业企业。2011年初，经河北区政府批准，天津市绿领产业园管理有限公司与天津纺织机械有限公司达成合作，整体租赁该闲置资源，用于都市经济载体建设。2015年，天津市绿领产业园管理有限公司退出，天津纺织机械有限公司成立全资子公司管理产业园，并更名为1946创意产业园，在既有空间格局和设施保存完好的基础上，实现了工业生产空间向文化创意产业空间的转型。

4.4.2.3 遗存情况

天津纺织机械厂西侧地块总平面布局及现状照片见图4-4-13～图4-4-17。

天津纺织机械厂位于万柳村大街56号，大街东侧地块属于工厂区域，仍在生产使用中，西侧部分转型为1946创意产业园。产业园内普查时有工业遗存18处（表4-4-2），基本变为创意产业商业办公空间。

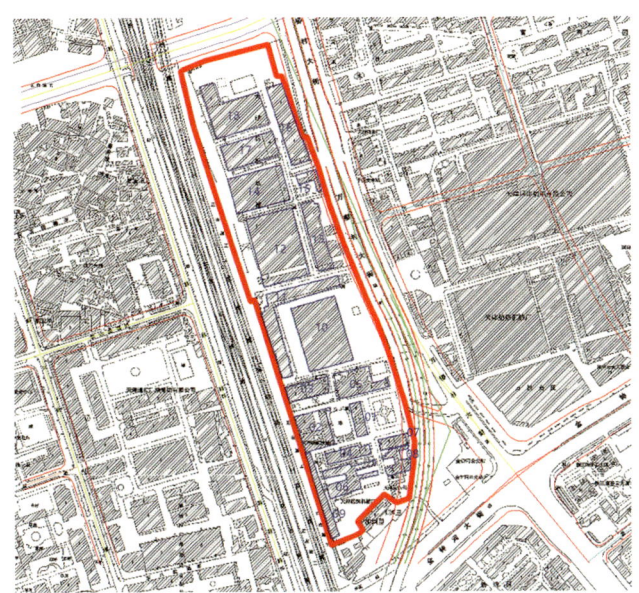

图4-4-13 天津纺织机械厂西侧地块总平面布局

图4-4-15 办公楼（08）

图4-4-14 办公楼（01）

图4-4-16 创意园区加建装置

图4-4-17 锅炉房（03）

表4-4-2 天津纺织机械厂建（构）筑物基本情况表

建筑编号	建筑名称	建筑面积（m²）	层数	建筑高度（m）	始建年代	原使用功能及变迁情况	修缮及改造情况	建筑质量	建筑价值	保留策略
01	天津纺机主办公楼	4176	6	21.22	1990年代	现仍为办公楼	未改造	完好	较高	全部保留
02	办公楼及车间	3446	2	11.53	1970年代	现仍为办公楼及车间	未改造	完好	高	部分保留
03	锅炉房	5104	5	17.44	1980年代	现仍为锅炉房	未改造	完好	高	部分保留
04	职工大学	2643	3	18.81	1980年代	现仍为职工学校	未改造	完好	高	全部保留
05	红叶楼	4782	3	11.00	1940年代	原为领导办公楼，现为绿领服务处	未改造	完好	高	全部保留
06	配件厂	1667	1	5.12	1970—1980年代	现仍为配件厂	未改造	完好	高	元素保留

续表

建筑编号	建筑名称	建筑面积（m²）	层数	建筑高度（m）	始建年代	原使用功能及变迁情况	修缮及改造情况	建筑质量	建筑价值	保留策略
07	单身宿舍	2432	4	16.81	1970—1980年代	现仍为单身宿舍	未改造	完好	一般	全部保留
08	办公楼	1436	2	10.65	1980年代	现仍为办公楼	未改造	完好	一般	全部保留
09	配件库	1127	1	4.99	1970—1980年代	现仍为配件库	未改造	完好	一般	元素保留
10	绿领交易展示区	5566	1	9.91	2000年以后	现为展示区	未改造	完好	一般	全部保留
11	设计办公楼	3430	1	4.91	1970—1980年代	原功能不明，现为绿领办公	外墙粉刷，年代不详	完好	高	全部保留
12	顶点设计	5763	1	6.57	1970—1980年代	原功能不明，现为设计公司	外墙粉刷，年代不详	完好	一般	全部保留
13	汽车保养	1991	1	11.13	2000年以后	现为汽车保养店	未改造	完好	高	全部保留
14	绿领：A3	3815	1	8.69	1970—1980年代	原功能不明，现为服务用房	外墙粉刷，年代不详	完好	一般	全部保留
15	能源中心	534	1	7.37	2000年以后	现为能源中心	未改造	完好	一般	全部保留
16	环渤绿色照明基地	12212	4	16.38	2000年以后	现为照明基地	未改造	完好	一般	全部保留
17	绿领：A2	9972	4	14.72	2000年以后	原功能不明，现为服务用房	未改造	完好	一般	全部保留
18	绿领：A3	3952	1	12.25	1970—1980年代	原功能不明，现为服务用房	外墙粉刷，年代不详	完好	高	全部保留

资料来源：天津工业遗产调查表

4.4.2.4 遗产价值与保护

（1）遗产价值

1946创意产业园占地9.2万平方米，建筑面积5.99万平方米，拥有不同时代的建筑23栋，是天津首家利用老厂房整体规划改造而成的都市产业园。产业园现入驻商户近百家，涵盖吃、穿、用、娱等多个方面，其中不乏许多文化创意产业和产业从业者工作室。在保留原有厂房特色的同时，对内部进行分割改造，成为具有特色的Loft空间，颇受市场欢迎。

天津纺织机械厂是我国最早研制和生产粗纱机、络筒机的企业。自1946年建厂以来，为国家纺织企业提供了大量的技术装备，为国家纺机行业的发展输送了机械制造人才，为国家纺织工业和纺机制造业的振兴与发展做出了重要贡献。厂区现存生产规模缩小，部分生产物料和生产线仍在生产使用中。其中综合车间、机加工喷漆车间和部分办公楼为砖木结构，具有鲜明的近代工业建筑特征。

天津纺织机械厂作为新中国成立初期建设的一批基础保障设施国有企业，以纺织业为核心，实现了我国纺织业从手工到机械化制造的飞跃。工厂现拥有各类金属切削机床265台（套），其中大、精、稀设备19台（套），主要是从美国、日本、德国、瑞士等引进的NC、CNC设备。同时工厂自制开发了多品种毛纺单机和成套设备，尤其是1950年代出产的机械产品，如粗纱机锭翼机器，一经问世便广受好评，成为迅速占领市场的主流产品，并出口到十几个国家和地区。

1946创意产业园有独特的空间个性和宽松的文化氛围，成功承办过多次大规模文艺活动，在文艺汇演场地提供方面也有口皆碑。

（2）保护策略（图4-4-18）

现已转型为文化创意产业园，建议保留现有功能空间格局、场所进行元素的保护，探索文创和工业遗产的文化结合形式。

图4-4-18　天津纺织机械厂保护分级图
（资料来源：《天津市工业遗产保护与利用规划》（2013））

4.4.3 天津重型机器厂

4.4.3.1 基本情况（图4-4-19、图4-4-20）

原名称：天津重型机器厂
现名称：天津市天重江天重工有限公司
设计者：不详
区位地址：北辰区天津重机工业园
占地面积：厂区面积16 156平方米
始建年代：1958年
产权单位：天津市天重江天重工有限公司
现使用者：天津市天重江天重工有限公司

4.4.3.2 历史沿革

1958年，天津重型机器厂建厂，目的是解决华北地区高级、大型铸锻件生产能力不足的问题。1960年代，确立为重机行业全国八大重机厂之一。1967年，向巴基斯坦出口一台200吨液压弯曲矫直机。1971年，机器厂由只能生产普通锻钢件和简单的机械产品过渡到能生产大型铸锻件和多种机械产品。1979年，机器厂完成了援助罗马尼亚的6000吨自由锻造水压机的制造任务，水压机长49米、宽14米、高27米，总重2500吨，是当时中国最大的出口机械产品。1985年，机器厂为太原钢铁公司制造的1280不锈钢板坯连铸机一次热试车成功，填补了国家空白。1988年，机器厂设计试制了5-32吨系列桥式起重机，承担武汉钢厂的"连铸机拉矫辊改进"科研项目，并获得国家机电部三等奖。现为天津市天重江天重工有限公司，承接金属处理、重型机械设备加工生产项目。

4.4.3.3 遗存情况

天津重型机器厂总平面布局及现状照片见图4-4-21~图4-4-24。

图4-4-19 天津重型机器厂区位图

图4-4-20 天津重型机器厂航拍图

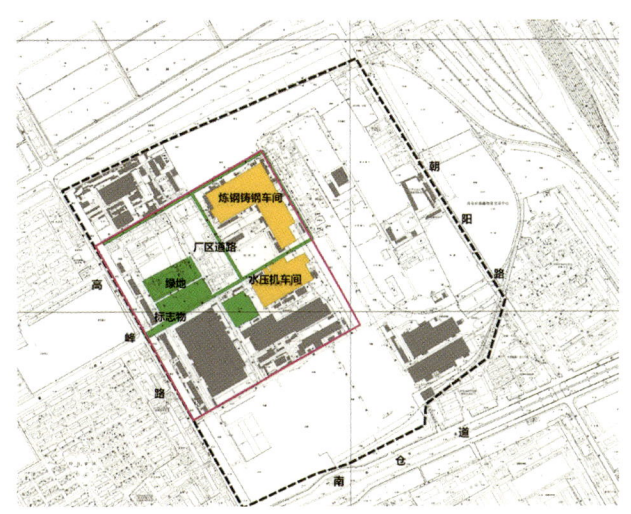

图4-4-21 天津重型机器厂总平面布局

图 4-4-22　铸钢车间（01）内部钢结构

图 4-4-23　铸钢车间（02）入口

图 4-4-24　机加工车间

天津重型机器厂现有工业遗存厂房3座，分别为铸钢车间01、铸钢车间02和机加工车间。

4.4.3.4　遗产价值与保护

（1）遗产价值

作为"八大重型机械厂"之一的天津重型机器厂，始于"一五"时期，是带有时代特征的民族企业，是全国重型机械行业的标兵，为我国现代化做出了不可磨灭的贡献。其品牌"天重"是全国重型机械行业的驰名商标，旗下多个机械型号在全国范围内享有盛誉。此外，企业在1979年完成了对罗马尼亚的援助，有悠久的对外援建、交流历史，作为中国创造的文化先锋将重工业技术和贸易传播至全球二十余个国家。

公司目前拥有炼钢、铸钢、锻造、热处理、机械加工、轧钢、动能等八个生产厂和配套的氧气站、煤气站及理化检测中心，形成了炼、铸、锻、轧和金属热处理、机械加工一体化的产业链。[①]拥有主要设备26台（套），拥有各种铣、镗、卧车床110余台（套）及先进的测试检验设备。主要涉足冶金、发电、石化、造船等行业的转子、曲轴、缸体的设计生产等，并建立了完备的产品质量保证体系。公司多次自主研发重型机械，拥有多项发明专利，成功填补了行业领域内的空白，获得国家级、省部委多项荣誉表彰。

（2）保护策略（图4-4-25）

建议在保留现状的情况下对其内部工业元素进行保护。

---

① 天津市天重江天重工有限公司官网简介。

图4-4-25 天津重型机器厂保护分级图
(资料来源:《天津市工业遗产保护与利用规划》(2013))

4.4.4 天津第一机床厂

4.4.4.1 基本情况(图4-4-26、图4-4-27)

原名称:天津市公私合营示范机器厂

现名称:天津第一机床厂

设计者:不详

区位地址:河东区津塘公路146号

占地面积:建筑面积12万平方米;厂区面积27.8万平方米

始建年代:1951年

产权单位:天津第一机床厂

现使用者:天津第一机床厂

4.4.4.2 历史沿革

1951年,天津市公私合营示范机器厂建成。同年,研制出我国第一台拥有自主知识产权的IA62机床,代表新中国参加德国莱比锡国际博览会,赢得"雕刻机床"的美誉,成为中国十八个骨干机床厂之一。1956年,与天津拖拉机制造厂合并,改名为天津拖拉机制造分厂。1958年,生产出我国第一台拥有自主知识产权的Y526刨齿机。1960年,Y225弧齿锥齿轮铣齿机研制成功。1964年,Y58插齿机研制成功,开启了中国齿轮加工机床专业化生产的新纪元。1970年,为天津第二汽车制造厂提供6个品种共计61台弧齿锥齿轮加工机床。1977年,研制出一系列弧齿锥齿轮铣齿机,几何精度达到当时国际先进水平,使中国成为继美国、瑞士、苏联之后,第四个能自主研制弧齿锥齿轮加工机床的国家。1980年7

图4-4-26 天津第一机床厂区位图

图4-4-27 天津第一机床厂航拍图

月，定名为天津第一机床厂。1985年，天津第一机床厂将高新数控技术和齿轮机床织造技术进行无缝对接，把自动化技术、精度检测与补偿技术、人机对话编程、柔性化加工技术，以及多年齿轮机床研制所积累的设计经验有机结合。2007年，被国家科学技术部指定承担国家"863"汽车螺旋锥齿轮高效精密加工成套装备项目。数控齿轮加工机床被列为《天津市工业经济发展"十一五"规划》的发展重点。普查时天津第一机床厂厂区仍在生产运营中。

4.4.4.3 遗存情况

天津第一机床厂总平面布局及现状照片见图4-4-28～图4-4-32。

天津第一机床厂普查时有工业遗存50处（表4-4-3）。部分厂房为苏联援建，其外观具有典型的苏式风格。厂区内工业建筑保存较为完好，多数仍在使用中，按照功能可以分为四个区域：金一轴套车间、金二箱体车间、金三齿轮车间、金四曲件车间。

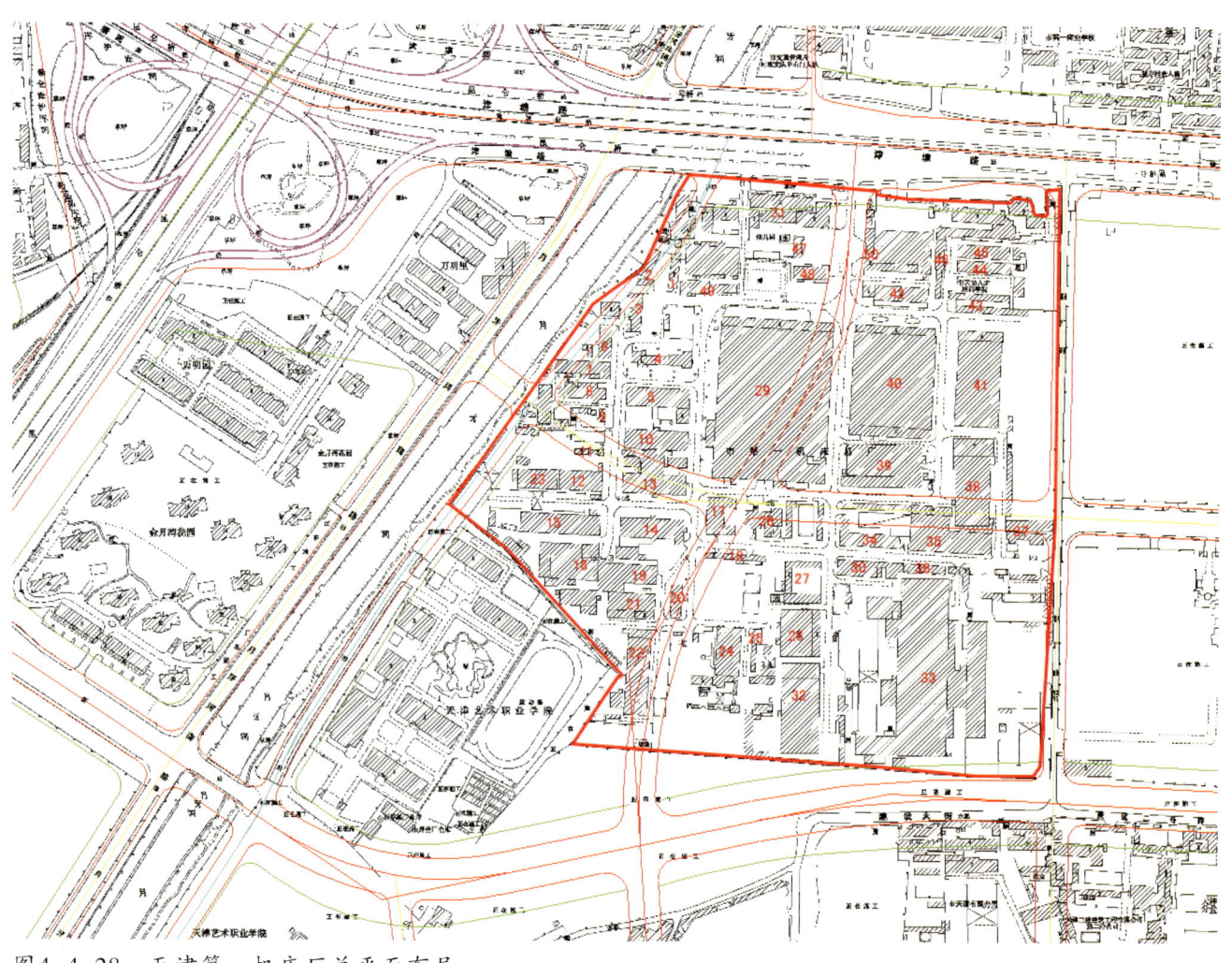

图4-4-28　天津第一机床厂总平面布局

图4-4-29 车间

图4-4-31 机床厂车间内部

图4-4-30 房屋

图4-4-32 苏联专家公寓楼

表4-4-3 天津第一机床厂建（构）筑物基本情况表

建筑编号	建筑名称	建筑面积（m²）	层数	始建年代	建筑质量	建筑价值
01	房屋	670	2	1970年代	基本完好	一般
02	运输部值班室	340	1	1970年代	基本完好	一般
03	运输部库房	430	1	1970年代	基本完好	一般
04	车间	650	1	1950年代	基本完好	一般

续表

建筑编号	建筑名称	建筑面积（m²）	层数	始建年代	建筑质量	建筑价值
05	车间	1350	1	1950年代	基本完好	一般
06	办公用房	700	2	1950年代	基本完好	一般
07	办公用房	1650	2	1950年代	基本完好	一般
08	车间	710	1	1950年代	基本完好	一般
09	车间	320	1	1950年代	基本完好	一般
10	车间	1060	1	1950年代	基本完好	一般
11	值班室	100	1	1950年代	基本完好	一般
12	物资供应中心办公用房	1660	2	1950年代	基本完好	一般
13	车间	2400	1	1950年代	基本完好	一般
14	房屋	1200	1	1950年代	基本完好	一般
15	物资供应中心库房	1500	1	1950年代	基本完好	一般
16	车间	2130	1	1950年代	破损	一般
17	车间	910	1	1950年代	基本完好	一般
18	车间	530	1	1950年代	基本完好	一般
19	车间	1200	1	1950年代	破损	一般
20	房屋	600	2	1950年代	基本完好	一般
21	车间	1050	1	1950年代	破损	一般
22	车间	2010	1	1950年代	基本完好	一般
23	物资供应中心车间	770	1	1950年代	破损	一般
24	动力厂车间	2000	1	1950年代	基本完好	一般
25	动力厂用房	100	1	1950年代	基本完好	一般
26	车间	1740	1	1950年代	基本完好	一般
27	车间	670	1	1950年代	破损	一般
28	动力科分气站	740	1	1950年代	基本完好	一般
29	车间	17000	1	1950年代	基本完好	一般
30	车间	1200	1	1950年代	基本完好	一般

续表

建筑编号	建筑名称	建筑面积（m²）	层数	始建年代	建筑质量	建筑价值
31	办公楼	1600	3	1950年代	破损	一般
32	车间	3200	1	1950年代	基本完好	一般
33	车间	14000	1	1950年代	基本完好	一般
34	房屋	1100	1	1980年代	基本完好	一般
35	车间	2200	1	1950年代	基本完好	一般
36	房屋	100	1	1950年代	破损	一般
37	房屋	900	1	1950年代	基本完好	一般
38	车间	3200	1	1950年代	破损	一般
39	车间	3300	1	1950年代	基本完好	一般
40	车间	8900	1	1950年代	基本完好	一般
41	车间	4400	1	1980年代	基本完好	一般
42	办公楼	2700	3~4	1990年代	完好	一般
43	设备管理部用房	600	1	1950年代	基本完好	一般
44	设备管理部用房	700	1	1950年代	基本完好	一般
45	设备管理部用房	670	1	1980年代	基本完好	一般
46	保卫处	400	1	1950年代	基本完好	一般
47	房屋	170	1	1950年代	完好	一般
48	房屋	400	1	1950年代	完好	一般
49	房屋	1050	1~3	1950年代	基本完好	一般
50	职工之家	300	1~2	1990年代	基本完好	一般

资料来源：天津工业遗产调查表

4.4.4.4 遗产价值与保护

天津第一机床厂现有主要车间建筑50座，拥有精良的生产、检测设备900多台（套），其中包含苏联援建时期的厂房车间和进口设备。"津一"牌机床作为1960年代我国高水平机床的代表，曾吸引毛主席到厂参观。天津第一机床厂自主研发的20多个首创产品奠定了其在中国齿轮机床行业不可取代的地位。

天津第一机床厂现有的工业建筑遗存大多保存情况一般，建议对风格较为独特的金三齿轮车间和苏联援建时期的建筑进行重点保护，其他则维持现状（图4-4-33）。

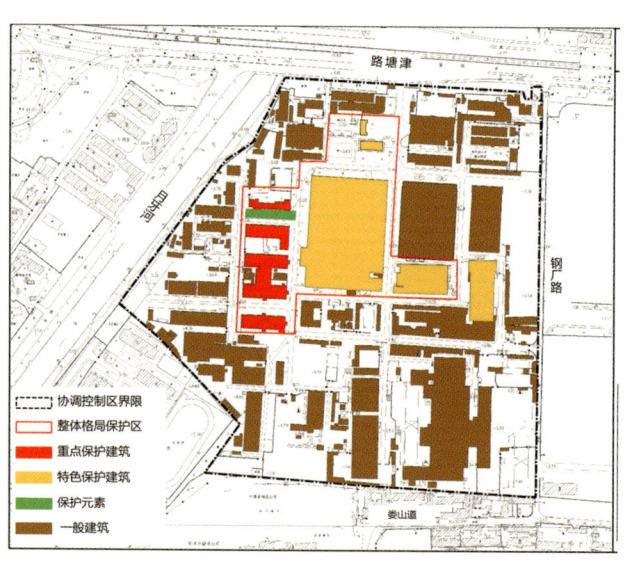

图4-4-33 天津第一机床厂遗产保护分级图
（资料来源：《天津市工业遗产保护与利用规划》（2013））

4.4.5 天津拖拉机厂

4.4.5.1 基本情况（图4-4-34、图4-4-35）

原名称：天津拖拉机厂

现名称：天津融创中心

设计者：不详

区位地址：南开区红旗路278号

占地面积：建筑面积23万平方米；厂区面积78万平方米

始建年代：1938年

产权单位：融创地产

现使用者：天津融创中心

4.4.5.2 历史沿革

天津拖拉机厂的前身为1937年由日本丰田自动车工业株式会社建立的天津汽车制配厂。1956年，更名为天津拖拉机厂。1996年，改制成为天津拖拉机制造有限公司。2013年，公司进行土地流转，融创集团以103.2亿元人民币取得该地块，厂区内大部分建筑已经拆除，并进行了包括商业、住宅、学校等一系列建设项目，同时保留了部分原有厂房建筑，改造为商业中心并于2014年竣工开放。

图4-4-34 天津拖拉机厂区位图

图4-4-35 天津拖拉机厂航拍图

4.4.5.3 遗存情况

天津拖拉机厂总平面布局、保护图则、普查时照片见图4-4-36～图4-4-41。

天津拖拉机厂普查时有工业建筑遗存6处。作为中国农用机械三雄之一，其改造前由于部分搬迁和规模调整，整体厂区已经较之前有明显缩小。除了三类工业用地之外，基地还有部分市政设施用地和仓储用地，沿红旗南路有商业用地、

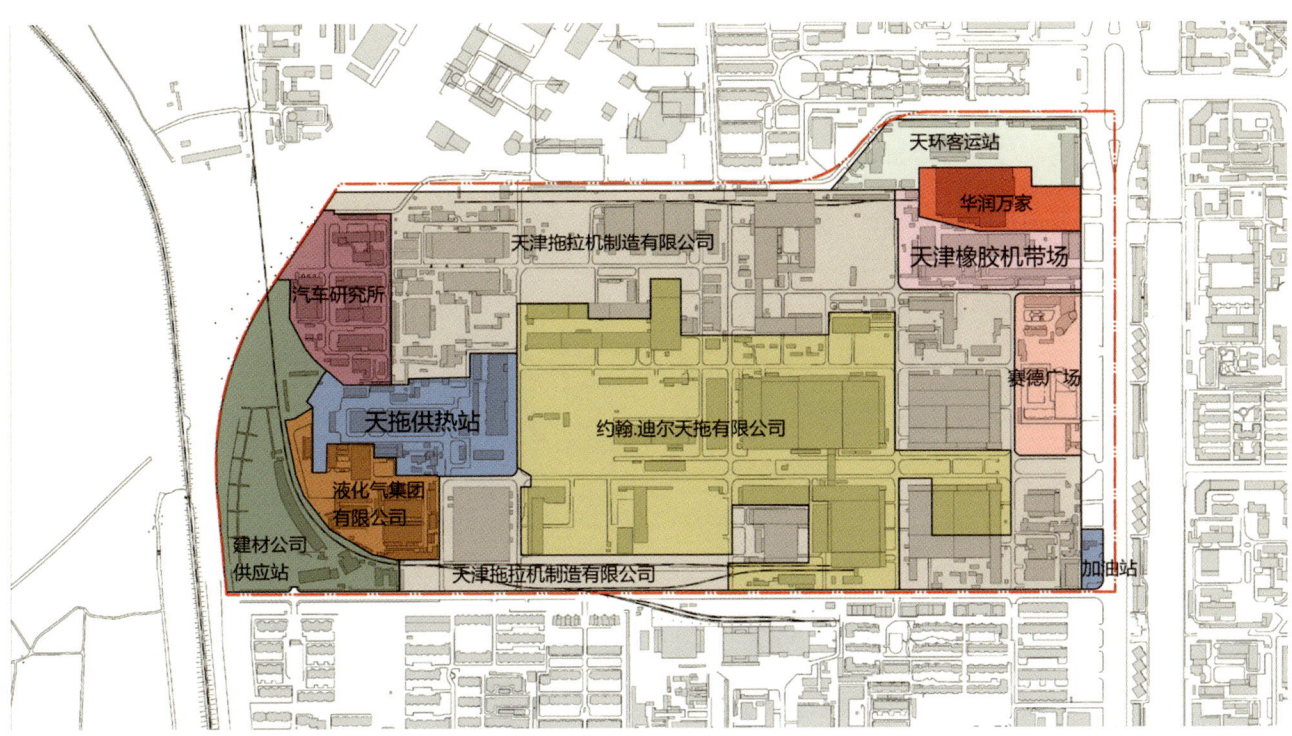

图4-4-36 天津拖拉机厂总平面布局（改造前）

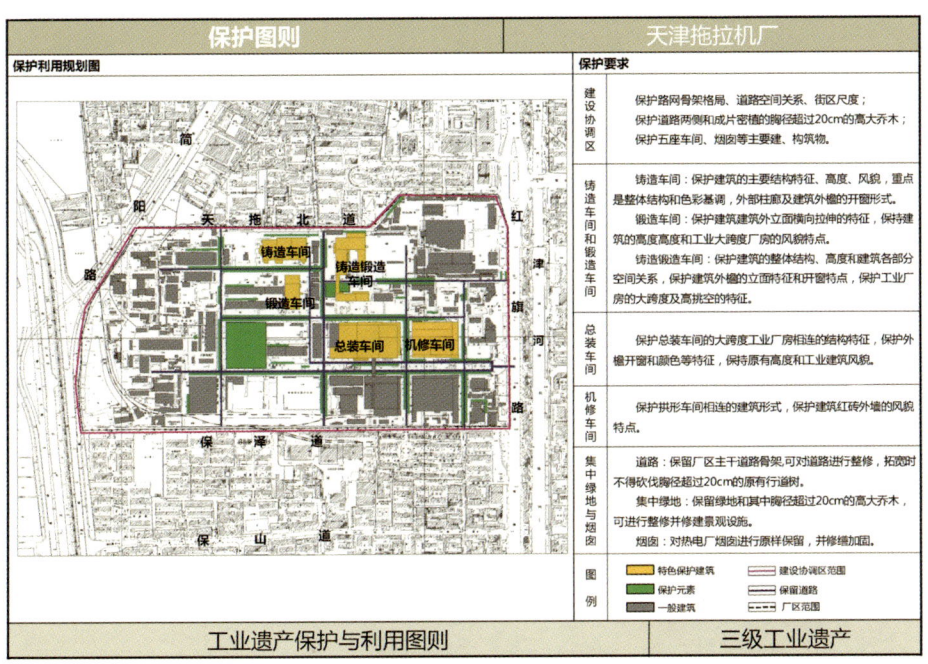

图4-4-37 天津拖拉机厂保护图则
（资料来源：《天津市工业遗产保护与利用规划》（2016））

图4-4-38 总装车间

图4-4-39 铸造车间

图4-4-40 制造车间（一）

图4-4-41 制造车间（二）

商住混合用地、对外交通用地。现在保留的工业遗存包括四部分：制造车间、铸造车间、总装车间、零件冲压车间。目前已造为商住街区。

4.4.6 天津市电机总厂

4.4.6.1 基本情况（图4-4-42、图4-4-43）

原名称：新安电机厂分厂
现名称：天津市电机总厂
设计者：不详
区位地址：河西区太湖路21号

占地面积：厂区面积14万平方米
始建年代：1950年
产权单位：不详
现使用者：空置

4.4.6.2 历史沿革

1950年，上海新安电机厂分厂在天津成立。1954年，电机厂完成公私合营，成为国有控股企业。1957年，迁至河西区太湖路21号，并成立天津新安电机厂技校。1966年，改名为天津卫东电机厂，开发出我国第一台用于抽出地下水的潜水电机，并专门建立潜水车间，批量生产潜水电机，同时与天津大学联合办学，后成为该厂职工大学和技校。1974年，更名为天津市电机厂，开发出我国第一台潜油电机，并成立了一系列新车间和研究中心。1988年，天津第二变压器厂、天津水泵厂等并入后更名为天津市电机总厂。1994年，该厂与美国斯波泰克公司合资成立天津斯波泰克潜油电泵有限公司。

4.4.6.3 遗存情况

天津市电机总厂总平面布局及现状照片见图4-4-44~图4-4-46。

图4-4-42 天津市电机总厂区位图

图4-4-43 天津市电机总厂航拍图

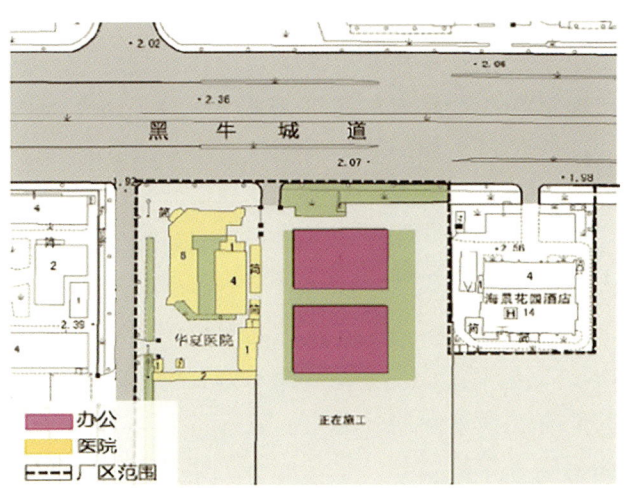

图4-4-44 天津市电机总厂总平面布局

图4-4-45 工具车间（01）

图4-4-46 工具车间（02）

天津市电机总厂厂区范围内现状包括办公用地和在建工地，厂区西侧为物流用地，东侧和南侧为工业用地。厂区内还保留着两座工具车间，目前为办公用途。

4.4.6.4 遗产价值与保护

（1）遗产价值

天津市电机总厂是国内最大的潜油电泵生产企业，其生产的潜油电泵产品被天津市政府列为天津市三大拳头产品之一，并多次获得国家奖项。厂内现有两座建筑遗存，均建于1958年，主要用于生产工装和专用量具，现在被划定为天津市电机总厂重点保护建筑，两座建筑平面布局和立面形式基本相同，均为三跨连接而成，屋顶造型与开窗形式具有典型的工业建筑特色，建筑结构保存较好。

（2）保护策略（图4-4-47）

天津市电机总厂普查时为天津市中心城区东南部重点区域开发建设指挥部办公场所，已对厂区原有工具车间的外部立面进行了整修，并对内部空间进行了划分，充分保留了原有建筑结构和建筑风貌，保持屋顶造型和天窗形式。此外，还应考虑建设协调区，包括两座办公楼（原为工具车间）及建筑附属绿化范围，应保留建设协调区内工具车间及建筑附属绿化景观，在建设协调区范围内不得新建、接建建筑。工具车间四周的附属绿化景观可根据厂区整体功能更新进行适当调整，绿化面积可增加但不可减少，附属绿化景观中的乔木需要原址保留，若需移栽要征得园林等相关部门的同意后方可进行。

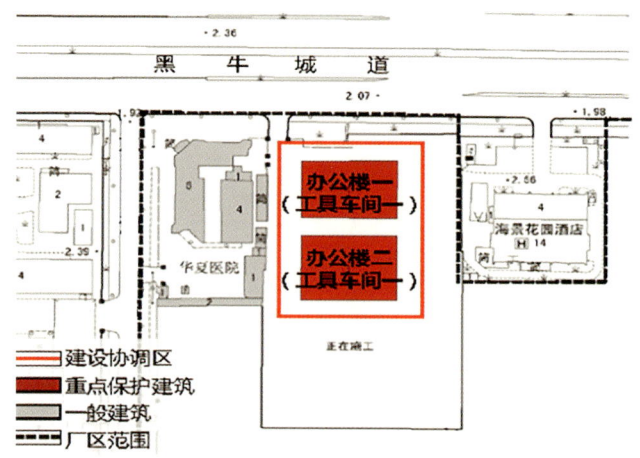

图4-4-47 天津市电机总厂保护分级图
（资料来源：天津工业遗产普查资料）

4.4.7 比商天津电车电灯股份有限公司

4.4.7.1 基本情况（图4-4-48、图4-4-49）

原名称：比商天津电车电灯股份有限公司
现名称：天津电力科技博物馆
设计者：不详
区位地址：河北区进步道29号
占地面积：建筑面积4786平方米；厂区面积6023平方米
始建年代：1904年
产权单位：国家电网
现使用者：天津电力科技博物馆

4.4.7.2 历史沿革

1900年8月，八国联军成立的"天津都统衙门"接连收到了欧洲人和日本人的申请，请求在老城区和租界之间铺设电车轨道。1901年11月，当时天津海关税务司德璀琳联合在天津的外国人，发起组织了"电车电灯公司董事会"，具体事宜由比利时世昌洋行的海礼承办。1904年4月26日，比利时世昌洋行获准开始在天津投资经营有轨电车，成立了天津电车电灯股份有限公司。1905年，电车轨道铺设工程开工。1906年6月2日，环老城路线线网工程完工，天津第一条有轨电车路线也是中国第一条公交线路——单轨"白牌"电车正式开通运行。1927年1月17日，比利时驻华公使洛恩宣布，比利时愿意将天津比租界交还中国。1929年8月31日，签订交还天津比租界的约章，规定该租界的行政管理权以及所有租界公产，均移交中国政府。1937年，改名为华北电力公司天津分公司。1945年，改名为南京国民政府冀北电力有限公司天津分公司。1949年，中华人民共和国成立后，属天津市人民政府电力部门。2008年，改建为天津电力科技博物馆。现为天津市文物保护单位。

4.4.7.3 遗存情况

比商天津电车电灯股份有限公司旧址总平面布局及现状照片见图4-4-50、图4-4-51。

比商天津电车电灯股份有限公司旧址现有工业遗存3栋（表4-4-4）。

图4-4-48 比商天津电车电灯股份有限公司旧址区位图

图4-4-49 比商天津电车电灯股份有限公司旧址航拍图

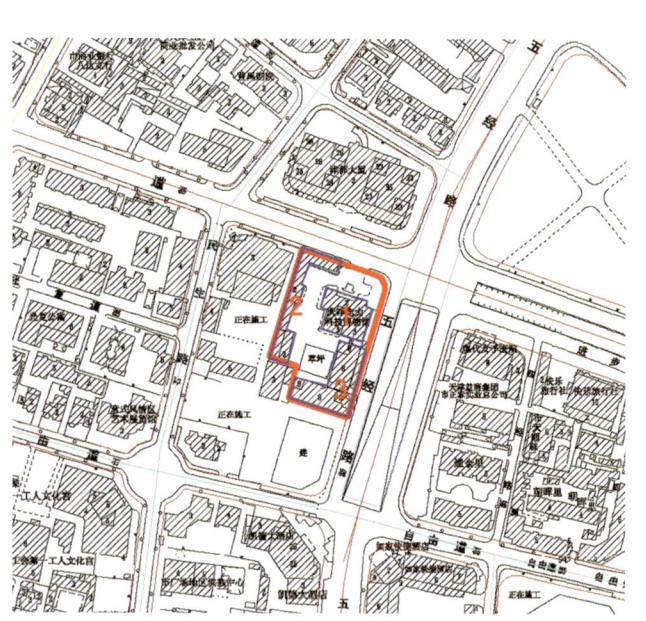

图4-4-50　比商天津电车电灯股份有限公司旧址总平面布局

图4-4-51　天津电力科技博物馆（01）

表4-4-4　比商天津电车电灯股份有限公司旧址建（构）筑物基本情况表

建筑编号	建筑名称	单体建筑面积（m²）	层数	建筑高度（m）	始建年代	原使用功能及变迁情况	修缮及改造情况	建筑质量	建筑价值	保留策略
01	天津电力科技博物馆	4786	3	18	1904年	原为比商天津电车电灯股份有限公司；现为天津电力科技博物馆	2008年博物馆整修完毕后对外开放	完好	高	完全保留
02	博物馆、电力公司服务用房	4034	2	9	不详	现为博物馆、电力公司服务用房	未改造	完好	一般	为现代风貌建筑，可依建设需求变更
03	电力公司办公用房	53032	8	36	不详	现为电力公司办公用房	未改造	完好	一般	为现代风貌建筑，可依建设需求变更

资料来源：天津工业遗产调查表

4.4.8 福聚兴机器厂

4.4.8.1 基本情况（图4-4-52、图4-4-53）

原名称：福聚兴机器厂
现名称：三条石历史博物馆
设计者：不详
区位地址：红桥区博物馆大街5号
占地面积：建筑面积2174平方米
始建年代：1926年

图4-4-52 福聚兴机器厂旧址区位图

图4-4-53 福聚兴机器厂旧址航拍图

产权单位：政府
现使用者：三条石历史博物馆

4.4.8.2 历史沿革

20世纪初，天津成为中国最重要的棉花输出口岸。华北的大量棉花通过河运抵达天津。于是三条石地区以储运棉花为主的货栈业务兴盛，进而使棉花加工机器和棉纺机器需求大增。打铁匠人聚集在南、北运河及河北大街构成的三角地带，这里水陆交通便利，是天津市早期铸铁、机器工业的发祥地。早在1860年前后，第一家手工作坊——秦记铁铺在此"定居"，是当时最早的铸铁手工作坊。1900年天津开埠后，三条石地区出现了为国外租界的建筑设施服务的铁工制造。1915—1930年，三条石地区发展到了兴盛时期，由最初的加工配套生产逐渐明显地分为两业——铸铁业和机器业。至1937年，这块狭小的地方集中了300多家小工厂。"七七事变"后，三条石地区"两业"的发展受到破坏，产业极度衰退，奄奄一息。新中国成立后，三条石地区工业才得以恢复和继续发展，成为天津市乃至华北地区机器工业的有生力量。

福聚兴机器厂创办于1926年，以生产各类农具和水车为主，建筑格局分为前柜房、后柜房、锻工棚、机加工车间等，是该时期此类机器厂的典型代表。该机器厂旧址是全国唯一保留下来的反映近代民族机器工业发展变化的历史遗址。三条石历史博物馆正是在此机器厂旧址上建立的，该馆记述了近90年来，三条石地区这一早期民族工业的缩影地，其铸铁业和机器业形成、发展、衰落的历史。福聚兴机器厂旧址现为天津市文物保护单位。

4.4.8.3 遗存情况

福聚兴机器厂旧址总平面布局及现状照片见图4-4-54～图4-4-59。

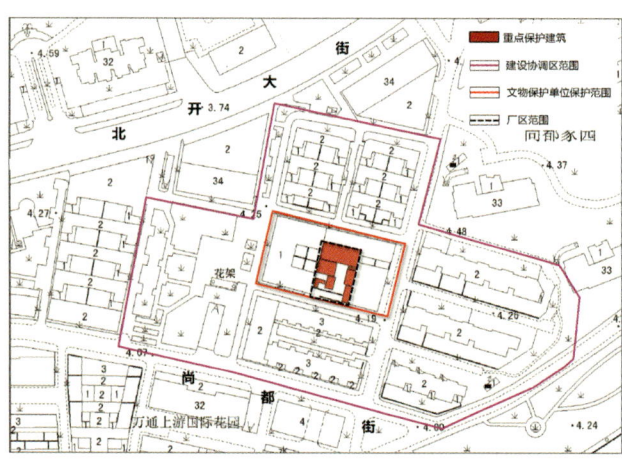

图4-4-54 福聚兴机器厂旧址总平面布局
(资料来源:《天津市工业遗产保护与利用规划》(2016))

图4-4-55 福聚兴机器厂入口

图4-4-56 机加工车间外观

图4-4-57 洽谈生意的前柜房

图4-4-58 锻工棚

图4-4-59　机加工设备

福聚兴机器厂旧址保留了比较完整的办公室、车间等。前柜房是接洽生意的地方，又是监管整个厂院的地方，面积约20平方米。房间四壁开窗，可看到屋外四周的情况，前窗可以看到锻工棚，后窗可以看到车间，左窗可以看到工人进出车间和厕所，右窗可以看到厨房。工人们给它起了个名字叫"炮楼柜房"。机加工车间保留了丰富的机器工业早期的机械制造设备，安装有钻床、刨床、镟床等加工机械13台，这些以"天轴皮带"为传动动力的设备，典型地反映了1920—1930年代机械工业的特征和生产水平。

4.5　船舶制造业

4.5.1　北洋水师大沽船坞

4.5.1.1　基本情况（图4-5-1、图4-5-2）
原名称：北洋水师大沽船坞
现名称：天津市船厂

滨海新区

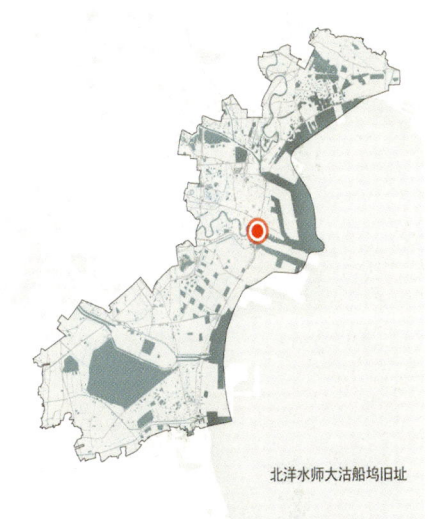

图4-5-1　北洋水师大沽船坞旧址区位图

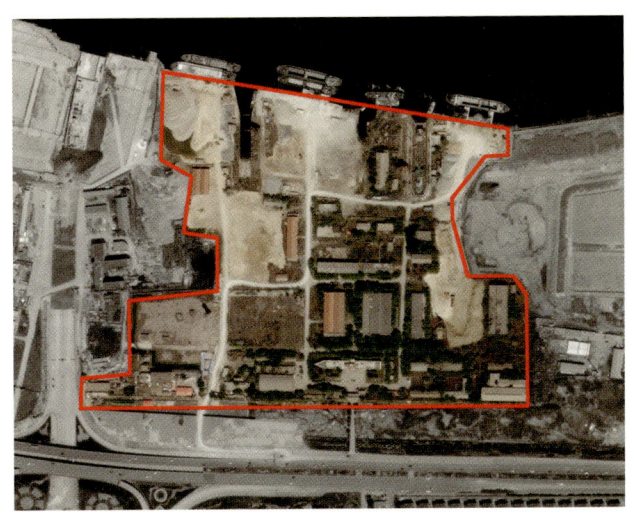

图4-5-2　北洋水师大沽船坞旧址航拍图

设计者：不详

区位地址：滨海新区（塘沽）大沽船坞路27号

占地面积：建筑面积30 169平方米；厂区面积223 000平方米

始建年代：1878年

产权单位：天津市船厂

现使用者：天津市船厂

4.5.1.2 历史沿革

北洋水师大沽船坞始建于1878年，为清末洋务派创办的军事产业。1906年，更名为"北洋劝业铁工厂大沽分厂"，委派周学熙为总办，此时已是官助商办的近代产业。1913年，划归北洋政府海军部管辖。1937年被日本占领，直到1945年抗战胜利，才收回由交通部接管。现为天津市船厂，目前已停产。2013年被列入第七批全国重点文物保护单位。

4.5.1.3 遗存情况

北洋水师大沽船坞旧址总平面布局见图4-5-3。

北洋水师大沽船坞旧址现有工业遗存35处（表4-5-1）。

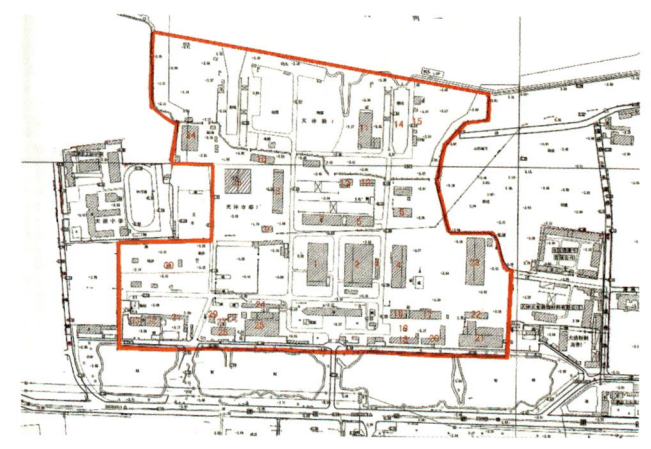

图4-5-3 北洋水师大沽船坞旧址总平面布局

表4-5-1 北洋水师大沽船坞旧址工业遗产调查表

建筑编号	建筑名称	单体建筑面积（m²）	层数	建筑高度（m）	始建年代	原使用功能及变迁情况	建筑质量	设备情况	建筑价值	保留策略
01	厂房	2086	1	8	1949年后	修船车间（使用中）	良好	电、水设备	较高	全部保留
02	厂房	2931	1	8	1949年后	造船车间（使用中）	良好（窗玻璃坏）	电、水设备	较高	全部保留
03	不明	159	1	4	1949年后	不明	良好	—	一般	部分保留
04	厂房	1472	1	6	1949年后	仓库（使用中）	良好	电、水设备	较高	全部保留
05	厂房	761	1	8	1949年后	车间（使用中）	良好（窗玻璃坏）	电、水设备	较高	全部保留
06	厂房	395	1	6	1949年后	车间（使用中）	良好	—	较高	全部保留
07	办公楼	2994	3	9	1949年后	办公	良好	电、水设备	较高	全部保留

续表

建筑编号	建筑名称	单体建筑面积（m²）	层数	建筑高度（m）	始建年代	原使用功能及变迁情况	建筑质量	设备情况	建筑价值	保留策略
08	厂房	1150	1	6	1949年后	车间（使用中）	良好	电、水设备	较高	全部保留
09	平房	187	1	6	1949年后	废弃	良好	—	一般	部分保留
10	平房	417	1	6	1949年后	住宿	良好	无	一般	部分保留
11	轮机车间	1234	1	10	1880年代	废弃	不好	无	高	全部保留（旧址建筑中唯一保存下来的原厂房建筑）
12	厂房	236	1	4	1949年后	变电所（涂装车间）	良好	电、水设备	一般	部分保留
13	厂房	252	1	4	1949年后	发电厂（木工车间）	良好	电、水设备	一般	部分保留
14	船坞	2445	—	10	1880年代	造船、修船	良好	造船、修船设备	高	全部保留
15	仓库电房泵房	377（共4间合计）	1	3	1949年后	仓库、配电房、水泵房	良好	电、水设备	高	全部保留（是船坞工作必要的支持用房）
16	厂房	358	2	6	1949年后	废弃	良好	—	较高	部分保留
17	厂房	719	2	6	1949年后	废弃	良好	—	较高	部分保留
18	办公楼	436	1	4	1949年后	办公	良好	—	较高	全部保留（L形平面在整个厂区中比较特别）
19	厂房	29	1	2	1949年后	实验室配房，现已废弃	房屋墙基一定程度损坏	—	一般	部分保留
20	厂房	518	1	4	1949年后	废弃	良好	无	较高	全部保留（L形平面在整个厂区中比较特别）
21	厂房	2111	1	10	1949年后	废弃	门窗破损，建筑本身完好	无	较高	全部保留
22	厂房	347	1	4	1949年后	废弃	门窗破损，建筑本身完好	无	较高	全部保留
23	厂房	2074	1	10	1949年后	废弃	门窗破损，建筑本身完好	无	较高	全部保留

续表

建筑编号	建筑名称	单体建筑面积（m²）	层数	建筑高度（m）	始建年代	原使用功能及变迁情况	建筑质量	设备情况	建筑价值	保留策略
24	厂房	251	1	4	1949年后	原为食堂、俱乐部	废弃	—	较高	部分保留
25	大沽船坞遗址纪念馆	1464	1	4	1949年后	原为俱乐部，现为博物馆	部分改建	无	高	全部保留（已经改建成大沽船坞遗址纪念馆）
26	厂房	472	1	6	1949年后	原为厂房，现为住宅	良好	—	较高	全部保留
27	厂房	40	2	8	1949年后	原为厂房，现为住宅	良好	—	一般	部分保留
28	厂房	235	1	6	1949年后	废弃	破损严重	—	一般	部分保留
29	办公楼	105	1	4	1949年后	办公	良好	—	一般	部分保留
30	水塔	88		50	1949年后	废弃	良好	—	高	全部保留
31	厂房	394	1	6	1949年后	废弃	良好	—	较高	部分保留
32	厂房	496	1	12	1949年后	废弃	建筑本身良好，门窗损坏	无	较高	部分保留
33	厂房	216	1	4	1949年后	废弃	建筑本身良好，门窗损坏	无	较高	部分保留
34	厂房	1052	1	12	1949年后	废弃	建筑本身良好，门窗损坏	无	较高	全部保留
35	厂房	1668	1	8	1949年后	废弃	建筑本身良好，门窗损坏	无	较高	全部保留

资料来源：天津工业遗产调查表

4.5.1.4 遗产价值与保护

（1）遗产价值

大沽船坞具有大量船舶作业空间，保存良好，特色鲜明，设备齐全，仍然在生产使用中；泵房是船坞工作必要的支持用房，建筑保留情况良好，水电配备齐全，仍在使用中；仓库属于大跨度空间建筑，结构特征明显，建筑情况保存良好，空间利用及转型可能较高；水塔建筑形式特色鲜明，具有历史特征。

北洋水师大沽船坞是中国北方第一所船坞，作为北洋水师三大基地之一，是天津重要的军事设施，与威海卫刘公岛基地、旅顺军港共同承担着拱卫京师的任务。北洋水师大沽船坞是我国最早的船舶修造厂和重要的军火基地之一，是中国北方近代工业的摇篮，培养了中国北方第一代产业工人。在大沽海口及海口两岸炮台防御设施中，大沽船坞做出了重要贡献，身兼近代工业遗产、明清海防双重历史价值。

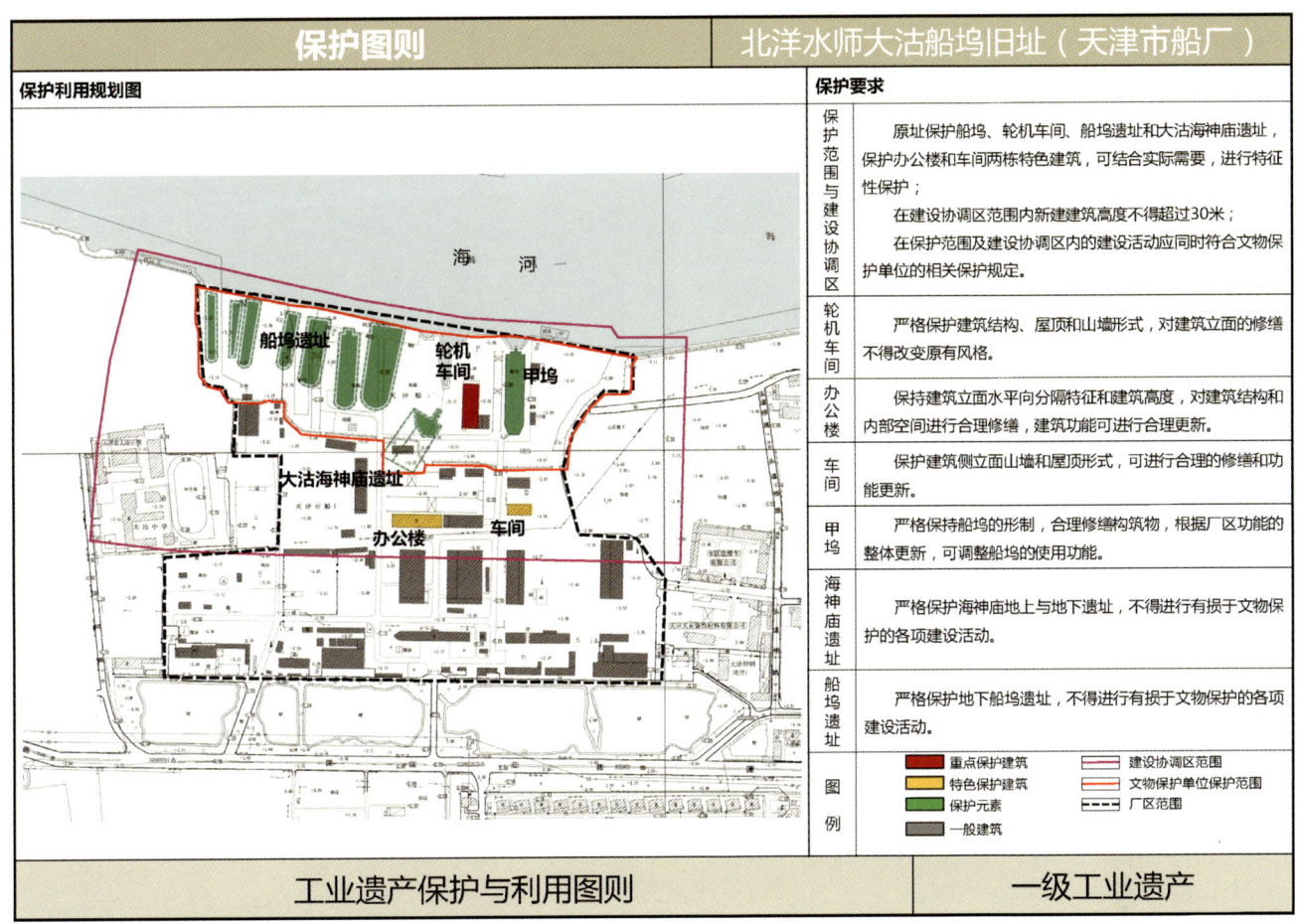

图4-5-4 北洋水师大沽船坞旧址保护图则
（资料来源：《天津市工业遗产保护与利用规划》（2016））

（2）保护策略（图4-5-4）

北洋水师大沽船坞旧址于2013年被列入全国重点文物保护单位。建议结合已建立的北洋水师大沽船坞遗址纪念馆，与船厂内的海神庙遗址一并保护，如建造文化遗址公园等。2021年轮机车间已经修复，详见"5.3.5"。

4.5.2 新河船厂

4.5.2.1 基本情况（图4-5-5、图4-5-6）

原名称：新河船厂（永和船坞）
现名称：天津新河船舶重工有限责任公司
设计者：不详
区位地址：滨海新区海河北岸新胡路一带
占地面积：厂区面积18 000平方米
始建年代：1916年
产权单位：天津新河船舶重工有限责任公司
现使用者：天津新河船舶重工有限责任公司

4.5.2.2 历史沿革

新河船厂是交通部下属的一个以修造工程船舶为主的百年老厂，始建于1916年。当时的新河船厂有船体车间、轮机车间、铜工车间、电工车间、船具车间、机修车间，还有锅炉房、基建队、制氧站、打风室、乙炔站、医院、大食堂、小食堂、托儿所、洗澡堂、俱乐部、招待所和技工学

中国工业遗产史录　天津卷

滨海新区

图 4-5-5　新河船厂区位图

图 4-5-6　新河船厂航拍图

校。1970年代，天津新河船厂成为国内骨干造船企业。2003年公司改制。普查时厂区仍在使用中。

4.5.2.3　遗存情况

新河船厂总平面布局及现状照片见图4-5-7～图4-5-9。

新河船厂普查时有52栋工业建筑遗存（表4-5-2）。

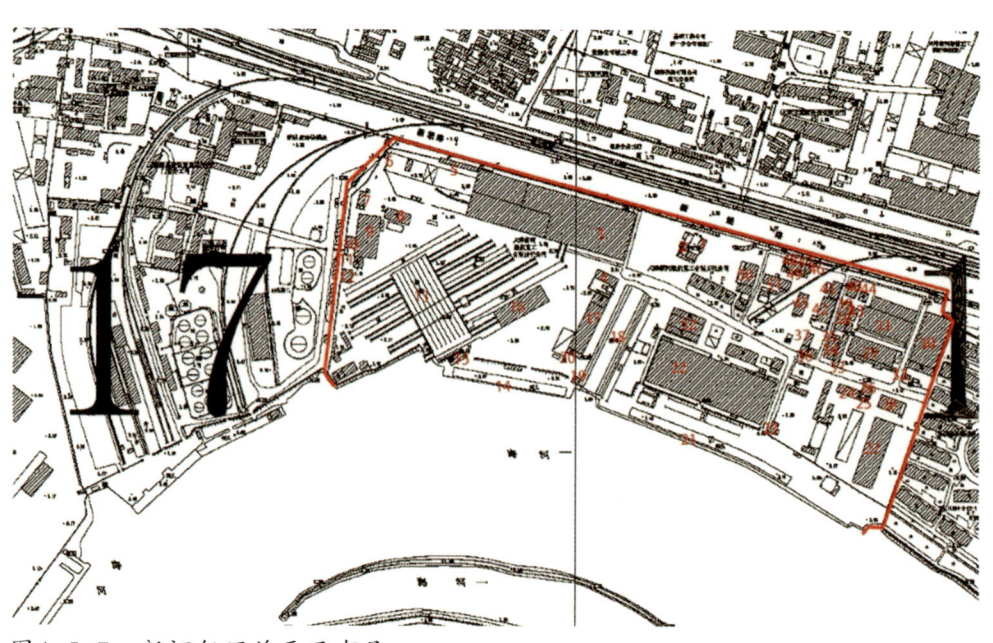

图 4-5-7　新河船厂总平面布局

278

图4-5-8 船坞

图4-5-9 杂品库

表4-5-2 新河船厂建（构）筑物基本情况表

建筑编号	建筑名称	建筑面积（m²）	层数	建筑高度（m）	始建年代	原使用功能及变迁情况	建筑质量	设备情况	建筑价值	保留策略
01	一中转变电室	110.77	1	22	1974年	现仍在使用	完好	有	一般	全部保留
02	焊条烘干室	39.94	1	4	1950年	现仍在使用	完好	有	较高	全部保留
03	船体车间	5364.53	1	22	1978年	现仍在使用	完好	有	较高	全部保留
04	厂内冷风室	312.86	2	6	1969年	现仍在使用	完好	有	一般	全部保留
05	船体料区工作间	232.21	1	3	1990年	现仍在使用	完好	无	一般	元素保留
06	液氧站	28.50	1	3	1988年	现仍在使用	完好	有	一般	元素保留
07	二中转变电室	109.80	1	8	1974年	现仍在使用	完好	有	较高	全部保留
08	船体生活楼	1135.92	3	12	1984年	现仍在使用	完好	无	一般	元素保留
09	切割料房	1536.24	1	12	1984年	现仍在使用	完好	有	较高	全部保留
10	船体样板房	136.11	1	3	1996年	现仍在使用	完好	有	一般	元素保留
11	西水平变电室	53.29	1	3	1975年	现仍在使用	完好	有	一般	元素保留
12	船台材料间	175.25	1	4	1982年	现仍在使用	完好	有	一般	元素保留

续表

建筑编号	建筑名称	建筑面积（m²）	层数	建筑高度（m）	始建年代	原使用功能及变迁情况	建筑质量	设备情况	建筑价值	保留策略
13	船台	—	—	-3	1973年	现仍在使用	完好	有	较高	全部保留
14	西码头	—	—	—	1974年	现仍在使用	完好	有	较高	部分保留
15	横移车操纵室	195.79	4	7	1973年	现仍在使用	完好	有	较高	全部保留
16	船台航务一处	—	1	3	1973年	现仍在使用	完好	有	一般	元素保留
17	火工棚	1104.75	1	8	1975年	现仍在使用	完好	有	一般	部分保留
18	船坞	—	—	-3	1923年	现仍在使用	完好	有	高	全部保留
19	高压水泵房	46.69	1	3	1974年	现仍在使用	完好	有	一般	元素保留
20	油色生活楼	205.74	3	9	1973年	现仍在使用	完好	无	高	全部保留
21	东码头	—	—	—	1942年	现仍在使用	完好	有	一般	部分保留
22	轮机车间	5390.60	1	7	1972年	现仍在使用	完好	有	高	全部保留
23	吊车组办公室	87.70	1	3	1964年	现仍在使用	完好	有	一般	元素保留
24	污水处理站	148.52	1	6	1984年	现仍在使用	完好	有	一般	部分保留
25	探伤室	77.69	1	3	1980年	现仍在使用	完好	无	一般	部分保留
26	探伤机房	102.89	1	4	1991年	现仍在使用	完好	有	一般	部分保留
27	舾装车间	1965.01	1	5	1974年	现仍在使用	完好	有	较高	全部保留
28	理化楼	779.58	2	6	1979年	现仍在使用	完好	有	较高	全部保留
29	电工车间	2182.92	J3	1	1976年	现仍在使用	完好	有	较高	全部保留
30	管装车间	2703.50	J3	5	1978年	现仍在使用	完好	有	一般	部分保留
31	铜工车间	1563.08	1	8	1979年	现仍在使用	完好	有	一般	部分保留
32	电工烤漆间	31.09	1	3	1980年	现仍在使用	完好	有	一般	元素保留
33	吊车修理组	247.65	1	3	1979年	现仍在使用	完好	有	一般	元素保留
34	杂品库办公室	30.07	1	3	1964年	现仍在使用	完好	有	一般	元素保留

续表

建筑编号	建筑名称	建筑面积（m²）	层数	建筑高度（m）	始建年代	原使用功能及变迁情况	建筑质量	设备情况	建筑价值	保留策略
35	杂品库	294.25	1	4	1950年	现仍在使用	完好	有	较高	全部保留
36	供应办公楼	337.62	2	6	1970年	现仍在使用	完好	有	较高	全部保留
37	供应办公室	119.11	1	3	1967年	现仍在使用	完好	无	一般	元素保留
38	电料库	352.94	1	3	1950年	现仍在使用	完好	有	一般	元素保留
39	电料库办公室	30.55	1	3	1964年	现仍在使用	完好	无	一般	元素保留
40	三层板库	238.14	1	4	1950年	现仍在使用	完好	有	一般	部分保留
41	玻璃库及办公室	197.55	1	4	1968年	现仍在使用	完好	无	一般	元素保留
42	小五金库及办公室	440.01	1	4	1963年	现仍在使用	完好	无	一般	部分保留
43	印刷厂	100.43	1	4	1984年	现仍在使用	完好	有	一般	元素保留
44	档案室小楼	189.62	2	7	1975年	现仍在使用	完好	有	较高	部分保留
45	厂内民工公寓	296.12	1	5	1950年	现仍在使用	完好	无	一般	部分保留
46	木工压力机房	64.55	1	4	1961年	现仍在使用	完好	有	一般	部分保留
47	工业垃圾办公室	61.84	1	5	1958年	现仍在使用	完好	有	一般	部分保留
48	舾装件车间	3491.06	1	4	1975年	现仍在使用	完好	有	较高	部分保留
49	保卫办公楼	257.76	2	7	1958年	现仍在使用	完好	有	较高	全部保留
50	修铜车间	387.93	1	5	1996年	现仍在使用	完好	有	一般	元素保留
51	资产管理组	338.32	1	8	1958年	现仍在使用	完好	有	较高	全部保留
52	中间仓库	1457.53	J2	6	1985年	现仍在使用	完好	无	一般	部分保留

资料来源：天津工业遗产调查表

4.5.2.4 遗产价值与保护

新河船厂在拆除前拥有3000吨级干船坞1座，500米长的修船码头1处。

新河船厂作为民国时期留下来的船舶工业生产厂，见证了中国百年现代化历史，其发展过程反映了我国造船工业的发展过程，是重要的近现代工业遗产。建议对新河船厂内列入遗产名录的永和船坞进行保留及修缮（图4-5-10）。

图4-5-10　新河船厂保护分级图
（资料来源：天津工业遗产普查资料）

4.5.3 新港船厂

4.5.3.1 基本情况（图4-5-11、图4-5-12）

原名称：新港船厂

现名称：新港工程局机械修造厂

设计者：不详

区位地址：滨海新区（塘沽）新港机厂街1号，海河塘沽入海口北侧

占地面积：建筑面积90 000平方米；厂区面积56 000平方米

始建年代：1940年

产权单位：中国船舶重工集团公司

现使用者：中国船舶重工集团公司

4.5.3.2 历史沿革

1940年代以前，天津的港口在市中心区租界海河沿岸，是一个内河港。但海河水浅，只能进入3000吨以下的船只，海运不便。

1939年，日本为掠夺华北资源，决定在海河河口以北的滨海建造一个新海港，于1940年10月25日正式开工，由"华北交通株式会社""塘

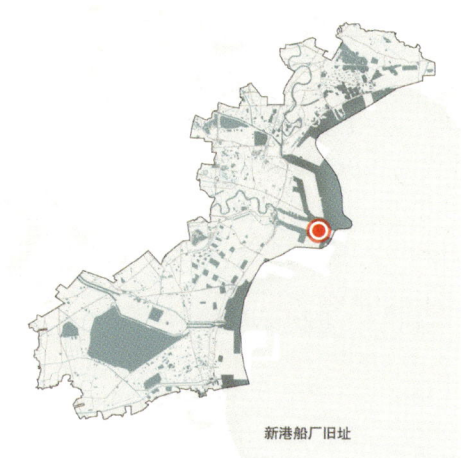

图4-5-11　新港船厂旧址区位图

图4-5-12　新港船厂旧址航拍图
（资料来源：基于天津市卫星图改绘）

沽新港港湾局"为业主，形成一个人工海港，即塘沽新港，此外还修建了码头、船闸、修船厂等。1949年9月，修船厂改称中央交通部新港工程局第一修船厂，又称新港船厂。1953年，改名为新港船舶修造厂，属交通部海运总局直接领导，职工人数达1235人。1958年1月14日，朱德委员长来船厂视察工作。1949—1966年，船厂积累了丰富的造船、修船技术和管理经验，曾获得"十佳企业管理优秀单位"称号。1971年1月25日，"天津"号离厂交船，11月7日，万吨级油轮"大庆40"号下水。1978年后，新港船厂成华北地区最大的造修船基地。国家"十一五"期间，为了发展天津的船舶工业，带动相关产业的发展，新港船厂搬迁至临港工业区，建设中国船舶重工集团公司天津临港造修船基地。新港船厂旧址是近现代工业的代表遗存。

4.5.3.3 遗存情况

新港船厂旧址总平面布局及普查时照片见图4-5-13～图4-5-20。

普查时新港船厂旧址有工业遗存25处（表4-5-3）。旧址整体保存状态较好，许多厂房和修造船生产活动仍在进行。按照功能可以分为四个区域，包括修船车间、造船车间、船坞、码头。

图4-5-14 小船坞（05）

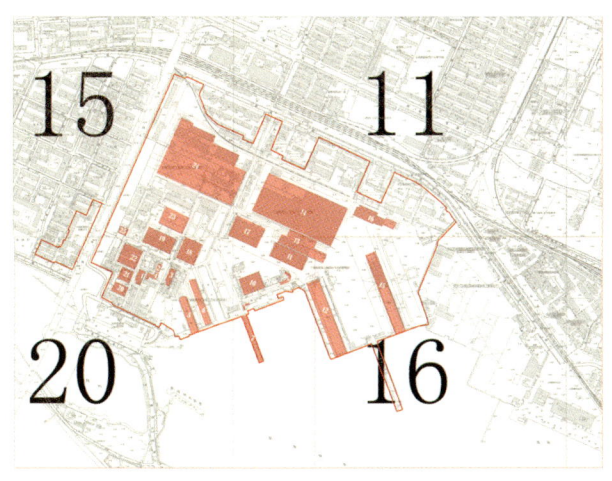

图4-5-13 新港船厂旧址总平面布局

图4-5-15 机加工车间（04）

图4-5-16 机加工二车间内的部分进口老设备

图4-5-17 机加工二车间内部

图4-5-18 小船台（06）

图4-5-19 大船坞（12）

图4-5-20 大船台（15）

表4-5-3 新港船厂旧址建（构）筑物基本情况表

建筑编号	建筑名称	单体建筑面积（m²）	层数	建筑高度（m）	始建年代	原使用功能及变迁情况	建筑质量	设备情况	建筑价值	保留策略
01	集配仓库	921	1	3	1940年代	仓库（使用中）	良好	调查时点设备依然使用，工厂准备搬迁到新厂区	高	全部保留
02	公事房	575	1	3	1940年代	办公楼（使用中）	良好		高	全部保留
03	钳工厂房	948	1	5	1940年代	厂房（使用中）	良好		高	全部保留
04	机加工厂房	不详	1	5	1940年代	厂房（使用中）	良好		高	全部保留
05	小船坞	2883	—	—	1940年代	船坞（使用中）	良好		高	全部保留
06	小船台	3402	—	—	1960年代	船台（使用中）	良好		较高	全部保留
07	码头	2373	—	—	1960年代	码头（使用中）	良好		较高	全部保留
08	生产处办公楼	486	3	10	1960年代	办公楼（使用中）	良好		较高	全部保留
09	修船厂办公楼	2140	4	14	1960年代	厂房（使用中）	良好		较高	全部保留
10	修船轮机车间	3542	1	10	1960年代	厂房（使用中）	良好		较高	全部保留
11	管子加工车间	4466	1	20	1970年代	厂房（使用中）	良好		较高	全部保留
12	大船坞	9088	—	—	1970年代	船坞（使用中）	良好		较高	全部保留
13	造船分段车间	5990	1	60	1970年代	厂房（使用中）	良好		较高	全部保留
14	造船内业车间	27 538	1	100	1970年代	厂房（使用中）	良好		较高	全部保留
15	大船台	7301	—	—	1970年代	船台（使用中）	良好		较高	全部保留
16	二次涂装厂房	3829	1	40	1970年代	厂房（使用中）	良好		较高	全部保留
17	机加工车间	6038	1	50	1970年代	厂房（使用中）	良好		较高	全部保留
18	内业加工车间	3945	1	50	1970年代	厂房（使用中）	良好		较高	全部保留
19	机加工车间	5061	1	10	1940年代	厂房（使用中）	良好		高	全部保留
20	仓库和机装车间	1452	1	10	1970年代	厂房（使用中）	良好		较高	全部保留
21	生产车间	1034	1	10	1970年代	厂房（使用中）	良好		较高	全部保留
22	机加工车间	3070	1	10	1970年代	厂房（使用中）	良好		较高	全部保留
23	修船车间	3567	1	8	1970年代	厂房（使用中）	良好		较高	全部保留
24	造船车间	810	1	10	1970年代	厂房（使用中）	良好		较高	全部保留
25	特种车间	795	1	10	1940年代	厂房（使用中）	良好		高	全部保留

资料来源：天津工业遗产调查表

4.5.3.4 遗产价值与保护

（1）遗产价值

新港船厂曾有主要车间建筑20余座，包括大船坞、小船坞和小码头等几个船舶特色建筑物（群），以及4万、1.5万载重吨级船台各一座，0.5万、3万载重吨级船坞各一座，以及1.5万载重吨级浮船坞一座，并具有与之相配套的预处理线、重型门式吊车、等离子切割机、数控切割机等设备。此外，机加工车间内曾有从美国、意大利、德国、罗马尼亚、朝鲜等进口的老设备，均是1940年代建厂时的第一批设备，弥足珍贵。

（2）保护策略（图4-5-21）

新港船厂自建厂起，不仅是华北地区规模最大的修造船基地，还在多方面达到同期世界水平，是中国北方船舶、海洋工程和大型陆上工程修理、改装、制造的重要基地。建议对厂区内重点建筑全部保留，并结合周边整体规划情况合理利用。2016年新港船厂旧址被定为二级工业遗产，但现在除小船坞、大船坞、码头、小船台、公事房外，都未能保留。

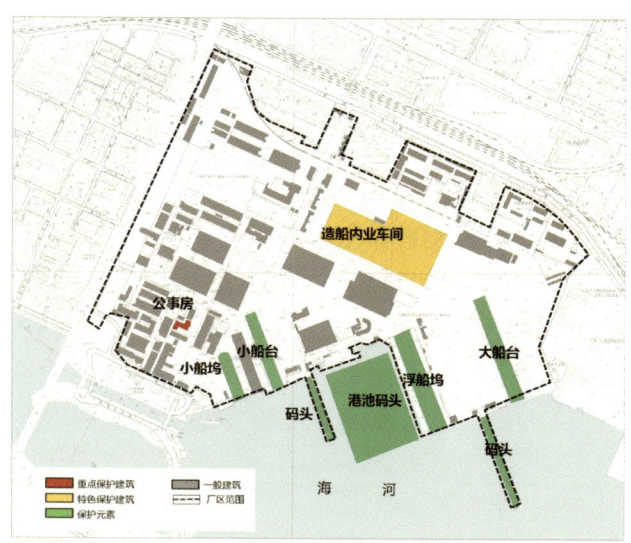

图4-5-21 新港船厂旧址保护分级图
（资料来源：《天津市工业遗产保护与利用规划》（2016））

4.6 能源化学工业

4.6.1 天津第一热电厂

4.6.1.1 基本情况（图4-6-1、图4-6-2）

原名称：天津发电所

现名称：天津第一热电厂

设计者：日本兴中公司

区位地址：河东区六纬路70号

占地面积：建筑面积2.78万平方米；场地面积20.4万平方米

始建年代：1936年

图4-6-1 天津第一热电厂旧址区位图

图4-6-2 天津第一热电厂旧址航拍图

产权单位：不详

现使用者：中国国电集团公司天津第一热电厂

4.6.1.2 历史沿革

1936年，天津发电所开始建设，之后停工。1937年3月，工程重新开工建设。1938年3月1日，天津发电所第一台机炉竣工发电，安装有日本制造的1.5万千瓦发电机和80吨/时锅炉各两台。1950年代初，改称为天津第一热电厂。1964年10月，天津第一热电厂经过几轮扩建，发电量迅速增长。1985年7月，为解决粉尘污染问题，投入使用195米高的新烟炉，在很长一段时间内成为天津的制高点。1986年11月14日，首次铺设热力过河管，开始为天津海河两岸单位和居民供暖。2003年1月15日，天津第一热电厂正式划归中国国电集团，主要承担为京津唐地区供电以及向天津市内河东、和平、河西、河北等部分地段供热的任务。2011年，第一热电厂供热转换工程启动后，由东北郊热电厂代替第一热电厂供电供热，天津第一热电厂正式退出历史舞台，大烟囱也一并被拆毁。

4.6.1.3 遗存情况

天津第一热电厂旧址总平面布局及搬迁前照片见图4-6-3～图4-6-9。

天津第一热电厂旧址位于海河东岸、金阜桥与直沽桥之间，占地面积约20.4公顷，目前土地已经出让。旧址范围内现状用地主要为供应设施用地，还包括体育用地、二类居住用地和中小学托幼用地。旧址内多数厂房和设备用房都已拆除，现存建筑包括办公楼、厂房、设备及附属用房、员工生活建筑这四类功能性建筑。普查时有工业遗存共12处（表4-6-1）。

汽机厂房为重点保护建筑，始建于1936年，厂房放置汽轮机发电机，是承担发电功能的核心建筑。汽机厂房是"高内空、大跨度"结构，屋

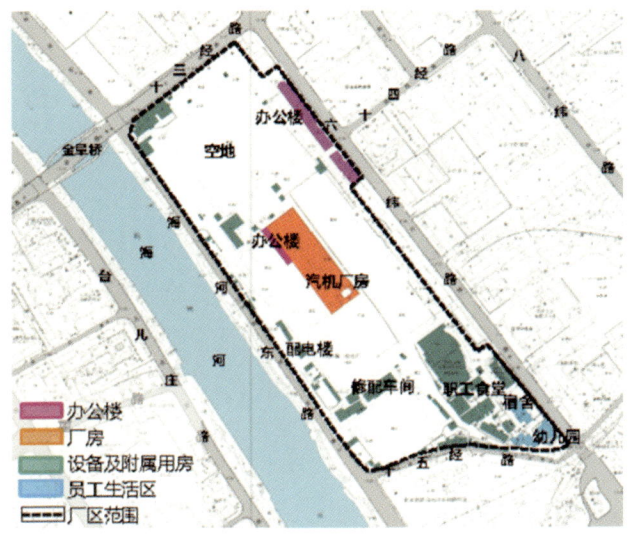

图4-6-3 天津第一热电厂旧址总平面布局

图4-6-4 汽机厂房及附属办公楼（01）

图4-6-5 汽机厂房及附属办公楼外墙（01）

图4-6-6 热电厂厂房（02）

图4-6-8 配电楼（05）

图4-6-7 汽机厂房（01）

图4-6-9 办公楼（03）

顶内面是金属架构支撑，简明而富有近代工业色彩。内部有汽轮机发电机，特色明显。附属办公楼为重点保护建筑，始建于1936年，后作为物资仓库使用。外部结构保存良好，立面上的电力标志清晰可见，是热电厂重要的标志。

表4-6-1 天津第一热电厂旧址建（构）筑物基本情况表

建筑编号	建筑名称	建筑面积（m²）	层数	始建年代	原使用功能及变迁情况	修缮及改造情况	建筑质量	建筑价值	保留策略
01	汽机厂房及附属办公楼	10300	1	1936年	原为发电热电厂发电车间及办公楼，现闲置	1949年后部分门窗修缮，拆除部分厂房；1984年开始闲置，2010年在原拆除处建设中继泵站	基本完好	较高	保留

续表

建筑编号	建筑名称	建筑面积（m²）	层数	始建年代	原使用功能及变迁情况	修缮及改造情况	建筑质量	建筑价值	保留策略
02	热电厂厂房	12000	1	1983年	热电厂搬迁后，拆除	不详	完好	一般	无
03	办公楼	17200	2~8	1983年	热电厂搬迁后，拆除	不详	完好	一般	无
04	职工休息室			1983年	热电厂搬迁后，拆除	不详	完好	一般	无
05	配电楼			1937年	热电厂搬迁后，拆除	不详	完好	一般	无
06	三源电力体育馆			1996年	热电厂搬迁后，拆除	不详	完好	一般	无
07	职工食堂			1986年	热电厂搬迁后，拆除	不详	完好	一般	无
08	光明娱乐城			1986年	热电厂搬迁后，拆除	不详	完好	一般	无
09	明波公寓		20	1999年	电力单身宿舍	不详	完好	一般	保留
10	电力二幼			1987年	热电厂搬迁后，拆除	不详	完好	一般	无
11	修配车间			1986年	热电厂搬迁后，拆除	不详	完好	一般	无
12	水处理车间			1987年	热电厂搬迁后，拆除	不详	完好	一般	无

资料来源：天津工业遗产调查表

4.6.1.4 遗产价值与保护

（1）遗产价值

天津第一热电厂的部分建筑，从整个天津市来看，是日据时期遗留下来为数不多的工业遗址，其195米高的烟炉在很长一段时间内成为天津的制高点。

半个世纪以来，天津第一热电厂经过1950—1980年代四次改扩建及供热改造，生产能力不断增强，搬迁前有总装机容量20万千瓦，主要面向京津唐地区提供电力。其中天津市内包括了河东、和平、河西、河北等区部分地段的400多家企事业单位和几十万户居民的生产、生活用电。在70年的沧桑岁月中，这座被誉为天津电业摇篮的老电厂，为电力事业的发展做出了突出贡献，为全国电力系统输送了一大批优秀干部与技术力量，对加快天津经济社会发展和改善居民生活条件，发挥了重要作用。

（2）保护策略（图4-6-10）

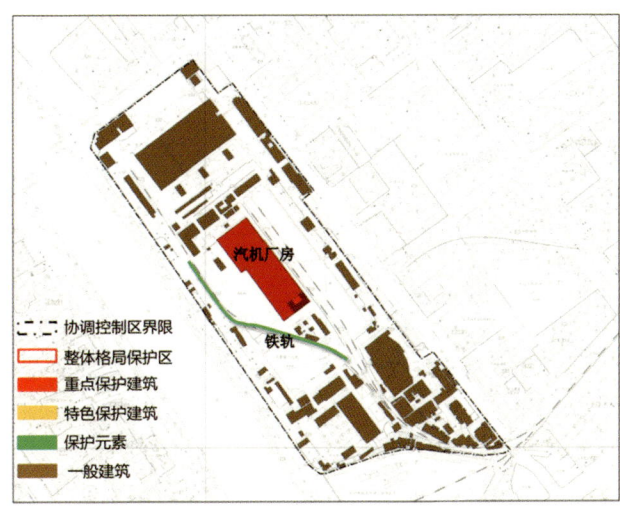

图4-6-10 天津第一热电厂旧址保护分级图
（资料来源：《天津市工业遗产保护与利用规划》（2013））

办公楼、汽机厂房和其邻近海河的空间划定为建设协调区，保护办公楼和汽机厂房的空间格局关系，建设协调区内不得新建建筑，保留保护建筑与海河之间的开敞空间，保护海河沿岸的工业遗产景观风貌，对保护建筑应进行保护性修缮，保留原有建筑风貌、高度、配色等，建设协调区内部的建设活动应按照文物的相关保护规定进行。

天津第一热电厂应与周边用地进行整体更新利用，在功能上，可利用热电厂的工业建筑空间和特色元素，形成具有历史感的特色商业与休闲街区建筑，为周边地区服务，新建建筑应在建筑色彩、建筑体量上与保留工业建筑相协调。办公楼可进行内部结构与空间改建，建议改造成文化创意功能空间；汽机厂房可进行内部结构与空间改建，建议改造成休闲与商业功能空间。汽机厂房已认定为文物保护单位的不可移动文物，要求保留汽机厂房空间格局，在保持建筑原有主体结构和大跨度空间特征的基础上，对建筑进行改建和加建，对建筑功能进行合理更新，保护内部汽轮机发电机，对立面进行保护修缮。附属办公楼已认定为文物保护单位的不可移动文物，需严格保护建筑外部结构和建筑风貌，保留红砖墙面材质与建筑主体色彩，电力标志和周边建筑构造进行原样保留，不得拆除或改造，建筑内部的修理维护及再利用不得改变内部结构格局。

目前，除了汽机厂房被改造为商业办公外，其他建筑均已拆除。

4.6.2 大沽化工厂

4.6.2.1 基本情况（图4-6-11、图4-6-12）

原名称：大沽氯碱厂
现名称：大沽化工厂
设计者：不详

滨海新区

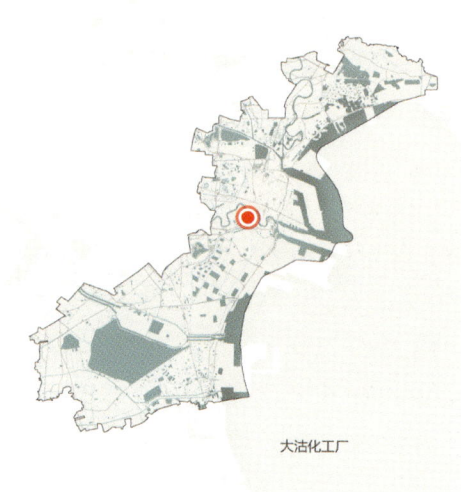

图4-6-11　大沽化工厂区位图

图4-6-12　大沽化工厂航拍图

区位地址：滨海新区（塘沽）海河南岸大梁子街

占地面积：建筑面积282万平方米；厂区面积2.82万平方米

始建年代：1939年

产权单位：天津大沽化工股份有限公司

现使用者：天津大沽化工股份有限公司

4.6.2.2 历史沿革

1939年8月，日本华北开发株式会社旗下华北盐业公司在海河南岸建设大沽氯碱厂。一期工程自1939年动工，至1943年投产；二期工程自1944年开始，随着日本二战投降而中断。1945年，国民政府接收后，改名为"重工业部化学工业管理局大沽化工"。1969年，改名为大沽化工厂。1985年，大沽化工厂对聚氯乙烯生产厂房、设备进行全面的技术改造。2006年，大沽化工厂获得全国用户满意企业、天津市"高新技术企业"称号，为中国石油和化工行业百强企业第32位。2007年，为中国制造业500强第354位。

4.6.2.3 遗存情况

大沽化工厂总平面布局及普查时照片见图4-6-13～图4-6-21。

普查时大沽化工厂整体保存状态较好，许多厂房和生产线仍在进行生产，有工业生产区9个，包括聚氯乙烯生产区、氯乙烯生产区、环氧丙烷生产区、电解厂生产区、电热厂厂区、聚醚生产区、烧碱生产区、成品罐区、仓库区（表4-6-2～表4-6-10）。

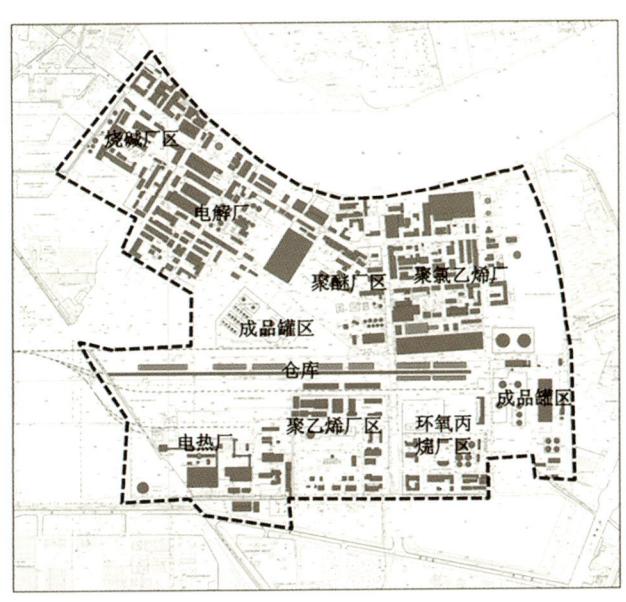

图4-6-13 大沽化工厂总平面布局

图4-6-14 聚氯乙烯生产区办公建筑

图4-6-15 聚氯乙烯生产区（一）

图4-6-16 聚氯乙烯生产区（二）

图4-6-17　聚氯乙烯生产区（三）

图4-6-19　氯乙烯生产区保全大楼

图4-6-18　氯乙烯生产装置

图4-6-20　烧碱生产区电气分厂办公楼

图4-6-21　聚醚生产区厂房

表4-6-2 大沽化工厂——聚氯乙烯生产区建（构）筑物基本情况表

建筑编号	建筑名称	建筑面积（m²）	层数	建筑高度（m）	始建年代	原使用功能及变迁情况	修缮及改造情况	建筑质量	设备情况	建筑价值	保留策略
01	办公建筑	1178	2	8	1980年代	办公	未修缮	较好	生产设备	一般	元素保留
02	生产区	9273	—	—	1980年代	生产区	未修缮	较好	生产设备	一般	元素保留
03	电石库	2250	1	6	1980年代	电石库	未修缮	较好	无设备	一般	元素保留
04	气柜	—			1980年代	气柜	未修缮	较好	无设备	一般	元素保留
05	电石生产区	2910			1980年代	电石生产区	未修缮	较好	生产设备	一般	元素保留
06	水塔	—	1		1980年代	水塔	未修缮	较好	生产设备	一般	元素保留
07	操作间	818	1	4	1980年代	操作间	未修缮	较好	生产设备	一般	元素保留
08	气柜与水塔	544			1980年代	气柜与水塔	未修缮	较好	生产设备	一般	元素保留
09	压力容器	—			1980年代	压力容器	未修缮	较好	生产设备	一般	元素保留
10	转化器	—			1980年代	转化器	未修缮	较好	生产设备	一般	元素保留
11	聚氯乙烯工厂保全工段	2465	1～2	4～8	1980年代	维修	未修缮	较好	维修设备	一般	元素保留
12	生产区	2782			1980年代	生产区	未修缮	较好	生产设备	一般	元素保留
13	仓库	16 544	1	6	1980年代	仓库	未修缮	较好	无设备	一般	元素保留
14	装置区、办公区	534	4	—	1980年代	装置区、办公区	未修缮	较好	生产设备	一般	元素保留
15	厕所、草地	—	1		1980年代	厕所、草地	未修缮	较好	无设备	一般	元素保留
16	生产区	—	2	—	1980年代	生产区	未修缮	较好	生产设备	一般	元素保留
17	PVC生产区	19 704	5	—	1980年代	生产区	未修缮	较好	生产设备	一般	元素保留
18	车间	2109	1	5	1980年代	生产	未修缮	较好	生产设备	一般	元素保留
19	办公区	3121	2	6	1980年代	办公	未修缮	较好	无设备	一般	元素保留
20	库房	736	1	5	1980年代	储藏	未修缮	较好	生产设备	一般	元素保留
21	库房区	1292	1	5	1980年代	储藏	未修缮	较好	无设备	一般	元素保留
22	消防、库房	1209	3	9	1960年代	消防、储藏	未修缮	较好	生产设备	一般	元素保留

资料来源：天津工业遗产调查表

表4-6-3　大沽化工厂——氯乙烯生产区建（构）筑物基本情况表

建筑编号	建筑名称	建筑面积（m²）	层数	建筑高度（m）	始建年代	原使用功能及变迁情况	修缮及改造情况	建筑质量	设备情况	建筑价值	保留策略
01	办公建筑	2286	3	12	1995年	办公	未修缮	较好	无设备	一般	元素保留
02	更衣楼	1289	2	8	1995年	更衣楼	未修缮	较好	无设备	一般	元素保留
03	总控室	524	1	5	1995年	总控室	未修缮	较好	控制设备	一般	元素保留
04	配电室	1420	2	8	1995—2005年	配电室	未修缮	较好	配电设备	一般	元素保留
05	库房	738	1	5	1980年代	电石生产区库房	未修缮	较好	无设备	一般	元素保留
06	氯乙烯生产装置	—	—	—	1995—2005年	氯乙烯生产装置	未修缮	较好	生产设备	一般	元素保留
07	保全大楼	1636	2	—	1995年	保全大楼	未修缮	较好	生产设备	一般	元素保留

资料来源：天津工业遗产调查表

表4-6-4　大沽化工厂——环氧丙烷生产区建（构）筑物基本情况表

建筑编号	建筑名称	建筑面积（m²）	层数	建筑高度（m）	始建年代	原使用功能及变迁情况	修缮及改造情况	建筑质量	设备情况	建筑价值	保留策略
01	办公建筑	1573	3	10	1988年	办公	未修缮	较好	无设备	一般	元素保留
02	综合办公建筑	1672	2～3	6～10	1988年	食堂、库房	未修缮	较好	无设备	一般	元素保留
03	库房	591	1	5	1988年	库房	未修缮	较好	无设备	一般	元素保留
04	环氧丙烷生产装置	—	—	—	1988—2005年	环氧丙烷生产装置	未修缮	较好	生产设备	一般	元素保留
05	泵房	1794	1	5	1988—2005年	泵房	未修缮	较好	泵房设备	一般	元素保留
06	主控室	460	1	5	1988年	主控室	未修缮	较好	控制设备	一般	元素保留
07	液体灌区	—	—	—	1988—2005年	液体灌区	未修缮	较好	生产设备	一般	元素保留

资料来源：天津工业遗产调查表

表4-6-5 大沽化工厂——电解厂生产区建（构）筑物基本情况表

建筑编号	建筑名称	建筑面积（m²）	层数	建筑高度（m）	始建年代	原使用功能及变迁情况	修缮及改造情况	建筑质量	设备情况	建筑价值	保留策略
01	电解厂房	3661	2	16	1990年代	电解厂房	未修缮	较好	生产设备	一般	元素保留
02	电气分厂第三整流室	2410	1	12	1990年代	电气分厂第三整流室	未修缮	较好	生产设备	一般	元素保留
03	办公楼	2096	3	11	1990年代	办公楼	未修缮	较好	无设备	一般	元素保留
04	电气分厂一整流厂房	1350	3	11	1990年代	一整流厂房	未修缮	较好	生产设备	一般	元素保留
05	一期隔膜电解厂房	3018	1	10	1990年代	电解厂房	未修缮	较好	生产设备	一般	元素保留
06	电气分厂二整流厂房	—	2	10	1990年代	二整流厂房	未修缮	较好	生产设备	一般	元素保留
07	二期电解厂房	2407	3	11	1990年代	二期电解厂房	未修缮	较好	生产设备	一般	元素保留
08	盐水罐	—	—	—	1990年代	盐水罐	未修缮	较好	生产设备	一般	元素保留
09	盐水厂区	—	—	—	1990年代	盐水厂区	未修缮	较好	生产设备	一般	元素保留
10	保全厂房	2475	2~3	8~11	1990年代	保全厂房	未修缮	较好	生产设备	一般	元素保留
11	离子膜六期	574	—	—	1990年代	离子膜六期	未修缮	较好	生产设备	一般	元素保留
12	三系透平、三系干燥	1662	1	10	1990年代	三系透平、三系干燥	未修缮	较好	生产设备	一般	元素保留
13	二系干燥	—			1990年代	二系干燥	未修缮	较好	储存设备	一般	元素保留
14	办公楼	1935	3	12	1990年代	办公楼	未修缮	较好	无设备	一般	元素保留
15	修理厂房	1214	1	7	1990年代	修理厂房	未修缮	较好	维修设备	一般	元素保留
16	更衣室	663	1	4	1990年代	更衣室	未修缮	较好	无设备	一般	元素保留
17	办公楼	462	1	4	1990年代	办公楼	未修缮	较好	无设备	一般	元素保留
18	次氯酸钠厂房	517	1	6	1990年代	次氯酸钠厂房	未修缮	较好	生产设备	一般	元素保留
19	更衣室	251	2	6	1990年代	更衣室	未修缮	较好	生产设备	一般	元素保留

续表

建筑编号	建筑名称	建筑面积（m²）	层数	建筑高度（m）	始建年代	原使用功能及变迁情况	修缮及改造情况	建筑质量	设备情况	建筑价值	保留策略
20	修理厂房	809	1	4	1990年代	修理厂房	未修缮	较好	生产设备	一般	元素保留
21	盐酸厂区	2110	—	—	1990年代	盐酸厂区	未修缮	较好	无设备	一般	元素保留
22	检修厂房	581	1	4	1990年代	检修厂房	未修缮	较好	生产设备	一般	元素保留
23	办公楼	506	2	6	1990年代	办公楼	未修缮	较好	生产设备	一般	元素保留
24	库房	1112	2	8	1990年代	库房	未修缮	较好	生产设备	一般	元素保留
25	液氧厂房	1126	—	—	1990年代	液氧厂房	未修缮	较好	生产设备	一般	元素保留
26	配电室	240	1	4	1990年代	配电室	未修缮	较好	生产设备	一般	元素保留
27	配置厂房	372	2	6	1990年代	配置厂房	未修缮	较好	生产设备	一般	元素保留
28	三期离子厂房	2614	2	8	1990年代	三期离子厂房	未修缮	较好	生产设备	一般	元素保留
29	空压站厂房	378	1	4	1990年代	空压站厂房	未修缮	较好	生产设备	一般	元素保留
30	一期风干厂房	420	3	12	1990年代	一期风干厂房	未修缮	较好	生产设备	一般	元素保留
31	一期干燥厂房	948	2	8	1990年代	一期干燥	未修缮	较好	生产设备	一般	元素保留
32	仓库	12228	1	4	1990年代	仓库	未修缮	较好	生产设备	一般	元素保留
33	办公楼	1194	1	5	1990年代	办公楼	未修缮	较好	生产设备	一般	元素保留
34	设备房	1224	1	4	1990年代	仓库	未修缮	较好	生产设备	一般	元素保留
35	仓库	1761	1	4	1990年代	仓库	未修缮	较好	生产设备	一般	元素保留
36	仓库	3208	1	5	1990年代	仓库	未修缮	较好	生产设备	一般	元素保留

资料来源：天津工业遗产调查表

表4-6-6 大沽化工厂——电热厂厂区建（构）筑物基本情况表

建筑编号	建筑名称	建筑面积（m²）	层数	建筑高度（m）	始建年代	原使用功能及变迁情况	修缮及改造情况	建筑质量	设备情况	建筑价值	保留策略
01	水处理	3074	4	12	1982—1989年	水处理	未修缮	较好	处理设备	一般	元素保留
02	车库	1463	1	4	1982—1989年	车库	未修缮	较好	无设备	一般	元素保留
03	废弃区	884	1	3	—	—	废弃	—	无设备	—	—
04	一汽主厂房	3091	1	5	1988—2005年	生产区	未修缮	较好	生产设备	一般	元素保留
05	办公楼	636	2	6	1988—2005年	办公楼	未修缮	较好	无设备	一般	元素保留
06	生活楼	2020	4	12	1988年	生活楼	未修缮	较好	无设备	一般	元素保留
07	主控室	3132	3	10	1988—2005年	主控室	未修缮	较好	生产设备	一般	元素保留
08	机控、更衣	944	2	6	1988—2005年	机控、更衣	未修缮	较好	无设备	一般	元素保留
09	二汽主厂房	5495	1	5	1993—1994年	二汽主厂房	未修缮	较好	生产设备	一般	元素保留
10	转运站	613	1	3	1993—1994年	转运煤	未修缮	较好	无设备	一般	元素保留
11	冷水塔	—	—	—	1993—1994年	冷水塔	未修缮	较好	生产设备	一般	元素保留
12	车库	2304	1	4	1982—1984年	车库	未修缮	较好	无设备	一般	元素保留

资料来源：天津工业遗产调查表

表4-6-7 大沽化工厂——聚醚生产区建（构）筑物基本情况表

建筑编号	建筑名称	建筑面积（m²）	层数	建筑高度（m）	始建年代	原使用功能及变迁情况	修缮及改造情况	建筑质量	设备情况	建筑价值	保留策略
01	厂房	7868	3	13	1990年代	生产	未修缮	较好	生产设备	较高	全部保留
02	厂房	1143	3	12	1990年代	生产	未修缮	较好	生产设备	较高	部分保留
03	罐区	—	—	4	1990年代	储藏	未修缮	较好	生产设备	一般	元素保留
04	生产装置楼	1901	4	13	1990年代	办公	未修缮	较好	无设备	一般	元素保留
05	库房	2171	1	7	1960年代	储藏	未修缮	较好	生产设备	一般	元素保留

续表

建筑编号	建筑名称	建筑面积（m²）	层数	建筑高度（m）	始建年代	原使用功能及变迁情况	修缮及改造情况	建筑质量	设备情况	建筑价值	保留策略
06	生产厂房	2593	5	20	1990年代	生产	未修缮	较差	生产设备	较高	全部保留
07	操作区	973	1	3	1990年代	生产	未修缮	较好	无设备	一般	元素保留
08	厂房	474	3	13	2007年	生产	未修缮	较好	生产设备	较高	全部保留
09	已拆除（现为绿地）	—	—	—	—	—	—	拆除	无设备	一般	元素保留
10	库存区	—	1	3	1990年代	储藏	未修缮	较好	无设备	一般	元素保留

资料来源：天津工业遗产调查表

表4-6-8　大沽化工厂——烧碱生产区建（构）筑物基本情况表

建筑编号	建筑名称	建筑面积（m²）	层数	建筑高度（m）	始建年代	原使用功能及变迁情况	修缮及改造情况	建筑质量	设备情况	建筑价值	保留策略
01	安全环保处	1812	3	12	1980年代	办公	未修缮	较好	无设备	较高	部分保留
02	计量控制处	5968	3	12	1980年代	办公	未修缮	较好	无设备	较高	部分保留
03	食堂	3151	3	10	1980年代	职工用餐	未修缮	较好	无设备	一般	元素保留
04	烧碱机动处	1695	3	10	1980年代	办公	未修缮	较好	无设备	一般	元素保留
05	保全车间	952	1	9	1960年代	生产	未修缮	较好	生产设备	较高	全部保留
06	生产厂房	1472	2	7	1980年代	生产	未修缮	较差	生产设备	较高	部分保留
07	调度处	1179	3	10	1980年代	办公	未修缮	较好	无设备	一般	元素保留
08	制碱厂房	3424	1	4	2007年	制碱	未修缮	较好	生产设备	一般	元素保留
09	操作办公室	1170	2	7	1980年代	办公	未修缮	较好	无设备	一般	元素保留
10	碱罐	—	—	6	1980年代	储藏	未修缮	较好	无设备	一般	元素保留
11	厂房	6229	7	21	1980年代	生产	未修缮	较好	生产设备	高	全部保留
12	水塔房	481	2	6	1980年代	储水	未修缮	较好	生产设备	一般	元素保留
13	仓库	2756	1	6	1980年代	储藏	未修缮	较好	无设备	一般	元素保留

续表

建筑编号	建筑名称	建筑面积（m²）	层数	建筑高度（m）	始建年代	原使用功能及变迁情况	修缮及改造情况	建筑质量	设备情况	建筑价值	保留策略
14	制品厂	1661	2	7	1980年代	生产	未修缮	较好	无设备	一般	元素保留
15	质检处	6423	3	10	1980年代	质量检测	未修缮	较好	无设备	一般	部分保留
16	电气分厂	2825	4	13	1980年代	生产	未修缮	较好	生产设备	一般	部分保留
17	电气分厂	1449	1	4	1980年代	生产	未修缮	较好	生产设备	一般	元素保留
18	电气分厂	2094	4	15	1980年代	生产	未修缮	较好	生产设备	较高	部分保留
19	电气分厂办公楼	3902	4	13	1980年代	办公	未修缮	较好	生产设备	一般	元素保留

资料来源：天津工业遗产调查表

表4-6-9 大沽化工厂——成品罐区建（构）筑物基本情况表

建筑编号	建筑名称	单体建筑面积	层数	建筑高度	始建年代	原使用功能及变迁情况	修缮及改造情况	建筑质量	设备情况	建筑价值	保留策略
01	成品罐	—	—	—	1990年代	成品罐	未修缮	较好	储存设备	一般	元素保留
02	成品罐	—	—	—	1990年代	成品罐	未修缮	较好	储存设备	一般	元素保留
03	成品罐	—	—	—	1990年代	成品罐	未修缮	较好	储存设备	一般	元素保留

资料来源：天津工业遗产调查表

表4-6-10 大沽化工厂——仓库区建（构）筑物基本情况表

建筑编号	建筑名称	建筑面积（m²）	层数	建筑高度（m）	始建年代	原使用功能及变迁情况	修缮及改造情况	建筑质量	设备情况	建筑价值	保留策略
01	仓库	11941	1	5～8	1982—1989年	仓库	未修缮	较好	无设备	一般	元素保留

资料来源：天津工业遗产调查表

4.6.2.4 遗产价值与保护

（1）遗产价值

大沽化工厂是塘沽近代海洋化工业较早的企业，它丰富了塘沽的工业类型，是近代塘沽标志性企业。1953年，工厂建成了天津第一个化学农药项目——六六六原粉。1958年，工厂对"六六六"无毒体综合利用进行实验研究，生产了高丙体"六六六"和五氯酚钠等农药产品。1958—1962年（"二五"期间），工厂投产的聚氯乙烯为天津市发展塑料加工行业在原料供应方面起到了关键性的作用。1979年，大沽化工厂在"六六六"连续生产中，推出双圈钛管冷却法，使"一极品"率达到百分之百，跃居全国领先地位。

大沽化工厂现存10个生产区域，可按照其建造年代、房屋保存情况、房屋用途、房屋风格，分为一级、二级、三级保护建筑。其中日式办公楼、水塔、1960年代的建筑物和建筑状况较好的大空间厂房具有历史意义，对当时的工艺、建筑风格和结构、运输流线具有见证和存留的重大意义，被列为一级保护建筑。

（2）保护策略（图4-6-22、表4-6-11）

大沽化工厂内部的日式建筑及其相关建筑和大跨砖砌厂房具有较高的历史价值，建议保护或者部分保护，而其他部分由于状态一般，年代较新，建议进行拆除或者部分保护利用。

目前大沽化工厂已搬迁至新厂区。

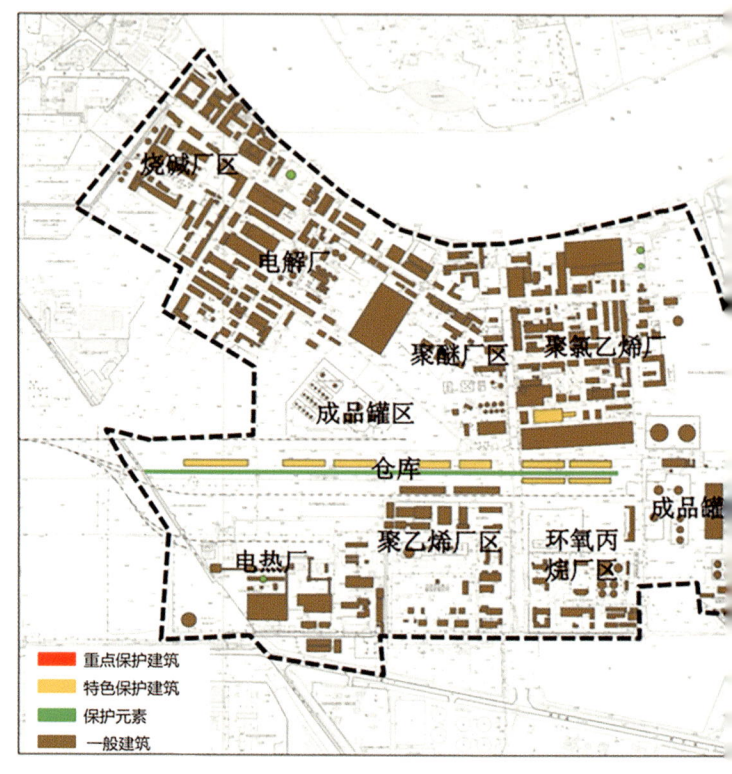

图4-6-22　大沽化工厂保护分级图
（资料来源：《天津市工业遗产保护与利用规划》（2013））

表4-6-11　大沽化工厂保护措施

保护区划	厂区名称	建筑等级	建筑编号	评估等级	保护与更新策略
一级保护区	烧碱区、电解区	重点建筑	日式办公楼一座、水塔一座	不可移动文物	整体保护
		其他建筑	其他1970或1980年代建的建构筑物	较高价值	整体保护或原拆原建
二级保护区	聚醚区、聚氯乙烯、环氧丙烷区域	重点建筑	1960年代建构筑物，如聚氯乙烯区的消防楼	历史建筑	整体保护或原拆原建
		其他建筑	1970或1980年代建的建构筑物	较高价值	部分保护
三级保护区	成品罐、电热厂、仓库区域	重点建筑	建筑质量较好的大空间厂房	一般价值	拆除或部分保护
		其他建筑	建筑质量一般的建构筑物	一般价值	拆除或部分保护

资料来源：天津工业遗产调查表

4.6.3 天津化工厂

4.6.3.1 基本情况（图4-6-23、图4-6-24）

原名称：汉沽工厂

现名称：天津化工厂

设计者：不详

区位地址：滨海新区（汉沽）新开南路东侧

占地面积：建筑面积26.28万平方米；厂区面积330万平方米

始建年代：1938年

产权单位：不详

现使用者：天津渤海化工集团公司

4.6.3.2 历史沿革

1938年初，日本华北驻屯军司令部委托东洋纺绩株式会社制造烧碱、盐酸、芒硝、溴素、氯化钾等化学用品，并成立东洋化学工业株式会社。同年3月5日在汉沽建厂，定名为汉沽工厂，属东洋化学工业株式会社。同年5月，东洋纺绩株式会社投资100万日元。1939年6月，新厂建成，随后建设规模与产量不断扩大。1946年3月，国民政府资源委员会接管，并改名为资源委员会天津化学工业公司汉沽工厂。1948年12月14日，汉沽解放，次日冀东行署派专员接管工厂。1949年1月，改属华北人民政府，同年8月，更名为公营企业部华北化学工业公司筹备处汉沽一厂。1950年8月，更名为天津化工厂，属中央重工业部化学工业管理局。1956年7月，改属化学工业部。1958年1月，改属河北省第一工业厅，7月改属天津市化学工业局。1960年7月改属唐山轻化手工业局。1962年，改属化学工业部。1969年，改属天津市化学工业局。1976年7月28日，唐山、丰南一带地震波及汉沽，工厂遭到特大损害。1993年，改属天津渤海化工集团。

4.6.3.3 遗存情况

天津化工厂总平面布局及现状照片见图4-6-25～图4-6-33。

天津化工厂部分厂房曾在唐山大地震时受到波及，而后修复兴建，形成现有的厂区和建筑规模。普查时有工业生产区8处，包括热电厂区与液氯区、氢氧化钠厂区、钡盐厂区、四氯化纳[①]厂区、水泥分厂与环保厂区、综合生产A区、综合生产B区、综合生产C区（表4-6-12～表4-6-19）。

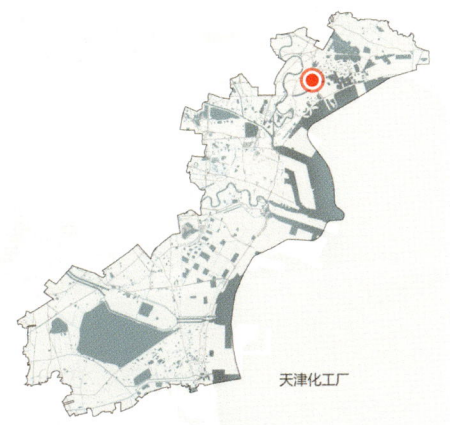

图4-6-23 天津化工厂区位图

图4-6-24 天津化工厂航拍图

---

① 经查证，现存图纸等资料均为"四氯化纳"，编者推断"四氯化纳"可能是某种有机合成物的简称，暂时难以确定具体为何产品，特此说明。

图4-6-25 天津化工厂总平面布局

图4-6-27 热电厂区与液氯区液氯罐存储库（25）

图4-6-28 热电厂区与液氯区上爆装置（15）

图4-6-26 热电厂区与液氯区空压机厂房（10）

图4-6-29 热电厂区与液氯区办公楼（28）

图4-6-30 钡盐厂区蒸发厂房（06）

图4-6-32 综合生产B区厂房（14）

图4-6-31 水泥分厂水泥库（05）

图4-6-33 综合生产C区聚氯乙烯车间（06）

表4-6-12 天津化工厂——热电厂区与液氯区建（构）筑物基本情况表

建筑编号	建筑名称	建筑面积（m²）	层数	建筑高度（m）	始建年代	原使用功能及变迁情况	修缮及改造情况	建筑质量	设备情况	建筑价值	保留策略
01	储煤区	9186	1	15	1980年代	储煤区	未改造修缮	较好	无设备	一般	元素保留
02	办公楼	170	3	12	1980年代	办公楼	未改造修缮	较好	无设备	一般	元素保留
03	水处理	405	—	—	1980年代	水处理	未改造修缮	较好	生产设备	一般	元素保留
04	办公楼	348	4	16	1980年代	办公楼	未改造修缮	较好	无设备	一般	元素保留
05	水处理	1172	3	12	1980年代	水处理	未改造修缮	较好	生产设备	一般	元素保留

续表

建筑编号	建筑名称	建筑面积（m²）	层数	建筑高度（m）	始建年代	原使用功能及变迁情况	修缮及改造情况	建筑质量	设备情况	建筑价值	保留策略
06	锅炉房	3895	6	18	1980年代	锅炉房	未改造修缮	较好	锅炉设备	一般	元素保留
07	锅炉房	621	—	—	1980年代	锅炉房	未改造修缮	较好	有设备	一般	元素保留
08	煤传送带	—	—	—	1980年代	煤传送带	未改造修缮	较好	有设备	一般	元素保留
09	漏斗	—	—	—	1980年代	漏斗	未改造修缮	较好	有设备	一般	元素保留
10	空压机厂房	456	1	15	1980年代	空压机厂房	未改造修缮	较好	有设备	一般	元素保留
11	锅炉房	1062	7	21	1980年代	锅炉房	未改造修缮	较好	有设备	一般	元素保留
12	泵房	238	1	5	1980年代	泵房	未改造修缮	较好	有设备	一般	元素保留
13	办公楼	823	3	12	1980年代	办公楼	未改造修缮	较好	有设备	一般	元素保留
14	办公楼	463	3	15	1980年代	办公楼	未改造修缮	较好	有设备	一般	元素保留
15	上爆装置	—	2	8	1980年代	上爆装置	未改造修缮	较好	有设备	一般	元素保留
16	水处理	943	—	—	1980年代	水处理	未改造修缮	较好	有设备	一般	元素保留
17	锅炉房	1396	4	16	1980年代	锅炉房	未改造修缮	较好	有设备	一般	元素保留
18	制碱厂蒸发车间	1607	3	12	1980年代	制碱厂蒸发车间	未改造修缮	较好	有设备	一般	元素保留
19	盐坨	—	—	—	1980年代	盐坨	未改造修缮	较好	有设备	一般	元素保留
20	休息室	218	1	4	1980年代	休息室	未改造修缮	较好	有设备	一般	元素保留
21	办公室、休息室	417	3	12	1980年代	办公室、休息室	未改造修缮	较好	有设备	一般	元素保留
22	变电室	—	1	3	1980年代	变电室	未改造修缮	较好	有设备	一般	元素保留
23	云盐	—	—	—	1980年代	云盐	未改造修缮	较好	有设备	一般	元素保留
24	冷却	108	1	4	1980年代	冷却	未改造修缮	较好	有设备	一般	元素保留
25	液氯罐存储库	—	1	5	1980年代	液氯罐存储库	未改造修缮	较好	有设备	一般	元素保留
26	电解厂检修车间	5491	2	6	1980年代	电解厂检修车间	未改造修缮	较好	有设备	一般	元素保留
27	办公楼		2	6	1980年代		未改造修缮	较好	有设备	一般	元素保留
28	办公楼		1~3	3~6	1980年代		未改造修缮	较好	有设备	一般	元素保留

资料来源：天津工业遗产调查表

表4-6-13　天津化工厂——氢氧化钠厂区建（构）筑物基本情况表

建筑编号	建筑名称	建筑面积（m²）	层数	建筑高度（m）	始建年代	原使用功能及变迁情况	修缮及改造情况	建筑质量	设备情况	建筑价值	保留策略
01	碱罐	1351	1	—	1980年代	碱罐	未改造修缮	较好	有设备	一般	元素保留
02	库房、制片碱厂房	815	1	6	1980年代	库房、制片碱厂房	未改造修缮	较好	有设备	一般	元素保留
03	熬固碱	—	1	9	1980年代	熬固碱	未改造修缮	较好	有设备	一般	元素保留
04	仓库	1421	1	6	1980年代	办公楼	未改造修缮	较好	无设备	一般	元素保留
05	碱罐	—	—	—	1980年代	碱罐	未改造修缮	较好	无设备	一般	元素保留
06	休息室	116	1	4	1980年代	休息室	未改造修缮	较好	无设备	一般	元素保留
07	检修车间	532	3	16	1980年代	检修车间	未改造修缮	较好	有设备	一般	元素保留
08	降膜车间	—	4	16	1980年代	降膜车间	未改造修缮	较好	有设备	一般	元素保留
09	冷却塔	—	—	—	1980年代	冷却塔	未改造修缮	较好	有设备	一般	元素保留
10	浓碱厂房	687	3	13	1980年代	浓碱厂房	未改造修缮	较好	有设备	一般	元素保留
11	蒸发厂房	1214	3	16	1980年代	蒸发厂房	未改造修缮	较好	有设备	一般	元素保留
12	办公区	1097	2~4	6~12	1980年代	办公区	未改造修缮	较好	无设备	一般	元素保留
13	液碱罐区	—	—	—	1980年代	液碱罐区	未改造修缮	较好	有设备	一般	元素保留
14	降膜车间	271	6	18	1980年代	降膜车间	未改造修缮	较好	有设备	一般	元素保留
15	休息室	646	1	4	1980年代	休息室	未改造修缮	较好	无设备	一般	元素保留
16	休息室	679	1	5	1980年代	休息室	未改造修缮	较好	无设备	一般	元素保留
17	成品库房	1481	1	5	1980年代	成品库房	未改造修缮	较好	无设备	一般	元素保留

资料来源：天津工业遗产调查表

表4-6-14　天津化工厂——钡盐厂区建（构）筑物基本情况表

建筑编号	建筑名称	建筑面积（m²）	层数	建筑高度（m）	始建年代	原使用功能及变迁情况	修缮及改造情况	建筑质量	设备情况	建筑价值	保留策略
01	办公区	6731	2	6	1980年代	办公区	未改造修缮	较好	无设备	一般	元素保留
02	修车厂房	769	—	—	1980年代	修车厂房	未改造修缮	较好	有设备	一般	元素保留
03	浸取厂房	2516	1	6	1980年代	浸取厂房	未改造修缮	较好	有设备	一般	元素保留

续表

建筑编号	建筑名称	建筑面积（m²）	层数	建筑高度（m）	始建年代	原使用功能及变迁情况	修缮及改造情况	建筑质量	设备情况	建筑价值	保留策略
04	连续加酸厂房	1191	2	8	1980年代	连续加酸厂房	未改造修缮	较好	有设备	一般	元素保留
05	压滤厂房	691	2	8	1980年代	压滤厂房	未改造修缮	较好	有设备	一般	元素保留
06	蒸发厂房	1217	5	16	1980年代	蒸发厂房	未改造修缮	较好	有设备	一般	元素保留
07	办公区	1065	2	6	1980年代	办公区	未改造修缮	较好	无设备	一般	元素保留
08	钡泥厂	1340	2	6~8	1980年代	钡泥厂	未改造修缮	较好	有设备	一般	元素保留
09	污水池	—	—	—	1980年代	污水池	未改造修缮	较好	有设备	一般	元素保留
10	废弃厂房	2284	3	12	1980年代	废弃厂房	未改造修缮	较好	无设备	一般	元素保留
11	油罐	—	—	—	1980年代	油罐	未改造修缮	较好	有设备	一般	元素保留
12	库房	7777	1	4	1980年代	库房	未改造修缮	较好	有设备	一般	元素保留
13	废弃蛋氨酸厂	16132	1~4	4~16	1980年代	废弃蛋氨酸厂	未改造修缮	较好	无设备	一般	元素保留

资料来源：天津工业遗产调查表

表4-6-15 天津化工厂——四氯化纳厂区建（构）筑物基本情况表

建筑编号	建筑名称	建筑面积（m²）	层数	建筑高度（m）	始建年代	原使用功能及变迁情况	修缮及改造情况	建筑质量	设备情况	建筑价值	保留策略
01	办公区	264	2	6	1980年代	办公区	未改造修缮	较好	无设备	一般	元素保留
02	仓库	708	1	6	1980年代	仓库	未改造修缮	较好	无设备	一般	元素保留
03	维修区	161	1	6	1980年代	维修区	未改造修缮	较好	生产设备	一般	元素保留
04	检修厂房	1103	—	—	1980年代	检修厂房	未改造修缮	较好	有设备	一般	元素保留
05	综合车间	173	2	8	1980年代	综合车间	未改造修缮	较好	有设备	一般	元素保留
06	维修厂房	266	—	—	1980年代	维修厂房	未改造修缮	较好	有设备	一般	元素保留
07	分机室	311	1	3	1980年代	分机室	未改造修缮	较好	有设备	一般	元素保留
08	冷冻厂房	521	1	3	1980年代	冷冻厂房	未改造修缮	较好	有设备	一般	元素保留

续表

建筑编号	建筑名称	建筑面积(m²)	层数	建筑高度(m)	始建年代	原使用功能及变迁情况	修缮及改造情况	建筑质量	设备情况	建筑价值	保留策略
09	碳酸车间	803	5	15	1980年代	碳酸车间	未改造修缮	较好	有设备	一般	元素保留
10	备件库、原料库	—	1	4	1980年代	备件库、原料库	未改造修缮	较好	有设备	一般	元素保留
11	酸储罐	—	—	—	1980年代	酸储罐	未改造修缮	较好	有设备	一般	元素保留
12	休息室	519	2	6	1980年代	休息室	未改造修缮	较好	无设备	一般	元素保留
13	精制厂房	499	3	13	1980年代	精制厂房	未改造修缮	较好	有设备	一般	元素保留
14	车间生产区	1239	—	—	1980年代	车间生产区	未改造修缮	较好	有设备	一般	元素保留
15	车库	307	—	—	1980年代	车库	未改造修缮	较好	有设备	一般	元素保留
16	粉碎厂房	534	—	—	1980年代	粉碎厂房	未改造修缮	较好	有设备	一般	元素保留
17	精制厂房	2658	2	6	1980年代	精制厂房	未改造修缮	较好	有设备	一般	元素保留
18	精制厂房	302	3	13	1980年代	精制厂房	未改造修缮	较好	有设备	一般	元素保留
19	精制厂房	2627	1	4	1980年代	精制厂房	未改造修缮	较好	有设备	一般	元素保留
20	罐装区	463	3	13	1980年代	罐装区	未改造修缮	较好	有设备	一般	元素保留
21	水溶液	459	1	4	1980年代	水溶液	未改造修缮	较好	有设备	一般	元素保留
22	泵房	544	1	4	1980年代	泵房	未改造修缮	较好	有设备	一般	元素保留
23	变电所	—	1	4	1980年代	变电所	未改造修缮	较好	有设备	一般	元素保留
24	罐区	—	1	4	1980年代	罐区	未改造修缮	较好	有设备	一般	元素保留
25	车间生产区	—	—	—	1980年代	车间生产区	未改造修缮	较好	有设备	一般	元素保留
26	车间生产区	1766	2	6	1980年代	车间生产区	未改造修缮	较好	有设备	一般	元素保留

资料来源：天津工业遗产调查表

表4-6-16　天津化工厂——水泥分厂与环保厂区建（构）筑物基本情况表

建筑编号	建筑名称	建筑面积（m²）	层数	建筑高度（m）	始建年代	原使用功能及变迁情况	修缮及改造情况	建筑质量	设备情况	建筑价值	保留策略
01	办公区	2250	3	10	1980年代	办公区	未改造修缮	较好	无设备	一般	元素保留
02	食堂	808	1	4	1980年代	食堂	未改造修缮	较好	无设备	一般	元素保留
03	浴室	562	2	8	1980年代	浴室	未改造修缮	较好	无设备	一般	元素保留
04	车库	309	1	4	1980年代	车库	未改造修缮	较好	无设备	一般	元素保留
05	水泥库	—	—	—	1980年代	水泥库	未改造修缮	较好	无设备	一般	元素保留
06	沉降池				1980年代	沉降池	未改造修缮	较好	有设备	一般	元素保留
07	水泥生产车间	1132	1	8	1980年代	水泥生产车间	未改造修缮	较好	有设备	一般	元素保留
08	水泥烧制系统	3753	—		1980年代	水泥烧制系统	未改造修缮	较好	有设备	一般	元素保留
09	钳工厂房	730	2	8	1980年代	钳工厂房	未改造修缮	较好	有设备	一般	元素保留
10	焊工厂房	704	2	8	1980年代	焊工厂房	未改造修缮	较好	有设备	一般	元素保留
11	电工厂房	1408	2	8	1980年代	电工厂房	未改造修缮	较好	有设备	一般	元素保留
12	化验室	1380	2	8	1980年代	化验室	未改造修缮	较好	有设备	一般	元素保留
13	三角坑	—	—	—	1980年代	三角坑	未改造修缮	较好	有设备	一般	元素保留
14	库房	2508	1	6	1980年代	库房	未改造修缮	较好	无设备	一般	元素保留

资料来源：天津工业遗产调查表

表4-6-17　天津化工厂——综合生产A区建（构）筑物基本情况表

建筑编号	建筑名称	建筑面积（m²）	层数	建筑高度（m）	始建年代	原使用功能及变迁情况	修缮及改造情况	建筑质量	设备情况	建筑价值	保留策略
01	动力厂房	1536	5	20	1990年代	动力厂房	未改造修缮	较好	有设备	一般	元素保留
02	负离子膜电解厂房	2681	3	20	1995年	负离子膜电解厂房	未改造修缮	较好	有设备	一般	元素保留
03	粗修库房	2270	1	—	1970年代	粗修库房	未改造修缮	较好	无设备	一般	元素保留
04	变电所	1848	1	6	1970年代	变电所	未改造修缮	较好	有设备	一般	元素保留

续表

建筑编号	建筑名称	建筑面积（m²）	层数	建筑高度（m）	始建年代	原使用功能及变迁情况	修缮及改造情况	建筑质量	设备情况	建筑价值	保留策略
05	42站	329	1	6	1970年代	42站	未改造修缮	较好	有设备	一般	元素保留
06	电解泵房	254	1	10	1980年代	电解泵房	未改造修缮	较好	有设备	一般	元素保留
07	一级泵房	1211	1	6	1980年代	一级泵房	未改造修缮	较好	有设备	一般	元素保留
08	仓库	250	1	5	1960年代	钳工厂房	未改造修缮	较好	无设备	一般	元素保留
09	仓库	258	1	5	1960年代	钳工厂房	未改造修缮	较好	无设备	一般	元素保留
10	氯产品分析厂	595	2	8	1980年代	氯产品分析厂	未改造修缮	较好	有设备	一般	元素保留
11	氯醛车间	1139	4	30	1960年代	氯醛车间	未改造修缮	较好	有设备	一般	元素保留
12	仓库	2400	1	6	1960年代	仓库	未改造修缮	较好	有设备	一般	元素保留
13	仓库	1362	1	6	1960年代	仓库	未改造修缮	较好	有设备	一般	元素保留
14	仓库	1124	1	6	1960年代	仓库	未改造修缮	较好	有设备	一般	元素保留
15	苯库	1070	1	10	1970年代	苯库	未改造修缮	较好	有设备	一般	元素保留
16	物资管理部	—	2	6	1970年代	物资管理部	未改造修缮	较好	有设备	一般	元素保留
17	武装保卫	1159	2	7	1970年代	武装保卫	未改造修缮	较好	有设备	一般	元素保留
18	仓库	1306	1	6	1960年代	仓库	未改造修缮	较好	有设备	一般	元素保留
19	运输部	1363	2	8	1970年代	运输部	未改造修缮	较好	有设备	一般	元素保留
20	北门	—	—	—	—	北门	未改造修缮	较好	无设备	一般	元素保留

资料来源：天津工业遗产调查表

表4-6-18 天津化工厂——综合生产B区建（构）筑物基本情况表

建筑编号	建筑名称	建筑面积（m²）	层数	建筑高度（m）	始建年代	原使用功能及变迁情况	修缮及改造情况	建筑质量	设备情况	建筑价值	保留策略
01	办公区	502	—	—	—	办公区	未改造修缮	较好	无设备	一般	元素保留
02	办公区	4870	—	20	1990年代	办公区	未改造修缮	较好	无设备	一般	元素保留

续表

建筑编号	建筑名称	建筑面积（m²）	层数	建筑高度（m）	始建年代	原使用功能及变迁情况	修缮及改造情况	建筑质量	设备情况	建筑价值	保留策略
03	机修厂	1869	3	20	1970年代	机修厂	未改造修缮	较好	无设备	一般	元素保留
04	办公区	900	—	—	1970年代	办公区	未改造修缮	较好	无设备	一般	元素保留
05	饮食服务中心	1119	1	8	1970年代	饮食服务中心	未改造修缮	较好	无设备	一般	元素保留
06	检修厂房	1119	3	12	1970年代	检修厂房	未改造修缮	较好	有设备	一般	元素保留
07	车间	1119	1	8	1970年代	车间	未改造修缮	较好	有设备	一般	元素保留
08	防腐车间	2028	1	8	1970年代	防腐车间	未改造修缮	较好	有设备	一般	元素保留
09	检修厂房	1713	1	8	1970年代	检修厂房	未改造修缮	较好	有设备	一般	元素保留
10	机装车件	1617	2	7	1970年代	机装车件	未改造修缮	较好	有设备	一般	元素保留
11	检修厂房	1640	1	8	1970年代	检修厂房	未改造修缮	较好	有设备	一般	元素保留
12	办公楼	1266	3	12	1970年代	办公楼	未改造修缮	较好	有设备	一般	元素保留
13	车间	353	2	15	1970年代	车间	未改造修缮	较好	有设备	一般	元素保留
14	厂房	2768	1	12	1970年代	厂房	未改造修缮	较好	无设备	一般	元素保留
15	糊状树脂装置	3900	5	30	2006年	糊状树脂装置	未改造修缮	较好	有设备	一般	元素保留
16	控制室	1350	2	10	1970年代	控制室	未改造修缮	较好	有设备	一般	元素保留
17	氯乙烯分厂	2820	3	16	1980年代	氯乙烯分厂	未改造修缮	较好	有设备	一般	元素保留
18	办公	16078	3	15	1970年代	办公	未改造修缮	较好	有设备	一般	元素保留
19	车间	740	4	15	1970年代	车间	未改造修缮	较好	有设备	一般	元素保留
20	车间	240	1	4	1990年代		未改造修缮	较好	有设备	一般	元素保留
21	车间	—	—	—	1990年代	车间	未改造修缮	较好	有设备	一般	元素保留
22	配电室	1114	1	4	1990年代	配电室	未改造修缮	较好	有设备	一般	元素保留
23	聚氯乙烯	1778			1990年代	聚氯乙烯	未改造修缮	较好	有设备	一般	元素保留
24	车间	6300	3	13	1990年代		未改造修缮	较好	有设备	一般	元素保留
25	检修厂房	1575	2	10	1990年代	检修厂房	未改造修缮	较好	有设备	一般	元素保留
26	办公楼	1292	3	10	1990年代	办公楼	未改造修缮	较好	有设备	一般	元素保留
27	配电室	—	1	6	1990年代	配电室	未改造修缮	较好	有设备	一般	元素保留
28	合成车间	1794	3	17	1990年代	合成车间	未改造修缮	较好	有设备	一般	元素保留

续表

建筑编号	建筑名称	建筑面积（m²）	层数	建筑高度（m）	始建年代	原使用功能及变迁情况	修缮及改造情况	建筑质量	设备情况	建筑价值	保留策略
29	车间	1141	1	6	1990年代		未改造修缮	较好	有设备	一般	元素保留
30	车间	634	3	9	1990年代	车间	未改造修缮	较好	有设备	一般	元素保留
31	冷却塔	—	—	—	1990年代	冷却塔	未改造修缮	较好	有设备	一般	元素保留
32	精馏装置	2451	3	9	1990年代	精馏装置	未改造修缮	较好	有设备	一般	元素保留
33	聚氯乙烯	1109	—	—	1990年代	聚氯乙烯	未改造修缮	较好	有设备	一般	元素保留
34	冷却车间	1320	—	—	1990年代	冷却车间	未改造修缮	较好	有设备	一般	元素保留
35	配电室	1050	1	3	1990年代		未改造修缮	较好	有设备	一般	元素保留
36	车间	6712	4	25	1990年代	车间	未改造修缮	较好	有设备	一般	元素保留
37	罐装区与综合生产车间	—	—	—	1990年代	罐装区与综合生产车间	未改造修缮	较好	有设备	一般	元素保留

资料来源：天津工业遗产调查表

表4-6-19　天津化工厂——综合生产C区建（构）筑物基本情况表

建筑编号	建筑名称	建筑面积（m²）	层数	建筑高度（m）	始建年代	原使用功能及变迁情况	修缮及改造情况	建筑质量	设备情况	建筑价值	保留策略
01	聚氯乙烯车间	—	—	—	1980年代	聚氯乙烯车间	未改造修缮	较好	无设备	一般	元素保留
02	聚氯乙烯车间	679	—	—	1980年代	聚氯乙烯车间	未改造修缮	较好	无设备	一般	元素保留
03	聚氯乙烯车间	1629	—	—	1980年代	聚氯乙烯车间	未改造修缮	较好	无设备	一般	元素保留
04	聚氯乙烯车间	293	—	—	1980年代	聚氯乙烯车间	未改造修缮	较好	无设备	一般	元素保留
05	合成厂房	4263	4	25	1980年代	合成厂房	未改造修缮	较好	无设备	一般	元素保留
06	聚氯乙烯合成车间	1419	6	30	1980年代	聚氯乙烯合成车间	未改造修缮	较好	有设备	一般	元素保留
07	库房	1716	1	7	1980年代	库房	未改造修缮	较好	有设备	一般	元素保留
08	检修车间	1305	2	10	1960年代	检修车间	未改造修缮	较好	有设备	一般	元素保留
09	检修车间	1305	2	10	1960年代	检修车间	未改造修缮	较好	有设备	一般	元素保留
10	检修车间	1509	2	10	1960年代	检修车间	未改造修缮	较好	有设备	一般	元素保留
11	检修车间	1248	2	10	1980年代	检修车间	未改造修缮	较好	有设备	一般	元素保留

资料来源：天津工业遗产调查表

4.6.3.4 遗产价值与保护

（1）遗产价值

天津化工厂现存24个生产区域，有大型主要厂房百余座，可按照其建造年代、房屋保存情况、房屋用途、房屋风格，分为一级、二级、三级保护建筑。其中氢氧化钠生产区及其所属的综合生产A区，因为营造年代较早，工业产业链和相关生产用房保存较好，被列为一级保护建筑。其他建筑因年代稍晚，建筑状态较新，且大多数正在发展或者扩张，产业链也在逐步完善，被列为二级或三级保护建筑。

天津化工厂的历史是我国近代命途多舛的真实写照。早期其与大沽化工厂同属日本侵略者在华北进行化工产业资源的开发掠夺的子公司，之后工厂参与了国内化工业发展的各个阶段，厂内留有各年代的建筑和设备，见证了历史的发展。

天津化工厂现旗下"天化"品牌为中国驰名商标，其著名商品如烧碱、聚氯乙烯、糊状PVC、一氯化苯、环氧氯丙烷、盐酸、液氯等在国内广受欢迎，并出口海外。聚氯乙烯树脂及其深加工产品为其代表商品，旗下精细化工产品饲料级氮氨酸为国内独有。

（2）保护策略（图4-6-34）

天津化工厂的氢氧化钠生产区厂房和锅炉房具有较高的历史价值和工艺价值，建议保护。部分建筑如污水处理厂、热电厂与液氯区等在建筑外观和工艺流程上有较高的使用价值和艺术价值，建议保存元素。其他部分由于状态一般、年代较新，建议进行拆除或者部分保护利用。建议现阶段在维持场内生产的基础上，保护好历史悠久的建筑。

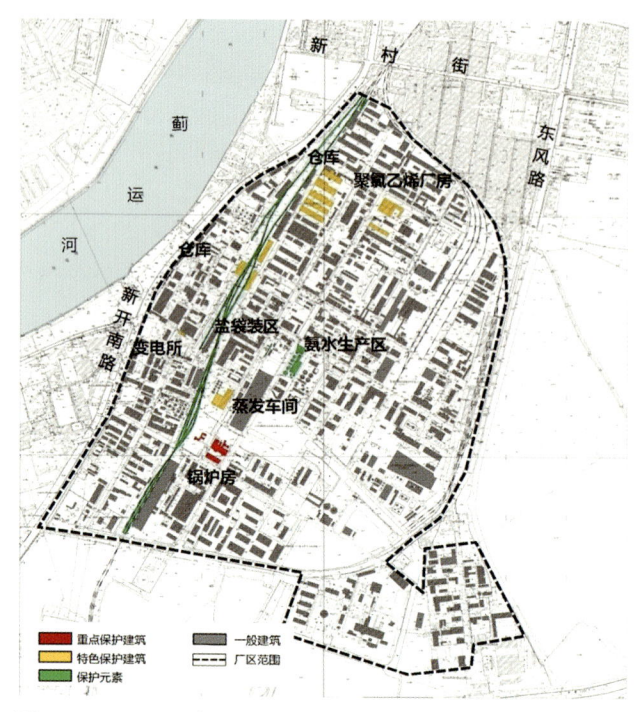

图4-6-34　天津化工厂保护分级图
（资料来源：天津工业遗产普查资料）

4.6.4　永利碱厂

4.6.4.1　基本情况（图4-6-35、图4-6-36）

原名称：永利碱厂

现名称：天津渤海化工集团天津碱厂

设计者：不详

区位地址：滨海新区（塘沽）新华路7号

占地面积：厂区面积120万平方米

始建年代：1917年

产权单位：天津渤海化工集团天津碱厂

现使用者：天津热电厂

4.6.4.2　历史沿革

1914年，范旭东在塘沽创办了久大精盐厂，1917年又开始着手创办永利制碱公司。1922年，黄海化学工业研究社成立，至此"永久黄"

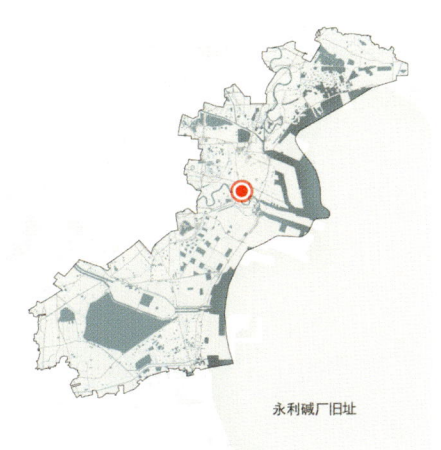

图4-6-35 永利碱厂旧址区位图

图4-6-36 永利碱厂旧址航拍图

化学工业团体正式形成。1919年，永利碱厂破土动工，占地约300亩。1921年，侯德榜回国主持工厂建设。1923年，碱厂基本建设完成，并采用当时世界先进水平的苏尔维制碱技术生产纯碱。1926年6月29日，碱厂生产出雪白的纯碱，并定名为"红三角"牌。1926年8月，在美国费城举办的万国博览会上，中国"红三角"牌纯碱获最高荣誉金质奖章。1930年，荣获比利时工商博览会金奖。1937年，抗日战争爆发后，日本三菱公司占据永利碱厂。范旭东带领"永久黄"团体骨干人员迁往四川，在那里重建化工基地。1949年，塘沽解放后，永利碱厂重新复工。1952年，永利碱厂正式实行公私合营，成为全国实行公私合营的第一家企业。1955年，永利碱厂与久大精盐合并，简称"永久沽厂"。1958年，碱厂开始大规模扩建。1968年，碱厂拟建联碱工程以实现侯氏制碱法，但因故停工。1970年，再次破土兴建，至1978年底联碱工程建成并投产。至此，永利碱厂"氨碱""联碱"两大产区形成，永利碱厂的发展迈上一个新的台阶。

4.6.4.3 遗存情况

永利碱厂旧址总平面布局及现状照片见图4-6-37~图4-6-39。

永利碱厂旧址2011年有工业遗存21栋（表4-6-20）。

图4-6-37 永利碱厂旧址总平面布局

图4-6-38 永利碱厂白灰窑（摄于2010年）
（资料来源：天津工业遗产普查资料）

图4-6-39 永利碱厂科学厅（摄于2010年）
（资料来源：天津工业遗产普查资料）

表4-6-20 永利碱厂旧址建（构）筑物调查表

建筑编号	建筑名称	建筑面积（m²）	层数	建筑高度（m）	始建年代	原使用功能及变迁情况	建筑质量	设备情况	建筑价值	保留策略
01	化水车间	822	1	12	1990年代	现为生产车间	运行中	一般	一般	部分保留
02	锅炉厂房	8312	2	60	1985年	现为生产车间	良好	—	较高	元素保留
03	灰渣销售部	1713	5	15	1990年代	现为办公用房	良好	—	一般	部分保留
04	煤气化炉车间	7866	9	45	1990年代	现为生产车间	良好	已停用	一般	部分保留
05	宿舍	923	3（2）	9	1990年代	现为工人宿舍	良好	—	一般	部分保留
06	主控变电站	796	4	12	1990年代	现为生产车间	良好	—	一般	部分保留
07	冷却塔	—	1	25	1990年代	现为冷却塔	良好	—	较高	元素保留
08	拔丝车间	506	1	6	1990年代	现为生产车间	良好	—	一般	部分保留

续表

建筑编号	建筑名称	建筑面积（m²）	层数	建筑高度（m）	始建年代	原使用功能及变迁情况	建筑质量	设备情况	建筑价值	保留策略
09	永利包装制品厂	1262	1	6	1990年代	现为生产车间	良好	—	一般	部分保留
10	集装袋车间	616	1	6	1990年代	现为生产车间	良好	—	一般	部分保留
11	老厂管理委员会	1340	4	16	1990年代	现为办公用房	良好	—	一般	部分保留
12	红砖仓库	763	1	6	1950年代	原为仓库，现停止使用	良好	—	高	全部保留
13	白灰窑	—	1	12	1930年代	原为白灰窑，现停止使用	良好	现已停用	高	全部保留
14	科学厅	81	1	4	1930年代	原为办公，现已停止使用	良好	—	高	全部保留
15	厂房	844		7	1990年代	原为厂房，现已停止使用	差	—	一般	部分保留
16	治安管理所	983	3	10	1990年代	现为办公用房	良好	—	一般	部分保留
17	供热公司新二级厂房	135	1	4	1990年代	现为生产车间	良好	—	一般	部分保留
18	劳动服务公司印刷厂	275	1	3	1990年代	现为办公用房	良好	—	一般	部分保留
19	造气煤气压缩厂房	439	1	16	1990年代	现为生产车间	良好	—	一般	部分保留
20	维修电机厂房	462	1	12	1990年代	现为生产车间	良好	—	一般	部分保留
21	永利电力技术	538	2	10	1990年代	现为办公用房	良好	—	一般	部分保留

资料来源：天津工业遗产调查表

4.6.5 黄海化学工业研究社

4.6.5.1 基本情况（图4-6-40、图4-6-41）

原名称：黄海化学工业研究社

现名称：天津碱厂厂史馆

设计者：不详

区位地址：滨海新区（塘沽）解放路138号

占地面积：历史建筑面积1246平方米

始建年代：1922年

产权单位：天津碱厂

现使用者：天津碱厂

4.6.5.2 历史沿革

1922年8月15日，黄海化学工业研究社创办，是中国第一所私立化工研究机构，被誉为"中国化工研究机构的摇篮"，其前身是久大精

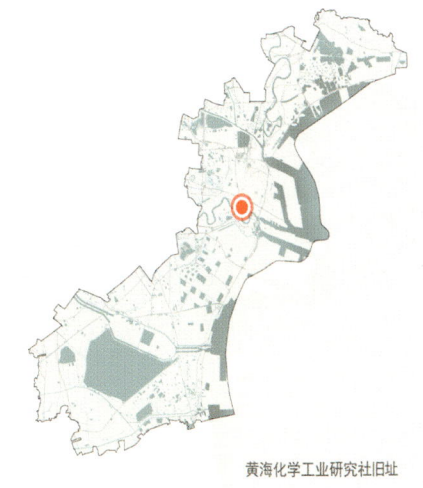

图4-6-40 黄海化学工业研究社旧址区位图

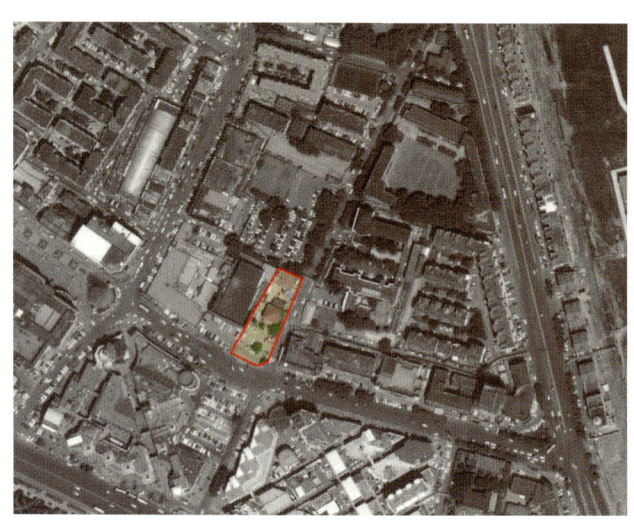

图4-6-41 黄海化学工业研究社旧址航拍图

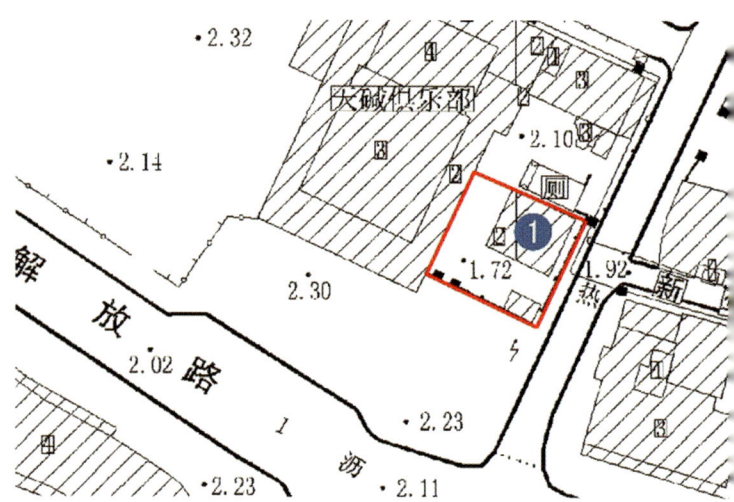

图4-6-42 黄海化学工业研究社旧址总平面布局

盐公司的研究室。1922年,黄海化学工业研究社成为独立研究单位,与久大精盐、永利碱厂共同组成中国化学工业的"永久黄"团体。1937年,塘沽沦陷,黄海化学社与永利碱厂一同迁往四川。1938年,在五通桥重新建社,树立华西化工学术研究之重心。1952年,黄海化学工业研究社并入中国科学院以后,其旧址由天津碱厂管理。目前,该旧址作为天津碱厂厂史纪念馆使用,属天津碱厂工人俱乐部,2013年成为全国重点文物保护单位。

4.6.5.3 遗存情况

黄海化学工业研究社旧址总平面布局及现状照片见图4-6-42、图4-6-43。

黄海化学工业研究社旧址现有工业遗存1栋,为天津碱厂厂史纪念馆。主体建筑为英式别墅楼房,砖混结构,坐北朝南,建筑面积为480平方米,建筑层数为2层,高10米,屋顶为尖顶四面坡式样,首层正门前有门廊,门廊顶一周饰有围栏,形同露台。

黄海化学工业研究社具有较高的历史价值、技术价值和社会价值。黄海化学工业研究社成立

图4-6-43 黄海化学工业研究社

距今已有将近100年，是中国第一所私立化工研究机构，不仅作为永利碱厂和久大精盐的技术中心，通过实验改进永利、久大两厂的实际生产和工作，而且专注于各类原料的化验调查，为很多工厂提供技术原理支持。

黄海化学工业研究社现状保存完好，现为天津碱厂厂史纪念馆，建筑价值较高，建议严格保护建筑主体，并对环境进行整治改造。

4.6.6 港5井

4.6.6.1 基本情况（图4-6-44、图4-6-45）

原名称：港5井

现名称：港5井展示园

设计者：不详

区位地址：滨海新区（大港）东风大道与东风五路交叉路口西侧

占地面积：厂区面积2.2万平方米

始建年代：1964年

产权单位：大港油田

现使用者：大港油田

图4-6-45　港5井航拍图

4.6.6.2 历史沿革

1964年1月，中共中央批准组织7700余名石油工人自大庆入关，决定在津冀地区展开石油勘探，同年11月17日，港5井建成开钻。1964年12月20日，港5井钻探出高产油气流，成为大港油田的发现井。港5井每日可产原油19.74吨、天然气34 000立方米，证实了大港构造带高产油气藏的存在，是天津唯一发现油层的勘探井，也是华北地区的第一口发现井。1968年8月，港5井关井，累计产油579吨，产天然气31万立方米。2004年，大港油田公司、大港石化公司共同在原址建立了港5井纪念碑。2007年9月，港5井被评为天津市"十佳不可移动文物"，成为大港油田"企业精神教育"基地。2009年，港5井地面部分加以改造，增加2米高度。2010年，港5井展示园建成。港5井现为天津市文物保护单位、国家工业遗产。

4.6.6.3 遗存情况

港5井总平面布局及现状照片见图4-6-46～图4-6-49。

港5井遗产属于单体型遗产，位于天津市大

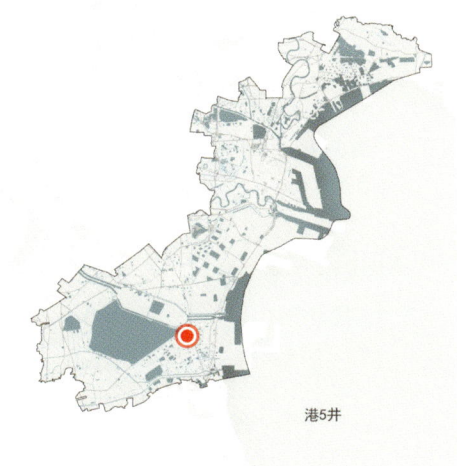

图4-6-44　港5井区位图

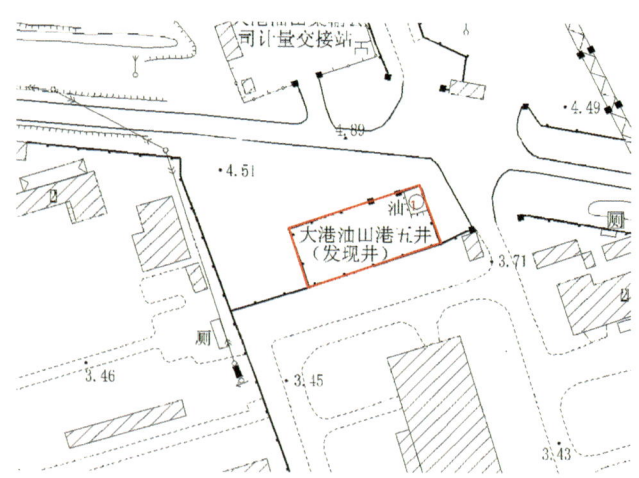

图4-6-46 港5井总平面布局

图4-6-48 采油树

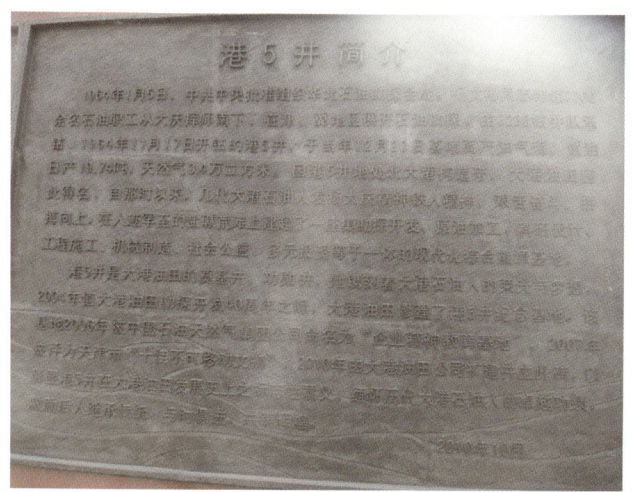

图4-6-47 港5井展示园简介碑

图4-6-49 港5井展示园纪念碑及浮雕墙

港区炼油厂南门处。港5井展示园占地900平方米，展示主体有采油树、展示墙、纪念碑、浮雕墙，其中采油树是地下主体采油井的标识，地上部分高约2米，地下深度超过2600米，整体保存完好（表4-6-21）。

表4-6-21 港5井建（构）筑物基本情况表

建筑编号	建筑名称	建筑高度	始建年代	原使用功能及变迁情况	修缮及改造情况	建筑质量	建筑价值	保留策略
01	采油树	地上：约2米 地下（主体）：2600~2700米	1964年	石油勘探	2009年改造地上部分，增加2米	良好	高	全部保留

资料来源：天津工业遗产调查表

4.7 交通运输业

4.7.1 塘沽南站

4.7.1.1 基本情况（图4-7-1、图4-7-2）

原名称：塘沽火车站

现名称：塘沽南站

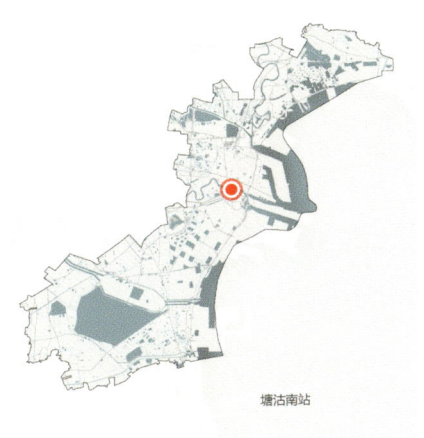

图4-7-1 塘沽南站区位图

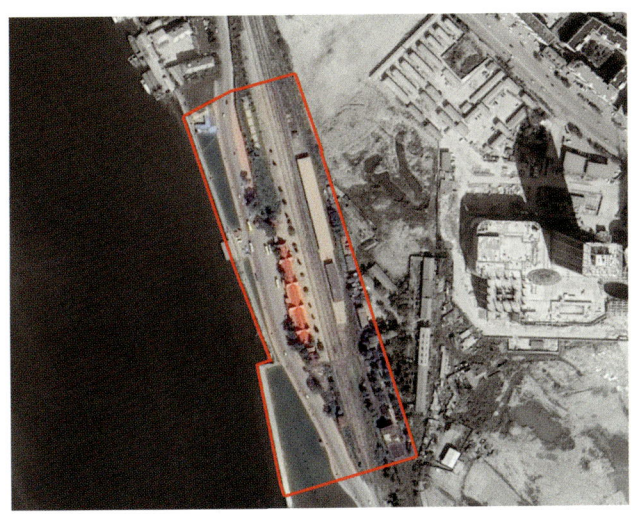

图4-7-2 塘沽南站航拍图

设计者：英国技师

区位地址：滨海新区（塘沽）新华路127号

占地面积：建筑面积3万平方米；场地面积6万平方米

始建年代：1888年

产权单位：北京铁路局

现使用者：塘沽南站

4.7.1.2 历史沿革

1888年，开平煤矿开始外销，京山铁路修建，塘沽站随之修建。1907年，京奉铁路开通，塘沽站重修。1908年，修建机车房来进行检修等工作。1933年，日本关东军参谋长冈村宁次在塘沽站与熊斌签订停战协定《塘沽协定》。1937年，塘沽站增加候车室、站台、天桥等，设施更加完善。1942年，日本将塘沽站附近的迂回线拆除，京山铁路不再经过本站而由改建的塘沽支线经过本站。1959年，塘沽站更名为塘沽南站。2004年10月7日，由于中国铁路第五次大提速，塘沽南站开往天津站的俗称"塘沽短儿"的列车正式停运，塘沽南站客运停用。2007年该站入选天津十大不可移动文物。2013年该站入选全国重点文物保护单位。

4.7.1.3 遗存情况

塘沽南站总平面布局及现状照片见图4-7-3～图4-7-6。

塘沽南站现有工业遗存11处（表4-7-1）。塘沽站是我国最早自主修建的铁路——北洋铁路上的一座车站，不但见证了我国铁路事业的发展历史，也见证了近代中国发生的一系列重大历史事件。建议保留现有功能空间格局，并于站内增设历史沿革展览空间。

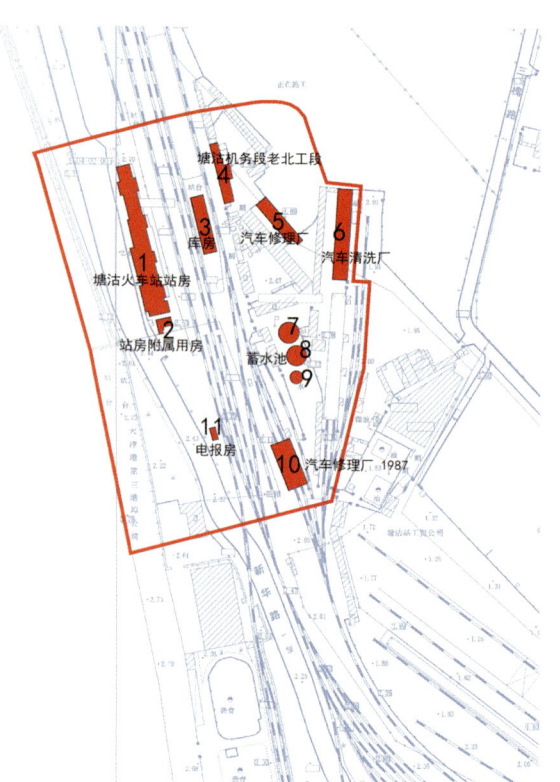

图4-7-3 塘沽南站总平面布局

图4-7-4 站房正立面

图4-7-5 站台

图4-7-6 小楼

表4-7-1　塘沽南站工业遗产调查表

建筑编号	建筑名称	建筑面积（m²）	层数	建筑高度（m）	始建年代	原使用功能及变迁情况	建筑质量	设备情况	建筑价值	保留策略
01	塘沽火车站站房	2014（建筑基地面积）	1	5	—	已停止使用	完好	无	较高	全部保留
02	附属房	204	2	6	—	已停止使用	完好	无	较高	全部保留
03	仓库	464	1	6	—	已停止使用	完好	无	较高	全部保留
04	塘沽机务段老北工段					已停止使用	完好	无	较高	全部保留
05	机车修理厂					已停止使用	完好	无	较高	全部保留
06	机车清洗厂					已停止使用	完好	无	较高	全部保留
07	蓄水池					已停止使用	完好	无	较高	全部保留
08	蓄水池					已停止使用	完好	无	较高	全部保留
09	蓄水池					已停止使用	完好	无	较高	全部保留
10	附属楼		1	8	1987年	已停止使用	完好	无	较高	全部保留
11	小楼（电报房）	612	2	6		已停止使用	完好	无	较高	全部保留

资料来源：天津工业遗产调查表、补充调查。

4.7.2　天津西站主楼

4.7.2.1　基本情况（图4-7-7、图4-7-8）

原名称：天津西站主楼

现名称：天津西站铁路博物馆

设计者：不详

区位地址：红桥区西站前街1号

占地面积：建筑面积2058平方米；场地面积930平方米

始建年代：1909年

产权单位：河北区政府

现使用者：天津西站铁路博物馆

4.7.2.2　历史沿革

1909年8月，天津西站主楼开始建设。1910年12月14日，天津西站正式投入运营。但与众不同的是，津浦铁路北段当时从半截开始施工，从静海县的良王庄向天津市内修筑，这样做是因为天津起点的地址始终未定。督办铁路大臣吕海寰

图4-7-7　天津西站主楼区位图

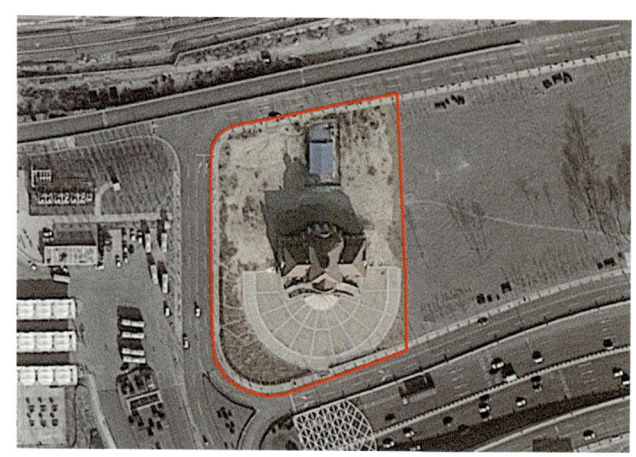

图4-7-8 天津西站主楼航拍图

派出的调查员报送了一份极有价值的材料:"河北赵家场后空地有二顷有余,地势平坦,既无庐舍,又无坟墓,堪为建设总站之用。"当时所称的"河北赵家场",实际就是如今的红桥区北营门至南运河一带,由于当时南运河并未裁弯,故在河北岸,被称为"河北赵家场",距离今天的天津西站不过500米。后在此修建了赵家场站,即现在的天津西站候车室。

1949年,天津西站候车室面积不足200平方米,被核定为三等站。1953年,候车室扩大至300平方米。1955年,天津西站被核定为二等站。1957年,候车室又扩大至343.47平方米。1962年,天津西站被核定为一等站。1983年10月以后,为缓解天津站的客流压力,将原由天津站始发至德州、沧州、邯郸等方向的五对旅客列车,改由天津西站始发,使得西站旅客运量大增,原有候车室已不能满足需要,为此,又对候车室进行了改造和扩建。改扩建后,天津西站设有三个旅客候车室,其中普通候车室一个,面积为696平方米,软席候车室一个,面积为247平方米,贵宾候车室一个,面积为90平方米。[1]候车室总面积合计1033平方米。这一格局一直延续到1990年代初期。

1984年,天津地铁一号线开始建设,起点站设在了天津西站。1987年,天津西站已发展成为客货运兼办的综合性一等站。1993年1月,天津西站进行了历史上的第三次改扩建,主要是对站内空间环境进行改造。对车站第一站台的采光设施进行了改造,修建了雨棚,增高了站台,在老站房西侧增建了旅客候车室,东侧增建了售票处等。整个改扩建工程于1995年底基本完成。改扩建后老天津西站原二楼候车室仅作为软席和贵宾候车室使用。

1997年6月,天津西站主楼被认定为天津市文物保护单位。2005年8月,天津西站主楼又被认定为具有特殊保护等级的天津市历史风貌建筑。2008年,按照"修旧如故,有机更新"的原则,对天津西站主楼再次进行整修。在对站房楼墙体外立面进行全面修缮的同时,恢复了坡顶原有的老虎窗,并将排水管、空调外机等暴露在墙体外立面的设施作了"隐蔽"处理,使这座老站房最大限度地再现了百年前的模样。这次修缮,站房西侧屋顶仍保留着一个短烟囱,而原设计的多个高烟囱及南侧屋顶坡面的"老虎窗"并未恢复。[2]

2009年9月24日,天津西站主楼采用滑动平移方法平移至新址,这是天津市首例木结构建筑的平移工程。第一阶段向南平移135米,同年10月23日,第二阶段向东平移40米,至11月9日上午11时,天津西站主楼完成平移,到达新址地基

---

[1][2]《老天津西站(德国楼)的前世今生(上)》

所在地终点。2010年5月4日，天津西站主楼改造进入整体抬升阶段，工程设计由98个千斤顶将候车楼抬升3.6米。平移完成后，天津西站主楼作为铁路博物馆永久保留。2013年5月，该建筑被国务院批准为全国重点文物保护单位。2018年该建筑入选第三批中国20世纪建筑遗产项目。

4.7.2.3 遗存情况

天津西站主楼平面图及现状照片见图4-7-9、图4-7-10。

天津西站主楼建筑东西长37.24米，南北宽31.42米，总高约25米，其中一层净高3米，二层大厅净高10.4米，其他部分净高5.4米，三层净高3.6米。建筑总体重量约为5500吨。[①]建筑为砖混结构的三层楼房，带半地下室，整座建筑坐北朝南，建筑立面强调对称式构图，造型丰富，正

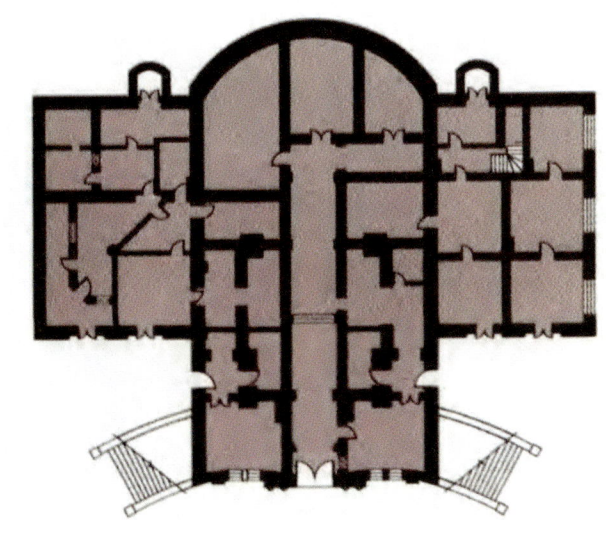

图4-7-9　天津西站主楼平面图
（资料来源：见脚注①）

图4-7-10　天津西站主楼

---

① 《老天津西站（德国楼）的前世今生（上）》

立面中部前突，呈"凸"字形，入口门廊设四根圆形立柱，两侧阶梯走道及瓶式护栏，均为青石构筑。建筑顶部为红瓦坡顶并设有钟楼，开有老虎窗和烟囱，外立面为清水砖墙，窗套、立柱、花饰及入口台阶均为石材，上雕有南极仙翁、仙鹤及龙嘴的图案，与西洋风味的洋楼相配，可谓中西合璧。窗式和窗套造型变化多样，每一层窗套都各具特点，建筑内的木结构设施如阁楼和楼梯等也很有特点，这些都反映出设计者的匠心独具。

天津西站是天津铁路发展的历史见证，是重要的铁路文化遗产。天津西站主楼具有较高的建筑价值、历史价值和社会价值。天津西站主楼属兼具欧洲新古典主义和折衷主义风格的德式建筑，现作为铁路博物馆保留使用。

4.7.3 天津新站

4.7.3.1 基本情况（图4-7-11、图4-7-12）

原名称：天津新站、新开河火车站、天津城火车站

现名称：天津北站

设计者：不详

区位地址：河北区中山路1号

占地面积：建筑面积1423平方米；场地面积40万平方米

始建年代：1903年

产权单位：北京铁路局

现使用者：北京铁路局天津北站

4.7.3.2 历史沿革

1903年，天津新站修建，又称天津城火车站、新开河火车站、天津中央车站等。1912年，津浦铁路全线通车后，改名为天津总站。1938年，改名为天津北站，为客货车站，是一等站。1987年进行了改建重修。目前仍作为火车站使用。2019年被列入全国重点文物保护单位。

图4-7-11　天津新站旧址区位图

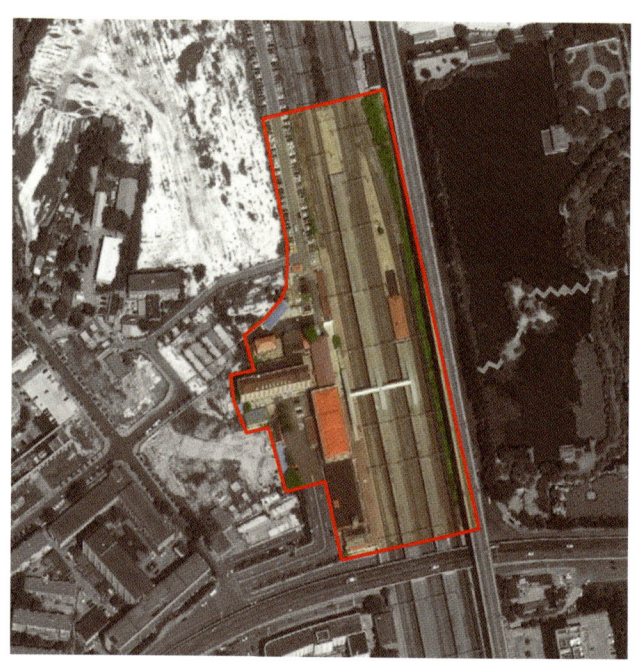

图4-7-12　天津新站旧址航拍图

4.7.3.3 遗存情况

天津新站旧址总平面布局、现状照片及历史图像见图4-7-13～图4-7-17。

天津新站旧址现有工业遗存8栋（表4-7-2）。

第4章 天津工业遗产典型案例实录

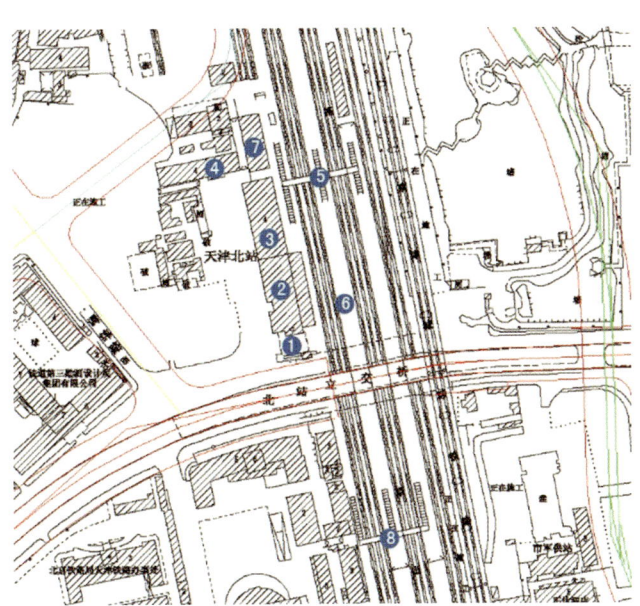

图4-7-13 天津新站旧址总平面布局

图4-7-15 站台

图4-7-16 天桥

图4-7-14 候车厅

图4-7-17 天津新站历史图像
（资料来源：《关内外铁路》）

表4-7-2　天津新站旧址建（构）筑物基本情况表

建筑编号	建筑名称	建筑面积（m²）	层数	建筑高度（m）	始建年代	原使用功能及变迁情况	修缮及改造情况	建筑质量	建筑价值	保留策略
01	出站口	—	1	7.53	不详	功能未变更	1987年改建	完好	一般	保留
02	候车厅	1423	1	10.39	1903年	功能未变更	1987年改建	完好	高	全部保留
03	行李房	1600	4	21.57	不详	功能未变更	1987年改建	破损	一般	部分保留
04	昊天钢铁	2860	4	18.68	1980年代	功能未变更	无	完好	一般	部分保留
05	天桥	53.69		8.94	1903年	功能未变更	1987年改建	完好	高	全部保留
06	站台	—	1	4.66	1903年	功能未变更	1987年改建	完好	高	全部保留
07	礼堂	527.53		10.87	不详	功能未变更	1987年改建	完好	较高	部分保留
08	天桥	48.24		8.94	1903年	功能未变更	1987年改建	完好	高	全部保留

资料来源：天津工业遗产调查表

天津新站旧址共有站台三座，第一站台为津浦铁路所用，第二站台为上行车使用，第三站台为下行车使用，站台之间架有天桥。候车室分为头二等和三等两种，前者布置较为精致，而后者设施则相对简单。①

天津新站旧址目前作为天津北站仍在使用中，津浦铁路以该站为起点并与京山铁路联轨，是天津铁路分局直属一等站。建议结合火车站使用现状对车站大厅、铁路桥等全部建构筑物进行定期维护。

4.7.4　静海火车站

静海火车站（图4-7-18~图4-7-20）位于静海区静海镇联盟大街，主体站房始建于1908年，为德国人建造的日耳曼风格二层小楼，方向正东。站房为德式马尾柁架建筑，面阔6间，四面均有门窗，建筑面积910平方米。砖木结构，用枋桷挑出四面廊檐，一楼、二楼为旋转式木梯。站房后面为一个长方形小院，有房面阔7间，进深44米，窗户8个。静海火车站见证了津浦铁路的历史和发展，是外国建筑在乡村保存较好的特例。1978年兴建了新的车站后，老站房就不再对外开放，用作办公用房。1993年，对老站

图4-7-18　静海火车站区位图

---

①北宁铁路局. 北宁铁路沿线经济调查报告［G］. 台北：文海出版社，1989：743-744.

图4-7-19 静海火车站航拍图

图4-7-20 静海火车站现状

上,于清光绪三十四年至宣统二年(1908—1910年)建成使用。原候车室为德式马尾柁架建筑,1978年重建混合框架结构候车室。全站占地2万平方米,建筑面积2685平方米,为客货两用四等站,有东西站台各一个,站外通京福公路和陈大公路。

陈官屯火车站主体建筑保存较好,具有很高的遗产价值,目前仍作为火车站使用中,但经重修后的车站改变了原来格局,建议对修缮施工过程进行详细记录,并加强修缮与保护。

图4-7-21 陈官屯火车站区位图

房进行了维修。主体站房房顶因年久失修,黑檩腐蚀严重,挑檐变形,屋顶异形筒瓦风化严重,漏雨。

静海火车站现有建筑遗存2处,为主体站房和平房各一座,目前仍作为火车站使用中,但房屋年久失修,屋顶漏雨,建议加强修缮与保护。该火车站现为天津市文物保护单位。

4.7.5 陈官屯火车站

陈官屯火车站(图4-7-21~图4-7-23)位于静海区陈官屯镇一街东侧,在津浦铁路线

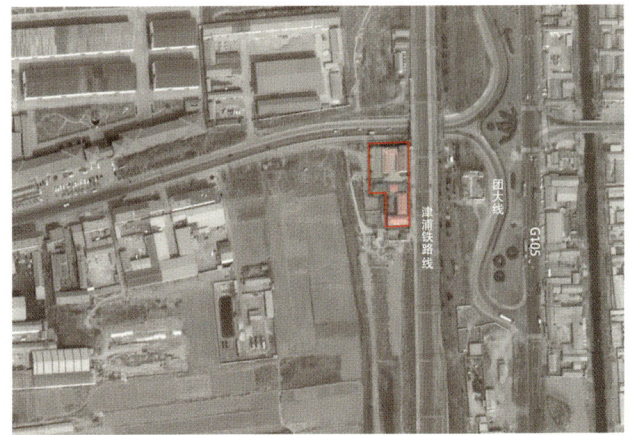

图4-7-22 陈官屯火车站航拍图

图4-7-23 陈官屯火车站站楼

4.7.6 唐官屯火车站

1906年,唐官屯火车站(图4-7-24～图4-7-27)开始建设,1910年建成使用,位于静海区唐官屯镇东部军民南街,津浦铁路线西侧。车站大楼坐东朝西,仅一层,长20米,宽10米,占地面积约2000平方米。候车室为砖木结构马尾栓建筑,人字坡顶,红色板瓦,绿色门窗。门原有四个,门上方正中写有"唐官屯站"四个字。两侧共有通顶窗户8扇,两侧各有稍低的耳房同主站房相连,南侧屋顶有烟囱一个。另有老站房一幢,推测为建设初期作品。该站现为天津市文物保护单位。

建议将唐官屯火车站与唐官屯给水所、唐官屯铁桥一起作为津浦铁路遗产综合考虑保护。

图4-7-24 唐官屯火车站区位图

图4-7-25　唐官屯火车站航拍图

图4-7-26　唐官屯火车站新站
（资料来源：李凯提供）

图4-7-27　唐官屯火车站老站房
（资料来源：李凯提供）

4.7.7　杨柳青火车站站房

4.7.7.1　基本情况（图4-7-28、图4-7-29）

原名称：杨柳青火车站站房

现名称：杨柳青火车站老站房

设计者：不详

区位地址：西青区杨柳青镇十一街柳溪苑小区北门对面

占地面积：建筑面积684平方米；场地面积575平方米

始建年代：1912年

图4-7-28　杨柳青火车站区位图

图 4-7-29　杨柳青火车站航拍图

产权所有：不详

现使用者：空置

4.7.7.2　历史沿革

津浦铁路全长1009公里。北段自京奉铁路天津总站以南两路接轨处起，至山东韩庄，长626公里，南段自韩庄至浦口，长383公里。两段分别于1908年7月和1909年1月开工，1911年9月接轨。

1912年，在津浦铁路竣工后，杨柳青火车站建造完成，位于杨柳青镇北、子牙河南岸、青沙路北侧。1980年，杨柳青火车站新建候车室及服务设施，老站房位于新建候车室西侧。2007年，杨柳青火车站老站房被列为天津市十佳不可移动文物。2009年5月，由于天津西站扩建工程开始，杨柳青火车站成为天津西站的临时站。2011年6月30日，天津西站改造完成并投入使用，杨柳青火车站停止作为天津西站的临时站使用，但保留了部分客运业务。2012年，杨柳青火车站老站房被确定为天津市第六批历史风貌建筑。

4.7.7.3　遗存情况

杨柳青火车站总平面布局及现状照片见图4-7-30、图4-7-31。

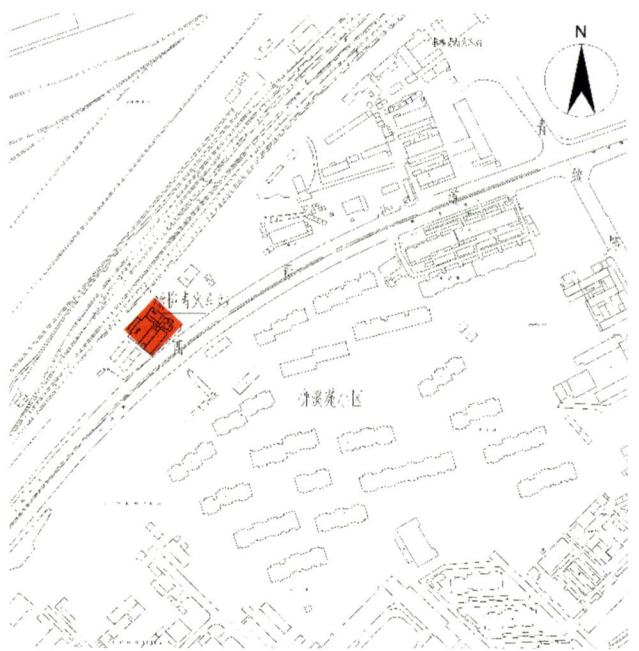

图 4-7-30　杨柳青火车站总平面布局

（资料来源：基于普查资料改绘）

图 4-7-31　杨柳青火车站站房现状

杨柳青火车站站房现有工业遗存1处（表4-7-3），平面呈"口"字形，屋面盖红色筒瓦，陡坡开天窗，正面四间木制月台，两侧拱券式边门。站房建筑保存基本完好，建议结合车站整体发展规划，设置为铁道历史博物馆或商业服务功能。

表4-7-3 杨柳青火车站站房建（构）筑物基本情况表

建筑编号	建筑名称	建筑面积（m²）	层数	建筑高度（m）	始建年代	原使用功能及变迁情况	修缮及改造情况	建筑质量	建筑价值	保留策略
01	老站房	不详	1	不详	1910年	原候车室，现空置	闲置	一般	文保单位	保留

资料来源：天津工业遗产调查表

4.7.8 唐官屯给水所

唐官屯给水所（图4-7-32～图4-7-34）位于静海区唐官屯镇刘下道村西北约1000米处，西邻南运河，用于唐官屯火车站给水，属津浦铁路系列遗产之一部分。该给水所建于1910年，主体建筑坐西朝东，一层建筑人字形坡顶，砖木结构，占地面积500平方米。原是抽取运河之水以作火车站给水之用。后因运河水位下降，便在给

图4-7-32 唐官屯给水所区位图

图4-7-33 唐官屯给水所航拍图

图4-7-34 唐官屯给水所现状
（资料来源：李凯提供）

水所旁打井取水，仍用原管道为火车站给水。现因唐官屯火车站停用，给水所已废弃。

唐官屯给水所紧邻南运河，主体建筑保存较好，带有典型日耳曼建筑风格，木檩架，木质门窗。现局部出现墙体及木构件老化、污渍现象，有专人看管，建议加强管理与保护。

4.7.9 独流给水所

独流给水所（图4-7-35～图4-7-38）位于静海区独流镇南肖村，运河东岸河堤。该给水所建于清代。主体建筑坐西朝东，后因加建呈"L"形平面，砖木结构。原是抽取运河之水以作独流火车站给水之用，后因运河水位下降，便在给水所旁打井取水，仍用原管道为火车站给水。现因独流火车站停用，给水所已废弃。

该给水所紧邻南运河，主体建筑保存较好，木檩架，木质门窗。局部出现墙体及木构件老化、污渍现象，现已废弃不用，有专人看管，建议加强管理与保护。

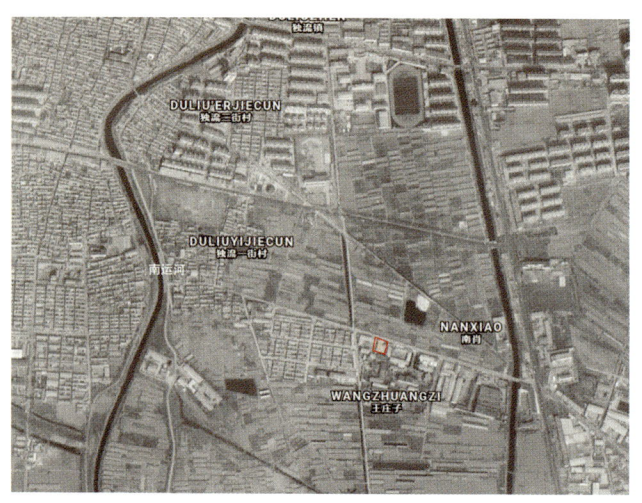

图4-7-36　独流给水所航拍图

图4-7-37　独流给水所总平面布局

图4-7-35　独流给水所区位图

图4-7-38 独流给水所现状

4.7.10 怡和洋行仓库

4.7.10.1 基本情况（图4-7-39、图4-7-40）

原名称：怡和洋行仓库

现名称：6号院文化创意园

设计者：库克（Samuel Edwin Cook）和安德森（Henry McClure Anderson）（英商永固工程司Cook & Anderson）

区位地址：和平区台儿庄路6号

占地面积：建筑面积10 240平方米；场地面积3707平方米

始建年代：1921年

产权单位：天津一商集团

现使用者：天津文化商贸有限公司

图4-7-39 原怡和洋行仓库区位图

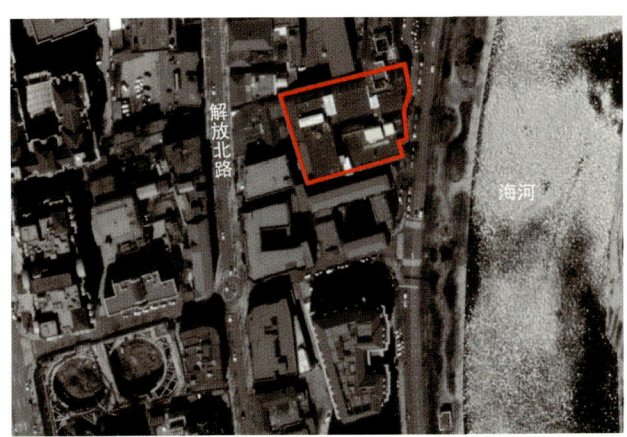

图4-7-40 原怡和洋行仓库航拍图

4.7.10.2 历史沿革

1921年，英国怡和洋行天津分行为满足货物转运仓储需要，建设其附属仓库，建筑面积共计1万多平方米。仓库位置东临海河，交通方便，为其商贸进出口创造了条件。中华人民共和国成立后，怡和洋行仓库被天津市人民政府接收，成为天津一商集团天津文化采购供应站的库房。随着城市更新发展，仓库现为天津文化商贸有限公司（天津一商集团下属企业）所有，并被改造为"6号院文化创意园"。

4.7.10.3 遗存情况

原怡和洋行仓库总平面布局、图纸及现状照片见图4-7-41～图4-7-46。

原怡和洋行仓库现有工业遗存5处（表4-7-4），现分别被赋予了不同的功能，作为文创办公使用。

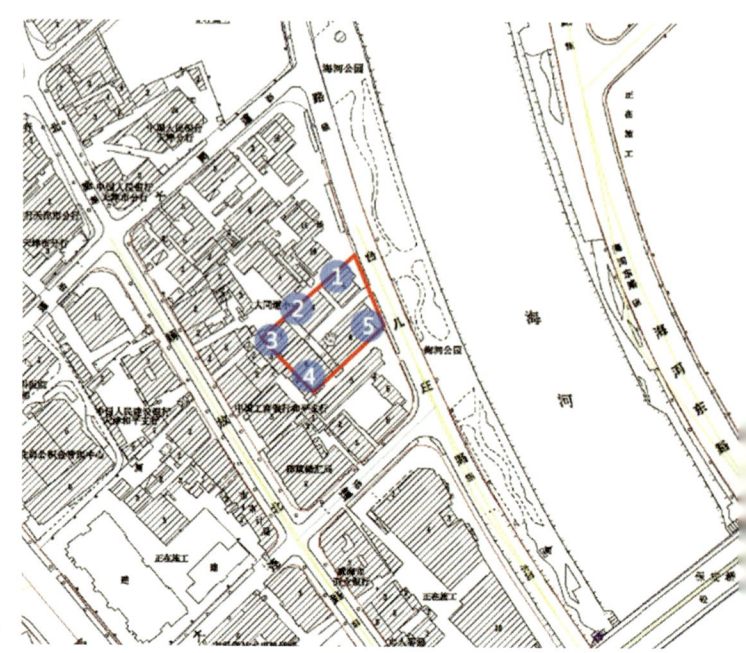

图4-7-41 原怡和洋行仓库总平面布局

图4-7-42 怡和洋行仓库现状（一） 　图4-7-43 怡和洋行仓库现状（二）

图4-7-44 怡和洋行仓库现状（三）

图4-7-45 怡和洋行仓库沿街（台儿庄道）立面

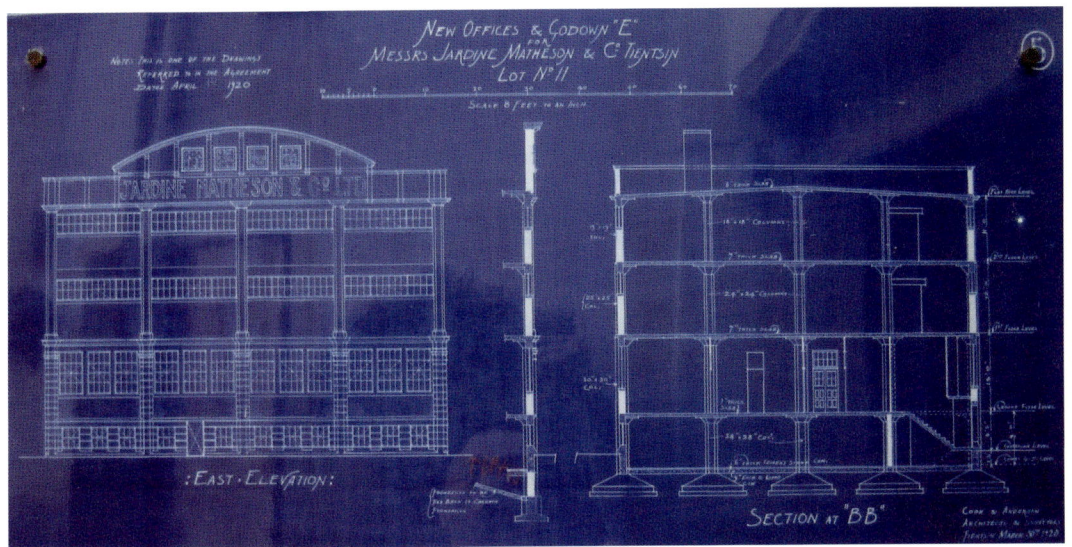
图4-7-46 怡和洋行仓库立面和剖面图纸

表4-7-4 原怡和洋行仓库建（构）筑物基本情况表

建筑编号	建筑名称	建筑面积（m²）	层数	建筑高度（m）	始建年代	原使用功能及变迁情况	修缮及改造情况	建筑质量	建筑价值	保留策略
01	仓库	1600	4	16	1921年	原为仓库用途，现已改为创意产业园区	不详	较好	较高	按现状使用
02	仓库	1680	4	16	1921年	原为仓库用途，现已改为创意产业园区	不详	较好	较高	按现状使用
03	仓库	1080	4	16	1921年	原为仓库用途，现已改为创意产业园区	不详	较好	较高	按现状使用

续表

建筑编号	建筑名称	建筑面积（m²）	层数	建筑高度（m）	始建年代	原使用功能及变迁情况	修缮及改造情况	建筑质量	建筑价值	保留策略
04	仓库	2400	4	16	1921年	原为仓库用途，现已改为创意产业园区	不详	较好	较高	按现状使用
05	仓库	3480	4	16	1921年	原为仓库用途，现已改为创意产业园区	不详	较好	较高	按现状使用

资料来源：天津工业遗产调查表

4.7.10.4 遗产价值与保护

原怡和洋行仓库现已转型为"6号院文化创意园"。自2000年开始，有艺术家在此集聚。2007年，园区投入近千万元对基础设施进行改造，申请各种政策支持，实现了从传统服务业向创意产业的转型。建议将园区功能与建筑形态相结合进行改造，植入艺术文化展览等功能，对所有建筑均应进行重点保护。

4.7.11 亚细亚火油公司塘沽油库

4.7.11.1 基本情况（图4-7-47、图4-7-48）

原名称：亚细亚火油公司塘沽油库

现名称：天津京海石化运输有限公司；天津市港集物流有限公司；天津市滨海化工储运开发有限公司

设计者：不详

区位地址：滨海新区（塘沽）三槐路86号

占地面积：建筑面积504平方米；厂区面积22万平方米

始建年代：1915年

产权单位：天津市滨海化工储运开发有限公司

现使用者：天津京海石化运输有限公司；天津市港集物流有限公司；天津市滨海化工储运开发有限公司

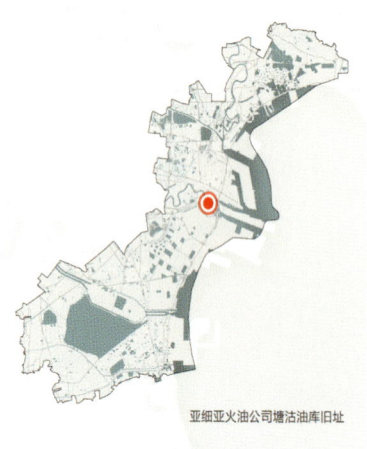

图4-7-47 亚细亚火油公司塘沽油库旧址区位图

图4-7-48 亚细亚火油公司塘沽油库旧址航拍图

4.7.11.2 历史沿革

1915年,亚细亚火油公司塘沽油库始建。1949年,改名为901油库。1971年,改名为天津塘沽京海石化油脂运销中心。普查时,油罐仍在继续使用中,建筑作为办公用房也仍在继续使用中。该油库现为天津市文物保护单位。

4.7.11.3 遗存情况

亚细亚火油公司塘沽油库旧址总平面布局及现状照片见图4-7-49~图4-7-52。

亚细亚火油公司塘沽油库旧址现有工业遗存8处(表4-7-5)。

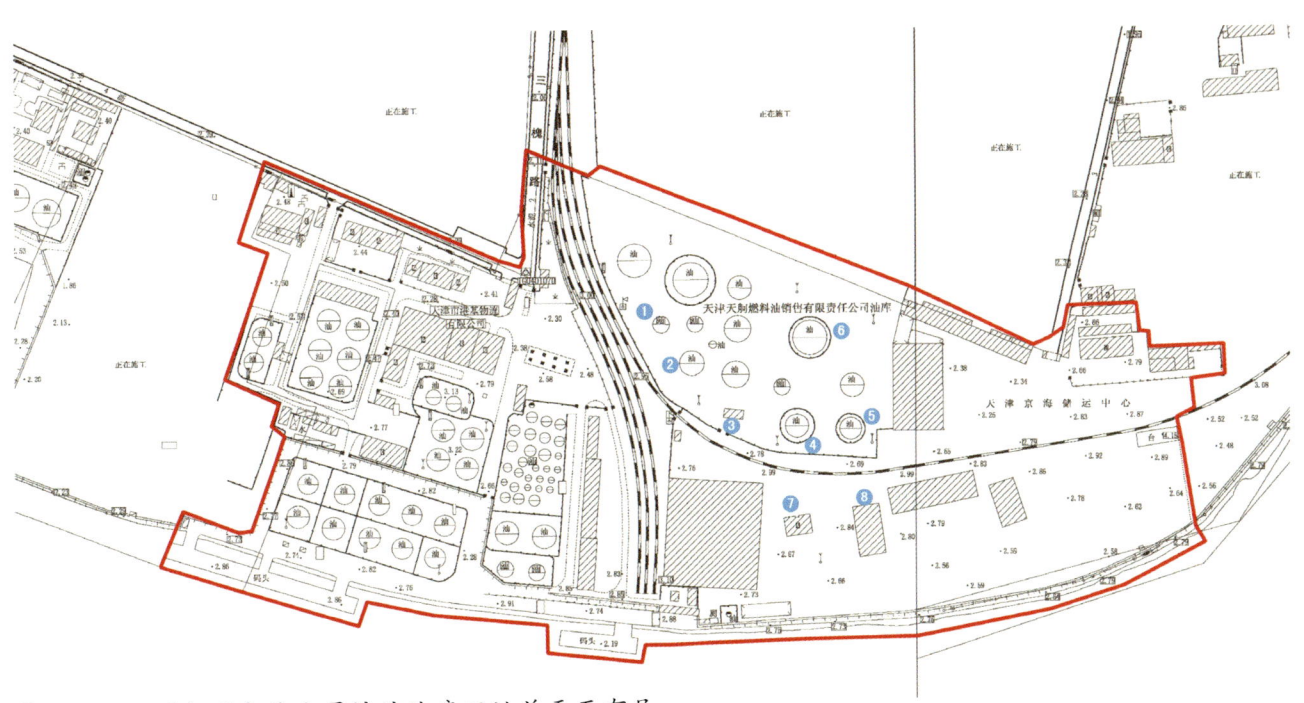

图4-7-49 亚细亚火油公司塘沽油库旧址总平面布局

图4-7-50 1号柴油储备罐

图4-7-51 6号柴油储备罐

图4-7-52 办公楼

表4-7-5 亚细亚火油公司塘沽油库旧址建（构）筑物基本情况表

建筑编号	建筑名称	建筑面积（m²）	层数	建筑高度（m）	始建年代	原使用功能及变迁情况	修缮及改造情况	建筑质量	建筑价值	保留策略
01	储油罐	—	—	5	不详	功能未变更	—	完好	一般	部分保留
02	储油罐	—	—	7	不详	功能未变更	—	完好	较高	部分保留
03	值班室	60	1	4	不详	功能未变更	—	完好	一般	元素保留
04	储油罐	—	—	9	不详	功能未变更	—	完好	一般	部分保留
05	储油罐	—	—	9	不详	功能未变更	—	完好	一般	部分保留
06	储油罐	—	—	10	不详	功能未变更	—	完好	一般	部分保留
07	办公楼	504	2	11.5	1905年	功能未变更	1976年唐山大地震后修复	建筑各处基本保存完好，无严重破损情况。旧址的外观和内部结构基本保持原貌。室内装修基本符合原貌的风格，主体结构保持完整。建筑表面装有一些附属物，如空调主机和落水管、烟囱等。建筑四周堆砌有一些杂物，如煤渣、石料等	较高	全部保留
08	仓库	756	1	6	不详	功能未变更	—	完好	一般	元素保留

资料来源：天津工业遗产调查表

图4-7-53 亚细亚火油公司塘沽油库旧址保护图则
(资料来源:《天津市工业遗产保护与利用规划》(2016))

4.7.11.4 遗产价值与保护

油库的办公楼、1号及6号柴油储备罐是厂区内历史最悠久的建筑及柴油储罐。办公楼建筑立面具有鲜明的英式特色,现在仍是厂区内重要的办公建筑。1号、6号柴油储备罐均是铆钉储罐,与其外围砖质保温墙的组合形制独具特色,现在仍是厂区内主要的储油设备。建议结合使用现状对厂区进行整体保护(图4-7-53)。

4.7.12 交通部材料储运总处天津储运处

4.7.12.1 基本情况(图4-7-54、图4-7-55)

原名称:交通部材料储运总处天津储运处
现名称:铁路职工宿舍

图4-7-54 交通部材料储运总处天津储运处旧址区位图

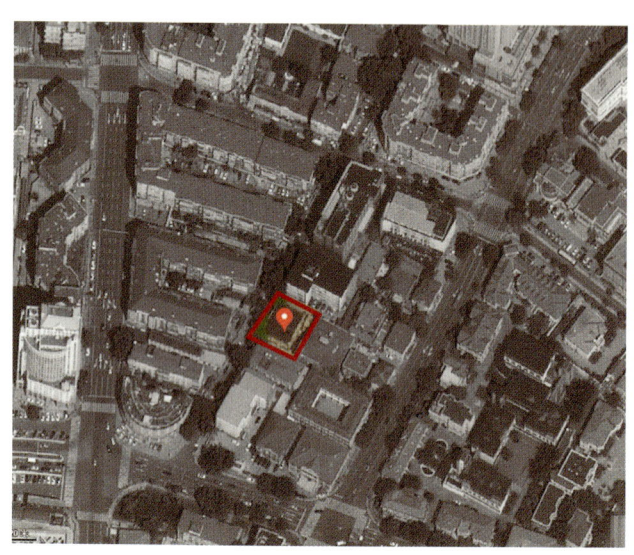

图4-7-55 交通部材料储运总处天津储运处旧址航拍图

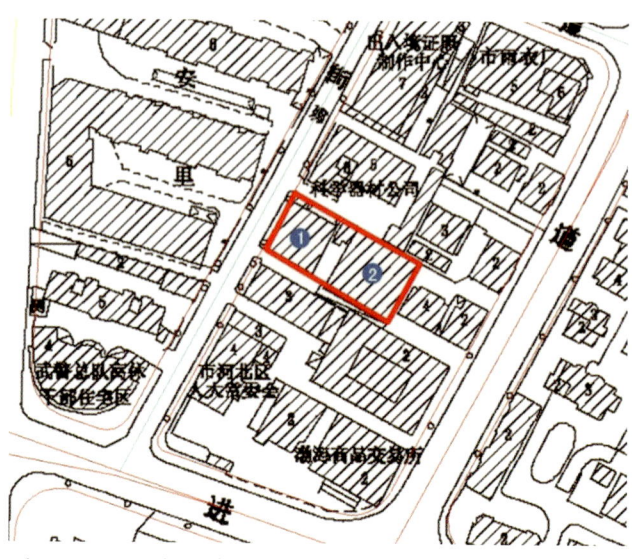

图4-7-56 交通部材料储运总处天津储运处旧址总平面布局

设计者：不详

区位地址：河北区寿安街27号

占地面积：建筑面积2682平方米；场地面积1240平方米

始建年代：1937年

产权单位：北京铁路局天津办事处

现使用者：铁路职工宿舍

4.7.12.2 历史沿革

1936年4月，交通部天津储运处成立。1937年初，办公地点迁至现址（今河北区寿安街27号）。同年7月，改称交通部材料储运总处天津储运处。抗日战争胜利后，改为天津材料厂。

4.7.12.3 遗存情况

交通部材料储运总处天津储运处旧址总平面布局及现状照片见图4-7-56～图4-7-58。

交通部材料储运总处天津储运处旧址现有工业遗存2处（表4-7-6）。该楼砖混结构，两层带地下室。正立面饰有山花，墙面为水泥断块，简洁方窗，保存较好。

图4-7-57 交通部材料储运总处天津储运处（01）

图4-7-58　交通部材料储运总处天津储运处（02）

表4-7-6　交通部材料储运总处天津储运处旧址建（构）筑物基本情况表

建筑编号	建筑名称	单体建筑面积（m²）	层数	建筑高度（m）	始建年代	原使用功能及变迁情况	修缮及改造情况	建筑质量	建筑价值	保留策略
01	交通部材料储运总处天津储运处	882	2层带地下室	12	1937年	该楼在抗日战争胜利后改设为天津材料厂	不详	完好	高	全部保留
02	交通部材料储运总处天津储运处	1800	3	不详	不详	推测为仓库	不详	破损	一般	部分保留

资料来源：天津工业遗产调查表

4.7.13　唐官屯铁桥

4.7.13.1　基本情况（图4-7-59、图4-7-60）

原名称：唐官屯铁桥

现名称：唐官屯铁桥

设计者：不详

区位地址：静海区唐官屯镇烧窑盆村南4公里

始建年代：1909年

4.7.13.2　遗存情况

唐官屯铁桥位于马厂减河上游，唐官屯镇烧窑盆村南，是津浦铁路线上的重要遗构，桥

图4-7-59　唐官屯铁桥区位图

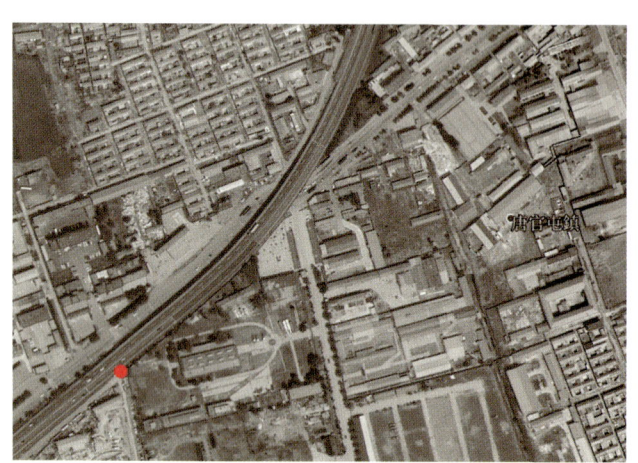

图4-7-60　唐官屯铁桥航拍图

面上有单线铁轨及枕木遗迹。该桥建于1909年，为单跨沃伦桁架梁桥（Warren Truss Girder Bridge）。该桥酷似1881年11月由美国技师金达在唐胥铁路建造的第一座铁桥（已不存）。唐官屯铁桥为钢架结构，全长40米，宽4米，桥面面积160平方米。桥两端为水泥桥墩，平行于桥面方向架设两组钢梁，5根高4米的竖铤，中间设斜撑。唐官屯铁桥现已废弃（图4-7-61），建议适当修复并加以保护。2013年被公布为天津市文物保护单位。

图4-7-61　唐官屯铁桥现状

4.7.14　大红桥

4.7.14.1　基本情况（图4-7-62、图4-7-63）

原名称：大红桥、虹桥

现名称：大红桥

设计者：李吟秋

区位地址：红桥区红桥北大街

始建年代：1933年

图4-7-62　大红桥区位图

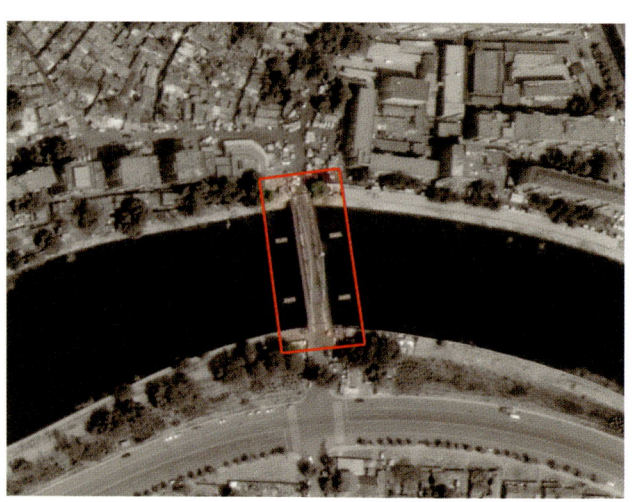

图4-7-63　大红桥航拍图

4.7.14.2 历史沿革

1887年，位于北运河和子牙河汇合之处的钢桥建成，为单孔拱式结构桥梁（图4-7-64）。桥身由四根拱肋组成空腹式拱架，两岸的桥台用条石砌筑而成。桥身长40余米，跨径约50米。因形状像彩虹，故称为虹桥、大红桥。1924年，由于年久失修，大红桥被洪水冲垮护岸和桥台，桥身钢架全部沉入水中。后来为了连接子牙河两岸的交通，当地居民在原址上建了一座浮桥。1933年在原址附近重建新桥，1937年建成竣工，当时又称"西河桥"。该桥由李吟秋主持设计，英国米德尔斯布勒多曼朗公司（DormanLong & Co.Ld Middlesbrough）承建。桥宽12.66余米，载重10吨，为3孔铁桥，南孔为11米开启跨，中孔为56.38米的钢性柔杆性拱，北孔为简支体系的引跨，桥最高8米，全部为钢结构。工程技术人员在加固护岸的同时还加大孔径使桥长增加约20余米。1964年，天津市人民政府对西河桥进行大修并将平衡砣拆除。1965年，西河桥改称大红桥，并沿用至今。现为天津市文物保护单位。

图4-7-64　大红桥历史照片
（资料来源：近藤久义提供）

4.7.14.3 遗存情况

大红桥现状照片见图4-7-65。

大红桥遗存包括主体结构和其两侧的桥墩。大红桥建成后，带动了这一地区商贸、运输等行业的发展，包括天津渔业公司大红桥官办店、中利料器公司、津保轮船有限公司等，这些经济实体都是在大红桥建成后陆续兴建或迁移来的。作为红桥区的标志性建筑物，大红桥具有重要的文物价值，红桥区的区名也正取自于大红桥。

图4-7-65　大红桥外观

4.7.15 万国桥

4.7.15.1 基本情况（图4-7-66、图4-7-67）

原名称：万国桥

现名称：解放桥

设计者：法国达德与施奈尔公司（The Etablissements Dayde and Messrs Scheiner & Co.）

区位地址：和平区解放北路

始建年代：1923年

图4-7-66　原万国桥区位图

图4-7-67　原万国桥航拍图

4.7.15.2 历史沿革

1902年，天津法租界当局感到天津法租界与老龙头火车站之间的交通不便，就要求当时的清政府修建铁桥，以便通行。1904年1月9日，老龙头铁桥举行了竣工典礼。铁桥桥身设有4孔，采用变高度的连续钢桁架，中间设有2孔，桥宽8.4米，为平移开启式跨桥。1920年代中期，老龙头铁桥损耗严重，建设新桥的计划提上日程。因为老龙头铁桥与新建的万国桥在时间上有继承关系并且位置很近，所以一般称老龙头铁桥为万国桥的前身。

1923年，法国达德与施奈尔公司重新建桥，使用了滚动升降桥技术（Scherzer Rolling Lift Bridge），首创者是Wm Scherzer，于1895年在芝加哥建设了第一座这种技术的桥。这种桥和一般吊桥不同的是，它既可以围绕轴竖向开启，又可以往后滚动。1927年10月18日，新桥建成，称万国桥（图4-7-68），其东侧的老龙头铁桥被拆除。1946年，国民政府曾以蒋介石的字将铁桥改名为中正桥。1949年后，铁桥更名为解放桥，并沿用至今。在解放天津的战役中，解放军在该桥上击溃了人数众多、武器先进且有军事工事可以依托的国民党守军，见证了历史。目前，经过修缮的解放桥是沟通天津火车站地区的重要桥梁枢纽。现为天津市文物保护单位。

4.7.15.3 遗存情况

原万国桥总平面布局及现状照片见图4-7-69～图4-7-71。

原万国桥桥长97.64米，桥面宽19.5米，限载20吨，是双叶立转开启桥跨。桥的开启控制中心坐落于海河西岸桥南侧的司机室，中间桥孔45°角的开启动作在当时仅需要两三分钟时间就可以完成，并使一些大型游轮顺利通过。当时，万国桥每日上午7时和11时以及下午的1时和5时半开桥，每日共开桥4次。

原万国桥目前仍在使用中。其桥身结构、电力启动及机械传动部分仍完好无损，维护较好。

图4-7-70　原万国桥现状

图4-7-68　原万国桥历史照片
（资料来源：法国外交部档案）

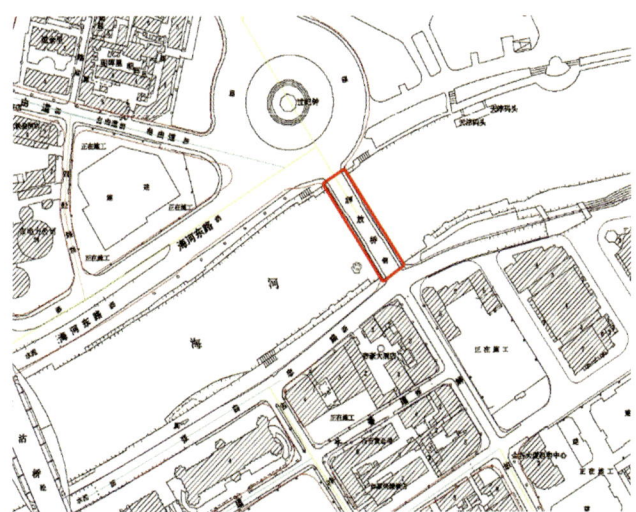

图4-7-69　原万国桥总平面布局

图4-7-71　原万国桥细部图

4.7.16 水线渡口

4.7.16.1 基本情况（图4-7-72、图4-7-73）

原名称：水线渡口

现名称：水线渡口

设计者：不详

区位地址：滨海新区（塘沽）海河于家堡河段北岸

占地面积：场地面积200平方米

图4-7-72　水线渡口区位图

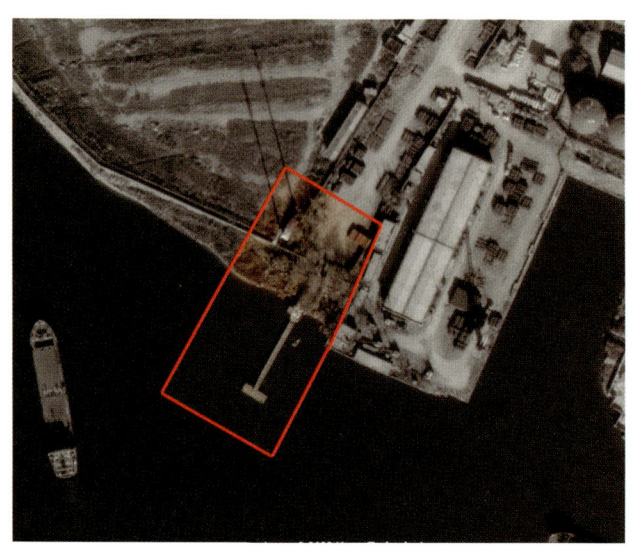

图4-7-73　水线渡口航拍图

始建年代：1878年

产权单位：不详

现使用者：闲置

4.7.16.2 历史沿革

光绪年间，直隶总督兼北洋大臣李鸿章移驻天津，在处理军事、外交等事务时，深感采用驿递方式递送公文时间过于迟缓，容易延误时机，并看到了电报通信蕴含的军事和民用价值。于是，从加强防务战备和阻止西方列强染指中国电信主权的目的出发，李鸿章开始尝试建立中国自己的电报通信系统。1877年初，天津水雷学堂教习英国人贝德斯（J.A.Batts）指导电报学堂学生在天津机器局东局至直隶总督衙门（今金刚桥西）之间架设了一条6.5公里的同城电报短线。1878年底，为了沟通联系军情，电报线从直隶总督衙门延长架设到了北塘和大沽口炮台。工程由清政府出资，委托丹麦大北电报公司负责施工。1879年5月，电报线架通，全长90余华里。其中，通过海河的一段电报线为水底电缆，称为"水线"，是中国大陆最早军用电报线穿越海河之处，也是洋务运动留在塘沽的印记。这一事件在当时影响巨大，因此相邻的渡口改称"水线渡口"，通达这里的道路称为"水线路"，并延续至今。

4.7.16.3 遗存情况

水线渡口总平面布局及现状照片见图4-7-74～图4-7-76。

水线渡口属于单体型遗产（表4-7-7），位于塘沽海河北岸于家堡河段。旧址原有的水底电缆以及标志性设施均已经消失，但是依水线而建的一处木桩码头还存在，占地200余平方米。目前码头仍在使用中，码头的木头桩有不同程度破损。

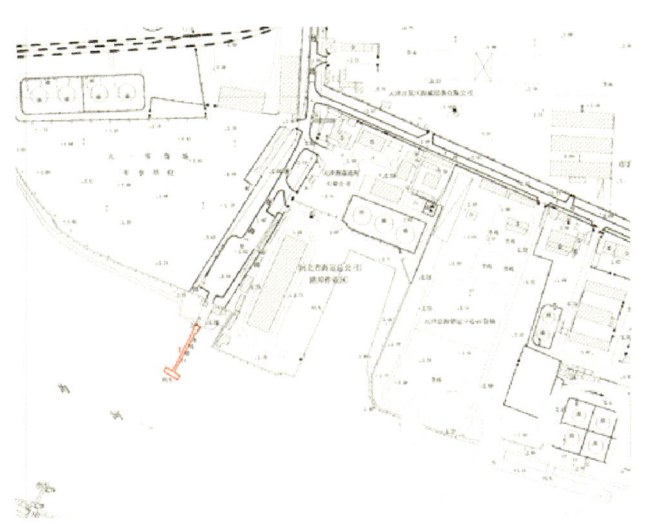

图4-7-74 水线渡口总平面布局
（资料来源：基于普查资料改绘）

图4-7-75 水线渡口现状（一）

图4-7-76 水线渡口现状（二）

表4-7-7 水线渡口工业遗产建（构）筑物基本情况表

建筑编号	建筑名称	建筑面积（m²）	层数	建筑高度	始建年代	原使用功能及变迁情况	修缮及改造情况	建筑质量	设备情况	建筑价值	保留策略
01	渡口	370	—	—	1877年	渡船	1978年建水泥码头，现存依水而建轮渡码头一处	良好	无	较高	全部保留

资料来源：天津工业遗产调查表

4.7.17 大沽息所

4.7.17.1 基本情况（图4-7-77、图4-7-78）

原名称：大沽息所

现名称：大沽代水公司

滨海新区

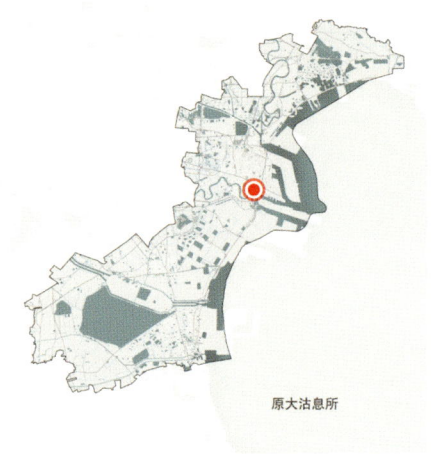

图4-7-77　原大沽息所区位图

图4-7-78　原大沽息所航拍图

设计者：不详

区位地址：滨海新区海河大桥以西海河南岸

占地面积：建筑面积22万平方米；场地面积6万平方米

始建年代：1865年

产权单位：大沽代水公司

现使用者：大沽代水公司

4.7.17.2 历史沿革

1860年，自天津开埠以来，英国逐步把持了天津的海关权，并篡夺了天津港的引水权。英国人高林（Collins G.W.）原是英国一艘远洋轮的船长，因多次往来大沽口，熟悉大沽口航道，成为大沽口第一个引航员。[①][②]1865年，高林与米切尔（Mitchell G.）、福尔赛（Folser J.）、温盖特（Wingate）[③]在海河入海口南岸合营租借招商局大沽地基22万余平方米（现塘沽儿童世界西侧），建起供引航船所用的码头，成立了大沽息所，开始了大沽口最早的引航业务。

1868年，中国海关的总税务司英国人赫德（Robert Hart）按照西方各驻华领事的旨意，订立各海口引水总章四款十条。1869年，天津海关理船厅据此拟定《天津口岸引水章程》八款，报总税务司核准施行。章程对外国引水员的招聘一律放宽标准，而对中国人则要求苛刻。章程获批后，即在理船厅的主持下测量航道，培训引水人员，组织引船业务。同年，大沽息所改为大沽代水公司，又称大沽引水公司，是大沽最早的引航机构。初时的大沽代水公司组织机构比较简单，财务出纳及业务工作均委托英国怡和洋行代理，

---

① 主要业务为天津港口的引水业务。引自：天津市塘沽区地方志编修委员会. 塘沽区志［M］. 天津：天津社会科学院出版社，1996：183.

②③ The Chronicle & Directory for china, Japan and Philippines, Hong Kong: printed and published at the "daily press' office, 1872中有Collins G.W., Mitchell G. 和Folser J.

引水员只有3人。公司拥有"阿尔及林"号和"拓荒者"号交通船负责引水导航,还专门建设了办公楼和一座专用码头。

1900年,11国列强逼迫清政府签订了《辛丑条约》,扩大了在中国的特权,外国轮船公司纷纷购置船舶,增加运输能力。引水业务更加繁忙,大沽公司也增加了引水船和引水员。这期间,增添了"南喜""带水"两艘电机汽艇。1929年,大沽口引航员有英国人5名,日本人2名,美国人、德国人各1名。中国航海界前辈黄慕宗曾任津沪航线定期班轮——招商局新丰轮的船长,他为港口引水由外国人包办感到耻辱。1934年,他放弃优越的船长待遇,历经严格的考核,成为进入大沽代水公司的第一个中国引水员。

1938年,日本以伪币8万元从英国人手中将大沽代水公司全部收购。1941年底,日本松原梅太郎接管了天津海关,将大沽代水公司的英籍引水员遣送至山东潍县集中营,英国控制的大沽代水公司彻底瓦解,改称"水先协会"。至此,大沽口引水权为日本独占。

1945年初,时任烟台航政办事处主任的姚焕锐在大沽组建了天津港引水公会筹备处。1946年6月16日,开始执行引水业务。当时共有引水员12人。之后,引水公会会址从大沽迁移到塘沽三民街法国大院,即今新华路立交桥西南侧,并建有引水专用码头。1947年,航政总局在塘沽引水公会的基础上改组成立了冀鲁区引水公会,成为该地区引水员的联合组织,地址设在天津市内,三民街法国大院为塘沽事务所。

1950年,天津港务局建立引航站,拥有了中国人自己的引航专业队伍。

4.7.17.3 遗存情况

原大沽息所总平面布局及现状照片见图4-7-79~图4-7-81。

原大沽息所现存码头、船坞各1座(表4-7-8),现位于海河大桥以西海河南岸一处小型修船厂内,均经过翻建,由木结构改造成水泥结构,现仍在使用中。

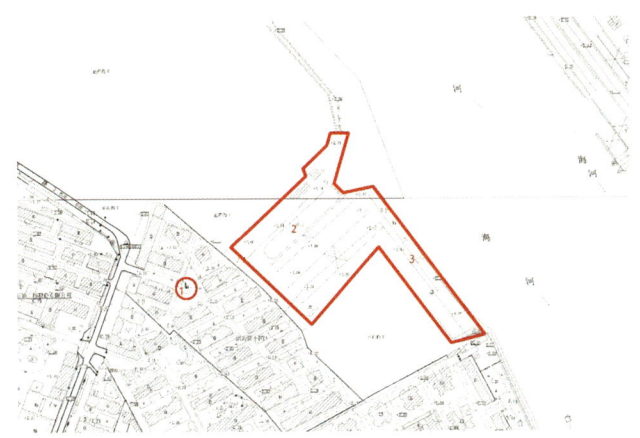

图4-7-79 原大沽息所总平面布局
(资料来源:基于普查资料改绘)

图4-7-80 原大沽息所现状图(一)

图4-7-81　原大沽息所现状图（二）

表4-7-8　原大沽息所建（构）筑物基本情况表

建筑编号	建筑名称	始建年代	原使用功能及变迁情况	修缮及改造情况	建筑质量	设备情况	建筑价值	保留策略
01	船坞	1865年	造船	—	完好	有	高	完全保留
02	码头	1865年	船舶	—	完好	有	高	完全保留

资料来源：天津工业遗产调查表

4.7.18　太古洋行塘沽码头

4.7.18.1　基本情况（图4-7-82、图4-7-83）

原名称：太古洋行塘沽码头

现名称：天津港轮驳公司码头

设计者：不详

区位地址：滨海新区（塘沽）永泰路港务局轮驳队院内

占地面积：场地面积1740平方米

始建年代：1899年

产权单位：天津港轮驳公司

现使用者：天津港轮驳公司

4.7.18.2　历史沿革

1881年，太古洋行在天津设立分行，控制着

图4-7-82　原太古洋行塘沽码头区位图

图4-7-83　原太古洋行塘沽码头航拍图

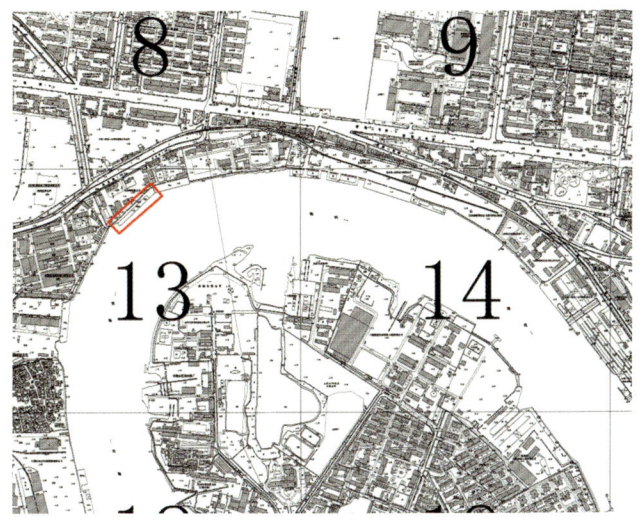

图4-7-84　原太古洋行塘沽码头总平面布局
（资料来源：基于普查资料改绘）

多条进出口航线，成为对华实行经济侵略的重要机构。1899年，太古洋行在塘沽海河北岸修建其货运码头，称为"太古洋行塘沽码头"。1904年，又在码头处设天津驳船公司，经营大沽口至塘沽、天津码头的驳运和船舶修理业务。当时的码头设有铁浮筒6个，建有仓库和铁路支线，能泊2000吨级轮船3艘。驳船公司建有两座英式的二层航运小楼，附近建有船坞。目前，原太古洋行塘沽码头地上的历史建筑已全部消失，现仅存码头一座，已改造为混凝土结构。

4.7.18.3　遗存情况

原太古洋行塘沽码头总平面布局及现状照片见图4-7-84～图4-7-86。

原太古洋行塘沽码头现有工业遗存1处（表4-7-9）。

图4-7-85　原太古洋行塘沽码头现状图（一）

表4-7-9 原太古洋行塘沽码头建（构）筑物基本情况表

建筑编号	建筑名称	建筑面积（m²）	始建年代	原使用功能及变迁情况	修缮及改造情况	建筑质量	设备情况	建筑价值	保留策略
01	太古洋行塘沽码头	1740	1899年	原为码头，现仍在使用	—	—	码头设备	较高	元素保留

资料来源：天津工业遗产调查表

图4-7-86 原太古洋行塘沽码头现状图（二）

4.7.19 大沽灯塔

4.7.19.1 基本情况（图4-7-87、图4-7-88）

原名称：大沽灯塔

现名称：大沽灯塔

设计者：不详

区位地址：滨海新区（塘沽）海河入海口

占地面积：不详

始建年代：1971年

产权单位：天津航道局

现使用者：天津航道局

4.7.19.2 历史沿革

大沽灯塔是我国自行设计建造的第一座海上灯塔，也是我国目前唯一一座有人值守的海上灯塔。

图4-7-87 大沽灯塔区位图

图4-7-88 大沽灯塔航拍图

天津辟为通商口岸后，最初由灯船导航。1878年8月4日，天津海关将招商局一艘趸船"伊顿"号改装成灯船用来照明。次年，灯船因船体破旧负重偏斜而沉没。1880年7月22日，天津海关在上海制造了一艘铁骨木壳新船，仍泊于原处，并将沉没的"伊顿"号灯器打捞上来，继续使用在新灯船上。甲午战争期间，大沽灯船暂行撤除，战争结束后恢复使用。1911年，天津海关委托上海船厂新建造了一艘钢质灯船，代替原木质灯船。1952年，交通部第一航务工程局曾在新港南防波堤外打了几根钢桩作为建设灯塔的基础，后因风暴突起，钢板桩被毁。1960年代，建设大沽灯塔的方案被列入天津新港第二期扩建工程项目，后又被列入第三期港口建设项目。1971年10月18日，大沽灯塔正式开工。1978年5月1日正式投入使用。2002年，大沽灯塔实施了遥测遥控技术改造，实现了对航标灯、雷达应答器状态和工作参数的实时监测，并远传至监控中心进行数据显示、处理、存储和报警。2006年5月22日，大沽灯塔入选《现代灯塔》。在天津市滨海新区第三次全国文物普查中，大沽灯塔被认定为不可移动文物。大沽灯塔被中国航海学会认定为"航海科普教育基地"。直至今日，灯塔始终正常运转，目前仍在使用中。

4.7.19.3 遗存情况

大沽灯塔现状照片见图4-7-89～图4-7-92。

大沽灯塔属于单体型工业遗存（表4-7-10），位于渤海湾天津港大沽口锚地。该塔位置在北纬38°56′21″.1，东经117°58′49″.6（WGS-84坐标），新港船闸东13.3海里处，共12层。塔的水下部分为一个重1500吨的锥台式钢筋混凝土沉箱和54根24.5米长的钢板桩。塔身由钢筋混凝土圆筒组成，塔顶装灯器，灯器高6

图4-7-89　大沽灯塔外观

图4-7-90　大沽灯塔内部设备

图4-7-91　大沽灯塔细部

米多，直径3米，重16吨，射程17海里。该塔结构稳固，经受住了唐山大地震和万吨轮船撞击的考验。

大沽灯塔呈圆柱形，有红白相间横纹。塔顶部分有6面红色的壁板，相间有金黄色的花格窗，庄重朴实。灯塔整体状况完好，高约56米，灯塔上附有起重设备、照明设备等，目前仍在正常使用中。

图4-7-92　大沽灯塔内部

表4-7-10　大沽灯塔建（构）筑物基本情况表

建筑编号	建筑名称	建筑面积（m²）	层数	建筑高度（m）	始建年代	原使用功能及变迁情况	修缮及改造情况	建筑质量	设备情况	建筑价值	保留策略
01	灯塔	—	12	56.45	1971年	灯塔	未修缮	较好	起重设备、电机设备、照明灯设备	较高	全部保留

资料来源：天津市工业遗产调查表

4.8　印刷造币业

4.8.1　天津印字馆

4.8.1.1　基本情况（图4-8-1、图4-8-2）

原名称：天津印字馆

现名称：中糖二商烟酒连锁解放路店

设计者：库克（Samuel Edwin Cook）和安德森（Henry McClure Anderson）（英商永固工程司Cook & Anderson）

区位地址：和平区解放北路189号

占地面积：建筑面积3020平方米；场地面积950平方米

始建年代：1886年

产权单位：天津二商集团

现使用者：天津中糖二商烟酒连锁有限公司

图4-8-1　天津印字馆旧址区位图

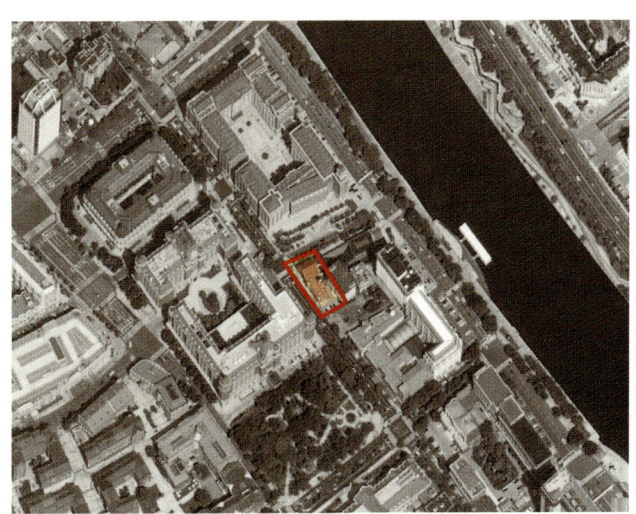

图4-8-2 天津印字馆旧址航拍图

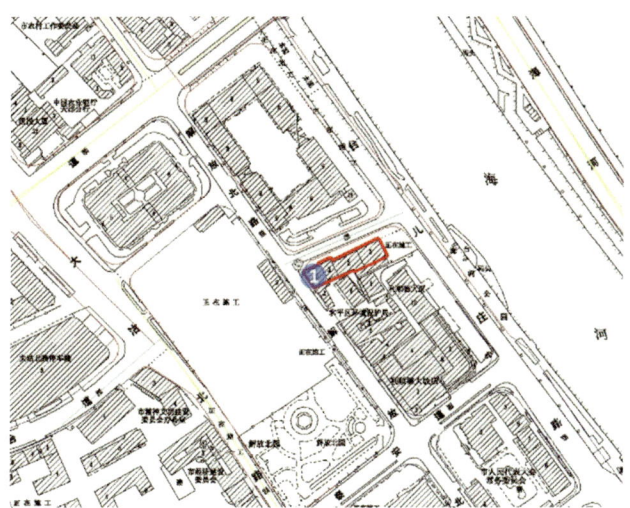

图4-8-3 天津印字馆旧址总平面布局

4.8.1.2 历史沿革

1886年，天津印字馆大楼建成，坐落在天津英租界的主要街道维多利亚道（今解放北路189号）。1894年，天津印字馆开始印制英文版的《京津泰晤士报》，同时还翻译一些国外科技书刊和各种中英文书籍，是一家集路透社天津分社、英文《京津泰晤士报》、铅字印刷厂于一体的英国文化机构。现为天津市文物保护单位。

4.8.1.3 遗存情况

天津印字馆旧址总平面布局及现状照片见图4-8-3～图4-8-5。

天津印字馆旧址现有工业遗存1栋。建筑主体4层，局部2层或3层，建筑高12米。原使用功能为仓储、车间、门市三位一体，现作为办公、门市使用。

天津印字馆是英国人在天津创办的首家铅字印刷厂。建筑为砖木结构，外立面铺设水刷石，里面为红砖，楼面红白相间并用白色直线条纹装饰。印字馆大楼具有重要的历史与社会价值。建筑质量较高，有较高保留价值，建议保持其办公功能。

图4-8-4 天津印字馆大楼面向解放北路一侧现状

图4-8-5　天津印字馆大楼侧面现状

图4-8-6　原户部造币总厂区位图

图4-8-7　原户部造币总厂航拍图

4.8.2　户部造币总厂

4.8.2.1　基本情况（图4-8-6、图4-8-7）

原名称：户部造币总厂

现名称：住宅

设计者：德商瑞记洋行引进设计

区位地址：河北区中山路137号

占地面积：场地面积17 032平方米

始建年代：1905年

产权单位：不详

现使用者：租住居民

4.8.2.2　历史沿革

天津第一座近代造币厂附设在天津机器局东局内，建于1887年，名宝津局。庚子战争后，社会动乱，私自制钱更是导致物价上涨，通货膨胀。光绪二十八年（1902年），袁世凯札委周学熙督办北洋银元局。周学熙择定河北大悲院旧址（今河北区天纬路26号），鸠工庀材，招募工匠。他将被八国联军破坏的天津机器局东局修械厂和用于制钱的旧机器拆卸并加以改造。后相继改称"北洋银元总局""直隶户部造币北分厂""度支部造币津厂"。

清政府为制止滥铸，整顿金融秩序，在1903年筹议设立银钱总厂。原计划在北京设厂，但考虑到铸造银钱总厂需要使用机器，应以靠近水运和煤炭为重要因素。天津因运输更方便，而且靠近开平煤矿，可节省运输铸币机器和能源的费用，故选在天津河北大经路（中山路）旁置地128亩，此地濒临金钟河，靠近新修的马路（大经路），并且离天津总站和北运河相距不过一二里，运输极为方便。此后购进全套美国新式铸造银铜元通用机器，派熟悉建造洋式工厂的工人先行建造办公区及工人宿舍，建成了规模宏大的西式工厂区，是为"户部造币总厂"。而此时北洋银元局成为造币总厂的分厂，为"度支部造币津厂"。北洋银元局专铸铜币，户部造币总厂专铸银币。

1912年，户部造币总厂与北洋铸造银元总局合并，更名为中国财政部天津造币总厂。1914年，时任财政部长兼造币总厂监督的吴鼎昌为该厂题写"造币总厂"四字门额。1940年，天津造币总厂停业。西式厂房和实验室已经拆毁，留有部分原办公区建筑。目前，原户部造币总厂为居民居住及商业经营使用。现为天津市文物保护单位。

4.8.2.3 遗存情况

原户部造币总厂总平面布局及现状照片见图4-8-8～图4-8-18。

原户部造币总厂现有工业遗存主要包括住宅、办公楼和附属建筑三类现状建筑，仅存一座门楼、三个半四合院和一座二层小楼。工厂的生产厂房全部拆掉。总厂的平面为中式多进四合院格局，以东西向箭道间隔贯通，砖木结构，硬山顶。

图4-8-9 过厅（03）

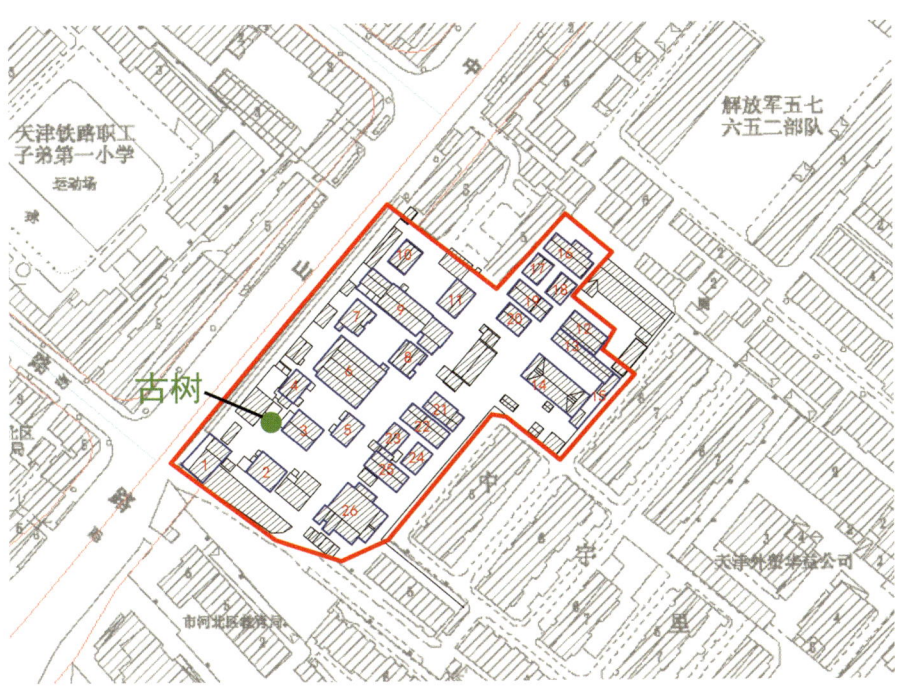

图4-8-8 户部造币总厂总平面布局
（资料来源：天津工业遗产普查资料，并于2021年修改）

图4-8-10　户部造币总厂入口现状

图4-8-11　稽核所（05）

图4-8-12　玻璃大厅（06）

图4-8-13　化验所（14）

图4-8-14　提调办公房（09）

图4-8-15　监司长住房（21）

图4-8-16　监司长住房（23）

图4-8-17　监司长住房

图4-8-18　监司长住房（25）

原户部造币总厂现有遗存中，正房面阔五间，为"前出廊"或"勾连搭"式。厢房面阔三间，平面均为"凹"字形。入口大门采用方形壁柱古典式构图，女儿墙做成中国传统城墙的样式。入口两侧各有一个巨大的巴洛克特征的大涡卷装饰，特别值得注意的是，造币总厂入口的圆券采用双心圆券，属中国传统营建技艺而非西方拱券。拱券门楼现状为中山路上重要的商业店面之一，与周围商业构成连续的商业态，为周围居民提供便利的商业服务；门额上吴鼎昌题写的"造币总厂"四字犹在，入口部分砖砌拱券门楼和砖雕花饰犹存，经过修复现状良好。四合院（住宅一、住宅三）与办公楼（住宅二）建筑均为传统的砖木结构硬山顶，现状为居住用房（表4-8-1）。

表4-8-1 原户部造币总厂建（构）筑物基本情况表

建筑编号	建筑名称	建筑面积（m²）	层数	建筑高度（m）	始建年代	原使用功能及变迁情况	修缮及改造情况	建筑质量	设备情况	建筑价值	保留策略
01	造币总厂大门	108	1	4.1	1905年	现为沿街店面	2010年重修外墙面	完好	无设备	较高	建议保留
02	二门	144	1	7	1905年	现为住宅	1976年地震后修复	破损	无设备	较高	保留加固原建筑主体，可拆除后加建的裙房
03	过厅	197	1	7.1	1905年	现为住宅	1976年地震后修复	破损	无设备	较高	保留加固原建筑主体，可拆除后加建的裙房
04	堂办办公	84	1	5	1905年	现为住宅	1976年地震后修复	破损	无设备	较高	保留加固原建筑主体，可拆除后加建的裙房
05	稽核所	126	1	4	1905年	现为住宅	1976年地震后修复	破损	无设备	较高	保留加固原建筑主体，可拆除后加建的裙房
06	玻璃大厅	276	1	5.4	1905年	现为住宅	1976年地震后修复	破损	无设备	较高	保留加固原建筑主体，可拆除后加建的裙房
07	提调办公右厢房	133	1	4.6	1905年	现为住宅	1976年地震后修复	破损	无设备	较高	保留加固原建筑主体，可拆除后加建的裙房
08	提调办公左厢房	123	1	4.7	1905年	现为住宅	1976年地震后修复	破损	无设备	较高	保留加固原建筑主体，可拆除后加建的裙房

续表

建筑编号	建筑名称	建筑面积（m²）	层数	建筑高度（m）	始建年代	原使用功能及变迁情况	修缮及改造情况	建筑质量	设备情况	建筑价值	保留策略
09	提调办公房	327	1	5.2	1905年	现为住宅	1976年地震后修复	破损	无设备	较高	保留加固原建筑主体，可拆除后加建的裙房
10	提调办公房附属	144	1	5.8	1905年	现为住宅	1976年地震后修复	破损	无设备	较高	保留加固原建筑主体，可拆除后加建的裙房
11	提调办公房附属	113	1	5.8	1905年	现为住宅	1976年地震后修复	破损	无设备	较高	保留加固原建筑主体，可拆除后加建的裙房
12	厨房										
13	菜房	239	1	4.8	1905年	现为住宅	加建裙房，年代不详	破损	无设备	较高	保留加固原建筑主体，可拆除后加建的裙房
14	化验所	532	2	9.5	不详	现为住宅	1976年地震后修复、加固	破损	无设备	较高	保留加固原建筑主体，可拆除后加建的裙房
15	办公区与厂区之间围墙	104	1	6.6	1905年	现为围墙	部分墙体已拆除	破损、留有部分墙体	无设备	较高	加固修复现有墙体
16~20	文案处		1	3.5	1905年	现为住宅	加建裙房，年代不详	破损	无设备	一般	保留加固原建筑主体，可拆除后加建的裙房
21	监司长住房	538	1	6.1	1905年	现为住宅	1976年地震后修复	破损	无设备	较高	保留加固原建筑主体，可拆除后加建的裙房
22、26	监司长住房		1	5.7	1905年	现为住宅	1976年地震后修复	破损	无设备	一般	保留加固原建筑主体，可拆除后加建的裙房
23	监司长住房	136	1	6.1	1905年	现为住宅	1976年地震后修复，加建裙房	破损	无设备	一般	保留加固原建筑主体，可拆除后加建的裙房
24	厂房		1		1905年后	仓库	加建二层	完好	无设备	较高	保留原建筑主体立面
25	监司长住房	170	1	5.7	1905年	现为住宅	1976年地震后修复，加建裙房	破损	无设备	一般	保留加固原建筑主体，可拆除后加建的裙房

资料来源：天津工业遗产调查表

2022年再调查又发现一处珍贵的厂房（图4-8-19、图4-8-20）。厂房现为天津外贸华益公司仓库，出租为废品站，加建二层为旅馆。一层窗户保留原貌，个别窗户的鱼鳞磨砂玻璃保存完整。

图4-8-19 厂房（24）

图4-8-20 厂房窗户

4.8.2.4 遗产价值与保护

（1）遗产价值

造币总厂不仅为当时稳定物价、平定人心方面发挥了重要作用，还为直隶工艺总局的运行提供了支持。清末，造币总厂铸造的"光绪元宝"银币数量很大，仅已核准版式的银币便大量铸造使用，推动了货币改革，是中国近代货币史的新开端，也促使天津成为当时全国货币的制造中心。

造币总厂初建时期，引进美国、日本、德国等最新的机器设备，在当时堪称国内规模最大、设备最精良、技术最先进的造币厂。

造币总厂虽然仅存有大门、三个半四合院和一个厂房，但是厂区规划及建筑设计也反映了近代工业建筑如何在满足新式技术的基础上，与中国传统建筑布局形式相结合。

（2）保护策略（图4-8-21）

建议将原造币总厂作为周边居住社区的公共中心，植入文化、娱乐、商业、商务等功能，形成凝聚社区活力、提升社区创造力的空间。将四合院核心建筑修缮后作为造币总厂博物馆，可以参考借鉴费城造币厂改建方式，形成历史货币展览、造币流程活态展示等多项展览模式。具体方式包括：对厂内的建筑遗存分类梳理，结合策划方案对建筑原始遗存保护加固，拆除后期加建的裙房、建（构）筑物，解决现状建设凌空乱的状况，改善环境质量。结合造币总厂的历史文化特色，植入艺术文化展览等功能。

原造币总厂内直接面向中山路的重点保护建筑，要求保护空间形体关系，不得新建和加建建筑，保持原有建筑的外部结构、建筑高度、空间尺度特征。建筑功能可进行合理更新。保护要求为原址保留，对建筑结构和外檐进行加固和修复，保持灰色墙面、灰色屋顶的色彩搭配，严格保护该建筑群的空间形体关系，不得新建和扩建

第4章 天津工业遗产典型案例实录

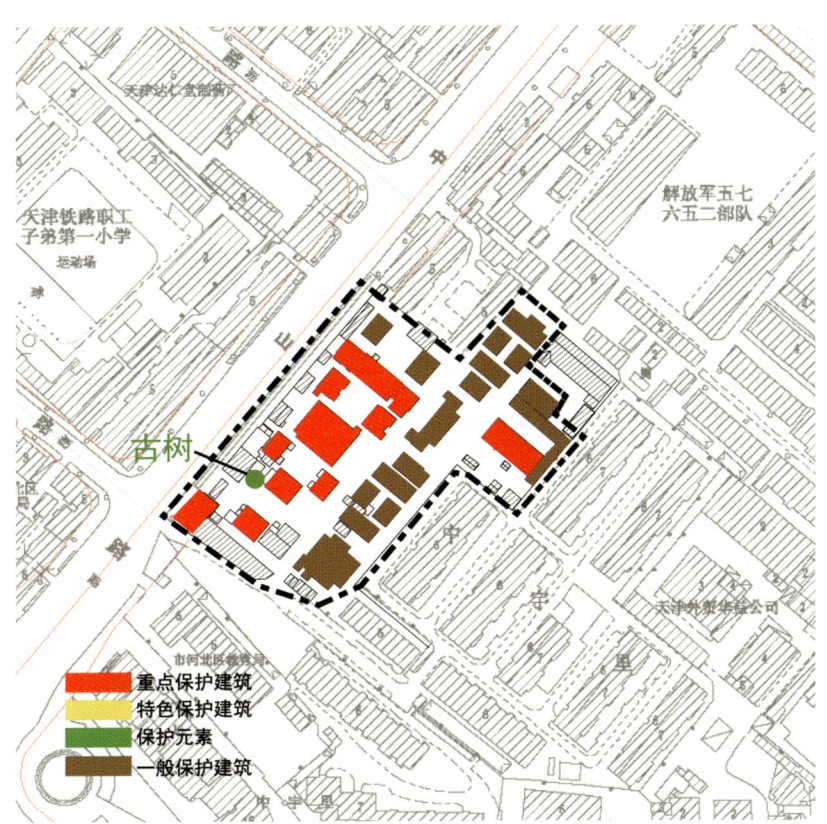

图4-8-21 户部造币总厂保护分级图
（资料来源：天津工业遗产普查资料，并于2021年修改）

建筑，建筑内部修理维护及再利用不得改变内部结构格局，可作为造币博物馆使用。

厂房目前尚未列入文保单位，建议纳入保护范围。

4.8.3 协和印刷厂

4.8.3.1 基本情况（图4-8-22、图4-8-23）

原名称：协和印刷厂

现名称：天津环球磁卡股份有限公司

设计者：不详

区位地址：河西区解放南路325、327号

占地面积：建筑面积4889平方米；场地面积30 136平方米

图4-8-22 原协和印刷厂区位图

图4-8-23 原协和印刷厂航拍图

始建年代：1938年

现使用者：天津环球磁卡股份有限公司

4.8.3.2 历史沿革

1938年，日商小林德三郎开办协和印刷厂，主要生产烟草包装用纸。1945年，由国民政府接收。1949年1月，天津解放，由中国人民银行印刷管理局接收，改名天津人民印刷厂。1955年，改名国营543厂。1966年，改名天津543厂。1970年，改为天津市人民印刷厂，作为当时重要票证和中国人民银行定点人民币印制单位，并为地质部印刷军事地图。1989年，自主研发了被誉为"神州第一卡"的国内第一张磁条卡，开拓了中国信用卡制造业的先河。1992年，改名为天津环球磁卡股份有限公司。1993年12月6日，作为天津市和中国制卡行业首家上市企业，其股票在中国上海证券交易所上市。2000年，成立环球磁卡集团，目前主营二代身份证制造和卡机制造。2002年，被评为第16届中国信息产业部电子信息百强企业。2003年，通过了"银联"标识卡生产企业资格认证。2005年，成为国务院定点印刷厂。2006年，成为中共中央直属机关定点印刷厂。目前仍在使用当中。2016年被天津市规划局认定为一级工业遗产。

4.8.3.3 遗存情况

原协和印刷厂总平面布局及现状照片见图4-8-24～图4-8-27。

原协和印刷厂范围内现状用地为工业用地；主体建筑为民国时期建成，此外还保有清末建立的厂部小楼及东光大楼。印刷厂内包括车间、办公楼和附属用房三类功能建筑，现有工业遗存共17处（表4-8-2）。

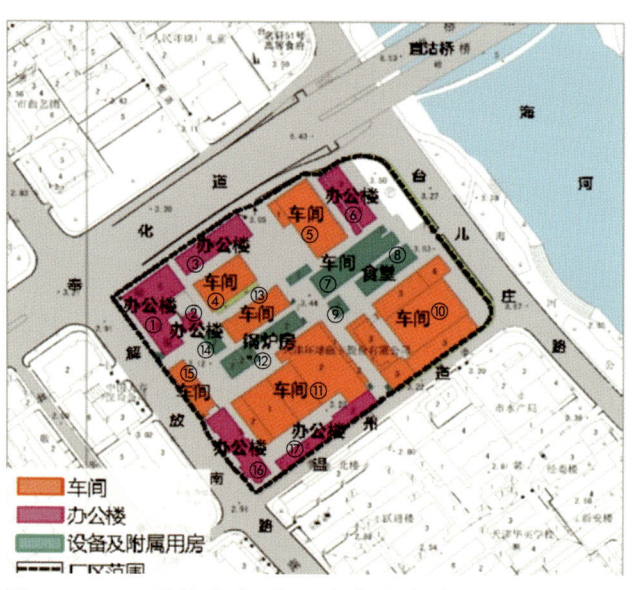

图4-8-24 原协和印刷厂总平面布局

图4-8-25 办公楼（02）

图4-8-26 办公楼（16）

图4-8-27 车间（15）

表4-8-2 原协和印刷厂建（构）筑物基本情况表

建筑编号	建筑名称	单体建筑面积（m²）	层数	建筑质量	设备情况	建筑价值	保留策略
01	办公楼	5690	6	完好	无设备		
02	办公楼	151.4	2	完好	无设备	保护建筑	保留
03	车间	3009.6	4	完好	有车间设备		
04	车间	3196	4	完好	有车间设备		

续表

建筑编号	建筑名称	单体建筑面积（m²）	层数	建筑质量	设备情况	建筑价值	保留策略
05	车间	4839.6	4	完好	有车间设备		
06	办公楼	1541	2	完好	无设备		
07	车间	2833	3	完好	有车间设备		
08	食堂	1558	3	完好	无设备		
09	办公楼	不详	2	完好	无设备		
10	车间	8365.6	3	完好	有车间设备		
11	车间	7609.7	4	完好	有车间设备		
12	办公楼	638.2	2	完好	无设备		
13	车间	2165.9	3	完好	有车间设备		
14	文件室	271.5	2	完好	无设备		
15	车间	934.3	2	完好	有车间设备	保护建筑	
16	办公楼	3144.3	4	完好	无设备	保护建筑	保留
17	办公楼	2048.4	3	完好	无设备		

资料来源：天津工业遗产调查表

办公楼（02）建于1920年代，为川岛芳子故居，建厂后作为厂区办公楼使用。建筑为砖木结构德式二层楼房，多坡、红瓦屋顶，并设有阁楼和老虎窗，造型别致。

办公楼（16）建于1930年代，曾作为关东军司令部所在地、协和印刷厂办公楼，后为天津市人民印刷厂。建筑为砖木结构，红瓦坡顶，磨砖清水墙，具备典型的德式风格。

车间（15）始建于1930年代，作为印刷车间使用，同时也是天津市人民印刷厂旧址。建筑为2层坡顶形式，砖混结构，探檐，硫砖墙体，人字坡形山墙，方窗，每扇窗户上都有一个圆形的排气孔砖混结构。建筑屋顶、形态、体量具备典型的德式风格。

4.8.3.4 遗产价值与保护

（1）遗产价值

协和印刷厂曾作为关东军司令部所在地，记录了曾经的历史。协和印刷厂后改为天津市人民印刷厂，亦曾作为中国人民银行总行领导下的专业印钞厂，承担了中国人民银行发行的第一套人民币的印制任务，为新中国的印钞事业做出了重要贡献。此外，还是我国计划经济时期重要票证和中国人民银行定点人民币印制单位。

印刷厂于1989年成功研制出"神州第一卡"，开创了中国信用卡制造业的先河。公司股票于1993年在中国上海证券交易所上市，成为天津市第一家股票上市的工业企业。

厂区内有着多座砖木结构、红瓦坡顶、磨砖

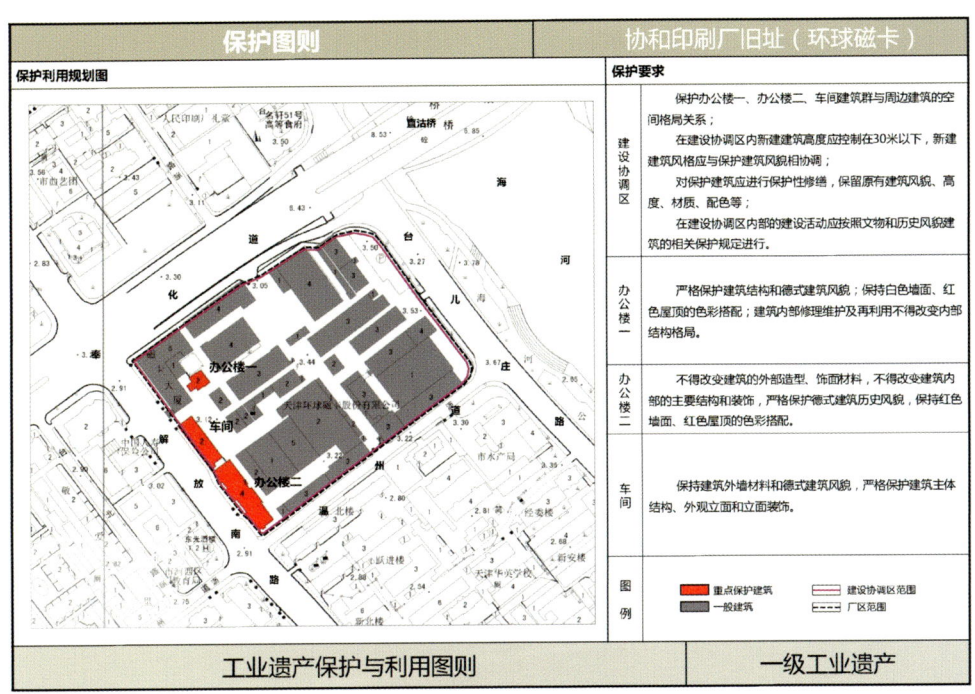

图4-8-28 协和印刷厂旧址保护图则
（资料来源：《天津市工业遗产保护与利用规划》（2016））

清水墙的风格显著的厂房与办公楼，建筑屋顶、形态、体量具备典型的德式风格，具有较高的建筑艺术价值。

（2）保护策略（图4-8-28）

协和印刷厂位于德式风貌区内，应与周边地块整体更新利用，并对建筑进行修缮，恢复德式建筑风貌。新建建筑应采用欧式风格，建筑材料应采用红砖为主，建筑颜色应以亮灰和砖红色为主。建议建设为现代办公创意创新园区，使老厂房焕发新的活力。

办公楼（02）已认定为文物保护单位的不可移动文物、一般保护等级历史风貌建筑，建议对内部空间整修，使之成为文化展览空间，如展览馆、艺术馆等。办公楼（16）是厂区内历史最悠久的建筑，已认定为文物保护单位的不可移动文物、重点保护等级历史风貌建筑，建议对内部更新，改造成为现代化办公空间。车间（15）已认定为文物保护单位的不可移动文物，建议改建成创意创新企业基地或文化展览空间，如展览馆、艺术馆等。

4.8.4 中共中央在津秘密印刷厂

1928年12月，周恩来来津主持顺直省委扩大会议期间，省委提出天津出版刊物没有印刷设备，请中央帮助解决。当时设在上海的中央秘密印刷厂遭到破坏，经中央决定从上海调毛泽民夫妇来津，建立地下印刷厂。1929年初，毛泽民夫妇和上海印刷厂的部分同志带着机器来津，在英租界的广东道福安里4号(今和平区唐山道47号)建立秘密印刷厂（图4-8-29～图4-8-31）。该印刷厂为二层灰砖建筑，砖拱券门窗，现为民居，也是天津市文物保护单位。

图4-8-29　中共中央在津秘密印刷厂旧址区位图　　图4-8-30　中共中央在津秘密印刷厂旧址航拍图

图4-8-31　中共中央在津秘密印刷厂旧址

4.9 医药工业

4.9.1 天津达仁堂制药厂

4.9.1.1 基本情况（图4-9-1、图4-9-2）

图4-9-1 天津达仁堂制药厂旧址区位图

图4-9-2 天津达仁堂制药厂旧址航拍图

原名称：天津达仁堂制药厂
现名称：达仁堂药店
设计者：不详
区位地址：河北区中山路140号
占地面积：建筑面积16 700平方米；厂区面积5000平方米
始建年代：1914年
产权单位：中新药业
现使用者：河北药批

4.9.1.2 历史沿革

1914年，乐氏第十二代传人乐达仁先生在天津估衣街创办京都达仁堂乐家老药铺。1915年，乐达仁创办了全国第一家中药工厂，创新了传统中药行业前店后厂的小作坊式的经营模式。1917年，先后在北京、青岛、长沙、西安等18个重要商埠开设了达仁堂分号。1955年，达仁堂实现公私合营。1957年，达仁堂国药提炼厂与北京同仁堂合并更名为"同仁堂国药提炼厂"。1988年，被评为国家二级企业，并荣获全国企业管理优秀奖——金马奖。1991年，被评为国家一级企业，并荣获国家质量管理奖。1993年，获"中华老字号"称号。1994年，新建的GMP生产大楼落成使用。1999年，达仁堂并入天津中新药业集团股份有限公司。2002年，通过国家GMP认证。

4.9.1.3 遗存情况

天津达仁堂制药厂旧址总平面布局及现状照片见图4-9-3～图4-9-6。

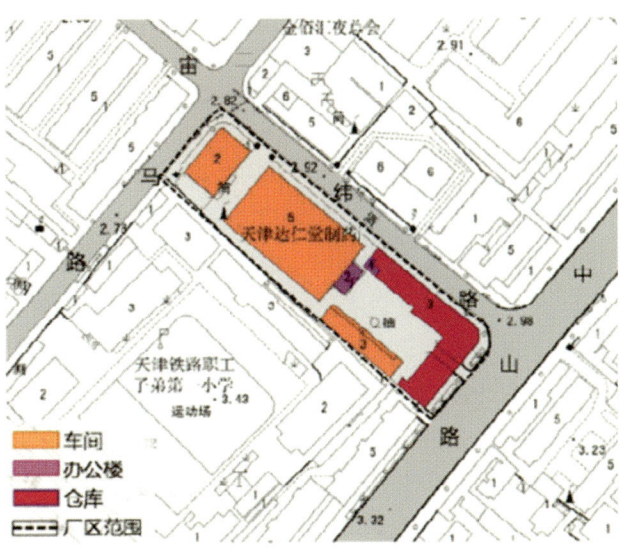

图4-9-3 天津达仁堂制药厂旧址总平面布局

图4-9-4　办公楼（一）

图4-9-5　办公楼（二）

图4-9-6　药店大楼

天津达仁堂制药厂旧址位于河北区中山路与宙纬路交叉口，旧址范围内现状用地均为工业用地。天津达仁堂制药厂旧址内现有建筑遗存5处，其中2处具有较高价值，包括药店大楼和办公楼建筑。药店大楼建于1914年，具清代末期建筑风格特色，亦有浓厚的欧洲建筑风格，是极具天津历史的经典建筑，内部增建了达仁堂展览馆，被划定为天津达仁堂制药厂旧址重点保护建筑。办公楼建筑为西式风格，砖木结构，二层坡顶，正立面中心对称，平面呈"凹"字形，设有坡顶门厅，现状情况较好，被划定为天津达仁堂制药厂旧址重点保护建筑。

4.9.1.4　遗产价值与保护

（1）遗产价值

2011年，"达仁堂清宫寿桃丸传统制作工艺"成为天津市首例国家级非物质文化遗产传统医药类项目，使得"达仁堂"成为天津唯一一家集"中华老字号""中国驰名商标""国家级非物质文化遗产"于一身的医药类"老字号"企业。其"达仁堂重修乐氏丸散膏丹引配方"和

"达仁堂牛黄清心丸制作技艺"亦成功入选了天津市第四批非物质文化遗产代表性项目。2013年,"达仁堂"传统国药文化和蜜丸制作技艺两个"非遗"项目又入选了天津市的非物质文化遗产保护名录。达仁堂建筑遗产作为传统技艺传承和发展的场所,保留和传递着浓厚的文化与历史的信息。

达仁堂与同仁堂同出一脉,以"达则兼善世多寿,仁者爱人春可回"为经营哲学,历史的积淀造就了达仁堂独特的企业文化。历史也佐证了达仁堂的产品质量是经得起时间考验的,在广大消费者中享有极高的声誉。企业获得国家一级企业称号及"中华老字号"称号,在中国乃至世界中医药行业享有非常高的知名度;同时在继承乐氏"祖传秘制"的基础上,也保留了许多独特的秘诀和招法,这些都成为达仁堂无形资产的一个重要组成部分。

(2)保护策略(图4-9-7)

建议划定建设协调区,包含办公楼和药店大楼两座保护建筑,以及东西两侧约55米面宽的地块。保留建设协调区内办公楼和药店大楼两座建筑。建设协调区范围内新建或接建建筑时,建筑风貌必须与保留建筑相协调,新建建筑高度不得超过30米。可利用其历史底蕴和建筑特色,结合居住区配套,形成具有鲜明历史特色的商业和公共配套服务区。办公楼结合居住区配套公共服务设施设置,可作为社区活动和商业服务中心。药店大楼可改造成商业空间,作为特色商业中心。此外,药店大楼应当保留建筑风格,对建筑立面和建筑内部可在保持原风格的基础上进行适当修缮。办公楼建筑应当严格保护建筑立面及建筑结构,可对建筑内部进行适当修缮。

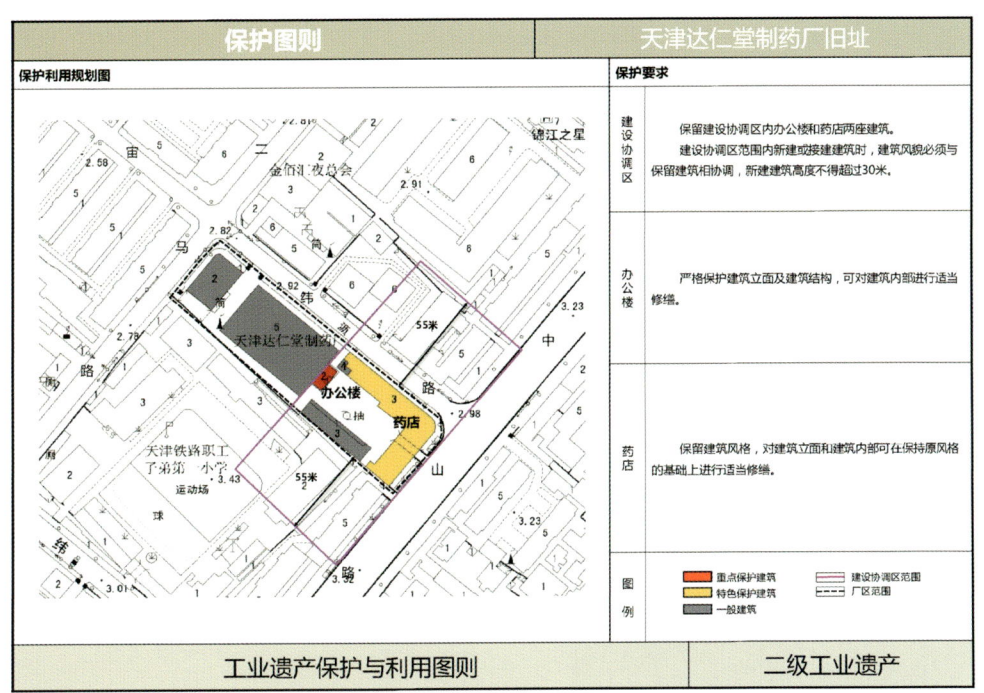

图4-9-7 天津达仁堂制药厂旧址保护图则
(资料来源:《天津市工业遗产保护与利用规划》(2016))

4.9.2 天津华津制药厂（三五二六厂）

4.9.2.1 基本情况（图4-9-8、图4-9-9）

原名称：天津华津制药厂、三五二六厂
现名称：3526创意工场
设计者：不详
区位地址：河北区水产前街28号
占地面积：建筑面积6.78万平方米；厂区面积8.26万平方米
始建年代：1938年
产权单位：河北区政府
现使用者：私营公司企业

图4-9-8 原天津华津制药厂区位图

图4-9-9 原天津华津制药厂航拍图

4.9.2.2 历史沿革

药厂始建于1938年，是中国最早的现代化制药企业之一，主要为侵华日军提供绷带和药品。1945年，由国民党接收管理，改厂名为"天津市政府卫生局临时第一药厂"，主要生产药品和卫生材料（绷带、急救包等）。1949年，被晋察冀军区卫生部制药厂接收，产品主要用于战场营救，如绷带、辅料、急救包、吗啡等。1971年，改为天津华津制药厂（三五二六部队驻津药厂，又常称三五二六厂），开始生产粉针剂、片剂等。1982年，药厂开始从军工企业向民用药品生产企业转型。2000年，工厂整体移交到原国家经贸委。2007年，华津制药有限公司搬迁到天津开发区，市内全部厂区出租给天津美术学院开展校企合作，主要有艺术教学、培训、创作等活动。2010年，河北区新闻中心下属的华文商务园承租全部厂区，并在河北区委区政府的支持下开始发展创意产业，创建3526创意工场。目前注册企业313家，入驻经营企业66家。

4.9.2.3 遗存情况

原天津华津制药厂总平面布局及现状照片见图4-9-10～图4-9-23。

厂区现有建筑遗存23处（表4-9-1）。主要分为三部分，车间、仓库、办公。车间位于厂区东侧，仓库位于西侧，办公位于中间，整体布局结构清晰合理。目前厂区已改造成为创意产业园，原有办公、仓库、车间等功能建筑保存较好。

第4章 天津工业遗产典型案例实录

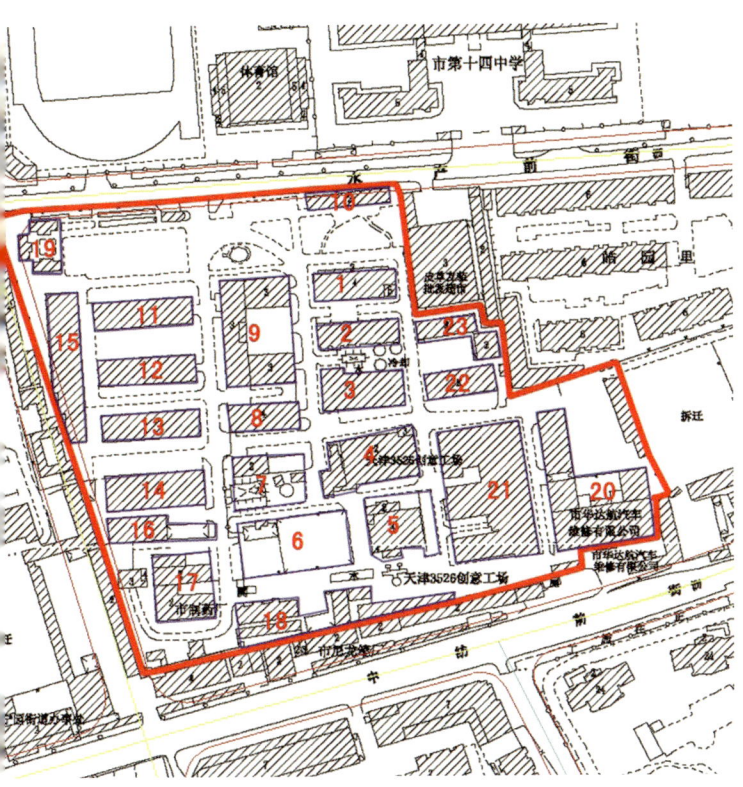

图4-9-10 原天津华津制药厂总平面布局

图4-9-11 办公楼（01）

图4-9-12 生产车间（02）

图4-9-13 生产车间、变电站（03）

图4-9-14 生产车间（04）

图4-9-15 生产车间（05）

图4-9-16 工厂棚（06）

图4-9-17 办公楼（10）

图4-9-18 生产车间（11）

图4-9-19 生产车间（14）

图4-9-20 生产车间（15）

图4-9-22 生产车间（22）

图4-9-21 生产车间（23）

图4-9-23 生产车间（12）

表4-9-1 原天津华津制药厂建（构）筑物基本情况表

建筑编号	建筑名称	单体建筑面积（m²）	层数	建筑高度（m）	始建年代	原使用功能及变迁情况	修缮及改造情况	建筑质量	设备情况	建筑价值	保留策略
01	办公楼	1866	4	15.17	不详	原为制药厂办公楼；现为天津电视台租用	21世纪初粉刷外墙	完好	无设备	较高	建议保留
02	生产车间	532	2	7.40	不详	原为制药厂生产车间；现为天津一中网校租用	21世纪初粉刷外墙；现一层室内正在装修	完好	无设备	较高	建议保留
03	生产车间、变电站	变电站262m²；生产车间562m²	2	8.22	不详	原为生产车间、变电站；现部分为变电站，其余建筑未利用	21世纪初粉刷外墙；现一层室内正在装修	完好	无设备	较高	建议保留

续表

建筑编号	建筑名称	单体建筑面积（m²）	层数	建筑高度（m）	始建年代	原使用功能及变迁情况	修缮及改造情况	建筑质量	设备情况	建筑价值	保留策略
04	生产车间	2070	2	10.74	不详	原为生产车间；现未利用	21世纪初粉刷外墙	完好	无设备	较高	建议保留
05	生产车间	1355	4	21.00	不详	原为生产车间；现为INK艺术基地租用	21世纪初粉刷外墙	完好	无设备	较高	建议保留
06	工厂棚	1742	1	8.31	不详	原为工厂棚；现为运动场		完好	无设备	较高	建议保留
07	消防室、变电室、水塔	消防室158m²；变电室211m²	3	9.00	不详	现仍为消防室、变电室、水塔	保留原使用功能；未改造修缮	完好	无设备	较高	建议保留
08	办公楼	2112	4	15.52	不详	原为制药厂办公楼；现未利用	未改造修缮	完好	无设备	较高	建议保留
09	生产车间	4605	3	12.63	不详	原为生产车间；现未利用	21世纪初粉刷外墙	完好	厂房室外设备	较高	建议保留
10	办公楼	612	2	9.89	不详	原为制药厂办公楼；现仍为华津制药厂办公楼	粉刷外墙、窗洞口加装饰，时间不详	完好	无设备	重点保护	保留
11	生产车间	716	1	8.24	不详	原为生产车间；现正在装修	21世纪初粉刷外墙，入口加建门厅，墙体加标识物	完好	无设备	较高	建议保留
12	生产车间	716	1	6.38	不详	原为生产车间；现正在装修	入口加建门厅，墙体加标识物，时间不详	完好	无设备	较高	建议保留
13	生产车间	716	1	5.08	不详	原为生产车间；现正在装修	入口加建门厅，墙体加标识物，时间不详	完好	无设备	较高	建议保留
14	生产车间	948	1	6.08	不详	原为生产车间；现正在装修	粉刷外墙，墙体加标识物，时间不详	完好	无设备	较高	建议保留
15	生产车间	1173	1	5.80	不详	原为生产车间；现为不详	墙体加标识物，时间不详	完好	无设备	较高	建议保留
16	生产车间	398	1	5.46	不详	原为生产车间；现为天津新方向美术培训中心	室内做简单装修，时间不详	完好	无设备	较高	建议保留
17	办公楼	1594	2	10.92	不详	原为办公楼；现为幼儿园	2010年粉刷外墙	完好	无设备	较高	建议保留
18	不详	993	1	4.03	不详	现为天津新方向美术培训中心	21世纪初粉刷外墙	完好	无设备	较高	适当改造
19	不详	98.25	1	5.45	不详	现为服务用房	21世纪初粉刷外墙	完好	无设备	较高	建议保留
20	生产车间	2424	1	8.00	不详	原为生产车间；现未利用	21世纪初粉刷外墙	完好	室外部分设备	较高	建议保留
21	生产车间	2665	1	5.75	不详	原为生产车间；现未利用	21世纪初粉刷外墙	完好	无设备	较高	建议保留
22	生产车间	992	2	9.42	不详	原为生产车间；现正在装修	21世纪初粉刷外墙	完好	无设备	较高	建议保留
23	生产车间	900	2	8.04	不详	原为生产车间；现为津美园林公司	2010年室外抹灰、粉刷，一层加建连廊，室内装修	完好	无设备	较高	建议保留

资料来源：天津工业遗产调查表

4.9.2.4 遗产价值与保护

天津华津制药厂是中国最早的现代化制药企业之一。厂区内的将军楼、办公楼与三座仓库（车间）已被划定为重点保护建筑。

将军楼、办公楼的建筑功能可以改造为创意产业园区的办公空间。将军楼原为解放后军队领导驻地，为砖木结构坡屋顶建筑，质量完好，已认定为区级文物保护单位。要求严格保护建筑结构、颜色与空间格局，对建筑及其周边环境、附属设施可进行合理修缮。

办公楼建成于1930年代，现已改造为园区创意产业的办公区，是天津市利用工业厂房改造发展创意产业的早期代表。建筑质量完好，空间完整，且具有一定的特色。要求严格保护建筑体量与空间形态，对建筑功能和内部空间可进行更新改造，但不得对建筑进行改扩建。

金工车间作为核心流程的组成部分之一，主要生产小轴、小套等，现仍在生产使用中。要求严格保护简欧建筑风貌，保护红屋顶、砖红墙面与白色线条的颜色搭配，保护建筑立面开窗位置、尺度，不得进行建筑改扩建，但对建筑功能可进行合理更新。研发车间代表着化学医药的发展，是承载核心生产工艺的制造空间，目前建筑质量完好，且具有一定的特色。仓库可结合厂区现有创意产业进行功能更新，例如可作为创意产品展示空间等。

原天津华津制药厂临近金钟河大街地区、北宁公园，其周边地区商业和休闲氛围浓郁，可结合目前创意产业发展，提升整体环境，向以创意产业为主的现代服务业都市产业园区发展。建议将最具厂区特征的将军楼、办公楼、仓库以及周边的绿化空间划为建设协调区范围，注重保护厂房建筑的整体空间格局、建筑风貌，保护体现环境特点的绿化景观，保持厂区主要道路风貌格局，整体保留仓库建筑的原木结构，对于已经涂改的建筑外立面建议恢复其原有材质、色彩，应在合理保护的条件下进行修缮，并强调其保护的原真性，对将军楼前的乔木、景观绿地进行保护（图4-9-24）。

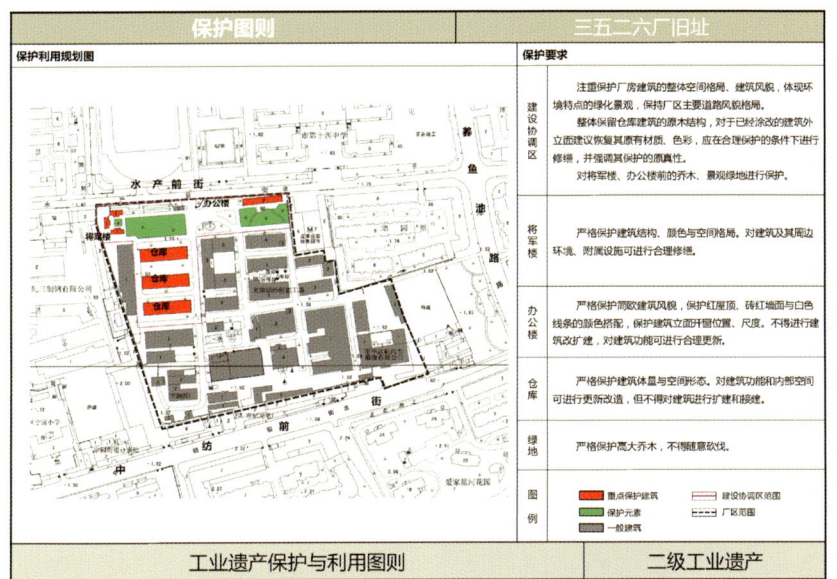

图4-9-24　原天津华津制药厂（三五二六厂）保护图则
（资料来源：《天津市工业遗产保护与利用规划》（2016））

4.10 食品业

4.10.1 薛家油坊

薛家油坊（图4-10-1～图4-10-3）位于西青区杨柳青古镇居民区内东面青致路，北临药王庙前大街，南临原杨柳青第二小学，距其西北方向50米处是平津战役天津前线指挥部旧址陈列馆。

图4-10-3 薛家油坊现状

4.10.2 天津酿酒厂

4.10.2.1 基本情况（图4-10-4、图4-10-5）

原名称：天津酿酒厂

现名称：天津津酒集团有限公司

设计者：不详

区位地址：红桥区丁字沽三号路与白酒厂大道交叉口

占地面积：厂区面积9.32万平方米

始建年代：1952年

产权单位：天津津酒集团有限公司

现使用者：天津津酒集团有限公司

图4-10-1 薛家油坊区位图

图4-10-2 薛家油坊航拍图

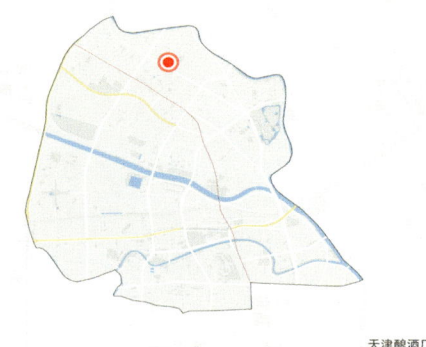

图4-10-4 天津酿酒厂区位图

图4-10-5　天津酿酒厂航拍图

4.10.2.2　历史沿革

大直沽是天津白酒业的发祥地,距今有700多年历史,而天津市直沽酿酒厂是该地区唯一保留下来的酿酒厂,2010年被商务部认定为"中华老字号"。现在的天津酿酒厂于1953年9月建成,是我国第一个"五年计划"中投资兴建的三大白酒酿造厂之一,"直沽牌"高粱酒为建厂初期的重点产品。1960年代初期,研制生产"玉羊牌"滋补酒系列产品,主要产品有人参酒、龙威酒、玫瑰露酒等20多个品种。1970年代中期,天津酿酒厂率先在我国北方地区成功研制出浓香型白酒,包括天津一曲、天津二曲、琼浆等浓香型系列产品。1980年代初期,在国内首先采用"淀粉吸附、低温冷冻"等方法成功研制出浓香型低度白酒——"津酒"。1984年,"津酒"在全国第四届名酒评比中一举夺魁,荣获"国家优质酒"称号。1988年,"直沽牌"高粱酒荣获全国首届食品博览会银奖。1989年,人参酒荣获首届国际博览会银奖。1991年,"天沽牌"白酒(原锦绣牌)荣获轻工部优质产品称号。1994年,天津酿酒厂与法国拜尔维德公司合作,推出帝王津酒。1998年,"直沽牌"高粱酒荣获轻工部优质出口产品银奖。1999年,天津酿酒厂改制为天津津酒集团有限公司,成为全国为数不多的生产浓香、清香和滋补三大系列产品的酿酒骨干企业。1999—2008年,"天沽牌"白酒荣获天津名牌产品称号。目前厂区仍在生产使用中。

4.10.2.3　遗存情况

天津酿酒厂总平面布局及现状照片见图4-10-6～图4-10-13。

天津酿酒厂现状用地为一类工业用地,现留存生产车间、设备及附属用房、办公楼这三大类功能建筑。厂区内现有工业遗存4处。

成品车间于1952年建厂之初建成,原用作酿酒车间,后改造成为成品装箱、储运场所。建筑形式体现了行业特征,红色砖墙具有特色,现状墙面、建筑结构保存较好。酒库于1952年建厂之初建成,还保留有原始发酵池,原用作酿酒车间,现作为库房使用。建筑形式体现着行业特征,红色砖墙和屋顶形式具有工业建筑特色,建筑结构保存较好。酒库和酿酒车间于1952年建厂

图4-10-6　天津酿酒厂总平面布局

图4-10-7 成品车间现状

图4-10-9 酿酒车间现状

图4-10-8 成品车间内部

图4-10-10 酿酒车间内部（一）

图4-10-11 酿酒车间内部（二）

图 4-10-12 办公楼现状

之初建成，保留有原发酵池，原用于生产天津特色名优酒品，承载酿酒业核心酿制环节，现作为库房使用，近年曾对外立面进行修缮。红墙坡顶的建筑形式，大尺度空间的厂房，体现了明显的行业特色和工业建筑精神，建筑结构保存完好。

4.10.2.4 遗产价值与保护

（1）遗产价值

天津酿酒厂是一个集酿酒、罐装、仓储、经营于一体的规范型现代酿酒企业。1958年，在全国率先研制出"甑盘手摇起重机""酒醅扬散机""出池刮板机"等设备，使劳动效率提高了25%，生产能力提高了4倍，吸引了全国25个酒厂派代表前来参观学习。1963年，研制出自动翻

图 4-10-13 酒库和酿酒车间现状

斗车，用于输送酒醅和原料等，极大地提高了生产效率。

天津酿酒厂生产的浓香型低度白酒"津酒"在全国第四届名酒评比中荣获"国家优质酒"称号，获银质奖章，是我国唯一获国家级荣誉的低度白酒。天津大曲、直沽高粱酒曾被评为天津市优质产品。

（2）保护策略（图4-10-14）

可围绕酒库、成品车间、酿酒车间、酒库和酿酒车间建筑群划定建设协调区，保留天津酿酒厂的基本格局和行业建筑特征。保护酒库、成品车间、酿酒车间、酒库和酿酒车间建筑群的空间格局关系，保护建设协调区范围内厂区道路两侧周边的现有高大乔木。建设协调区内部的新建建筑，高度应控制在10米以下，新建建筑风格应与保护建筑风貌相协调，建设协调区内部的建设活动应按照文物的相关保护规定进行。

建议改造为创意创新产业园，使老工业园区焕发新的活力：酒库改建成创意创新企业基地，或成为文化展览空间，如展览馆、艺术馆等；成品车间可沿用其功能继续作为办公场所使用，为产业园区服务；酿酒车间可作为文化休闲场所，如会议厅、小剧场、音乐厅等；酒库和酿酒车间可作为创意创新企业办公场所。

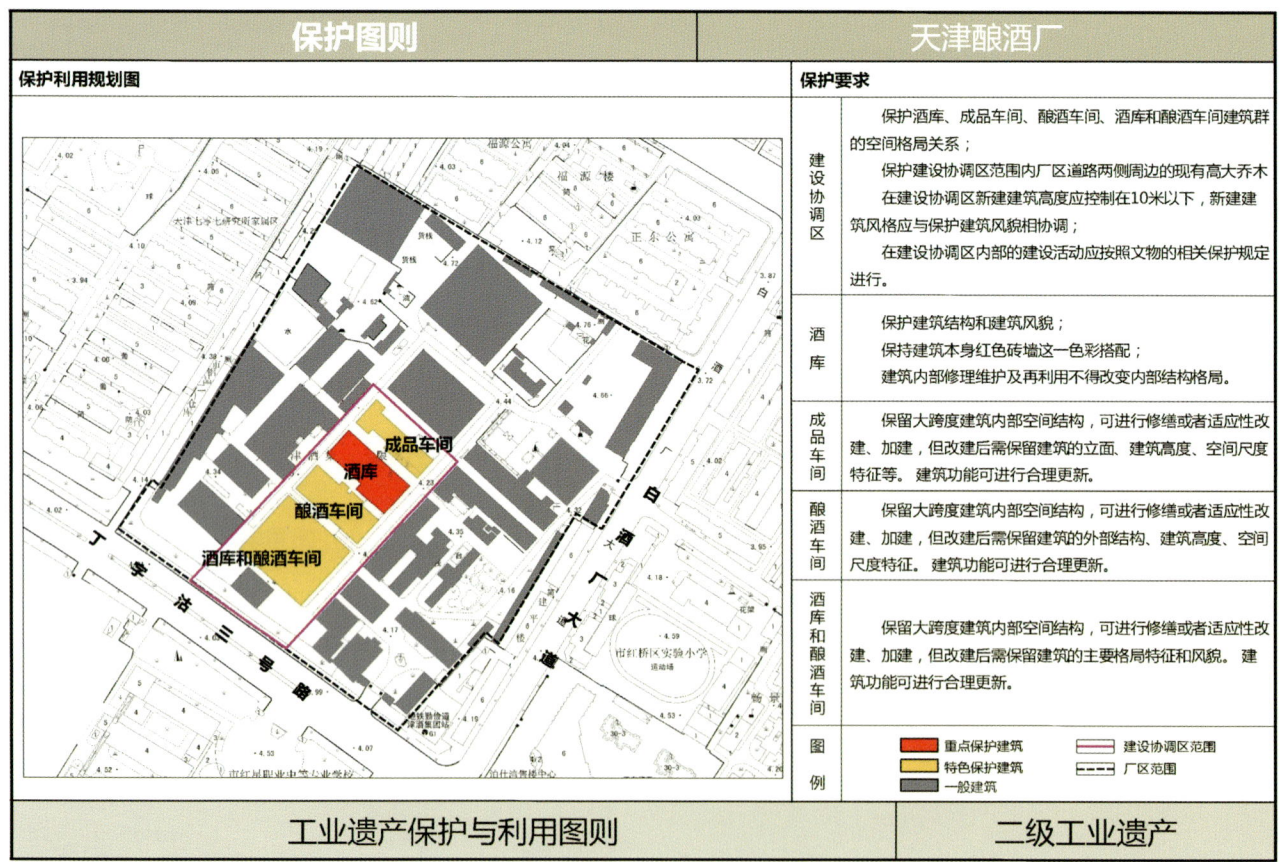

图4-10-14　天津酿酒厂保护图则
（资料来源：《天津市工业遗产保护与利用规划》（2016））

4.11 公共教育

4.11.1 北洋大学堂

4.11.1.1 基本情况（图4-11-1、图4-11-2）

原名称：北洋大学堂、北洋西学学堂
现名称：河北工业大学（东院）
设计者：不详
区位地址：红桥区光荣道8号
占地面积：不详
始建年代：1895年
产权单位：河北工业大学
现使用者：河北工业大学

图4-11-1　原北洋大学堂区位图

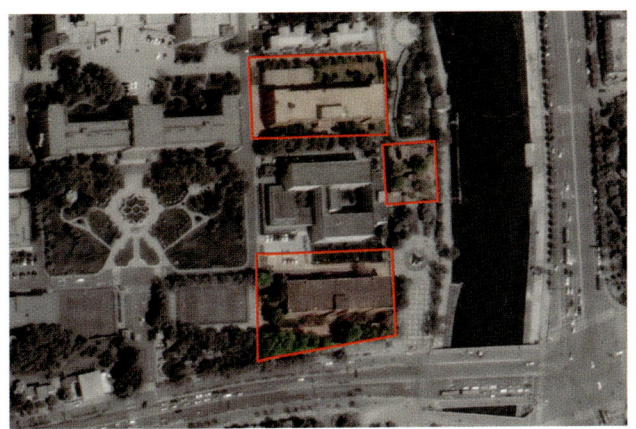

图4-11-2　原北洋大学堂航拍图

4.11.1.2 历史沿革

1895年10月2日，天津海关道盛宣怀通过直隶总督王文韶，禀奏光绪皇帝设立新式学堂。光绪帝御笔钦准，成立天津北洋西学学堂，由盛宣怀任首任督办，是中国第一所现代大学。在盛宣怀和王文韶的参与下，125名新生入学。1896年，北洋西学学堂正式更名为北洋大学堂。1912年1月，北洋大学堂改名为北洋大学，直属当时的国民政府教育部。1917年，国民政府教育部对北洋大学与北京大学进行科系调整，北洋大学改为专办工科，其法科移并北京大学，北京大学工科移并北洋大学。从此，北洋大学进入专办工科时代。1928年，北平大学区成立，改北洋大学为平大第二工学院。1929年7月，大学区制撤销，恢复校名为北洋大学。1951年9月，奉中华人民共和国高教部令，北洋大学与河北工学院（1903年2月创立，今河北工业大学）合并为天津大学。1958年7月，根据河北省委批示，决定恢复重建河北工学院，北洋大学堂旧址划归河北工学院办学。目前，北洋大学堂旧址被国务院批准为全国重点文物保护单位。原北洋大学堂北楼、南楼和团城均为重点保护等级历史风貌建筑。

4.11.1.3 遗存情况

原北洋大学堂现状照片见图4-11-3～图4-11-6。

原北洋大学堂现有南楼、北楼和团城三座建筑遗存。南楼、北楼均为三层砖混结构楼房，建筑布局对称，体形简洁大方，均使用德国进口建材，建筑外立面为红砖墙面。

北楼建于1936年，占地面积2315平方米，建筑面积4805.11平方米。现为河北工业大学第五教学楼，门上"北大楼"牌匾残破，字迹剥落，建筑顶部有修整痕迹，门口设有两根残缺的灯杆，建筑入口处设有六角形门厅，楼道向两侧

图4-11-3　北楼

图4-11-4　南楼

图4-11-5　团城

图4-11-6　南楼入口

延伸。

南楼建于1933年，占地面积2336平方米，建筑面积4902.45平方米。现为河北工业大学校史馆，门上有牌匾"北洋工学院"，建筑东侧设有应急出口和消防逃生梯，各层为狭长楼道。

团城建于1930年左右，占地面积939.42平方米，通长30.7米，通宽30.6米。团城为砖木结构平房，青瓦坡顶，建筑外立面为青砖墙面，曾为北洋大学办公地。桥梁专家茅以升于1945年8月任北洋大学校长时在此居住、办公。团城外墙上装饰有堞雉，房间内设有壁炉，院子正门在南侧。

4.11.2 天津工商学院

4.11.2.1 基本情况（图4-11-7、图4-11-8）

原名称：天津工商大学、天津工商学院、津沽大学

现名称：天津外国语大学

设计者：法商永和工程司

区位地址：河西区马场道117号

占地面积：场地面积12 797.2平方米

始建年代：1920年

产权单位：天津外国语大学

现使用者：天津外国语大学、天津自然博物馆

图4-11-7 原天津工商学院区位图

图4-11-8 原天津工商学院航拍图

4.11.2.2 历史沿革

1920年，天主教献县教区耶稣会在天津创办了中国第二所天主教大学——天津工商大学。1925年，天津工商大学的主楼建成，最初学校设有工、商两科。1933年，天津工商大学改名为天津工商学院。1937年，天津工商学院设建筑系，建筑师沈理源、阎子亨、陈炎仲和穆勒等曾在此任教。1945年，天津工商学院具备了三院九系的规模。1948年，天津工商学院改名为津沽大学。1949年，津沽大学教职工达109人，在校学生达630人。在1952年的院系调整中，津沽大学被取消，并在此基础上成立天津师范学院。1958年更名为天津师范大学。1960年更名为河北大学。1974年，津沽大学旧址划归天津外国语学院使用。2010年4月，天津外国语学院更名为天津外国语大学。天津工商学院主楼为全国重点文物保护单位。天津工商学院旧址建筑群为天津市文物保护单位。

4.11.2.3 遗存情况

原天津工商学院总平面布局及现状照片见图4-11-9～图4-11-16。

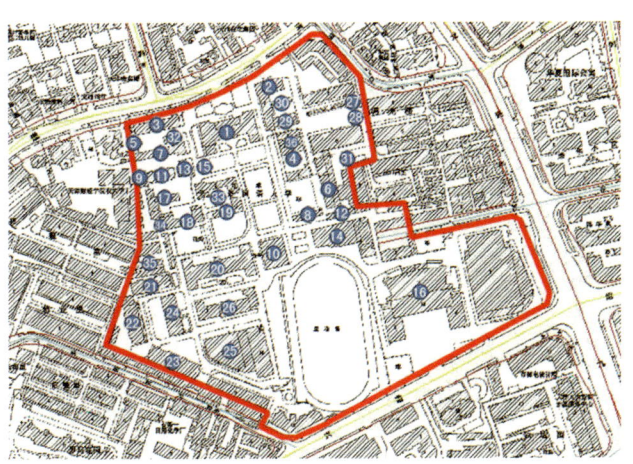

图4-11-9 原天津工商学院总平面布局

图4-11-10 主楼（01）

图4-11-11 行政楼（02）

图4-11-12 培训中心（03）

图4-11-13 第一教学楼（04）

图4-11-14 天谊楼（13）

图4-11-15 图书馆（10）

图4-11-16 北疆博物馆（19）

原天津工商学院现有建筑遗存30余处（表4-11-1）。其中与学校同期建成、具有较高价值的保护建筑共7处，包括主楼、行政楼、培训中心、第一教学楼、天谊楼、留学生公寓楼以及北疆博物馆。现在均在使用中，建议维持现状，定期维护。

表4-11-1 原天津工商学院建（构）筑物基本情况表

建筑编号	建筑名称	建筑面积（m²）	层数	始建年代	原使用功能/变迁情况	修缮及改造情况	建筑质量	建筑价值	保留策略
01	主楼	6146	5（含地下）	1924年	办公/未变更		基本完好	保护建筑	保留
02	行政楼	1710	2	1924年	办公/未变更		基本完好	保护建筑	保留
03	培训中心	2484	5（含地下）	1934年	教学/未变更		基本完好	保护建筑	保留
04	第一教学楼	1869	3	1924年	教学/未变更		基本完好	保护建筑	保留
05	第二教学楼	264	2	1985年	教学/未变更		基本完好		
06	继续教育学院	3149	6	1998年	教学/未变更		基本完好		
07	留学生公寓（D）	1830	3	1930年	公寓/未变更		基本完好		
08	杏林苑	417	2	1952年			基本完好		
09	留学生公寓（A）	1175	6	2000年			基本完好		
10	图书馆	4642	6	1997年			基本完好		
11	专家公寓	1581	4	1980年			基本完好		
12	规划苑	412	2	1952年			基本完好		
13	天谊楼	436	2	1924年			基本完好	保护建筑	保留
14	健苑	1838	2	1952年			基本完好		
15	礼仪楼	252	2	1995年			基本完好		
16	逸夫楼	28 287	3（含地下）	2003年			基本完好		
17	谊苑	792	2	1980年			基本完好		
18	留学生公寓（C）	1052	2	1924年	公寓/未变更		基本完好	保护建筑	保留
19	北疆博物馆	694	2	1924年	实验室/现为博物馆		基本完好	保护建筑	保留
20	图书馆（B）	4794	3	1955年			基本完好		
21	第一学生宿舍	1794	3	1954年			基本完好		
22	第二学生宿舍	1794	3	1954年			基本完好		
23	第三学生宿舍			2006年			基本完好		
24	第四学生宿舍	3977	6	1997年			基本完好		
25	学生公寓（学生生活服务中心）	22 620	15（含地下）	2002年			基本完好		

续表

建筑编号	建筑名称	建筑面积（m²）	层数	始建年代	原使用功能/变迁情况	修缮及改造情况	建筑质量	建筑价值	保留策略
26	第三教学办公楼						基本完好		
27	乙种平房	84	1	1952年			基本完好		
28	乙种平房	84	1	1952年			基本完好		
29	第六多媒体教室	264	1	1939年		2000年改造	基本完好		
30	办公楼	107	1	1939年			基本完好		
31	变电室	100	1	1952年			基本完好		
32	考试中心	170.04	1	1930年			基本完好		
33	换热站	50	1	1924年	功能未变更	1992年改造	基本完好		

资料来源：天津工业遗产调查表

4.12 水务工程

4.12.1 芥园水厂

4.12.1.1 基本情况（图4-12-1、图4-12-2）

原名称：芥园水厂

现名称：天津中法芥园水务有限公司

设计者：不详

区位地址：红桥区芥园道西段北侧

占地面积：建筑面积5万平方米；厂区面积9.6万平方米

始建年代：1903年

产权单位：天津中法芥园水务有限公司

现使用者：天津中法芥园水务有限公司

图4-12-1 芥园水厂区位图

4.12.1.2 历史沿革

1903年3月，芥园水厂建成营业，位于芥园道西段北侧，隶属于济安自来水股份有限公司，是天津最大的河水厂。当月30日在芥园水厂举行通水典礼，供水范围除英、德租界外，几乎遍及全市。芥园水厂建厂初期，水源取自南运河，进、送水泵均采用蒸汽复式水泵，以煤为动力。

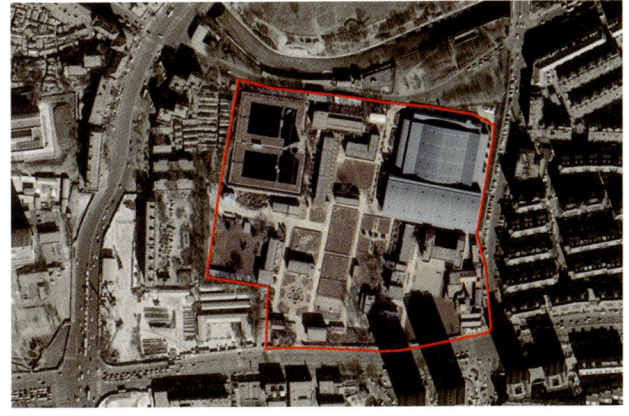

图4-12-2 芥园水厂航拍图

主要产水设施有三个沉淀罐、二座慢滤池、一座清水库。另外，在西北城角建有水塔一座，塔高130英尺（36.6米）。供水管道长16公里，日产水能力达6万加仑（272.7立方米），以漂白粉为消毒剂。

1904年7月，水厂日平均售水量达到545.5立方米，供水区域不断扩大。1921年，水厂增加西河进水口，设立西河泵站，作为第二水源。1935年，水厂经刘弗祺副总工程师设计了华北第一座新式快滤池，使总供水能力达到日产水量27 272立方米。1936年底，水厂管道总长度达到144公里，用水户共3500多户。此后，芥园水厂随济安自来水股份有限公司一道几经易主，直至1950年归为天津自来水公司所有。2003年12月，水厂开工建设气浮净化车间。2007年，芥园水厂开始改造，经过并网试运行后正式通水运行，日产水能力达50万立方米，之后改名为天津中法芥园水务有限公司。

4.12.1.3 遗存情况

芥园水厂现状照片见图4-12-3～图4-12-5。

芥园水厂距今已有一百多年的历史，是天津市建厂最早的水厂之一，拥有规模较大的供水网络，具有很高的历史价值。建议结合利用现状对相关建筑遗存进行保护。厂区现有工业遗存18处，其中包含一处不可移动文物。

图4-12-3　芥园水厂（一）

图4-12-4　芥园水厂（二）

图4-12-5　芥园水厂（三）

4.12.2 三岔口扬水站

三岔口扬水站（图4-12-6～图4-12-11）位于蓟州区侯家营镇秦家庄村北，面积33 300平方米，建于1974年，现存泵房、排灌两用水闸。泵房内有14组电机，2楼是配电室。水闸等使用正常，水闸上写有"大治快上、树雄心立壮志向四个现代化进军、抓纲治国"的大字。该扬水站主要用于青甸洼和沟河的水位调节。

图4-12-8 三岔口扬水站现状（一）

图4-12-6 三岔口扬水站区位图

图4-12-9 三岔口扬水站现状（二）

图4-12-7 三岔口扬水站航拍图

图4-12-10 三岔口扬水站现状（三）

图4-12-11 三岔口扬水站现状（四）

4.12.3 大朱庄排水站

大朱庄排水站（图4-12-12～图4-12-14）位于蓟州区东赵乡大朱庄村北，面积约1200平方米，主体为钢混结构。该站于1960年代兴修水利时建造，是"引滦入州"工程的一部分。"引滦入州"可分为引滦入漳和引漳入州。大朱庄排水站闸口主要用于调控引滦入漳的水流量。现存水泥桥、水池、泵房和闸口。泵房屋檐下书有"水利是农业的命脉"几个大字。水泥桥下是一条引漳入州的水渠，现还有水流经过，但该桥已废弃。

图4-12-12 大朱庄排水站区位图

图4-12-13 大朱庄排水站航拍图

图4-12-15 邵庄子分洪闸区位图

图4-12-14 大朱庄排水站现状

图4-12-16 邵庄子分洪闸航拍图

4.12.4 邵庄子分洪闸

邵庄子分洪闸（图4-12-15～图4-12-20）位于蓟州区侯家营镇邵庄子村东南，面积1000平方米。该闸于1954年由苏联专家设计建造，用于沟河分洪。现仍在使用中，有两道闸口。

图4-12-17 邵庄子分洪闸现状（一）

图4-12-18　邵庄子分洪闸现状（二）

图4-12-19　邵庄子分洪闸现状（三）

图4-12-20　邵庄子分洪闸现状（四）

4.12.5 海河防潮闸

4.12.5.1 基本情况（图4-12-21、图4-12-22）

原名称：海河防潮闸
现名称：海河防潮闸
设计者：水利部北京勘测设计院
区位地址：滨海新区（塘沽）海河入海口
占地面积：不详
始建年代：1958年
产权单位：海河下游管理局
现使用者：海河下游管理局海河防潮闸管理处

4.12.5.2 历史沿革

1958年7月1日，海河防潮闸工程开始建设，是一座集泄洪、挡潮、蓄淡、航运等综合功能为一体的大型水闸工程。1958年12月28日建成，建设单位为天津市海河改造工程委员会，设计单位为水利部北京勘测设计院，施工单位为天津市建设局道桥公司。1999年10月26日至2000年11月30日，海河防潮闸进行加固工程，建设单位为海河下游管理局，设计单位为水利部天津勘测设计研究院。现为天津文物保护单位。

4.12.5.3 遗存情况

海河防潮闸总平面布局及现状照片见图4-12-23～图4-12-25。

海河防潮闸现有工业遗存1处。建筑始建于1985年，高度为18.5米。建筑质量完好，建筑价值较高，现在仍在使用当中。海河防潮闸东西两侧各有四角攒尖亭一座。西侧绿化景观较多，控制楼前有石狮子一对。

图4-12-21 海河防潮闸区位图

图4-12-22 海河防潮闸航拍图

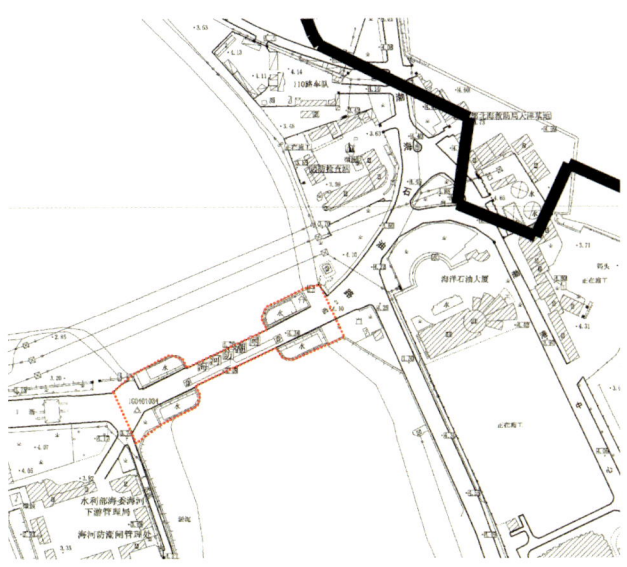

图4-12-23 海河防潮闸总平面布局

图4-12-24 海河防潮闸管理处现状（一）

图4-12-25 海河防潮闸管理处现状（二）

海河防潮闸是海河干流重要的水利控制工程，也是新中国成立后的重点水利工程。自建成以来，担负着天津市排涝、工农业生产及生活用水的任务，为天津市的经济建设发挥了巨大作用。现阶段仍在使用当中，建议重点维护其立面造型及内部工业设备。

4.12.6 争光扬水站

争光扬水站（图4-12-26～图4-12-28）位于静海区独流镇十一堡村北约500米，位于运河东侧，用于争光渠调水，为砖石结构，建于1959年。该站闸长10.66米，宽2.2米，建筑面积23.425平方米，有启闭机3个。该站因年代久远虽略有腐蚀，但仍能正常使用，属于京杭大运河遗产的一部分。

图4-12-26 争光扬水站区位图

图4-12-27 争光扬水站航拍图

图4-12-28 争光扬水站现状

4.12.7 城关扬水站

城关扬水站（图4-12-29~图4-12-31）位于静海区静海镇大口子门村北侧，为城关乡、梁头乡、东双塘乡排沥引水而建，建于1952年。该站闸长13米，宽3米，占地面积10 667.2平方米，设计流量为16立方米/秒，受益面积约22万亩。现有闸板4个，启闭机4个。该站由于缺水和年久失修，现已废弃，属于京杭大运河遗产的一部分。

图4-12-29 城关扬水站区位图

图4-12-30 城关扬水站航拍图

图4-12-31　城关扬水站现状

4.12.8　十一堡扬水站

十一堡扬水站（图4-12-32～图4-12-34）位于静海区独流镇十一堡村南，距南运河东约50米。该站闸长9.9米，宽2米，面积19.8平方米，建于1959年，为砖、水泥结构。现有3个启闭机，四周有铁栏杆，结构完整。该站由于年久失修和腐蚀，现已废弃，属于京杭大运河遗产的一部分。

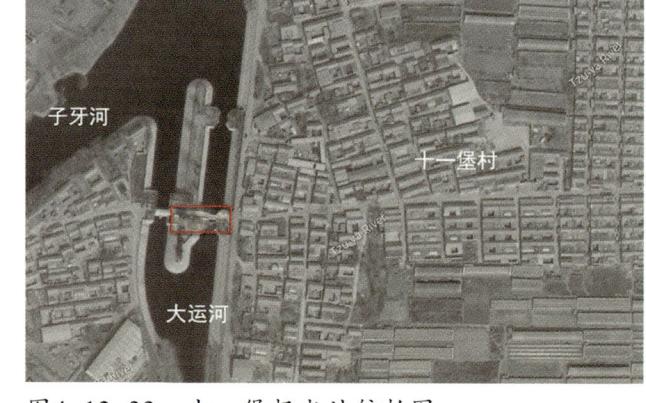

图4-12-33　十一堡扬水站航拍图

图4-12-32　十一堡扬水站区位图

图4-12-34　十一堡扬水站现状

4.12.9 双旺扬水站

双旺扬水站（图4-12-35～图4-12-37）位于静海区双塘镇增福堂村南，建于1978年，砖木结构，硬山瓦顶，面积112平方米。扬水站现屋顶露天，门窗全无，房檐下写有"农业学大寨"的字样，仍保留三个铁管通道。由于年久失修，无人管理，该站现已损坏。

图4-12-35　双旺扬水站区位图

图4-12-36　双旺扬水站航拍图

图4-12-37　双旺扬水站现状

4.12.10 耳闸

4.12.10.1 基本情况（图4-12-38、图4-12-39）

原名称：耳闸

现名称：耳闸

设计者：不详

区位地址：河北区堤头北大街新开河口

占地面积：不详

始建年代：1919年

产权单位：河北区政府

现使用者：耳闸公园

图4-12-38　耳闸区位图

图 4-12-39　耳闸航拍图

4.12.10.2　历史沿革

1881年，李鸿章提出在新开河、子牙河两河交界处建一坝一闸，即耳闸旧闸，分洪闸共18孔。耳闸新闸于1919年动工，1921年竣工，为新开河首闸，是天津市区最早的水利建筑设施。"文革"时曾改名为解放闸，钢混结构，由节制闸和船闸两部分组成。节制闸全宽79.35米，闸门14孔，高3.36米；船闸宽3米，高3.36米。2003年，新建七孔船型闸位于老耳闸下游51.4米处，宛如一座小型水库。目前改造成耳闸公园，并对公众开放。

4.12.10.3　遗存情况

耳闸总平面布局及现状照片见图4-12-40～图4-12-42。

耳闸现有工业遗存2处（表4-12-1）。七孔船型闸为近年新建。

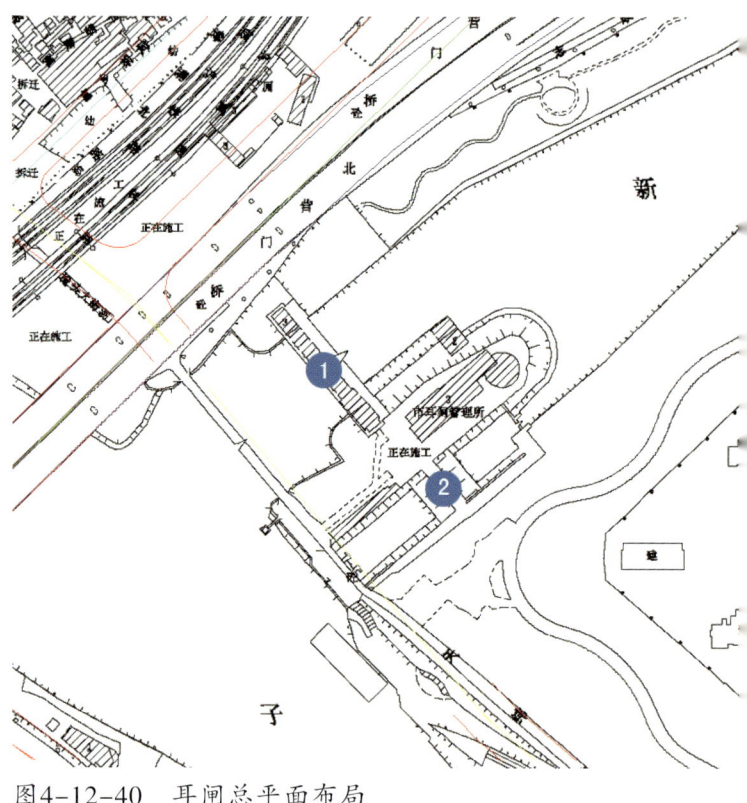

图 4-12-40　耳闸总平面布局

表4-12-1　耳闸建（构）筑物基本情况表

建筑编号	建筑名称	单体建筑长度（m）	层数	建筑高度（m）	始建年代	原使用功能及变迁情况	修缮及改造情况	建筑质量	建筑价值	保留策略
01	节制闸	79.35	1	3.36	1921年	使用功能未变更	不详	完好	高	全部保留
02	船闸	3	1	3.36	1921年	使用功能未变更	不详	完好	高	全部保留
03	七孔船型闸	21.80	1	21.80	2003年	使用功能未变更	不详	完好	一般	部分保留

资料来源：天津工业遗产调查表

图4-12-41　七孔船型闸现状

图4-12-42　船闸现状

4.12.11　马圈引河闸（洋闸）

4.12.11.1　基本情况

原名称：马圈引河闸、洋闸

现名称：马圈引河闸、洋闸

设计者：不详

区位地址：滨海新区（大港）西部马厂减河与马圈引河交汇处南侧

占地面积：不详

始建年代：1921年

产权单位：不详

现使用者：空置

4.12.11.2　历史沿革

马圈引河闸建成于1921年。马厂减河中下游曾淤积严重，为了开辟马厂减河洪水宣泄出路，由顺直水利委员会主持，在开挖马厂新减河（今马圈引河）的同时兴建河闸。因该闸位于马圈村附近而得名马圈引河闸，又因该闸使用了当时最先进的建筑材料——钢筋混凝土，并聘请洋人设计和督造，故当地人又称其为"洋闸"。该闸主要功能是分泄马厂减河洪水入北大港水库。1937年8月，国民政府第29军与日本侵略者在马厂减河下游一带激战，日军用炮火炸毁了该闸左边孔。1956年，马圈引河闸进行了全面维修改建。

4.12.11.3　遗存情况

马圈引河闸总平面布局及现状照片见图4-12-43～图4-12-46。

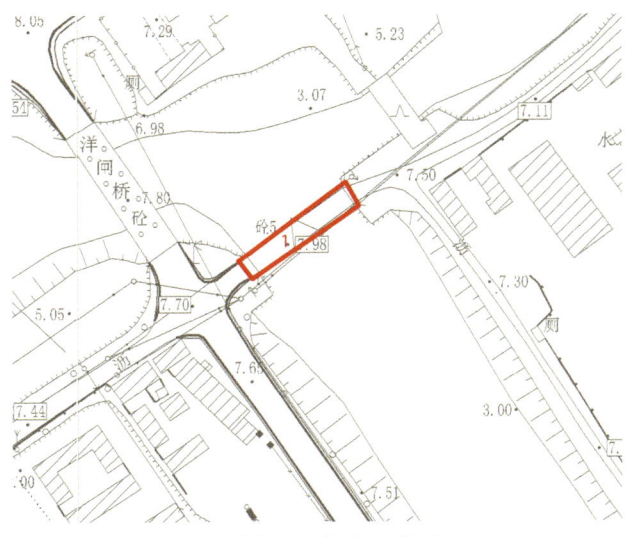

图4-12-43　马圈引河闸总平面布局

马圈引河闸现有工业遗存一处（表4-12-2），保留情况较好。该闸为钢筋混凝土和砌砖混合结构，共5孔，每孔净宽6米，总宽36.3米，设计流量为120立方米/秒。闸门为直升式平板钢闸门。该闸是天津境内第一座新式钢筋混凝土水闸，自建成以来，在马厂减河行洪、北大港水库蓄水和引黄济津等工程中发挥了重要作用。马圈引河闸现已空置，建议结合周边发展情况对其重点工业设备进行保护记录。

图4-12-44　马圈引河闸设备

图4-12-45　马圈引河闸现状（一）

图4-12-46　马圈引河闸现状（二）

表4-12-2　马圈引河闸建（构）筑物基本情况表

建筑编号	建筑名称	始建年代	原使用功能及变迁情况	建筑质量	设备情况	建筑价值	保留策略
01	洋闸	1921年	水利设施，现空置	完好	无	较高	完全保留

资料来源：天津工业遗产调查表

4.12.12 中国第一水工试验所

4.12.12.1 基本情况（图4-12-47、图4-12-48）

原名称：中国第一水工试验所

现名称：天津大学水利馆

设计者：不详

区位地址：南开区卫津路92号天津大学西门外

占地面积：建筑面积8588平方米；场地面积19 845平方米

始建年代：1952年

产权单位：天津大学

现使用者：天津大学

图4-12-47　中国第一水工试验所区位图

图4-12-48　中国第一水工试验所航拍图

4.12.12.2 历史沿革

天津大学水利馆前身为中国第一水工试验所。1928年华北水利委员会成立初，提出筹建河工试验所，后又计划与北洋工学院及北平研究院合办华北水工试验所。1931年8月，现代水利的奠基人李仪祉提出设立国立中央水工试验馆的提案，1932年由李赋都先生制定建设水工试验所的详细计划。1933年10月1日，华北水工试验所更名为中国第一水工试验所，由李书田主持建设。1935年11月，中国第一水工试验所落成并定名，位于天津黄纬路河北省立工学院内，李赋都为第一任所长。水工试验所的场地与黄纬路平行，长70米、宽30米，建筑面积2100平方米。是年11月12日举行落成典礼。

1937年7月28日，试验所毁于日本侵略军的炮弹之下，人员南迁。1947年，北洋大学在天津大红桥西菜园子复建水工试验所。1949年9月，更名为"天津水工试验所"，由北洋大学与华北水利委员会共管。至1950年11月，建设有800平方米试验大厅一座，内设玻璃水槽（长×宽×高为30m×0.35m×0.5m），由三组设备进行供水（45升/秒/组），勉敷初级水力试验之用。

1952年5月，原第一水工试验所工程师刘崇质将收藏于英租界的试验仪器移交给了天津水工试验所，包括毕托管、测针、比压计及带刻度玻璃管等，均系德国制造，测针精度达到3%，对天津水工试验所的发展有所帮助。

1952年，天津大学魏颐年、娄瑞清、胡恩生、宋礽、王尚毅及盛志超等教师开始负责水利馆的建设工作。南建筑中厅为水港模型试验室，东厅为水工模型试验室，西厅为水能模型试验室；北建筑东厅为水力学试验室，西厅为水工模型试验室，总建筑面积约2500平方米。馆内设计修建蓄水池以解决用水问题。

1953年，更名为"水利部天津水工试验所"（中央水利部）。后北洋大学更名为"天津大学"，水工试验所北洋大学部分（中央教育部）也迁入了新建的天津大学水利馆，而水工试验所余下部分均属水利部天津水工试验所。1954年，水利部天津水工试验所被洪水淹没，所有人及设备暂时寄居天津大学水利馆。同年，经协商同意，天津大学水利馆与水利部天津水工试验所合并。1956年，水利馆正式建成并投入使用。

4.12.12.3 遗存情况

原中国第一水工试验所总平面布局及现状照片见图4-12-49～图4-12-55。

图4-12-50　试验所北栋北立面

图4-12-51　试验所场地入口现状

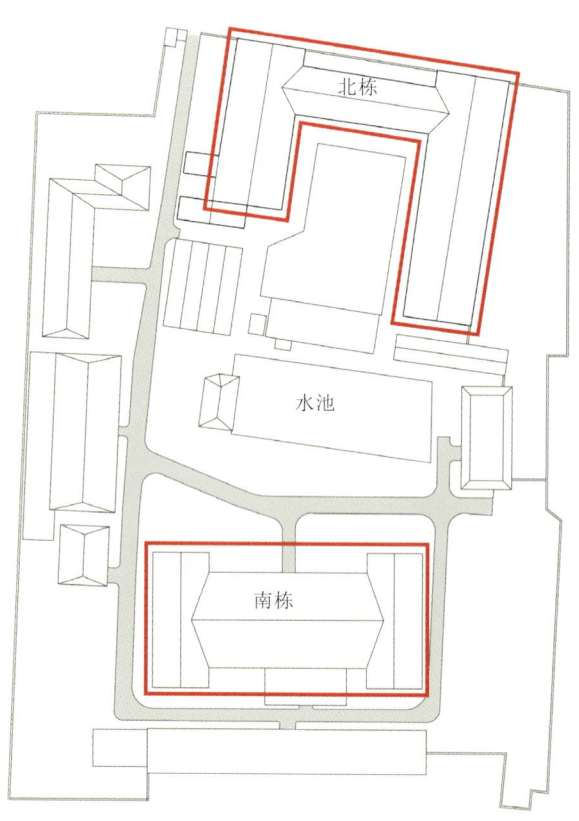

图4-12-49　原中国第一水工试验所总平面布局

图4-12-52　北栋屋架

图 4-12-53　南栋

图 4-12-54　室外试验模型

图 4-12-55　北栋室内试验模型

原中国第一水工试验所现有工业遗存2栋（表4-12-3）。

表 4-12-3　原中国第一水工试验所工业遗产调查表

建筑编号	建筑名称	单体建筑面积（m²）	层数	建筑高度（m）	始建年代	原使用功能及变迁情况	修缮及改造情况	建筑质量	建筑价值	保留策略
01	南栋	2793.5	2	11.9	1940年代	原为试验室，现为教学楼	改造中	完好	一般	全部保留
02	北栋	1898	1	6.7	1940年代	原为试验室，现空置	未修缮	完好	一般	全部保留

资料来源：天津工业遗产调查表

4.12.12.4　遗产价值与保护

天津大学水利馆前身是中国第一个现代水利科研机构——中国第一水工试验所，这是中国第一个国家级水利试验室，也是最早的中国水利科学研究机构。它的成立意味着中国现代水利科学研究由此开始，标志着我国水利行业的研究由经验主义转向科学试验的新阶段。

目前，天津大学水利馆正在推进修缮改造工作，拟作为教学办公用房重新利用，建议在保护的基础上进行改造利用。

4.12.13　九宣闸

九宣闸（图4-12-56、图4-12-57）位于静海区靳官屯马厂减河首端，主要分泄南运河洪水，经马厂减河导洪入海。同时，作为"引黄济津"入津的第一站，承担着引黄应急调水的重要任务。为解决天津市用水，该闸曾多次在"引黄济津"中担负引黄输水任务。

该闸建于清光绪七年(1881年)，曾多次进行改造，是天津水利史上较早修建的水闸。除闸门和启闭设备做了更新换代以外，其他建筑均为原建筑物，且还在使用中。

该闸在中国近代水利科学技术方面具有典型

图4-12-56　九宣闸区位图

图4-12-57　九宣闸航拍图

的代表性,不仅是一座重要的水利工程建筑,而且还含有历史文物的价值。2013年其前段新建新闸。该闸现为天津市文物保护单位。

4.13 其他行业

4.13.1 天津利生体育用品厂

4.13.1.1 基本情况(图4-13-1、图4-13-2)

原名称:天津利生体育用品厂
现名称:天津南华利生体育用品有限公司
设计者:不详
区位地址:河北区昆纬路116号
占地面积:建筑面积8005平方米;厂区面积8373平方米
始建年代:1928年
产权单位:天津南华利生体育用品有限公司
现使用者:空置

4.13.1.2 历史沿革

1921年天津利生体育用品厂创建,是天津最早的体育用品厂。1928年迁至现址(今河北区昆纬路116号)。1996年与香港南华集团合资,更名为"天津南华利生体育用品有限公司"。现已空置。

4.13.1.3 遗存情况

原天津利生体育用品厂总平面布局及现状照片见图4-13-3～图4-13-7。

原天津利生体育用品厂现有工业遗存6处(表4-13-1)。

图4-13-1 原天津利生体育用品厂区位图

图4-13-2 原天津利生体育用品厂航拍图

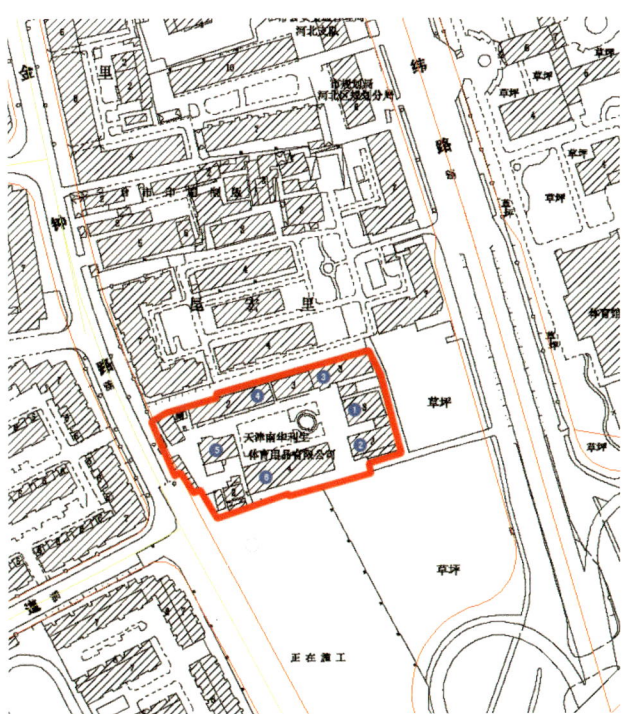

图4-13-3 原天津利生体育用品厂总平面布局

图4-13-4 办公楼（01）

图4-13-5 办公楼（02）

图4-13-6 锅炉房（05）

图4-13-7 车间（04）

表4-13-1 原天津利生体育用品厂建（构）筑物基本情况表

建筑编号	建筑名称	建筑面积（m²）	层数	建筑高度（m）	始建年代	原使用功能/变迁情况	修缮及改造情况	建筑质量	建筑价值	保留策略
01	办公楼	999	3	11.56	1980年代	功能未变更	无	完好	一般	部分保留
02	办公楼	788	2	9.24	1980年代	功能未变更	无	完好	一般	部分保留
03	车间	1428	3	16.15	1980年代	功能未变更	无	完好	一般	部分保留
04	车间	980	2	9.20	1980年代	功能未变更	无	完好	一般	部分保留
05	锅炉房	574	2	7.47	1980年代	功能未变更	无	破损	一般	部分保留
06	办公楼	3236	4	15.44	1980年代	功能未变更	无	完好	一般	部分保留

资料来源：天津工业遗产调查表

4.13.2 翟记棺材铺旧址

翟记棺材铺旧址（图4-13-8～图4-13-10）位于西青区杨柳青镇十街河沿大街88号，建筑面积196平方米。该铺坐北朝南，前后一进院落，采用前店后厂式布局，整个院落建筑形式均采用小式硬山做法，具有典型的民国时期地方建筑风格。旧址东面1000米处是石家大院，南临大运河，北临猪市大街，西临药王庙大街。

图4-13-8 翟记棺材铺旧址区位图

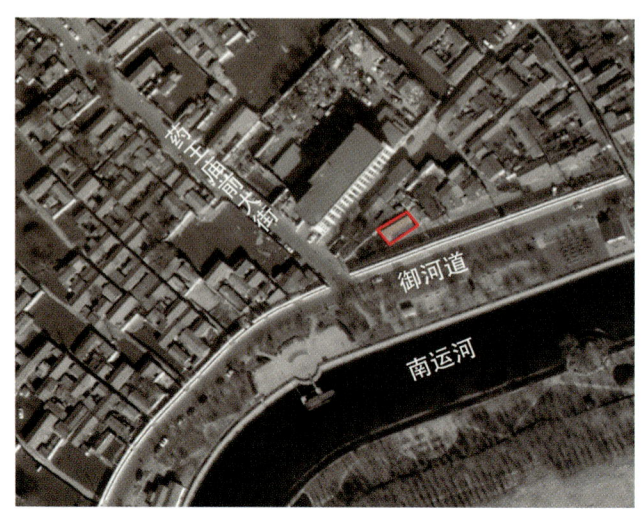

图4-13-9 翟记棺材铺旧址航拍图

图4-13-10 翟记棺材铺旧址现状

4.13.3 前甘涧兵工厂旧址

前甘涧兵工厂旧址（图4-13-11～图4-13-13）位于蓟州区下营镇前甘涧村东的山洞里。该厂始建于1973年，面积14 000平方米。现存两洞口，南面洞口已被封，北面洞口已被改建，两个洞口相距约20米。洞内有铁架。洞口西面是山野活动基地运动广场，四面环山。旧址保存情况一般。

图4-13-11　前甘涧兵工厂旧址区位图

图4-13-12　前甘涧兵工厂旧址航拍图

图4-13-13　前甘涧兵工厂旧址现状

4.13.4　合线厂车间

合线厂车间（图4-13-14～图4-13-16）原为西青区杨柳青镇十二街村村办企业使用，2000年左右归私人所有。现有工业遗存一处。车间东面为胜利胡同，西面为大楼胡同，南面是利民大街，北面与民居相邻，四周民宅均为平房，向北800米是西青道。

图4-13-14　合线厂车间区位图

图4-13-15　合线厂车间航拍图

图4-13-16　合线厂车间现状

第 5 章

天津工业遗产保护规划：
从城市整体到遗产单元的探索

工业遗产的概念进入中国后，中国各城市陆续探索了工业遗产保护规划。天津工业遗产保护规划包括规划部门探索的市域工业遗产资源总体规划和文物部门探索的工业遗产文物保护单位保护规划。此外，天津还探索了城市新开发区内工业遗产保护规划。天津对工业遗产保护规划的把握反映了天津对工业遗产价值的认识。笔者课题组参与了这三类保护规划，并主要负责了天津滨海新区中心商务区工业遗产保护规划和北洋水师大沽船坞遗址保护规划。结合对天津市域工业遗产保护规划规划师的采访、笔者课题组的实践，以及对保护规划实施的调查，可以发现，保护规划虽然构建了一套保障工业遗产价值的框架体系，但保护规划的实施还是遇到了一些瓶颈问题。本章通过价值检验的方法介绍了天津如何通过不同类型的保护规划的编制与实施，识别并呈现工业遗产的价值，从城市的角度考察天津的中国工业遗产保护实践。

5.1 天津工业遗产保护规划概况

5.1.1 研究对象与研究方法

5.1.1.1 研究对象

天津完成普查工作后，探索了工业遗产的专项保护规划及关联性规划（表5-1-1），关联性规划虽然对象具有普遍性（工业遗产为其中的一个类型），但工业遗产依然作为主要研究对象[①]。基于以上原则，本章从市域、新区、遗产

表5-1-1 天津市已知的工业遗产保护规划统计表

类型	名称	规划规模	时间	设计单位	委托主体
专项类规划	天津市工业遗产保护与利用规划	市域	2016年6月公布	天津市城市规划设计研究院	天津市规划局
	北洋水师大沽船坞遗址保护总体规划	遗产单元	2009年区级文物；2018年国家级文物；保护规划完成	天津大学建筑设计研究院、天津大学中国文化遗产保护国际研究中心	天津滨海新区宣传部
	塘沽南站	遗产单元	2013年国家级文物；编制中	中国建筑设计研究院建筑历史研究所	天津滨海新区文物保护管理所
关联类规划	天津滨海新区中心商务区文物保护与发展规划	中心商务区	2017年	天津大学建筑设计研究院	天津于家堡投资控股（集团）有限公司
	滨海新区中心商务区文物保护总体规划	滨海新区	编制中	天津大学建筑设计研究院	天津滨海新区文物保护管理所
	滨海新区紫线划定规划	滨海新区	编制中	天津市城市规划设计研究院	天津滨海新区文物保护管理所
	天津市境内国家级、市级文物保护单位保护区划	市域	2015年公布	天津大学建筑设计研究院	天津市文物管理中心

资料来源：笔者统计

---

① 《天津滨海新区中心商务区文物保护与发展规划》规划对象共31处，其中工业遗产占26处。

单元三种不同规划规模层面分析天津工业遗产保护规划编制和实施中的经验及问题。

5.1.1.2 数据来源

本章的规划数据类型主要为规划文本、图纸、说明书（部分有）及有关的文件，其中《天津市工业遗产保护与利用规划》于2015年1月20日在规划局官网公示[①]，管理文件于2015年2月26日公布[②]；《北洋水师大沽船坞遗址保护总体规划》和《天津滨海新区中心商务区文物保护与发展规划》为笔者参与实践；文中涉及的其他批复文件来源于国家文物局官网[③]，涉及的其他保护规划为实践过程中搜集。

5.1.1.3 研究方法

本章是基于《天津市工业遗产保护与利用规划》的规划成果（公示和阶段性）的研究，以工业遗产的价值为线索，以生产线的技术价值为切入点，分析保护规划编制和实施的过程。2011—2012年规划局委托天津大学进行了详细的普查，在此基础上进行规划。核心问题通过编制技术路线、价值评估、保护对象、再利用、多规合一、规划实施6个方面展开，其中编制技术路线在于考察价值理论和技术对接的路径；价值评估、保护对象、再利用则考察价值对接规划主要环节的方法；多规合一呈现保护规划与遗产地规划体系对接的过程，并检验该过程后的工业遗产价值状况；规划实施则是基于管理的角度考察价值（图5-1-1）。鉴于规划对象的不同，可与共同的保护对象——北洋水师大沽船坞遗址（船舶制造行业）对比分析具体的问题。

本章的研究除了对实证文本及实践文本进行分析外，增加了对实证文本的规划师的访谈及其相关言论的考察，访谈对象为《天津市工业遗产

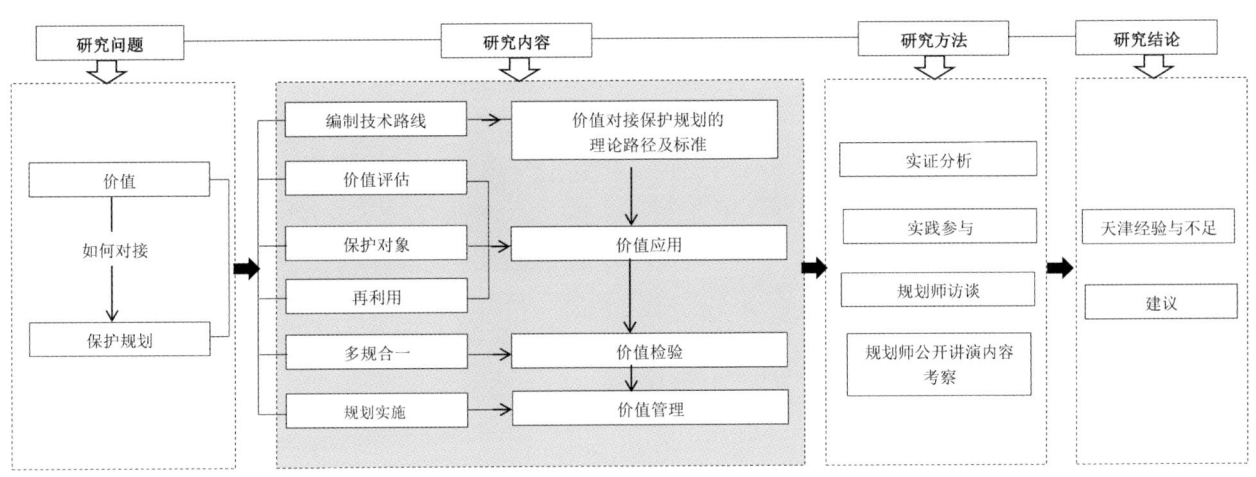

图5-1-1 研究技术路线图
（资料来源：笔者自绘）

---

① http://gh.tj.gov.cn/news.aspx?id=11980，公示时间是2015年1月20日，但是规划成果时间为2016年6月。
② http://gh.tj.gov.cn/news.aspx?id=12383。
③ http://www.sach.gov.cn/.

保护与利用规划》的主创规划师于红①，与该规划相关的其他规划师有周长林、沈锐、陈畅②，总结了他们在交流论坛发表的讲演内容。

在《北洋水师大沽船坞遗址保护总体规划》编制过程中，研究团队开展了各城市及文物保护单位保护规划的调查，访谈了相应的规划师，旨在从不同规划师视角探索规划编制的策略。

5.1.2 天津市工业遗产保护规划

从编制时间发展脉络分析，天津相继探索了工业遗产单元保护规划、市域工业遗产资源总体规划、中心商务区工业遗产保护规划。天津碱厂地块的保护规划属于早期探索的典型案例，其中科学厅和白灰窑为区级文物保护单位，由于产业转型和建设开发的需求，目前除文物单体外，其余全部拆除，未按保护规划实施③（图5-1-2～图5-1-4）。2008年滨海新区修建中央大道，大道直接穿越北洋水师大沽船坞遗址，在天津市船厂、天津大学等的呼吁下，大沽船坞得到保护。2009年受塘沽区文化局（现为滨海新区文物保护管理所）委托，天津大学中国文化遗产保护国际研究中心编制了《北洋水师大沽船坞遗址保护总体规划》，在2013年北洋水师大沽船坞成为全国重点文物保护单位后，按照《全国重点文物保护单位保护规划编制要求》继续完善该规划。这是天津市工业遗产保护最早的规划，也是天津城市规划中，首次考虑工业遗产保护规划。

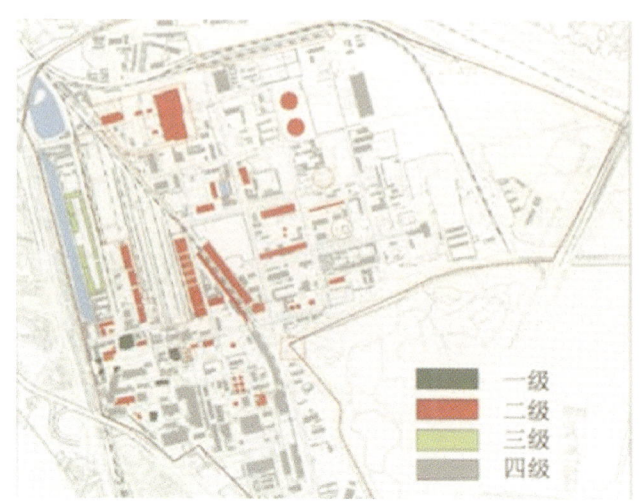

图5-1-2 保护规划确认的建（构）筑物等级图
（资料来源：《工业遗产保护规划及设计研究——以天津滨海新区核心区天津碱厂地区为例》）

图5-1-3 天津碱厂地区现状
（资料来源：2019年百度地图）

---

① 于红专访：2018年9月30日于天津市城市规划设计研究院。
② 沈锐：2015年9月20日在"新型城镇化视角下的工业遗产"论坛（南京·东南大学）发表《天津市工业遗产保护与利用规划和实践》（http://www.planning.org.cn/report/view?id=107&page=7）；周长林：2016年6月15日在"存量规划视角下的工业遗产保护与再利用方法思考"论坛（北京·北京规划委）发表《天津市工业遗产保护与利用规划》（https://mp.weixin.qq.com/s?__biz=MzAwMzIwNDE2MQ==&mid=2760248402&idx=4&sn=c18c2befe06a949e8f9002ac54ec6761&scene=4#wechat_redirect）；陈畅：2015年11月17日在论坛交流会发表《发现与再生——天津市工业遗产保护利用规划》。
③ 保护规划方案见：刘伟，田嘉. 工业遗产保护规划及设计研究——以天津滨海新区核心区天津碱厂地区为例［J］. 规划师，2010（7）：56-60.

a. 从白灰窑看场地

b. 科学厅周边场地

图5-1-4　天津碱厂场地现状
（资料来源：笔者自摄于2017年11月）

2011年受规划局委托，天津市城市规划设计研究院编制了《天津市工业遗产保护与利用规划》。2017年受中心商务区相关部门委托，天津大学建筑设计研究院编制了《天津滨海新区中心商务区文物保护与发展规划》。

从编制主体和设计单位分析，委托主体有规划局、文物局、资本方，设计单位为市规划院和具备文物保护规划资质的天津大学建筑设计研究院[1]。市规划院发挥了与规划局对接的优势，并且依托名城体系规划的经验，有利于规划实施。天津大学建筑设计研究院具有文物保护规划的实践经验，发挥高校历史研究优势，依托文物局和政府相关部门对接，沟通途径为间接的。天津大学建筑设计研究院编制的《天津滨海新区中心商务区文物保护与发展规划》委托主体为资本方，资本方试图协调文物保护与城市发展之间的矛盾。

从规划性和法定性分析，以政府公布为标准，仅有《北洋水师大沽船坞遗址保护总体规划》编制完成后要求由天津市政府公布，《天津市工业遗产保护与利用规划》由天津市规划局公布，《天津滨海新区中心商务区文物保护与发展规划》属协调类规划，为促使控规和文物保护规划（保护区划）调整提供参考。

从保护对象范畴分析，《天津市工业遗产保护与利用规划》公布在前，且属市域层面规划，应为后两个规划的总体规划，但因委托主体和规划性质不同，前者仅成为后两个规划的参考，并未成为依据。以大沽船坞为例，三个规划对象均有大沽船坞的近代遗产和现代天津市船厂，但保护对象、保护区划、再利用策略均存在差异（详见后文分析）。《天津滨海新区中心商务区文物保护与发展规划》共36处工业遗产，与《天津市工业遗产保护与利用规划》交叉相同的为19处，由此可见，相同区域层面的工业遗产遴选标准不尽相同。

---

[1] 现名天津大学建筑设计规划研究总院有限公司。目前中国从事文化遗产保护规划的资质主要有两种：第一，城乡规划资质，承担历史文化名城体系保护规划项目；第二，文物保护规划资质，承担文物保护规划和世界文化遗产保护管理规划项目。

5.1.3 从全国看天津市工业遗产保护规划

天津的实践是中国工业遗产保护规划相关议题的重要组成，有利于城市比较视角的研究及城市之间规划实践的交流。以2006年《无锡建议》为界，已知编制工业遗产保护规划的城市有无锡（2007年启动）、常州、杭州（2009年启动）、重庆、南京（2013年启动）、武汉（2011年启动）、天津（2011年）、上海（2013年启动，未推进）、济南（2015年）、北京（2016年启动）。从编制启动时间看，天津属于中国早期探索的城市之一；从保护规划对象数量看，天津为目前已知的城市中最多的（图5-1-5）。

2009年，塘沽区文物部门启动北洋水师大沽船坞遗址保护规划，委托天津大学中国文化遗产保护国际研究中心进行。当时大沽船坞并非全国重点文物，但其保护规划却是以全国重点文物的标准推进的，甚至纳入了世界遗产的保护理念。2013年大沽船坞被批准为全国重点文物保护单位，次年在国家文物局立项并修改保护规划。与全国重点文物保护单位进行全国比较[1]，目前天津仅大沽船坞编制了保护规划，规划立项时间为2014年6月8日。通过国家文物局官网公示的工业遗产保护规划立项文件共24个，其中11个早于天津（表5-1-2）。在大沽船坞保护规划编制期间，通过对规划立项、方案审查的批文进行比较，设计者分析了编制规划应注意的问题，如保护对象认定、价值评估、保护区划划定等[2]，从这个角度看，天津借鉴了国内已知的其他全国重点文物之工业遗产规划。同时基于调查期间搜集

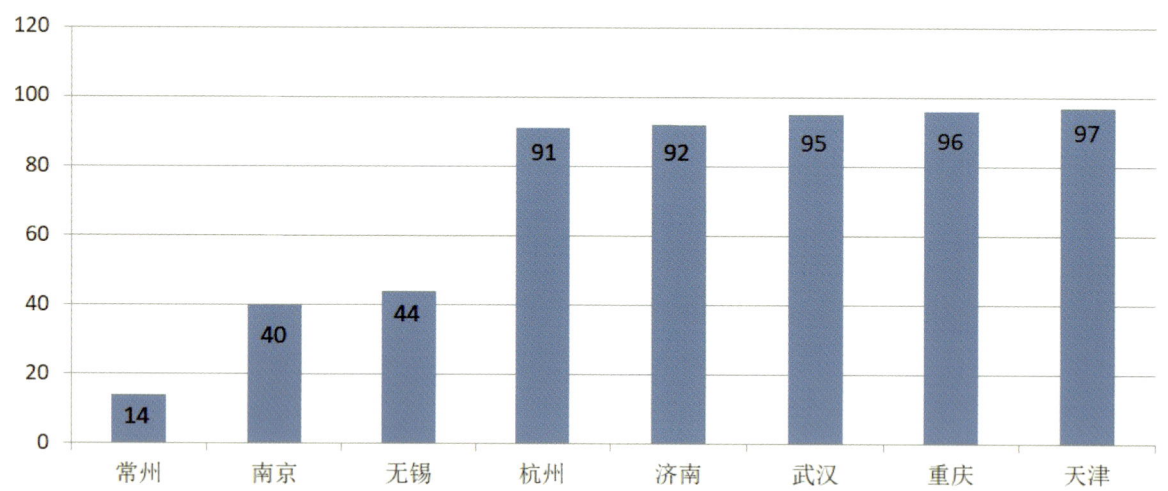

图5-1-5 已知的城市保护对象数量统计
（资料来源：笔者自绘）

---

[1] 其他级别的文物保护单位保护规划由属地相应政府公布管理，数据较难统计，目前课题组已知的包括《上海江南造船厂厂区工业遗产保护规划》（市保·2007）、《北洋水师大沽船坞遗址保护总体规划》（区保·2009）、《郑州纺织工业基地（国棉三厂）保护展示规划》（市保·2009）、《山西省晋中市晋华纺织厂旧址文物保护规划》（区保·2014）、《河南省塑料机械股份有限公司旧址保护规划》（省保·2015），共5处非国保规划。大沽船坞的探索处于早期，仅晚于上海江南造船厂。

[2] 通过官网整理，国家文物局启动工业遗产保护规划编制的共32处，其中22处已立项、3处规划编制已通过、5处规划编制不予通过。

表5-1-2　按照规划立项时间统计的全国重点文物保护单位中的工业遗产数据

2008年（1处）	2011年（2处）	2013（6处）	2014年（2处）	2014年（1处）	2015年（11处）	2016年（1处）
兴国革命旧址	昂昂溪中东铁路建筑群；中东铁路建筑群	红旗渠；碧色寨车站；子德日建筑群；福建船政建筑；美孚洋行旧址；中东铁路建筑群（黑龙江段）	本溪湖工业遗产群；中东铁路建筑群——公主岭俄式建筑群	北洋水师大沽船坞遗址	重庆抗战兵器工业旧址群——钢铁厂迁建委员会生产车间旧址；重庆抗战兵器工业旧址群——第一兵工厂旧址；东源井古盐场；侵华日军第七三一部队旧址安达特别实验场遗址；秦皇岛市港口近代建筑群；张裕公司酒窖；淄博矿业集团德日建筑群；玉门油田老一井；安源煤矿总平巷矿井口；中东铁路建筑群（吉林段）；中东铁路建筑群（扩展项目）一面坡中东铁路建筑群	中东铁路建筑群（辽宁段）

资料来源：国家文物局官网：http://gl.sach.gov.cn/sachhome/public/gov-info-open.html.

整理的保护规划研究，完善了大沽船坞的规划成果，如技术流程图的表达借鉴了《华新水泥厂旧址保护规划》。而大沽船坞的规划经验通过与河南省文物建筑保护研究院交流亦影响了《河南省塑料机械股份有限公司旧址保护规划》的技术价值研究[①]。

5.2　天津工业遗产保护策略及实践

5.2.1　市域层面专项规划：《天津市工业遗产保护与利用规划》

5.2.1.1　技术路线

天津参考历史文化名城保护规划的要求编制工业遗产保护规划。[②]在2007年全国第三次文物普查基础上，2011—2012年天津市规划局与天津大学中国文化遗产保护国际研究中心等单位联合针对工业遗产进行普查，选取121处工业遗产，根据天津市工业遗产的认定标准《天津市工业遗产管理方法》，于2013年发表征求意见稿，2016年确认97处，并从保护体系与保护内容、利用模式、规划实施保障三个方面构建规划策略。在构建技术路线的过程中，明确了天津市工业遗产的定义：从洋务运动时期至第二个五年计划期间（1860—1962年），天津钢铁铸造工业、船舶制造业、机械工业、纺织工业、电子工业等工业门类的生产、加工、仓储等工业物质遗存，包含工业建筑物和附属设施，也包括已经列入文物保护单位和历史建筑的工业遗存[③]。

基于技术路线考察价值对接的理论路径（图5-2-1、图5-2-2）。首先，价值位于技术路线

---

① 笔者参与了河南省该项目的规划调查，协助了工艺流程的研究。
② 笔者在于红专访中，曾向其提问：天津工业遗产保护规划编制技术路线的参考依据是什么？于红回答：2010年我在规划局保护处借调时，恰逢天津开展历史街区的规划编制，多少受此启发。
③ 于红，陈畅. 工业遗产规划管理的问题分析与对策研究［C］// 中国城市规划学会. 城乡治理与规划改革——2014中国城市规划年会论文集. 海口：中国城市规划学会，2014：747-758.

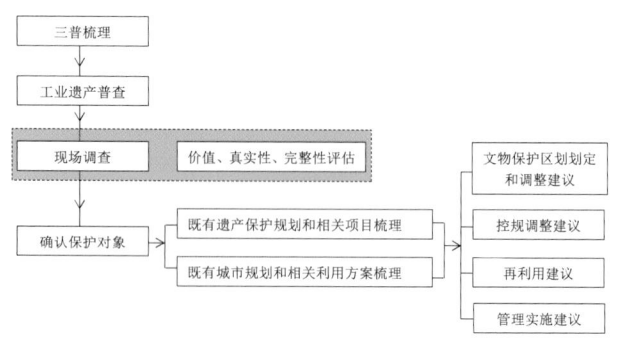

图5-2-1 技术路线
（资料来源：根据天津工业遗产普查资料、保护规划文本信息和规划师采访绘制）

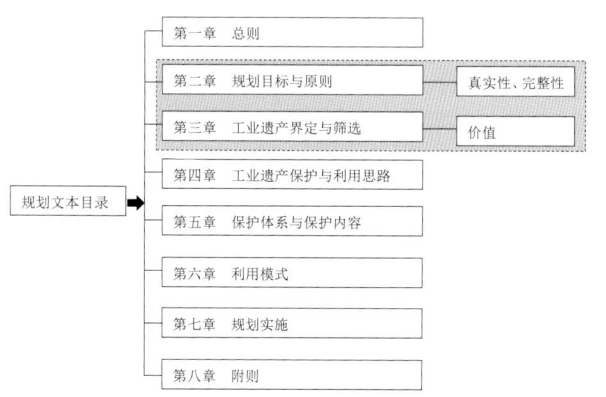

图5-2-2 规划文本目录
（资料来源：《天津市工业遗产保护与利用规划》（2016））

的上游环节，即天津市工业遗产认定标准。其次，从保护规划各环节的依据分析，目前仅能从规划原则（整体性原则、原真性原则、协调性原则、多元性原则）中找到线索，"协调和多元"是利用原则[①]，整体性（完整性）和原真性（真实性）为保护原则，其他规划环节仅有结果式的表述，无法考察规划过程与价值、真实性、完整

性之间的关联。最后，仅能确认价值保护的理论路径是围绕真实性和完整性构建的。其中真实性标准：尊重历史真实性，突出工业遗产的工业风貌与特色；完整性标准：工业遗产的建（构）筑物、景观元素、工艺流程等物质与非物质遗产的完整。[②]

5.2.1.2 价值评估

天津市城市规划设计研究院进行价值评估按照定性和定量两条线索展开（图5-2-3）。工业遗产单元定性包括历史价值、技术价值、建筑价值、景观价值、社会价值、利用价值，其中除了利用价值是使用后价值外，其余均在固有价值范畴内（表5-2-1）。建筑层面定性除了以上六大

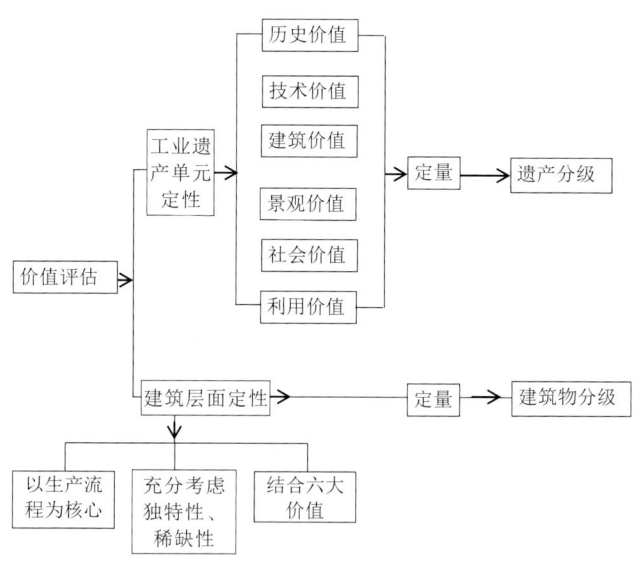

图5-2-3 价值评估的框架
（资料来源：根据《天津市工业遗产保护与利用规划》（2016）整理）

[①] 协调性：保护与利用从城市功能定位和空间布局出发，结合时代要求合理更新改造，为产业结构调整和经济转型搭建平台。多元性：挖掘工业遗产保护与利用的多种可行模式，增强工业遗产保护与利用工作的可操作性。
[②]《天津市工业遗产保护与利用规划》（2016）

表5-2-1 价值定义

价值分类	定义
历史价值	时间久远，一般为50年以上，具有重要历史价值的可以例外
	与重要历史事件或历史人物相关
技术价值	生产工艺在该行业具备开创性、唯一性、濒危性
建筑价值	具备典型或独特的建筑风格和美学价值；建筑结构具备独特性和先进性
景观价值	建筑与结构具备独特的工业景观特征
社会价值	凝聚了深远的社会影响与特殊的社会情感
	体现了独特的企业文化
利用价值	建筑结构具有可利用性
	建筑空间具有可利用性

资料来源：《天津市工业遗产保护与利用规划》（2016）

价值外，还需考虑独特性、稀缺性，并且以生产流程为核心。定量则是根据定性分析后进行遗产分级和建筑分级。

例如，大沽船坞被定量为一级工业遗产，从文本中无法考证价值评估过程（后文从定义中考证）。在建筑层面价值评估中，笔者按照近代建筑遗产和现代建筑遗产进行对应性分类解读（表5-2-2），尝试通过文字阐述总结其采用的价值标准，包括技术价值、历史价值、建筑价值，从这个角度考量，仅综合了六大价值中的三项（近代遗产采用了两项，现代遗产采用了一项），但从生产线角度强化了轮机车间的技术价值。这反映了工业遗产价值探索的过程。

表5-2-2 大沽船坞部分价值评估

价值	遗产对象	价值阐述	可能的分类
近代建筑遗产价值	轮机车间	大沽船坞的主要机械加工力量	技术价值
	甲坞	仍承担修船、造船功能	技术价值
	海神庙遗址	地下文物遗存	不易归类
	船坞遗址	历史悠久，为中国北方最早的船舶修造厂的代表	历史价值
现代建筑遗产价值	办公楼	建筑立面风格突出	建筑价值
	车间	砖混坡屋顶结构	不易归类

资料来源：根据《天津市工业遗产保护与利用规划》（2016）整理分析。

5.2.1.3 保护对象

规划按照先确定保护内容再构建保护体系的方法来确认保护对象（图5-2-4）。保护内容较全面，分为五类，基本涉及了工业遗产的核心内容。保护体系按"点—线—面"的思路构建，但是"面"的规模尺度为遗产单元（生产风貌格局），并未从生产链的角度构建工业遗产更加宏观的保护尺度。

规划最终确认了97处工业遗产，分为两个层次。第一层次为与工业生产直接相关的，有37处，分级保护并制定图则；第二层次为与工业生产间接相关的，有60处，暂不制定图则。第一层次又分为三级（表5-2-3），一级工业遗产全部具有高级别法定保护身份；二级工业遗产或具有低级别法定保护身份，或为一般典型工业遗存；三级为满足工业遗产标准，并具有一定历史、技术、社会和建筑价值的工业遗产。[①]三者之间的价值关系主要靠法定保护身份来区分。37处与工业生产直接相关的工业遗产中，具有法定保护身份的占59%（22处）。60处与工业生产间接相关的工业遗产中，大量的火车站未进入保护图则，如天津西站主楼（全国重点文物保护单位）。按照表5-2-3的分级标准，黄海化学工业研究社旧址为一级工业遗产，杨柳青年画馆为一级工业遗产，盛锡福帽庄旧址为二级工业遗产，它们的工业生产的技术价值也未在图则中阐释。

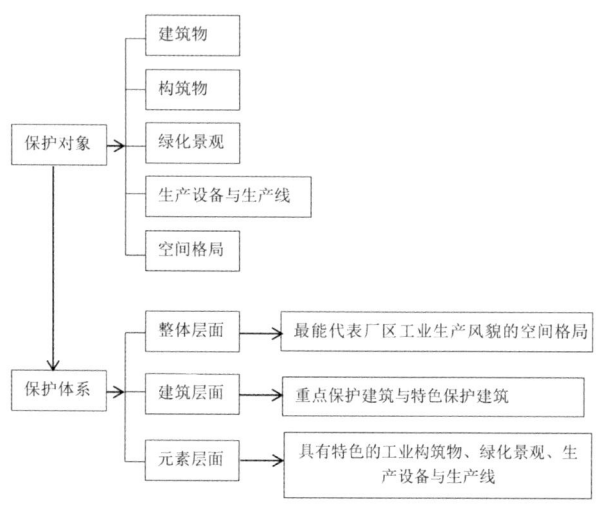

图5-2-4 保护对象构建体系
（资料来源：根据《天津市工业遗产保护与利用规划》（2016）整理）

表5-2-3 工业遗产分级

工业遗产分级	定义
一级工业遗产（14处）	符合以下一条即可： 1.厂区内含有国家级、市级或区级文物保护单位； 2.厂区内含有天津市特殊保护或重点保护等级的历史风貌建筑
二级工业遗产（17处）	符合以下一条即可： 1.历史、技术、社会、建筑等价值，能够体现天津特色，或具有重要的纪念和教育意义； 2.厂区内含有尚未核定为文物保护单位的不可移动文物； 3.厂区内含有天津市一般保护等级的历史风貌建筑
三级工业遗产（6处）	满足工业遗产评定标准，具有一定历史、技术、社会和建筑价值的工业遗产

资料来源：《天津市工业遗产保护与利用规划》（2016）

---

① 《天津市工业遗产保护与利用规划》（2016）

除从价值与保护对象对应关系判定以上问题外，因为工业遗产没有法律依据，在划定保护等级的时候，规划要征求天津市所有相关部门和产权单位，协调经济利益以及搬迁等压力，因此一级工业遗产名录被压缩，最后变成最高等级均为具备文物身份者。①

例如，大沽船坞的保护对象包括了全国重点文物保护单位和部分天津市船厂（图5-2-5）。从新修订的规划来看，保护范围大幅压缩，海神庙遗址并未考虑考古发掘后的完整性。而1949年后的遗产（可称现代遗产）仅有2处被定性为特色保护建筑，这有悖于规划构建的保护内容（生产线、设备等），且和规划确定的完整性标准不符，这是争议较大之处②。

造成以上问题的原因有两个：第一，大沽船坞涉及的文物本体和保护范围、建设协调区由于对接的2015年颁布的《天津市境内国家级、市级文物保护单位保护区划》的范围缩小而相应缩小；第二，天津市船厂的保存最终主要对接了控规，而控规应该是在充分考虑遗产保护的前提下制定的，但在大沽船坞这个案例上却正好相反，事先规划的庆盛道横穿厂区，为了保证庆盛道开通，《天津市工业遗产保护与利用规划》（2016）不得不压缩保护范围。

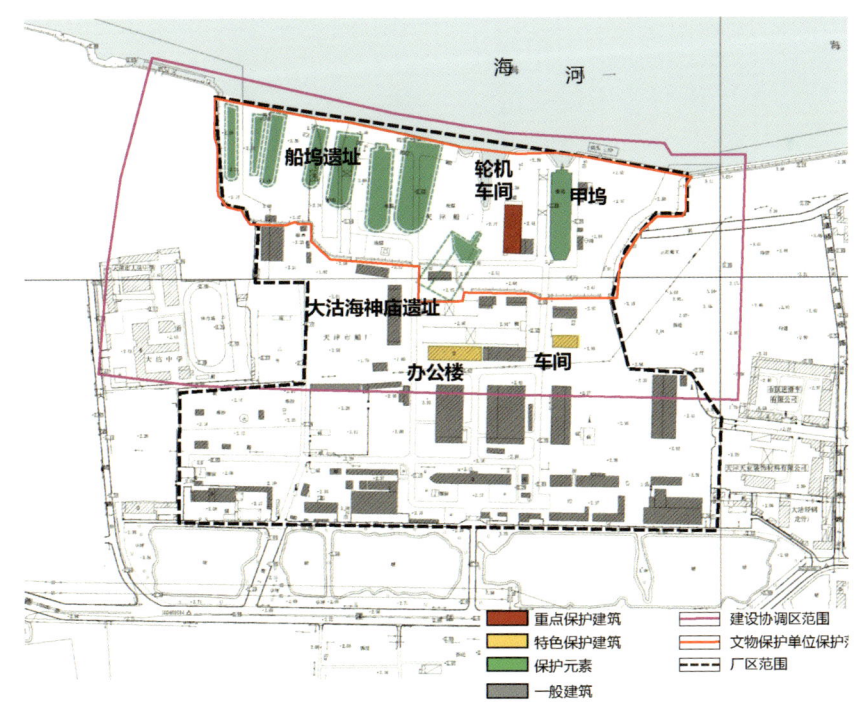

图5-2-5 大沽船坞保护对象分布图
（资料来源：《天津市工业遗产保护与利用规划》（2016））

---

① 于红专访：2018年9月30日于天津市城市规划设计研究院。在2013版《天津市工业遗产保护与利用规划》中，工业遗产分为最具代表性工业遗产、典型工业遗产、一般工业遗产。其中天津第一机床厂、天津拖拉机厂等均是最具代表性工业遗产，在2016年公示版中分别成为二级、三级工业遗产；黄海化学社旧址为典型工业遗产，在2016年公示版中成为一级工业遗产。
② 截止到目前（2022年1月），天津市船厂保存完整，包括厂房、生产线。

5.2.1.4 再利用策略

规划设定的利用模式有4种，分别为文化展览模式、主体休闲模式、创意产业模式和开放空间模式，并规定了利用类型、适用范围和空间分布（图5-2-6、表5-2-4）。规划并未明确价值和展示的关联性。

例如，大沽船坞再利用属于创意产业模式，其中沿海河岸边的1949年前的遗产以纪念和展示为主，1949年后的遗产为创意产业使用，船厂地块整体开发（图5-2-7）。基于大沽船坞文物导向的产业利用，规划对1949年前的遗产的整体定位和价值匹配较高（广场、博物馆），而忽视了工业遗产整体的生产线的内在逻辑展示（表5-2-5），但是作为天津保护工业遗产的初步设想是值得称道的。

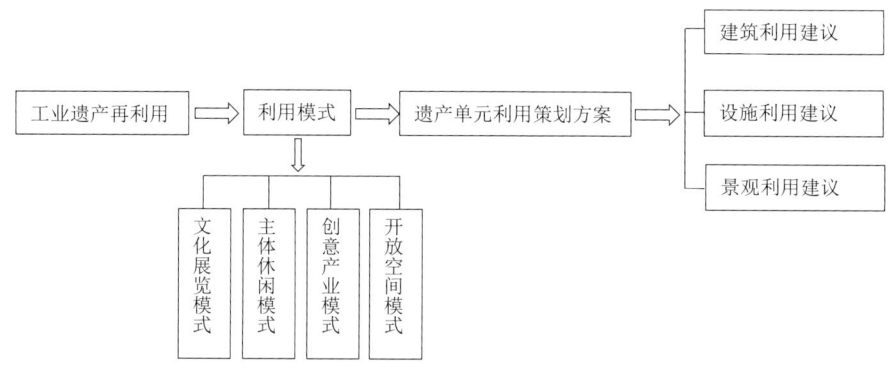

图5-2-6　工业遗产再利用策略
（资料来源：根据《天津市工业遗产保护与利用规划》（2016）绘制）

表5-2-4　利用模式详表

利用模式	利用分类	内　容
文化展览模式	利用类型	美术馆、音乐馆、博物馆、音乐厅等文化展览设施
	适用范围	历史价值较高，以单体厂房或小型厂区组团式为主的工业遗产
	空间分布	适合文化氛围浓郁、步行可达性高、人口密度较高的地区，例如市中心区、旅游区等
主体休闲模式	利用类型	酒店、酒吧、咖啡厅、舞厅等娱乐休闲设施
	适用范围	除文物保护单位以外，近人尺度、体量相对较小的工业遗产
	空间分布	适合于有一定消费能力的地区，或者交通可达性高的地区，或者零售商业集中且人口密集或流动性高的地区
创意产业模式	利用类型	研发、设计、总部办公、咨询
	适用范围	具有一定规模的厂区，且建筑内部空间较大，易于再次分隔、改建，易于灵活使用的工业遗产建筑
	空间分布	适合于交通可达性高、文化多样性高、租金相对低廉的地区

续表

利用模式	利用分类	内容
开放空间模式	利用类型	公园、社区公园、城市广场等
	适用范围	特征突出的建构筑物、绿化景观、生产设备与生产线
	空间分布	适合于城市公园、城市广场、社区公园等

资料来源：《天津市工业遗产保护与利用规划》（2016）

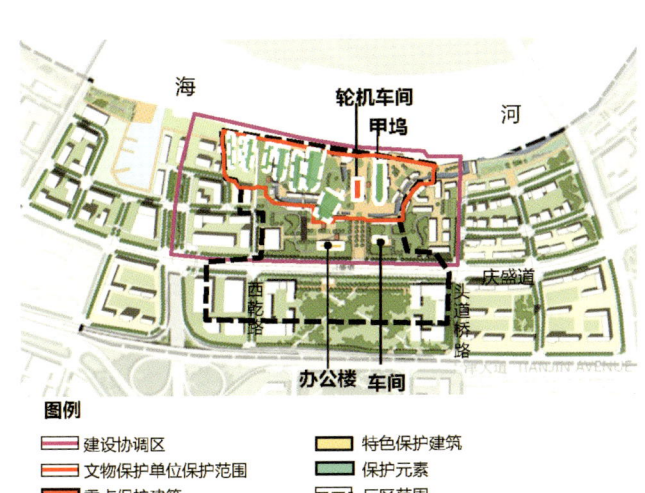

图5-2-7 大沽船坞的策划方案
（资料来源：《天津市工业遗产保护与利用规划》（2016））

表5-2-5 大沽船坞的再利用

遗产年代	遗产名称	再利用类型	再利用模式
近代遗产	甲坞	纪念广场	创意产业模式
	轮机车间	船坞博物馆	
现代遗产	办公楼	艺术展厅	
	车间	媒体体验厅	

资料来源：根据《天津市工业遗产保护与利用规划》（2016）整理。

5.2.1.5 多规合一

《天津市工业遗产保护与利用规划》（2016）主要与以城市规划为主的非遗产规划和以遗产为主的保护规划对接，城市规划以控规为主，遗产规划以《天津市境内国家级、市级文物保护单位保护区划》为主（图5-2-8）。城市规划和保护规划对接原则：将工业遗产和控规的关系比照出来，哪些是符合的，必须落实；哪些是不符合控

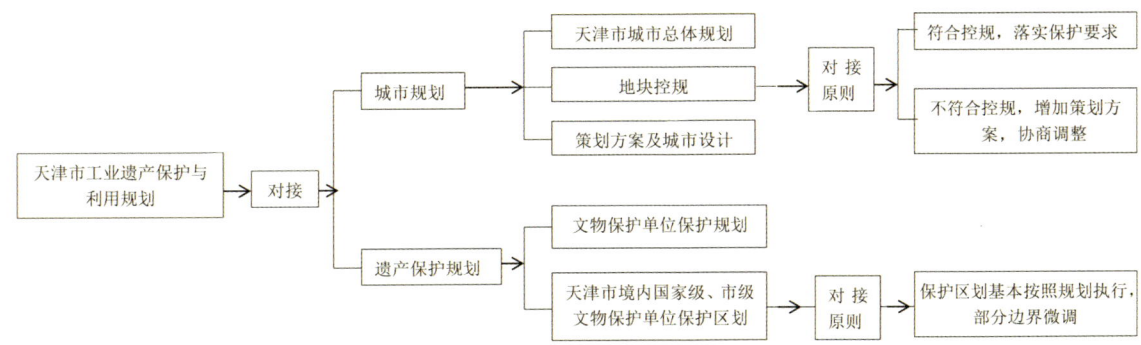

图5-2-8 多规合一技术路线
（资料来源：根据规划师访谈绘制）

规的，需要进行调整，提出建议；并且与2013年征求意见稿相比，2016公示版增加了策划方案，就是协调现行的各种规划（包括控规）的。文物对接原则：文物部门没有权利调整方案，如果调整，要征求部门意见，很复杂。但是就个案而言，规划者认为大沽船坞的范围和实际方案没有矛盾，地下遗址和文物紫线，只是进行了微调，将边界线结合实际道路进行微调。①

大沽船坞的文物保护区划（图5-2-9）与控规对接，方案在控规层面能够有效实施，实现了多规合一，但对遗产存在较大风险，因为三个规划都未将海神庙可能的遗址和1949年后的天津市船厂（位于控规道路庆盛道上方及以南厂区）纳入保护体系，而调整中的控规对庆盛道以南开发以文化娱乐用地为主（容积率6.3、建筑密度50%、建筑限高120米）②，庆盛道的修建将拆除部分建筑，而地块高强度开发将拆除厂区南部全部遗产，且高楼林立。事实上开发地产的意见一直存在。

5.2.1.6 规划实施

规划实施分为两个部分，一是规划文本中的实施保障机制，二是规划公布后实施机制。实施保障机制涉及多部门联动协调工作机制、建设项目安排、审批、政策、预保护、宣传（表5-2-6）。其中多部门联动协调工作机制尤为重要：通过协调文物局、工信部门共同报批很重要，这在一定程度上能够反映利益协调或者多规合一，有利于保护规划的实施③。天津市规划局于2015年1月8日发布《关于加强天津市工业遗产保护与利用工作的通知》④，涉及4类部门，分别为规划、国土、城投公司、土地整理中心，围绕土地使用、建筑保护与利用、绿化与公共空间等方面（图5-2-10）。该通知明确了管理主体、管理标准和审批规定，使得工业遗产保护"到哪一个阶段管理什么较为明确"⑤。

由于保护规划不具备法定性，而以规划局为

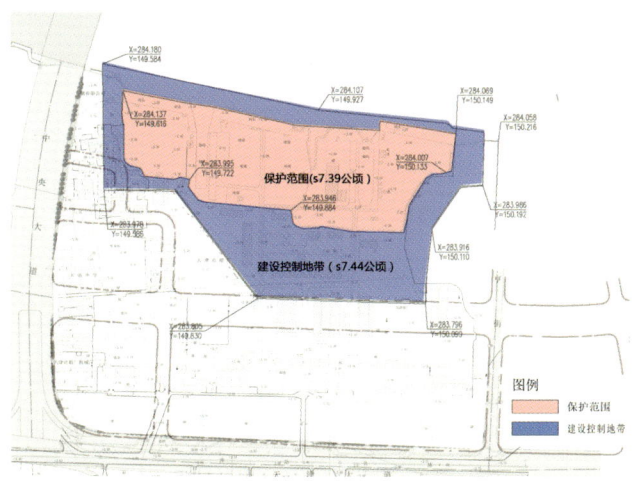

图5-2-9 天津市政府公布执行的保护区划
（资料来源：根据《天津市境内国家级、市级文物保护单位保护区划》（2015）描绘）

---

① 于红专访：2018年9月30日于天津市城市规划设计研究院。
② 在大沽船坞保护规划项目编制期间得知的地块控规调整指标。
③ 于红在《工业遗产规划管理的问题与对策研究》中也有类似的表述：缺少主体规划管理部门，工业遗产的保护与利用涉及用地性质的变更、国有资产的清算、生态环境的修复等诸多方面，涉及发改委、规划、国土、建设、消防、绿化、文物、房管等众多管理部门的职责管理，管理上的条块分割加上缺乏牵头部门，增加了部门间协调的难度。而且，由于工业遗产的管理工作的综合性、复杂性，单纯依靠某个管理部门很难独自完成。
④ http://gh.tj.gov.cn/news.aspx?id=12383.
⑤ 2015年9月20日，中国城市规划学会理事与理论学术委员会、东南大学建筑学院、中国科普研究所联合承办的2015中国城市规划年会之自由论坛二"新型城镇化视角下的工业遗产"在贵阳国际生态会议中心召开。规划师沈锐在该论坛中发表的《天津市工业遗产保护与利用规划和实践》中的观点。http://www.planning.org.cn/report/view?id=107&page=7.

表5-2-6 规划中所列规划实施机制

管理实施分类	内容
多部门联动协调工作机制	规划、发改、建设、国土、工信、国资、文物和宣传等部门
建立工业遗产档案管理制度	等级、造册、建库、挂牌
建设项目安排	事先征得天津市规划局及市发改、建设、国土、工信、国资、文物和宣传等部门同意
工业遗产项目审批控制	相关许可证（合法选址意见书、规划条件、建设用地规划许可证、建设工程规划许可证）增加工业遗产要求
政策	容积率奖励、用地结构调整（增加服务型制造设施和经营场所），对工业遗产保护有突出贡献的单位和企业给予奖金奖励和政策扶持
预保护	在城市更新改造、工业企业搬迁过程中发现有价值的工业资源，有关方面应及时向天津市规划局等相关政府部门报告，在调查和研究工业遗产价值后，开展保护和利用工作
宣传	通过多种媒体渠道，加强公众宣传和引导

资料来源：根据《天津市工业遗产保护与利用规划》整理。

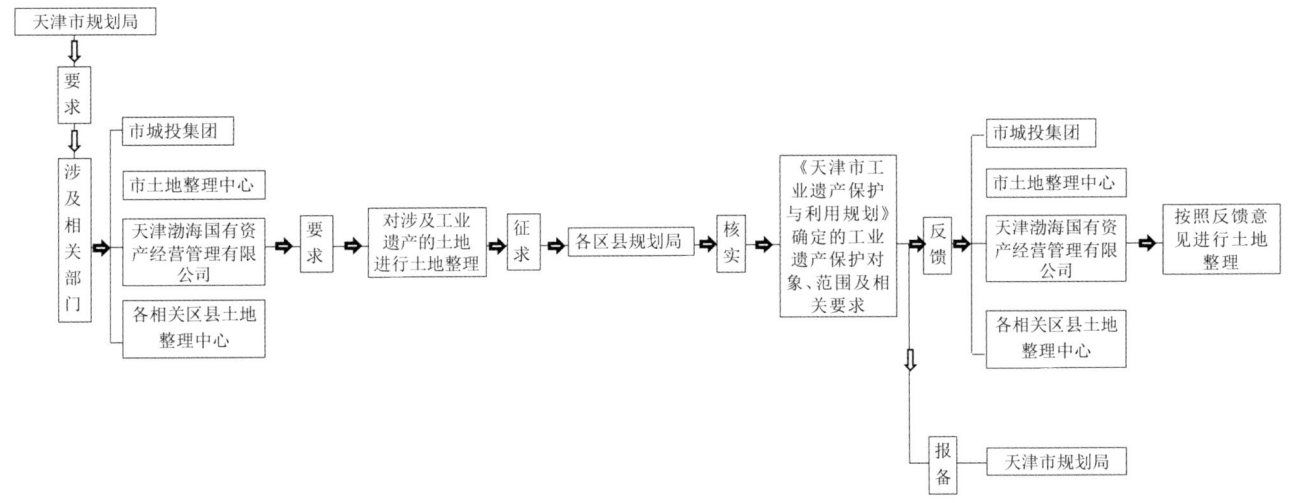

图5-2-10 天津工业遗产保护规划的管理实施路径
（资料来源：根据《关于加强天津市工业遗产保护与利用工作的通知》（2015）整理）

主导发布的"通知"虽然涉及开发利用的关键程序，但对没有法定身份的工业遗产而言仍缺乏保障。在法规层面，天津曾开展工业遗产的管理研究[①]，但目前市政府并未如杭州、铜陵、黄石等地出台"办法"或者"条例"[②]。就天津市工业遗产的保护属性看，能够参考的法规包括：《天

---

① 规划师沈锐曾在论坛讲演："下一步我们在工业遗产保护和管理研究的基础上能够出台一个天津市的工业遗产保护和利用规划的办法，通过这个办法作为我们未来工业遗产保护的文件。"
② 杭州市政府于2011年1月12日发布《杭州市工业遗产建筑规划管理规定（试行）》；黄石市人民政府于2017年1月1日发布《黄石市工业遗产保护条例》；铜陵市政府于2017年8月24日发布《铜陵市工业遗产保护与利用条例》。

津市文物保护条例》（1987年制定，2008年修订）对应文物保护单位和一般不可移动文物，《天津市历史风貌建筑保护条例》（2005年制定，2018年修订）对应历史风貌建筑，符合标准的工业遗产仅22处，仍有75处没有法律保障。即使具备保护身份，也多以单体或者较小规模建筑群为主，规划确定的特色保护建筑均不在保障体系内，且目前尚有60处没有制定保护利用图则（图5-2-11）。以塘沽南站为例，规划确认的特色保护建筑不属于文物本体保护范畴（天津市政府公布的文物本体中不包含特色保护建筑）（图5-2-12、图5-2-13），均面临拆除风

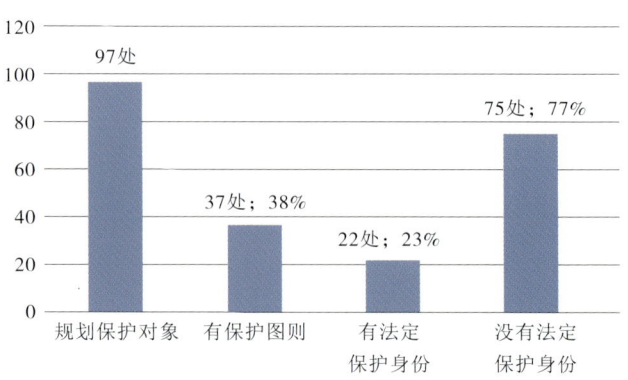

图5-2-11 保护对象的管理数据统计
（资料来源：根据《天津市工业遗产保护与利用规划》（2016）统计）

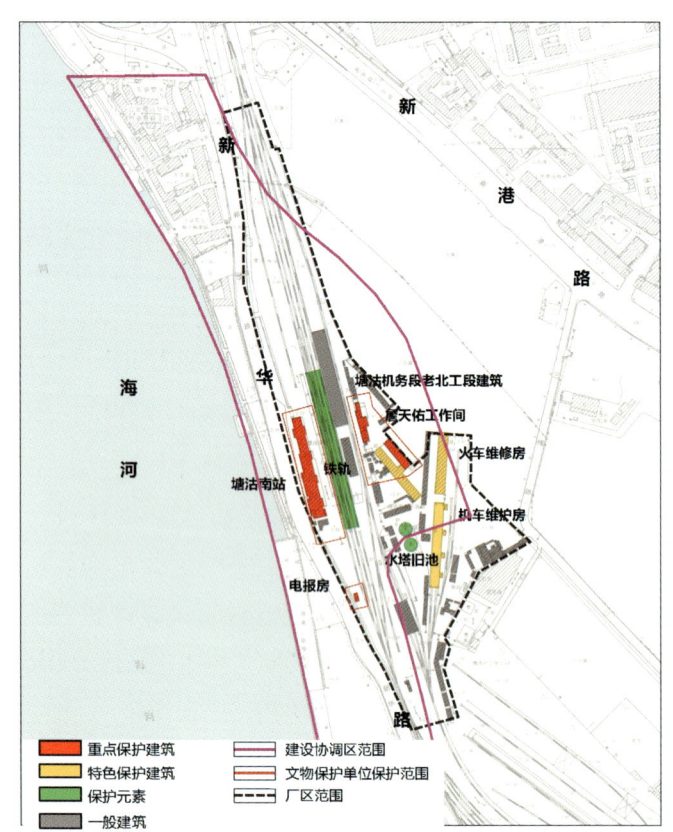

a.《天津市工业遗产保护与利用规划》（2016）

b.《天津市境内国家级、市级文物保护单位保护区划》（2015）
（资料来源：笔者根据图纸自绘）

图5-2-12 塘沽南站的文物本体分布图

a. 作为《天津市工业遗产保护与利用规划》确认的特色保护建筑，主体已拆除

b. 紧邻的高层综合体

图5-2-13　塘沽南站现状

（资料来源：笔者自摄）

险。2013年塘沽南站被列为第七批国家级文物保护单位。目前开始了全国重点文物保护单位保护规划，其中机车清洗厂是后来补充的保护对象，其位置（图5-2-12a火车维修房）和新规划的新华路重叠，又面临着城市规划与保护规划的冲突。

5.2.2　城市新区层面专项规划：《天津滨海新区中心商务区文物保护与发展规划》

5.2.2.1　技术路线

该规划属策划协调类规划，尚无针对性技术文件可以参考，可结合中国文物保护规划和城市控制性详细规划的经验编制规划。首先，明确本次的规划任务为中心商务区行政区范围的文物点，按照全国第三次文物普查的名录确认了26处工业遗产。其次，在综合分析三普登录遗产的价值基础上展开调查，调查根据真实性、完整性的相关标准进行，明确了遗产的具体清单（规模、分布具体位置、环境要素），进而确认保护对象。最后，与相关规划对接，提出文物保护区划，以及控规调整、再利用和管理实施策略（图5-2-14）。

基于技术路径及编制目录考察价值理论路径（图5-2-15）。真实性、完整性是实现价值保护的关键理论，首先基于价值进行真实性、完整性评估（表5-2-7）。真实性评估标准：①修缮、改造对文物本体的干预程度；②位置是否发生变化；③是否灭失。完整性评估标准：①历史要素是否完整；②保存状况是否良好；③有无保护管理措施。在对文物整体状况进行评价后，依据真实性、完整性提出规划措施。规划的每个环节均涉及与价值、真实性、完整性之间的关系，如保护措施中的"最少干预"，目的在于保护遗产的真实性，使价值得以保存延续。

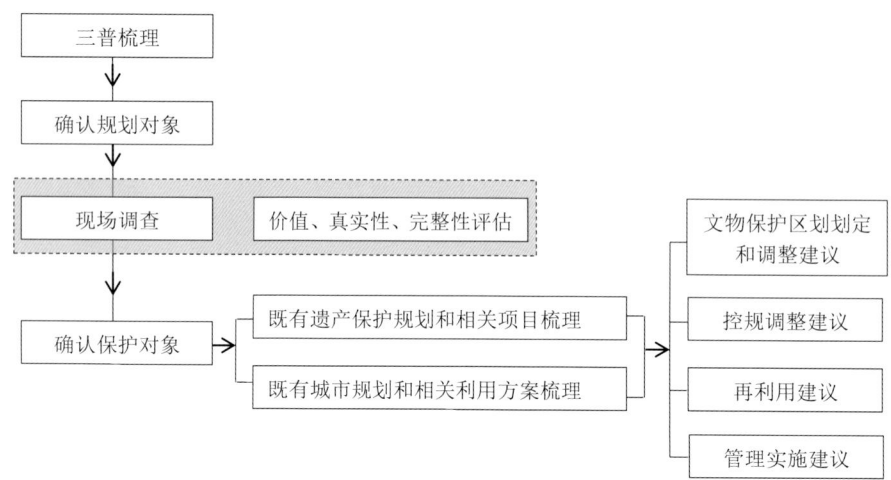

图5-2-14 编制技术路线
（资料来源：根据《天津滨海新区中心商务区文物保护与发展规划》（2017）绘制）

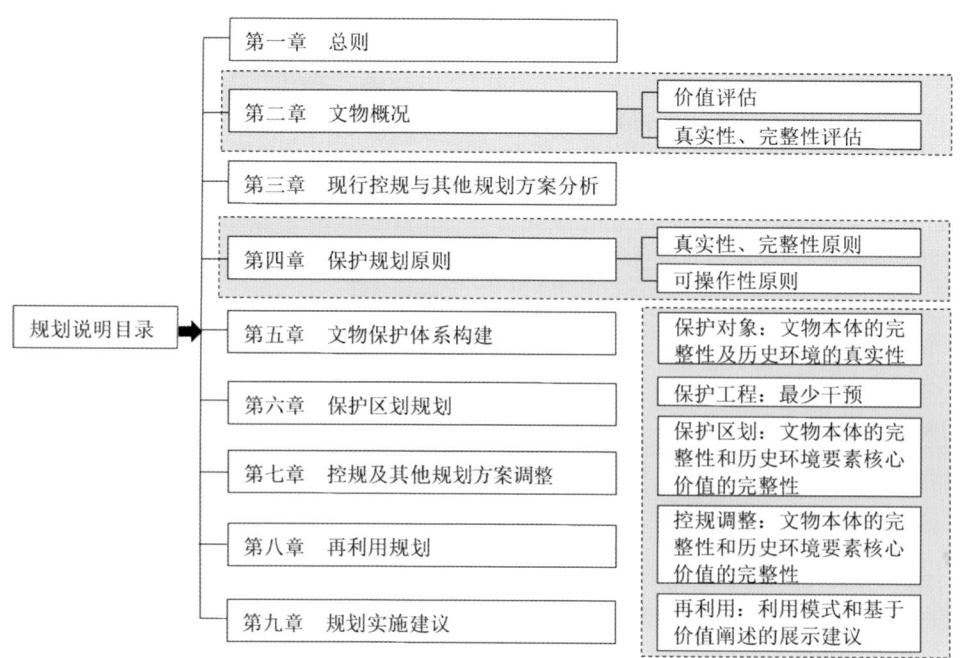

图5-2-15 规划说明目录
（资料来源：《天津滨海新区中心商务区文物保护与发展规划》）

表5-2-7 真实性、完整性评估设计表

编号	文物名称	真实性评估		完整性评估	
		分类	阐述	分类	阐述
1	以大沽船坞为例	Ⅰ类：修缮（改造）对文物本体干预较小或未有人为干预；能够体现主要历时时期的风貌特征；未曾迁移。 Ⅱ类：修缮（改造）对本体产生一定影响；遗存有减少趋势。 Ⅲ类：修缮（改造）对本体产生较大影响或已被迁移；遗存较少。 Ⅳ类：修缮或者改造对文物本体影响严重；遗存灭失	Ⅰ类：船坞、轮机车间、海神庙遗址遗存均能反映近代北洋水师大沽船坞的历史信息	Ⅰ类：结构或构成要素保存较为完整；管理较为完善，有相应保护措施。 Ⅱ类：结构或构成要素部分缺失；保存一般；有一定的保护管理措施。 Ⅳ类：灭失	Ⅰ类：公布的构成要素保存完整，轮机车间实施了支护加固措施；设置有保护标识

资料来源：根据《天津滨海新区中心商务区文物保护与发展规划》（2017）整理。

5.2.2.2 价值评估

价值评估按照定性和定量两条线索展开（图5-2-16）。定性部分根据文物和紧邻文物的关联遗产分别评估。文物类遗产需评估其文物价值和使用价值，关联遗产需评估其历史价值、科学价值和使用价值。在文物的价值评估中要突出比较分析[1]（即分析其稀缺性、代表性和脆弱性）的方法，以加深价值认知。定量部分则直接对应文物和历史环境要素。在项目实际操作过程中参照三普登录的标准，而三普登录的价值在阐述上倾向历史价值（表5-2-8）。

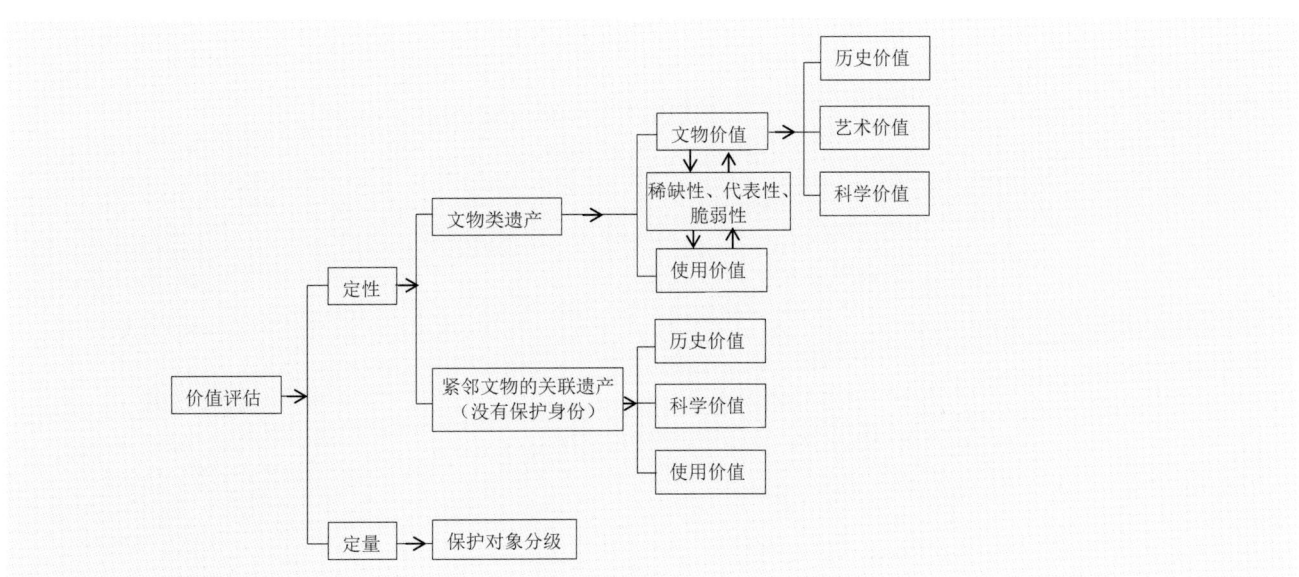

图5-2-16 价值评估框架
（资料来源：根据《天津滨海新区中心商务区文物保护与发展规划》绘制）

---

[1]《天津滨海新区中心商务区文物保护与发展规划》（2017）

表5-2-8 三普登录的价值阐述（以北洋水师大沽船坞旧址、亚细亚火油公司塘沽油库旧址为例）

北洋水师大沽船坞旧址	涉及价值的环节【简介】	北洋水师大沽船坞旧址位于海河南岸大沽坞路27号，现为天津市船厂所在地，与大沽口炮台相距仅1.5公里。旧址沿海河呈长方形分布，现存甲坞、轮机厂房各一处，占地46 000平方米。1880年由清朝直隶总督兼北洋大臣李鸿章根据北洋水师修理舰船的需要而建，共有甲、乙、丙、丁、戊、己六坞，最大的可容2000吨船只进坞修理。1890年后，除修造舰船外，开始生产军火。在震惊中外的甲午海战期间，它在承修损坏的部分船舰的同时，继续赶制军火，与北洋水师爱国将士一起，为抗击外来侵略、捍卫民族尊严做出了不可磨灭的贡献。1913年更名为"海军部大沽造船所"。1954年8月，为适应国民经济和水运事业的发展，便于集中生产指挥，划归新河船厂，取消大沽船坞的建制。北洋水师大沽船坞是继福建马尾船政、上海江南船坞后的中国近代第三所造船厂，是北方最早的船舶修造厂和重要的军火生产基地，是北方近代工业文明的发祥地。它是中华民族抗击外侮、保家卫国的历史见证，是中国近代百年历史的缩影
亚细亚火油公司塘沽油库旧址	涉及价值的环节【简介】	亚细亚火油公司塘沽油库旧址位于海河北岸三槐路86号，现保留有一座英式二层楼房和两个1905年所建的圆形储油罐，占地13 745平方米。建于1915年，是英国、荷兰两国在中国转运经营石油产品贸易的专门机构。至今已有近百年历史。它是近代天津被迫开埠的产物，是西方列强对中国进行经济渗透和掠夺的历史见证，是塘沽近代重要史迹

资料来源：第三次全国文物普查不可移动文物登记表。

5.2.2.3 保护对象

该规划由保护对象特征构建了宏观、中观、微观三个层次的保护体系（图5-2-17）。宏观指沿海河分布的工业遗产带，中观指遗产分布相对集中的片区（8个片区）。但这两个体系均依据文物资源现状特征，缺乏历史和现状资源脉络的对比分析，即缺少文物产业链价值与保护体系的对位关系研究。微观指遗产单元，包括文物点和历史环境要素（规划共确认了26处文物点及3处环境要素）。按照文物公布的特征，涉及的工业遗产基本为建筑，且环境发生了较大变化，在追加环境要素认定的过程中，以历史价值和真实

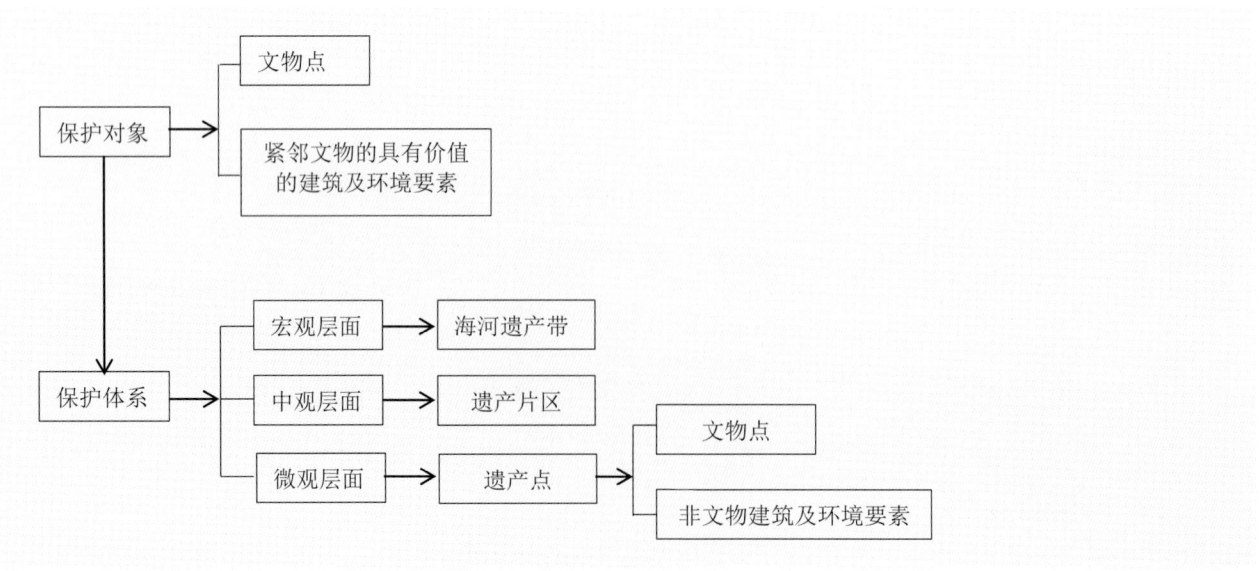

图5-2-17 保护体系图
（资料来源：根据《天津滨海新区中心商务区文物保护与发展规划》绘制）

性、完整性为切入点,并未按生产线的技术价值展开(除大沽船坞、塘沽南站外),如日本塘沽三菱油库旧址文物本体为6个油罐和3处文物建筑,文物所在军区驻地环境要素仅从建筑艺术价值和历史价值进行判定,建议保留两处组合院式建筑[①](图5-2-18)。

a. 文物本体及建议保护建筑分布和迁移建议位置
(资料来源:《天津滨海新区中心商务区文物保护与发展规划》(2017))

b. 文物本体照片
(资料来源:第三次全国文物普查)

图5-2-18 日本塘沽三菱油库旧址保护对象分布图

---

① 部队已确定搬迁,地块将被建设开发。

大沽船坞的保护对象分为文物本体和建议保护建筑（图5-2-19）。文物本体对接《天津市工业遗产保护与利用规划》，建议保护建筑认定原则为保留核心生产线，其余按照历史价值及艺术价值综合判定。从价值对接保护对象考察，近代遗产得到完整性保护，现代遗产的核心技术价值得到保护，但该规划认定的保护对象均为建筑遗产，设备、景观等并未进入保护体系，对接环节仍存在问题。

5.2.2.4 再利用策略

按照《文物建筑开放导则（试行）》[①]，再利用策略分为社区服务、文化展示、参观游览、经营服务、公益办公五种模式（表5-2-9），在此基础上，根据文物资源结构和遗产单元特点制定策划方案（图5-2-20）。策划方案根据遗产要素，结合控规用地性质进行设计（表5-2-10）。以大沽船坞为例，再利用属经营服务和文化展示混合模式，其中近代遗产为文化展示模式，涉及的遗产要素包括遗址、厂房、船坞、码头等，展示内容体现了价值研究成果，但现代遗产仅确定了模式，除核心厂房改造为博物馆外，并未构建其他建议保护建筑的展示体系（图5-2-21）。此外，从整体的策划方案看，除了文化展示模式和参观游览模式涉及价值展示外，

图5-2-19 大沽船坞的保护对象
（资料来源：《天津滨海新区中心商务区文物保护与发展规划》（2017））

[①] 导则第二条规定了适用范围和对象：适用于各级文物保护单位、尚未核定公布为文物保护单位的不可移动文物中的古建筑以及近代现代重要代表性建筑等所有文物建筑，重点引导一般性文物建筑开放使用。而中国工业遗产按照滨海新区的特点将其全都划分至近现代范畴（三普和各级文物保护单位划定类型）。

其他三种模式也需要构建对接价值的展示体系。

表5-2-9 文物建筑开放使用功能分析表

功能分类	功能内容	适用范围
社区服务	社区书屋、公益讲堂、文化站、管理用房等，开展文化活动，发挥服务功能	祠堂、会馆、书院和近现代图书馆、学校等文物建筑
文化展示	博物馆、展示馆、美术馆或科研展陈场所等，进行文物建筑现状展示，或进行陈列布展，发挥文化传播、科研和教育功能	在文物价值、建筑特征、空间规模等方面具备条件的古建筑和近现代行政、会堂、工业建筑等文物建筑
参观游览	景观和游览对象，或参观、缅怀对象，发挥游憩、纪念和教育功能	宫殿、庙宇、园林、牌楼、塔幢、楼阁、古城墙、门阙、桥梁和近现代文化纪念、交通建筑等文物建筑
经营服务	小型宾馆、客栈、民宿、店铺、茶室、传统工艺作坊等经营服务场所，发挥服务功能	民居古建筑和近现代住宅、商业建筑等文物建筑
公益办公	公益性机构、院校等办公场所，可以划定开放区域，明确开放时段，并采取信息板、多媒体、建筑实物展示等方式开放	书院等古建筑和近现代行政、金融建筑等文物建筑

资料来源：《文物建筑开放导则（试行）》（2017）

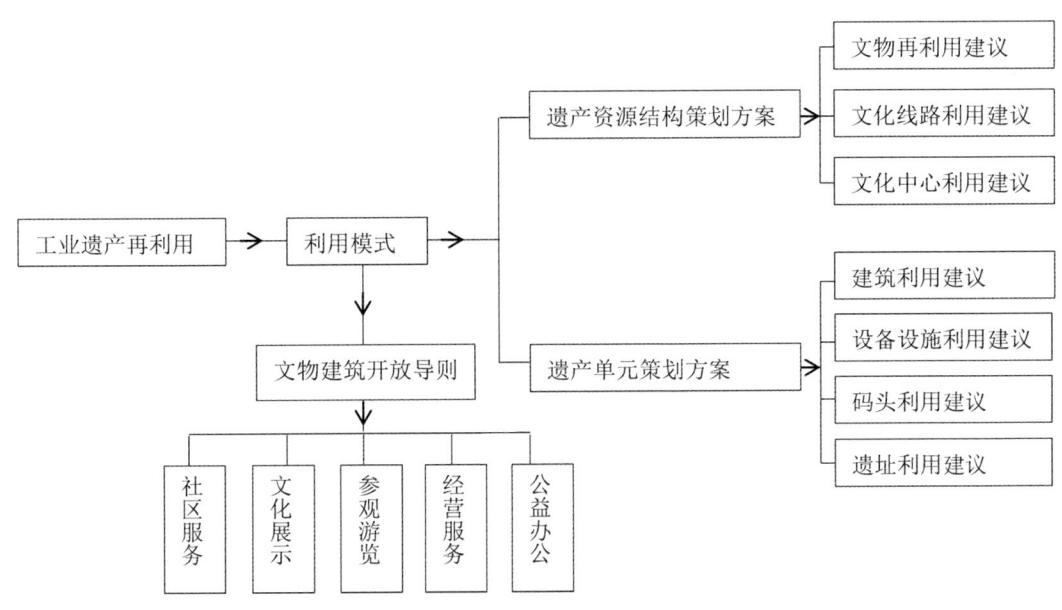

图5-2-20 再利用策略
（资料来源：根据《天津滨海新区中心商务区文物保护与发展规划》（2017）整理）

表5-2-10 再利用的操作设计表格

文物类型（按构成要素划分）		文物名称	所在控规地块性质	再利用模式	具体功能
建筑	建筑群				
	建筑单体				
设备设施及码头船坞	设备设施				
	码头及船坞				
遗址					

资料来源：《天津滨海新区中心商务区文物保护与发展规划》（2017）

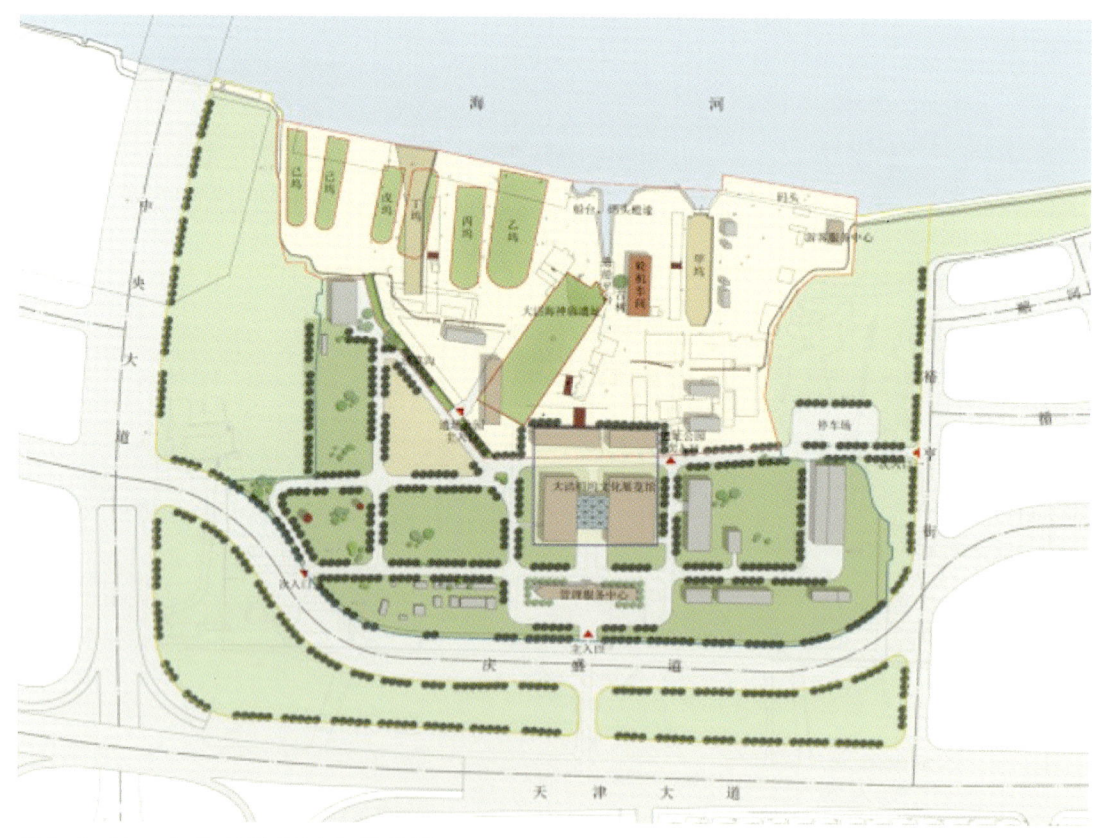

图5-2-21 大沽船坞策划方案总图
（资料来源：结合《天津滨海新区中心商务区文物保护与发展规划》（2017），该规划引用了《北洋水师大沽船坞遗址保护总体规划》过程版方案）

5.2.2.5 多规合一

《天津滨海新区中心商务区文物保护与发展规划》的多规合一旨在对接《天津市境内国家级、市级文物保护单位保护区划》及控规。对接原则为：文物本体的真实性和完整性、地块产权状况及以资本方为主的利益方意见。对接内容包括：遗产规模及清单、保护区划、道路、用地、生态绿线、旅游开发。最终提出调整建议，纳入涉及的多规体系（图5-2-22、表5-2-11）。目前，规划阶段性成果涉及的工业遗产主要调整地块有3处（图5-2-23、图5-2-24）。

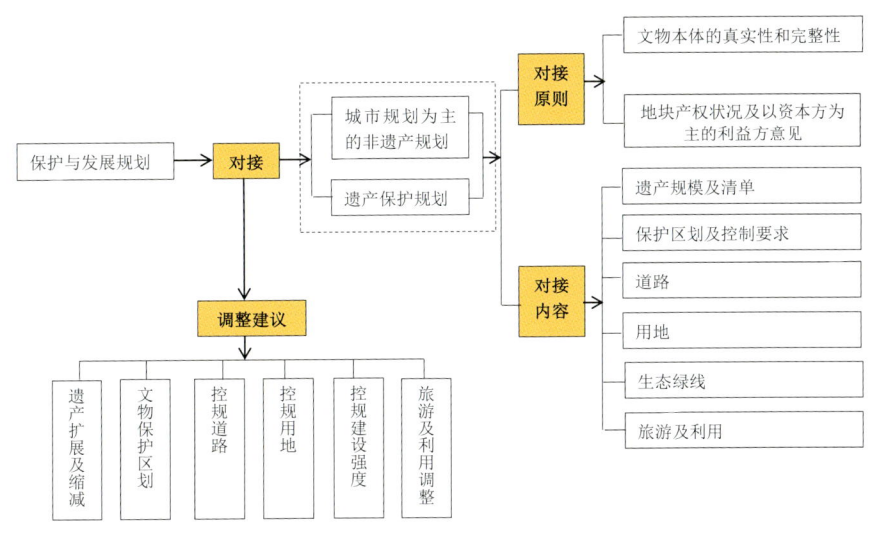

图5-2-22 多规合一技术路线
（资料来源：笔者自绘）

表5-2-11 相关的各种规划（工程实践层面）

多规对接类型	各种规划名称	规划状态
城市规划为主的非遗产规划	分区规划	滨海新区政府通过
	控规	部分调整
	旅游发展规划	过程中
	防洪堤规划	过程中
	海河两岸景观规划	过程中
遗产保护规划	天津市工业遗产保护与利用规划	天津市规划局通过
	天津市境内国家级、市级文物保护单位保护区划	天津市政府通过
	北洋水师大沽船坞遗址保护规划	编制中
	塘沽南站保护规划	天津大学建筑学院研究生课程设计
	大沽口炮台遗址保护规划	国家文物局批复通过

中国工业遗产史录 天津卷

图5-2-23 涉及调整道路的主要地块（A、C、D为工业遗产地块）
（资料来源：《天津滨海新区中心商务区文物保护与发展规划》（2017））

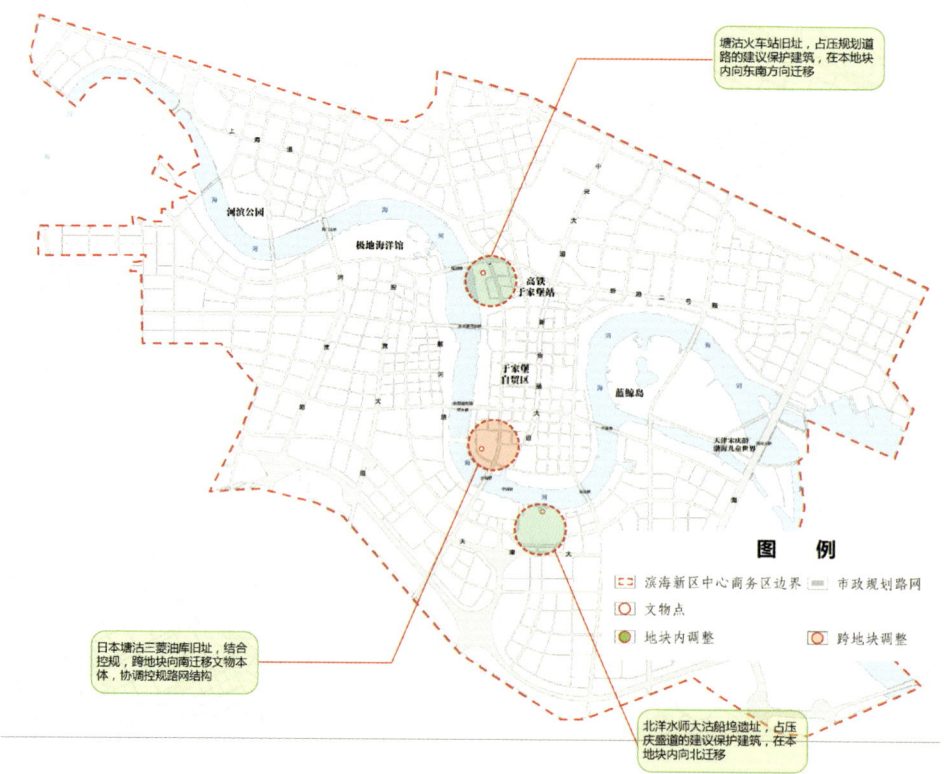

图5-2-24 涉及文物迁移的主要地块
（资料来源：《天津滨海新区中心商务区文物保护与发展规划》（2017））

第5章 天津工业遗产保护规划：从城市整体到遗产单元的探索

以该规划中大沽船坞多规合一为例，规划建议控规调整的内容主要有：第一，调整控规道路庆盛道的形态，向南绕开核心生产区；第二，占压庆盛道的建议保护建筑迁移至两侧地块内；第三，近代遗产区用地调整为文物古迹，1949年后建设的天津市船厂用地以绿地为主。建议保护区划调整的内容主要有：第一，保护范围应按照遗址可能分布区扩大边界；第二，建设控制地带北侧应包括文物环境（海河），南侧边界可按现行边界执行。若按照该规划多规合一方案实现相关规划调整，将拆除部分天津市船厂建筑（图5-2-25）。笔者认为扩大保护范围是对《天津市境内国家级、市级文物保护单位保护区划》的反省，但拆除现代天津市船厂建筑是房地产利益占上风的体现。

5.2.2.6 规划实施

基于规划编制提出实施建议实现遗产价值的保护管理（图5-2-26）。首先，由规划委托主体（资本方）成立中心商务区（或滨海新区）层级的协调机构，主要协调政府相关部门和产权方。其次，就本规划制定的规划策略与政府相关部门协商，促使本规划纳入各相关部门主管规划。最后，就不同级别文物地块范围内的建设行为提出具体建议：第一，一般不可移动文物和区文物保护单位的迁移应由资本方协同滨海新区文物部门上报天津市文物部门同意；第二，天津市文物保护单位保护范围内的建设行为应由资本方协同滨海新区文物部门逐级上报至国家文物局同意，建设控制地带内的建设行为须征得天津市文物部门同意；第三，全国重点文物保护单位

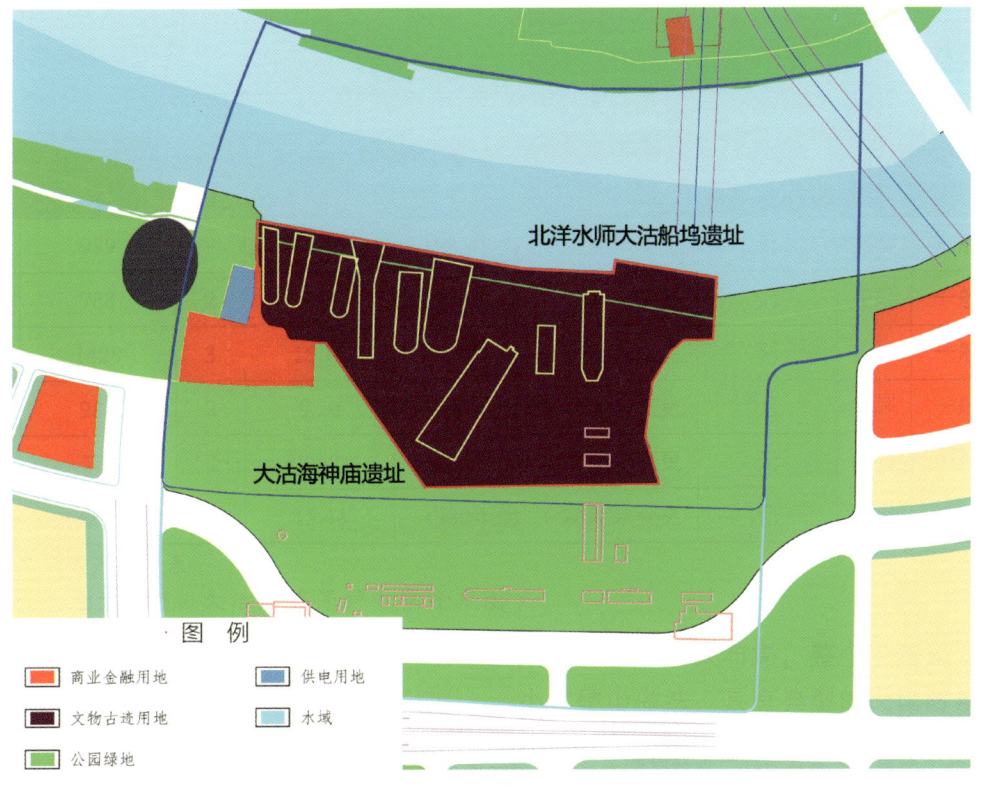

图5-2-25 关于大沽船坞地块控规调整建议图
（资料来源：《天津滨海新区中心商务区文物保护与发展规划》（2017））

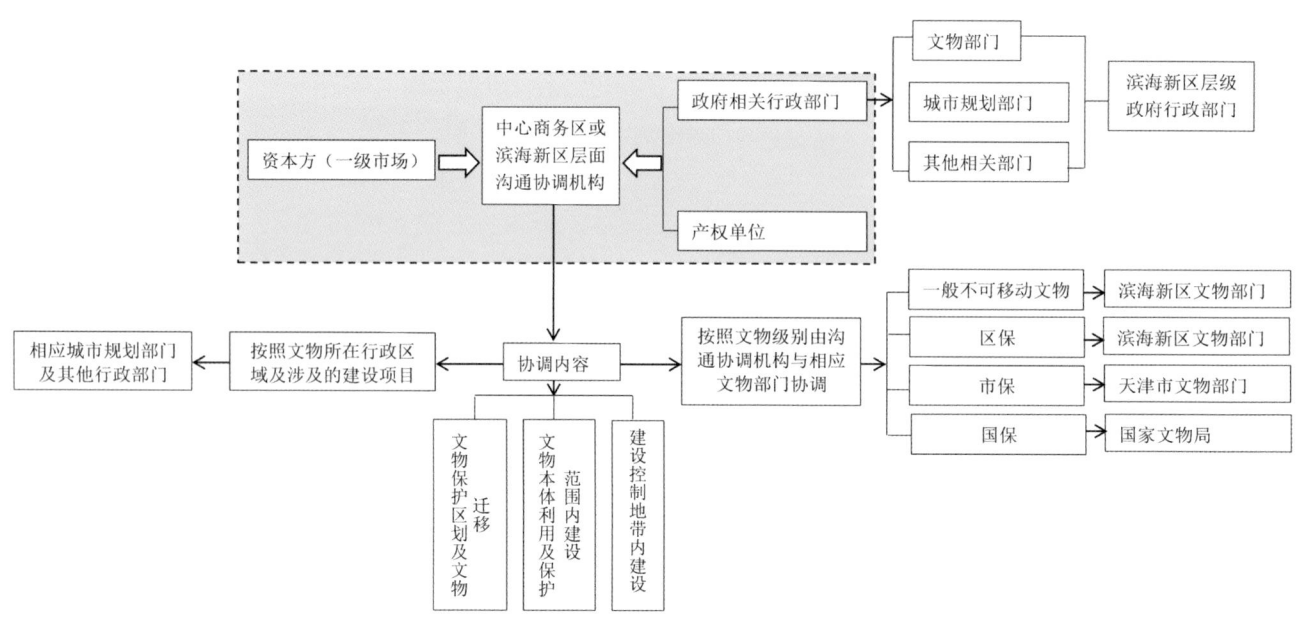

图 5-2-26 规划实施路径
（资料来源：根据《天津滨海新区中心商务区文物保护与发展规划》（2017）整理）

保护范围和建设控制地带内的建设行为应由资本方协同滨海新区文物部门逐级上报至国家文物局同意。以上建议，涉及文物本体的相关内容参照《中华人民共和国文物保护法》《天津市文物保护条例》，但建议保护的历史环境要素缺少法规支撑，需要资本方进一步平衡保护与开发，方能使规划有效实施。

5.2.3 遗产单元层面专项规划：《北洋水师大沽船坞遗址保护总体规划》

5.2.3.1 技术路线

《北洋水师大沽船坞遗址保护总体规划》在2009年开始制定，2010年完成。2013年北洋水师大沽船坞遗址被指定为全国重点文物保护单位，于是2015年根据全国重点文物保护单位保护规划要求重新制定保护规划，2016年完成提交，以后历经多次变更。下文以2016年版为依据展开讨论。该规划技术路线依据《全国重点文物保护单位保护规划编制要求》构建，涉及各项文物保护工程及文物地块建设要求。首先，根据全国重点文物保护单位信息梳理规划对象。其次，在历史研究、现场调查的基础上补充完善价值，构建保护体系；另外，从真实性、完整性、保存现状、管理、多规对接等五个方面进行专项评估，提出规划要解决的问题。最后，根据评估结论依次提出保护区划划定，以及保护措施、环境整治、展示利用、考古与研究、基础设施、管理等方面的规划（图5-2-27、图5-2-28）。

基于价值考察技术路线。价值始终位于核心环节，对接规划的保护理论主要有：真实性、完整性、延续性、不改变原状、可逆性、最少干预、可识别性。根据《实施〈世界遗产公约〉操作指南》，真实性标准为：a.外形和设计；b.材料和实体；c.用途和功能；d.传统、技术和管理体制；e.方位和位置；f.语言和其他形式的非物质遗产；g.精神和感觉；h.其他内外因素。完整性标准为：a.包括所有表现其突出的普遍价值的必要因素；b.形体上足够大，确保能完整地代表

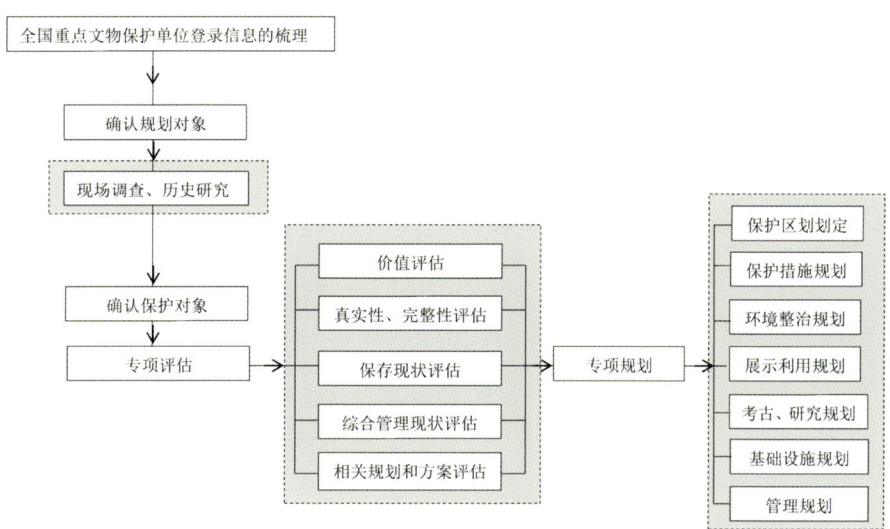

图5-2-27 技术路线图
(资料来源:根据《北洋水师大沽船坞遗址保护总体规划》(2016)绘制)

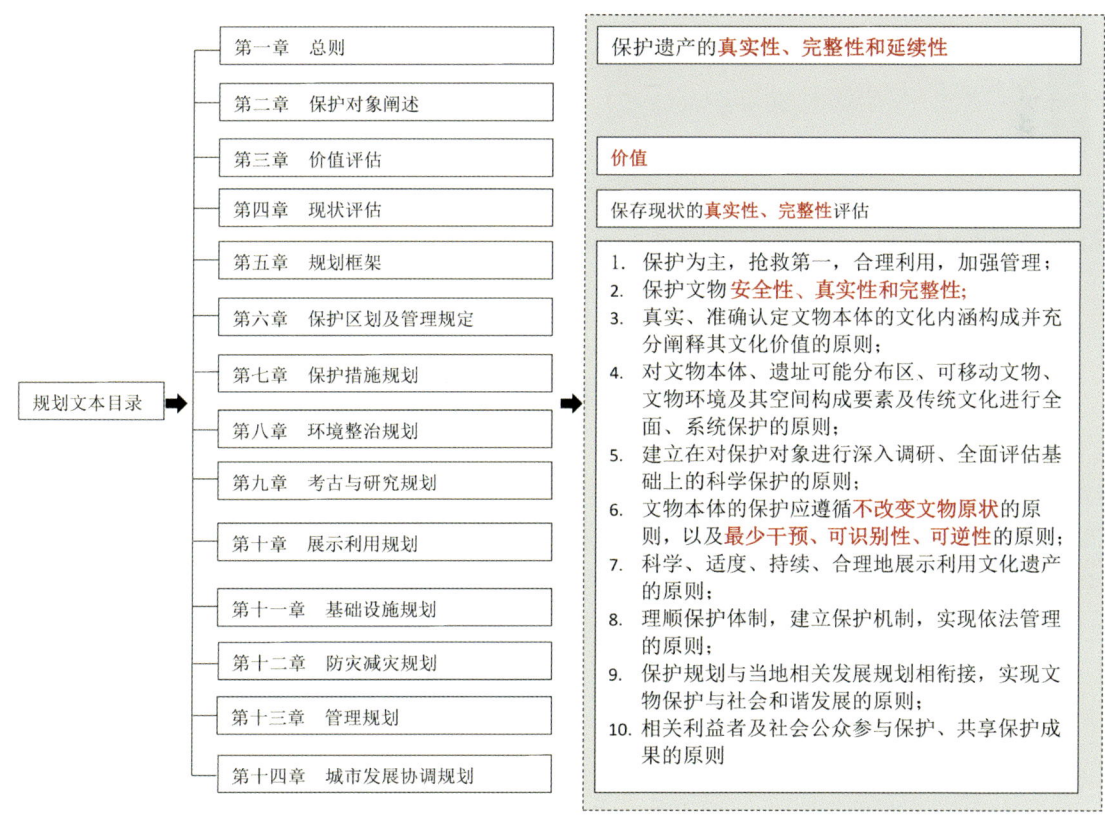

图5-2-28 规划文本目录
(资料来源:《北洋水师大沽船坞遗址保护总体规划》(2016))

体现遗产价值的特色和过程；c.受到发展的负面影响和/或被忽视。实操层面，以真实性为例，阐述内容对应的选取标准并不全面（表5-2-12）。而真实性、完整性与延续性的关系较为模糊，且设定标准与不改变原状、可逆性、最少干预的关联性有待探究。

表5-2-12 真实性评估

名称	真实性阐述	选取标准
船坞	甲坞由木坞改造为混凝土坞，但功能基本未改变；丁坞被改造为船台；乙坞、丙坞、己坞、庚坞后期均被填埋，遗址分布范围明确；戊坞在丁坞被改造的过程中遭到破坏	abcde
海神庙遗址	海神庙毁于1922年，2006年进行局部发掘，发掘部分格局清晰，未发掘部分根据历史研究可以设定为考古可能分布范围	ae
轮机车间	轮机车间于1976年维修时外墙用红砖加固，并有圈梁，形成了外面红砖和里面青砖的双层墙构造。内部青砖墙依然为原物，风化比较严重。木屋架为原物，柱子有歪闪。西面外墙有微弱位移。瓦屋面为后加。内部地面被灰土埋没	ab

资料来源：《北洋水师大沽船坞遗址保护总体规划》（2016）

5.2.3.2 价值评估

价值评估按照分级的方法将沿海河的近代建（构）筑物（全国重点文物）作为最高等级的遗产，将1949年后扩建的厂区部分作为次级遗产。两者均进行历史价值、艺术价值、科学技术价值和社会文化价值评估。不同等级的遗产均有不同水平的价值。大沽船坞保护规划将对造船、修船生产线的研究反映在文字和图纸上（图5-2-29~图5-2-31）。大沽船坞曾制造枪炮和水雷，作为军工遗产的生产线还须进一步研究；天津市船厂的建筑单体生产工艺须进一步研究。

价值评估的方法综合了中国文物价值语境和

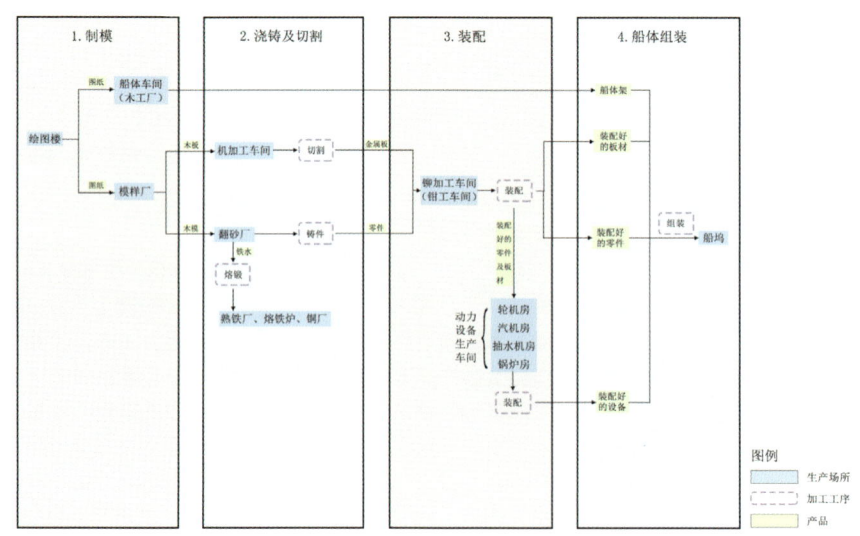

图5-2-29 造船工艺流程
（资料来源：《北洋水师大沽船坞遗址保护总体规划》（2016））

第 5 章　天津工业遗产保护规划：从城市整体到遗产单元的探索

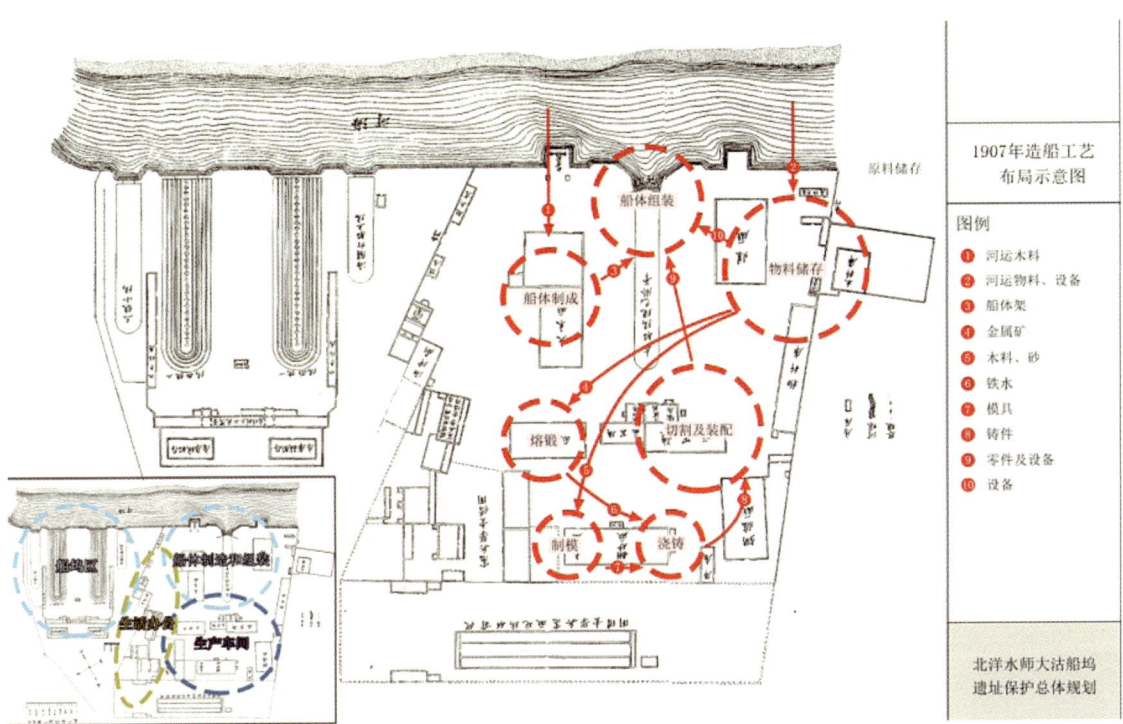

图 5-2-30　1949 年前的生产线流程的图纸表达
（资料来源：《北洋水师大沽船坞遗址保护总体规划》（2016））

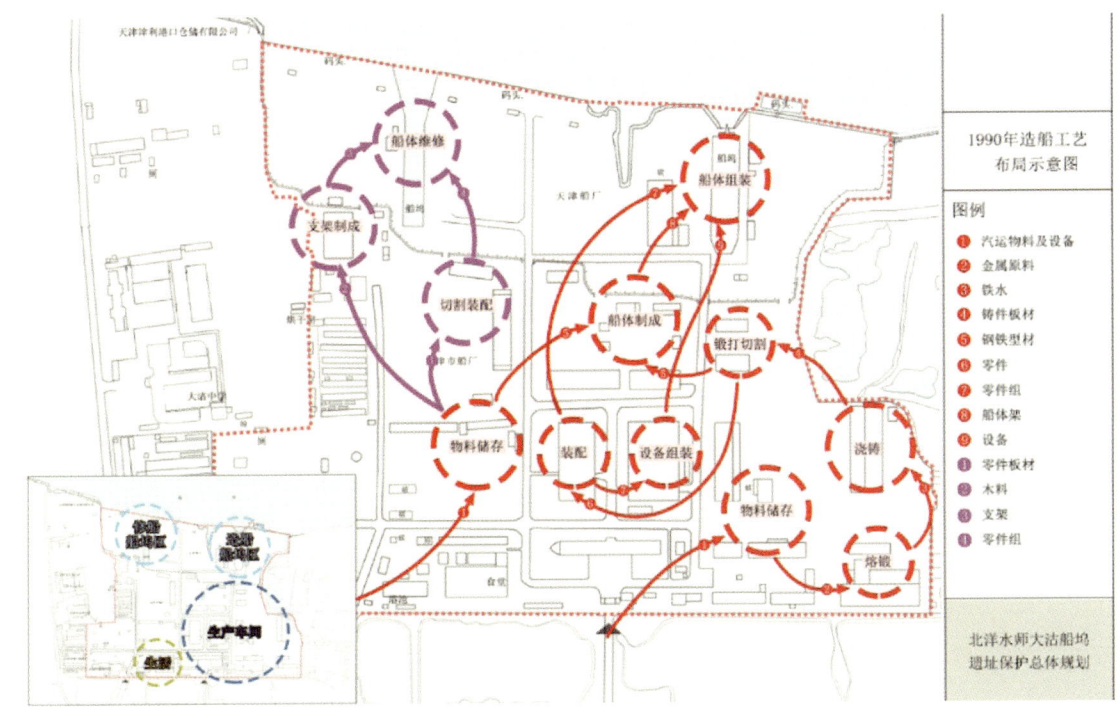

图 5-2-31　1949 年后的生产线流程的图纸表达
（资料来源：《北洋水师大沽船坞遗址保护总体规划》（2016））

445

《中国工业遗产价值评价导则（试行）》①，这个导则的目的是针对工业遗产进行更细化的评估。此外，由图5-2-30和图5-2-31可知，保护规划对设备也进行了评估。

5.2.3.3 保护对象

在保护对象认定过程中，关键在于界定"保护对象""文物构成""文物本体""文物环境"的概念。朱明敏在《文物保护单位保护规划中文物本体及相关概念刍议》（2017）一文中分析了"本体"的由来，主要结论为：保护对象是统称，保护对象包括了文物本体、附属文物、历史格局、古树名木、非物质文化遗产。文物本体是承载文物保护单位核心价值的物质遗存，其他保护对象应根据价值梳理与文物本体之间的关联性②。附属文物包括附属不可移动文物、附属保护性设施、附属可移动文物。对"环境"的相关的探讨又将其界定为文物环境③、文化遗产环境④、历史环境、背景环境、自然环境⑤。

在本规划中保护对象分为文物构成和文物环境，文物构成中又细分为历史格局、文物本体、相关遗迹、古树名木、馆藏文物。文物环境则包含工业遗存和河流（表5-2-13、图5-2-32、图5-2-

表5-2-13 基于价值研究的保护对象构成

保护对象构成		登录信息	主要价值信息	完善
文物构成	历史格局		格局	近代遗址分布格局
	文物本体	海神庙遗址	选址	增加海神庙遗址范围
		船坞	技术	根据考古确认船坞遗址范围
		轮机厂房	生产线格局	一致
	相关遗迹		交通运输	码头、船台遗迹
	古树名木		名木	古树名木
	馆藏文物		技术	出土文物及工业设施、产品
文物环境	工业遗存	天津市船厂	现代工业遗产价值	生产线、建筑、机器设备、景观道路格局
	河流	海河	选址要素	选址环境

资料来源：《北洋水师大沽船坞遗址保护总体规划》（2016），在全国重点文物保护单位登录信息基础上完善。

---

① 李松松，徐苏斌，青木信夫. 文物语境下的工业遗产价值解读[J]. 中国文化遗产，2019（01）.
② 朱明敏. 文物保护单位保护规划中文物本体及相关概念刍议[J]. 中国文化遗产，2017（06）.
③ 文物本体为文物建筑与遗址，而文物环境则包括周边历史建筑、村落街巷空间肌理、古代水系、村落选址环境。引自：毕忠松、李沄璋，曹毅的《古村落建筑群"类文物的保护对象构成与保护策略探析——以呈坎村古建筑群为例》。
④ 《西安宣言》定义："古建筑、古遗址和历史区域的环境指的是紧靠古建筑、古遗址和历史区域的和延伸的、影响其重要性和独特性或是其重要性和独特性组成部分的环境。"引自：郭旃的《〈西安宣言〉——文化遗产环境保护新准则》。
⑤ 《大遗址保护规划规范》将环境界定为历史（自然）环境要素和背景环境。前者为与遗址价值具有直接关联的各历史时期的地形、地貌、气候、植被等要素；后者指可影响遗产价值或重要性的遗址周边环境要素，除了实体和视觉方面的含义之外，背景环境还包括遗产与自然环境之间的相关关系，包括所有周边环境空间的其他形式的文化遗产，以及当前活跃发展的文化、社会、经济关联因素。

第5章 天津工业遗产保护规划：从城市整体到遗产单元的探索

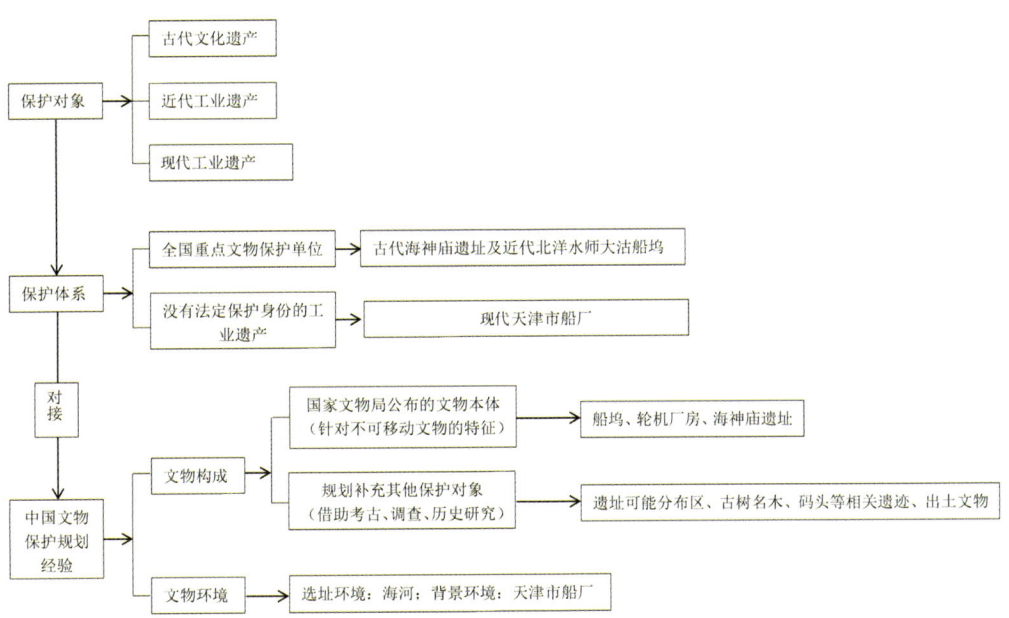

图5-2-32 文物构成
（资料来源：笔者自绘）

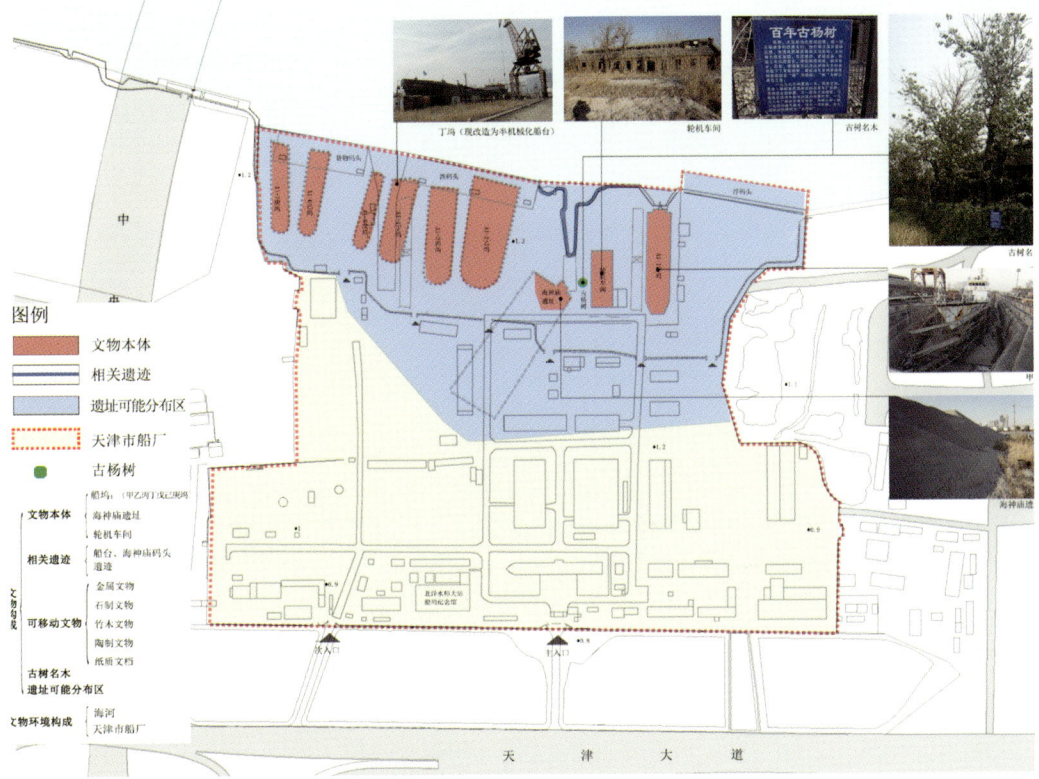

图5-2-33 大沽船坞保护对象分布图
（资料来源：《北洋水师大沽船坞遗址保护总体规划》（2016））

33）。基于价值研究和真实性、完整性特征构建保护体系。首先确定不同时代的保护对象，包括古代海神庙遗址、近代大沽船坞、现代天津市船厂。其次，按照全国重点文物保护单位保护规划的特征，补充完善文物本体，并根据中国文物保护规划的既有经验，将现代天津市船厂按照价值关联性纳入文物环境。辨析基础概念后，对大沽船坞保护规划的保护对象进行界定。

保护对象认定过程中，规划尝试构建价值和要素的对应关系。深入分析价值的遗产特征：地点、选址、技术、生产格局等，这和真实性、完整性的标准相关联，从这个角度可以构建价值、真实性（或完整性）、保护对象的关系，转化价值研究成果至规划环节——保护对象认定。

5.2.3.4 再利用策略

遗产再利用基于价值重要性，根据地块统筹考虑。古代、近代遗产区以地下遗址价值为主体，将其定性为城市公园，并根据历史研究，将近代不同时期的价值要素以布局、遗址、建筑、设备、景观等形式进行利用，形成与价值的对位阐述关系；现代船厂区的建筑和设备保存完好，规模大，确认搬迁后，将其改造为文化创意产业园（表5-2-14、图5-2-34、图5-2-35）。

通过价值与展示的对位关系构建，同样可以借助真实性、完整性标准进行技术转化。以科学价值为例，选取了"布局、生产线"作为主要价值信息，通过绿化、景观标识实现展示，主要反映了真实性中的abc标准（a.外形和设计；b.材料和实体；c.用途和功能）。

表5-2-14　以技术价值和历史价值为切入点构建的遗产价值展示体系

	主要价值信息		展示策划的方案
近代遗产	历史价值	外交	构建海神庙和登陆码头的线路展示节点
	科学价值	布局	两个主要历史时期的线路叠加，通过景观手段和防洪堤构建
		生产线	通过技术手段展示轮机车间的原有工艺；继续发挥甲坞的修船功能，建议成为未来游船停靠或者简单维修点；通过绿化景观节点示意造船工艺整体流程
现代遗产	历史价值	产业延续与遗产叠加	合理利用叠加部分建筑，在设置标牌介绍现有功能的基础上可变更功能，作为近代遗产区的服务配套设施
	科学价值	生产线	设置建筑、室外设备设施的标牌，介绍原有工艺，保存中部核心厂房生产线，并改造为博物馆，其他建筑根据文创功能进行改造

资料来源：节选自《北洋水师大沽船坞遗址保护总体规划》（2016）。

第 5 章 天津工业遗产保护规划：从城市整体到遗产单元的探索

❶ 乙、丙、丁、戊坞暂时进行可逆的利用，在不破坏遗址的前提下设计为不同难度的旱冰场，待条件成熟进行发掘并展示。

❷ 己、庚坞可以设计为小型喷水，供孩子玩耍。

❸ 甲坞的改造是从横滨船坞得到灵感，白天用作举办各种室外演出活动的场所，夜间作为播放电影的场所。没有活动时，便成为游客们休息的场所。

❹ 轮机车间维持其真实性和完整性，室内展示船架生产场景。内部墙体用玻璃护墙。

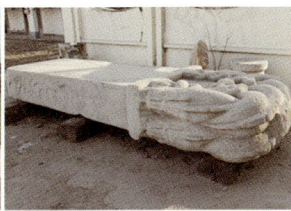

❺ 原来的生产区，用铺地反映当时的生产区的建筑情况。

❻ 挖掘的石头门洞作为雕塑，同时暗示海神庙的位置。

❼ 遗址公园的入口保留建筑的真实性，内部改造展示挖掘旧品。

❽ 在维护历史记忆的基础上，对其进行创造升级型改造，用于展示历史资料或文创作品。

图 5-2-34 近代遗产区的展示利用方案
（资料来源：《北洋水师大沽船坞遗址保护总体规划》（2016））

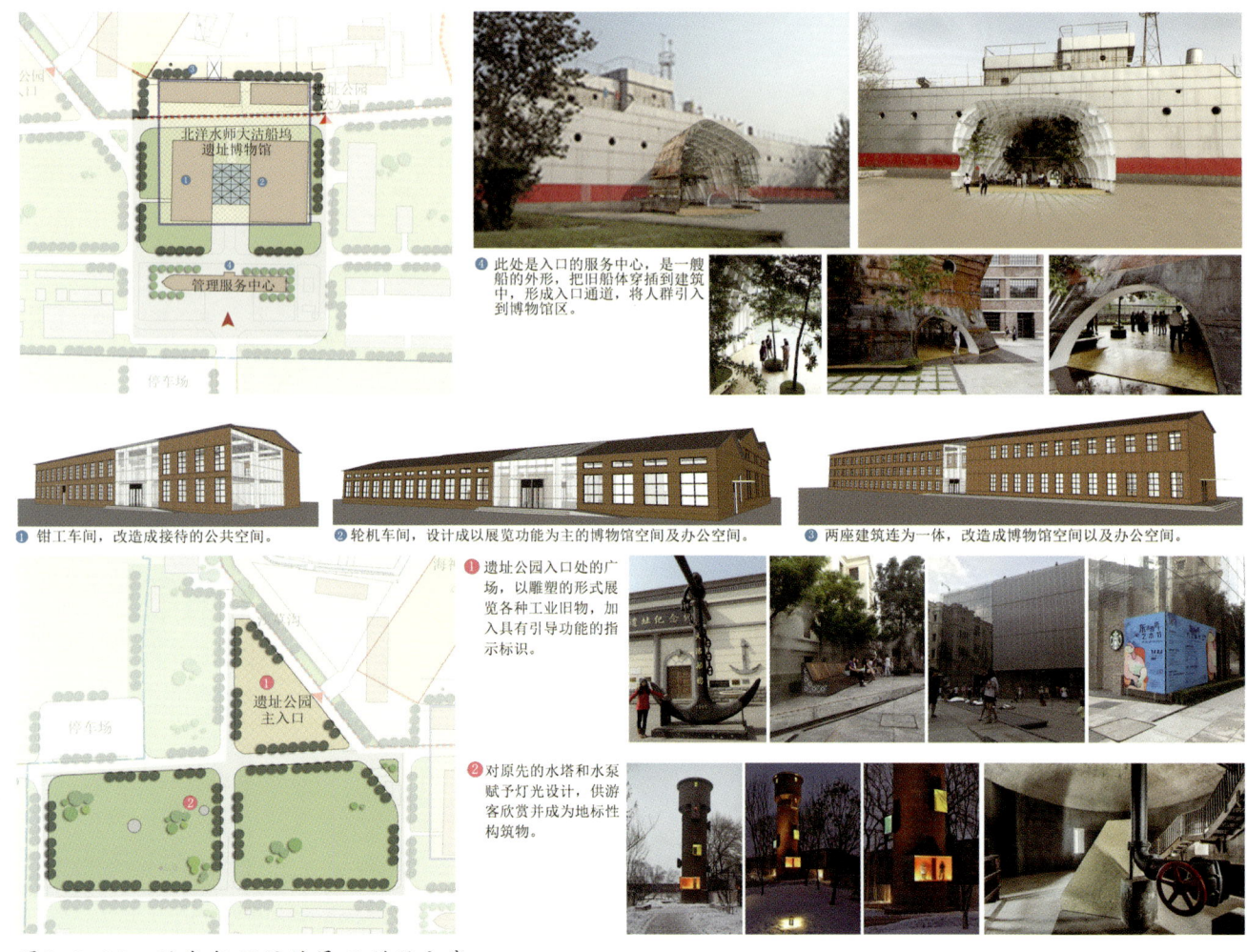

图5-2-35 现代船厂区的展示利用方案
（资料来源：《北洋水师大沽船坞遗址保护总体规划》（2016））

5.2.3.5 多规合一

以文物保护规划为依据调整遗产地块相关规划是该规划多规合一的目标。首先，对接已有的遗产保护规划（或保护区划）。其次对接以控规为主的城市规划。对接原则为：保证文物本体及环境的真实性和完整性。对接内容包括遗产规模、保护区划及控制、建设调整（道路、用地、控制指标、防洪堤）。最后，通过文物保护规划提出相关规划调整内容（图5-2-36）。大沽船坞保护规划第二阶段编制从2015年启动，到2016年完成，然而始终处于多规合一磨合阶段，在此期间与属地政府相关部门进行了多轮探讨，关键问题为：是否允许控规中的庆盛道横穿遗址。2018年文物部门再次提出对遗产地块实施整体性保护，有待和其他政府部门协商论证。以保护区划及控制为例（图5-2-37），该阶段方案

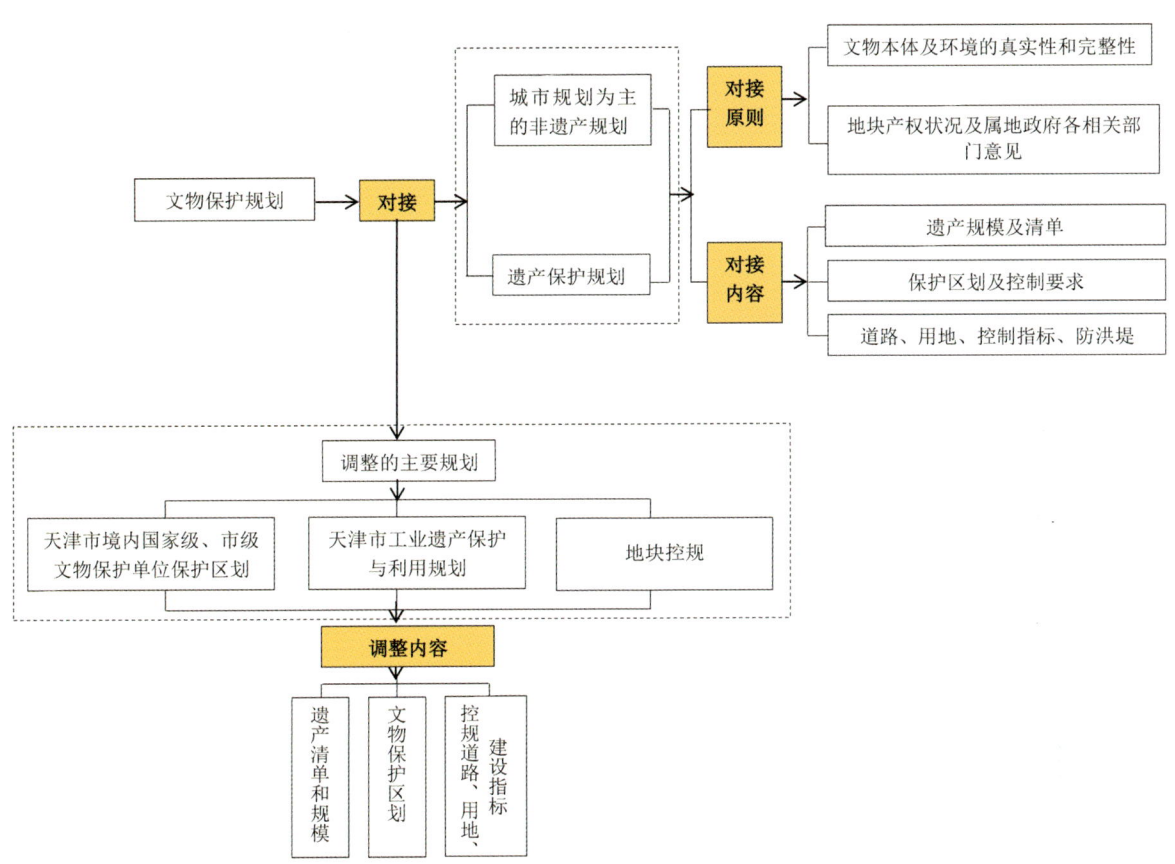

图5-2-36 多规合一技术路线
（资料来源：笔者自绘）

要求天津市文物局按照法定程序调整《天津市境内国家级、市级文物保护单位保护区划》，同时要求将该区划纳入地块控规，调整城市规划道路的线路，降低建设指标。2018年提交方案以后，又围绕地块出现了经济平衡问题。这10余年大沽船坞保护规划的沉浮是中国遗产保护和经济发展的晴雨表。

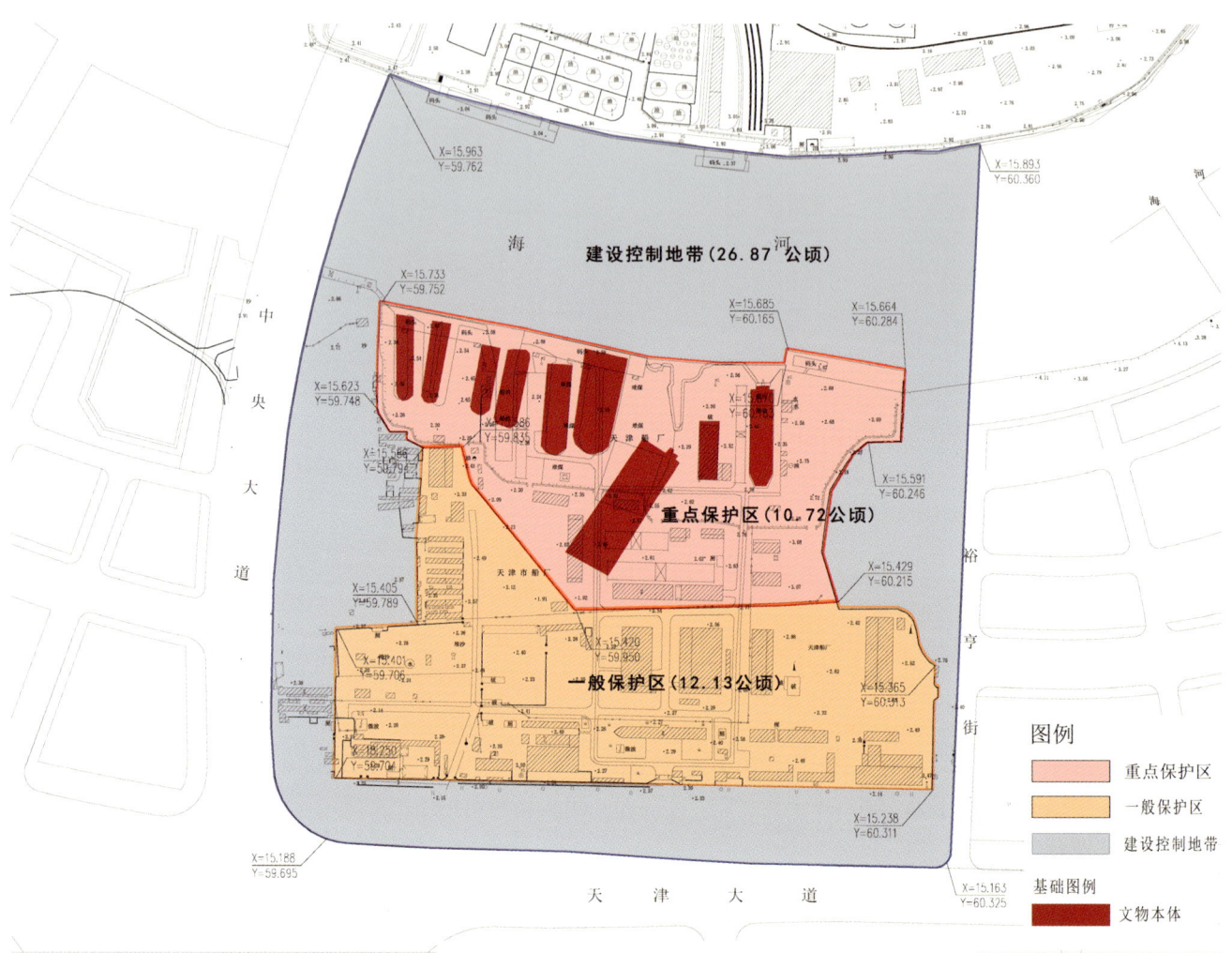

图5-2-37 保护区划划定方案
（资料来源：《北洋水师大沽船坞遗址保护总体规划》修正方案（2018））

5.2.3.6 规划实施

保护规划根据《全国重点文物保护单位保护规划编制审批办法》①和《全国重点文物保护单位保护规划编制要求》②，由属地文物行政部门逐级上报至国家文物局审查，且上报过程中，需要相应属地政府同意规划，得到批准后再按照《国务院关于进一步加强文物工作的指导意见》（国发〔2016〕17号）的要求，将保护规划报请省（直辖市）人民政府公布，并督促地方人民政府（滨海新区）将该保护规划纳入当地经济和社会发展规划以及城乡总体规划中，积极组织有关部门逐步实施（图5-2-38）。但是这个过程面临了经济和保护的平衡的重重困难。全国重点文物保护单位尚且如此，等级较低的历史建筑的保护则更加困难。保护规划的实施是一项艰巨工作。

5.3 天津工业遗产保护与利用案例

在天津，南开区、河东区、红桥区、北辰区都存在大片工业地段，天津也随着全国文化创意产业的发展启动利用工业遗产。2008年天津市委市政府制定了《天津市现代服务业布局规划(2008—2020)》，提出要大力发展文化产业。出现了天津意库创意产业园（天津外贸地毯厂，2007年）、6号院文化创意园（怡和洋行仓库，2007年）、3526创意工场（天津华津制药厂、三五二六厂，2008年）、辰赫创意产业园（天津内燃机磁电机厂，2008年）、艺华轮创意工场（天津机车车辆厂靠近南路口的一座三层楼，2008年）、天津电力科技博物馆（比商天津电车电灯股份有限公司，2008年）、C92创意工坊一期（天津仪表厂，2009年）、巷肆创意产业园

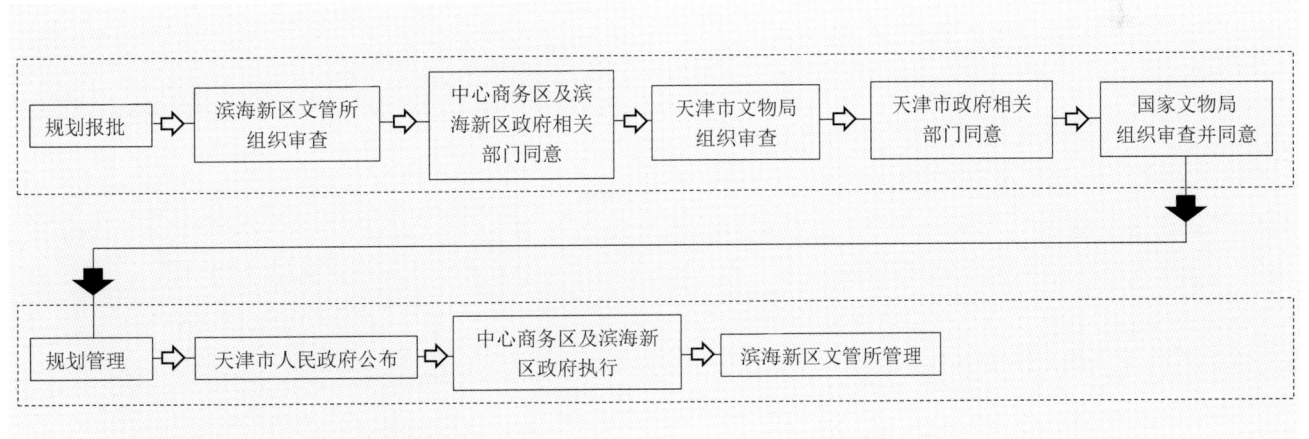

图5-2-38 保护规划报批及实施流程
（资料来源：根据国家文物局现行的申报流程绘制）

---

①第六条：全国重点文物保护单位保护规划应当在省级文物行政部门指导下，由所在地的县级以上人民政府组织编制。跨省、自治区、直辖市的全国重点文物保护单位保护规划，由国家文物局指定或协调有关省、自治区、直辖市组织编制；跨地、市、县的全国重点文物保护单位保护规划，由省级文物行政部门指定或协调有关政府机构组织编制。
②由省级文物行政部门通过国家文物局网报网审平台上传申请材料—受理申请材料—组织专业机构或者专家评审（必要时组织实地核查）—审核申请材料—提出审查意见及理由—领导审核—作出准予许可或者不予许可的决定。

（天津橡胶四厂，2010年）、红星·18创意产业园A区天明创意产业园（铁道第三勘查设计院属的机械厂，2011年）、绿岭产业园-环渤海低碳经济产业示范基地（天津纺织机械厂，2011年）、棉三创意街区（宝成、裕大纱厂，天津第三棉纺织厂，2013年）、天津融创中心（天津拖拉机厂，2013年）等文化创意产业园。

随着文化创意产业的发展，逐渐出现了工业遗产改造和再利用的案例。从改造和再利用建筑空间的角度考察，其中有比较早开始活化利用的6号院文化创意园，保持了原英国怡和洋行天津分行仓库的真实性和完整性，并很好地利用了空间，有针对原厂房建筑质量较差而改造的巷肆创意产业园，还有受土地条件制约较大的改造项目——棉三创意街区和天津融创中心，也有全国重点文物保护单位——北洋水师大沽船坞轮机车间的修缮。

5.3.1 6号院文化创意园

1921年，英国怡和洋行天津分行为满足货物转运仓储需要，建设其附属仓库，建筑面积共计1万多平方米。仓库位置东临海河，交通方便，为其商贸进出口创造了条件。中华人民共和国成立后，该仓库被天津市人民政府接收，成为天津一商集团（国有企业）天津文化采购供应站的库房。随着城市更新发展，该仓库现为天津文化商贸有限公司（天津一商集团下属企业）所有，并将其改造成为"6号院文化创意园"。该仓库沿着海河建设，是典型的洋行仓库空间，也是保护状态良好的英租界仓库，于2007年开发，占地面积4000平方米。投资方和产权方均为天津一商集团有限公司。仓库并没有进行很大的设计改造，其内部高大的LOFT空间则可调整布局艺术设计、城市视觉设计、艺术品展览展示展卖等产业。正是因为未经大的改造，所以6号院比较真实地反映了原英国怡和洋行仓库的情况。该建筑属于天津市三级工业遗产。（图5-3-1～图5-3-5）

图5-3-1　仓库中庭（一）[①]

图5-3-2　仓库中庭（二）

[①] 本章中未标注来源的照片图，均为笔者自摄。

5.3.2 巷肆创意产业园

河北区具有相对丰富的土地资源、闲置厂房资源和劳动力资源，具有从事文化产业的良好工业基础及重要研究资源，技术研发队伍力量雄厚。天津美术学院、工艺美术职业学院和美术馆坐落在区内，人才资源汇集。海河意奥风情区、大悲院文化商贸区等文化旅游资源丰厚，深度开发空间大。在文化产业规划中，河北区充分利用独特的叠加优势，将闲置工业厂房资源再利用与发展文化经济的战略目标相结合，形成了一批较有特点的项目，包括比商天津电车电灯股份有限公司保护性再利用的"天津电力科技博物馆"、天津第一金属制品厂改建后的"美院现代艺术学院"、天津华津制药厂改造成的"3526创意工场"、天津橡胶四厂经保护性改造成的"巷肆创意产业园"等多处。

巷肆创意产业园原为天津橡胶四厂，占地面积2400平方米，建筑面积5200平方米，建于1956年，是新中国生产橡胶的重要国有企业之一。2008年，天津橡胶行业在企业合并重组与产业技术升级的客观要求下，在城市外围工业开发区内建设新的产业园区，原厂停止生产但未放弃老厂区的产权；2010年，在天津市大力发展现代服务业的大背景下，河北区开始大力鼓励发展文化产业经济，凭借政府的资源信息平台实现了工业遗产的产权所有方与投资企业的对接。2012年底，天津市福莱特装饰设计工程有限公司[①]（以下简称福莱特公司）出资买下老旧工业建筑厂房，对原厂房进行改造，并成立巷肆创意产业园有限公司，"巷肆"谐音"橡四"。福莱特公

图5-3-3　仓库面向海河

图5-3-4　入驻企业品牌

图5-3-5　室内展览

---

① 天津市福莱特装饰设计工程有限公司始建于1992年，截至2012年，公司规模扩大到12家子公司，集团资产达数亿元，经营项目主要有装饰装修、园林古建、绿化等专业的设计及施工，以及文化产业园开发、医疗器械销售、商务咨询服务、影视业、物业等行业，并在2012年底成立了天津市巷肆创意产业园有限公司，从而形成了具有12家子公司规模的联合集团。

司与意大利知名设计集团合作，对老厂区进行厂房改造和功能升级，提升改造后楼内办公区域有3000平方米。改造中利用三栋多层建筑，设置了比较完善的办公设施及优雅的环境，有书吧、小型美术馆，可作为特色餐厅的观景平台，以及可同时容纳100余人的员工食堂，并将其中一栋建筑单体的首层改造为社区中心，引进城市书吧连锁文化企业。此次改造，利用城市再生理念，在保持厂房原有结构、形态和风格的基础上加以改造和创新。改造后的巷肆创意产业园成为河北区元纬路地区颇有特色的社区服务基地以及文化创意产业基地。（图5-3-6～图5-3-12）

图5-3-6 巷肆创意产业园 改造前
（资料来源：福莱特公司提供）

图5-3-8 内院改造前
（资料来源：福莱特公司提供）

图5-3-7 巷肆创意产业园改造后

图5-3-9 内院改造后

图5-3-10 改造后楼梯

图5-3-11 改造前厂房内部
（资料来源：福莱特公司提供）

图5-3-12 改造后厂房内部

5.3.3 棉三创意街区

天津第三棉纺织厂（简称棉三）的纺织工业史长达90年，原为宝成、裕大纱厂，见证了天津市纺织业乃至中国纺织业的发展历程，工业历史悠久，遗产价值丰厚。棉三创意街区项目地处天津市河东区，紧邻天津发展主轴——海河沿线及市区内主要经济、行政、文化、商业中心，交通便捷，距离天津滨海国际机场仅20分钟车程，周围配套设施完善，围绕着众多CBD金融服务区，拥有城市核心资源。2013年开始推进保护和再利用。

2013年的《天津市工业遗产保护与利用规划》征求意见稿中，棉三被认定为"最具代表性典型工业遗产"，2016年的公示版中棉三降为二级工业遗产。在2013年规划中，一期属于协调范围，建筑为一般保护建筑。[1]实际操作中，一般保护建筑全部被拆除。其中一期13栋以沿河新建为主，建筑的产业职能为商业性场所。而二期工程9栋则主要以改造更新为主，包括对老厂房进行职能转换的工作。沿海河的棉三（一期）地块的总用地面积为3.9公顷，其中包括了0.32公顷的住宅用地和3.28公顷的公建用地，其余为道路和绿化用地。建成后地上建筑面积10.3万平方米，包括2万平方米的住宅、4.2万平方米的酒店式公寓、2.7万平方米的商业及办公建筑，以及1.4万平方米的酒店建筑。而位于园区核心的棉三（二期）地块总用地面积为6.9公顷，以保留其现存的工业厂房为主，维持原工业用地的用地性质和建筑规模，以支持创意产业园区的建设。通过对老工业遗迹的提升改造，打造天津市集创意设计、商务咨询、新媒体服务、艺术展示、文化休闲、人才培养为一体的新型创意产业综合体。棉三项目于2014年6月底竣工，建成后可容纳300余家创意与服务类企业入驻，吸引8000余名从业人员。其住宅以80～160平方米户型为主，地下设有2层停车场。改造前厂区面积为10.9公顷，原有建筑容积率为0.9，而根据天津市规划局网站公布的棉三一期开发建设用地的容积率为2.63。[2]之后在2016年公布的规划中将协调范围退后到二期范围。[3]棉三在改造中采用房地产开发带动遗产保护的模式，在地块内调节经济平衡，体现了以商业、经济为主导的特点。棉三创意街区的后期开发建设及运营由新岸创意投资有限公司负责。该公司由天津住房集团、天津渤海国有资产经营管理有限公司、天津纺织集团国资委共同控股。该项目于2020年入选国家工业遗产。（图5-3-13～图5-3-17）

---

[1] 天津工业遗产分为三级，一级工业遗产指国家级、市级、区级的工业遗产文物保护单位和受市重点保护的历史风貌建筑；二级工业遗产指认定价值较高能体现特色的工业遗产，包括没有列入文物保护单位的不可移动文物和一般保护等级的历史风貌建筑；三级指一般的工业遗产。并对每一级都提出了保护的内容和要求。
[2] 2018年课题组调查采访棉三创意街区。包括：1.棉三创意街区环境、工业建筑、改造项目、新建建筑整体情况；2.采访棉三管理人员（副总经理L先生、市场宣传主管G女士）；3.采访棉三各种业态代表商户（三三画廊、棉三书房、医方中医、游泳馆、棉三幼儿园、爱空间、棉里咖啡）；4.资料整合，包括其他国家地市政策和实例比较分析。课题组成员：青木信夫、徐苏斌、胡莲、孙德龙、曾程、张晶玫、吕志宸、王雪。全体成员参加调研和讨论。
[3]《天津市工业遗产保护与利用规划》（2016）

图5-3-13 改造前织布车间

图5-3-14 改造后织布车间

图5-3-15 染布车间改造

图5-3-16 锅炉房、烟囱与后面新建高层建筑

图5-3-17 沿着海河的新建筑

5.3.4 天津拖拉机厂改造项目

天津拖拉机厂是新中国成立后代表天津"四大天"的重型工业片区之一，是百年工业看天津的重要节点。天津拖拉机厂前身为始建于1937年的天津汽车制配厂，1956年1月1日正式改名为天津拖拉机厂。天津拖拉机厂是我国第一辆汽车及第一批中马力轮式拖拉机的诞生地。

天津拖拉机厂地块位于天津市南开区西部，东西两侧毗邻中环线、城市快速路以及地铁6号线和地铁8号线，交通非常便利。西北两侧毗邻天津侯台风景区，自然环境优越，具备良好的生态优势。地块周围科技企业密集，产业优势突出，北边界与天津科贸街、南开光电子产业园紧密相连，经济发展活跃。

天津拖拉机厂改造之前占地67公顷，占总规划用地的68%，总建筑面积约17.48万平方米。主要厂房现状保存良好，厂区绿树成荫，道路齐整。随着城市产业结构调整，作为落实天津市工业战略东移的重要行动计划之一，2012年天津拖拉机厂搬迁后，原地块由土地整理部门整理后，于2013年9月挂牌出售，并最终以103亿元的总价出让。根据上位规划，区域用地性质为商业金融与居住用地。根据天津规划局网站的规划公示，所在区域规划指标：规划总用地面积：98公顷；新建总建筑面积：183万平方米，其中居住建筑面积90万平方米，商业建筑面积93万平方米。2013年的《天津市工业遗产保护与利用规划》征求意见稿中，认定天津拖拉机厂为"最具代表性典型工业遗产"，2016年的公示版中，则将天津拖拉机厂降为三级工业遗产保护对象，整个厂区为建设协调区。保护要求为：①保护路网骨架格局、道路空间关系、街区尺寸。②保护道路两侧和成片密植的胸径超过20cm的高大乔木。③保护五座车间、烟囱等主要建构筑物。① 五座车间包括铸造车间、铸造和锻造车间、锻造车间、总装车间和机修车间，均为特色保护建筑。

天津拖拉机厂是以政府为主导力量和驱动因素进行区域地段更新的。通过政府决策与规划、投资与组织、引导与政策等一系列举措，为吸引私人企业的投资与入驻带来契机。整体的复兴计划是以区域、地段为规划主体，集中体现"城市规划驱动"模式的特点，即通过局部地块物质环境的规划、置换与更新，为带动周边区域的社会与经济复兴奠定物质实体保障。在规划中保留了原厂址的道路框架与绿化生态系统，强化了东西、南北两条轴线的主导作用，对原有6000多棵高大的树木进行了相应的保护，路网骨架基本保持了原来的格局，但是工业遗产保护也付出了很大的代价。这是开发和保护博弈的结果。（图5-3-18~图5-3-23）

图5-3-18　入口接待中心

---

① 《天津市工业遗产保护与利用规划》（2016）

图5-3-19 机修车间改造

图5-3-20 机修车间改造内庭

图5-3-21 机修车间墙面新绘制的毛主席像

图5-3-22 总装车间改造（一）

图5-3-23 总装车间改造（二）

5.3.5 大沽船坞轮机车间

北洋水师大沽船坞轮机车间是全国重点文物保护单位、天津市一级工业遗产，也是天津市第一个按照文物修缮的标准进行修缮的项目。

北洋水师大沽船坞从1880年始建，是天津现存的最早的工业遗产。其最初为清末洋务派创办的军事产业，至1906年大沽船坞更名为"北洋劝业铁工厂大沽分厂"，委派周学熙为总办，此时已是官助商办的近代产业。1913年，大沽船坞划归北洋政府海军部管辖。1937年被日本占领，直到1945年抗战胜利，才收回由交通部接管。

"轮机车间"是大沽船坞遗址中的主要建筑，原名称"大木厂"，轮机车间的建筑始建于1880年5月，砖木结构，中柱一列，测绘数据为开间19.77米，进深14间55.26米。轮机车间因自然因素和常年缺乏维修，局部墙体破裂、缺失，门窗也残损严重。

修缮设计工作由天津大学建筑设计研究院承担。主要针对屋面、墙体、桁架、地面、门窗进行修缮。第一，屋面由于风吹日晒等自然因素以及常年缺乏维修，屋面长草，瓦片破坏、松动、掉落，致使楼宇屋面、望板糟朽，局部屋面塌陷。针对这些问题需全面清理屋面，重新做防水，按照原瓦件更换破损严重的屋面。第二，墙体原为灰色砖墙，英式砌法，1976年地震后外面加固了一层红砖墙。由于常年受到海风吹蚀及缺乏围护，导致水汽渗透，不仅灰砖墙酥碱、开裂、风化严重，外边加固的红砖墙也开始出现上述问题，局部墙体受力不均产生裂缝。修缮中全面清理，拆除室内后加墙体，保留南立面且按照其形式重做北立面，砌体砌筑方式与东、西立面墙体保持一致，但是保证可识别性。第三，桁架为木桁架，是目前现存的为数不多的木桁架，整体保存完好。由于屋面局部塌陷以及漏雨，导致木望板水渍、糟朽、劈裂和连接铁链锈蚀。修缮方法为：根据糟朽、开裂程度进行修补和加固，重做柱子下半部混凝土部分，木柱局部用铁箍加固。第四，地面由于常年废弃，已经成为垃圾堆放处，导致室内外地面被埋没，原来标高不清楚。修缮中全面清理室内、室外地面，找出原来地面铺设的铁轨，恢复原来地面标高。地面依然保持素土地面。第五，门窗由于常年缺少围护以及遭受人工破坏，破损严重，玻璃几乎全部损坏，多扇门和窗已经不复存在，有的窗户洞口亦受到破坏。修缮中按照原有样式修补复原门窗，修补破损窗户洞口。除了以上修复之外，室内还安装了暖气。

通过对木结构、屋顶、门窗、地面、墙体等部分的修复，保证轮机车间本体建筑的坚固、稳定，为下一步开发利用奠定基础。（图5-3-24～图5-3-33）

图5-3-24　轮机车间原貌

图5-3-25　轮机车间修缮后

第 5 章 天津工业遗产保护规划：从城市整体到遗产单元的探索

图5-3-26 轮机车间内部原貌

图5-3-28 轮机车间外墙和窗户原貌

图5-3-27 轮机车间内部修缮后

图5-3-29 轮机车间外墙和窗户修缮后

图5-3-30 气窗原貌

图5-3-31 气窗修缮后

图5-3-32 柱子用铁箍加固

图5-3-33 保留室内铁轨

目前天津的工业遗产保护案例虽然并不多，但是呈现出多元的特色，从一个角度反映了中国不同的保护体系框架下的保护理念和手法。有由国家出资的全国重点文物修缮（大沽船坞轮机车间），也有以房地产开发带动改造和再利用的（棉三、天拖）；有文物设计师的作品（大沽船坞），也有建筑师的作品（巷肆、天拖）；有独立的再利用（巷肆），也有以文化创意产业带动的再利用（棉三）。不同的产权所属决定了保护时的话语权，尤其是针对非文物工业遗存，相比较学术圈中讨论的价值，经济话语权占有更加主要的地位。

附录
天津工业遗产调研案例一览表①

序号	名称（其他名称）	地址	始建年代	保存或改造利用状况	航片或照片	简介	保护身份
				办公管理类			
1	开滦矿务局大楼	和平区泰安道5号	1920	完整		唐山开滦矿务局在天津市内的办公大楼。该建筑在体量、比例和构图上为古典主义，建筑立面对称，庄重	天津市文物保护单位，天津市历史风貌建筑，天津市工业遗产
2	太古洋行大楼	和平区解放北路165号	1886	完整		太古洋行是天津早期四大洋行之一。该建筑为二层砖木结构楼房，外檐以青砖为主，窗套等部位用红砖相间，体现了丰富的中国传统建筑材料	区文物保护单位，天津市历史风貌建筑，天津市工业遗产
3	怡和洋行大楼	和平区解放北路155～157号	1921	完整		怡和洋行是进入天津的第一家外国航运洋行，是当时天津最大的外国洋行之一。该建筑为砖石结构，主入口面向地块转角位置，采用切角方式处理，其余两个立面设有三角形山花造型	天津市文物保护单位，天津市历史风貌建筑，天津市工业遗产
4	仁记洋行天津分行	和平区解放北路127～129号	1920	完整		仁记洋行是天津早期四大洋行之一。该建筑立面为"横三纵三"构图，正立面共5个开间，入口居中	天津市文物保护单位，天津市历史风貌建筑，天津市工业遗产

① 附录编写说明：天津工业遗产处于动态发展过程中。本表基于遗产最新的保护情况进行编写，存在部分遗产的信息与既往保护规划信息不一致的情况，存在的差异体现出近年来天津市工业遗产保护与利用情况的变化。

附录 天津工业遗产调研案例一览表

续表

序号	名称（其他名称）	地址	始建年代	保存或改造利用状况	航片或照片	简介	保护身份
5	久大精盐公司大楼	和平区赤峰道63号	1924	完整		久大精盐公司是我国近代第一所精盐生产厂，结束了中国仅以粗盐为食的历史。该建筑为欧式风格，平面呈"L"形，中部设四根多立克立柱，顶部有三角形山花	天津市文物保护单位、天津市历史风貌建筑、天津市工业遗产
6	天津电报总局	和平区赤峰道65~67号	1924	完整		其前身为成立于1880年的津沪电报总局。该建筑角部钟楼在地震中毁坏，其他部位保存完好	天津市文物保护单位、天津市工业遗产
7	直隶全省内河行轮董事局	红桥区西沽小辛庄街19号	1914	完整		津保航线（天津至保定大清河航线）是官办经营的第一条轮船客运航线，直隶全省内河行轮董事局是该航线的管理办公中心	天津市文物保护单位、天津市工业遗产
8	海河工程局	河西区台儿庄路41号	1911	完整		海河工程局是中国第一家专业的河道疏浚机构	天津市历史风貌建筑、天津市工业遗产
9	新河材料厂办公楼	河东区津塘路21号	1954	完整		新河材料厂是中国成立最早的材料处，曾被称为"中国第一材料处"	天津市工业遗产
10	英美烟草公司北方运销公司总部	河东区六纬路113号	1919	完整		英美烟草公司是当时最大的烟草贸易商	天津市工业遗产
11	北宁铁路管理局	河北区中山路5号	1936	完整		北宁铁路（北平—辽宁）是连接华北地区和东北地区的交通要道	区文物保护单位、天津市工业遗产

469

续表

序号	名称（其他名称）	地址	始建年代	保存或改造利用状况	航片或照片	简介	保护身份
12	轮船招商局公寓楼	和平区解放北路168号	1920年代	完整		轮船招商局是清末时最早设立的大型轮船航运企业，也是清政府经营的第一家近代民用企业。天津轮船招商局是最早成立的分局之一	区文物保护单位，天津市历史风貌建筑，天津市工业遗产
13	丹华火柴厂	红桥区西沽村司前街16号	1910	拆改		丹华火柴厂是中国民族企业，曾占领国内各地的大部分市场	区文物保护单位，天津市工业遗产
14	济安自来水股份有限公司	和平区赤峰道91号	1901	完整		济安自来水股份有限公司是天津第一所由中外合资成立的自来水公司	尚未核定为文物保护单位的不可移动文物，天津市工业遗产
15	日本新港港湾局办公厅旧址	滨海新区塘沽新港街道港湾居委会办医街20号	1940	完整		日本新港港湾局是日本设立的临时建设事务局	天津市文物保护单位，天津市工业遗产

电子通信业

序号	名称（其他名称）	地址	始建年代	保存或改造利用状况	航片或照片	简介	保护身份
16	天津电话四局	河北区光复道12号	1926	完整		天津电话四局是我国自建的第一个自动电话局	天津市工业遗产
17	天津电话六局	河北区月纬路11号	1927	完整		天津电话六局遗存包括天津电话六局的办公楼与机房等	天津市文物保护单位，天津市工业遗产
18	天津渤海无线电厂	河西区陈塘庄工业区怒江道8号	1954	部分		天津渤海无线电厂建立了我国自己的收音机工业体系，生产可以媲美国际先进水平的高级收音机	天津市工业遗产

附录 天津工业遗产调研案例一览表

续表

序号	名称（其他名称）	地址	始建年代	保存或改造利用状况	航片或照片	简介	保护身份
19	国营天津无线电厂	河北区新大路185号	1946	完整		国营天津无线电厂（712厂）生产了中国第一台电视机	天津市文物保护单位，天津市工业遗产
20	天津广播电台战备台	蓟州区下营镇青山岭村	1966	完整		天津广播电台战备台位于山洞内，洞内水库、卫生间、宿舍及全套播音设备保存较好，该位置十分隐蔽	天津市文物保护单位，天津市工业遗产

纺织制造业

序号	名称（其他名称）	地址	始建年代	保存或改造利用状况	航片或照片	简介	保护身份
21	新华纽扣厂（宁家大院）	南开区三纬路49号	1920年代	完整		新华纽扣厂（三五二二）成立于1938年，为军队生产军用纽扣、领章、肩章、帽徽等军需用品	天津市历史风貌建筑，天津市工业遗产
22	华新纱厂	河北区万柳村大街11号	1918	部分		华新纱厂是民族资本工业企业。曾为中国纺织建设公司属下中纺七厂后拆分为天津纺织机械厂与天津印染厂	区文物保护单位，天津市工业遗产
23	宝成、裕大纱厂（棉三）	河东区郑庄子西台大街38号	1920	部分		宝成纱厂是中国第一个实行八小时工作制的工厂，开创了中国近代工业文明的新纪元。宝成、裕大纱厂后合组，于1950年改名为天津第三棉纺织厂	尚未核定为文物保护单位的不可移动文物，国家工业遗产，天津市工业遗产
24	盛锡福帽庄	和平区和平路273号	1917	完整		盛锡福被列入"国家级非物质文化遗产"名录。盛锡福帽庄总部建筑就是这一老字号品牌价值的载体	尚未核定为文物保护单位的不可移动文物，天津市工业遗产
25	东亚毛呢纺织有限公司	和平区云南路与营口道交口	1936	部分		东亚毛呢纺织有限公司生产的"抵羊"牌毛线是中国第一个国产毛线品牌。该公司还制定了详细完备的管理制度，印制企业文化类刊物，为员工的个人发展提供了良好的环境	天津市工业遗产

471

续表

序号	名称（其他名称）	地址	始建年代	保存或改造利用状况	航片或照片	简介	保护身份
26	天津外贸地毯厂	红桥区湘潭路与湘潭中路交口	1957	部分		天津外贸地毯厂建厂后，负责当时天津的16个地毯厂的外贸出口业务	尚未核定为文物保护单位的不可移动文物，天津市工业遗产

机械制造业

序号	名称（其他名称）	地址	始建年代	保存或改造利用状况	航片或照片	简介	保护身份
27	津浦铁路局天津机厂	河北区南口路22号	1909	部分		津浦铁路局天津机厂是中国铁路历史上最重要的火车修理厂之一。其锻造车间有明显的德式风格	天津市文物保护单位、天津市历史风貌建筑、天津市工业遗产
28	天津纺织机械厂	河北区万柳村大街56号	1946	部分		天津纺织机械厂主要生产棉纺织工业所需机械装备，是我国最早研制和生产粗纱机、络筒机的企业，为国家纺织工业的振兴与发展做出了重要贡献	天津市工业遗产
29	天津重型机器厂	北辰区天津重机工业园	1958	部分		天津重型机器厂的建成解决了华北地区高级、大型锻件生产能力不足的问题，为我国现代化做出了不可磨灭的贡献	天津市工业遗产
30	天津第一机床厂	河东区津塘公路146号	1951	完整		天津第一机床厂曾研制出我国第一台拥有自主知识产权的机床	天津市工业遗产
31	天津拖拉机厂	南开区红旗路278号	1938	拆除后重建		天津拖拉机厂厂址现已经过土地流转进行房地产开发，原厂房在拆除后进行了重建	天津市工业遗产
32	天津市电机总厂	河西区太湖路21号	1950	部分		天津市电机总厂是当时国内最大的潜油电泵生产企业，曾先后开发出我国第一台潜水电机及潜油电机	天津市工业遗产

附录　天津工业遗产调研案例一览表

续表

序号	名称（其他名称）	地址	始建年代	保存或改造利用状况	航片或照片	简介	保护身份
33	比商天津电车电灯股份有限公司	河北区进步道29号	1904	完整		比商天津电车电灯股份有限公司建设了天津第一条有轨电车路线，也是中国第一条公交线路	天津市文物保护单位，天津市历史风貌建筑，天津市工业遗产
34	福聚兴机器厂	红桥区博物馆大街5号	1926	完整		福聚兴机器厂所在地"三条石"地区是天津近代民族工业的发祥地。该厂为四合院砖木结构，是天津市较为完整的旧工厂遗址	天津市文物保护单位，天津市工业遗产
船舶制造业							
35	北洋水师大沽船坞	滨海新区（塘沽）大沽船坞路27号	1878	部分		北洋水师大沽船坞是中国北方第一所船坞，是我国北方最早的船舶修造厂和重要的军火基地，是中国北方近代工业的摇篮，培养了中国北方第一代产业工人	全国重点文物保护单位，天津市工业遗产
36	新河船厂	滨海新区海河北岸新胡路	1916	部分		新河船厂作为民国时期留下来的船舶工业生产厂，见证了中国百年现代化历史，其发展过程反映了我国造船工业的发展过程，是重要的近现代工业遗产	区文物保护单位，天津市工业遗产
37	新港船厂	滨海新区（塘沽）新港机厂街1号	1940	完整		新港船厂曾是华北地区最大的造修船基地，是近现代工业遗存的代表	天津市工业遗产
能源化学工业							
38	天津第一热电厂	河东区六纬路70号	1936	部分		天津第一热电厂是日据时期遗留下来为数不多的工业遗址，其195米高的烟炉在很长一段时间内成为天津的制高点	天津市工业遗产

续表

序号	名称（其他名称）	地址	始建年代	保存或改造利用状况	航片或照片	简介	保护身份
39	大沽化工厂	滨海新区（塘沽）海河南岸大梁子街	1939	部分		大沽化工厂建成了天津第一个化学农药项目——六六六原粉。工厂为天津市发展塑料加工行业在原料供应方面起到了关键性的作用	天津市工业遗产
40	天津化工厂	滨海新区（汉沽）新开南路	1938	部分		天津化工厂的历史是我国近代命途多舛的真实写照。工厂参与了国内化学工业发展的各个阶段，厂内留有各年代的建筑和设备，见证了历史的发展	天津市工业遗产
41	永利碱厂	滨海新区（塘沽）新华路7号	1917	部分		永利碱厂是"永久黄"化学工业团体之一，其生产的"红三角"牌纯碱曾在美国费城举办的万国博览会上获最高荣誉金质奖章	区文物保护单位，天津市工业遗产
42	黄海化学工业研究社	滨海新区（塘沽）解放路138号	1922	完整		黄海化学工业研究社是中国第一所私立化学工业研究机构	全国重点文物保护单位，天津市历史风貌建筑，天津市工业遗产
43	港5井	滨海新区（大港）东风大道	1964	完整		港5井是天津唯一发现油层的勘探井，也是华北地区的第一口发现井	天津市文物保护单位，天津市不可移动革命文物，国家工业遗产，天津市工业遗产

附录　天津工业遗产调研案例一览表

续表

序号	名称（其他名称）	地址	始建年代	保存或改造利用状况	航片或照片	简介	保护身份
					交通运输业		
44	塘沽南站	滨海新区（塘沽）新华路127号	1888	完整		塘沽南站是我国最早自主修建的北洋铁路上的一座车站	全国重点文物保护单位、天津市工业遗产
45	天津西站主楼	红桥区西站前街1号	1909	完整，平移保护		天津西站主楼采用滑动平移方法平移至新址，是天津市首例木结构建筑的平移工程	全国重点文物保护单位、天津市历史风貌建筑、天津市工业遗产
46	天津新站	河北区中山路1号	1903	完整		天津新站又称新开河火车站，天津北站，曾作为津浦铁路天津总站使用	全国重点文物保护单位、天津市工业遗产
47	静海火车站	静海区静海镇联盟大街	1908	完整		静海火车站是津浦铁路沿线车站之一	天津市文物保护单位、天津市历史风貌建筑、天津市工业遗产
48	陈官屯火车站	静海区陈官屯镇一街	1910	完整		陈官屯火车站是津浦铁路沿线车站之一	天津市工业遗产
49	唐官屯火车站	静海区唐官屯镇东部军民南街	1906	完整		唐官屯火车站是津浦铁路沿线车站之一	天津市文物保护单位、天津市工业遗产
50	杨柳青火车站站房	西青区杨柳青镇十一街	1912	完整		杨柳青火车站是津浦铁路沿线车站之一	天津市文物保护单位、天津市历史风貌建筑、天津市工业遗产

续表

序号	名称（其他名称）	地址	始建年代	保存或改造利用状况	航片或照片	简介	保护身份
51	唐官屯给水所	静海区唐官屯镇刘下道村	1910	完整		唐官屯给水所用于唐官屯火车站给水	天津市工业遗产
52	独流给水所	静海区独流镇南肖村	1910	完整		独流给水所用于独流火车站给水	天津市工业遗产
53	怡和洋行仓库	和平区台儿庄路6号	1921	改建		怡和洋行仓库是英国怡和洋行天津分行为满足货物转运仓储需要而建设的附属仓库	天津市历史风貌建筑、天津市工业遗产
54	亚细亚火油公司塘沽油库	滨海新区（塘沽）三槐路86号	1915	完整		亚细亚火油公司塘沽油库的办公楼建筑具有鲜明的英式特色，柴油储备罐是铆钉储罐，与其外围砖质保温墙的组合形制独具特色	天津市文物保护单位、天津市工业遗产
55	交通部材料储运总处天津储运处	河北区寿安街27号	1937	完整		交通部材料储运总处天津储运处是铁路材料储运机构	区文物保护单位、天津市工业遗产
56	唐官屯铁桥	静海区唐官屯镇烧盆盆村	1909	完整		唐官屯铁桥是津浦铁路旁的人行铁桥	天津市文物保护单位、天津市工业遗产
57	大红桥	红桥区红桥北大街	1933	完整		大红桥是一座单孔拱式铁桥	天津市文物保护单位、天津市工业遗产
58	万国桥	和平区解放北路	1923	完整		万国桥是一座使用滚动升降桥技术的铁桥，1949年后更名为解放桥	天津市工业遗产

附录 天津工业遗产调研案例一览表

续表

序号	名称（其他名称）	地址	始建年代	保存或改造利用状况	航片或照片	简介	保护身份
59	水线渡口	滨海新区（塘沽）海河段北岸	1878	损坏		水线渡口是与"水线"相邻的渡口。水线是直隶总督衙门延长到大沽口炮台的电报线中通过海河的一段，是中国最早穿越海河的军用电报线	天津市工业遗产
60	大沽息所	滨海新区海河大桥以西海河南岸	1865	部分		大沽息所是大沽口最早开展引航业务的机构，后改称为大沽代水公司	天津市工业遗产
61	太古洋行塘沽码头	滨海新区（塘沽）永泰路港务局轮驳队院内	1899	部分		该码头为太古洋行在塘沽海河北岸修建的货运码头	天津市工业遗产
62	大沽灯塔	滨海新区（塘沽）海河入海口	1971	完整		大沽灯塔是我国自行设计建造的第一座海上灯塔	尚未核定为文物保护单位的不可移动文物，天津市革命文物，天津市工业遗产

印刷造币业

序号	名称（其他名称）	地址	始建年代	保存或改造利用状况	航片或照片	简介	保护身份
63	天津印字馆	和平区解放北路189号	1886	完整		天津印字馆是英国人在天津创办的首家铅字印刷厂	天津市文物保护单位，天津市历史风貌建筑，天津市工业遗产
64	户部造币总厂	河北区中山路137号	1905	部分		户部造币总厂曾是国内规模最大、设备最精良、技术最先进的造币厂之一	天津市文物保护单位，天津市工业遗产
65	协和印刷厂	河西区解放南路325、327号	1938	完整		协和印刷厂曾是关东军司令部所在地	尚未核定为文物保护单位的不可移动文物，天津市历史风貌建筑，天津市工业遗产

续表

序号	名称（其他名称）	地址	始建年代	保存或改造利用状况	航片或照片	简介	保护身份
66	中共中央在津秘密印刷厂	和平区唐山道47号	1929	完整		为解决天津出版刊物没有印刷设备的问题，经中共中央决定从上海调毛泽民夫妇来津，建立地下印刷厂	天津市文物保护单位、天津市不可移动革命文物、天津市历史风貌建筑

医药工业

| 67 | 天津达仁堂制药厂 | 河北区中山路140号 | 1914 | 完整 |  | 天津达仁堂制药厂是全国第一家中药工厂，创新了传统中药行业前店后厂的小作坊式的经营模式 | 尚未核定为文物保护单位的不可移动文物、天津市工业遗产 |
| 68 | 天津华津制药厂（三五二六厂） | 河北区水产前街28号 | 1938 | 部分 |  | 天津华津制药厂是中国最早的现代化制药企业之一 | 天津市工业遗产 |

食品业

| 69 | 薛家油坊 | 西青区杨柳青古镇内 | 清末民初 | 完整 |  | 薛家油坊与平津战役天津前线指挥部旧址陈列馆相邻 | 天津市工业遗产 |
| 70 | 天津酿酒厂 | 红桥区丁字沽三号路 | 1952 | 完整 |  | 大直沽是天津白酒业的发祥地，天津酿酒厂是该地区唯一保留下来的酿酒厂 | 尚未核定为文物保护单位的不可移动文物、天津市工业遗产 |

公共教育

| 71 | 北洋大学堂 | 红桥区光荣道8号 | 1895 | 完整 |  | 北洋大学堂是中国第一所现代大学 | 全国重点文物保护单位、天津市历史风貌建筑、天津市工业遗产 |

续表

序号	名称（其他名称）	地址	始建年代	保存或改造利用状况	航片或照片	简介	保护身份
72	天津工商学院	河西区马场道117号	1920	完整		天津工商大学是近代天津天主教大学	全国重点文物保护单位（主楼）、天津市文物保护单位、天津市历史风貌建筑、天津市工业遗产
水务工程							
73	芥园水厂	红桥区芥园道西段北侧	1903	完整		芥园水厂建成时是天津最大的河水厂	天津市工业遗产
74	三岔口扬水站	蓟州区侯家营镇秦家庄村北	1974	完整		三岔口扬水站主要用于青甸洼和沟河的水位调节	天津市工业遗产
75	大朱庄排水站	蓟州区东赵乡大朱庄村北	1960年代	完整		大朱庄排水站主要用于调控"引滦入津"的水流量	天津市工业遗产
76	邵庄子分洪闸	蓟州区侯家营镇邵庄子村东南	1954	完整		邵庄子分洪闸由苏联专家设计建造，用于沟河分洪	无
77	海河防潮闸	滨海新区（塘沽）海河入海口	1958	完整		海河防潮闸是一座集泄洪、挡潮、蓄淡、航运等综合功能为一体的大型水闸工程	天津市文物保护单位、天津市不可移动革命文物、天津市工业遗产
78	争光扬水站	静海区独流镇十一堡村北	1959	完整		争光扬水站位于京杭大运河遗产带	天津市工业遗产

续表

序号	名称（其他名称）	地址	始建年代	保存或改造利用状况	航片或照片	简介	保护身份
79	城关扬水站	静海区静海镇大口子门村北	1952	完整		城关扬水站位于京杭大运河遗产带	天津市工业遗产
80	十一堡扬水站	静海区独流镇十一堡村南	1959	完整		十一堡扬水站位于京杭大运河遗产带	天津市工业遗产
81	双旺扬水站	静海区双塘镇增福堂村南	1978	损坏		双旺扬水站现已损坏	天津市工业遗产
82	耳闸	河北区堤头北大街新开河口	1919	完整		耳闸是天津市区最早的水利建筑设施	天津市工业遗产
83	马圈引河闸（洋闸）	滨海新区（大港）西部马厂减河与马圈引河交汇处南侧	1921	完整		马圈引河闸（洋闸）的兴建与马厂减河（今马圈引河）的开挖有效解决了马厂减河中下游淤积严重的问题，为马厂减河宣洪泄水宣辟了出路	区文物保护单位
84	中国第一水工试验所	南开区卫津路92号天津大学西门外	1952	完整		中国第一水工试验所是中国第一个现代水利科研机构，第一个国家级水利试验室，也是中国最早的水利科学研究机构	无
85	九宣闸	静海区靳官屯马厂减河首端	1881	完整		九宣闸是天津水利史上较早修建的水闸	天津市文物保护单位

续表

附录　天津工业遗产调研案例一览表

序号	名称（其他名称）	地址	始建年代	保存或改造利用状况	航片或照片	简介	保护身份
其他行业							
86	天津利生体育用品厂	河北区昆纬路116号	1928	完整		天津利生体育用品厂是天津最早的体育用品厂	天津市工业遗产
87	翟记棺材铺旧址	西青区杨柳青镇十街河沿大街88号	民国时期	部分		翟记棺材铺采用前店后厂、武布局，东面1000米处是石家大院	天津市工业遗产
88	前甘涧兵工厂旧址	蓟州区下营镇前甘涧村东	1973	部分		前甘涧兵工厂位于蓟州区下营镇前甘涧村东的山洞里	天津市工业遗产
89	合线厂车间	西青区杨柳青镇十二街村	1971	完整		合线厂原为杨柳青镇十二街村村办企业	天津市工业遗产

参考文献

[1] 徐苏斌，赖世贤，刘静，等. 关于中国近代城市工业发展历史分期问题的研究[J]. 建筑师，2017（06）：40-47.

[2] 岳宏. 工业遗产保护初探：从世界到天津[M]. 天津：天津人民出版社，2010.

[3] 来新夏. 天津近代史[M]. 天津：南开大学出版社，1987.

[4] 万新平. 天津早期近代工业初探 [G]//纪念天津建城600周年文集. 天津：天津人民出版社，2004.

[5] 胡光明. 论天津近代史的基本线索[J]. 天津史研究，1985（1）：23.

[6] 宋美云. 北洋军阀时期天津民族工业概况. 油印本. 义和团. 2：8. 转引自：万新平. 天津早期近代工业初探 [G]//纪念天津建城600周年文集. 天津：天津人民出版社，2004：120.

[7] 宋美云，张环. 近代天津工业与企业制度[M]. 天津：天津社会科学院出版社，2005.

[8] 贾长华. 图说滨海[M]. 天津：天津古籍出版社，2008.

[9] 陈歆文. 中国近代化学工业史（1860—1949）[M]. 北京：化学工业出版社，2006.

[10] 罗澍伟. 近代天津城市史[M]. 北京：中国社会科学出版社，1993.

[11] 王玉柱. 三条石地区铸铁业、机器业的形成与初期发展. 油印本. 转引自：来新夏. 天津近代史[M]. 天津：南开大学出版社，1987：123.

[12] 军机处·洋务运动档[O]. 中国第一历史档案馆.

[13] 王燕谋. 中国水泥发展史[M]. 北京：中国建材工业出版社，2005.

[14] 王炳勋. 天津市地价概况[M]. 佩文斋书局，1938.

[15] 龚清宇. 大城市结构的独特性弱化现象与规划结构限度——以20世纪天津中心城区结构演化为例[D]. 天津：天津大学，1999.

[16] 张利民. 略论天津历史上的城市定位[G]//纪念天津建城600周年文集. 天津：天津人民出版社，2004.

[17] 郑书燕. 天津工业化发展情况的基本分析[J]. 企业导报，2013（7）：162-165.

[18] 陈振江. 天津近代新政运动的历史地位[G]//纪念天津建城600周年文集. 天津：天津人民出版社，2004.

[19] 中国史学会. 洋务运动（三）[M]. 上海：上海人民出版社，1961.

[20] 崇厚奏稿（抄件）. 中国社会科学院经济研究所藏.

[21] 军机处·机器局档[O]. 中国第一历史档案馆.

[22] 罗伯茨. 中国近代史[M]. sutton publishing，1998：73. 转引自：高鸿志. 李鸿章与甲午战争前中国的近代化建设[M]. 合肥：安徽大学出版社，2008：124.

[23]周馥. 醇亲王巡阅北洋海防日记[J]. 近代史资料，1982，47（1）：13-14.

[24]史箴，吴葱，戴建新. 16—18世纪中西建筑文化交流要事年表[J]. 建筑师，2003（102）.

[25]张德彝. 随使法国记[M]. 长沙：岳麓书社，1985.

[26]中国史学会. 洋务运动（四）[M]. 上海：上海人民出版社，1961.

[27]《中国近代兵器工业》编审委员会. 中国近代兵器工业——清末至民国的兵器工业[M]. 北京：国防工业出版社，1998.

[28]海军司令部编辑部. 近代中国海军[M]. 北京：海潮出版社，1994.

[29]航鹰. 近代中国看天津——百项中国第一[M]. 天津：天津人民出版社，2008.

[30]中国第一历史档案馆. 光绪宣统两朝上谕档[M]. 桂林：广西师范大学出版社，1996.

[31]李鸿章. 李鸿章全集. 海军函稿（卷1）[M]. 影印本. 海口：海南出版社，1997.

[32]姜彬. 东海岛屿文化与民俗[M]. 上海：上海文艺出版社，2005.

[33]马戛尔尼. 1793乾隆英使觐见记[M]. 天津：天津人民出版社，2006.

[34]池仲祐. 海军实纪[M]. 中国国家图书馆古籍善本影印本，民国十九年（1930）.

[35]张侠. 清末海军史料[M]. 北京：海洋出版社，1982.

[36]林然. 福建民间信仰建筑及其古戏台研究[D]. 泉州：华侨大学，2007.

[37]雷颐. 李鸿章与晚清四十年[M]. 太原：山西人民出版社，2008.

[38]袁保龄. 阁学公集：公牍卷二. 项城袁氏1911年刊本.

[39]潘向明. 唐胥铁路史实考辨[J]. 江海学刊，2009（4）：185.

[40]肯德. 中国铁路发展史[M]. 李抱宏，译. 北京：生活·读书·新知三联书店，1958.

[41]徐苏斌. 中国自主型铁路的先驱——关内外铁路外国技师的研究[C]//刘伯英. 中国工业建筑遗产调查与研究. 北京：清华大学出版社，2009：182，189.

[42]交通史·路政编6[M]. 交通铁道部交通史编纂委员会，1930.

[43]高鸿志. 李鸿章与甲午战争前中国的近代化建设[M]. 合肥：安徽大学出版社，2008.

[44]天津市地方志编修委员会. 天津通志·附志·租界[M]. 天津：天津社会科学院出版社，1996.

[45]赖德霖，伍江，徐苏斌. 中国近代建筑史（第一卷）[M]. 北京：中国建筑工业出版社，2016.

[46]UK，Civil Engineer Records，1820—1930 for Augustus William Harvey Bellingham，1902.

[47]南京工学院建筑研究所. 杨廷宝建筑设计作品集[M]. 北京：中国建筑工业出版社，1983.

[48]武玉华. 天津基泰工程司与华北基泰工程司研究[D]. 天津：天津大学，2006.

[49]黄元炤. 基泰工程司（上）：从"开拓"到趋于"稳定"的阶段（津、京时期）[J]. 世界建筑导报，2014，29（1）：29-33.

[50]孙媛. 多重帝国影响下的都市公共空间——天津近代公园历史研究[D]. 天津：天津大学，2013.

[51]雷穆森（O.D.Rasmussen）. 天津租界史[M]. 许逸凡，赵地，译. 插图本. 天津：天津人民出版社，2009.

[52]吴弘明. 津海关贸易年报（1865—1946）[M]. 天津：天津社会科学院出版社，2006.

[53]Cardano N，Porzio P L. Un Quartiere Italiano in Cina—Sulla via di Tianjin：mille anni di relazioni tra Italia e Cina（一

个意大利区在中国——天津之路：意大利与中国关系一千年）[M]．Roma：Gangemi editore，2004．

[54]高仲林．天津近代建筑[M]．天津：天津科学技术出版社，1990．

[55]李天．天津法租界城市发展研究（1861—1943）[D]．天津：天津大学，2015．

[56]王晓颖．天津第一份英文报纸《中国时报》（The Chinese Times）——由《中国时报》看天津城市发展[D]．北京：北京外国语大学中国海外汉学研究中心，2014．

[57]尚克强，刘海岩．天津租界社会研究[M]．天津：天津人民出版社，1996．

[58]曾根俊虎．北中国纪行清国漫游志[M]．范建明，译．北京：中华书局，2007．

[59]刘海岩．通商口岸的外国人社会：以天津租界为例[M]//海洋史丛书编辑委员会．海洋史丛书第一辑：港口城市与贸易网络．台北："中央研究院"人文社会科学研究中心海洋史研究专题中心，2012．

[60]赵津．租界与天津城市近代化[J]．天津社会科学，1987（5）：54-59．

[61]British Municipal Council, Tientsin. Building & Sanitary By-Laws, 1925[Z]. Tientsin: Tientsin Press, Limited, 1929.

[62]Wright A, Cartwright H A. Twentieth century impressions of Hongkong, Shanghai, and other treaty ports of China: their history, people, commerce, industries and resources[M]. London: LLoyd's Greater Britain Publishing Company, LTD., 1908.

[63]Li B（李步龙）. The brick industry in Tientsin and the problems of its modernization[M]. Tientsin: Hautes études, 1940.

[64]天津市工务局．天津市工务局业务报告[R]．出版社不详，1935．

[65]卢绳．天津近代城市建筑简史[M]//中国人民政治协商会议天津市委员会文史资料研究委员会．天津文史资料选辑（第24辑）．天津：天津人民出版社，1983．

[66]汪坦，藤森照信．中国近代建筑总览·天津篇[M]．东京：中国近代建筑史研究会，日本亚细亚近代建筑史研究会，1989．

[67]韩冬．近代天津基础设施建设探析（1860—1937）[D]．天津：南开大学，2013．

[68]单钰杨．天津近代桥梁建设与城市发展研究[D]．天津：天津大学，2017．

[69]周祖奭，张复合，村松伸，等．中国近代建筑总览·天津篇[M]．北京：中国建筑工业出版社，1989．

[70]本局总理工艺学校及考工厂之办法（401206800-J0128-2-001043-003）[Z]．天津市档案馆．

[71]周学熙．周止庵先生自叙年谱[M]．台湾：文海出版社，1985．

[72]甘厚慈．北洋公牍类纂[G]．台湾：文海出版社，1967．

[73]彭泽益．中国近代手工业史资料（二）．北京：生活·读书·新知三联书店，1957．

[74]周叔媜．周止庵先生别传[G]//周小鹃．周学熙传记汇编．兰州：甘肃文化出版社，1997．

[75]周尔闿．直隶工艺志初编（志表类卷）（上）[Z]．工艺总局，1907．

[76]严修．严修东游日记[M]．天津：天津人民出版社，1995．

[77]周学熙．二十世纪名人自述系列：周学熙自述[M]．合肥：安徽文艺出版社，2013．

[78]赖德霖．中国近代建筑史研究[M]．北京：清华大学出版社，2007．

[79]虞和平，夏良才. 周学熙集[M]. 武汉：华中师范大学出版社，1999.

[80]徐苏斌. 20世纪初开埠城市天津的日本受容——以考工厂（商品陈列所）及劝业会场为例[J]. 城市史研究，2014（9）：188-203.

[81]藤森照信. 外廊样式——中国近代建筑的原点[J]. 建筑学报，1993（5）：33-38.

[82]李鸿章. 李鸿章全集（1-12册）[G]. 长春：时代文艺出版社，1998.

[83]赵桂芬. 津海关史要览[M]. 北京：中国海关出版社，2004.

[84]中国人民银行总行参事室金融史料组. 中国近代货币史资料（第一辑）（下）[G]. 北京：中华书局，1964.

[85]周小鹍. 周学熙传记汇编[M]. 兰州：甘肃文化出版社，1997.

[86]吴鼎昌. 造币总厂报告书[M]. 天津：华新印刷局，1914.

[87]孙浩. 天津造币三局系列（一）——天津机器局"洋法试造钱样"与英国格林沃铁厂[J]. 中国钱币，2014（3）：17.

[88]席裕福，沈师徐. 皇朝政典类纂[G]. 台湾：文海出版社，1982.

[89]张俊英. 造币总厂——清末民初中国机制币铸造中心[M]. 天津：天津教育出版社，2010.

[90]季宏. 天津近代自主型工业遗产研究[D]. 天津：天津大学，2012.

[91]户部造币总厂. 户部造币总厂全图[Z]. 户部造币总厂，1905.

[92]天津市塘沽区地方志编修委员会. 塘沽区志[M]. 天津：天津社会科学院出版社，1996.

[93]赵尔巽. 清史稿·志一百十三[M]. 北京：中华书局，1977.

[94]天津碱厂志编修委员会. 天津碱厂志[M]. 天津：天津人民出版社，1992.

[95]中国人民政治协商会议天津市塘沽区委员会文史资料研究委员会. 塘沽文史资料辑（第三辑）[G]. 天津：塘沽人民出版社，1986.

[96]北宁铁路经济调查队. 北宁铁路沿线经济调查报告[G]. 北宁铁路管理局，1937.

[97]天津市地方志编修委员会. 天津通志·港口志[M]. 天津：天津社会科学院出版社，1999.

[98]天津铁路分局路史编辑委员会. 天津铁路分局志[G]. 天津铁路分局路史编辑委员会，2003.

[99]京奉铁路管理局总务处. 京奉铁路旅行指南[G]. 1917.

[100]刘传林. 日本对华北经济的掠夺和统制——华北沦陷区资料选编[M]. 北京：北京出版社，1995.

[101]鲍连和. 日本侵华时期的长芦盐业开发[J]. 盐业史研究，1995（2）：47.

[102]李华彬. 天津港史[M]. 北京：人民交通出版社，1996.

[103]刑契梓. 塘沽新港工程的过去与现在[M]. 交通部塘沽新港工程局，1947.

[104]小岛精一. 北支经济读本[M]. Chikura Shobō，1937：236.

[105]中道峰夫，比田正，濑尾五一. 塘沽新港[J]. 港口工程，1990（5）.

[106]华北建设总署天津工程局. 塘沽新市街一部配水费敷设工事[O]. 天津市档案馆，档号401206800-J0089-1-000019.

[107]华北建设总署天津工程局. 都市杂件[O]. 天津市档案馆，档号401206800-J0089-1-000018.

[108]华北建设总署天津工程局. 塘沽新市街一部下水道筑造工事[O]. 天津市档案馆，档号401206800-J0089-1-000017.

[109]华北建设总署天津工程局. 长芦盐务管理局专卷[O]. 天津市档案馆, 档号 401206800-J0161-2-001292.

[110]华北建设总署天津工程局. 交通部塘沽新港工程局概况[O], 天津市档案馆, 档号 401206800-J0161-2-002094.

[111]天津纺织集团有限公司, 天津纺织博物馆. 天津纺织老照片[M]. 天津：天津古籍出版社, 2012.

[112]陈歆文, 周嘉华. 永利与黄海：近代化学工业的典范[M]. 济南：山东教育出版社, 2006.

[113]"中央研究院"近代史研究所. 海防档·丙·机器局[M]. 台北："中央研究院"近代史研究所, 1957.

[114]梁思成. 中国建筑史[M]. 天津：百花文艺出版社, 2005.

[115]藤森照信. 日本近代建筑[M]. 黄俊铭, 译. 济南：山东人民出版社, 2010.

[116]徐苏斌. 近代中国建筑学的诞生[M]. 天津：天津大学出版社, 2010.

[117]张焘. 津门杂记（中卷）[M]. 天津：天津古籍出版社, 1986.

[118]天津市档案馆. 天津档案与历史[M]. 天津：天津人民出版社, 2008.

[119]徐苏斌, 青木信夫. 关于工业遗产的完整性思考[C]//2012年中国第3届工业建筑遗产学术研讨会论文集, 北京：清华大学出版社, 2013：175-186.

[120]徐冀. 开滦煤矿志·第一卷[M]. 北京：新华出版社, 1992.

[121]徐冀. 开滦煤矿志·第二卷[M]. 北京：新华出版社, 1992.

[122]汉沽盐场场志编纂委员会. 长芦汉沽盐场志[M]. 天津：百花文艺出版社, 1991.

[123]赵津. 范旭东企业集团历史资料汇编——久大精盐公司专辑[M]. 天津：天津人民出版社, 2013.

[124]宋允璋. 他的梦——宋棐卿[Z]. 香港：明文出版社, 2006.

[125]杨天受, 李静山. 天津东亚公司与宋棐卿[J]. 工商史料, 1981（2）：106. 转引自：天津社科院历史所. 天津历史资料20（内部资料）：9.

[126]天津市天重江天重工有限公司官网简介.

[127]天津第一机床厂官方网站介绍.

[128]《老天津西站（德国楼）的前世今生（上）》

[129]李天佑. 天津铁路史概况[M]. 天津铁路分局, 1984.

[130]《1906年天津常关业务报告》

[131]袁世凯. 《养寿园奏议辑要》卷三十二. 转引自：天津社科院历史所. 天津历史资料13（内部资料）：46-47.

[132]赵桂芬. 津海关史要览[M]. 北京：中国海关出版社, 2004.

[133]刘伟, 田嘉. 工业遗产保护规划及设计研究——以天津滨海新区核心区天津碱厂地区为例[J]. 规划师, 2010（7）：56-60.

[134]于红. "协同式规划"保护天津工业遗产[C]//中国城市规划学会. 城市时代, 协同规划——2013中国城市规划年会论文集. 青岛：中国城市规划学会, 2013：1015-1023.

[135]于红, 陈畅. 工业遗产规划管理的问题分析与对策研究[C]//中国城市规划学会. 城乡治理与规划改革——2014中国城市规划年会论文集. 海口：中国城市规划学会, 2014：747-758.

[136]陈畅, 周威. 多方利益诉求下工业遗产保护更新的规划管理探索[C]//中国城市科学研究会. 2014（第九届）城市发展与规划大会论文集——S15历史文化街区保护与更新. 天津：中国城市科学研究会, 2014：45-49.

[137] 季宏, 徐苏斌. 工业遗产"整体保护"探索——以北洋水师大沽船坞保护规划为例[J]. 建筑学报, 2012（2）: 39-43.

[138] 李松松, 徐苏斌, 青木信夫. 文物语境下的工业遗产价值解读[J]. 中国文化遗产, 2019（01）.

[139] 朱明敏. 文物保护单位保护规划中文物本体及相关概念刍议[J]. 中国文化遗产, 2017（06）.

[140] 毕忠松, 李沄璋, 曹毅. "古村落建筑群"类文物的保护对象构成与保护策略探析——以呈坎村古建筑群为例[J]. 建筑与文化, 2015（06）.

[141] 郭旃. 《西安宣言》——文化遗产环境保护新准则[J]. 中国文化遗产, 2005（06）.

[142] 孙丽娟. 文保规划中文物构成的认定与分类[N]. 中国文物报, 2016.

[143] 李长盈. 浅谈国保单位保护规划立项报告的编写[J]. 江汉考古, 2015（01）: 124-126.

[144] 王晶. 工业遗产保护更新研究[M]. 北京: 文物出版社, 2014.

[145] 《华新水泥厂保护规划》

[146] 《天津滨海新区中心商务区文物保护与发展规划》

[147] 《天津市工业遗产保护与利用规划》

[148] 《天津市境内国家级、市级文物保护单位保护区划》

[149] 《北洋水师大沽船坞遗址保护规划》

[150] 《中国文物古迹保护准则》

[151] 《历史文化名城保护规划标准》

[152] 《全国重点文物保护单位保护规划编制要求》

[153] 《中华人民共和国文物保护法》

[154] 《全国重点文物保护单位保护规划审批办法》

[155] 《文物建筑开放导则（试行）》

[156] 《中国文物古迹保护准则》

[157] 《世界遗产实施操作指南》

[158] 《大遗址保护规划编制规范》

[159] 《长城保护总体规划编制指导意见（征求意见稿）》